清华大学土木工程系列教材

混凝土结构有限元分析

第2版

Finite Element Analysis of Concrete Structures

江见鲸　陆新征　编著

Jiang Jianjing　Lu Xinzheng

清华大学出版社

北京

内 容 简 介

《混凝土结构有限元分析》是在十余年的教学基础上编写而成的,为清华大学研究生精品教材之一。本书的特点是理论性和实用性并重。全书共分 10 章,不仅系统、深入地介绍了钢筋混凝土结构有限元分析的基本理论和方法,同时还介绍了一些新的数值分析方法,此外还介绍了混凝土单元的建模技巧和分析方法。内容具体包括应力与应变分析、混凝土的破坏准则、混凝土材料的本构关系、钢筋混凝土有限元模型、混凝土的断裂与损伤、非线性方程的求解、杆系有限元模型其他数值方法、常用有限元程序中的混凝土模型等内容。

本书既可作为高等院校土建类专业的研究生和高年级本科生的教材,也可作为广大土建科研人员、技术人员的参考图书。

图书在版编目(CIP)数据

混凝土结构有限元分析 / 江见鲸,陆新征编著. —2 版. —北京:清华大学出版社,2013(2025.7重印)
清华大学土木工程系列教材
ISBN 978-7-302-32427-0

Ⅰ. ①混… Ⅱ. ①江… ②陆… Ⅲ. ①混凝土结构—有限元分析—高等学校—教材 Ⅳ. ①TU37

中国版本图书馆 CIP 数据核字(2013)第 105130 号

责任编辑:周莉桦　张占奎
封面设计:陈国熙
责任校对:刘玉霞
责任印制:丛怀宇

出版发行:清华大学出版社
　　　　网　　　址:https://www.tup.com.cn, https://www.wqxuetang.com
　　　　地　　　址:北京清华大学学研大厦 A 座　　　　邮　　编:100084
　　　　社 总 机:010-83470000　　　　邮　　购:010-62786544
　　　　投稿与读者服务:010-62776969,c-service@tup.tsinghua.edu.cn
　　　　质量反馈:010-62772015,zhiliang@tup.tsinghua.edu.cn
印 装 者:三河市君旺印务有限公司
经　　销:全国新华书店
开　　本:185mm×260mm　　　　印　张:26　　　　字　数:626 千字
版　　次:2005 年 3 月第 1 版　　2013 年 6 月第 2 版　　印　次:2025 年 7 月第10次印刷
定　　价:78.00 元

产品编号:050105-03

第 2 版前言

　　本书从第一版至今,作者非常欣喜地看到混凝土结构有限元分析近年来得到了很大的发展。在科研单位和高校,混凝土结构有限元分析已经成为科研工作者和研究生开展混凝土结构研究的必备手段和工具。几乎所有从事混凝土结构研究的博士、硕士论文都有相应的混凝土结构有限元分析的内容。在工程领域中,混凝土结构有限元分析也得到了广泛应用。自 2002 年版《混凝土结构设计规范》(GB 50010—2002)给出混凝土的应力应变全曲线和强度准则后,在 2010 年版《混凝土结构设计规范》(GB 50010—2010)中又得到进一步完善和丰富,为混凝土结构有限元分析的推广奠定了重要的规范基础。与此同时,随着我国大量超高、超长、超限建筑的出现,特别是超高层建筑近年来的迅猛发展,建筑抗震弹塑性分析也成为工程设计的主要内容。而混凝土结构的有限元计算,是建筑抗震弹塑性分析的核心要素之一。此外,为了满足科学研究和工程实践的需求,混凝土结构有限元分析的软件技术也得到了迅速发展,市场上主流的结构非线性计算软件,都提供了相应的混凝土结构有限元分析的功能,有力地推动了混凝土结构有限元分析的应用。广大科研人员和工程技术人员的创造和探索,使混凝土结构有限元分析的理论和实践都得到了极大的丰富和深化。

　　本书第一版发行后,受到广大读者的关注和支持,也收到了很多宝贵的意见。随着混凝土有限元理论和方法的快速发展,《混凝土结构有限元分析》也需要适应地调整以满足广大读者的需要。因此,根据近年来的最新发展以及读者的需求,本版在以下方面进行了修改和补充:①重新撰写了杆系有限元的内容,以更好适应当前建筑抗震弹塑性分析的需要;②修改并完善了非线性方程组的解法,补充了拟牛顿法、应力调整算法等最新的非线性方程组求解方法;③补充了 2010 年版《混凝土结构设计规范》中规定的应力-应变关系、钢筋-混凝土界面粘结滑移关系、微平面模型、扩展有限元方法(XFEM)等最新学科发展内容;④增加了微平面本构模型等新的教学程序范例;⑤删去一些应用较少的内容,使全书的内容更加精练,也更加突出混凝土结构有限元分析的最新进展;⑥根据国家有关标准规范的要求,对全书的公式和符号做了进一步完善和修订。

　　本书第一版是清华大学江见鲸教授多年宝贵的科研教学经验积累,

广大读者因此受益。虽然江见鲸教授已经在五年前永远地离开了我们,但在再版编写过程中我们仍然沿循江见鲸教授当年拟定的框架,加以完善、丰富,希望以我们微薄的努力,纪念江见鲸教授为混凝土结构有限元分析学科做出的开拓性贡献。

参与相关研究工作的,还有清华大学叶列平教授、博士后许镇、博士研究生卢啸、硕士研究生李梦珂、贾翔夫,北京工业大学李易博士、闫秋实博士等,在此也表示衷心的感谢。

本书的编写工作,得到了国家自然科学基金优秀青年基金(51222804)、国家科技支撑计划课题(2013BAJ08B02)、教育部新世纪优秀人才支持计划(NCET-10-0528)、霍英东教育基金(131071)等课题的支持,特此致谢! 清华大学"985 三期"名优教材建设项目,"质量工程"国家级特色专业点建设项目,清华大学研究生精品课程建设项目,以及清华大学出版社也为本书的编写提供了大力支持。清华大学力学实践教学中心力学计算与仿真实验室为本书编写提供了宝贵的上机实践条件,在此也表示衷心的感谢!

由于作者水平有限,混凝土结构有限元分析发展又很快,书中难免有不足之处,热忱欢迎读者批评指正。

陆新征

2013 年 1 月于清华园

第 1 版前言

清华大学土木水利学院为研究生开设"钢筋混凝土有限元分析"课程已有十余年了。在 2002 年,清华大学研究生院在全校遴选了若干研究生课程作为精品课程建设,并给予适当资助。本书便是第一批精品课程建设的成果之一。本书的主要目的是为研究生进行土建结构的非线性分析打下坚实的基础,既注意到了力学分析上的严格性,又侧重工程结构应用上的实用性。本书是在原有教材的基础上进行扩充、改编而成,在编写中努力吸取了国内外的一些最新成果。

本书主要包括混凝土的破坏准则和本构关系,钢筋混凝土结构有限元分析模型,非线性方程求解的实用方法,包括结构出现负刚度时的一些算法。为适应混凝土学科研究的发展需要,本书还专门编写了混凝土的断裂与损伤,混凝土结构分析的新数值方法,例如离散单元法,刚体弹簧元法,无网格法等。由于大型通用有限元分析程序(例如 ANSYS, MSC. MARC 和 ABAQUS 等)的应用日益广泛,本书还专门介绍了应用这些程序对混凝土单元进行建模和分析的有关技巧。

本书的编写分工为:江见鲸编写 1~7 章,叶列平编写第 8 章,陆新征编写第 9,10 章,扩写第 6,8 章,并负责全书程序的调试。全书经过共同讨论、修改,最后由江见鲸统一定稿。

在本书的编写过程中,清华大学研究生院曾组织专家审查,对本书的编写提出了很多宝贵意见。本书的出版得到清华大学出版社的大力支持。在本书出版之际,对清华大学研究生院和清华大学出版社表示衷心感谢。

由于作者水平有限,有限元数值分析方法发展又很快,书中难免有不足之处,热忱欢迎读者批评指正。

主要符号表

A	杆件截面面积或单元面积
$\boldsymbol{B}$	几何矩阵
COD	裂缝张开位移
D	损伤力学中的损伤因子
$\boldsymbol{D}$	本构矩阵
$\boldsymbol{D}_{ep}$	弹塑性矩阵
$\boldsymbol{D}_f$	混凝土开裂后的本构矩阵
E	弹性模量
E_0	初始弹性模量
E_s	割线模量或钢筋弹性模量
E_t	切线模量
E_c	混凝土弹性模量
$F(\cdot)$	破坏面或屈服面函数
G	剪切模量或断裂力学中的能量释放率
G_f	断裂能
H'	硬化弹塑性理论中的硬化参数
I	杆件截面惯性矩
I_1、I_2、I_3	应力张量的第 1、第 2、第 3 不变量
J_1、J_2、J_3	偏应力张量的第 1、第 2、第 3 不变量
K	体积模量或断裂力学中的应力强度因子
$\boldsymbol{K}^e$	单元刚度矩阵
$\boldsymbol{K}$	结构刚度矩阵
$\boldsymbol{K}_c$	混凝土刚度矩阵
$\boldsymbol{K}_s$	钢筋刚度矩阵
K_{I}、K_{II}、K_{III}	Ⅰ型、Ⅱ型、Ⅲ型裂缝的应力强度因子
$K_{\mathrm{I}c}$、$K_{\mathrm{II}c}$、$K_{\mathrm{III}c}$	混凝土Ⅰ型、Ⅱ型、Ⅲ型裂缝的断裂韧度
M	杆件弯矩
N	杆件轴力
P	外荷载,作用力
R	结构或构件的抗力
S	作用效应或荷载效应

T	坐标转换矩阵
U	应变能
V	杆件剪力
$\parallel \cdot \parallel$	范数
W	外力所做的功
a	断裂力学中的裂缝长度
c	莫尔-库仑破坏准则中的内聚力
e_{ij}	应变张量
f_c	混凝土单轴抗压强度
f_t	混凝土单轴抗拉强度
f_{bc}	混凝土在等双轴压力下的强度
k_{ij}	刚度矩阵中的刚度系数
l、m、n	矢量的方向余弦
s_{ij}	偏应力张量
s_1、s_2、s_3	主偏应力
u、v、w	沿 x、y、z 方向的位移
w	裂缝宽度
Γ	断裂力学中的表面能
γ	剪应变
δ	杆件或单元位移
ε	正应变
ε_{ij}	应变张量
ε_1、ε_2、ε_3	主应变
ε_m	平均应变
ε_v	体积变形
ε_0	混凝土单轴受压时相应于应力峰值的应变
ε_u	混凝土极限应变
η	流变学中粘性系数
θ	应力矢量与 σ_1 在 π 平面上投影之间的夹角,称为相似角或偏转角
θ_σ	罗德(Lode)角
λ	Ottosen 破坏准则中与相似角有关的参数
μ	拉梅常数
μ_σ	罗德(Lode)参数
ν	泊松比
ξ	应力矢量在静水压力轴上的投影
ρ	应力矢量在 π 平面上的投影
σ	正应力
σ_{ij}	应力张量

σ_1、σ_2、σ_3	第 1、第 2、第 3 主应力
σ_0	混凝土单轴受压时峰值应力
σ_y	屈服应力
σ_m	平均正应力
σ_{oct}	八面体正应力
τ	剪应力
τ_m	平均剪应力
τ_{oct}	八面体剪应力
φ	莫尔-库仑破坏准则中的摩擦角

目　录

第1章 绪 论

1.1 钢筋混凝土非线性有限元分析的意义

钢筋混凝土结构是土建工程中应用最为广泛的一种结构。但是,对钢筋混凝土的力学性能还不能说已经掌握得很全面了,特别是混凝土。因为混凝土由水泥、水、砂子、石子及各种掺合料或者外加剂混合硬化而成,是成分复杂、性能多样的建筑材料。长期以来,人们用线弹性理论来分析钢筋混凝土结构的应力或内力,而以极限状态的设计方法确定构件的承载能力。这种钢筋混凝土构件的设计方法采用的往往是基于大量试验数据基础上的经验公式,虽然这些经验公式能够反映钢筋混凝土构件的非弹性性能,对常规设计来说也是行之有效且简便易行的,但是在使用上毕竟有局限性,也缺乏系统的理论性。这种设计方法的不足之处主要有:

(1) 规范提供的设计公式主要是针对杆件结构的构件,如梁、柱和墙板等,对于复杂的结构,并未提供计算公式。在这种情况下,设计者往往采用模型试验或弹性力学分析方法来确定内力和变形,并据此进行配筋设计。

(2) 规范提供的设计方法,不能清晰地给出结构在受到各种外荷载作用下的各受力阶段的性状及其发展规律,不能揭示结构内力和变形重分布的过程,从而也不能较准确地评估整个结构的可靠性。

(3) 规范计算公式只是保证安全的一种算法,并不能计算出结构在正常使用荷载下,构件内部任意一点的应力或者应变状态。

为了克服上述不足,人们曾做了大量的研究工作,探索考虑塑性变形和开裂的结构非线性分析方法,以便能够正确反映钢筋混凝土结构的实际性状。

随着电子计算机的发展,有限元法等现代数值计算方法在工程分析中得到了越来越广泛的应用。同样,在钢筋混凝土结构的分析中也开始显示出这一方法是非常有用的。这是由于运用有限元分析可以提供大量的结构反应信息,诸如结构位移、应力、应变、混凝土屈服、钢筋塑性流动、粘结滑移和裂缝发展等。这对研究钢筋混凝土结构的性能,改进工程设计都有重要的意义。

　　钢筋混凝土有限元分析方法能够给出结构内力和变形发展的全过程;能够描述裂缝的形成和开展,以及结构的破坏过程及其形态;能够对结构的极限承载能力和可靠度作出评估;能够揭示出结构的薄弱部位和环节,以利于优化结构设计。同时,它能广泛地适应于各种结构类型和不同的受力条件和环境。

　　由于钢筋混凝土非线性分析对计算机性能的要求比线性分析要高,计算模型也远比线性模型复杂,对操作人员的力学知识、计算机知识、结构知识的要求也更多。因此,虽然现在个人计算机和商用非线性有限元软件已经得到了很大发展,但是相对于量大面广的钢筋混凝土结构,进行非线性分析的还是少数。目前常用于下列几种情况:

　　(1) 用于重大结构,如核反应堆的安全壳,海上采油平台,大型地下洞库,超高、超大跨结构等。这些结构一旦失效,经济损失大,社会政治影响也大,因而在对这些结构的可靠性评价过程中,往往需要用到非线性有限元进行分析。

　　(2) 用于结构或构件的全过程分析。例如混凝土坝,施工工序多、工期长,交付使用后还有徐变,对这一全过程中各个阶段的受力性能,应力、位移分布,徐变后的内力重分布等,必须用非线性有限元的方法才能得出合理的结论,以供设计和施工参考。有些构件,如深梁、梁柱节点、已有主导裂缝的构件等,人们需要对其受力全过程作深入了解,这时也往往借助于非线性有限元分析。

　　(3) 辅助实验分析。为了研究各种参数,如混凝土强度等级、钢筋强度、配筋形式等对结构构件的影响,往往要做很多组试验,工作量大、周期长,劳动强度大。用非线性有限元法辅助实验,则可进行少量基本试验,确定参数,校核算法模型,然后进行内插或外推,得到参数变化的影响。这对减轻劳动,减少试验数量,提高效率是很有意义的。

1.2　钢筋混凝土有限元分析发展简况

　　为了能准确对钢筋混凝土结构进行非线性受力分析,各国学者对钢筋混凝土有限元进行了深入而广泛的研究,逐步形成了一个相对独立的研究领域,受到土木工程界专家的重视,应用也越来越广泛。

　　第一篇比较系统地介绍钢筋混凝土中应用非线性有限元方法的是美国学者 D. Ngo 和 A. C. Scordelies(图 1-1-1)。在他们的研究中(Ngo & Scordelies, 1967),沿用已有的有限元方法,将钢筋和混凝土均划分成三角形单元,用线弹性理论分析钢筋和混凝土的应力。但针对混凝土的特点,在钢筋与混凝土之间附加了一种粘结弹簧,从而可以分析粘结应力的变化。对于裂缝,他们根据试验总结,预先设置了一条剪切斜裂缝,裂缝间也附加了特殊的连接弹簧,以模拟混凝土裂缝间的骨料咬合力和钢筋的销栓作用。这篇研究论文发表后引起很大反响。随后,各国学者对钢筋混凝土有限元分析的各个细节方面进行了深入的研究并加强交流工作。美国土木工程师协会组织了一个 20 人的委员会,花了 5 年时间,总结和分析了钢筋混凝土结构有限元分析领域的大量研究资料和信息,在 1982 年 5 月发表了长达 545 页的综述报告(Bazan & Nilson, 1982),内容涉及:本构关系与破坏理论;钢筋模拟及粘结的表示;混凝土开裂;剪力传递;时间效应;动力分析;数值算例和应用;还在附录中发表了钢筋混凝土结构非线性分析的有限元源程序。在这一时期,欧洲和亚洲的一些学者也在钢筋混凝土结构非线性分析方面进行了大量的研究工作。日本学者的研究工作在起步较晚的情况下很快达到了应用阶段，并且在与试验的结合方面取得了很大的进展。他们在梁、柱、梁柱节点、剪力墙、核反应堆结构等方面都进行了深入细致的研究，并部分地应用于工程设计或为制定规范提供了依据。改革开放以后，我国有一些学者到加拿大、美国和欧洲研修这方面的课题，回国后继续深入研究，无论从实验研究或理论分析上均有很多成果，并发表了大量的论文，出版了多部专著。

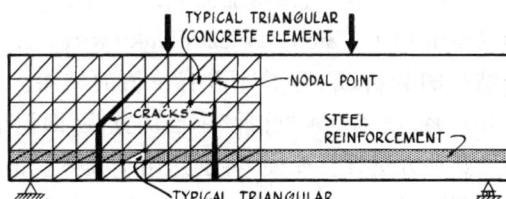

图 1-1-1　世界上第一篇钢筋混凝土非线性有限元分析论文及文中插图（Ngo & Scordelies，1967）

经过几十年的发展，钢筋混凝土有限元分析的研究有了很大发展，不仅从分析方法、理论基础和实验研究上均取得了明显的进展，而且可以说，已经到了相当实用的阶段。欧洲混凝土委员会制定的混凝土模式规范 MC 90（CEB-FIP，1993）已经将混凝土有限元分析方法纳入其有关条文中，我国《水工钢筋混凝土结构设计规范》及 2002 年出版的《钢筋混凝土结构设计规范》也都在附录中列入了有关有限元分析的条文。

以下就钢筋混凝土有限元分析的发展和应用中的有关问题作一简要回顾。

首先是关于混凝土的破坏准则。在早期的有限元分析中，比较多的是采用莫尔破坏准则。这一准则有两个材料常数，它在应力空间可以表示为一个多角锥体。而近代混凝土三轴破坏试验表明，多角锥不能精确地反映混凝土破坏曲面。于是，三参数、四参数和五参数破坏准则相继被提出来。已有的试验结果证明，某些四参数和五参数公式已能较好地反映出混凝土在三轴应力状态下的破坏特征，可以用于实际工程分析，并有足够的精度。

在混凝土的本构关系上，各国学者提出了多种多样的模式，如线弹性理论、非线性弹性理论、弹塑性理论、内时理论、粘弹性和粘塑性理论等，但彼此之间还差异较大。近年来，利用断裂力学和损伤力学的方法进行混凝土构件和结构分析，也取得了进展。可以说，凡是在固体力学或结构分析中应用过的理论，在混凝土本构关系建立过程中均被采用过，并用来分析不同类型的实际结构。可是，由于缺乏足够的实验基础，至今还没有一种公认的理论或本

构模型,可以广泛用于各种条件下的混凝土结构分析。为解决这一问题还有许多研究工作
要做,特别是在实验研究方面。

在钢筋与混凝土间的粘结单元模型方面,已提出了多种不同的粘结单元模型,如双弹簧
联结单元、粘结斜杆单元、无厚度四节点或六节点粘结单元、斜弹簧单元等。而在粘结-滑移
关系(τ-S 曲线)方面,在分析中初期采用的是线性关系,随后发展为非线性关系,提出了多
种 τ-S 曲线的数学表达式。由于影响因素较多,问题复杂,目前尚无完善的计算模式。

裂缝处理始终是混凝土有限元分析的关键问题。初期的混凝土有限元分析采用分离式
裂缝,即裂缝置于单元之间,一旦裂缝发展,则需要重新划分网格,这是很费工时的,限制了
它的进一步扩大应用。H. A. Franklin 于 1970 年(Franklin, 1970)提出了"弥散裂缝"的概
念和处理方法,可以自动追踪裂缝的发展,这为有限元分析混凝土结构提供了有力的手段,
得到了广泛的应用。20 世纪 80 年代,人们又将断裂力学和损伤力学用于混凝土的裂缝分
析,也取得了可喜的进展。

在混凝土有限元分析中,钢筋与混凝土的组合方法也有了较大的发展。早期是与单一
或几种连续介质材料组成的有限元划分方法一样,将钢筋和混凝土均划分成微小单元,这对
大型钢筋混凝土结构的分析是难以实现的。后来提出了分层组合式单元,用于受弯构件的
分析,可以计算出随荷载增加而裂缝沿高度截面逐步开展的情况。另一种钢筋与混凝土组
合形式是由 O. C. Zienkiewicz(Zienkiewicz, et al., 1972)建议的带膜组合式,用于核电站
三维结构的分析,取得了许多有价值的结果。稍后,美国的 W. C. Schnobrich(Hand, et
al., 1973)提出了一种"弥散"钢筋的方法,即把钢筋化为等效的混凝土,然后统一计算刚度
矩阵。这种方法计算简便,特别适用于大体积钢筋混凝土结构,因而应用很广。上述有限元
组合模型的研究,对有限元技术的发展起了重要的促进作用。

此外,在求解非线性有限元方程方面,已经发展了多种有效的数值解法,最常用的是增
量法和迭代法。但是,由于混凝土的应力-应变全曲线具有下降段,结构在达到极限承载力
后产生"软化"现象。目前,针对处理这种软化现象虽然已经发表了不少论文,但大多数还只
是针对一些特定的情况,至今还没有完善的处理方法;特别是在考虑结构软化现象后,数值
解法的稳定性和收敛性问题更缺乏理论上的论证。

钢筋混凝土结构的有限元分析离开计算机是不可能实现的,因而程序的编制特别重要。
目前,世界各国都编制了众多的用于混凝土有限元分析的专用程序,用来分析梁、柱单个构
件,以及杆系结构和板、壳等不同类型的结构,并且已推广应用于海岸工程、核电站工程、大
坝工程等大型结构的分析中,取得了良好的实际效果;除静力分析外,对温度作用、地震反应
以及撞击和爆炸作用下的动力分析等领域也进行了广泛的研究。目前,许多功能强大的通
用有限元程序均已嵌入有关混凝土的本构模型,为钢筋混凝土的非线性分析提供了强大的
工具。

1.3　钢筋混凝土有限元分析的发展展望

尽管钢筋混凝土有限元分析得到了深入的研究和广泛的应用,但仍有许多问题需要进
一步研究,例如:

（1）试验技术。混凝土的破坏准则及本构关系均需要实验基础。在三轴应力试验方面，由于压力机能力的限制，现在的立方体试件普遍偏小，要发展大吨位的三轴压力试验机。在粘结滑移方面，许多试验数据是基于拔出试验或剖开钢筋，内贴应变片的试验。如何能真实地反映混凝土与钢筋之间的粘结滑移关系，需要无损而又直接的接触界面上的应力-应变测试技术。近来光纤测量应变技术的发展有助于这一技术的突破。现在，基于损伤力学建立的混凝土本构关系受到各国学者的普遍重视，但混凝土内部损伤量的测量还十分困难。目前多用声发射或超声波探测技术，或者用频率变化间接推测，但其精度甚至可靠性还有待进一步研究。

（2）混凝土的本构关系。对在复杂应力状态下的破坏准则和应力-应变关系、混凝土与钢筋之间的粘结关系，虽然已经进行了不少试验和理论研究工作，但还是不够完善，数量较多的还局限于单向和双向荷载，而复杂应力状态下的实验数据还很不充分。近十多年来，许多学者提出了不少破坏模式和应力-应变关系的计算公式，但是由于试验方法不同，加上混凝土材料的性质变异性很大，所得结果往往不大一致。许多问题还需要进一步讨论。对于近期发展的高性能混凝土、纤维混凝土、轻质混凝土等的破坏准则尚需进行系统的试验和总结。对于非比例加载、多次重复加载、特殊环境加载（高温，冷冻等）条件下的本构关系也需研究。

（3）理论框架。从理论方面来看，尽管有很多理论可供应用，但对于像钢筋混凝土这样具有复杂本构关系的结构，尚需进一步研究。例如，混凝土的受压或受拉全过程曲线，都存在软化阶段。用弹塑性理论分析时，如何处理这一"软化"现象，仍是一个困难的问题。又如断裂力学对于处理已经存在的单个裂缝的扩展是相当有效的。但对于经常有成批裂缝存在的钢筋混凝土结构，应当如何处理也是需要深入研究的问题。近年来，有许多学者将损伤力学应用于混凝土结构分析，这方面的课题确实吸引了不少学者，研究工作相当活跃，也有了很多成果。

（4）数值方法的计算精度。在混凝土结构的有限元分析中，由于非线性因素很多，为了考虑这些非线性因素往往要引入许多参数，这些参数还可能相互影响，有的还很难由试验直接测定。再加上混凝土材料本身的复杂性和离散性，有些断裂和破坏机理还不完全清楚，所以对结构的非线性分析结果往往有较大的离散性。当结构出现严重的非线性和软化时，隐式迭代的收敛性问题也很严重，往往由于计算不收敛而导致分析失败。这也是在今后一段时间内需要重点研究和改进的问题。

（5）有关分析软件的开发和研究。目前广泛应用的几乎都是国外的商业软件。我国是混凝土结构应用最广泛的国家，但在软件开发方面与国外差距很大。应大力提倡研发有自主知识产权的功能强大的混凝土非线性有限元分析软件。

第

2

章

应力与应变分析

2.1 向量与张量

1. 向量的表示法

在现实世界中,有一些物理量由一个数值即可确定,这种量称为标量,例如,物体的质量、温度、人的身高、三角形的面积等;而另一些物理量则不仅与其数值大小有关,而且还与方向有关,例如,力、速度、力矩等。这类具有大小和方向的量称为向量,也称为矢量。向量常用以下几种方法表示(如图 2-1-1 所示)。

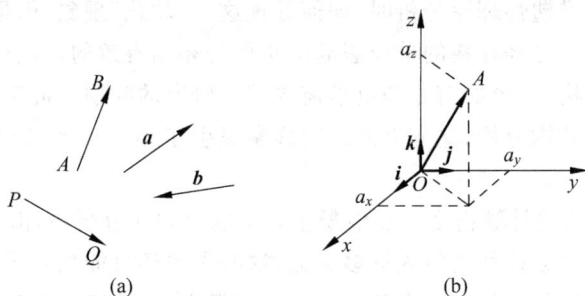

图 2-1-1　向量表示法

（1）字母表示法

该法是用字母上面加一箭头表示,如 $\vec{a}$、$\vec{b}$,或用两个字母表示,如 $\overrightarrow{PQ}$ 等。现在我国《量和单位》(GB 3100～3102—1993)已规定用黑体字母表示向量,如 $\boldsymbol{a}$、$\boldsymbol{b}$ 等表示。

（2）坐标表示法

该法也称为代数表示法。设在直角坐标系 $O\text{-}xyz$ 中,沿坐标轴的单位向量为 $\boldsymbol{i}$、$\boldsymbol{j}$、$\boldsymbol{k}$,向量 $\boldsymbol{a}$ 在坐标轴上的投影为 a_x、a_y、a_z,则向量 $\boldsymbol{a}$ 可表示为

$$\boldsymbol{a} = a_x\boldsymbol{i} + a_y\boldsymbol{j} + a_z\boldsymbol{k} \tag{2-1-1}$$

式中,$a_x\boldsymbol{i}$、$a_y\boldsymbol{j}$、$a_z\boldsymbol{k}$ 就是向量 $\boldsymbol{a}$ 在坐标轴 x、y、z 方向的分量。这种表示法便于向量运算。例如,向量 $\boldsymbol{a}$ 的模(绝对值的大小)可按下式计算:

$$|\boldsymbol{a}| = \sqrt{a_x^2 + a_y^2 + a_z^2} \tag{2-1-2}$$

（3）矩阵表示法

由式(2-1-1)可以看出,若坐标系和单位坐标向量已经选定,则向量 a 便由三个标量 a_x、a_y、a_z 决定。于是,可用一组有序的数来表示向量,这便是矩阵表示法,如

$$a = \begin{bmatrix} a_x \\ a_y \\ a_z \end{bmatrix} \tag{2-1-3}$$

这种表示方法很简洁,计算也很方便,在力学分析及编制计算机程序公式时常用。

2. 向量的基本运算

（1）向量的数乘

用一个数(标量)k 乘向量 a,产生向量 b,其方向当 $k>0$ 时与向量 a 相同,当 $k<0$ 时,则相反,而大小为原向量的 $|k|$ 倍,记为

$$b = ka \tag{2-1-4}$$

显然,若 $k=0$,则有 $b=0$。

（2）向量的和与差

若向量 a 与 b 可表达为

$$\left. \begin{array}{l} a = a_x i + a_y j + a_z k \\ b = b_x i + b_y j + b_z k \end{array} \right\} \tag{2-1-5}$$

则两向量之和为

$$a + b = (a_x + b_x)i + (a_y + b_y)j + (a_z + b_z)k \tag{2-1-6}$$

两向量之差为

$$a - b = (a_x - b_x)i + (a_y - b_y)j + (a_z - b_z)k \tag{2-1-7}$$

显然,只有当 $a_x=b_x$、$a_y=b_y$、$a_z=b_z$ 时,两向量才相等,即有 $a=b$。

（3）向量的数量积

向量的数量积又称点积或内积。设两向量 a 与 b 的夹角为 θ,则其点积定义为

$$a \cdot b = |a||b|\cos\theta \tag{2-1-8}$$

这表示第一个向量的大小(模)与第二个向量在第一个向量上的投影(分量的模)的乘积。点积的结果为一标量。在实际应用中,如作用力 F 与物体位移 u 的方向不一致时,该力所做的功 W 便可用点积来表示,即

$$W = F \cdot u \tag{2-1-9}$$

当两向量用代数式(2-1-5)表示时,点积可按下式计算:

$$a \cdot b = a_x b_x + a_y b_y + a_z b_z \tag{2-1-10}$$

当两向量用矩阵表示时,即

$$a = \begin{bmatrix} a_x \\ a_y \\ a_z \end{bmatrix}, \quad b = \begin{bmatrix} b_x \\ b_y \\ b_z \end{bmatrix} \tag{2-1-11}$$

则两向量的点积可按下式运算

$$a \cdot b = a^{\mathrm{T}} b \tag{2-1-12}$$

（4）向量的向量积

向量的向量积又称作叉积。若两向量 a、b 间的夹角为 θ，则两向量的叉积产生另一个向量 c，其大小定义为

$$|c| = |a||b|\sin\theta \qquad (2\text{-}1\text{-}13)$$

向量 c 的方向与向量 a、b 所组成的平面垂直，并且 a、b、c 构成右手系，并记作

$$c = a \times b \qquad (2\text{-}1\text{-}14)$$

若两向量 a、b 用代数式(2-1-5)表示，则向量积可按下式计算：

$$a \times b = (a_y b_z - b_y a_z)i + (a_z b_x - b_z a_x)j + (a_x b_y - b_x a_y)k \qquad (2\text{-}1\text{-}15)$$

为便于记忆，可写成行列式的形式

$$a \times b = \begin{vmatrix} i & j & k \\ a_x & a_y & a_z \\ b_x & b_y & b_z \end{vmatrix} \qquad (2\text{-}1\text{-}16)$$

注意，$a \times b \neq b \times a$，即向量积不满足交换律。

由向量的点积和叉积可以求得两向量的夹角计算式

$$\left. \begin{aligned} \cos(a,b) &= \frac{a \cdot b}{|a||b|} \\ \sin(a,b) &= \frac{|a \times b|}{|a||b|} \end{aligned} \right\} \qquad (2\text{-}1\text{-}17)$$

（5）3 个向量的混合积

设有 3 个向量

$$\left. \begin{aligned} a &= x_1 i + y_1 j + z_1 k \\ b &= x_2 i + y_2 j + z_2 k \\ c &= x_3 i + y_3 j + z_3 k \end{aligned} \right\} \qquad (2\text{-}1\text{-}18)$$

则它们的混合积定义为

$$a \cdot (b \times c) = \begin{vmatrix} x_1 & y_1 & z_1 \\ x_2 & y_2 & z_2 \\ x_3 & y_3 & z_3 \end{vmatrix} \qquad (2\text{-}1\text{-}19)$$

混合积的结果是一个数(标量)，其绝对值是以 a、b、c 为边长的平行六面体的体积。

有关向量的概念与运算的更详细的知识可参考专门的资料。

3. 字母标记法

在力学分析中有不少物理量或几何量必须用一组量才能描述。例如，在常用的直角坐标系中：

空间点的位置，用 3 个坐标值 x、y、z 确定；

力用 3 个分量表示，如 f_x、f_y、f_z；

位移用 3 个分量表示，如 u、v、w；

力矩用 3 个分量表示，如 M_x、M_y、M_z 等。

有一些量可用 $3^2 = 9$ 个分量来表示，如应力可用 9 个分量来表示：σ_x、σ_y、σ_z、τ_{xy}、τ_{yx}、τ_{yz}、τ_{zy}、τ_{zx}、τ_{xz}；应变分量也可用 9 个分量来表示：ε_x、ε_y、ε_z、γ_{xy}、γ_{yx}、γ_{yz}、γ_{zy}、γ_{zx}、γ_{xz} 等。

　　为了表达简洁,运算方便,上述各量可采用指标符号记法表达。所谓指标符号记法,就是对同一物理量的各分量均用同一字母表示,而用附加下标(称为指标)来区分各分量。例如,如图 2-1-2 所示坐标值 x、y、z 可用 x_1、x_2、x_3 表示,并用 $x_i(i=1,2,3)$ 来概括;位移 u、v、w 可用 u_1、u_2、u_3 表示,并用 $u_i(i=1,2,3)$ 来概括;坐标轴方向的单位向量 i、j、k 可用 e_1、e_2、e_3 表示,并用 $e_i(i=1,2,3)$ 来概括。在本书中,如无特别注明,字母指标中的下标字母(上述诸例中的 i)均可取数字 1、2、3。当然,除 i 外,其他字母也可运用,如 x_m 和 u_p 等,其中 m、p 均可取数 1、2、3。3 个分量的量用一个下标的字母指标表示,9 个分量的量可用两个下标的字母标号表示。例如,用 σ 表示应力,用 σ_{ij} 表示应力分量,双重标号 i 与 j 均可取 1、2、3。这样,σ_{ij} 就表示 9 个分量 σ_{11}、σ_{22}、σ_{33}、σ_{12}、σ_{21}、σ_{23}、σ_{32}、σ_{13}、σ_{31}。

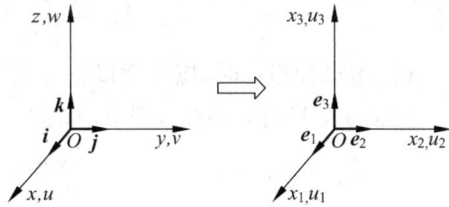

图 2-1-2　字母标记法

　　在微分运算中也可采用字母标记法。我们约定,用逗号(,)表示微分。例如

$$\frac{\partial \varphi}{\partial x}、\frac{\partial \varphi}{\partial y}、\frac{\partial \varphi}{\partial z} \quad 或 \quad \frac{\partial \varphi}{\partial x_1}、\frac{\partial \varphi}{\partial x_2}、\frac{\partial \varphi}{\partial x_3}$$

可用 $\varphi_{,x}$、$\varphi_{,y}$、$\varphi_{,z}$ 表示,简写为 $\varphi_{,x_i}$,进一步简写为 $\varphi_{,i}$。

4. 求和约定

　　考察求和表达式

$$S = a_1 x_1 + a_2 x_2 + a_3 x_3 \tag{2-1-20}$$

常缩写为

$$S = \sum_{i=1}^{3} a_i x_i \tag{2-1-21}$$

其实,用其他字母作下标,结果也是一样的,如

$$S = \sum_{m=1}^{3} a_m x_m \tag{2-1-22}$$

$$S = \sum_{n=1}^{3} a_n x_n \tag{2-1-23}$$

以上不同字母下标的求和表达式都表示同一种运算,运算求得的总和与所用的下标符号并无依赖关系。因此,可以约定:若某一项的一个指标重复一次时,就表示将标号轮换取 1、2、3 时所得各项之和。这种约定称作求和约定,而同一项中重复一次的字母指标称为求和指标号或哑标。有了求和约定,许多求和式子可以写得很简洁,例如

$$S = a_i x_i = a_1 x_1 + a_2 x_2 + a_3 x_3 \tag{2-1-24}$$

$$I_1 = \sigma_{ii} = \sigma_{11} + \sigma_{22} + \sigma_{33} \tag{2-1-25}$$

$$a_i b_i = a_1 b_1 + a_2 b_2 + a_3 b_3 \tag{2-1-26}$$

$$J_2 = \frac{1}{2} S_{ij} S_{ij}$$

$$= \frac{1}{2}(S_{11}^2 + S_{12}^2 + S_{13}^2 + S_{21}^2 + S_{22}^2 + S_{23}^2 + S_{31}^2 + S_{32}^2 + S_{33}^2) \tag{2-1-27}$$

$$A = A_m e_m = A_1 e_1 + A_2 e_2 + A_3 e_3 \tag{2-1-28}$$

$$\varphi_{,i} \mathrm{d}x_i = \frac{\partial \varphi}{\partial x_1} \mathrm{d}x_1 + \frac{\partial \varphi}{\partial x_2} \mathrm{d}x_2 + \frac{\partial \varphi}{\partial x_3} \mathrm{d}x_3 \tag{2-1-29}$$

在运用求和指标时,应注意以下几点:

① 哑标变换时并不改变其含义,如

$$a_i b_i = a_m b_m = a_j b_j \tag{2-1-30}$$

$$a_{ij} x_j = a_{in} x_n \tag{2-1-31}$$

② 在有括号的运算中要注意区别

$$a_{ii}^2 \neq (a_{ii})^2$$

因 $$a_{ii}^2 = a_{11}^2 + a_{22}^2 + a_{33}^2$$

而 $$(a_{ii})^2 = (a_{11} + a_{22} + a_{33})^2$$

③ 如果需用重复下标而又不表示求和时,应加以注明。如正应力分量 σ_{ii}(不求和)表示只取 σ_{11}、σ_{22}、σ_{33} 中的任一项正应力,而不是取 3 个正应力之和。

同一项内不重复出现的标号称为自由指标。自由指标表示一般项,可取标号为 1、2 或 3 中的任何一项,例如

$$a_j = b_{ji} x_i \tag{2-1-32}$$

其中 i 为求和指标(哑标),j 为自由标号。该式表示下列 3 式均成立,亦即下列 3 式的概括表达:

$$\left. \begin{array}{l} a_1 = b_{11} x_1 + b_{12} x_2 + b_{13} x_3 \\ a_2 = b_{21} x_1 + b_{22} x_2 + b_{23} x_3 \\ a_3 = b_{31} x_1 + b_{32} x_2 + b_{33} x_3 \end{array} \right\} \tag{2-1-33}$$

显然,上式也可表达为 $a_m = b_{mj} x_j$ 或 $a_i = b_{ik} x_k$。

5. 克罗内克 δ 符号和置换符号 e_{ijk}

(1) 克罗内克 δ 符号是一个重要符号,称为 Kronecker delta,它有 9 个分量,定义为

$$\delta_{ij} = \begin{cases} 1, & i = j \\ 0, & i \neq j \end{cases} \tag{2-1-34}$$

用矩阵表示时可写作

$$\boldsymbol{\delta}_{ij} = \begin{bmatrix} 1 & 0 & 0 \\ 0 & 1 & 0 \\ 0 & 0 & 1 \end{bmatrix} \tag{2-1-35}$$

使用 δ_{ij} 可得到下列等式:

$$\delta_{ij} \delta_{ij} = \delta_{ii} = \delta_{jj} = 3$$

$$\delta_{ij} \delta_{jk} = \delta_{ik}$$

$$a_{ij} \delta_{ij} = a_{ii} = a_{jj}$$

$$a_j \delta_{ij} = a_i$$

在直角坐标系中,单位坐标轴向量 e_i 的内积具有下列关系

$$\boldsymbol{e}_i \cdot \boldsymbol{e}_j = \delta_{ij} \tag{2-1-36}$$

这一性质在坐标轴转换计算中是很有用的。因克罗内克符号用 δ_{ij} 表示,工程界人士常直称

之为"代尔塔"符号。

（2）e_{ijk} 称为置换符号，又称为排列符号，它的定义为

$$e_{ijk} = \begin{cases} 1, & i、j、k \text{ 为顺循环} \\ -1, & i、j、k \text{ 为逆循环} \\ 0, & i、j、k \text{ 有重复标号（非循环）} \end{cases} \tag{2-1-37}$$

例如

$$e_{123} = e_{231} = e_{312} = 1$$
$$e_{321} = e_{213} = e_{132} = -1$$
$$e_{112} = e_{322} = e_{233} = 0$$

e_{ijk} 有 27 个分量，其中只有 6 个不为零。显然，在 e_{ijk} 的标号中，相邻标号互换一次，则改变正负号一次。因而，当标号位置变换偶次时，不改变循环性质，也不改变 e_{ijk} 的符号；反之，若标号位置交换为奇次，则 e_{ijk} 改变符号。例如

$$e_{ijk} = -e_{ikj} = -(-e_{kij}) = e_{kij} \tag{2-1-38}$$

由上述定义，一个三阶行列式的值可表示为

$$\begin{vmatrix} a_{11} & a_{12} & a_{13} \\ a_{21} & a_{22} & a_{23} \\ a_{31} & a_{32} & a_{33} \end{vmatrix} = e_{rst} a_{r1} a_{s2} a_{t3} \tag{2-1-39}$$

用上述置换符号，两个坐标轴方向的单位向量的向量积可表示为

$$\boldsymbol{e}_i \times \boldsymbol{e}_j = \begin{cases} \boldsymbol{e}_k, & i、j、k \text{ 为顺循环} \\ -\boldsymbol{e}_k, & i、j、k \text{ 为逆循环} \\ 0, & i、j、k \text{ 为非循环} \end{cases}$$

上式也可表示为

$$\boldsymbol{e}_i \times \boldsymbol{e}_j = e_{ijk} \boldsymbol{e}_k \tag{2-1-40}$$

于是，两个向量 $\boldsymbol{A}$ 与 $\boldsymbol{B}$ 的向量积可表示为

$$\boldsymbol{A} \times \boldsymbol{B} = A_i \boldsymbol{e}_i \times B_j \boldsymbol{e}_j = A_i B_j \boldsymbol{e}_k e_{ijk} \tag{2-1-41}$$

因 $e_{ijk} = -e_{jik}$，所以有

$$\boldsymbol{A} \times \boldsymbol{B} = -\boldsymbol{B} \times \boldsymbol{A} \tag{2-1-42}$$

可以证明，置换符号与代尔塔符号有下列恒等关系

$$e_{ijk} e_{ist} = \delta_{js} \delta_{kt} - \delta_{jt} \delta_{ks} \tag{2-1-43}$$

并称为 $e\text{-}\delta$ 等式。

6. 张量的定义

张量是表征一些物理量或几何量的有效数学工具，但是它的严格定义比较难懂。为此，我们先从向量的数学定义说起，并只限于介绍笛卡儿张量的基本概念。

我们已经知道向量是有大小有方向的量。在空间直角坐标系中，向量可以用坐标轴的 3 个分量来表示。若选择的坐标系为 $x_i(i=1,2,3)$，坐标轴的单位向量为 $\boldsymbol{e}_i(i=1,2,3)$，有一向量 $\boldsymbol{u}$，在坐标轴方向的分量为 u_i，则向量 $\boldsymbol{u}$ 可表示为

$$\boldsymbol{u} = u_i \boldsymbol{e}_i$$

假如转动坐标轴得到新坐标系 $x_i'(i=1,2,3)$，其相应的坐标轴向量为 e_i'，如图 2-1-3 所示，则向量 u 在 x_i' 坐标系中的 3 个分量为 u_i'，于是向量 u 又可表示为

$$u = u_i'e_i' \qquad (2\text{-}1\text{-}44)$$

坐标系虽然不同，但表示的是同一向量 u，所以应有

$$u = u_i e_i = u_i' e_i' \qquad (2\text{-}1\text{-}45)$$

我们再看一下 e_i 与 e_i' 之间的关系。首先把 e_1' 看做在坐标系 x_i 中的一个矢量，设 e_1' 与坐标轴 x_1、x_2、x_3 的方向余弦分别为 l_{11}、l_{12}、l_{13}，由于 e_1' 为单位向量，因而它在 x_i 坐标轴方向的分量即为 l_{11}、l_{12}、l_{13}，或者说

图 2-1-3 坐标轴旋转

$$e_1' = l_{11}e_1 + l_{12}e_2 + l_{13}e_3 = l_{1i}e_i \qquad (2\text{-}1\text{-}46)$$

同理，e_2' 在 x_i 中的方向余弦为 $l_{2i}(i=1,2,3)$，e_3' 在 x_i 中的方向余弦为 $l_{3i}(i=1,2,3)$，并且有

$$\begin{aligned} e_2' &= l_{2i}e_i \\ e_3' &= l_{3i}e_i \end{aligned} \qquad (2\text{-}1\text{-}47)$$

上面三式可用一个简洁式子表示，即

$$e_j' = l_{ji}e_i \qquad (2\text{-}1\text{-}48)$$

l_{ji} 有 9 个元素，写成矩阵形式为

$$\mathbf{T} = \begin{bmatrix} l_{11} & l_{12} & l_{13} \\ l_{21} & l_{22} & l_{23} \\ l_{31} & l_{32} & l_{33} \end{bmatrix} \qquad (2\text{-}1\text{-}49)$$

称为坐标转换矩阵。

将式(2-1-49)代入式(2-1-45)可知

$$u_j = u_i' l_{ij} \qquad (2\text{-}1\text{-}50)$$

写成矩阵形式为

$$\begin{bmatrix} u_1 \\ u_2 \\ u_3 \end{bmatrix} = \begin{bmatrix} l_{11} & l_{12} & l_{13} \\ l_{21} & l_{22} & l_{23} \\ l_{31} & l_{32} & l_{33} \end{bmatrix} \begin{bmatrix} u_1' \\ u_2' \\ u_3' \end{bmatrix} \qquad (2\text{-}1\text{-}51)$$

这样我们可以给出向量的解析定义：向量由 3 个分量确定，在坐标转动时，其分量之间的关系服从坐标转换公式(2-1-50)。这一定义当然不如前面给出的向量定义直观明了，但对于引出张量的定义很有用。也可以说，向量的 3 个分量的关系服从坐标转换公式(2-1-50)时，称为一阶张量。向量就是一阶张量。下面推广到二阶。

设在坐标系 x_i 中有一个向量具有 $3^2=9$ 个分量 a_{ij}（这可以想像为 3 个互相垂直的面上都有一个向量，而每一向量又有 3 个分量），坐标轴转动后得到新坐标系 x_i'，该量的 9 个分量变为 a_{ij}'。若这些分量满足下列转换关系：

$$a_{ij} = a_{mn}' l_{mi} l_{nj} \qquad (2\text{-}1\text{-}52)$$

则这 9 个分量构成了一个二阶张量。式中，l_{mi}，l_{nj} 是 x_i' 的坐标轴在 x_i 坐标系中的方向余弦。

同理，我们还可以推广到三阶（有 $3^3=27$ 个分量）或更高阶的张量，但在力学分析中常用的是一阶(向量)和二阶张量。例如，物体内一点的应力状态就可用二阶张量来表示。

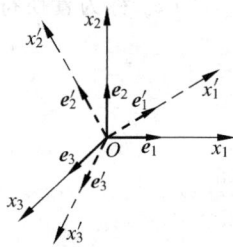

若张量 a_{ij} 的分量满足 $a_{ji}=a_{ij}$，则称该张量为对称张量。例如，应力张量和应变张量都是对称张量。

若张量 a_{ij} 的分量满足 $a_{ij}=-a_{ji}$，则称为反对称张量。显然，在反对称二阶张量中必有 $a_{11}=a_{22}=a_{33}=0$。

一般张量 a_{ij} 为非对称张量。若有另一张量 a'_{ij}，其分量满足 $a'_{ji}=a_{ij}$，亦即 a_{ij} 与 a'_{ij} 所对应的矩阵互为转置，则张量 a'_{ij} 称为张量 a_{ij} 的转置张量。

7. 张量的基本运算

（1）张量相等

设张量 a_{ij} 与张量 b_{ij} 对应的分量一一相等，即

$$a_{ij}=b_{ij} \tag{2-1-53}$$

则称两张量相等。

（2）张量的加减

将张量 a_{ij} 与张量 b_{ij} 相应的分量相加或相减，可得到一个新的张量，新张量称为两张量的和或差，即

$$c_{ij}=a_{ij}\pm b_{ij} \tag{2-1-54}$$

（3）张量的数乘

用一标量 α 乘张量 a_{ij} 各分量，得到同阶张量 b_{ij}，为

$$b_{ij}=\alpha a_{ij} \tag{2-1-55}$$

（4）向量的并乘（张量的外积）

向量 a 与 b 的并乘用 ab 表示，它定义为

$$ab=a_i b_j \tag{2-1-56}$$

用矩阵形式表示则为

$$ab=\begin{bmatrix}a_1\\a_2\\a_3\end{bmatrix}\begin{bmatrix}b_1&b_2&b_3\end{bmatrix}=\begin{bmatrix}a_1b_1&a_1b_2&a_1b_3\\a_2b_1&a_2b_2&a_2b_3\\a_3b_1&a_3b_2&a_3b_3\end{bmatrix} \tag{2-1-57}$$

向量并乘后得到一个二阶张量。并乘与向量的点积和叉积都不同，点积的结果为一个标量，叉积的结果是一个向量，并乘的结果则为一个二阶张量。

向量是一阶张量，并乘后升阶为二阶张量。这种运算可以推广到高阶张量，张量的并乘运算称为张量的外积。设有两个张量，分别为 m 和 n 阶，则这两个张量的外积为一个 $m+n$ 阶张量。例如，有二阶张量 a_{ij} 和 c_{kl}，一阶张量 b_k，则外积

$$a_{ij}b_k=d_{ijk} \tag{2-1-58}$$

为三阶张量；

$$a_{ij}c_{kl}=d_{ijkl} \tag{2-1-59}$$

为四阶张量。

注意，进行并乘的两个张量的下标是不相同和不重复的。

（5）张量的缩并与张量的点积

在上述张量并乘运算中，若取任意两个下标重复（注意，重复下标表示求和），则可以得到一个降阶的张量，这种运算称为张量的缩并。例如，a_i、b_i 均为一阶张量（向量），则

$$\boldsymbol{a}_i\boldsymbol{b}_i = a_1b_1 + a_2b_2 + a_3b_3 = c \tag{2-1-60}$$

为一标量(降阶为零阶张量)。这一运算公式与向量的点积是一样的,也可推广到高阶张量,并称为张量的点积。如果 $\boldsymbol{a}_{ij}$、$\boldsymbol{b}_{ij}$ 均为二阶张量,则

$$\boldsymbol{a}_{ik}\boldsymbol{b}_{kj} = c_{ij} \tag{2-1-61}$$

仍为二阶张量。这种运算所得新张量的阶数为原两张量阶数之和减 2。

(6) 二阶张量的双点积

还有一种二阶张量的数量积,用双点号表示。例如 $\boldsymbol{a}$、$\boldsymbol{b}$ 均为二阶张量,则

$$c = \boldsymbol{a} : \boldsymbol{b} = a_{ij}b_{ij} \tag{2-1-62}$$

二阶张量双点积的结果为一标量,故又称数量积。在线弹性理论中,应变比能可用数量积表示。设应力张量为 σ_{ij},应变张量为 ε_{ij},则应变比能为

$$W = \frac{1}{2}\boldsymbol{\sigma} : \boldsymbol{\varepsilon} = \frac{1}{2}\sigma_{ij}\varepsilon_{ij} \tag{2-1-63}$$

张量符号在推导公式中书写方便,表达简洁,因而张量分析在力学与结构工程中的应用日益广泛。这里只对笛卡儿张量作了一些简要的介绍,读者若需要张量的进一步知识,可以参阅有关专著。

2.2　应 力 分 析

2.2.1　外力、内力与应力

力是物体间的相互作用。当取某一物体(或由几个物体组成的系统)作为研究对象时,我们可以把力分为外力与内力。外力是指其他物体作用于该物体上的力;内力是指该物体内部各部分之间相互作用的力。应该注意,内力和外力在一定条件下是可以互相转化的。例如,为了研究物体内部相互作用的内力,我们常用假想的截面将物体切开,取出一部分为研究对象,这一部分通常称为隔离体。这时,另一部分对隔离体的作用力对隔离体来讲是外力,而对整个物体来讲则是内力。

用假想截面将物体切开后,截面上各点之间的相互作用力一般是不相同的。我们在截面上取包含点 P 在内的一微面积 ΔA,如图 2-2-1 所示。设作用在 ΔA 上的内力为 $\Delta \boldsymbol{F}$,则作用在 ΔA 上力的集度的平均值为 $\overline{\sigma} = \Delta \boldsymbol{F}/\Delta A$。当 ΔA 无限缩小而聚于 P 点时,取

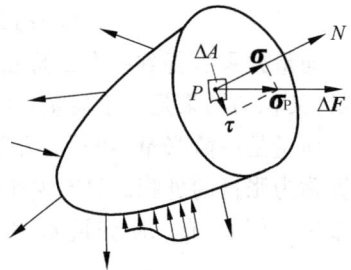

图 2-2-1　P 点的应力

$$\sigma_P = \lim_{\Delta A \to 0} \frac{\Delta \boldsymbol{F}}{\Delta A} \tag{2-2-1}$$

称为 P 点的应力。因为面积 ΔA 是标量,所以 σ_P 的方向就是 $\Delta \boldsymbol{F}$ 的极限方向,是一个向量。σ_P 是截面上的总应力,为便于公式推导和数值计算,可以用它在坐标轴方向上的 3 个分量来表示,如 σ_x、σ_y、σ_z 等。另外,在分析物体的变形和强度问题时,我们又常将总应力分解为正应力和剪应力。正应力是应力在截面法线方向的分量,剪应力是在截面切线方向的分量。工程上,正应力常用 σ 表示,剪应力常用 τ 表示,如图 2-2-1 所示。

2.2.2 一点应力状态表示法

一般情况下,截面上各点的应力不一定相同。此外,即使对于同一点,其截面方向不同时,应力的大小和方向也会不同。为了分析物体内一点的应力状态,即分析同一点在截面方向不同时截面上的应力大小和方向,在物体内部取出包含该点在内的一个微元六面体,六面体的各面与相应的坐标面相平行,平行于各坐标轴的各棱边之长分别为 Δx、Δy 和 Δz,如图 2-2-2 所示。将每个截面上的总应力沿坐标轴方向分解为 3 个分量,即分解为一个正应力和两个剪应力,6 个面共有 18 个应力分量。对于六面体的两对面,即平行于同一坐标面的两对面,当边长趋向于零时,实际上变为同一截面的两面,但外法线方向相反,因而这两对面上的应力或应力分量必然大小相等而方向相反。这样,一点的应力状态便可以用 3 个相邻面上的 9 个应力分量来表示。

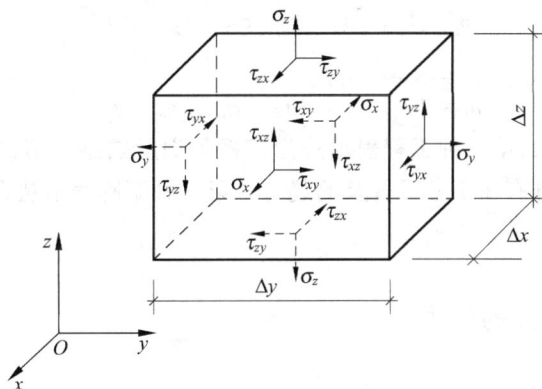

图 2-2-2 一点的应力分量

为了表示不同面上的不同应力分量,每一个应力取两个下标。第一个下标表示应力作用于哪个面,第二个下标则表示应力分量平行于哪个轴。例如,σ_{xx} 表示应力作用面的法线与 x 轴平行,而应力分量方向也与 x 轴平行;τ_{xy} 表示应力作用面的法线与 x 轴平行,而应力分量方向为 y 方向。显然,下标两个字母相同时为正应力,下标字母不同时为剪应力。为简便起见,σ_{xx}、σ_{yy}、σ_{zz} 3 个正应力可简记为 σ_x、σ_y 和 σ_z。取截面外法线方向与某一坐标轴方向一致的面为正面,正面上的应力分量与坐标轴正方向一致者为正,反之为负。相反,若某一截面的外法线方向与坐标轴方向相反,则称为负面。负面上的应力分量以沿坐标轴负方向的为正,沿坐标轴正方向的为负。如图 2-2-2 所示,应力分量全是正方向的。于是,一点的应力状态可以表示为一个二阶应力张量

$$\begin{bmatrix} \sigma_x & \tau_{xy} & \tau_{xz} \\ \tau_{yx} & \sigma_y & \tau_{yz} \\ \tau_{zx} & \tau_{zy} & \sigma_z \end{bmatrix} \tag{2-2-2}$$

上式 9 个应力分量中,6 个剪应力有三个互等关系。例如,以六面体前后两个面的中心连线为轴,列出力矩平衡方程为

$$2\tau_{yz}\Delta z\Delta x\,\frac{\Delta y}{2} - 2\tau_{zy}\Delta y\Delta x\,\frac{\Delta z}{2} = 0$$

从而可得

$$\tau_{yz} = \tau_{zy} \qquad\qquad (2\text{-}2\text{-}3)$$

同理有

$$\tau_{xy} = \tau_{yx}, \quad \tau_{zx} = \tau_{xz} \qquad\qquad (2\text{-}2\text{-}4)$$

这就证明了剪应力互等定律。因此,应力张量是一个对称的二阶张量。在张量运算中,常用同一字母表示同一物理量,这一物理量的不同分量则用不同的下标表示。这样,应力张量也可表示为

$$\boldsymbol{\sigma}_{ij} = \begin{bmatrix} \sigma_{11} & \sigma_{12} & \sigma_{13} \\ \sigma_{21} & \sigma_{22} & \sigma_{23} \\ \sigma_{31} & \sigma_{32} & \sigma_{33} \end{bmatrix} \qquad\qquad (2\text{-}2\text{-}5)$$

由于应力张量是对称张量,只有 6 个分量是独立的,因此一点的应力状态又常用 1 个列向量来表示为

$$\boldsymbol{\sigma} = \begin{bmatrix} \sigma_x & \sigma_y & \sigma_z & \tau_{xy} & \tau_{yz} & \tau_{zx} \end{bmatrix}^{\mathrm{T}} \qquad\qquad (2\text{-}2\text{-}6)$$

或

$$\boldsymbol{\sigma} = \begin{bmatrix} \sigma_{11} & \sigma_{22} & \sigma_{33} & \sigma_{12} & \sigma_{23} & \sigma_{31} \end{bmatrix}^{\mathrm{T}} \qquad\qquad (2\text{-}2\text{-}7)$$

以上三种表示方法,第一种工程表示法为工程师们所熟悉。第二种字母标记法表达简洁,力学工作者常用,且有在工程界普及的趋势。第三种矩阵表示法在计算力学和计算机程序编制中应用最为广泛。

2.2.3 任意斜截面上的应力

若某一点微六面体的 9 个应力分量为已知,则可以求出经过该点的任一斜面上的应力。图 2-2-3 表示在 O 点附近取出的一个微六面体,有一任意斜面与六面体的 3 个棱线交

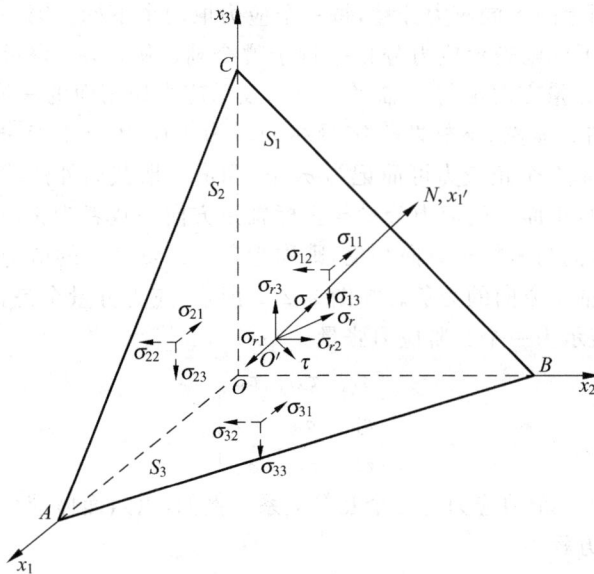

图 2-2-3 斜面上的应力

于 A、B、C。今取 3 个棱边 OA、OB、OC 为坐标轴 x_1、x_2、x_3。若斜面外法线方向为 N,其方向余弦为

$$\cos(N, x_1) = l_1, \quad \cos(N, x_2) = l_2, \quad \cos(N, x_3) = l_3$$

又设斜面 $\triangle ABC$ 的面积为 S,则 $\triangle OBC$,$\triangle OAC$,$\triangle OAB$ 的面积分别为

$$\left.\begin{array}{l} S_1 = S\cos(N, x_1) = Sl_1 \\ S_2 = S\cos(N, x_2) = Sl_2 \\ S_3 = S\cos(N, x_3) = Sl_3 \end{array}\right\} \tag{2-2-8}$$

设斜面上的总应力为 σ_r,总应力在 3 个坐标轴方向的应力分量为 σ_{r1}、σ_{r2}、σ_{r3}。由平衡条件 $\sum X = 0$ 可得

$$\sigma_{r1} S = \sigma_{11} Sl_1 + \sigma_{12} Sl_2 + \sigma_{13} Sl_3$$

即

$$\sigma_{r1} = \sigma_{11} l_1 + \sigma_{12} l_2 + \sigma_{13} l_3 \tag{2-2-9a}$$

同理有

$$\sigma_{r2} = \sigma_{21} l_1 + \sigma_{22} l_2 + \sigma_{23} l_3 \tag{2-2-9b}$$

$$\sigma_{r3} = \sigma_{31} l_1 + \sigma_{32} l_2 + \sigma_{33} l_3 \tag{2-2-9c}$$

写成矩阵形式为

$$\begin{bmatrix} \sigma_{r1} \\ \sigma_{r2} \\ \sigma_{r3} \end{bmatrix} = \begin{bmatrix} \sigma_{11} & \sigma_{12} & \sigma_{13} \\ \sigma_{21} & \sigma_{22} & \sigma_{23} \\ \sigma_{31} & \sigma_{32} & \sigma_{33} \end{bmatrix} \begin{bmatrix} l_1 \\ l_2 \\ l_3 \end{bmatrix} \tag{2-2-10}$$

用字母标号法可写成简洁的形式

$$\sigma_{ri} = \sigma_{ij} l_j \tag{2-2-11}$$

这一公式称为柯西(Cauchy)公式。斜面上的总应力等于 3 个应力分量之和,即有

$$\sigma_r^2 = \sigma_{r1}^2 + \sigma_{r2}^2 + \sigma_{r3}^2 \tag{2-2-12}$$

通常需要将总应力分解为垂直于斜面的正应力和平行于斜面的剪应力。为此,我们取斜面中心点 O',以过 O' 点的外法线为坐标轴 $O'x_1'$,同时在斜面上取互相垂直的两个坐标轴 $O'x_2'$ 和 $O'x_3'$。新坐标系各轴在原坐标系 $Ox_1x_2x_3$ 中的方向余弦共 9 个,如表 2-2-1 所示。

表 2-2-1　新坐标轴在原坐标系中的方向余弦

	x_1	x_2	x_3
x_1'	l_{11}	l_{12}	l_{13}
x_2'	l_{21}	l_{22}	l_{23}
x_3'	l_{31}	l_{32}	l_{33}

斜面上的正应力可计算如下:

$$\begin{aligned} \sigma_{11}' &= \sigma_{r1} l_{11} + \sigma_{r2} l_{12} + \sigma_{r3} l_{13} \\ &= \sigma_{11} l_{11}^2 + \sigma_{22} l_{12}^2 + \sigma_{33} l_{13}^2 + 2\sigma_{12} l_{11} l_{12} + 2\sigma_{23} l_{12} l_{13} + 2\sigma_{31} l_{13} l_{11} \end{aligned} \tag{2-2-13}$$

在斜面上沿 $O'x_2'$ 轴和 $O'x_3'$ 轴的剪应力分别为

$$\begin{aligned} \sigma_{12}' &= \sigma_{r1} l_{21} + \sigma_{r2} l_{22} + \sigma_{r3} l_{23} \\ &= \sigma_{11} l_{11} l_{12} + \sigma_{22} l_{12} l_{22} + \sigma_{33} l_{13} l_{23} + \sigma_{12} (l_{11} l_{22} + l_{21} l_{12}) \\ &\quad + \sigma_{23} (l_{12} l_{23} + l_{22} l_{13}) + \sigma_{31} (l_{13} l_{21} + l_{11} l_{23}) \end{aligned} \tag{2-2-14}$$

$$\begin{aligned} \sigma_{13}' &= \sigma_{r1} l_{31} + \sigma_{r2} l_{32} + \sigma_{r3} l_{33} \\ &= \sigma_{11} l_{31} l_{11} + \sigma_{22} l_{32} l_{12} + \sigma_{33} l_{33} l_{13} + \sigma_{12} (l_{31} l_{12} + l_{11} l_{32}) \\ &\quad + \sigma_{23} (l_{33} l_{12} + l_{13} l_{32}) + \sigma_{31} (l_{33} l_{11} + l_{13} l_{31}) \end{aligned} \tag{2-2-15}$$

同理,可以取 $O'x_2'$ 为法线作一斜面,还可取 $O'x_3'$ 为法线作另一斜面,每一个斜面上均可求得一个正应力和两个互相垂直的剪应力。计算公式与上类似,这里不再一一列出。最后,我们得到在新的坐标系 $O'x_1'x_2'x_3'$ 中同一点的另外 9 个应力分量,这些分量均可由原坐标系中的 9 个应力分量求出,可用下式计算:

$$\sigma'_{mn} = \sigma_{ij} l_{mi} l_{nj} \tag{2-2-16}$$

写成矩阵的形式,这一计算式可表达为

$$
\begin{bmatrix}
\sigma'_{11} & \sigma'_{12} & \sigma'_{13} \\
\sigma'_{21} & \sigma'_{22} & \sigma'_{23} \\
\sigma'_{31} & \sigma'_{32} & \sigma'_{33}
\end{bmatrix}
=
\begin{bmatrix}
l_{11} & l_{12} & l_{13} \\
l_{21} & l_{22} & l_{23} \\
l_{31} & l_{32} & l_{33}
\end{bmatrix}
\begin{bmatrix}
\sigma_{11} & \sigma_{12} & \sigma_{13} \\
\sigma_{21} & \sigma_{22} & \sigma_{23} \\
\sigma_{31} & \sigma_{32} & \sigma_{33}
\end{bmatrix}
\begin{bmatrix}
l_{11} & l_{21} & l_{31} \\
l_{12} & l_{22} & l_{32} \\
l_{13} & l_{23} & l_{33}
\end{bmatrix}
\tag{2-2-17}
$$

这就是应力分量的坐标转换公式。

由此可见,若某一点的 9 个应力分量为已知,则可以求出任意斜面上的正应力和剪应力,以及以该斜面法线方向为新坐标轴的 9 个应力分量。

2.2.4　主应力与应力张量不变量

如上所述,经过同一点的不同斜面上的应力是随斜面的方向而变化的。若斜面变化到某一方向,其法线方向余弦为 l_1、l_2、l_3,该斜面上的剪应力分量都等于零,则该斜面上的正应力称为主应力。由于剪应力分量等于零,所以该斜面上的总应力 σ_r 就等于主应力。我们用 σ 表示主应力,则 $\sigma_r = \sigma$。总应力在三个坐标轴方向的分量为

$$\sigma_{r1} = \sigma l_1, \quad \sigma_{r2} = \sigma l_2, \quad \sigma_{r3} = \sigma l_3 \tag{2-2-18}$$

另一方面,若取斜面法线为投影坐标轴,由任意斜面应力公式(即柯西公式)有

$$
\left.
\begin{aligned}
\sigma_{11} l_1 + \sigma_{12} l_2 + \sigma_{13} l_3 &= \sigma_{r1} = \sigma l_1 \\
\sigma_{21} l_1 + \sigma_{22} l_2 + \sigma_{23} l_3 &= \sigma_{r2} = \sigma l_2 \\
\sigma_{31} l_1 + \sigma_{32} l_2 + \sigma_{33} l_3 &= \sigma_{r3} = \sigma l_3
\end{aligned}
\right\}
\tag{2-2-19}
$$

写成矩阵形式为

$$
\begin{bmatrix}
\sigma_{11} & \sigma_{12} & \sigma_{13} \\
\sigma_{21} & \sigma_{22} & \sigma_{23} \\
\sigma_{31} & \sigma_{32} & \sigma_{33}
\end{bmatrix}
\begin{bmatrix}
l_1 \\ l_2 \\ l_3
\end{bmatrix}
= \sigma
\begin{bmatrix}
l_1 \\ l_2 \\ l_3
\end{bmatrix}
\tag{2-2-20}
$$

可见,这相当于求以应力分量组成的 3×3 阶矩阵的特征值问题:σ 为其特征值,而 l_1、l_2、l_3 为相应的特征向量。

上式移项后,还可写成

$$
\begin{bmatrix}
(\sigma_{11} - \sigma) & \sigma_{12} & \sigma_{13} \\
\sigma_{21} & (\sigma_{22} - \sigma) & \sigma_{23} \\
\sigma_{31} & \sigma_{32} & (\sigma_{33} - \sigma)
\end{bmatrix}
\begin{bmatrix}
l_1 \\ l_2 \\ l_3
\end{bmatrix}
=
\begin{bmatrix}
0 \\ 0 \\ 0
\end{bmatrix}
\tag{2-2-21}
$$

这是关于 l_1、l_2、l_3 的一组齐次方程。由方向余弦的性质 $l_1^2 + l_2^2 + l_3^2 = 1$ 可知,l_1、l_2、l_3 不会同时为零,所以这组齐次方程应有非零解。齐次方程有非零解的必要条件是其系数行列式值等于零,即

$$\begin{vmatrix} (\sigma_{11} - \sigma) & \sigma_{12} & \sigma_{13} \\ \sigma_{21} & (\sigma_{22} - \sigma) & \sigma_{23} \\ \sigma_{31} & \sigma_{32} & (\sigma_{33} - \sigma) \end{vmatrix} = 0 \tag{2-2-22}$$

写成简洁的形式为

$$| \sigma_{ij} - \sigma\delta_{ij} | = 0 \tag{2-2-23}$$

展开后得到关于 σ 的一个三次方程

$$\sigma^3 - I_1\sigma^2 + I_2\sigma - I_3 = 0 \tag{2-2-24}$$

其中，

$$I_1 = \sigma_{11} + \sigma_{22} + \sigma_{33} = \sigma_1 + \sigma_2 + \sigma_3 \tag{2-2-25a}$$

$$I_2 = \begin{vmatrix} \sigma_{11} & \sigma_{12} \\ \sigma_{21} & \sigma_{22} \end{vmatrix} + \begin{vmatrix} \sigma_{22} & \sigma_{23} \\ \sigma_{32} & \sigma_{33} \end{vmatrix} + \begin{vmatrix} \sigma_{11} & \sigma_{13} \\ \sigma_{31} & \sigma_{33} \end{vmatrix}$$

$$= \sigma_{11}\sigma_{22} + \sigma_{22}\sigma_{33} + \sigma_{33}\sigma_{11} - \sigma_{12}^2 - \sigma_{23}^2 - \sigma_{31}^2 = \sigma_1\sigma_2 + \sigma_2\sigma_3 + \sigma_3\sigma_1 \tag{2-2-25b}$$

$$I_3 = \begin{vmatrix} \sigma_{11} & \sigma_{12} & \sigma_{13} \\ \sigma_{21} & \sigma_{22} & \sigma_{23} \\ \sigma_{31} & \sigma_{32} & \sigma_{33} \end{vmatrix}$$

$$= \sigma_{11}\sigma_{22}\sigma_{33} + 2\sigma_{12}\sigma_{23}\sigma_{31} - \sigma_{11}\sigma_{23}^2 - \sigma_{22}\sigma_{13}^2 - \sigma_{33}\sigma_{12}^2 = \sigma_1\sigma_2\sigma_3 \tag{2-2-25c}$$

在弹性力学中已经证明,这个三次方程有 3 个实根,也即可以求出 3 个主应力,而且这 3 个主应力的方向是正交的。一般将这 3 个主应力按由大到小的次序排列,并用符号 σ_1、σ_2 和 σ_3 表示,分别称为第一、第二和第三主应力。第一主应力又称最大主应力,第三主应力又称为最小主应力。求出 3 个主应力以后,将每一个主应力值代回方程(2-2-21),可以求出主应力作用斜面的方向余弦。3 个主应力所在面的法线组成了一个正交的坐标系。若以主应力方向为轴(称为主轴),在这个坐标系内的应力张量为

$$\boldsymbol{\sigma}_{ij} = \begin{bmatrix} \sigma_1 & 0 & 0 \\ 0 & \sigma_2 & 0 \\ 0 & 0 & \sigma_3 \end{bmatrix} \tag{2-2-26}$$

对于给定的应力状态,其主应力是确定的,即其大小和方向与坐标轴的选择无关。由此可以推出, I_1、I_2 和 I_3 也必定是与坐标轴选择无关的量。这 3 个量分别称为应力张量的第一、第二和第三不变量。

通常取 3 个主应力之和的平均值定义为平均正应力,即

$$\sigma_m = \frac{1}{3}(\sigma_1 + \sigma_2 + \sigma_3) = \frac{I_1}{3} \tag{2-2-27}$$

一点的应力张量可以看成两部分之和。一部分是以平均正应力的应力状态,称为应力球张量,即

$$\boldsymbol{\sigma}_m = \begin{bmatrix} \sigma_m & 0 & 0 \\ 0 & \sigma_m & 0 \\ 0 & 0 & \sigma_m \end{bmatrix} \tag{2-2-28}$$

另一部分等于应力张量减去相应应力球张量,称为应力偏张量或应力偏量,记作 s_{ij} ,即

$$\boldsymbol{s}_{ij} = \begin{bmatrix} \sigma_{11} - \sigma_m & \sigma_{12} & \sigma_{13} \\ \sigma_{21} & \sigma_{22} - \sigma_m & \sigma_{23} \\ \sigma_{31} & \sigma_{32} & \sigma_{33} - \sigma_m \end{bmatrix} \tag{2-2-29}$$

于是应力张量可以分解为

$$\boldsymbol{\sigma}_{ij} = \begin{bmatrix} \sigma_m & 0 & 0 \\ 0 & \sigma_m & 0 \\ 0 & 0 & \sigma_m \end{bmatrix} + \begin{bmatrix} s_{11} & s_{12} & s_{13} \\ s_{21} & s_{22} & s_{23} \\ s_{31} & s_{32} & s_{33} \end{bmatrix} \tag{2-2-30}$$

第一部分是平均应力状态,其主应力等于平均正应力;第二部分应力偏量也是一个对称的二阶张量。对应力偏量,我们可求出其主应力偏量,其方向与原应力张量的主应力方向一致,且有

$$s_i = \sigma_i - \sigma_m, \quad i = 1, 2, 3 \tag{2-2-31}$$

因此,只要求出平均正应力与应力偏量的主值,即可求出主应力。下面,先求主应力偏量。与式(2-2-23)类似,可求得方程为

$$\mid s_{ij} - s\delta_{ij} \mid = 0 \tag{2-2-32}$$

展开后可得三次方程为

$$s^3 - J_1 s^2 - J_2 s - J_3 = 0 \tag{2-2-33}$$

其中,

$$J_1 = s_{11} + s_{22} + s_{33} = 0 \tag{2-2-34a}$$

$$\begin{aligned} J_2 &= -\begin{vmatrix} s_{11} & s_{12} \\ s_{21} & s_{22} \end{vmatrix} - \begin{vmatrix} s_{22} & s_{23} \\ s_{32} & s_{33} \end{vmatrix} - \begin{vmatrix} s_{33} & s_{31} \\ s_{13} & s_{11} \end{vmatrix} \\ &= -s_{11}s_{22} - s_{22}s_{33} - s_{33}s_{11} + s_{12}^2 + s_{23}^2 + s_{31}^2 \end{aligned} \tag{2-2-34b}$$

$$\begin{aligned} J_3 &= \begin{vmatrix} s_{11} & s_{12} & s_{13} \\ s_{21} & s_{22} & s_{23} \\ s_{31} & s_{32} & s_{33} \end{vmatrix} \\ &= s_{11}s_{22}s_{33} + 2s_{12}s_{23}s_{31} - s_{11}s_{23}^2 - s_{22}s_{13}^2 - s_{33}s_{12}^2 \end{aligned} \tag{2-2-34c}$$

式中,J_1、J_2 和 J_3 分别称为应力偏量的第一、第二和第三不变量。由于第一应力偏量不变量 $J_1 = 0$,所以求应力偏量的主值要方便一些,求出 $s_i (i=1,2,3)$ 以后,即可求出主应力为

$$\sigma_i = s_i + \frac{I_1}{3} \tag{2-2-35}$$

将其代入求主应力的方程,得

$$\left(s + \frac{I_1}{3} \right)^3 - I_1 \left(s + \frac{I_1}{3} \right)^2 + I_2 \left(s + \frac{I_1}{3} \right) - I_3 = 0 \tag{2-2-36}$$

化简后可得

$$s^3 - \left(\frac{I_1^2}{3} - I_2 \right) s - \left(\frac{2I_1^3}{27} - \frac{I_1 I_2}{3} + I_3 \right) = 0 \tag{2-2-37}$$

与求主应力偏量的方程对比可知

$$J_2 = \frac{I_1^2}{3} - I_2 \tag{2-2-38a}$$

$$J_3 = \frac{2I_1^3}{27} - \frac{I_1 I_2}{3} + I_3 \tag{2-2-38b}$$

可见应力张量不变量与相应的应力偏量的不变量是密切相关的。在弹塑性理论中,J_2、J_3 用得较多,因此下面列出一些 J_2、J_3 的不同表达式,因

$$\begin{aligned} J_1^2 &= (s_{11} + s_{22} + s_{33})^2 \\ &= s_{11}^2 + s_{22}^2 + s_{33}^2 + 2(s_{11}s_{22} + s_{22}s_{33} + s_{33}s_{11}) = 0 \end{aligned}$$

所以

$$- (s_{11}s_{22} + s_{22}s_{33} + s_{33}s_{11}) = \frac{1}{2}(s_{11}^2 + s_{22}^2 + s_{33}^2)$$

故

$$J_2 = \frac{1}{2}(s_{11}^2 + s_{22}^2 + s_{33}^2) + s_{12}^2 + s_{23}^2 + s_{31}^2 \qquad (2\text{-}2\text{-}39)$$

当为主应力状态时，$s_{12} = s_{23} = s_{31} = 0$，则有

$$J_2 = \frac{1}{2}(s_1^2 + s_2^2 + s_3^2) \qquad (2\text{-}2\text{-}40)$$

又因为

$$\begin{aligned}
s_{11}^2 + s_{22}^2 + s_{33}^2 &= \frac{2}{3}(s_{11}^2 + s_{22}^2 + s_{33}^2) + \frac{1}{3}(s_{11}^2 + s_{22}^2 + s_{33}^2) \\
&= \frac{2}{3}(s_{11}^2 + s_{22}^2 + s_{33}^2 - s_{11}s_{22} - s_{22}s_{33} - s_{33}s_{11}) \\
&= \frac{1}{3}\left[(s_{11} - s_{22})^2 + (s_{22} - s_{33})^2 + (s_{33} - s_{11})^2\right]
\end{aligned}$$

所以

$$\begin{aligned}
J_2 &= \frac{1}{6}\left[(s_{11} - s_{22})^2 + (s_{22} - s_{33})^2 + (s_{33} - s_{11})^2\right] + s_{12}^2 + s_{23}^2 + s_{31}^2 \\
&= \frac{1}{6}\left[(\sigma_{11} - \sigma_{22})^2 + (\sigma_{22} - \sigma_{33})^2 + (\sigma_{33} - \sigma_{11})^2\right] + \sigma_{12}^2 + \sigma_{23}^2 + \sigma_{31}^2
\end{aligned}$$

$$(2\text{-}2\text{-}41)$$

当为主应力状态时，有

$$\begin{aligned}
J_2 &= \frac{1}{6}\left[(\sigma_1 - \sigma_2)^2 + (\sigma_2 - \sigma_3)^2 + (\sigma_3 - \sigma_1)^2\right] \\
&= \frac{1}{3}(\sigma_1^2 + \sigma_2^2 + \sigma_3^2 - \sigma_1\sigma_2 - \sigma_2\sigma_3 - \sigma_3\sigma_1) \\
&= -(\sigma_1\sigma_2 + \sigma_2\sigma_3 + \sigma_3\sigma_1) \qquad (2\text{-}2\text{-}42)
\end{aligned}$$

对于 J_3 的表达式，在主应力状态下有

$$J_3 = s_1 s_2 s_3 \qquad (2\text{-}2\text{-}43)$$

由

$$(s_1 + s_2 + s_3)^3 = 0$$

展开

$$\begin{aligned}
(s_1 + s_2 + s_3)^3 &= s_1^3 + s_2^3 + s_3^3 + 3s_1^2 s_2 + 3s_1^2 s_3 + 3s_2^2 s_1 \\
&\quad + 3s_2^2 s_3 + 3s_3^2 s_1 + 3s_3^2 s_2 + 6s_1 s_2 s_3 \\
&= s_1^3 + s_2^3 + s_3^3 - 3s_1 s_2 s_3 + 3s_1 s_2(s_1 + s_2 + s_3) \\
&\quad + 3s_2 s_3(s_1 + s_2 + s_3) + 3s_3 s_1(s_1 + s_2 + s_3) \\
&= s_1^3 + s_2^3 + s_3^3 - 3s_1 s_2 s_3 = 0
\end{aligned}$$

可得

$$s_1 s_2 s_3 = \frac{1}{3}(s_1^3 + s_2^3 + s_3^3)$$

所以

$$J_3 = s_1 s_2 s_3 = \frac{1}{3}(s_1^3 + s_2^3 + s_3^3)$$

$$= \frac{1}{27}(2\sigma_1 - \sigma_2 - \sigma_3)(2\sigma_2 - \sigma_3 - \sigma_1)(2\sigma_3 - \sigma_1 - \sigma_2) \quad (2\text{-}2\text{-}44)$$

2.2.5　求解主应力的数值方法

在空间应力状态下,求解主应力归结为求解一个一元三次方程的问题,通常有以下几种方法。

1. 运用卡尔丹公式

取方程
$$s^3 - J_2 s - J_3 = 0$$

由求解一元三次方程的卡尔丹(Cardan)公式可知

$$\left.\begin{aligned} s_1 &= A + B \\ s_2 &= -\frac{A+B}{2} + \mathrm{i}\,\frac{A-B}{2}\sqrt{3} \\ s_3 &= -\frac{A+B}{2} - \mathrm{i}\,\frac{A-B}{2}\sqrt{3} \end{aligned}\right\} \quad (2\text{-}2\text{-}45)$$

其中 $A = \sqrt[3]{\dfrac{J_3}{2} + \sqrt{Q}}, B = \sqrt[3]{\dfrac{J_3}{2} - \sqrt{Q}}$。

而

$$Q = -\left(\frac{J_2}{3}\right)^3 + \left(\frac{J_3}{2}\right)^2 \quad (2\text{-}2\text{-}46)$$

当 $Q \leqslant 0$ 时,方程有三个实根,当 $Q = 0$ 时,其中有两个实根相等;

当 $Q > 0$ 时,方程有一个实根和一对共轭复根。求主应力时不会遇到 $Q > 0$ 的情况。

运用卡尔丹公式涉及复数运算,具体计算时不很方便。

2. 等代三角方程法

令

$$s = r\cos\theta \quad (2\text{-}2\text{-}47)$$

代入三次方程 $s^3 - J_2 s - J_3 = 0$,可得

$$\cos^3\theta - \frac{J_2}{r^2}\cos\theta - \frac{J_3}{r^3} = 0 \quad (2\text{-}2\text{-}48)$$

若取

$$\left.\begin{aligned} \frac{J_2}{r^2} &= \frac{3}{4} \\ \frac{J_3}{r^3} &= \frac{\cos 3\theta}{4} \end{aligned}\right\} \quad (2\text{-}2\text{-}49)$$

也即

$$\left.\begin{aligned} r &= \sqrt{\frac{4J_2}{3}} = \frac{2\sqrt{J_2}}{\sqrt{3}} \\ \cos 3\theta &= \frac{4J_3}{r^3} = \frac{3\sqrt{3}J_3}{2J_2^{3/2}} \end{aligned}\right\} \quad (2\text{-}2\text{-}50)$$

则上述三角方程变成恒等式,亦即三角方程可以得到解。于是,主应力求解过程可归纳为

$$\left.\begin{array}{l} r = \sqrt{\dfrac{4J_2}{3}} \\ \theta = \dfrac{1}{3}\arccos\dfrac{4J_3}{r^3} \\ s = r\cos\theta \\ \sigma = s + \dfrac{I_1}{3} \end{array}\right\} \qquad (2\text{-}2\text{-}51)$$

应该注意,由 $\cos 3\theta$ 求 θ 时,在 $0\sim 2\pi$ 范围内有 3 个角值满足要求,正好求得 3 个主值,相应于三次方程的 3 个根。这样,主应力可按下列公式计算:

$$\begin{bmatrix}\sigma_1 \\ \sigma_2 \\ \sigma_3\end{bmatrix} = \begin{bmatrix}s_1 \\ s_2 \\ s_3\end{bmatrix} + \sigma_m \begin{bmatrix}1 \\ 1 \\ 1\end{bmatrix} = \frac{2\sqrt{J_2}}{\sqrt{3}}\begin{bmatrix}\cos\theta \\ \cos\left(\theta - \dfrac{2}{3}\pi\right) \\ \cos\left(\theta + \dfrac{2}{3}\pi\right)\end{bmatrix} + \frac{I_1}{3}\begin{bmatrix}1 \\ 1 \\ 1\end{bmatrix} \qquad (2\text{-}2\text{-}52)$$

【例 2-1】　已知某一点的应力张量为

$$\boldsymbol{\sigma}_{ij} = \begin{bmatrix}10 & 5 & 6 \\ 5 & 20 & 4 \\ 6 & 4 & 30\end{bmatrix}$$

试求其主应力及主应力方向余弦。

【解】
$$I_1 = 10 + 20 + 30 = 60$$
$$\sigma_m = \frac{I_1}{3} = \frac{60}{3} = 20$$

相应的应力偏量为

$$\boldsymbol{s}_{ij} = \begin{bmatrix}-10 & 5 & 6 \\ 5 & 0 & 4 \\ 6 & 4 & 10\end{bmatrix}$$

$$J_2 = \frac{1}{2}(10^2 + 0 + 10^2) + 5^2 + 6^2 + 4^2 = 177$$

$$J_3 = -10 \times 0 \times 10 + 2 \times 5 \times 4 \times 6 - (-10) \times 4^2 - 0 \times 6^2 - 10 \times 5^2$$
$$= 240 + 160 - 250 = 150$$

$$\cos 3\theta = \frac{3\sqrt{3}J_3}{2\sqrt{J_2^3}} = \frac{3 \times \sqrt{3} \times 150}{2 \times \sqrt{177^3}} = 0.165\,49$$

$$3\theta = 80.474°$$
$$\theta = 26.825°$$

$$\begin{bmatrix}s_1 \\ s_2 \\ s_3\end{bmatrix} = \frac{2\sqrt{J_2}}{\sqrt{3}}\begin{bmatrix}\cos 26.825° \\ \cos(26.825 - 120)° \\ \cos(26.825 + 120)°\end{bmatrix} = \begin{bmatrix}13.709 \\ -0.8509 \\ -12.858\end{bmatrix}$$

$$\begin{bmatrix}\sigma_1 \\ \sigma_2 \\ \sigma_3\end{bmatrix} = \begin{bmatrix}13.709 \\ -0.8509 \\ -12.858\end{bmatrix} + \begin{bmatrix}20 \\ 20 \\ 20\end{bmatrix} = \begin{bmatrix}33.709 \\ 19.149 \\ 7.142\end{bmatrix}$$

当 $\sigma = \sigma_1$ 时，设其方向余弦为 l_{11}、l_{12}、l_{13}，则方程

$$(10 - 33.709)l_{11} + 5l_{12} + 6l_{13} = 0$$

$$5l_{11} + (20 - 33.709)l_{12} + 4l_{13} = 0$$

$$6l_{11} + 4l_{12} + (30 - 33.709)l_{13} = 0$$

其中只有两个是独立的，可以加上条件

$$l_{11}^2 + l_{12}^2 + l_{13}^2 = 1$$

从而解得 $l_{11} = 0.300, \quad l_{12} = 0.366, \quad l_{13} = 0.881$

当 $\sigma = 19.149$ 时，同样可求得其方向余弦为

$$l_{21} = 0.197, \quad l_{22} = 0.879, \quad l_{23} = -0.433$$

当 $\sigma = 7.142$ 时，其方向余弦为

$$l_{31} = 0.933, \quad l_{32} = -0.303, \quad l_{33} = -0.192$$

由此例可见，这一方法比解三次方程方便得多。

当然，也可用正弦函数，令

$$s = r\sin\theta_\sigma$$

取

$$r = \frac{2}{\sqrt{3}}\sqrt{J_2} \tag{2-2-53}$$

$$\sin3\theta_\sigma = -\frac{4J_3}{r^3}$$

可得

$$\sin^3\theta_\sigma - \frac{J_2}{r^2}\sin\theta_\sigma - \frac{J_3}{r^3} = \sin^3\theta_\sigma - \frac{3}{4}\sin\theta_\sigma + \frac{1}{4}\sin3\theta_\sigma = 0$$

也是一个三角恒等式。这样很易确定主应力偏量，进而求得主应力值为

$$\begin{bmatrix} \sigma_1 \\ \sigma_2 \\ \sigma_3 \end{bmatrix} = \frac{2\sqrt{J_2}}{\sqrt{3}}\begin{bmatrix} \sin\left(\theta_\sigma + \frac{2}{3}\pi\right) \\ \sin\theta_\sigma \\ \sin\left(\theta_\sigma - \frac{2}{3}\pi\right) \end{bmatrix} + \frac{1}{3}\begin{bmatrix} I_1 \\ I_1 \\ I_1 \end{bmatrix} \tag{2-2-54}$$

用正弦函数求解上例，可得 $\theta_\sigma = 116.825°$、$-3.175°$、$-123.175°$。求出的主应力值与用余弦求得结果一样。一般 θ_σ 为应力矢量在 π 平面(π 平面定义见 2.2.7 节)上与 σ_1 投影轴的偏转角，有人称为相似角。一般称 θ_σ 为罗德(Lode)角，因为它与罗德参数(见第 2.2.6 节)有关。

利用式(2-2-54)也可以求出主应力。

由

$$r = \sqrt{\frac{4J_2}{3}} = \sqrt{\frac{4 \times 177}{3}} = 15.362$$

$$\sin3\theta_\sigma = -\frac{4J_3}{r^3} = \frac{4 \times 150}{15.362^3} = -0.1655$$

$$3\theta_\sigma = \arcsin(-0.1655) = -9.526°$$

$$\theta_\sigma = -3.175°$$

$$\begin{bmatrix} s_1 \\ s_2 \\ s_3 \end{bmatrix} = r\begin{bmatrix} \sin(\theta_\sigma + 120°) \\ \sin\theta_\sigma \\ \sin(\theta_\sigma - 120°) \end{bmatrix} = 15.362\begin{bmatrix} \sin116.825° \\ \sin(-3.175)° \\ \sin(-123.175°) \end{bmatrix}$$

$$= \begin{bmatrix} 13.709 \\ -0.8509 \\ -12.858 \end{bmatrix}$$

从而可得

$$\begin{bmatrix} \sigma_1 \\ \sigma_2 \\ \sigma_3 \end{bmatrix} = \begin{bmatrix} s_1 \\ s_2 \\ s_3 \end{bmatrix} + \sigma_m \begin{bmatrix} 1 \\ 1 \\ 1 \end{bmatrix} = \begin{bmatrix} 33.709 \\ 19.149 \\ 7.142 \end{bmatrix}$$

所得结果与用式(2-2-52)得到的结果相同。

3. 用雅可比(Jacobi)法求主应力

从矩阵代数角度看,求主应力的问题相当于求应力张量相应矩阵的特征值,其主值的方向余弦向量即为特征向量。所以,凡是求矩阵特征值的方法均可用于求主应力。应力矩阵是3×3阶的对称矩阵,用雅可比方法比较有效。求特征值的雅可比法在一般的线性代数或数值方法的教科书中均可找到,这里不再赘述。

2.2.6　应力圆和罗德参数

1. 莫尔(Mohr)应力圆

一点的应力状态也可用几何的方法来表示,比较常用的是莫尔应力圆。根据材料力学的知识,在平面应力状态下,若已知某一点的主应力为 $\sigma_1 > \sigma_2$,$\sigma_3 = 0$,则过这一点的任一斜面上的正应力 σ 与剪应力 τ 满足下列方程:

$$\left(\sigma - \frac{\sigma_1 + \sigma_2}{2}\right)^2 + \tau^2 = \left(\frac{\sigma_1 - \sigma_2}{2}\right)^2 \tag{2-2-55}$$

取 σ 为横轴,τ 为纵轴,在 σ-τ 平面坐标中,上述方程是一个圆的方程,其圆心为 $(\sigma_1 + \sigma_2)/2$,半径为 $(\sigma_1 - \sigma_2)/2$。这个圆称为莫尔应力圆,圆周上的每一点与某一斜面上的应力对应,如图 2-2-4 所示。

对于三向应力状态,也可用三向应力圆来表示。若已知一点的主应力为 $\sigma_1 > \sigma_2 > \sigma_3$,则三向应力圆如图 2-2-5 所示。它由 3 个圆组成,第一个圆以 $\left(\dfrac{\sigma_1 + \sigma_2}{2}, 0\right)$ 为圆心,$\left(\dfrac{\sigma_1 - \sigma_2}{2}\right)$ 为

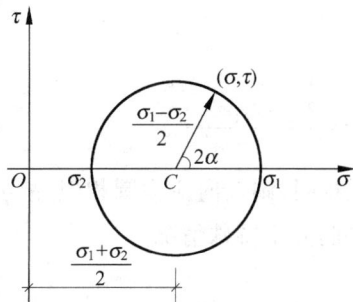

图 2-2-4　平面应力下的莫尔应力圆　　　　图 2-2-5　三向应力下的莫尔应力圆

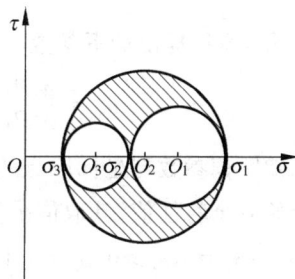

半径；第二个圆以 $\left(\dfrac{\sigma_2+\sigma_3}{2},0\right)$ 为圆心，$\left(\dfrac{\sigma_2-\sigma_3}{2}\right)$ 为半径；第三个圆以 $\left(\dfrac{\sigma_1+\sigma_3}{2},0\right)$ 为圆心，$\left(\dfrac{\sigma_1-\sigma_3}{2}\right)$ 为半径。第一个圆周上的点表示单元体内绕 σ_3 轴转动的应力；第二、第三个圆周上的点分别表示绕 σ_1、σ_2 轴转动的应力。至于任意斜截面上的应力则可以用 3 个圆周为界限的阴影区内某一点来表示。

从三向莫尔应力圆中可以看出：

(1) 通过一点所有斜面中的最大正应力是 σ_1，最小正应力是 σ_3；若 $\sigma_3<0$，则 σ_3 是最大压应力；

(2) 通过一点所有斜面中的最大剪应力为 $|\sigma_1-\sigma_3|/2$，绝对值最小的剪应力为零。

2. 罗德(Lode)参数

取平均主应力 $\sigma_m=\dfrac{1}{3}(\sigma_1+\sigma_2+\sigma_3)$，将三向应力圆中的坐标原点由 O 移到 O_1，使得 $OO_1=\sigma_m$，如图 2-2-6 所示，有

$$\left.\begin{array}{l} O_1P_1=\sigma_1-\sigma_m=s_1 \\ O_1P_2=\sigma_2-\sigma_m=s_2 \\ O_1P_3=\sigma_3-\sigma_m=s_3 \end{array}\right\} \qquad (2\text{-}2\text{-}56)$$

可见移轴后的三向应力圆表示应力偏张量的应力圆。取最大应力圆的中心点为 M，即

$$OM=\frac{\sigma_1+\sigma_3}{2} \qquad (2\text{-}2\text{-}57)$$

则

$$MP_1=\frac{\sigma_1-\sigma_3}{2}=\tau_{\max}$$

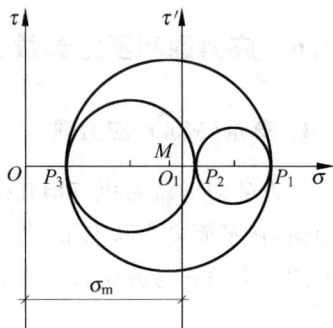

图 2-2-6　三向应力圆

$$MP_2=MP_1-P_2P_1$$

$$=\frac{1}{2}(\sigma_1-\sigma_3)-(\sigma_1-\sigma_2)$$

$$=\frac{1}{2}(2\sigma_2-\sigma_1-\sigma_3)$$

$$=\sigma_2-\frac{\sigma_1+\sigma_3}{2} \qquad (2\text{-}2\text{-}58)$$

1925 年，罗德提出如下参数

$$\mu_\sigma=\frac{MP_2}{MP_1}=\frac{2\sigma_2-\sigma_1-\sigma_3}{\sigma_1-\sigma_3}=\frac{2s_2-s_1-s_3}{s_1-s_3} \qquad (2\text{-}2\text{-}59)$$

由上式可知罗德参数与坐标原点的选择无关。若 μ_σ 相同，则三向应力圆相似，故 μ_σ 是描述应力偏量的一个特征值，其取值范围在 -1 与 $+1$ 之间，几个特殊情况为

(1) $\sigma_2=\sigma_3=0,\sigma_1>0,\mu_\sigma=-1$，为单向拉伸；

(2) $\sigma_2=0,\sigma_1=-\sigma_3,\mu_\sigma=0$，为纯剪切；

(3) $\sigma_1=\sigma_2=0,\sigma_3<0,\mu_\sigma=+1$，为单向受压。

可以证明式(2-2-53)中的 θ_σ 与罗德参数有如下关系:

$$\tan\theta_\sigma = \frac{\mu_\sigma}{\sqrt{3}}$$

2.2.7 应力空间与应力张量不变量的几何意义

在一点应力状态已知的情况下,我们取 σ_1、σ_2 和 σ_3 为坐标轴,称为主应力坐标轴,这一坐标轴所表示的空间称为主应力空间。这样,一点的应力状态可用主应力空间上的一点 $P(\sigma_1,\sigma_2,\sigma_3)$ 来表示,如图 2-2-7 所示。

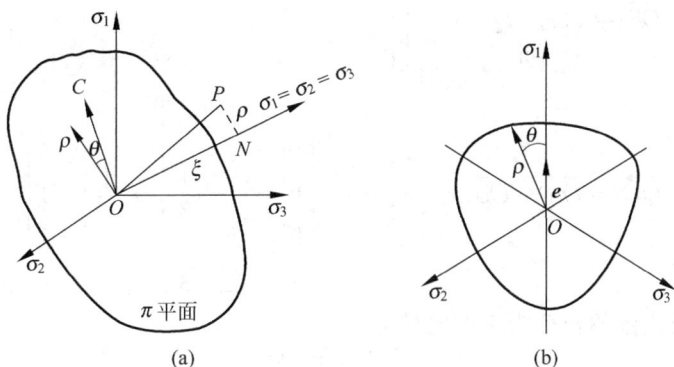

图 2-2-7 主应力空间表示法

取 ON 为等倾轴,即 ON 与 σ_1、σ_2、σ_3 3 个轴的夹角相等。显然在等倾轴上的任一点均有 $\sigma_1=\sigma_2=\sigma_3$,因而 ON 又称为等应力轴,有的文献上也称之为静水压力轴。应力矢量 $\overrightarrow{OP}$ 可以分解为沿 ON 轴方向的分量 ξ 和垂直于 ON 轴的分量 ρ(见图 2-2-7(a))。过原点作垂直于等倾轴的平面,称为 π 平面,则垂直于 ON 轴的分量在 π 平面上的投影与分量本身相同。设分量 ρ 在 π 平面上的投影与 σ_1 轴在 π 平面上的投影之间的夹角为 θ,称为相似角。由三个量 ξ、ρ、θ 也可决定空间某一点的应力状态。(ξ,ρ,θ) 实际上是一种柱坐标,这一坐标通常称为 Haigh-Westergaard 应力空间。下面推导 ξ、ρ、θ 与应力不变量之间的关系。

因 ON 是等倾轴,所以 ON 的方向余弦 $l_1=l_2=l_3=\dfrac{1}{\sqrt{3}}$。于是,沿等倾轴的分量的大小为

$$\begin{aligned}
\xi &= \mid ON \mid = \sigma_1 l_1 + \sigma_2 l_2 + \sigma_3 l_3 \\
&= (\sigma_1 + \sigma_2 + \sigma_3)\frac{1}{\sqrt{3}} = \frac{I_1}{\sqrt{3}} = \sqrt{3}\sigma_{\mathrm{m}}
\end{aligned} \tag{2-2-60}$$

垂直于 ON 轴的分量可由向量 $\overrightarrow{OP}$ 与 $\overrightarrow{ON}$ 之差求出,即

$$\overrightarrow{NP} = \overrightarrow{OP} - \overrightarrow{ON} = \begin{bmatrix} \sigma_1 \\ \sigma_2 \\ \sigma_3 \end{bmatrix} - \sqrt{3}\sigma_{\mathrm{m}} \begin{bmatrix} l_1 \\ l_2 \\ l_3 \end{bmatrix} = \begin{bmatrix} s_1 \\ s_2 \\ s_3 \end{bmatrix} \tag{2-2-61}$$

可见,向量 $\overrightarrow{NP}$ 表示一点的应力偏量,向量 $\overrightarrow{ON}$ 与该点应力球张量成比例,向量 $\overrightarrow{OP}$ 是 $\overrightarrow{ON}$ 和 $\overrightarrow{NP}$ 之和,表示一点应力张量可分解为球张量与偏张量之和。向量 $\overrightarrow{NP}$ 的长度即向量的

模,则

$$\rho = |\overrightarrow{NP}| = \sqrt{s_1^2 + s_2^2 + s_3^2} = \sqrt{2J_2} \tag{2-2-62}$$

现在考虑 σ_1 轴在 π 平面上投影的单位向量。设某点 A 的应力状态为 $\sigma_1 = 1, \sigma_2 = \sigma_3 = 0$,则

$$\overrightarrow{OA} = \begin{bmatrix} \sigma_1 \\ \sigma_2 \\ \sigma_3 \end{bmatrix} = \begin{bmatrix} 1 \\ 0 \\ 0 \end{bmatrix}$$

将 $\overrightarrow{OA}$ 分解为等倾轴上的分量 $\overrightarrow{OB}$ 和垂直于等倾轴的分量 $\overrightarrow{OC}$,则

$$\overrightarrow{OB} = \sqrt{3}\sigma_m \begin{bmatrix} l_1 \\ l_2 \\ l_3 \end{bmatrix} = \frac{1}{3} \begin{bmatrix} 1 \\ 1 \\ 1 \end{bmatrix}$$

$$\overrightarrow{OC} = \overrightarrow{OA} - \overrightarrow{OB} = \begin{bmatrix} 1 \\ 0 \\ 0 \end{bmatrix} - \frac{1}{3} \begin{bmatrix} 1 \\ 1 \\ 1 \end{bmatrix} = \begin{bmatrix} \dfrac{2}{3} \\ -\dfrac{1}{3} \\ -\dfrac{1}{3} \end{bmatrix} = \frac{1}{3} \begin{bmatrix} 2 \\ -1 \\ -1 \end{bmatrix}$$

方向与 $\overrightarrow{OC}$ 一致而范数的长度为 1 的向量为

$$\boldsymbol{e} = \frac{1}{\sqrt{6}} \begin{bmatrix} 2 \\ -1 \\ -1 \end{bmatrix} \tag{2-2-63}$$

这便是 σ_1 轴在 π 平面上投影的单位向量。

下面求某一点应力向量 $\overrightarrow{OP}$ 在 π 平面上投影与 σ_1 轴在 π 平面上投影的夹角 θ。$\overrightarrow{OP}$ 在 π 平面上的投影等于 $\overrightarrow{NP}$ 在 π 平面上的投影,矢量 $\overrightarrow{NP}$ 的分量为 $[s_1 \quad s_2 \quad s_3]^{\mathrm{T}}$,而 σ_1 轴在 π 平面上投影的分量为 $\left[\dfrac{2}{\sqrt{6}} \quad -\dfrac{1}{\sqrt{6}} \quad -\dfrac{1}{\sqrt{6}}\right]^{\mathrm{T}}$,两向量间的夹角可由向量代数公式求出,即

$$\cos\theta = \frac{\overrightarrow{NP} \cdot \boldsymbol{e}}{|\overrightarrow{NP}| \cdot |\boldsymbol{e}|}$$

$$= \frac{1}{\sqrt{2J_2} \cdot 1} [s_1 \quad s_2 \quad s_3] \begin{bmatrix} \dfrac{2}{\sqrt{6}} \\ -\dfrac{1}{\sqrt{6}} \\ -\dfrac{1}{\sqrt{6}} \end{bmatrix}$$

$$= \frac{1}{2\sqrt{3J_2}} (2s_1 - s_2 - s_3) \tag{2-2-64}$$

利用 $s_1 + s_2 + s_3 = 0$,上式可化为

$$\cos\theta = \frac{3s_1}{2\sqrt{3J_2}} = \frac{2\sigma_1 - \sigma_2 - \sigma_3}{2\sqrt{3J_2}}$$

若 $\sigma_1 > \sigma_2 > \sigma_3$，则有 $0° \leqslant \theta \leqslant 60°$。再利用三角恒等式

$$\cos 3\theta = 4\cos^3\theta - 3\cos\theta$$

则上式可进一步化为

$$\cos 3\theta = \frac{3\sqrt{3}J_3}{2\sqrt{J_2^3}} \tag{2-2-65}$$

至此可知，某一点应力状态的 (ξ, ρ, θ) 坐标与应力状态的不变量是密切相关的，即有

$$\left.\begin{array}{c} \xi = \dfrac{I_1}{\sqrt{3}} = \sqrt{3}\sigma_m \\[3mm] \rho = \sqrt{2J_2} \\[3mm] \cos 3\theta = \dfrac{3\sqrt{3}J_3}{2J_2^{3/2}} \end{array}\right\} \tag{2-2-66}$$

反过来，应力状态不变量也得到了在应力空间的几何说明。

2.2.8　八面体正应力与剪应力

设物体内某点的主应力方向及大小均为已知，通过该点作一特殊斜面，使斜面的法线与 3 个主应力方向具有相等的夹角，此斜面称为等倾面。显然，若以主应力方向为坐标轴，则等倾面法线的 3 个方向余弦相等，即 $l_{11} = l_{12} = l_{13} = 1/\sqrt{3}$。在主应力空间坐标中，这样的等倾面共有 8 个，如图 2-2-8(a)所示，它们组成一个八面体(octahedral)。作用在等倾面上的正应力与剪应力通常称为八面体正应力与八面体剪应力，在塑性力学中起重要的作用。下面推导八面体正应力 σ_{oct} 与八面体剪应力 τ_{oct} 的计算公式。

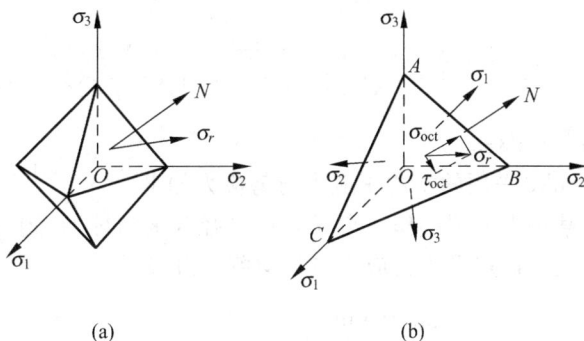

(a)　　　　　(b)

图 2-2-8　八面体应力

如图 2-2-8(b)所示，取一微四面体 $OABC$，$\triangle ABC$ 为等倾面，设其面积为 S，则等倾面与 3 个坐标面相截所得的三角形面积相等，并等于

$$\triangle AOB = \triangle AOC = \triangle BOC = \frac{1}{\sqrt{3}}S \tag{2-2-67}$$

设作用在 $\triangle AOB$、$\triangle AOC$、$\triangle BOC$ 上的正应力(即为主应力)分别为 σ_1、σ_2 和 σ_3。若等倾面 $\triangle ABC$ 上所作用的总应力 σ_r 分解为沿主应力坐标轴方向的分量，则有

$$\sigma_{r1} = \frac{1}{\sqrt{3}}\sigma_1, \quad \sigma_{r2} = \frac{1}{\sqrt{3}}\sigma_2, \quad \sigma_{r3} = \frac{1}{\sqrt{3}}\sigma_3 \tag{2-2-68}$$

此三分量在等倾面法线方向的投影之和即为八面体正应力,为

$$\sigma_{\text{oct}} = \sigma_{r1}l_{11} + \sigma_{r2}l_{12} + \sigma_{r3}l_{13}$$

$$= \frac{1}{\sqrt{3}}(\sigma_{r1} + \sigma_{r2} + \sigma_{r3}) = \frac{1}{3}(\sigma_1 + \sigma_2 + \sigma_3) = \frac{I_1}{3} = \sigma_m \tag{2-2-69}$$

可见,八面体正应力等于平均正应力,它与应力张量第一不变量有关。

八面体的总应力为

$$\sigma_r^2 = \sigma_{r1}^2 + \sigma_{r2}^2 + \sigma_{r3}^2 = \frac{1}{3}(\sigma_1^2 + \sigma_2^2 + \sigma_3^2) \tag{2-2-70}$$

于是,八面体的剪应力为

$$\tau_{\text{oct}} = \sqrt{\sigma_r^2 - \sigma_{\text{oct}}^2} = \sqrt{\frac{1}{3}(\sigma_1^2 + \sigma_2^2 + \sigma_3^2) - \frac{1}{9}(\sigma_1 + \sigma_2 + \sigma_3)^2}$$

$$= \frac{1}{3}\sqrt{(\sigma_1 - \sigma_2)^2 + (\sigma_2 - \sigma_3)^2 + (\sigma_3 - \sigma_1)^2} = \sqrt{\frac{2}{3}J_2} \tag{2-2-71}$$

可见,八面体剪应力与应力偏张量的第二不变量密切相关。

2.2.9　平均正应力与平均剪应力

西安交通大学俞茂铉教授建议:

平均正应力

$$\sigma_m = \frac{\sigma_1 + \sigma_2 + \sigma_3}{3} \tag{2-2-72}$$

平均剪应力

$$\tau_m = 2\sqrt{\frac{\tau_{12}^2 + \tau_{23}^2 + \tau_{31}^2}{3}} = \sqrt{\frac{1}{3}\left[(\sigma_1 - \sigma_2)^2 + (\sigma_2 - \sigma_3)^2 + (\sigma_3 - \sigma_1)^2\right]}$$

$$= \sqrt{2J_2} = \sqrt{3}\tau_{\text{oct}} \tag{2-2-73}$$

美国 Willam-Warnke 采用的平均正应力与剪应力如下。

如果以所考虑的某一点为圆心作一个无限小半径为 r 的球面,则可求得在球面上的正应力 σ_n 与剪应力 τ。定义该点平均正应力与平均剪应力如下

$$\left. \begin{array}{l} \sigma_m = \lim\limits_{S \to 0} \dfrac{1}{S}\oint_S \sigma_n \mathrm{d}S \\[3mm] \tau_m = \lim\limits_{S \to 0}\left[\dfrac{1}{S}\oint_S \tau^2 \mathrm{d}S\right]^{1/2} \end{array} \right\} \tag{2-2-74}$$

式中,$S = 4\pi r^2$,是半径为 r 的球面积。

对式(2-2-74)的积分,利用球坐标进行比较方便:

$$\left. \begin{array}{l} x = r\sin\theta\cos\varphi \\ y = r\sin\theta\sin\varphi \\ z = r\cos\theta \\ \mathrm{d}S = r\mathrm{d}\theta \cdot r\mathrm{d}\varphi \cdot \sin\theta \\ \quad = r^2\sin\theta\mathrm{d}\varphi\mathrm{d}\theta \end{array} \right\} \tag{2-2-75}$$

球坐标与直角坐标的转换关系示于图 2-2-9。设微面 $\mathrm{d}S$ 法线的方向余弦为 l、m、n，则由图可知

$$
\left.
\begin{aligned}
l &= \frac{x}{r} = \sin\theta\cos\varphi \\
m &= \frac{y}{r} = \sin\theta\sin\varphi \\
n &= \frac{z}{r} = \cos\theta
\end{aligned}
\right\} \quad (2\text{-}2\text{-}76)
$$

又设该点的主应力为 σ_1、σ_2 和 σ_3，则在微面上的总应力 σ_r，正应力 σ_n，剪应力 τ 也可用上述方法求出，所不同的是微面法线方向不是等倾角的，并且沿球面是变化的。由公式

图 2-2-9 直角坐标与球坐标的关系

$$
\left.
\begin{aligned}
\sigma_r &= (l\sigma_1)^2 + (m\sigma_2)^2 + (n\sigma_3)^2 \\
\sigma_n &= l^2\sigma_1 + m^2\sigma_2 + n^2\sigma_3 \\
\tau^2 &= \sigma_r^2 - \sigma_n^2 \\
&= (l\sigma_1)^2 + (m\sigma_2)^2 + (n\sigma_3)^2 - (l^2\sigma_1 + m^2\sigma_2 + n^2\sigma_3)^2
\end{aligned}
\right\} \quad (2\text{-}2\text{-}77)
$$

按式 (2-2-74) 定义进行积分，同时令 $S \to 0$（即 $r \to 0$），得

$$
\left.
\begin{aligned}
\sigma_m &= \lim_{S\to 0} \frac{1}{S} \oint_S \sigma_n \mathrm{d}S \\
&= \lim_{r\to 0} \frac{1}{4\pi r^2} \int_{\varphi=0}^{2\pi} \int_{\theta=0}^{\pi} (l^2\sigma_1 + m^2\sigma_2 + n^2\sigma_3) r^2 \sin\theta \mathrm{d}\varphi \mathrm{d}\theta \\
&= \frac{1}{3}(\sigma_1 + \sigma_2 + \sigma_3) = \frac{I_1}{3} \\
\tau_m &= \lim_{r\to 0} \left[\frac{1}{4\pi r^2} \int_{\varphi=0}^{2\pi} \int_{\theta=0}^{\pi} (\sigma_r^2 - \sigma_n^2) r^2 \sin\theta \mathrm{d}\varphi \mathrm{d}\theta \right]^{\frac{1}{2}} \\
&= \frac{1}{\sqrt{15}} \left[(\sigma_1 - \sigma_2)^2 + (\sigma_2 - \sigma_3)^2 + (\sigma_3 - \sigma_1)^2 \right]^{\frac{1}{2}} = \sqrt{\frac{2J_2}{5}}
\end{aligned}
\right\} \quad (2\text{-}2\text{-}78)
$$

可见 σ_m 与 τ_m 也与 I_1 和 J_2 密切相关。

至此，各不变量之间的关系均已导出，现汇总如表 2-2-2 所示。

表 2-2-2 应力不变量各表达式之间的关系

参　数	符　号	关　系
主应力	σ_1、σ_2、σ_3	
主应力偏量	s_1、s_2、s_3	$s_i = \sigma_i - \dfrac{1}{3}I_1$
应力不变量	I_1、I_2、I_3	$I_1 = \sigma_1 + \sigma_2 + \sigma_3$ $I_2 = \sigma_1\sigma_2 + \sigma_2\sigma_3 + \sigma_3\sigma_1$ $I_3 = \sigma_1\sigma_2\sigma_3$
应力偏量不变量	J_1、J_2、J_3	$J_2 = \dfrac{1}{6}\left[(\sigma_{11}-\sigma_{22})^2 + (\sigma_{22}-\sigma_{33})^2 + (\sigma_{33}-\sigma_{11})^2\right] + \sigma_{12}^2 + \sigma_{23}^2 + \sigma_{31}^2$ $= \dfrac{1}{6}\left[(\sigma_1-\sigma_2)^2 + (\sigma_2-\sigma_3)^2 + (\sigma_3-\sigma_1)^2\right]$ $J_3 = s_{11}s_{22}s_{33} + 2s_{12}s_{23}s_{31} - s_{11}s_{23}^2 - s_{22}s_{13}^2 - s_{33}s_{12}^2$ $= \dfrac{1}{27}(2\sigma_1-\sigma_2-\sigma_3)(2\sigma_2-\sigma_3-\sigma_1)(2\sigma_3-\sigma_1-\sigma_2)$

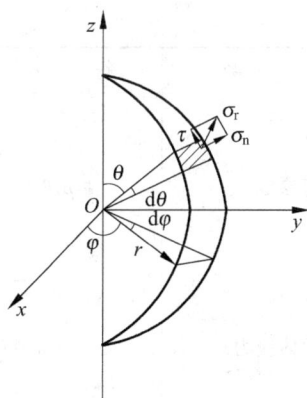

参　数	符　号	关　系
几何参数	ξ,ρ,θ	$\xi=\dfrac{I_1}{\sqrt{3}}$
		$\rho=\sqrt{2J_2}$
		$\theta=\dfrac{1}{3}\arccos\dfrac{3\sqrt{3}J_3}{2J_2^{3/2}}$
八面体应力	$\sigma_{\mathrm{oct}},\tau_{\mathrm{oct}}$	$\sigma_{\mathrm{oct}}=\dfrac{I_1}{3}=\sigma_{\mathrm{m}}$
		$\tau_{\mathrm{oct}}=\sqrt{\dfrac{2}{3}J_2}$
平均应力	$\sigma_{\mathrm{m}},\tau_{\mathrm{m}}$	$\sigma_{\mathrm{m}}=\dfrac{1}{3}I_1$
		$\tau_{\mathrm{m}}=\sqrt{\dfrac{2}{5}J_2}$ (Willam)
		$\tau_{\mathrm{m}}=\sqrt{2J_2}$ (俞茂铉)

在塑性力学中还采用其他一些与 J_2 相关的一些代表性应力,有两个更常用,现介绍如下。

一个是等效应力 $\bar{\sigma}$ （又称为应力强度,或 von Mises 应力）

$$\bar{\sigma}=\sqrt{3J_2}=\frac{1}{\sqrt{2}}\sqrt{(\sigma_1-\sigma_2)^2+(\sigma_2-\sigma_3)^2+(\sigma_3-\sigma_1)^2} \qquad (2\text{-}2\text{-}79)$$

当 $\sigma_1\neq 0$,$\sigma_2=\sigma_3=0$ 时,即在单向拉伸时,有 $\bar{\sigma}=\sigma_1$。

另一个是等效剪应力 T,

$$T=\sqrt{J_2}=\frac{1}{\sqrt{6}}\sqrt{(\sigma_1-\sigma_2)^2+(\sigma_2-\sigma_3)^2+(\sigma_3-\sigma_1)^2} \qquad (2\text{-}2\text{-}80)$$

在纯剪切情况下,$\sigma_1=\tau$,$\sigma_2=0$,$\sigma_3=-\tau$,这时 $T=\tau$。

2.3　应 变 分 析

2.3.1　一点的应变状态

我们在直角坐标系 $x_i(i=1,2,3)$ 中取包括点 M 在内的一微线段 MN 来研究一点的应变状态。设线段变形前位置为 MN,变形后位置为 $M'N'$,如图 2-3-1 所示。

变形前 M 点的坐标为 (x_1,x_2,x_3),N 点的坐标为 $(x_1+\mathrm{d}x_1,x_2+\mathrm{d}x_2,x_3+\mathrm{d}x_3)$,则微线段 MN 的长度为

$$\mathrm{d}s=\sqrt{\mathrm{d}x_1^2+\mathrm{d}x_2^2+\mathrm{d}x_3^2} \qquad (2\text{-}3\text{-}1)$$

变形后 M' 点的坐标为 $(x_1+u_1,x_2+u_2,x_3+u_3)$,$N'$ 点的坐标为 $(x_1+\mathrm{d}x_1+u_1+\mathrm{d}u_1,x_2+\mathrm{d}x_2+u_2+$

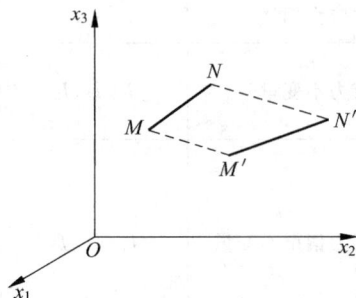

图 2-3-1　线段应变

$\mathrm{d}u_2, x_3 + \mathrm{d}x_3 + u_3 + \mathrm{d}u_3$)。其中 $u_i(i=1,2,3)$ 表示 M 点发生的位移在坐标轴方向的分量；$\mathrm{d}u_i$ 表示随坐标位置微小变化而产生的位移增量的分量。线段 $M'N'$ 的长度为

$$\mathrm{d}s' = \sqrt{(\mathrm{d}x_1 + \mathrm{d}u_1)^2 + (\mathrm{d}x_2 + \mathrm{d}u_2)^2 + (\mathrm{d}x_3 + \mathrm{d}u_3)^2} \qquad (2\text{-}3\text{-}2)$$

线段在变形前后的变化用其长度的平方差表示

$$\mathrm{d}s'^2 - \mathrm{d}s^2 = \mathrm{d}u_1^2 + \mathrm{d}u_2^2 + \mathrm{d}u_3^2 + 2(\mathrm{d}u_1\mathrm{d}x_1 + \mathrm{d}u_2\mathrm{d}x_2 + \mathrm{d}u_3\mathrm{d}x_3) \qquad (2\text{-}3\text{-}3)$$

若位移是坐标的函数，即

$$u_i = f(x_1, x_2, x_3), \quad i = 1, 2, 3$$

由全微分法则可知

$$\left. \begin{aligned} \mathrm{d}u_1 &= \frac{\partial u_1}{\partial x_1}\mathrm{d}x_1 + \frac{\partial u_1}{\partial x_2}\mathrm{d}x_2 + \frac{\partial u_1}{\partial x_3}\mathrm{d}x_3 \\ \mathrm{d}u_2 &= \frac{\partial u_2}{\partial x_1}\mathrm{d}x_1 + \frac{\partial u_2}{\partial x_2}\mathrm{d}x_2 + \frac{\partial u_2}{\partial x_3}\mathrm{d}x_3 \\ \mathrm{d}u_3 &= \frac{\partial u_3}{\partial x_1}\mathrm{d}x_1 + \frac{\partial u_3}{\partial x_2}\mathrm{d}x_2 + \frac{\partial u_3}{\partial x_3}\mathrm{d}x_3 \end{aligned} \right\} \qquad (2\text{-}3\text{-}4)$$

写成简洁形式为

$$\mathrm{d}u_i = u_{i,j}\mathrm{d}x_j \qquad (2\text{-}3\text{-}5)$$

将其代入式(2-3-3)，整理后可得

$$\begin{aligned} \mathrm{d}s'^2 - \mathrm{d}s^2 =\ & 2\left\{ \frac{\partial u_1}{\partial x_1} + \frac{1}{2}\left[\left(\frac{\partial u_1}{\partial x_1}\right)^2 + \left(\frac{\partial u_2}{\partial x_1}\right)^2 + \left(\frac{\partial u_3}{\partial x_1}\right)^2 \right] \right\}\mathrm{d}x_1\mathrm{d}x_1 \\ &+ 2\left\{ \frac{\partial u_2}{\partial x_2} + \frac{1}{2}\left[\left(\frac{\partial u_1}{\partial x_2}\right)^2 + \left(\frac{\partial u_2}{\partial x_2}\right)^2 + \left(\frac{\partial u_3}{\partial x_2}\right)^2 \right] \right\}\mathrm{d}x_2\mathrm{d}x_2 \\ &+ 2\left\{ \frac{\partial u_3}{\partial x_3} + \frac{1}{2}\left[\left(\frac{\partial u_1}{\partial x_3}\right)^2 + \left(\frac{\partial u_2}{\partial x_3}\right)^2 + \left(\frac{\partial u_3}{\partial x_3}\right)^2 \right] \right\}\mathrm{d}x_3\mathrm{d}x_3 \\ &+ \left[\frac{\partial u_1}{\partial x_2} + \frac{\partial u_2}{\partial x_1} + \frac{\partial u_1}{\partial x_1}\frac{\partial u_1}{\partial x_2} + \frac{\partial u_2}{\partial x_1}\frac{\partial u_2}{\partial x_2} + \frac{\partial u_3}{\partial x_1}\frac{\partial u_3}{\partial x_2} \right]\mathrm{d}x_1\mathrm{d}x_2 \\ &+ \left[\frac{\partial u_2}{\partial x_3} + \frac{\partial u_3}{\partial x_2} + \frac{\partial u_1}{\partial x_2}\frac{\partial u_1}{\partial x_3} + \frac{\partial u_2}{\partial x_2}\frac{\partial u_2}{\partial x_3} + \frac{\partial u_3}{\partial x_2}\frac{\partial u_3}{\partial x_3} \right]\mathrm{d}x_2\mathrm{d}x_3 \\ &+ \left[\frac{\partial u_3}{\partial x_1} + \frac{\partial u_1}{\partial x_3} + \frac{\partial u_1}{\partial x_1}\frac{\partial u_1}{\partial x_3} + \frac{\partial u_2}{\partial x_1}\frac{\partial u_2}{\partial x_3} + \frac{\partial u_3}{\partial x_1}\frac{\partial u_3}{\partial x_3} \right]\mathrm{d}x_3\mathrm{d}x_1 \qquad (2\text{-}3\text{-}6) \end{aligned}$$

取符号

$$\varepsilon_{ij} = \frac{1}{2}(u_{i,j} + u_{j,i} + u_{r,i}u_{r,j}) \qquad (2\text{-}3\text{-}7)$$

则上式可简写为

$$\mathrm{d}s'^2 - \mathrm{d}s^2 = 2\varepsilon_{ij}\mathrm{d}x_i\mathrm{d}x_j, \quad i = 1, 2, 3; \ j = 1, 2, 3 \qquad (2\text{-}3\text{-}8)$$

ε_{ij} 定义为拉格朗日(Lagrange)描述下的格林(Green)应变张量，因这一应变描述取线段变形前的位置为参考坐标，称为拉格朗日描述。

如果以变形后的线段 $M'N'$ 的位置建立参考坐标，称为欧拉(Euler)描述，则有：

M' 的坐标为 (x_1, x_2, x_3)，N' 的坐标为 $(x_1 + \mathrm{d}x_1, x_2 + \mathrm{d}x_2, x_3 + \mathrm{d}x_3)$；变形前 M 点的坐标为 $(x_1 - u_1, x_2 - u_2, x_3 - u_3)$；$N$ 点的坐标为 $(x_1 + \mathrm{d}x_1 - u_1 - \mathrm{d}u_1, x_2 + \mathrm{d}x_2 - u_2 - \mathrm{d}u_2, x_3 + \mathrm{d}x_3 - u_3 - \mathrm{d}u_3)$，将这些量代入 $(\mathrm{d}s'^2 - \mathrm{d}s^2)$ 表达式可得

$$\mathrm{d}s'^2 - \mathrm{d}s^2 = 2E_{ij}\mathrm{d}x_i\mathrm{d}x_j, \quad i = 1, 2, 3; \ j = 1, 2, 3 \qquad (2\text{-}3\text{-}9)$$

其中，
$$E_{ij} = \frac{1}{2}(u_{i,j} + u_{j,i} - u_{r,i}u_{r,j}) \qquad (2\text{-}3\text{-}10)$$

张量 E_{ij} 被定义为欧拉描述下的阿尔曼西(Almansi)应变张量，写成展开形式为

$$\left.\begin{array}{l}
E_{11} = \dfrac{\partial u_1}{\partial x_1} - \dfrac{1}{2}\left[\left(\dfrac{\partial u_1}{\partial x_1}\right)^2 + \left(\dfrac{\partial u_2}{\partial x_1}\right)^2 + \left(\dfrac{\partial u_3}{\partial x_1}\right)^2\right] \\[3mm]
E_{22} = \dfrac{\partial u_2}{\partial x_2} - \dfrac{1}{2}\left[\left(\dfrac{\partial u_1}{\partial x_2}\right)^2 + \left(\dfrac{\partial u_2}{\partial x_2}\right)^2 + \left(\dfrac{\partial u_3}{\partial x_2}\right)^2\right] \\[3mm]
E_{33} = \dfrac{\partial u_3}{\partial x_3} - \dfrac{1}{2}\left[\left(\dfrac{\partial u_1}{\partial x_3}\right)^2 + \left(\dfrac{\partial u_2}{\partial x_3}\right)^2 + \left(\dfrac{\partial u_3}{\partial x_3}\right)^2\right] \\[3mm]
E_{12} = \dfrac{1}{2}\left[\dfrac{\partial u_1}{\partial x_2} + \dfrac{\partial u_2}{\partial x_1} - \left(\dfrac{\partial u_1}{\partial x_1}\dfrac{\partial u_1}{\partial x_2} + \dfrac{\partial u_2}{\partial x_1}\dfrac{\partial u_2}{\partial x_2} + \dfrac{\partial u_3}{\partial x_1}\dfrac{\partial u_3}{\partial x_2}\right)\right] \\[3mm]
E_{23} = \dfrac{1}{2}\left[\dfrac{\partial u_2}{\partial x_3} + \dfrac{\partial u_3}{\partial x_2} - \left(\dfrac{\partial u_1}{\partial x_2}\dfrac{\partial u_1}{\partial x_3} + \dfrac{\partial u_2}{\partial x_2}\dfrac{\partial u_2}{\partial x_3} + \dfrac{\partial u_3}{\partial x_2}\dfrac{\partial u_3}{\partial x_3}\right)\right] \\[3mm]
E_{31} = \dfrac{1}{2}\left[\dfrac{\partial u_3}{\partial x_1} + \dfrac{\partial u_1}{\partial x_3} - \left(\dfrac{\partial u_1}{\partial x_3}\dfrac{\partial u_1}{\partial x_1} + \dfrac{\partial u_2}{\partial x_3}\dfrac{\partial u_2}{\partial x_1} + \dfrac{\partial u_3}{\partial x_3}\dfrac{\partial u_3}{\partial x_1}\right)\right]
\end{array}\right\} \qquad (2\text{-}3\text{-}11)$$

不论是格林应变张量还是阿尔曼西应变张量都不包括刚体位移，即当物体产生刚体运动时，总有 $MN = M'N'$，必有 $\varepsilon_{ij} = E_{ij} = 0$。

当变形微小，可以忽略二阶微量时，则格林应变张量与阿尔曼西应变张量都可表示为

$$\varepsilon_{ij} = \frac{1}{2}(u_{i,j} + u_{j,i}) \qquad (2\text{-}3\text{-}12)$$

写成展开的形式，为

$$\left.\begin{array}{l}
\varepsilon_{11} = \dfrac{\partial u_1}{\partial x_1}, \quad \varepsilon_{22} = \dfrac{\partial u_2}{\partial x_2}, \quad \varepsilon_{33} = \dfrac{\partial u_3}{\partial x_3} \\[3mm]
\varepsilon_{12} = \dfrac{1}{2}\left(\dfrac{\partial u_1}{\partial x_2} + \dfrac{\partial u_2}{\partial x_1}\right), \quad \varepsilon_{23} = \dfrac{1}{2}\left(\dfrac{\partial u_2}{\partial x_3} + \dfrac{\partial u_3}{\partial x_2}\right), \quad \varepsilon_{31} = \dfrac{1}{2}\left(\dfrac{\partial u_3}{\partial x_1} + \dfrac{\partial u_1}{\partial x_3}\right)
\end{array}\right\} \qquad (2\text{-}3\text{-}13)$$

在力学文献中常称之为柯西小应变张量(注意，与通常的工程应变略有不同，下面将进一步说明)。从上述小应变张量分量表达式中可以看出，在小应变条件下，应变与位移呈线性关系。在结构应力分析中，把应变与位移的关系式称为几何方程。

2.3.2　小应变张量各分量的几何意义

在平面直角坐标系 $x_1 O x_2$ 中，过 P 点作互相垂直的两直线微段 $PA = \mathrm{d}x_1$，$PB = \mathrm{d}x_2$，变形后这两个微直线段变到 $P'A'$，$P'B'$ 如图 2-3-2 所示。

首先，推求线段 PA 的正应变 ε_{11}。设 P 点在 x_1 的方向的位移为 u_1，A 点在 x_1 方向的位移为 $u_1 + \dfrac{\partial u_1}{\partial x_1}\mathrm{d}x_1$。于是 PA 线段的正应变为

$$\varepsilon_{11} = \frac{\left(u_1 + \dfrac{\partial u_1}{\partial x_1}\mathrm{d}x_1\right) - u_1}{\mathrm{d}x_1} = \frac{\partial u_1}{\partial x_1} \qquad (2\text{-}3\text{-}14)$$

同理可得 PB 的正应变为

$$\varepsilon_{22} = \frac{\partial u_2}{\partial x_2} \qquad (2\text{-}3\text{-}15)$$

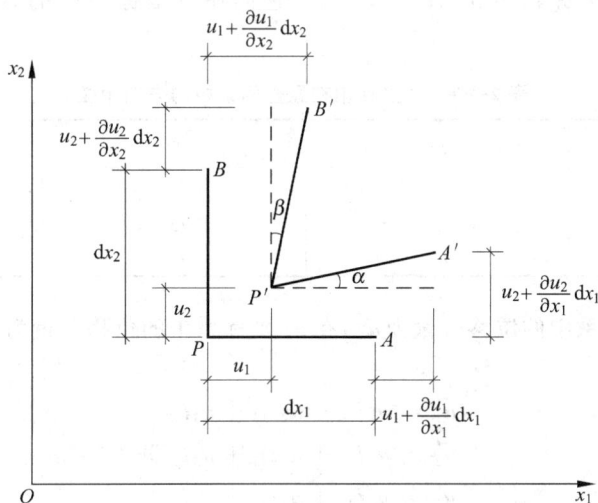

图 2-3-2　平面直角坐标下的应变

推导过程中忽略了位移 u_2 对 ε_{11} 以及位移 u_1 对 ε_{22} 的影响(均为高阶微量)。对比柯西小应变张量分量的前三式可知，$u_{i,i} = \dfrac{\partial u_i}{\partial x_i}$ 表示平行于坐标轴的线段沿坐标轴方向的正应变。

下面再考虑线段 PA 与 PB 之间夹角的变化。变形前 PA 与 PB 之间为直角，变形后 PA 有微小的角度变化 α，由图 2-3-2 可知

$$\alpha = \frac{\left(u_2 + \dfrac{\partial u_2}{\partial x_1}\mathrm{d}x_1\right) - u_2}{\mathrm{d}x_1} = \frac{\partial u_2}{\partial x_1} \tag{2-3-16}$$

PB 的角度变化为

$$\beta = \frac{\left(u_1 + \dfrac{\partial u_1}{\partial x_2}\mathrm{d}x_2\right) - u_1}{\mathrm{d}x_2} = \frac{\partial u_1}{\partial x_2} \tag{2-3-17}$$

于是，PA 与 PB 之间夹角的变化(即通常所称的工程应变，以减少为正)为

$$\gamma_{12} = \alpha + \beta = \frac{\partial u_1}{\partial x_2} + \frac{\partial u_2}{\partial x_1} \tag{2-3-18}$$

对照柯西小应变张量分量表达式可知

$$\gamma_{12} = 2\varepsilon_{12} \tag{2-3-19}$$

原夹角为直角的两线段，受力变形后发生的夹角变化称为剪应变。由上推导可见，柯西小应变张量为

$$\varepsilon_{ij} = \frac{1}{2}(u_{i,j} + u_{j,i}) = \frac{1}{2}\left(\frac{\partial u_i}{\partial x_j} + \frac{\partial u_j}{\partial x_i}\right) \tag{2-3-20}$$

当 $i=j$ 时，表示正应变；当 $i \neq j$ 时表示剪应变的一半。这便是小应变张量的几何意义。

2.3.3　坐标转换时应变分量的变化

在某一坐标系 x_i 中，若某一点的应变分量为已知，当坐标系转动时，这些分量如何变化

呢? 设转动后的新坐标轴为 $x_i'(i=1,2,3)$,它们在原坐标系中的方向余弦如表 2-3-1 所示。

表 2-3-1　新坐标轴在原坐标系中的方向余弦

坐标系	x_1	x_2	x_3
x_1'	l_{11}	l_{12}	l_{13}
x_2'	l_{21}	l_{22}	l_{23}
x_3'	l_{31}	l_{32}	l_{33}

若设在 x_i' 坐标系中的位移分量为 u_i',在 x_i 坐标系中的位移分量为 u_i,则两者之间的转换关系为

$$\left.\begin{aligned} u_1' &= u_1 l_{11} + u_2 l_{12} + u_3 l_{13} \\ u_2' &= u_1 l_{21} + u_2 l_{22} + u_3 l_{23} \\ u_3' &= u_1 l_{31} + u_2 l_{32} + u_3 l_{33} \end{aligned}\right\} \tag{2-3-21}$$

在 x_i' 坐标系中的正应变 ε_{11}' 可表示为

$$\varepsilon_{11}' = \frac{\partial u_1'}{\partial x_1'} = \frac{\partial u_1'}{\partial x_1}\frac{\partial x_1}{\partial x_1'} + \frac{\partial u_1'}{\partial x_2}\frac{\partial x_2}{\partial x_1'} + \frac{\partial u_1'}{\partial x_3}\frac{\partial x_3}{\partial x_1'} \tag{2-3-22}$$

因为

$$\left.\begin{aligned} \frac{\partial x_1}{\partial x_1'} &= l_{11}, & \frac{\partial x_2}{\partial x_1'} &= l_{12}, & \frac{\partial x_3}{\partial x_1'} &= l_{13} \\ \frac{\partial x_1}{\partial x_2'} &= l_{21}, & \frac{\partial x_2}{\partial x_2'} &= l_{22}, & \frac{\partial x_3}{\partial x_2'} &= l_{23} \\ \frac{\partial x_1}{\partial x_3'} &= l_{31}, & \frac{\partial x_2}{\partial x_3'} &= l_{32}, & \frac{\partial x_3}{\partial x_3'} &= l_{33} \end{aligned}\right\} \tag{2-3-23}$$

将位移转换公式及坐标间的方向余弦代入 ε_{11}' 表达式,可得

$$\begin{aligned} \varepsilon_{11}' =\ & \frac{\partial u_1}{\partial x_1} l_{11}^2 + \frac{\partial u_2}{\partial x_1} l_{11} l_{21} + \frac{\partial u_3}{\partial x_1} l_{11} l_{31} \\ & + \frac{\partial u_1}{\partial x_2} l_{11} l_{21} + \frac{\partial u_2}{\partial x_2} l_{21}^2 + \frac{\partial u_3}{\partial x_2} l_{21} l_{31} \\ & + \frac{\partial u_1}{\partial x_3} l_{11} l_{31} + \frac{\partial u_2}{\partial x_3} l_{21} l_{31} + \frac{\partial u_3}{\partial x_3} l_{31}^2 \\ =\ & \varepsilon_{11} l_{11}^2 + \varepsilon_{22} l_{21}^2 + \varepsilon_{33} l_{31}^2 \\ & + 2\varepsilon_{12} l_{11} l_{21} + 2\varepsilon_{23} l_{21} l_{31} + 2\varepsilon_{31} l_{11} l_{31} \end{aligned} \tag{2-3-24}$$

同理可得

$$\begin{aligned} \varepsilon_{22}' = \frac{\partial u_2'}{\partial x_2'} =\ & \varepsilon_{11} l_{12}^2 + \varepsilon_{22} l_{22}^2 + \varepsilon_{33} l_{32}^2 \\ & + 2\varepsilon_{12} l_{12} l_{22} + 2\varepsilon_{23} l_{22} l_{32} + 2\varepsilon_{31} l_{32} l_{12} \end{aligned} \tag{2-3-25}$$

$$\begin{aligned} \varepsilon_{33}' = \frac{\partial u_3'}{\partial x_3'} =\ & \varepsilon_{11} l_{13}^2 + \varepsilon_{22} l_{23}^2 + \varepsilon_{33} l_{33}^2 \\ & + 2\varepsilon_{12} l_{13} l_{23} + 2\varepsilon_{23} l_{23} l_{33} + 2\varepsilon_{31} l_{33} l_{13} \end{aligned} \tag{2-3-26}$$

$$\varepsilon_{12}' = \frac{1}{2}\left(\frac{\partial u_2'}{\partial x_1'} + \frac{\partial u_1'}{\partial x_2'}\right)$$

$$=\varepsilon_{11}l_{11}l_{12}+\varepsilon_{22}l_{21}l_{22}+\varepsilon_{33}l_{31}l_{32}$$
$$+\varepsilon_{12}(l_{11}l_{22}+l_{12}l_{21})+\varepsilon_{23}(l_{21}l_{32}+l_{22}l_{31})$$
$$+\varepsilon_{31}(l_{31}l_{12}+l_{32}l_{11}) \tag{2-3-27}$$

$$\varepsilon'_{23}=\frac{1}{2}\left(\frac{\partial u'_3}{\partial x'_2}+\frac{\partial u'_2}{\partial x'_3}\right)$$
$$=\varepsilon_{11}l_{12}l_{13}+\varepsilon_{22}l_{22}l_{23}+\varepsilon_{33}l_{32}l_{33}$$
$$+\varepsilon_{12}(l_{12}l_{23}+l_{13}l_{22})+\varepsilon_{23}(l_{22}l_{33}+l_{23}l_{32})$$
$$+\varepsilon_{31}(l_{32}l_{13}+l_{33}l_{12}) \tag{2-3-28}$$

$$\varepsilon'_{31}=\frac{1}{2}\left(\frac{\partial u'_1}{\partial x'_3}+\frac{\partial u'_3}{\partial x'_1}\right)$$
$$=\varepsilon_{11}l_{13}l_{11}+\varepsilon_{22}l_{23}l_{21}+\varepsilon_{33}l_{33}l_{31}$$
$$+\varepsilon_{12}(l_{13}l_{21}+l_{11}l_{23})+\varepsilon_{23}(l_{23}l_{31}+l_{21}l_{33})$$
$$+\varepsilon_{31}(l_{33}l_{11}+l_{31}l_{13}) \tag{2-3-29}$$

以上 6 个式子写成简洁的形式为

$$\varepsilon'_{ij}=\varepsilon_{kl}l_{ki}l_{lj} \tag{2-3-30}$$

由此可知,对一点的应变状态,只要知道了在某一坐标系中的应变分量,则当坐标变换时,在新坐标系下的应变分量可由原坐标系中的应变分量求得,并且符合张量的运算法则。换句话说,对一点的应变状态,只要知道了 3 个互相垂直方向上的线应变 ε_{ii} 和剪应变 $\varepsilon_{ij}(i\neq j)$,则该点任意方向上的正应变 ε'_{ii} 和剪应变 $\varepsilon'_{ij}(i\neq j)$ 均可求出。

从以上推导过程还可知,应变张量的分量与工程应变有所不同,应变张量中的非对角元分量(剪应变分量)等于工程剪应变之半,即有

$$\boldsymbol{\varepsilon}_{ij}=\begin{bmatrix}\varepsilon_{11}&\varepsilon_{12}&\varepsilon_{13}\\\varepsilon_{21}&\varepsilon_{22}&\varepsilon_{23}\\\varepsilon_{31}&\varepsilon_{32}&\varepsilon_{33}\end{bmatrix}=\begin{bmatrix}\varepsilon_{11}&\dfrac{1}{2}\gamma_{12}&\dfrac{1}{2}\gamma_{13}\\[2mm]\dfrac{1}{2}\gamma_{21}&\varepsilon_{22}&\dfrac{1}{2}\gamma_{23}\\[2mm]\dfrac{1}{2}\gamma_{31}&\dfrac{1}{2}\gamma_{32}&\varepsilon_{33}\end{bmatrix} \tag{2-3-31}$$

工程应变不符合张量的坐标转换公式。

2.3.4 应变张量不变量

与应力张量相对应,应变张量也可以分解为球张量与偏张量之和,即

$$\begin{bmatrix}\varepsilon_{11}&\varepsilon_{12}&\varepsilon_{13}\\\varepsilon_{21}&\varepsilon_{22}&\varepsilon_{23}\\\varepsilon_{31}&\varepsilon_{32}&\varepsilon_{33}\end{bmatrix}=\begin{bmatrix}\varepsilon_{\mathrm{m}}&0&0\\0&\varepsilon_{\mathrm{m}}&0\\0&0&\varepsilon_{\mathrm{m}}\end{bmatrix}+\begin{bmatrix}\varepsilon_{11}-\varepsilon_{\mathrm{m}}&\varepsilon_{12}&\varepsilon_{13}\\\varepsilon_{21}&\varepsilon_{22}-\varepsilon_{\mathrm{m}}&\varepsilon_{23}\\\varepsilon_{31}&\varepsilon_{32}&\varepsilon_{33}-\varepsilon_{\mathrm{m}}\end{bmatrix} \tag{2-3-32}$$

其中,

$$\varepsilon_{\mathrm{m}}=\frac{\varepsilon_{11}+\varepsilon_{22}+\varepsilon_{33}}{3}=\frac{I_1}{3}=\frac{\varepsilon_{\mathrm{v}}}{3} \tag{2-3-33}$$

称为平均正应变,ε_{v} 为微小变形条件下的体积应变,数值上等于应变张量第一不变量。通常用 e_{ij} 表示应变偏量,并引入 δ_{ij} 符号,则应变张量与应变球张量和偏张量的关系可表示为

$$\varepsilon_{ij} = e_{ij} + \varepsilon_m \delta_{ij} \tag{2-3-34}$$

这样,应变可以分为两部分之和:一种应变状态是各方向具有相同的正应变 ε_m,而剪应变为零,它只与体积的变化有关;另一种应变状态是由正应变为 $(\varepsilon_{ii} - \varepsilon_m)$ 与剪应变 $\varepsilon_{ij}(i \neq j)$ 组成的,但 3 个正应变之和等于零,说明它不含体积变化而只表示微体形状变化的部分。一般情况下,总的应变状态则同时包含体积变化与形状的变化。

与求应力张量的主应力相似,我们可以由下列方程求主应变 ε 为

$$\begin{vmatrix} \varepsilon_{11} - \varepsilon & \varepsilon_{12} & \varepsilon_{13} \\ \varepsilon_{21} & \varepsilon_{22} - \varepsilon & \varepsilon_{23} \\ \varepsilon_{31} & \varepsilon_{32} & \varepsilon_{33} - \varepsilon \end{vmatrix} = 0 \tag{2-3-35}$$

展开后得三次方程

$$\varepsilon^3 - I_1' \varepsilon^2 + I_2' \varepsilon - I_3' = 0 \tag{2-3-36}$$

其中,

$$\left. \begin{aligned} I_1' &= \varepsilon_{11} + \varepsilon_{22} + \varepsilon_{33} \\ I_2' &= \varepsilon_{11}\varepsilon_{22} + \varepsilon_{22}\varepsilon_{33} + \varepsilon_{33}\varepsilon_{11} - \varepsilon_{12}^2 - \varepsilon_{23}^2 - \varepsilon_{31}^2 \\ I_3' &= \varepsilon_{11}\varepsilon_{22}\varepsilon_{33} + 2\varepsilon_{12}\varepsilon_{23}\varepsilon_{31} - \varepsilon_{11}\varepsilon_{23}^2 - \varepsilon_{22}\varepsilon_{31}^2 - \varepsilon_{33}\varepsilon_{12}^2 \end{aligned} \right\} \tag{2-3-37}$$

分别称为应变张量的第一、第二、第三不变量。可以证明,第一应变张量不变量相当于体积应变。

设沿主应变方向取出包括某一点在内的一个微元体,边长为 dx、dy、dz,则微元体积为

$$dV = dxdydz \tag{2-3-38}$$

变形后微元体积变为

$$\begin{aligned} dV' &= dx(1+\varepsilon_1)dy(1+\varepsilon_2)dz(1+\varepsilon_3) \\ &= dxdydz(1+\varepsilon_1+\varepsilon_2+\varepsilon_3+\varepsilon_1\varepsilon_2+\varepsilon_2\varepsilon_3+\varepsilon_3\varepsilon_1+\varepsilon_1\varepsilon_2\varepsilon_3) \end{aligned} \tag{2-3-39}$$

按小变形条件,略去高阶微量,则

$$dV' = dxdydz(1+\varepsilon_1+\varepsilon_2+\varepsilon_3) \tag{2-3-40}$$

体积应变等于

$$\varepsilon_v = \frac{\Delta dV}{dV} = \frac{dV' - dV}{dV} = \varepsilon_1 + \varepsilon_2 + \varepsilon_3 = I_1' \tag{2-3-41}$$

求出主应变的值后,代入

$$\begin{bmatrix} \varepsilon_{11} - \varepsilon & \varepsilon_{12} & \varepsilon_{13} \\ \varepsilon_{21} & \varepsilon_{22} - \varepsilon & \varepsilon_{23} \\ \varepsilon_{31} & \varepsilon_{32} & \varepsilon_{33} - \varepsilon \end{bmatrix} \begin{bmatrix} l_1 \\ l_2 \\ l_3 \end{bmatrix} = 0 \tag{2-3-42}$$

即可求出该点主应变的方向余弦。

同样可以由下列方程求出应变偏张量的主应变偏量:

$$\begin{vmatrix} e_{11} - e & e_{12} & e_{13} \\ e_{21} & e_{22} - e & e_{23} \\ e_{31} & e_{32} & e_{33} - e \end{vmatrix} = 0 \tag{2-3-43}$$

展开后可得三次方程为

$$e^3 - J_1' e^2 - J_2' e - J_3' = 0 \tag{2-3-44}$$

其中,

$$J'_1 = e_{11} + e_{22} + e_{33} = e_1 + e_2 + e_3 = 0 \qquad (2\text{-}3\text{-}45\text{a})$$

$$J'_2 = -(e_{11}e_{22} + e_{22}e_{33} + e_{33}e_{11}) + e_{12}^2 + e_{23}^2 + e_{31}^2$$

$$= \frac{1}{2}(e_{11}^2 + e_{22}^2 + e_{33}^2 + 2e_{12}^2 + 2e_{23}^2 + 2e_{31}^2)$$

$$= -(e_1e_2 + e_2e_3 + e_3e_1) = \frac{1}{2}(e_1^2 + e_2^2 + e_3^2)$$

$$= \frac{1}{6}\left[(\varepsilon_1 - \varepsilon_2)^2 + (\varepsilon_2 - \varepsilon_3)^2 + (\varepsilon_3 - \varepsilon_1)^2\right] \qquad (2\text{-}3\text{-}45\text{b})$$

$$J'_3 = \begin{vmatrix} e_{11} & e_{12} & e_{13} \\ e_{21} & e_{22} & e_{23} \\ e_{31} & e_{32} & e_{33} \end{vmatrix} = \frac{1}{3}(e_1^3 + e_2^3 + e_3^3) = e_1e_2e_3$$

$$= \frac{1}{27}(2\varepsilon_1 - \varepsilon_2 - \varepsilon_3)(2\varepsilon_2 - \varepsilon_3 - \varepsilon_1)(2\varepsilon_3 - \varepsilon_1 - \varepsilon_2) \qquad (2\text{-}3\text{-}45\text{c})$$

这里 e_1、e_2、e_3 是三个主应变偏量。

此外,用类似于求 σ_{oct} 和 τ_{oct} 的方法可以求得八面体正应变 ε_{oct} 和八面体剪应变 γ_{oct} 为

$$\varepsilon_{oct} = \frac{\varepsilon_{11} + \varepsilon_{22} + \varepsilon_{33}}{3} = \frac{I'_1}{3} = \frac{\varepsilon_v}{3}$$

$$\gamma_{oct} = \frac{2}{3}\sqrt{(\varepsilon_1 - \varepsilon_2)^2 + (\varepsilon_2 - \varepsilon_3)^2 + (\varepsilon_3 - \varepsilon_1)^2}$$

$$= 2\sqrt{\frac{2}{3}J'_2} \qquad (2\text{-}3\text{-}46)$$

与等效正应力(应力强度)和等效剪应力相对应,可得等效应变 ε(应变强度)为

$$\varepsilon = \frac{2}{\sqrt{3}}\sqrt{J'_2} = \sqrt{\frac{2}{9}\left[(\varepsilon_1 - \varepsilon_2)^2 + (\varepsilon_2 - \varepsilon_3)^2 + (\varepsilon_3 - \varepsilon_1)^2\right]} \qquad (2\text{-}3\text{-}47)$$

等效剪应变 γ 为

$$\gamma = 2\sqrt{J'_2} = \sqrt{\frac{2}{3}\left[(\varepsilon_1 - \varepsilon_2)^2 + (\varepsilon_2 - \varepsilon_3)^2 + (\varepsilon_3 - \varepsilon_1)^2\right]} \qquad (2\text{-}3\text{-}48)$$

2.3.5 对数应变

通常把变形后的伸长量与原长之比定义为线应变,这对于非微小变形来说不是很协调。例如,一单向拉伸试件原长为 l_0,拉伸后长为 l_2,则其伸长度(线应变)为

$$\varepsilon = \frac{l_2 - l_0}{l_0} \qquad (2\text{-}3\text{-}49)$$

如果拉伸分两阶段进行,先由原长 l_0 拉到 l_1,然后以 l_1 为原长拉到 l_2,则每一阶段的伸长度分别为

$$\varepsilon_1 = \frac{l_1 - l_0}{l_0} \qquad (2\text{-}3\text{-}50)$$

$$\varepsilon_2 = \frac{l_2 - l_1}{l_1} \qquad (2\text{-}3\text{-}51)$$

总伸长度为

$$\varepsilon = \frac{l_2 - l_0}{l_0} \tag{2-3-52}$$

显然
$$\varepsilon \neq \varepsilon_1 + \varepsilon_2 \tag{2-3-53}$$

即应变不具可加性,这是不合理的。为了解决这一矛盾,汉奇建议用式(2-3-54)来定义应变。

$$d\varepsilon = \frac{dl}{l} \tag{2-3-54}$$

从而
$$\varepsilon = \int_{l_0}^{l} \frac{dl}{l} = \ln\left(\frac{l}{l_0}\right) \tag{2-3-55}$$

称为汉奇应变或对数应变(logarithmic strain)。此时再来考察式(2-3-49)～式(2-3-53),则有

$$\varepsilon_1 = \ln\left(\frac{l_1}{l_0}\right)$$

$$\varepsilon_2 = \ln\left(\frac{l_2}{l_1}\right)$$

$$\varepsilon = \ln\left(\frac{l_2}{l_0}\right) = \varepsilon_1 + \varepsilon_2$$

可见这一应变具有可加性是比较合理的。

【例 2-2】   有一不可压缩的方形弹性体(横向变形系数 $\nu = 0.5$),纵向长度为 10cm,伸长变形后为 11cm。试求:按小应变公式先求纵向应变 ε_1,横向应变 ε_2,再求汉奇应变、格林应变和阿尔曼西应变。

【解】   纵向应变
$$\varepsilon_1 = \frac{11 - 10}{10} = 0.1$$

横向应变
$$\varepsilon_2 = -\nu\varepsilon_1 = -0.5 \times 0.1 = -0.05$$

取汉奇应变,得

$$\begin{aligned}
\varepsilon_1^{H} &= \ln\left(\frac{l}{l_0}\right) = \ln\frac{(1+\varepsilon)l_0}{l_0} \\
&= \ln(1+\varepsilon) = \ln 1.1 \\
&= 0.095\,31 \\
\varepsilon_2^{H} &= \ln(1-0.05) = -0.051\,29
\end{aligned}$$

取格林应变,得

$$\varepsilon_{11}^{L} = \varepsilon_1 + \frac{1}{2}\varepsilon_1^2 = 0.1 + \frac{0.1^2}{2} = 0.105$$

$$\varepsilon_{22}^{L} = -0.05 + \frac{(-0.05)^2}{2} = -0.048\,75$$

取阿尔曼西应变,得

$$\varepsilon_{11}^{E} = \varepsilon_1 - \frac{1}{2}\varepsilon_1^2 = 0.1 - \frac{0.1^2}{2} = 0.095$$

$$\varepsilon_{22}^{E} = -0.05 - \frac{(-0.05)^2}{2} = -0.051\,25$$

第3章

混凝土的破坏准则

3.1 概　述

混凝土是一种复合的多相材料,内部结构非常复杂。从宏观结构看,可以把混凝土看做骨料分散在水泥浆基材中的多相材料,或者骨料分散在砂浆中的材料。当结构尺寸大于粗骨料尺寸4倍以上时,往往看做均匀的各向同性材料,作宏观受力分析,供设计应用。从微观结构看,混凝土是由水泥凝胶、氢氧化钙结晶、未水化的水泥颗粒、凝胶空隙、毛细管及孔隙水、空气泡等组成。此外,水泥的水化反应会延续相当长的时间,毛细管中的水分还会继续蒸发,留下不少空隙与微细裂缝。因而混凝土从微观上看是不均匀的多相材料。许多学者致力于微观力学研究,这对于分析研究混凝土变形、断裂的内部原因和破坏机理是很重要的,目前已经取得了许多成果。但从结构工程师的观点来看,作结构分析和结构设计时,则应从宏观的层次上把混凝土看做均匀的各向同性的材料。本书介绍混凝土结构的非线性有限元分析,重点在于从宏观层次上说明混凝土的强度理论和本构关系。

骨料、水泥砂浆和混凝土的应力-应变关系如图3-1-1所示。从图中可知:一般混凝土中的骨料强度较高,其应力-应变是线性的,水泥胶结料的应力-应变关系基本上也是线性的,而这两者组合而成的混凝土却具有明显的非线性。研究表明,混凝土中骨料与水泥浆的交界面是

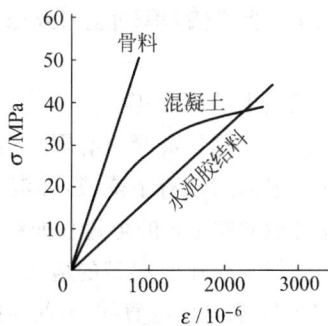

图 3-1-1　骨料、水泥砂浆和混凝土的应力-应变关系

一个薄弱环节,它对混凝土的力学性质有着重要的影响。

混凝土内部裂缝对混凝土的性能有很大影响,其发展大致可分为裂缝的发生、延伸、扩展直到混凝土发生破坏四个阶段。

(1)原始微裂缝阶段:在加载以前,由于水泥浆硬化干缩,水分蒸发留下裂缝等原因,在混凝土内部形成原始微裂缝。这些微裂缝大多出现在粗骨料与砂浆结合的界面上,少部分出现在砂浆内部。如果养护适当,在没有

出现宏观的干缩裂缝的条件下,这些微裂缝是稳定的,并且从统计观点来看是分散均匀的。

(2) 裂缝的起裂阶段:在加载不太大时,例如单轴压应力不超过极限抗压力的30%～40%时,只在试件某些孤立点上产生"拉应变"集中。这时混凝土内部的原始裂缝有一部分开始延伸或扩展,但都很短,数值微小。当这些微裂缝延伸或扩展后,应力集中得到缓和并立即恢复平衡。这一阶段的应力-应变关系基本上接近弹性关系,也有人称为准弹性关系。在这一阶段,如果荷载保持不变就不会产生新的裂缝;当卸载时,有少量裂缝还能闭合。

(3) 裂缝稳定的扩展阶段:如果荷载继续增加,但不超过临界应力(对单轴受压来说应力在70%～90%的抗压强度以内),则已有的裂缝便进一步延伸或扩展,有的伸入砂浆内部,有些短裂缝会彼此相接而形成长的裂缝,同时有新的裂缝产生,这一阶段应力-应变关系呈明显的非线性关系。如果停止加载,裂缝的扩展也会停止,不继续发展,因而可以称为稳定裂缝的扩展阶段。

(4) 裂缝不稳定的扩展阶段:当荷载超过临界应力后,裂缝逐渐连接并贯通,砂浆体内的裂缝急剧增加,发展加快。在这一阶段,即使荷载保持不变,裂缝也会自行继续延伸和扩展,也即荷载不变时也会导致破坏,因而任何长期荷载都不应超过临界应力值。这一阶段称为不稳定裂缝的扩展阶段。在这一阶段,单轴受压试件的体积不仅不缩小,反而开始膨胀。最后,贯通的裂缝将试件分裂成若干小柱,这时,荷载即使减少,变形也还会增加。

本章将介绍在一维应力状态下的应力-应变关系及二维、三维应力状态下的混凝土破坏准则。

3.2　单轴受力下的应力-应变关系

3.2.1　典型的单轴受压σ-ϵ曲线

混凝土的应力-应变(σ-ϵ)关系是钢筋混凝土构件强度计算、超静定结构内力分析、结构延性计算和钢筋混凝土有限元分析的重要基础。在相当长的时间内,认为σ-ϵ曲线在达到强度极限以后没有下降段,即混凝土为完全脆性的材料。随着实验设备和测试方法的改进,现在已能测得σ-ϵ的全过程曲线。

混凝土受压时典型的应力-应变全过程曲线如图3-2-1所示。上升段大体上可分为三段:Oa段基本接近直线,a点的应力为(0.3～0.4)f_c;ab段非线性已很明显,相当于稳定裂缝的扩展阶段,b点应力称为临界应力,为(0.8～0.9)f_c;c点为短期荷载的极限应力,是应力峰值,自此以后曲线进入下降段。与f_c相当的应变ϵ_0约为0.002。如能自动控制加载速率(应变速率),则可以得到下降段,即混凝土在应变增加的条件下,承担的应力逐渐下降直到极限应变ϵ_u。

影响应力-应变曲线形状的因素很多,主要的有混凝土强度、加载速度和横向约束条件等。

关于混凝土强度的影响可以参看图3-2-2。由图可见,混凝土强度越高,σ-ϵ曲线的上升段和下降段越陡,混凝土强度比较低时,曲线比较扁平。相当于峰值应力f_c的应变ϵ_0也随着混凝土强度的增大而增大,但变化幅度不大,在0.0018～0.0023之间。最终破坏时的应变称为极限应变,强度等级较低的混凝土的极限应变反而会大一些。

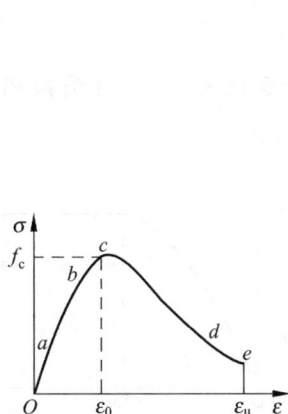

图 3-2-1　典型混凝土应力-应变曲线

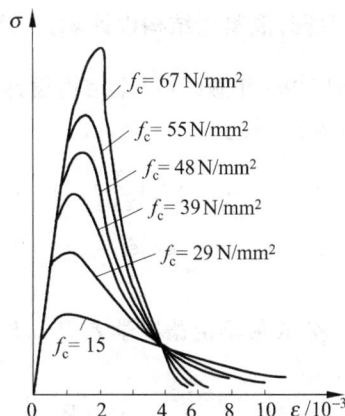

图 3-2-2　强度对应力-应变曲线的影响

　　实验方法的影响主要是加载速度的影响。加载速度快,应变速率高,则最大应力 f_c 有所提高,但曲线坡度比较陡;反之则曲线比较平坦,并且极限应变 ε_u 比较大,如图 3-2-3 所示。

　　混凝土单向受压,它在侧向将发生膨胀。如果侧向配置较密的钢箍,侧向膨胀受到约束,则称为有侧向约束的混凝土,简称约束混凝土;相反,若侧向变形不受约束,则称为无侧向约束混凝土。显然,有侧向约束会提高混凝土的强度和延性,提高的程度与钢箍选用(包括直径、间距以及钢箍的形状、强度)有关。这些影响从图 3-2-4 上可以看出。从图上还可以看到,侧向约束对下降段曲线的影响更加显著:侧向约束越大,则曲线下降段越平缓。箍筋约束的影响讨论详见 8.2.2.4 节。

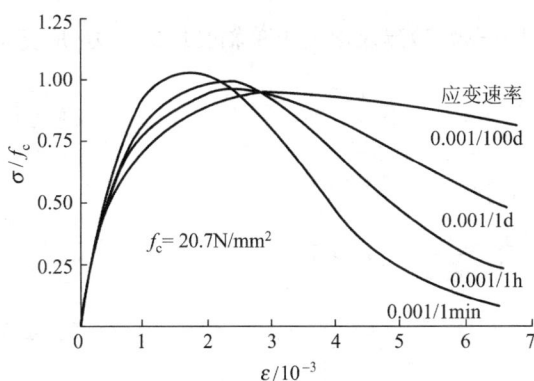

图 3-2-3　加载速度对混凝土应力-应变曲线的影响

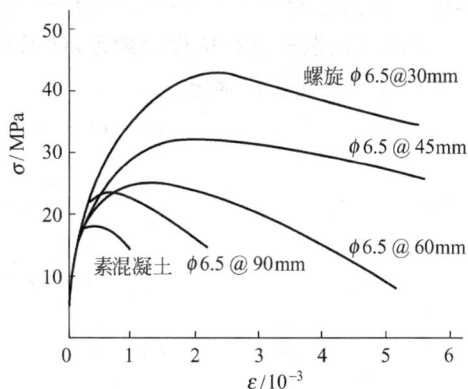

图 3-2-4　箍筋约束对混凝土应力-应变曲线的影响

3.2.2　混凝土单轴受压 σ-ε 关系的数学表达式

　　从实验可以得到混凝土受压时的 σ-ε 关系曲线,为了便于分析计算,还必须用一个数学公式来表达。混凝土应力-应变曲线的研究已有较长历史,很多学者提出了各种不同的数学表达式,约有几十个。下面列出应用较广的、有代表性的几种数学表达式。

1. 我国《混凝土结构设计规范》建议的表达式

我国 1989 年版《混凝土结构设计规范》(GBJ 10—89)建议表达式由上升段和水平段组成,如图 3-2-5 所示。

$$
\left.
\begin{aligned}
\text{上升段} \quad & \sigma = \sigma_0 \left[2\left(\frac{\varepsilon}{\varepsilon_0}\right) - \left(\frac{\varepsilon}{\varepsilon_0}\right)^2 \right], \quad 0 < \varepsilon \leqslant \varepsilon_0 \\
\text{水平段} \quad & \sigma = \sigma_0, \quad \varepsilon_0 < \varepsilon \leqslant \varepsilon_u
\end{aligned}
\right\}
$$

$$(3-2-1)$$

这一公式最早由德国学者 *Rüsch* 提出,原建议表达式取

$$\sigma_0 = 0.85R$$

(R 为混凝土立方体抗压强度)

$$\varepsilon_0 = 0.002$$

$$\varepsilon_u = 0.0035$$

图 3-2-5　Rüsch 建议的混凝土
应力-应变曲线

我国《混凝土结构设计规范》(GBJ 10—89)也采用了这一表达式,取 $\varepsilon_0 = 0.002$,均匀受压时取 $\sigma_0 = f_c$(混凝土轴心抗压强度设计值),$\varepsilon_u = 0.002$(不考虑下降段);不均匀受压时取 $\sigma_0 = f_{cm}$(混凝土弯曲抗压强度设计值),$\varepsilon_u = \varepsilon_{cu} = 0.0033$。

2002 版的《混凝土结构设计规范》(GB 50010—2002)基本上也采用类似曲线,只是在上升段曲线随混凝土强度有所变化,具体表达式为

$$\sigma = f_c \left[1 - \left(1 - \frac{\varepsilon}{\varepsilon_0} \right)^n \right], \quad n = 2 - \frac{1}{60}(f_{cu,k} - 50) \leqslant 2.0 \tag{3-2-2}$$

其中,$f_{cu,k}$ 为混凝土立方体抗压强度标准值。

2010 版《混凝土结构设计规范》(GB 50010—2010)建议混凝土单轴受压的应力-应变曲线方程可按下列公式确定:

$$\sigma = (1 - d_c) E_c \varepsilon \tag{3-2-3}$$

$$
d_c =
\begin{cases}
1 - \dfrac{\rho_c n}{n - 1 + x^n}, & x \leqslant 1 \\[3mm]
1 - \dfrac{\rho_c}{\alpha_c (x-1)^2 + x}, & x > 1
\end{cases}
\tag{3-2-4}
$$

$$\rho_c = \frac{f_c^*}{E_c \varepsilon_0} \tag{3-2-5}$$

$$n = \frac{E_c \varepsilon_0}{E_c \varepsilon_0 - f_c^*} \tag{3-2-6}$$

$$x = \frac{\varepsilon}{\varepsilon_0} \tag{3-2-7}$$

式中,α_c 为混凝土单轴受压应力-应变曲线下降段参数值;f_c^* 为混凝土单轴抗压强度;ε_0 为与单轴抗压强度 f_c^* 相应的混凝土峰值压应变;d_c 为混凝土单轴受压损伤演化参数。

2. Hongnestad 表达式(Hongnestad,1955)

Hongnestad 表达式是美国学者提出的,是目前世界上应用最广泛的曲线之一。这一曲

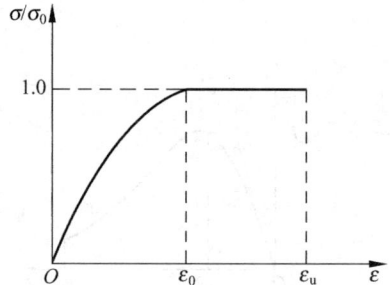

线上升段为抛物线,下降段为斜直线,如图 3-2-6 所示。

具体表达式为

上升段　　　　$\sigma = \sigma_0 \left[2\left(\dfrac{\varepsilon}{\varepsilon_0}\right) - \left(\dfrac{\varepsilon}{\varepsilon_0}\right)^2 \right], \qquad \varepsilon \leqslant \varepsilon_0$

下降段　　　　$\sigma = \sigma_0 \left[1 - 0.15\left(\dfrac{\varepsilon - \varepsilon_0}{\varepsilon_u - \varepsilon_0}\right) \right], \quad \varepsilon < \varepsilon_0 \leqslant \varepsilon_u$

$$\left.\right\} \qquad (3\text{-}2\text{-}8)$$

Hongnestad 建议理论分析时取 $\varepsilon_u = 0.0038$,而在设计中可取 $\varepsilon_u = 0.003$。并建议 $\varepsilon_0 = 2(\sigma_0 / E_0)$,$E_0$ 为初始弹性模量;建议 $\sigma_0 = 0.85 f'_c$(f'_c 为混凝土圆柱体抗压强度)。这一建议取斜率为 15% 的斜直线来考虑混凝土的下降段,表达简洁,又抓住了主要特征,因而得到广泛应用。

3. Desayi-Krishnan 公式(Desayi & Krishnan,1964)

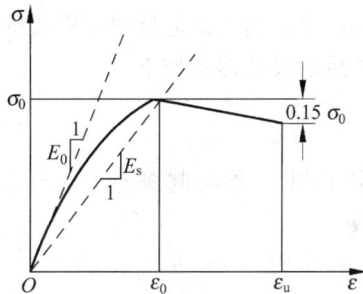

图 3-2-6　Hongnestad 建议的混凝土
应力-应变曲线

$$\sigma = \frac{E\varepsilon}{1 + \left(\dfrac{\varepsilon}{\varepsilon_0}\right)^2} \qquad (3\text{-}2\text{-}9)$$

式中,ε_0 为峰值应力 σ_0 所对应的应变。该公式定义 $\varepsilon = \varepsilon_u$ 时破坏,对应的应力为 $\sigma_u = k\sigma_0$。这一公式开创了用统一式子表达上升段和下降段,以后有许多学者在此基础上进行修正和完善。

4. CEB-FIP 建议公式(CEB-FIP,1993)

$$\sigma = \frac{\dfrac{E_{ci}}{E_{c1}} \dfrac{\varepsilon}{\varepsilon_{c1}} - \left(\dfrac{\varepsilon}{\varepsilon_{c1}}\right)^2}{1 + \left(\dfrac{E_{ci}}{E_{c1}} - 2\right)\left(\dfrac{\varepsilon}{\varepsilon_{c1}}\right)} \sigma_0 \qquad (3\text{-}2\text{-}10)$$

式中,$E_{ci} = 2.15 \times 10^4 \, \text{MPa} \left(\dfrac{\sigma_0}{10 \text{MPa}}\right)^{1/3}$,$\varepsilon_{c1} = -0.0022$,$E_{c1} = \left(\dfrac{\sigma_0}{0.0022}\right)$。

这一公式考虑到了不同性能混凝土的影响,应用也较方便,在欧洲混凝土协会(CEB-FIP)推荐后,欧洲学者发表论文常用此表达式。

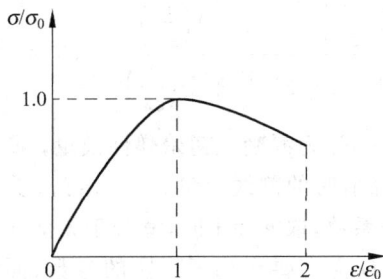

图 3-2-7　梅村魁建议的混凝土
应力-应变曲线

5. 日本学者梅村魁提出的指数函数表达式

这一公式在日本应用很广,具体公式为

$$\sigma = 6.75\sigma_0 \left[e^{-0.812\left(\frac{\varepsilon}{\varepsilon_0}\right)} - e^{-1.218\left(\frac{\varepsilon}{\varepsilon_0}\right)} \right]$$

$$(3\text{-}2\text{-}11)$$

由这一公式给出的曲线形状如图 3-2-7 所示。

6. Saenz 等的表达式(Saenz,1964)

1964 年 Saenz 提出一个关于 σ-ε 曲线的公式

$$\sigma = \frac{E_0 \varepsilon}{1 + \left(\dfrac{E_0}{E_s} - 2\right)\left(\dfrac{\varepsilon}{\varepsilon_0}\right) + \left(\dfrac{\varepsilon}{\varepsilon_0}\right)^2} \tag{3-2-12}$$

式中,E_0 为初始弹性模量;$E_s = \dfrac{\sigma_0}{\varepsilon_0}$ 为应力达峰值时的割线弹性模量;σ_0、ε_0 分别为应力达峰值时的应力、应变。

　　式(3-2-12)能很好地反映混凝土的 σ-ε 曲线,特别是上升段公式也不复杂,因而引起广泛的注意。为更好地反映下降段的性质,1979 年经 Elwi 和 Murray(Elwi & Murray,1979)改进后的表达形式如下:

$$\sigma = \frac{\varepsilon}{A + B\varepsilon + C\varepsilon^2 + D\varepsilon^3} \tag{3-2-13}$$

根据下列 5 个控制条件(见图 3-2-8)确定其中的常数:

　　$\varepsilon = 0$ 时,$\sigma = 0$,原点;

　　$\varepsilon = 0$ 时,$\dfrac{\mathrm{d}\sigma}{\mathrm{d}\varepsilon} = E_0$,原点;

　　$\varepsilon = \varepsilon_0$ 时,$\sigma = \sigma_0$,峰值点;

　　$\varepsilon = \varepsilon_0$ 时,$\dfrac{\mathrm{d}\sigma}{\mathrm{d}\varepsilon} = 0$,峰值点;

　　$\varepsilon = \varepsilon_u$ 时,$\sigma = \sigma_u = k\sigma_0$,极限点。

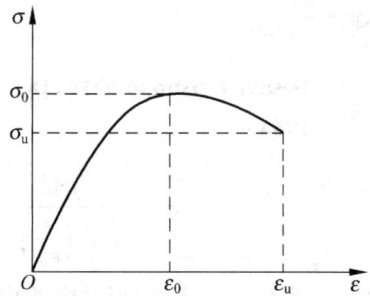

图 3-2-8　Elwi 和 Murray 建议的混凝土应力-应变曲线

因第一个条件可以自然满足,余下四个条件可以确定 A、B、C、D 四个常数,由此得到

$$\sigma = \frac{E_0 \varepsilon}{1 + \left(R + \dfrac{E_0}{E_s} - 2\right)\left(\dfrac{\varepsilon}{\varepsilon_0}\right) - (2R-1)\left(\dfrac{\varepsilon}{\varepsilon_0}\right)^2 + R\left(\dfrac{\varepsilon}{\varepsilon_0}\right)^3} \tag{3-2-14}$$

式中,$E_s = \sigma_0/\varepsilon_0$;$R$ 由下式确定:

$$R = \frac{E_0/E_s\,(\sigma_0/\sigma_u - 1)}{(\varepsilon_u/\varepsilon_0 - 1)^2} - \frac{1}{\varepsilon_u/\varepsilon_0} \tag{3-2-15}$$

　　这一公式在钢筋混凝土有限元分析中应用很广,在大型非线性有限元程序 ADINA 中基本上采用这一公式。

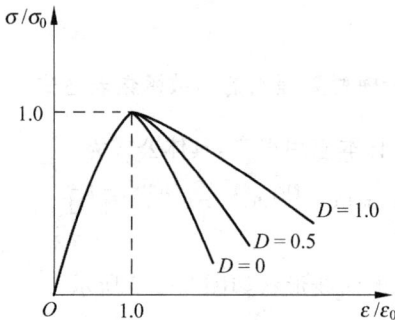

图 3-2-9　Sargin 建议的混凝土应力-应变曲线

　　对 Saenz 公式提出改进的还有 Sargin,他于 1971 年提出下列公式(Sargin,1971):

$$\sigma = k_3 f_c \frac{A\left(\dfrac{\varepsilon}{\varepsilon_0}\right) + (D-1)\left(\dfrac{\varepsilon}{\varepsilon_0}\right)^2}{1 + (A-2)\dfrac{\varepsilon}{\varepsilon_0} + D\left(\dfrac{\varepsilon}{\varepsilon_0}\right)^2} \tag{3-2-16}$$

式中,$A = E_0/E_s$;E_0 为混凝土初始弹性模量;$E_s = \sigma_0/\varepsilon_0$ 为应力达峰值时的割线模量;$k_3 = \sigma_0/f_c$ 为侧限对强度的影响系数,取 $k_3 = 1$ 时,适合于无侧向约束的素混凝土;D 为主要影响下降段的参数,而对上升段影响很小,不同 D 值的 σ-ε 曲线如图 3-2-9 所示。这一公式在有限元分析中应用很广。

7. 我国学者提出的一些表达式

我国清华大学、东南大学、四川建筑科学研究院及水利部门的一些单位等都对 $\sigma\text{-}\varepsilon$ 曲线进行过研究,并提出了一些公式。

清华大学在 1979 年进行了受压 $\sigma\text{-}\varepsilon$ 全曲线研究,提出的分项表达式为

$$\left.\begin{aligned}\frac{\sigma}{\sigma_0} &= a\left(\frac{\varepsilon}{\varepsilon_0}\right) + (3-2a)\left(\frac{\varepsilon}{\varepsilon_0}\right)^2 + (a-2)\left(\frac{\varepsilon}{\varepsilon_0}\right)^3, \quad \varepsilon \leqslant \varepsilon_0 \\[2ex] \frac{\sigma}{\sigma_0} &= \frac{\dfrac{\varepsilon}{\varepsilon_0}}{\alpha\left(\dfrac{\varepsilon}{\varepsilon_0}-1\right)^2 + \dfrac{\varepsilon}{\varepsilon_0}}, \quad\quad\quad\quad \varepsilon_0 > \varepsilon\end{aligned}\right\} \tag{3-2-17}$$

该式可满足 $\sigma\text{-}\varepsilon$ 实验曲线的主要特征,其中,a、α 与 ε_0 为待定参数,随混凝土强度等级、水泥种类等因素而变。例如,对 C40 级普通混凝土,可取 $a=1.7\sim2.0$,$\alpha=2.0$,$\varepsilon_0=0.0018$。

3.2.3　单轴受拉时的 $\sigma\text{-}\varepsilon$ 曲线

与受压相比,轴心受拉时的 $\sigma\text{-}\varepsilon$ 全曲线的研究就少得多,在相当长的一段时间内,认为混凝土受拉破坏是完全脆性的。深入研究发现,混凝土受拉时的 $\sigma\text{-}\varepsilon$ 曲线也有一下降段,如图 3-2-10 所示曲线是瑞典隆德大学的 Peterson 于 1981 年(Peterson, 1981)做的单轴受拉实验得到的。

从图 3-2-10 可以看出,在 $60\%\sim80\%$ 抗拉强度的范围内,$\sigma\text{-}\varepsilon$ 关系基本上是直线,而下降段是非常陡的。

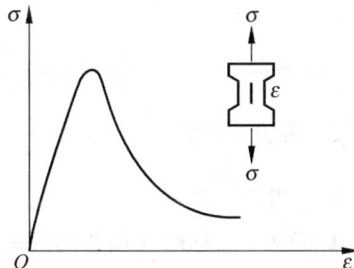

关于拉伸曲线的数学表达式,大多数学者主张上升段用直线,主要区别在于下降段。现介绍几种应用较多的表达式。

图 3-2-10　混凝土受拉应力-应变曲线

1. 单直线下降式

此式由瑞典 Hillerborg(Hillerborg et al., 1976)提出,在分析混凝土断裂时应用,如图 3-2-11(a)所示。

2. 分段下降式

瑞典 Peterson(Peterson, 1981)在研究了混凝土开裂后的应变(见图 3-2-11(b))后指出,当混凝土受拉达应力峰值以后,混凝土出现了微裂缝,无裂缝区的应变回缩而裂缝处的宽度增大致使构件伸长。因而用 $\sigma\text{-}w$(应力-裂缝宽度)表示下降段,图中用双折线表示,w_u 为极限裂缝宽度。

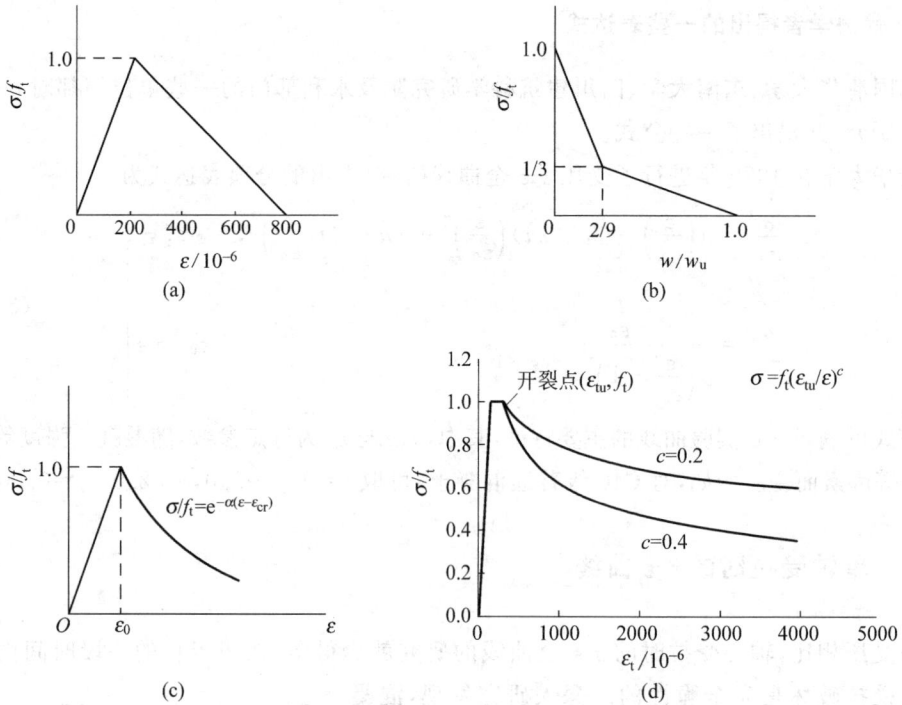

图 3-2-11　典型的混凝土受拉应力-应变模型

3. 曲线下降式

（1）指数下降段

1983 年，江见鲸在瑞典访问时提出用指数式表示下降段，即

$$\sigma = f_t e^{-\alpha(\varepsilon-\varepsilon_{cr})} \tag{3-2-18}$$

式中，f_t 为混凝土抗拉强度（拉伸时应力峰值）；ε_{cr} 为混凝土开裂时应变（对应于拉应力峰值时的应变）；α 为控制下降段的软化系数。

软化系数与混凝土的断裂能有关。若混凝土的断裂能为 G_f，混凝土单元特征尺寸（可取与裂缝垂直方向的单元平均宽度）为 l_c，则可以得到

$$\alpha = \left(\frac{f_t}{G_f}\right) l_c \tag{3-2-19}$$

这一式子可适应不同性质的混凝土受拉时的下降曲线，如图 3-2-11(c)所示。当 $\alpha=0.1\times10^5$ 时，与 Perterson 的曲线很逼近。α 与混凝土的断裂能有关。断裂能越小，即混凝土的脆性越大，则 α 值也越大。

（2）日本冈村和前川公式（Okamura & Maekawa，1991）

日本学者冈村和前川建议了一个幂函数的公式，在日本得到广泛应用

$$\frac{\sigma}{f_t} = \left(\frac{\varepsilon_{tu}}{\varepsilon}\right)^c \tag{3-2-20}$$

对于受拉区有变形钢筋配筋的混凝土，取 $c=0.4$，对受拉区配有焊接网片配筋的混凝土，取 $c=0.2$，以考虑不同配筋方式对混凝土开裂软化的约束作用。

（3）Reinhardt 提出的曲线

Reinhardt 于 1984 年提出如下公式：

$$\frac{\sigma}{f_t} = 1 - \left(\frac{\varepsilon}{\varepsilon_f}\right)^k \tag{3-2-21}$$

Reinhardt 等于 1986 年（Reinhardt et al.,1986）又提出如下关系式

$$\frac{\sigma}{f_t} = \left[1 + c_1\left(\frac{\varepsilon}{\varepsilon_f}\right)^4\right] e^{-c_2 \cdot \frac{\varepsilon}{\varepsilon_f}} \tag{3-2-22}$$

式中，f_t 为混凝土的抗拉强度（拉伸时峰值应力）；ε_f 为混凝土完全开裂时的极限拉应变；系数 k、c_1、c_2 由实验标定，江见鲸建议取 $k=0.31$，$c_1=9.0$，$c_2=5.0$。

（4）2010 版《混凝土结构设计规范》（GB 50010—2010）建议曲线

2010 版《混凝土结构设计规范》（GB 50010—2010）建议混凝土单轴受拉的应力-应变曲线方程按下列公式确定：

$$\sigma = (1 - d_t) E_c \varepsilon \tag{3-2-23}$$

$$d_t = \begin{cases} 1 - \rho_t(1.2 - 0.2x^5), & x \leqslant 1 \\ 1 - \dfrac{\rho_t}{\alpha_t(x-1)^{1.7} + x}, & x > 1 \end{cases} \tag{3-2-24}$$

$$x = \frac{\varepsilon}{\varepsilon_{cr}} \tag{3-2-25}$$

$$\rho_t = \frac{f_t^*}{E_c \varepsilon_{cr}} \tag{3-2-26}$$

式中，α_t 为混凝土单轴受拉应力-应变曲线下降段的参数值；f_t^* 为混凝土的单轴抗拉强度；ε_{cr} 为与单轴抗拉强度 f_t^* 相应的混凝土峰值拉应变；d_t 为混凝土单轴受拉损伤演化参数。

4. 以裂缝宽度表达的 σ-w 曲线关系表达式

（1）双曲线下降型

这是中国赴日本东京大学的访问学者李宝禄提出的。他建议用应力与裂缝宽度来表示下降段。具体表达式为

$$\sqrt{\frac{\sigma}{f_t}} + \sqrt{\frac{w}{w_u}} = 1 \tag{3-2-27}$$

式中，w 为裂缝张开宽度；w_u 为拉应力下降为零时裂缝极限张开宽度。

这一式子与 Peterson 二折线很贴近，但它已变为连续光滑的曲线了。

（2）指数下降型

Gopalaratnam 和 Shah 于 1985 年（Gopalaratnam & Shah,1985）提出如下软化曲线方程

$$\frac{\sigma}{f_t} = e^{-kw\lambda} \tag{3-2-28}$$

江见鲸建议式中参数 $\lambda=1.01$，$k=0.063$。w 是裂缝张开宽度，单位为 μm。

3.3　双轴受力下的混凝土强度

3.3.1　双轴荷载下的实验结果

常用的双轴荷载试件有三种：立方体试件、平板试件和空心圆柱体试件。前两种直接在两个方向加载,但平板试件的加载方向在平板面内。空心圆柱体试件是轴向加压,施加扭转或内、外水压力。20 世纪 60 年代末期,德国学者 Kupfer 等(Kupfer et al. ,1969,1973)用 $20\mathrm{cm}\times20\mathrm{cm}\times5\mathrm{cm}$ 的平板试件,做了双向受力实验。试件中有拉-拉、拉-压、双压等各种组合,选用了不同的应力比 σ_1/σ_2 ($\sigma_3=0$)。实验结果(见图 3-3-1)很出色,后来 Tasuji 和 Nelissen 做的实验结果与此基本相似。实验结果表明：

(1) 当双向受压时,混凝土一个方向的抗压强度随着另一向压力的增加而增大,最大压应力大约在两个主应力之比为 $\sigma_1/\sigma_2=0.5$ 处发生,为单向抗压强度的 $1.22\sim1.27$ 倍。当双向等压时,强度为单向受压强度的 $1.16\sim1.20$ 倍。混凝土强度等级低的提高系数大,国内一些单位对 C15～C25 混凝土试块实验结果,可以达到 1.4 以上。

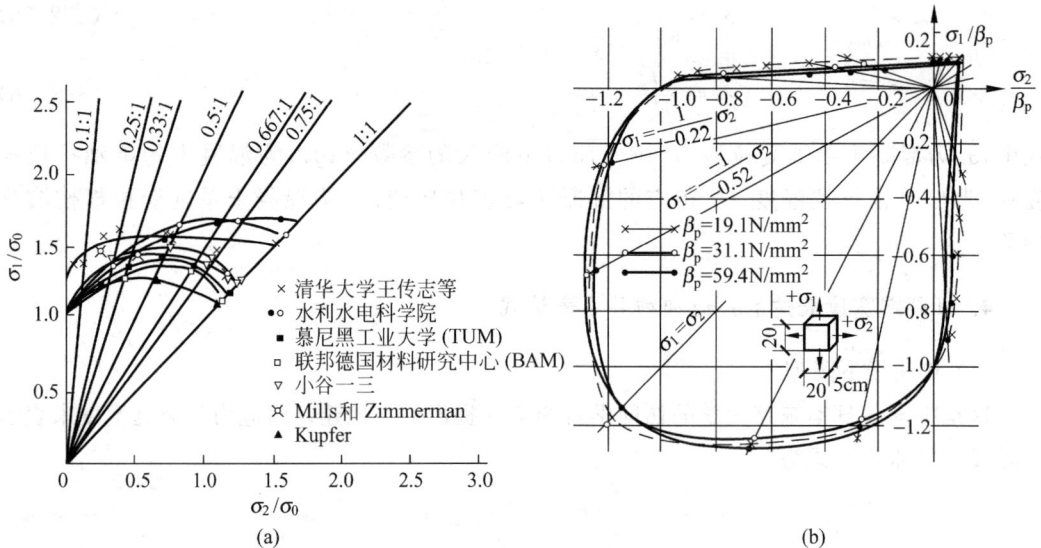

图 3-3-1　混凝土双轴试验结果

(a) 国内外一些双轴受压实验结果(压应力为正)；(b) Kupfer 双轴强度包络线

(2) 当一向受拉一向受压时,混凝土受压方向的抗压强度随着另一方向拉应力的增加而降低(几乎呈线性关系)；或者说混凝土的抗拉强度随着另一方向压应力的增大而降低。

(3) 当双向受拉时,混凝土的抗拉强度基本上不受另一方向的影响,即双向抗拉强度与单向抗拉强度基本相同。

(4) 在双向应力状态,混凝土的应变大小与应力状态的性质(是受压还是受拉)有关。在单向及双向受压状态,平均最大压应变约为3000微应变；平均最大拉应变为2000～4000

微应变。而在单向或双向受拉状态下，平均最大主拉应变均为 80 微应变。

（5）接近破坏时，试件的体积会增加。这种非弹性的体积增加主要是由混凝土中微裂缝的扩展造成的。

（6）对于普通混凝土，强度包络图受加载路径影响很小。但有人认为，轻质混凝土非比例加载的强度略低于比例加载的情况。

3.3.2　双向受力混凝土强度的计算公式

根据实验结果，提出了很多强度计算公式，下面介绍最常用的几种。

1. 修正的莫尔-库仑准则

莫尔（Mohr，1900）在提出了平面极限剪应力与该平面上的正应力有关，即

$$|\tau| = f(\sigma) \tag{3-3-1}$$

$f(\sigma)$ 的包络线由实验结果来确定，当最大的莫尔圆正切于包络线时材料达到破坏强度。因此，在三向应力状态下材料的破坏与中间应力大小无关。莫尔的包络线最简单为库仑（Coulomb，1773）给出的直线方程，如图 3-3-2 所示，其方程式为

$$|\tau| = c - \sigma\tan\varphi \tag{3-3-2}$$

式中，c 为材料的内聚力；φ 为材料的内摩擦角。

图 3-3-2　莫尔-库仑准则

因为对混凝土材料很少去测定 c 及 φ，现用混凝土的另外两个强度指标，抗拉强度 f_t 与抗压强度 f_c 来表示。

现在按图 3-3-2 来推导莫尔破坏准则的修正表达式。由图 3-3-2 可以推得，上述条件相当于

$$O'B = O'A \cdot \sin\varphi = \left(c\frac{\cos\varphi}{\sin\varphi} + \frac{\sigma_1 + \sigma_3}{2}\right)\sin\varphi$$

$$\frac{1}{2}(\sigma_1 - \sigma_3) = c\cos\varphi + \frac{1}{2}(\sigma_1 + \sigma_3)\sin\varphi \tag{3-3-3}$$

整理后可写成

$$\sigma_1 \frac{1 + \sin\varphi}{2c\cos\varphi} - \sigma_3 \frac{1 - \sin\varphi}{2c\cos\varphi} = 1, \quad \sigma_1 \geqslant \sigma_2 \geqslant \sigma_3 \tag{3-3-4}$$

莫尔-库仑准则可以用 (c, φ)、(f_c, f_t)、(f_c, φ) 的任意两个参数的组合来表达，例如

$$\frac{\sigma_1}{f_t} - \frac{\sigma_3}{f_c} = 1 \tag{3-3-5}$$

其中，
$$f_c = \frac{2c\cos\varphi}{1 - \sin\varphi}, \quad f_t = \frac{2c\cos\varphi}{1 + \sin\varphi}$$

或
$$m\sigma_1 - \sigma_3 = f_c, \quad \sigma_1 \geqslant \sigma_2 \geqslant \sigma_3 \tag{3-3-6}$$

其中
$$m = \frac{1 + \sin\varphi}{1 - \sin\varphi} = \frac{f_c}{f_t}$$

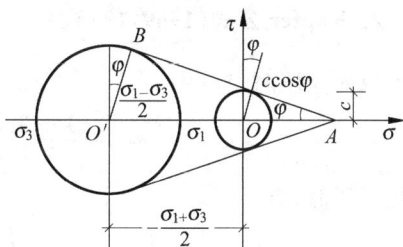

这便是修正的莫尔-库仑准则。

用于平面应力状态,当双向受拉时,有

$$\left.\begin{array}{c} \sigma_1 > \sigma_2 > 0 \\ \sigma_1 = f_t \end{array}\right\} \tag{3-3-7}$$

一向受拉,一向受压时

$$\left.\begin{array}{c} \sigma_1 > 0 > \sigma_2 \\ m\sigma_1 - \sigma_2 = f_c \end{array}\right\} \tag{3-3-8}$$

双向受压时,有

$$\left.\begin{array}{c} 0 > \sigma_1 > \sigma_2 \\ -\sigma_2 = f_c \end{array}\right\} \tag{3-3-9}$$

用图表示破坏包络线,如图 3-3-3 所示。和实验数据相比,由莫尔准则求得的强度值是偏小的。但其公式简单,且用于设计时,所得结果偏于安全,因而在结构的极限分析中得到广泛的应用。

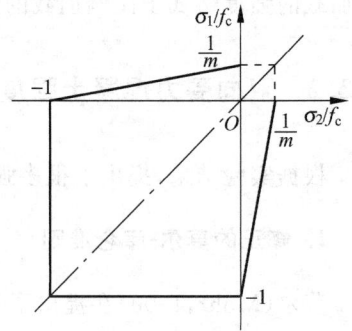

图 3-3-3 莫尔-库仑准则破坏包络线

2. Kupfer 公式(1969,1973)

双向受压时,有

$$\sigma_{2c} = \frac{1 + 3.65\alpha}{(1+\alpha)^2} f_c, \quad 0 \leqslant \alpha = \sigma_1/\sigma_2 \leqslant 1 \tag{3-3-10}$$

一拉一压时,有

$$\sigma_{1t} = \left(1 - 0.8\frac{\sigma_2}{f_c}\right) f_t, \quad \alpha < 0 \tag{3-3-11}$$

双向受拉时,有

$$\sigma_{1t} = \sigma_{2t} = f_t \tag{3-3-12}$$

由于 Kupfer 的实验做得很出色,这一实验结果及他们提出的公式也因而得到了广泛的应用。

3. 多折线公式

Liu、Nilson 和 Slate(Liu et al.,1972)建议在双压区用双折线来替代莫尔准则中的单直线,具体表达式为

$$\left.\begin{array}{l} \alpha = \dfrac{\sigma_1}{\sigma_2} < 0.2, \quad \sigma_{2c} = \left(1 + \dfrac{\alpha}{1.2-\alpha}\right)f_c, \quad \sigma_{1c} = \alpha\sigma_2 \\ 0.2 \leqslant \alpha \leqslant 1.0, \quad \sigma_{2c} = 1.2f_c, \sigma_{1c} = \alpha\sigma_2 \end{array}\right\} \tag{3-3-13}$$

在拉压区,其表达式与莫尔准则相同。

另外,Nilson 还提出多折线的修正公式,其公式如下:

双向受压,有

$$\left.\begin{array}{ll} \sigma_{2c} = \left(0.46\dfrac{\sigma_1}{f_c} - 0.9\right)f_c, & 0 \leqslant \alpha \leqslant 0.5 \\ \sigma_{2c} = \left(-0.18\dfrac{\sigma_1}{f_c} - 1.28\right)f_c, & 0.5 < \alpha \leqslant 1 \end{array}\right\} \tag{3-3-14a}$$

一向受压，一向受拉，有

$$\sigma_{2c} = \left(-1.6\,\frac{\sigma_1}{f_c} - 0.9\right)f_c \tag{3-3-14b}$$

双向受拉，有

$$\sigma_{1t} = f_t = 0.055 f_c \tag{3-3-14c}$$

4. 双参数公式

对实验数据进行分析可知，等轴双压强度 f_{bc} 随混凝土等级等因素而变化。上述公式不能反映这一情况。笔者经比较研究，建议在 Druker-Prager 公式的基础上进行改进，用 f_c、f_t 或 f_c、f_{bc} 来建立双参数破坏准则，在平面问题中应用是方便而较准确的，而且在三轴应力状态下也可应用。建议公式如下：

$$a\,\frac{I_1}{f_c} + b\,\frac{\sqrt{J_2}}{f_c} - 1 = 0 \tag{3-3-15}$$

式中，I_1 为应力张量第一不变量；J_2 为应力偏量第二不变量；参数 a 和 b 由下式决定：

$$\left.\begin{aligned} a &= \frac{1}{2}(f_c/f_t - 1) \\ b &= \frac{\sqrt{3}}{2}(1 + f_c/f_t) \end{aligned}\right\} \quad \sigma_1 > 0 \tag{3-3-16a}$$

$$\left.\begin{aligned} a &= 1 - f_c/f_{bc} \\ b &= \sqrt{3}(2 - f_c/f_{bc}) \end{aligned}\right\} \quad \sigma_1 \leqslant 0 \tag{3-3-16b}$$

各强度包络线如图 3-3-4 所示，一些实验结果也示于图中。

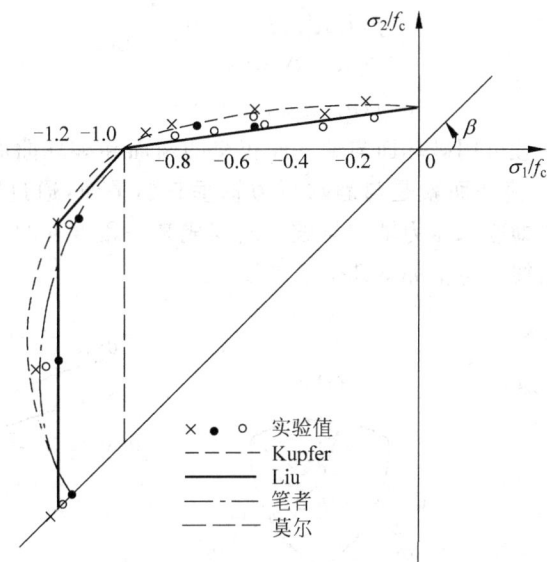

图 3-3-4　不同双轴强度准则与实验结果的比较

3.4 三轴受力下的混凝土强度准则——古典强度理论

钢筋混凝土结构和构件的非线性分析中的一个重要问题是建立混凝土强度准则。在单向应力状态下,建立强度破坏条件是比较容易的,但在复杂应力条件下,如何建立强度破坏条件一直是个研究中的问题。因而建立混凝土强度准则模型的目的是能尽可能地概括不同受力状态下混凝土的强度破坏条件。

建立混凝土在复杂应力下的强度准则,首先需了解破坏的意义;对于不同情况,如开始开裂、屈服、极限强度等都可定义为破坏。对于混凝土强度准则来说,一般是对极限强度而言。通常采用空间坐标的破坏曲面来描述混凝土的破坏情况,因而,混凝土强度准则就是建立混凝土空间坐标破坏曲面的规律。近年来,不少学者对混凝土强度准则进行了研究,建立了从简单的一参数一直到五参数的强度准则。本节先介绍古典强度理论的空间表达式,3.5 节将介绍近几十年来提出的多参数强度准则。

混凝土的弹性极限面和破坏曲面可用三个主应力坐标轴 σ_1、σ_2、σ_3 来表示,如图 3-4-1 所示。为了用数学方法表达方便,又可用应力不变量 I_1、J_2、J_3 来表示,或用圆柱坐标系统,亦称为 Haigh-Westergaard 坐标(即 ξ、ρ、θ)表示,也用八面体应力坐标轴来表示。因此,破坏曲面的函数方程式可表达为

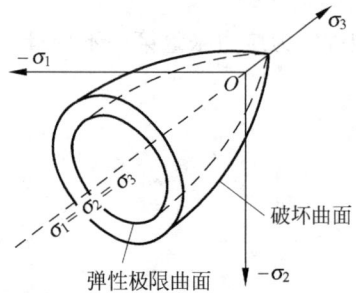

图 3-4-1 混凝土弹性极限面及破坏曲面

$$\left.\begin{array}{l} f(\sigma_1,\sigma_2,\sigma_3) = 0 \\ f(I_1,J_2,J_3) = 0 \\ f(\xi,\rho,\theta) = 0 \\ f(\sigma_{oct},\tau_{oct},\theta) = 0 \end{array}\right\} \tag{3-4-1}$$

混凝土的破坏面一般可用破坏面与偏平面相交的断面和破坏曲面的子午线来表达,如图 3-4-2(b)、(c)所示。偏平面就是与静水压力轴垂直的平面,通过原点的偏平面称 π 平面。破坏曲面的子午线即静水压力轴和与破坏曲面成某一角度 θ 的一条线形成的平面,与破坏曲面相交而成的曲线。包括如下几个子午线。

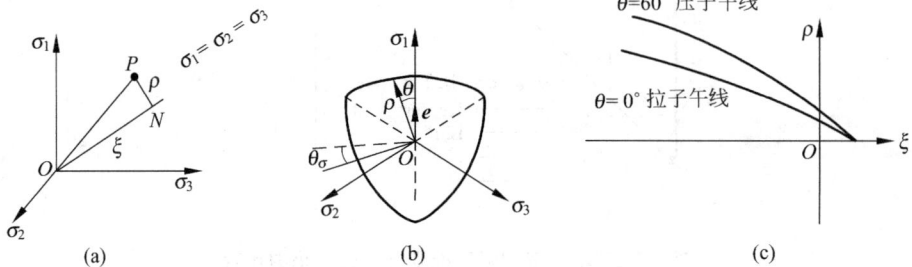

图 3-4-2 破坏曲面的偏平面与子午线

(a) 主应力空间;(b) π 平面;(c) 子午线

（1）拉子午线：$\theta=0°$，$\sigma_p=\sigma_1>\sigma_2=\sigma_3=\sigma_z$（拉应力为正）；当静水压力与轴向拉应力组合时，单向轴拉时，二轴受压时的应力状态均位于拉子午线上。

（2）压子午线：$\theta=60°$，$\sigma_p=\sigma_1=\sigma_2>\sigma_3=\sigma_z$（拉应力为正）；当常三轴受压时，单轴受压时，二向受等拉时的应力状态均位于压子午线上。

（3）剪力子午线：$\theta=30°$；当应力状态为 σ_1、$(\sigma_1+\sigma_3)/2$、σ_3 时（即纯剪应力状态），当 $\frac{1}{2}(\sigma_1-\sigma_3,0,\sigma_3-\sigma_1)$ 与静水压应力 $\frac{1}{2}(\sigma_1+\sigma_3)$ 组合时，其应力状态均位于剪力子午线上。

根据一些实验结果，混凝土破坏面的子午线与偏平面有下列特征：

（1）子午线形成光滑曲线，并与静水压应力 I_1 或 ξ 值有关。

（2）偏平面上 $\rho_t/\rho_c\leqslant1$，下标 t、c 分别表示拉、压子午线。

（3）对于各向匀质的材料，其破坏曲面在偏平面上形成三轴对称，形状如图 3-4-2（b）所示。ρ_t/ρ_c 比值随静水压值增大而增大，在 π 平面上接近 0.5；当 $\xi=-7f'_c$ 时，比值接近 0.8。可以认为，在静水压小时，偏平面上的断面形状接近光滑的三角形，在静力压大时，偏平面上断面形状接近圆形。

（4）在纯静水压下会不会发生破坏，还没有实验资料证实，理论上似乎不会。Chinn 和 Zimmerman（1965）实验做到第一应力不变量 $I_1=-79f'_c$ 还没有破坏迹象，压子午线没有趋向静水压力轴。但也有不同见解，因为混凝土材料实际上为非均质材料，骨料水泥浆之间有空隙，也有可能在高静水压下，骨料会压酥。

1. 最大拉应力强度准则（Rankine 强度准则）

1876 年 Rankine 提出最大拉应力强度准则。按照这个强度准则，混凝土材料中任一点的强度达到混凝土单轴抗拉强度 f_t 时，混凝土即达到脆性破坏，不管这一点上是否还有其他法向应力或剪应力。因此，垂直于 σ_1、σ_2、σ_3 平面的强度表达式为

$$\sigma_1=f_t,\quad \sigma_2=f_t,\quad \sigma_3=f_t \tag{3-4-2}$$

将式（3-4-2）中三个主应力用式（2-2-52）代入得

$$\begin{bmatrix}\sigma_1\\\sigma_2\\\sigma_3\end{bmatrix}=\begin{bmatrix}\sigma_m\\\sigma_m\\\sigma_m\end{bmatrix}+\frac{2}{\sqrt3}\sqrt{J_2}\begin{bmatrix}\cos\theta\\\cos\left(\theta-\frac{2}{3}\pi\right)\\\cos\left(\theta+\frac{2}{3}\pi\right)\end{bmatrix} \tag{3-4-3}$$

当 $0°\leqslant\theta\leqslant60°$，且有 $\sigma_1\geqslant\sigma_2\geqslant\sigma_3$ 时，破坏准则为 $\sigma_1=f_t$，即

$$f_t-\sigma_m=\frac{2}{\sqrt3}\sqrt{J_2}\cos\theta$$

$$f_t-\frac{I_1}{3}=\frac{2}{\sqrt3}\sqrt{J_2}\cos\theta$$

可得

$$f(I_1,J_2,\theta)=2\sqrt3\sqrt{J_2}\cos\theta+I_1-3f_t=0 \tag{3-4-4}$$

因为

$$\xi=\frac{I_1}{\sqrt3},\quad \rho=\sqrt{2J_2}$$

所以

$$f(\rho,\xi,\theta)=\sqrt2\rho\cos\theta+\xi-\sqrt3f_t=0 \tag{3-4-5}$$

在 π 平面上,有

$$\xi = 0, \quad \sqrt{2}\rho\cos\theta - \sqrt{3}f_t = 0$$

$$\rho = \sqrt{\frac{3}{2}}\frac{f_t}{\cos\theta}$$

当 $\theta = 0°$ 时,$\rho = \sqrt{\frac{3}{2}}f_t$,当 $\theta = 60°$ 时,$\rho = \sqrt{6}f_t$。

　　根据上面公式可绘出最大拉应力强度准则的压、拉子午线如图 3-4-3(a)所示,π 平面图形如图 3-4-3(b)所示。若 I_1 相同,这一破坏面在 π 平面上投影为一正三角形。当取 θ 不变,例如取 $\theta = 0°$ 或 $\theta = 60°$,则破坏面在子午面上为一直线。可以看出破坏面在空间的形状为正三角锥面。

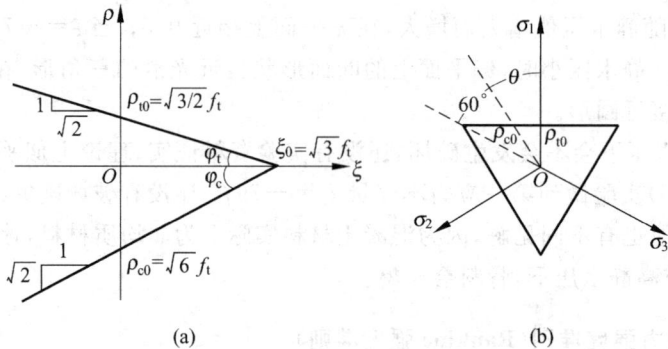

图 3-4-3　最大拉应力强度准则的压、拉子午线及其在 π 平面上投影

2. Tresca 强度准则

　　1864 年 Tresca 提出当混凝土材料中一点应力到达最大剪应力的临界值 k 时,混凝土材料即达到极限强度,数学表达式为

$$\max\left(\frac{1}{2}\mid\sigma_1 - \sigma_2\mid, \frac{1}{2}\mid\sigma_2 - \sigma_3\mid, \frac{1}{2}\mid\sigma_3 - \sigma_1\mid\right) = k \qquad (3\text{-}4\text{-}6)$$

k 为纯剪时的极限强度。取 $\sigma_1 \geqslant \sigma_2 \geqslant \sigma_3$ 时,最大剪应力为 $\frac{1}{2}(\sigma_1 - \sigma_3)$,于是上式可表达为

$$\frac{\sigma_1 - \sigma_3}{2} = \frac{1}{\sqrt{3}}\sqrt{J_2}\left[\cos\theta - \cos\left(\theta + \frac{2}{3}\pi\right)\right] = k, \quad 0° \leqslant \theta \leqslant 60° \qquad (3\text{-}4\text{-}7)$$

如用应力不变量表示则为

$$f(J_2, \theta) = \sqrt{J_2}\sin(\theta + \pi/3) - k = 0 \qquad (3\text{-}4\text{-}8)$$

也可用 ρ、ξ、θ 坐标表示,则为

$$f(\rho, \theta) = \rho\sin(\theta + \pi/3) - \sqrt{2}k = 0 \qquad (3\text{-}4\text{-}9)$$

从此式可得

$$\rho = \frac{\sqrt{2}k}{\sin(\theta + \pi/3)} \qquad (3\text{-}4\text{-}10)$$

当 $\theta = 0°$ 时,$\rho = 2\sqrt{2}k$;当 $\theta = 60°$ 时,$\rho = 2\sqrt{2}k/\sqrt{3}$。

从以上公式可以看到破坏面与静水压力 I_1、ξ 大小无关,子午线是与 ξ 轴平行的平行线,在偏平面上为一正六边形,如图 3-4-4 所示。破坏面在空间是与静水压力轴平行的正六边形棱柱体。

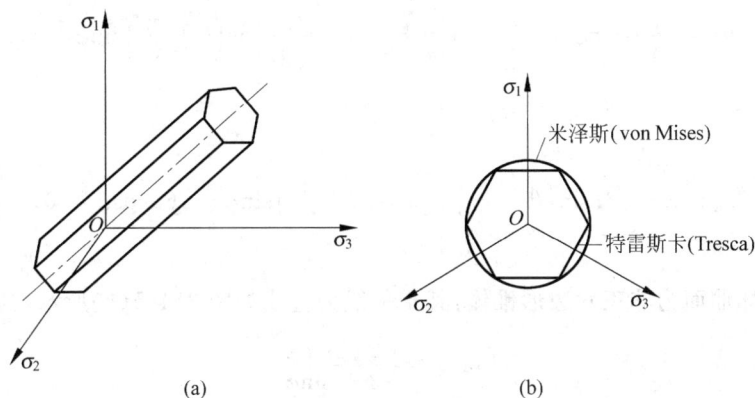

图 3-4-4　Tresca 强度准则的破坏面及其在 π 平面上的投影

3. von Mises 强度理论

Tresca 强度理论只考虑了最大剪应力,von Mises 提出的强度准则与三个剪应力均有关,取

$$\sqrt{\frac{1}{2}\left[(\sigma_1-\sigma_2)^2+(\sigma_2-\sigma_3)^2+(\sigma_3-\sigma_1)^2\right]}=k \tag{3-4-11}$$

的形式。用应力不变量可表示为

$$f(J_2)=\sqrt{3J_2}-k=0 \tag{3-4-12}$$

von Mises 强度准则的破坏面为与静水压力轴平行的圆柱体,子午线为与 ξ 轴平行的线,偏平面上为圆形,如图 3-4-4(b)所示。

由于 von Mises 强度准则在偏平面上为圆形,较 Tresca 强度准则的正六边形在有限元计算中处理棱角上较为简便,在这一点上说是一种改进,故应用很广。但因其强度与 ξ 无关、拉压破坏强度相等与混凝土性能不符。

4. 莫尔-库仑强度理论

这一理论考虑了材料抗拉、抗压强度的不同,适用于脆性材料,现在仍然广泛用于岩石、混凝土和土体等土建工程材料中。如前所述,这一理论的破坏条件表达式为

$$|\tau|=c-\sigma\tan\varphi \tag{3-4-13}$$

其中,c 为内聚力;φ 为内摩擦角。取破坏包络线为直线,当莫尔圆(由 σ_1、σ_3 画出)与破坏线相切时,这一条件可表达为(见图 3-4-5(a))

$$\frac{\sigma_1-\sigma_3}{2}=\left(c\cdot\cot\varphi+\frac{\sigma_1+\sigma_3}{2}\right)\sin\varphi \tag{3-4-14}$$

将主应力的计算公式代入可得

$$\frac{\sqrt{J_2}}{\sqrt{3}}\left[\cos\theta-\cos\left(\theta+\frac{2}{3}\pi\right)\right]+\frac{I_1}{3}-\frac{I_1}{3}$$

$$= c \cdot \frac{\cos\varphi}{\sin\varphi} \cdot \sin\varphi + \frac{\sqrt{J_2}}{\sqrt{3}} \left[\cos\theta + \cos\left(\theta + \frac{2}{3}\pi\right) \right] \sin\varphi + \frac{I_1}{3}\sin\varphi \qquad (3\text{-}4\text{-}15)$$

整理后可得

$$f(I_1, J_2, \theta) = \frac{1}{3}I_1\sin\varphi + \sqrt{J_2}\sin\left(\theta + \frac{\pi}{3}\right) + \frac{\sqrt{J_2}}{\sqrt{3}}\cos\left(\theta + \frac{\pi}{3}\right)\sin\varphi - c\cos\varphi = 0$$

$$(3\text{-}4\text{-}16)$$

或

$$f(\xi, \rho, \theta) = \sqrt{2}\xi\sin\varphi + \sqrt{3}\rho\sin\left(\theta + \frac{\pi}{3}\right) + \rho\cos\left(\theta + \frac{\pi}{3}\right)\sin\varphi - \sqrt{6}c\cos\varphi = 0, \quad 0 \leqslant \theta \leqslant \frac{\pi}{3}$$

$$(3\text{-}4\text{-}17)$$

莫尔-库仑破坏曲面为非正六边形锥体,其子午线为直线如图 3-4-5(b)所示,其中

$$\tan\varphi_t = \frac{2\sqrt{2}\sin\varphi}{3 + \sin\varphi} \qquad (3\text{-}4\text{-}18)$$

$$\tan\varphi_c = \frac{2\sqrt{2}\sin\varphi}{3 - \sin\varphi} \qquad (3\text{-}4\text{-}19)$$

在 π 平面上为非正六边形,如图 3-4-5(c)所示。

当 $\xi=0$,$\theta=0°$时,

$$\rho_{t0} = \frac{2\sqrt{6}c\cos\varphi}{3 + \sin\varphi} = \frac{\sqrt{6}f_c(1 - \sin\varphi)}{3 + \sin\varphi} \qquad (3\text{-}4\text{-}20)$$

当 $\xi=0$,$\theta=60°$时,

$$\rho_{c0} = \frac{2\sqrt{6}c\cos\varphi}{3 - \sin\varphi} = \frac{\sqrt{6}f_c(1 - \sin\varphi)}{3 - \sin\varphi} \qquad (3\text{-}4\text{-}21)$$

$$\frac{\rho_{t0}}{\rho_{c0}} = \frac{3 - \sin\varphi}{3 + \sin\varphi}$$

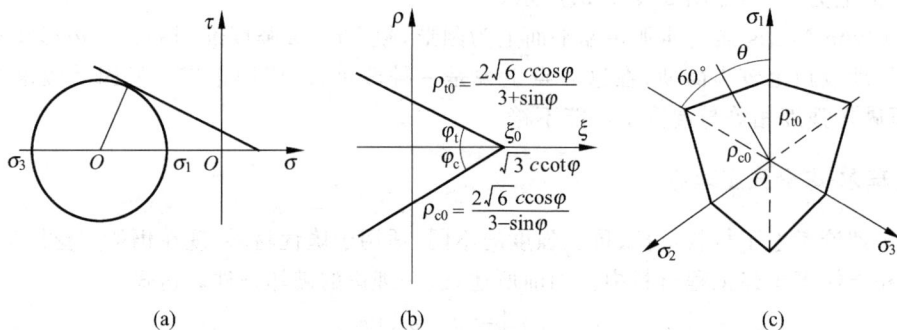

图 3-4-5 莫尔-库仑破坏准则

(a) 莫尔应力圆; (b) 子午面 $\theta=0°$; (c) π 平面

当 $\sigma_3=0$,平面的双轴强度包络线为一不规则六边形。当假定拉压相等,$\varphi=0$ 时,则莫尔-库仑强度准则相当于 Tresca 强度准则。

当有拉应力时,为了更好地取得近似,可将莫尔-库仑准则与最大拉应力或拉应变强度准则结合起来。这样做实际是一个三参数强度准则,用 f_t、c 和 φ 参数来确定。

5. Drucker-Prager 强度准则

由于六边形角隅部分用计算机数值计算较繁杂、困难，Drucker-Prager 提出了修正莫尔-库仑不规则六边形而用圆形，子午线为直线，并改进了 von Mises 准则与静水压力无关的缺点，如图 3-4-6 所示。图 3-4-6(a) 为拉、压子午线图形，图 3-4-6(b) 为 π 平面图形。

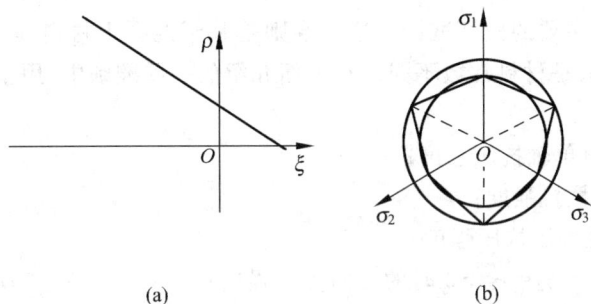

(a)   (b)

图 3-4-6 Drucker-Prager 破坏曲面
(a) 拉、压子午线；(b) π 平面

Drucker-Prager 强度准则的表达式为

$$f(I_1, J_2) = \alpha I_1 + \sqrt{J_2} - k = 0 \tag{3-4-22}$$

或

$$f(\xi, \rho) = \sqrt{6}\alpha\xi + \rho - \sqrt{2}k = 0 \tag{3-4-23}$$

式中，α，k 为正常数。

Drucker-Prager 强度准则的破坏曲面为圆锥体，圆锥体的大小（锥度）可通过 α、k 两个参数来调整。如圆锥面与莫尔受压子午线（$\theta = 60°$ 时）相外接，则

$$\alpha = \frac{2\sin\varphi}{\sqrt{3}(3 - \sin\varphi)}, \quad k = \frac{6c\cos\varphi}{\sqrt{3}(3 - \sin\varphi)} \tag{3-4-24}$$

若圆锥面与莫尔受拉子午线相吻合，则

$$\alpha = \frac{2\sin\varphi}{\sqrt{3}(3 + \sin\varphi)}, \quad k = \frac{6c\cos\varphi}{\sqrt{3}(3 + \sin\varphi)} \tag{3-4-25}$$

它们之间的关系在 π 平面上投影示于图 3-4-6(b) 中。

3.5 三轴受力下的混凝土强度准则——多参数强度准则

有侧压力（围压）的混凝土三轴实验是 Richart 于 1928 年首次进行的。以后，由于三轴实验机的改进，可以进行不同比例（$\sigma_1 : \sigma_2 : \sigma_3$）的三轴强度实验。由国内外的三轴实验得出的混凝土破坏曲线具有以下特点：

（1）三向应力下混凝土的破坏面是与三个方向应力都有关的函数，是一个在等压轴方向开口的曲面，即在三向等压情况下，混凝土的强度随着压力的增加而提高。

（2）这个曲面是一个光滑的凸曲面。无论在偏平面（ξ 为常量、与 π 平面平行的平面）上

截面的外形曲线还是在子午面(θ 为常量的平面)上的截线均是光滑的凸曲线。

(3) 在 θ 为常数的子午面上的截线是曲线,不是直线;在 ξ 为常数的偏平面上的外形曲线是非圆曲线,但随着 ξ 的增大而越来越接近圆形。

在古典强度理论中,材料参数为一个或两个,很难完全反映上述混凝土破坏曲面的特征。对此,许多学者针对混凝土的破坏特点,对古典强度理论作出了改进,提出了包含更多参数的破坏准则。

下面将介绍一些主要的破坏准则。这些准则是基于混凝土材料提出的,但也可适用于岩土等非金属材料,只是材料常数不同。在下面介绍的一些准则中,用于确定参数的材料强度首先说明如下:

f_c 或 f_c'——材料单轴抗压强度;

f_t——材料单轴抗拉强度;

f_{bc}——材料双轴等压抗压强度;

f_{3t}——材料在 $\sigma_1 = \sigma_2 = \sigma_3 > 0$ 时的三向受拉强度;

f_{3c}——材料在 $0 > \sigma_1 \geqslant \sigma_2 \geqslant \sigma_3$ 时的一组抗压强度数据。

1. 三参数破坏准则

有代表性的三参数公式有:Bresler-Pister 破坏准则、Willam-Warnke 破坏准则和黄克智-张远高破坏准则。三参数公式有三个参数,可由三个强度的实验数据来确定,一般用 f_t、f_c 和 f_{bc} 来确定。下面分别加以说明。

1) Bresler-Pister(1958)强度准则模型

Bresler-Pister 建议的强度准则模型其子午线为二次抛物线,但 ρ 在偏平面上与 θ 无关,为圆形。

$$\frac{\tau_{oct}}{f_c} = a - b\frac{\sigma_{oct}}{f_c} + c\left(\frac{\sigma_{oct}}{f_c}\right)^2 \tag{3-5-1}$$

式中,系数 a、b、c 可根据单轴拉应力 f_t、压应力 f_c' 和二轴压应力 f_{bc} 实验数据求得。

取 $\bar{f}_t = f_t/f_c'$,$\bar{f}_{bc} = f_{bc}/f_c'$,用三个实验可求出八面体应力分量,如表 3-5-1 所示。

表 3-5-1　Bresler-Pister 强度准则系数确定方法

应力状态	σ_{oct}/f_c'	τ_{oct}/f_c'
$\sigma_1 = f_t$	$1/3\,\bar{f}_t$	$\dfrac{\sqrt{2}}{3}\bar{f}_t$
$\sigma_3 = -f_c'$	$-1/3$	$\sqrt{2}/3$
$\sigma_2 = \sigma_3 = -f_{bc}$	$-2/3\,\bar{f}_{bc}$	$\sqrt{2}/3\,\bar{f}_{bc}$

Bresler-Pister 根据实验结果取 $f_t = 0.1f_c'$,$f_{bc} = 1.28f_c'$ 时,系数 $a = 0.097$,$b = 1.4613$,$c = -1.0144$。

Bresler-Pister 强度准则的子午线为向静水压力轴闭口的抛物线,在高静水压力下,拉、压子午线可与静水压力轴相交,这与实验结果不符。

2) Willam-Warnke 三参数强度准则模型

Willam-Warnke(1975)建议一个三参数强度准则模型。模型的特点是在偏平面上形成三轴对称凸面光滑曲边三角形；当 $\rho_t = \rho_c$ 时,偏平面退化成圆形,但模型子午线即 ρ 与 I_1 或 ξ 关系仍为直线。

Willam-Warnke 模型在偏平面上为三轴对称凸面光滑三角形,如图 3-5-1(a)所示,因而只需要研究 $0° \leqslant \theta \leqslant 60°$ 部分。该部分曲线为一段椭圆曲线。当长短轴为 a、b 时,椭圆方程为

$$f(x,y) = \frac{x^2}{a^2} + \frac{y^2}{b^2} - 1 = 0 \tag{3-5-2}$$

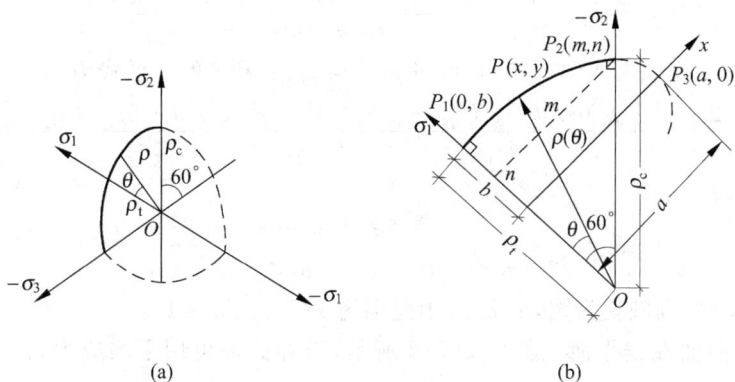

图 3-5-1　Willam-Warnke 三参数强度准则破坏面

(a) Willam-Warnke 准则在偏平面上投影；(b) 1/4 椭圆曲线

图 3-5-1(b)为用 x、y 作为主应力坐标轴,ρ、θ 作为极坐标轴对 1/4 椭圆曲线 P_1—P—P_2—P_3 的 0° 至 60° 部分的分析。在 $\theta = 0°$ 和 $\theta = 60°$ 时,ρ_t 和 ρ_c 分别垂直于椭圆上的点 $P_1(0,b)$ 和 $P_2(m,n)$ 的切线。这样,短轴 y 轴与 ρ_t 重合,且在 P_1 点 ρ_t 与椭圆成直角相交。a、b 可用 ρ_t、ρ_c 来确定。根据椭圆上 $P_2(m,n)$ 的法向向量

$$\boldsymbol{n} = (\sqrt{3}/2, 1/2)$$

在椭圆上,$P_2(m,n)$ 外向法向向量可用下述偏微分方程求得

$$\boldsymbol{n} = \frac{(\partial f/\partial x, \partial f/\partial y)}{[(\partial f/\partial x)^2 + (\partial f/\partial y)^2]^{1/2}} = \frac{(m/a^2, n/b^2)}{(m^2/a^4 + n^2/b^4)^{1/2}} \tag{3-5-3}$$

可知

$$a^2 = \frac{m}{\sqrt{3}\,n} b^2 \tag{3-5-4}$$

$P_2(m,n)$ 点坐标当用向量 ρ_t、ρ_c 和椭圆短轴 b 表示时,有

$$m = \frac{\sqrt{3}}{2}\rho_c, \quad n = b - \left(\rho_t - \frac{1}{2}\rho_c\right) \tag{3-5-5}$$

由于 $P_2(m,n)$ 位于椭圆上,因此有

$$\frac{m^2}{a^2} + \frac{n^2}{b^2} = 1 \tag{3-5-6}$$

将式(3-5-4)、式(3-5-5)代入式(3-5-6)可得

$$\left.\begin{aligned} a^2 &= \frac{\rho_c(\rho_t - 2\rho_c)^2}{5\rho_c - 4\rho_t} \\ b &= \frac{2\rho_t^2 - 5\rho_t\rho_c + 2\rho_c^2}{4\rho_t - 5\rho_c} \end{aligned}\right\} \tag{3-5-7}$$

将直角坐标转换为极坐标时,取

$$x = \rho\sin\theta, \quad y = \rho\cos\theta - (\rho_t - b) \tag{3-5-8}$$

则极坐标椭圆曲线方程为

$$\frac{\rho^2\sin^2\theta}{a^2} + \frac{[\rho\cos\theta - (\rho_t - b)]^2}{b^2} = 1 \tag{3-5-9}$$

解极坐标 $\rho(\theta)$,当 $0° \leqslant \theta \leqslant 60°$ 时,可得

$$\rho(\theta) = \frac{a^2(\rho_t - b)\cos\theta + ab(2b\rho_t\sin^2\theta - \rho_t^2\sin^2\theta + a^2\cos^2\theta)^{1/2}}{a^2\cos^2\theta + b^2\sin^2\theta} \tag{3-5-10}$$

将式(3-5-7)中 a、b 代入式(3-5-10),可得 $\rho(\theta)$ 与 ρ_t、ρ_c 和 θ 的关系式为

$$\rho(\theta) = \frac{2\rho_c(\rho_c^2 - \rho_t^2)\cos\theta + \rho_c(2\rho_t - \rho_c)[4(\rho_c^2 - \rho_t^2)\cos^2\theta + 5\rho_t^2 - 4\rho_t\rho_c]^{1/2}}{4(\rho_c^2 - \rho_t^2)\cos^2\theta + (\rho_c - 2\rho_t)^2} \tag{3-5-11}$$

相似角 θ 公式为

$$\cos\theta = \frac{2\sigma_1 - \sigma_2 - \sigma_3}{\sqrt{2}[(\sigma_1 - \sigma_2)^2 + (\sigma_2 - \sigma_3)^2 + (\sigma_3 - \sigma_1)^2]^{1/2}} \tag{3-5-12}$$

当 $a = b$,$\rho_t = \rho_c$ 时,椭圆化为圆,ρ_t/ρ_c 适用范围为 $1/2 \leqslant \rho_t/\rho_c \leqslant 1$。

模型破坏曲面在偏平面上如图 3-5-2 所示,破坏曲面可用平均应力 σ_m、τ_m 及相似角 θ 表示为

$$f(\sigma_m, \tau_m, \theta) = \frac{1}{r}\frac{\sigma_m}{f_c'} + \frac{1}{\rho(\theta)}\frac{\tau_m}{f_c'} - 1 = 0 \tag{3-5-13a}$$

或

$$\frac{\tau_m}{f_c'} = \rho(\theta)\left(1 - \frac{1}{r}\frac{\sigma_m}{f_c'}\right) \tag{3-5-13b}$$

其中 r 为待定参数

$$\left.\begin{array}{l} \sigma_m = \sigma_{oct} = \dfrac{I_1}{3} = \dfrac{\xi}{\sqrt{3}} \\[2mm] \tau_m^2 = \dfrac{3}{5}\tau_{oct}^2 = \dfrac{2}{5}J_2 = \dfrac{1}{5}\rho^2 \end{array}\right\} \tag{3-5-14a}$$

即

$$\left.\begin{array}{l} \sigma_m = \dfrac{1}{3}(\sigma_1 + \sigma_2 + \sigma_3) \\[2mm] \tau_m = \dfrac{1}{\sqrt{15}}[(\sigma_1 - \sigma_2)^2 + (\sigma_2 - \sigma_3)^2 + (\sigma_3 - \sigma_1)^2]^{1/2} \end{array}\right\} \tag{3-5-14b}$$

参数 ρ_t、ρ_c 及 r 可用单轴拉压应力 f_t、f_c' 以及二轴受压应力 f_{bc} 值来确定,如表 3-5-2 所示。其中 $\bar{f}_t = f_t/f_c'$,$\bar{f}_{bc} = f_{bc}/f_c'$。

表 3-5-2 Willam-Warnke 破坏准则参数确定方法

应力状态	σ_m/f_c'	τ_m/f_c'	$\theta/(°)$	$\rho(\theta)$
$\sigma_1 = f_t$	$1/3\,\bar{f}_t$	$\sqrt{\dfrac{2}{15}}\bar{f}_t$	0	ρ_t
$\sigma_3 = -f_c'$	$-1/3$	$\sqrt{\dfrac{2}{15}}$	60	ρ_c
$\sigma_2 = \sigma_3 = -f_{bc}$	$-2/3\,\bar{f}_{bc}$	$\sqrt{\dfrac{2}{15}}\bar{f}_{bc}$	0	ρ_t

将表 3-5-2 值代入式(3-5-13)可得

$$
\left.
\begin{aligned}
r &= \frac{\bar{f}_{bc}\,\bar{f}_t}{\bar{f}_{bc} - \bar{f}_t} \\[2mm]
\rho_t &= \left(\frac{6}{5}\right)^{\frac{1}{2}} \frac{\bar{f}_{bc}\,\bar{f}_t}{2\,\bar{f}_{bc} + \bar{f}_t} \\[2mm]
\rho_c &= \left(\frac{6}{5}\right)^{\frac{1}{2}} \frac{\bar{f}_{bc}\,\bar{f}_t}{3\,\bar{f}_{bc}\,\bar{f}_t + \bar{f}_{bc} - \bar{f}_t}
\end{aligned}
\right\}
\tag{3-5-15}
$$

Willam-Warnke 破坏准则的子午线及在偏平面上的形状如图 3-5-2 所示。

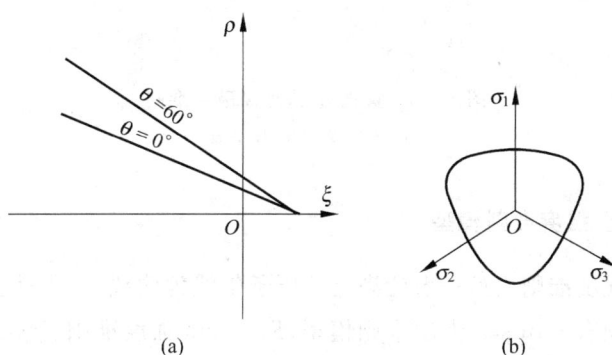

图 3-5-2　Willam-Warnke 破坏准则在子午线和偏平面上的形状

(a) 子午线；(b) 偏平面

当 $\rho_c = \rho_t = \rho_0$ 时，模型变为两参数 r,ρ_0，类似 Drucker-Prager 形式的模型。

$$
\frac{1}{r}\frac{\sigma_m}{f_c'} + \frac{1}{\rho_0}\frac{\tau_m}{f_c'} = 1
\tag{3-5-16}
$$

当 $r \to \infty, \bar{f}_{bc} = \dfrac{f_{bc}}{f_c'} = 1$，模型变为 von Mises 形式的模型。

3) 黄克智-张远高破坏准则

清华大学力学系黄克智教授指导的博士生张远高(张远高,1990)在分析了破坏面的特点以后,提出了一个三参数公式,它既满足混凝土破坏面在子午面上投影为曲线和在偏平面上投影非圆的特点,又在 π 平面上的投影随着 ξ 的增大而越来越接近圆形。可以说是三参数中较好的一个破坏准则,其具体表达式为

$$
a\rho^{1.5} + b\cos\theta\rho + c\xi = 1
\tag{3-5-17}
$$

其中 3 个参数 a,b,c 可由 3 组强度实验来确定。如取

单轴抗拉强度 $\qquad\quad \xi = \dfrac{1}{\sqrt{3}}f_t, \qquad \rho = \sqrt{\dfrac{2}{3}}f_t, \qquad \theta = 0°$

单轴抗压强度 $\qquad\quad \xi = -\dfrac{1}{\sqrt{3}}f_c, \qquad \rho = \sqrt{\dfrac{2}{3}}f_c, \qquad \theta = 60°$

双轴等压实验 $\qquad\quad \xi = -\dfrac{2}{\sqrt{3}}f_{bc}, \qquad \rho = \sqrt{\dfrac{2}{3}}f_{bc}, \qquad \theta = 0°$

即可由此标定参数 a、b、c 的值,如采用 Kupfer 的实验数据,取 $f_t = 0.1f_c$、$f_{bc} = 1.16f_c$,即可确定:$a = 1.671/(f_c)^{1.5}$,$b = 7.656/f_c$,$c = 5.817/f_c$。其破坏面在 $\theta = 0$ 与 $\theta = 60°$ 子午面及不同 ξ 的偏平面上的投影如图 3-5-3 所示。

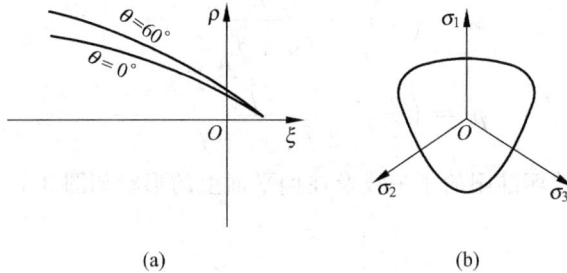

图 3-5-3　黄克智-张远高破坏准则

(a) 子午线;(b) 偏平面

2. 四参数混凝土强度准则模型

四参数混凝土强度准则模型一般能满足拉压子午线为曲线,偏平面上为凸面三角形要求。四参数强度模型有 Ottosen 强度准则模型、Reimann 强度准则、Hsich-Ting-Chen 四参数强度准则以及清华大学提出的四参数强度准则等。

1) Ottosen 强度准则模型

Ottosen(1977)提出了以三角函数为基础的四参数强度准则模型。这个模型破坏曲面的子午线为曲线,偏平面根据不同静水压力从光滑凸面三角形逐渐变化接近圆形。四参数强度准则模型包括所有应力不变量 I_1、J_2 和 $\cos 3\theta$,其表达式为

$$\left.\begin{array}{l} f(I_1, J_2, \cos 3\theta) = a\,\dfrac{J_2}{f_c'^2} + \lambda\,\dfrac{\sqrt{J_2}}{f_c'} + b\,\dfrac{I_1}{f_c'} - 1 = 0 \\[2mm] \lambda = \lambda(\cos 3\theta) > 0 \end{array}\right\} \tag{3-5-18}$$

常数 a、b 用于确定子午线曲线,λ 函数用来确定偏平面破坏图形。

采用处理扭转的薄膜比拟法来建立偏平面公式。等边三角形薄膜比拟法的垂直位移 Z 服从泊松(Poisson)方程,有

$$\frac{\partial^2 Z}{\partial x^2} + \frac{\partial^2 Z}{\partial y^2} = -k \quad (k\text{ 为常数}) \tag{3-5-19}$$

等边三角形等位移线从对称光滑凸面三角形变化为圆,如图 3-5-4 所示。根据薄膜比拟上述的假定,可得偏平面 λ 的表达式为

$$\left.\begin{array}{ll} \lambda = \dfrac{1}{\rho} = k_1 \cos\left[\dfrac{1}{3}\arccos(k_2 \cos 3\theta)\right], & \cos 3\theta \geqslant 0° \\[3mm] \lambda = \dfrac{1}{\rho} = k_1 \cos\left[\dfrac{\pi}{3} - \dfrac{1}{3}\arccos(-k_2 \cos 3\theta)\right], & \cos 3\theta < 0° \end{array}\right\} \tag{3-5-20}$$

式中,k_1 称为尺寸系数;k_2 称为形状系数。由 $\lambda_t(\theta = 0°)$、$\lambda_c(\theta = 60°)$ 或 ρ_t、ρ_c 来确定 k_1、k_2 值,$1/2 < \rho_t/\rho_c < 1$。

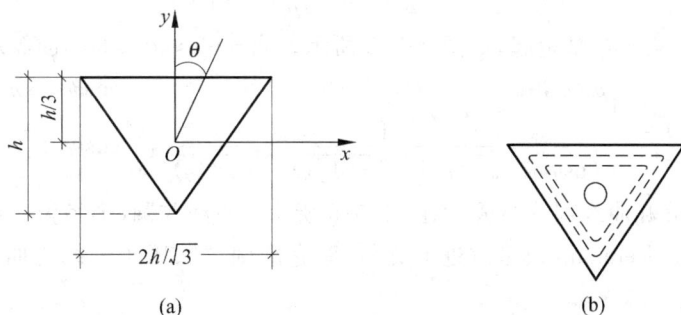

图 3-5-4　Ottosen 模型偏平面的薄膜比拟法

当 λ_c/λ_t 在 0.54～0.58 之间时，图形接近三角形；当 $I_1 \to \infty$，$\rho_t/\rho_c \to 1$ 时，偏平面上图形接近圆形。

Drucker-Prager 和 von Mises 模型均是 Ottosen 模型的特例：当 $a=0$，$\lambda=$ 常数时，即为 Drucker-Prager 模型；当 $a=b=0$，$\lambda=$ 常数时，即为 von Mises 模型。Ottosen 四参数是由两个混凝土单轴强度、两个典型的双轴和三轴强度来确定的。

① 单轴抗压强度 f'_c（$\theta=60°$）；

② 单轴抗拉强度 f_t（$\theta=0°$）；

③ 双轴受压强度（$\theta=0°$），根据 Kupfer 等人实验结果取 $f_{bc}=1.16f'_c$；

④ 三轴强度根据 Balmer 和 Richart 等人实验结果取（ξ/f'_c，ρ/f'_c）=（-5，4）。

当取上列数值，且假定 $\bar{f}'_t=f_t/f'_c$ 为不同值时，a、b、k_1、k_2 如表 3-5-3 所示，λ_t、λ_c 如表 3-5-4 所示。

表 3-5-3　Ottosen 强度准则系数取值（a、b、k_1、k_2）

$\bar{f}'_t=f_t/f'_c$	a	b	k_1	k_2
0.08	1.8076	4.0962	14.4863	0.9914
0.10	1.2759	3.1962	11.7365	0.9801
0.12	0.9218	2.5969	9.9110	0.9647

表 3-5-4　Ottosen 强度准则系数取值（λ_t，λ_c）

$\bar{f}'_t=f_t/f'_c$	λ_t	λ_c	λ_c/λ_t
0.08	14.4725	7.7834	0.5378
0.10	11.7109	6.5315	0.5577
0.12	9.8720	5.6979	0.5772

Ottosen 强度准则与 Launay，Chinn，Mills 等人的实验结果比较一致。

2）Reimann 四参数强度准则

Reimann（1965）建议的四参数强度准则，其受压子午线为

$$\frac{\xi}{f'_c} = a\left(\frac{\rho_c}{f'_c}\right)^2 + b\left(\frac{\rho_c}{f'_c}\right) + c \tag{3-5-21a}$$

其他子午线采用与 ρ_c 有关方程，为

$$\rho = \varphi(\theta_0)\rho_c \tag{3-5-21b}$$

式中，$\theta_0 = 60° - \theta$，从 $-\sigma_3$ 轴量起，如图 3-5-5 所示。当 $-60° \leqslant \theta_0 \leqslant 60°$，$\varphi(\theta_0)$ 可表达为

$$\varphi(\theta_0) = \begin{cases} \rho_t/\rho_c, & \cos\theta_0 \leqslant \rho_t/\rho_c \\ \dfrac{1}{\cos\theta_0 + \sqrt{[(\rho_c/\rho_t)^2 - 1](1 - \cos^2\theta_0)}}, & \cos\theta_0 > \rho_t/\rho_c \end{cases} \tag{3-5-22}$$

偏平面由直线部分和曲线部分组成，如图 3-5-5 所示。直线与圆(半径为 ρ_t)相切，且与曲线相交在 $\theta_0 \approx 50°$ 处。Reimann 模型改进了莫尔-库仑准则，拉、压子午线为曲线，且偏平面在 ρ_t 处为光滑曲线。

3) Hsich-Ting-Chen 四参数强度准则模型

Chen W F 等人(Hsich et al. ,1982)建议的四参数强度准则模型包括了应力不变量 I_1、J_2 和最大主应力 σ_1，其表达式为

$$f(I_1, J_2, \sigma_1) = a\frac{J_2}{f_c'^2} + b\frac{\sqrt{J_2}}{f_c'} + c\frac{\sigma_1}{f_c'} + d\frac{I_1}{f_c'} - 1 = 0 \tag{3-5-23}$$

模型是八面体应力 $\tau_{oct} = f(\sigma_{oct})$ 关系式和 Rankine 最大主拉应力强度准则的组合，具有曲线型子午线，在偏平面上呈非圆图形，如图 3-5-6 所示。

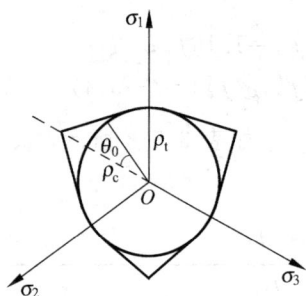

图 3-5-5 Reimann 强度准则偏平面图   图 3-5-6 Hsich-Ting-Chen 模型子午线和偏平面

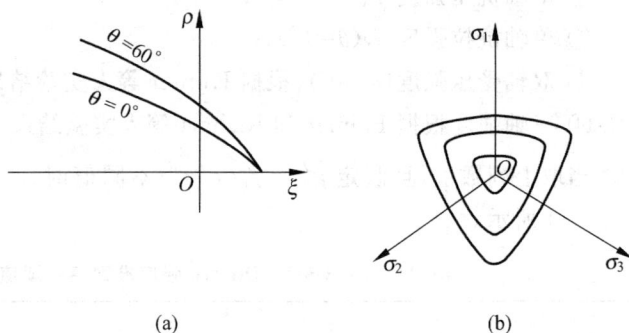

当参数 $a = c = 0$ 时，为 Drucker-Prager 模型；当 $a = c = d = 0$ 时，为 von Mises 模型；当 $a = b = d = 0$，$c = f_c'/f_t$ 时，为 Rankine 模型。

参数可根据单轴抗压强度 f_c' 确定；单轴抗拉强度 $f_t = 0.1 f_c'$，两轴受压强度 $f_{bc} = 1.15 f_c'$ 和由 Mills 和 Zimmerman 八面体应力状态的结果采用($\sigma_{oct}/f_t, \tau_{oct}/f_c' = -1.95, 1.6$)。

根据上面的参数值可求得 $a = 2.0108, b = 0.9714, c = 9.1412, d = 0.2312$。

4) 江见鲸四参数破坏准则

Ottosen 公式比较全面地反映了混凝土破坏曲面的特征。但由强度实验结果来标定其四个参数时比较麻烦。江见鲸与研究生合作，对 Ottosen 公式及实验数据进行了仔细的分析对比，建议可采用以下四参数公式

$$a\frac{J_2}{f_c^2} + (b + c\cos\theta)\frac{\sqrt{J_2}}{f_c} + d\frac{I_1}{f_c} - 1 = 0 \tag{3-5-24}$$

采用 4 组强度数据：

单轴抗拉强度 $f_t = 0.1 f_c$ $I_1 = 0.1 f_c$， $J_2 = \dfrac{0.01}{3} f_c^2$， $\theta = 0°$

单轴抗压强度 f_c $\qquad I_1 = -f_c, \quad J_2 = \dfrac{1}{3}f_c^2, \quad \theta = 60°$

等压双轴抗压强度 $f_{bc} = 1.2f_c, \quad I_1 = -2.4f_c, \quad J_2 = \dfrac{1.44}{3}f_c^2, \quad \theta = 0°$

$\theta = 60°$ 时，取子午线上一组三轴拉压强度，如取 $(\xi/f_c, \rho/f_c) = (-5, 4)$ 即 $I_1 = -5\sqrt{3}f_c, J_2 = 8f_c^2, \theta = 60°$ 则可得 4 个参数如下：

$$a = 1.2856 \quad b = 1.4268$$
$$c = 10.2551 \quad d = 3.2128$$

当 $f_t = 0.08f_c$ 或 $f_t = 0.12f_c$ 时也很容易标定四个参数，为应用方便，列于表 3-5-5 中。

表 3-5-5　江见鲸四参数破坏准则参数取值

f_t/f_c	a	b	c	d
0.08	1.8184	1.1807	13.2556	4.1145
0.10	1.2856	1.4268	10.2551	3.2128
0.12	0.9308	1.5907	8.2563	2.6122

与 Ottosen 破坏准则相比，其结果非常接近，且参数标定方便多了。其缺点是在 $\theta = 60°$ 处，偏平面上的曲线有一尖点，不光滑，但在实际应用中无大的影响。

3. 五参数混凝土强度准则模型

目前，五参数混凝土强度准则模型有 Willam-Warnke(1975) 五参数强度模型和 Kotsovos(1979) 五参数强度模型。另外，波兰人 Podgorski(1985) 给出包括金属、岩石、混凝土、粘土等材料的强度准则，混凝土材料强度模型可作为该准则的一个特例。清华大学过镇海、江见鲸和大连理工大学宋玉普等人在总结分析近年来国内外多轴实验资料和强度准则的基础上，也提出了几个五参数强度准则模型，旨在适应较宽的应力比条件下的破坏。

1) Willam-Warnke 五参数强度准则模型

Willam-Warnke(1974) 考虑到三参数模型子午线为直线的缺点，提出了更普遍的拉、压子午线表达式，为

$$\left.\begin{aligned}
\frac{\tau_{mt}}{f_c'} &= \frac{\rho_t}{\sqrt{5}f_c'} = a_0 + a_1\frac{\sigma_m}{f_c'} + a_2\left(\frac{\sigma_m}{f_c'}\right)^2, \quad \theta = 0° \\[2mm]
\frac{\tau_{mc}}{f_c'} &= \frac{\rho_c}{\sqrt{5}f_c'} = b_0 + b_1\frac{\sigma_m}{f_c'} + b_2\left(\frac{\sigma_m}{f_c'}\right)^2, \quad \theta = 60°
\end{aligned}\right\} \tag{3-5-25}$$

由于拉、压子午线交于静水压力坐标轴上，$r = \dfrac{\sigma_{m0}}{f_c'}$（相当于静水拉力或三轴拉力 f_{ttt}），因此只需五个参数来确定。偏平面仍采用三参数模型的椭圆曲线概念：

$$\rho(\sigma_m, \theta) = \frac{2\rho_c(\rho_c^2 - \rho_t^2)\cos\theta + \rho_c(2\rho_t - \rho_c)\left[4(\rho_c^2 - \rho_t^2)\cos^2\theta + 5\rho_t^2 - 4\rho_t\rho_c\right]^{1/2}}{4(\rho_c^2 - \rho_t^2)\cos^2\theta + (\rho_c - 2\rho_t)^2}$$

$$\tag{3-5-26}$$

模型的偏平面和子午线如符合下列情况时,均呈外凸状,即

$$
\left.
\begin{array}{l}
a_0 > 0, \quad a_1 \leqslant 0, \quad a_2 \leqslant 0 \\
b_0 > 0, \quad b_1 \leqslant 0, \quad b_2 \leqslant 0 \\
\dfrac{\rho_t(\sigma_m)}{\rho_c(\sigma_m)} > 1/2
\end{array}
\right\}
\tag{3-5-27}
$$

这种模型子午线向负静水压力轴展开,但当高静水压应力下,子午线可能与静水压力轴相交,这是不符合一般实验结果的。因此,Willam-Warnke 规定了 $1/2 \leqslant \rho_t/\rho_c \leqslant 1$ 即为限制拉、压子午线适用的静水压力的上限值,这样准则适用范围内的子午线便不可能出现与静水压力轴相交的不合理现象。

前述的一些强度准则是 Willam-Warnke 五参数强度准则的一些特例,例如:

当 $a_0 = b_0$,$a_1 = b_1 = a_2 = b_2 = 0$ 时,即为 von Mises 强度准则;

当 $a_0 = b_0$,$a_1 = b_1$,$a_2 = b_2 = 0$ 时,即 Drucker-Prager 强度准则;

当 $\dfrac{a_0}{b_0} = \dfrac{a_1}{b_1}$,$a_2 = b_2 = 0$ 时,即 Willam-Warnke 三参数强度准则;

当 $\dfrac{a_0}{b_0} = \dfrac{a_1}{b_1} = \dfrac{a_2}{b_2}$ 时,即相应的四参数模型。

确定参数的条件:

① 单轴抗压强度 $f'_c(\theta = 60°, f'_c > 0)$;

② 单轴抗拉强度 $f_t(\theta = 0°)$,采用 $\overline{f_t} = f_t/f'_c$ 比值;

③ 双轴等压强度 $f_{bc}(\theta = 0°, f_{bc} > 0)$ 采用 $\overline{f}_{bc} = f_{bc}/f'_c$ 的比值;

④ 在拉子午线($\theta = 0°, \overline{\xi}_1 > 0$)上的三轴强度 $(\sigma_m/f'_c, \tau_m/f'_c) = (-\overline{\xi}_1, \overline{\rho}_1)$;

⑤ 在压子午线($\theta = 60°, \overline{\xi}_2 > 0$)上的三轴强度 $(\sigma_m/f'_c, \tau_m/f'_c) = (-\overline{\xi}_2, \overline{\rho}_2)$;

另外,两子午线相交于 σ_{m0},此时 $\rho_t(r) = \rho_c(r) = 0$;$r = \sigma_{m0}/f'_c > 0$。

确定 6 个参数的方法如表 3-5-6 所示。

表 3-5-6　Willam-Warnke 五参数强度准则参数确定方法

应力状态	σ_m/f'_c	τ_m/f'_c	$\theta/(°)$	$\rho(\sigma_m, \theta)$
$\sigma_1 = f_t$	$\dfrac{1}{3}\overline{f}_t$	$\sqrt{\dfrac{2}{15}}\overline{f}_t$	0	$\rho_t = \sqrt{\dfrac{2}{3}}f_t$
$\sigma_2 = \sigma_3 = -f_{bc}$	$-\dfrac{2}{3}\overline{f}'_{bc}$	$\sqrt{\dfrac{2}{15}}\overline{f}_{bc}$	0	$\rho_t = \sqrt{\dfrac{2}{3}}f_{bc}$
$(-\overline{\xi}_1, \overline{\rho}_1)$	$-\overline{\xi}_1$	$\overline{\rho}_1$	0	$\rho_t = \sqrt{5}\,\overline{\rho}_1 f'_c$
$\sigma_3 = -f'_c$	$-\dfrac{1}{3}$	$\sqrt{\dfrac{2}{15}}$	60	$\rho_c = \sqrt{\dfrac{2}{3}}f'_c$
$(-\overline{\xi}_2, \overline{\rho}_2)$	$-\overline{\xi}_2$	$\overline{\rho}_2$	60	$\rho_c = \sqrt{5}\,\overline{\rho}_2 f'_c$
$r = \dfrac{\sigma_{m0}}{f'_c} > 0$	r	0	0,60	$\rho_t = \rho_c = 0$

将表 3-5-6 中前三项强度代入式(3-5-25)中可得

$$\sqrt{\frac{2}{15}}\,\bar{f}_{\mathrm{t}} = a_0 + a_1\left(\frac{1}{3}\,\bar{f}_{\mathrm{t}}\right) + a_2\left(\frac{1}{3}\,\bar{f}_{\mathrm{t}}\right)^2$$

$$\sqrt{\frac{2}{15}}\,\bar{f}_{\mathrm{bc}} = a_0 + a_1\left(-\frac{2}{3}\,\bar{f}_{\mathrm{bc}}\right) + a_2\left(-\frac{2}{3}\,\bar{f}_{\mathrm{bc}}\right)^2$$

$$\bar{\rho}_1 = a_0 + a_1(-\bar{\xi}_1) + a_2(-\bar{\xi}_1)^2$$

这样可求得拉子午线($\theta=0°$)上的参数为

$$\left. \begin{array}{l} a_0 = \dfrac{2}{3}\,\bar{f}_{\mathrm{bc}}a_1 - \dfrac{4}{9}\,\bar{f}_{\mathrm{bc}}^2 a_2 + \sqrt{\dfrac{2}{15}}\,\bar{f}_{\mathrm{bc}} \\[3mm] a_1 = \dfrac{1}{3}(2\,\bar{f}_{\mathrm{bc}} - \bar{f}_{\mathrm{t}})a_2 + \left(\dfrac{6}{5}\right)^2 \dfrac{\bar{f}_{\mathrm{t}} - \bar{f}_{\mathrm{bc}}}{2\,\bar{f}_{\mathrm{bc}} + \bar{f}_{\mathrm{t}}} \\[3mm] a_2 = \dfrac{\sqrt{\dfrac{6}{5}}\,\bar{\xi}_1(\bar{f}_{\mathrm{t}} - \bar{f}_{\mathrm{bc}}) - \sqrt{\dfrac{6}{5}}\,\bar{f}_{\mathrm{t}}\,\bar{f}_{\mathrm{bc}} + \bar{\rho}_1(2\,\bar{f}_{\mathrm{bc}} + \bar{f}_{\mathrm{t}})}{(2\,\bar{f}_{\mathrm{bc}} + \bar{f}_{\mathrm{t}})\left(\bar{\xi}_1^2 - \dfrac{2}{3}\,\bar{f}_{\mathrm{bc}}\bar{\xi}_1 + \dfrac{1}{3}\,\bar{f}_{\mathrm{t}}\bar{\xi}_1 - \dfrac{2}{9}\,\bar{f}_{\mathrm{t}}\,\bar{f}_{\mathrm{bc}}\right)} \end{array} \right\} \tag{3-5-28}$$

破坏面的顶点可由表中 $r_{\mathrm{t}}(\rho)=0$ 的条件求得

$$a_2 r^2 + a_1 r + a_0 = 0 \tag{3-5-29}$$

从而有

$$r = \frac{-a_1 - \sqrt{a_1^2 - 4a_0 a_2}}{2a_2}$$

将表 3-5-6 中后三个条件代入式(3-5-25)中,则可得到压子午线($\theta=60°$)上的三个参数,为

$$\left. \begin{array}{l} b_0 = -rb_1 - r^2 b_2 \\[3mm] b_1 = \left(\bar{\xi}_2 + \dfrac{1}{3}\right)b_2 + \dfrac{\sqrt{\dfrac{6}{5}} - 3\bar{\rho}_2}{3\bar{\xi}_2 - 1} \\[3mm] b_2 = \dfrac{\bar{\rho}_2\left(r + \dfrac{1}{3}\right) - \sqrt{\dfrac{2}{15}}(r + \bar{\xi}_2)}{(\bar{\xi}_2 + r)\left(\bar{\xi}_2 - \dfrac{1}{3}\right)\left(r + \dfrac{1}{3}\right)} \end{array} \right\} \tag{3-5-30}$$

Willam-Warnke 五参数强度准则模型当采用不同强度条件时,可得到不同参数值,与实验结果的符合程度也不一样,例如:

(1) 当采用 $f_{\mathrm{t}}=0.1f_{\mathrm{c}}'$, $f_{\mathrm{bc}}=1.28f_{\mathrm{c}}'$, $(-\bar{\xi}_1, \bar{\rho}_1)=(-3.91, 1.56)(\theta=0°)$, $(-\bar{\xi}_2, \bar{\rho}_2)=(-2.13, 1.33)(\theta=60°)$ 时,有

$$a_0 = 0.053\,64, \quad a_1 = -0.512\,67, \quad a_2 = -0.032\,59$$
$$b_0 = 0.091\,42, \quad b_1 = -0.865\,66, \quad b_2 = -0.133\,41$$

其临界静水压力值为 $\sigma_{\mathrm{m}}/f_{\mathrm{c}}'=3.605$。

(2) 当采用 $f_{\mathrm{t}}=0.1f_{\mathrm{c}}'$, $f_{\mathrm{bc}}=1.16f_{\mathrm{c}}'$, $(-\bar{\xi}_1, \bar{\rho}_1)=(-1.5, 0.728)(\theta=0°)$, $(-\bar{\xi}_2, \bar{\rho}_2)=(-1.5, 0.926)(\theta=60°)$ 时,有

$$a_0 = 0.053\,53, \quad a_1 = -0.509\,21, \quad a_2 = -0.039\,71$$
$$b_0 = 0.094\,68, \quad b_1 = -0.884\,90, \quad b_2 = -0.220\,45$$

相应的临界静水压力值为 $\sigma_m / f_c' = 2.165$。

(3) 当采用 Willam-Warnke 建议的强度条件 $f_t = 0.15 f_c'$，$f_{bc} = 1.8 f_c'$，$(-\bar{\xi}_1, \bar{\rho}_1) = (-3.67, 1.5)(\theta = 0°)$，$(\bar{\xi}_2, \bar{\rho}_2) = (-3.67, 1.94)(\theta = 60°)$ 时，有

$$a_0 = 0.081\,143, \quad a_1 = -0.525\,53, \quad a_2 = -0.037\,85$$
$$b_0 = 0.118\,45, \quad b_1 = -0.764\,44, \quad b_2 = -0.073\,05$$

相应的临界静水压力值 $\sigma_m / f_c' = 6.940$。

从上述分析可知，采用 Willam-Warnke 五参数强度准则时，选用的强度条件和静水压临界强度适用范围应给予注意。此外，在高静水压力条件下，拉、压子午线与静水压力轴不交于一点，如图 3-5-7 所示，这是很不合理的。

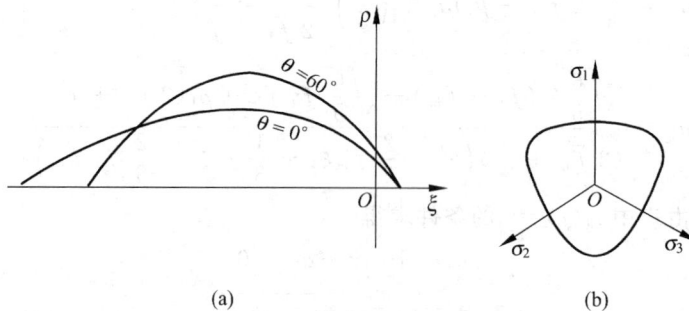

图 3-5-7   Willam-Warnke 五参数强度准则
(a) 子午线；(b) 偏平面

2) Kotsovos 五参数强度准则模型

Kotsovos(1979)提出了指数型子午线和椭圆组合偏平面的五参数强度准则模型，弥补了 Willam-Warnke 抛物线型子午线与静水压力轴相交且不在同一点的缺陷，经与实验结果值拟合，确定了指数公式的参数表达式为

$$\left.\begin{array}{l} \dfrac{\tau_{octc}}{f_c'} = 0.944 \left(\dfrac{\sigma_{oct}}{f_c'} + 0.05 \right)^{0.724}, \quad \theta = 60° \\[3mm] \dfrac{\tau_{octt}}{f_c'} = 0.633 \left(\dfrac{\sigma_{oct}}{f_c'} + 0.05 \right)^{0.857}, \quad \theta = 0° \end{array}\right\} \tag{3-5-31}$$

偏平面公式为

$$\tau_{oct} = \frac{2\tau_{octc}(\tau_{octc}{}^2 - \tau_{octt}{}^2)\cos\theta + \tau_{octc}(2\tau_{octt} - \tau_{octc})\sqrt{4(\tau_{octc}{}^2 - \tau_{octt}{}^2)\cos^2\theta}}{4(\tau_{octc}{}^2 - \tau_{octt}{}^2)\cos^2\theta + (\tau_{octc} - 2\tau_{octt})^2 + 5\tau_{octt}{}^2 - 4\tau_{octc}\tau_{octt}} \tag{3-5-32}$$

其中，τ_{octc}，τ_{octt} 分别为 τ_{oct} 在 $\theta = 60°$，$\theta = 0°$ 时的极限强度。

3) Podgorski 五参数强度准则模型

Podgorski(1985)提出的强度准则，试图描述包括金属、岩石、混凝土和粘土等材料，采用了第三应力不变量和静水压力来表达强度破坏性能。不同材料的强度准则模型均可作为此准则的特例。

Podgorski 分析了以往各种准则偏平面上轨迹表达式多为一个参数 λ，$\lambda = \rho(\theta = 0°)/\rho(\theta = 60°)$，$\lambda$ 确定以后，其他参数也随之确定。θ 比可按 $\theta = \dfrac{\rho(\theta = 30°)}{\rho(\theta = 60°)}$ 来确定，这样的

λ-φ 关系与实验结果往往吻合程度较差,如图 3-5-8(a)所示。Podgorski 将 ρ 改用 α、β 两个参数的函数表示,如图 3-5-8(b)所示,即

$$r = \frac{1}{P(J)} = 1/\cos\left(\frac{1}{3}\arccos\alpha J - \beta\right), \quad J = \cos3\theta \tag{3-5-33}$$

对于各向同性材料时,一般强度准则的表达式为

$$A_0 + A_1\tau_{oct} + A_2\tau_{oct}^2 = 0 \tag{3-5-34}$$

式中,A_0 为静水压力的函数;A_1、A_2 为 $\cos3\theta$ 或形状函数的函数。

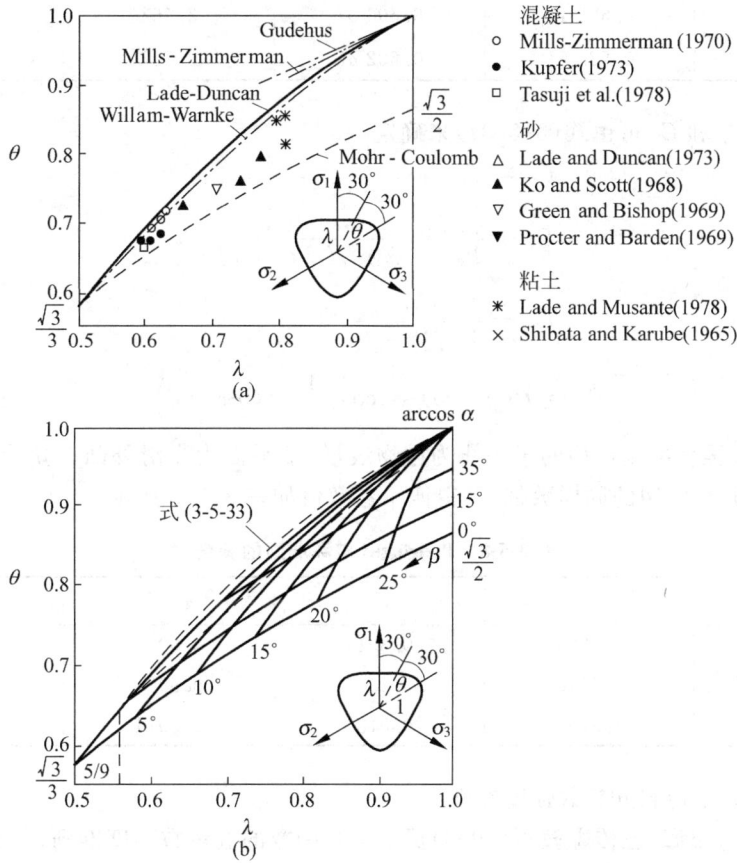

图 3-5-8　Podgorski λ-φ 关系

式(3-5-34)的一般式用于混凝土材料时,五参数强度准则模型为

$$\sigma_{oct} - C_0 + C_1 P\tau_{oct} + C_2\tau_{oct}^2 = 0 \tag{3-5-35}$$

其中,

$$P = \cos\left(\frac{1}{3}\arccos\alpha J - \beta\right) \tag{3-5-36}$$

C_0、C_1、C_2、α 和 β 五个参数这样确定:由 $f_{ttt} = f_t$,$f'_{cc} = 1.1f'_c$,$f'_{oc} = 1.25f'_c$ 计算出在各种 f_t/f'_c 比值下的 α 和 β 值,其中,f'_c、f_t 为单轴抗压和抗拉强度,f_{ttt} 为三轴抗拉强度(取与单轴抗拉强度相等),f'_{oc} 和 f'_{cc} 分别为应力比为 1:0.5 和 1:1 的二轴抗压强度,不同 f_t/f'_c 与 α 和 β 值可由表 3-5-7 查得。

表 3-5-7 Podgorski 五参数强度准则参数取值

f_t/f_c'	λ	θ	$\arccos\alpha/(°)$	$\beta/(°)$
0.06	0.513 75	0.591 82	2.034	0.235
0.07	0.515 67	0.593 86	2.339	0.261
0.08	0.517 48	0.595 81	2.635	0.283
0.09	0.519 17	0.597 64	2.922	0.300
0.10	0.520 74	0.599 36	3.197	0.313
0.11	0.522 19	0.600 97	3.462	0.321
0.12	0.523 51	0.602 46	3.717	0.325

参数 C_0、C_1 和 C_2 可由式(3-5-37)来确定

$$\left.\begin{array}{l} C_0 = f_t \\[2mm] C_1 = \dfrac{\sqrt{2}}{P_0}\left(1 - \dfrac{3}{2}\dfrac{f_t/f_{cc}'}{f_{cc}'/f_t - 1}\right) \\[4mm] C_2 = \dfrac{9}{2}\dfrac{f_c'/f_{cc}'}{f_{cc}' - f_t} \end{array}\right\} \tag{3-5-37}$$

其中，
$$P_0 = P(\varphi = 0) = \cos\left(\frac{1}{3}\arccos\alpha - \beta\right)$$

Podgorski 强度准则模型的子午线为抛物线形,偏平面为光滑外凸三角形。为方便计,取 Ottosen 准则标定用的同样数据,可得四个参数值如表 3-5-8 所示。

表 3-5-8 Podgorski 破坏准则的参数

f_t/f_c	C_1	C_2	$\alpha/(°)$	$\beta/(°)$
0.08	1.3995	0.3914	0.9989	0.283
0.10	1.3910	0.5000	0.9984	0.313
0.12	1.3797	0.6136	0.9974	0.325

4) 过镇海-干传志五参数强度准则

清华大学过镇海、王传志教授(1996)提出了幂函数的五参数强度准则,其子午线的计算公式为

$$\tau_{oct}^* = a\left(\frac{b - \sigma_{oct}^*}{c - \sigma_{oct}^*}\right)^d \tag{3-5-38}$$

$$c = C_t(\cos 1.5\theta)^{1.5} + C_c(\sin 1.5\theta)^2 \tag{3-5-39}$$

$$\left.\begin{array}{l} \sigma_{oct}^* = \sigma_{oct}/f_c' \\[2mm] \tau_{oct}^* = \tau_{oct}/f_c' \end{array}\right\} \tag{3-5-40}$$

其中各式的几何意义为:

① b 为子午线在静水压力轴上的交点,$b = f_{ttt}/f_c'$;

② d 值 应大于 0,应便于拉、压子午线连接处包络面顶点处光滑外凸;

③ a 值 当 $\sigma_{oct}^* \to \infty$ 时,$\tau_{oct}^* \to a$,此时子午线与静水压力轴平行,偏平面上曲线为一个圆。
$\theta = 0°$,$c = C_t$ 为拉子午线;

$\theta = 60°$时，$c = C_c$ 即压子午线；

$\theta = 0° \sim 60°$时，$C_t \geqslant c \geqslant C_c$ 可得相应的子午线。

参数值的确定：

① 单轴抗压强度 f'_c；

② 三轴抗压强度取 $\sigma^*_{oct} = -4, \tau^*_{oct} = 2.7$，位于 $\theta = 60°$上；

③ 三轴等拉强度取 $f_{ttt} = 0.9f_t$；

④ 单轴抗拉强度 $f_t = 0.1f'_c$；

⑤ 双轴等压强度 $f_{bc} = 1.28f'_c$。

根据上述参数可给出混凝土强度准则的一般式为

$$\tau^*_{oct} = 6.9638\left(\frac{0.09 - \sigma^*_{oct}}{c - \sigma^*_{oct}}\right)^{0.9297} \tag{3-5-41}$$

$$c = 12.2445(\cos 1.5\theta)^{1.5} + 7.3319(\sin 1.5\theta)^2 \tag{3-5-42}$$

上述特征强度值和相应的参数值是拟合了众多国内外实验结果提出的，适应较宽的应力比或较大的八面体应力 σ_{oct} 和 τ_{oct} 的范围。

5）江见鲸五参数破坏准则

江见鲸提出了一个五参数破坏准则

$$\left.\begin{array}{l} A_2\left(\dfrac{\rho_c}{f_c}\right)^2 + A_1\dfrac{\rho_c}{f_c} + \dfrac{\xi}{f_c} - A_0 = 0, \quad \theta = 60° \\[3mm] B_2\left(\dfrac{\rho_t}{f_c}\right)^2 + B_1\dfrac{\rho_t}{f_c} + \dfrac{\xi}{f_c} - B_0 = 0, \quad \theta = 0° \\[3mm] \rho(\theta) = \rho_t + (\rho_c - \rho_t)\sin^4\dfrac{3\theta}{2} \end{array}\right\} \tag{3-5-43}$$

这一准则也有六个参数，但当 $\rho_c = \rho_t = 0$ 时，受压、受拉子午线应交于等应力轴上同一点，即有

$$\frac{\xi_0}{f_c} - A_0 = \frac{\xi_0}{f_c} - B_0 = 0 \tag{3-5-44}$$

由此可得 $A_0 = B_0$，故有五个参数是独立的。若取三轴抗拉强度 $\sigma_1 = \sigma_2 = \sigma_3 = f_{3t} = f_t$，则可得 $\xi_0 = \sqrt{3}f_t$，故 $A_0 = B_0 = \sqrt{3}f_t/f_c$ 立即可以求出。于是在式（3-5-43）中，每一个式子均只有两个待定参数，求解非常方便。用 f_c、f_t、f_{bc} 及一组 $(\bar{\xi}_1, \bar{\rho}_1) = (-5, 4)$，$\theta = 60°$标定参数，可得如下公式：

$$\left.\begin{array}{l} A_1 = \dfrac{\sqrt{\frac{2}{3}}(\sqrt{3}\,\bar{f}_t - \bar{\xi}_1) - \bar{\rho}_1\left[\sqrt{3}\,\bar{f}_t + \left(\frac{1}{\sqrt{3}}\right)\right]}{\sqrt{\frac{2}{3}}\,\bar{\rho}_1^2 - \frac{2}{3}\,\bar{\rho}_1} \\[5mm] A_2 = \dfrac{\left(\sqrt{3}\,\bar{f}_t - \frac{1}{\sqrt{3}}\right)\bar{\rho}_1^2\,\frac{2}{3}(\sqrt{3}\,\bar{f}_t - \bar{\xi}_1)}{\sqrt{\frac{2}{3}}\,\bar{\rho}_1^2 - \frac{2}{3}\,\bar{\rho}_1} \\[5mm] B_1 = \dfrac{2\,\bar{f}_{bc} - (3\,\bar{f}_t^2/\bar{f}_{bc}) - 2\,\bar{f}_t}{\sqrt{2}(\bar{f}_{bc} - \bar{f}_t)} \\[5mm] B_2 = \dfrac{3\sqrt{3}\,\bar{f}_t}{2\,\bar{f}_{bc}(\bar{f}_{bc} - \bar{f}_t)} \end{array}\right\} \tag{3-5-45}$$

式中，$\bar{f}_t = f_t / f_c$，$\bar{f}_{bc} = f_{bc} / f_c$，$\bar{\xi}_1 = -5$，$\bar{\rho}_1 = 4$。

几种多参数破坏准则的示意图对比如图 3-5-9 所示。

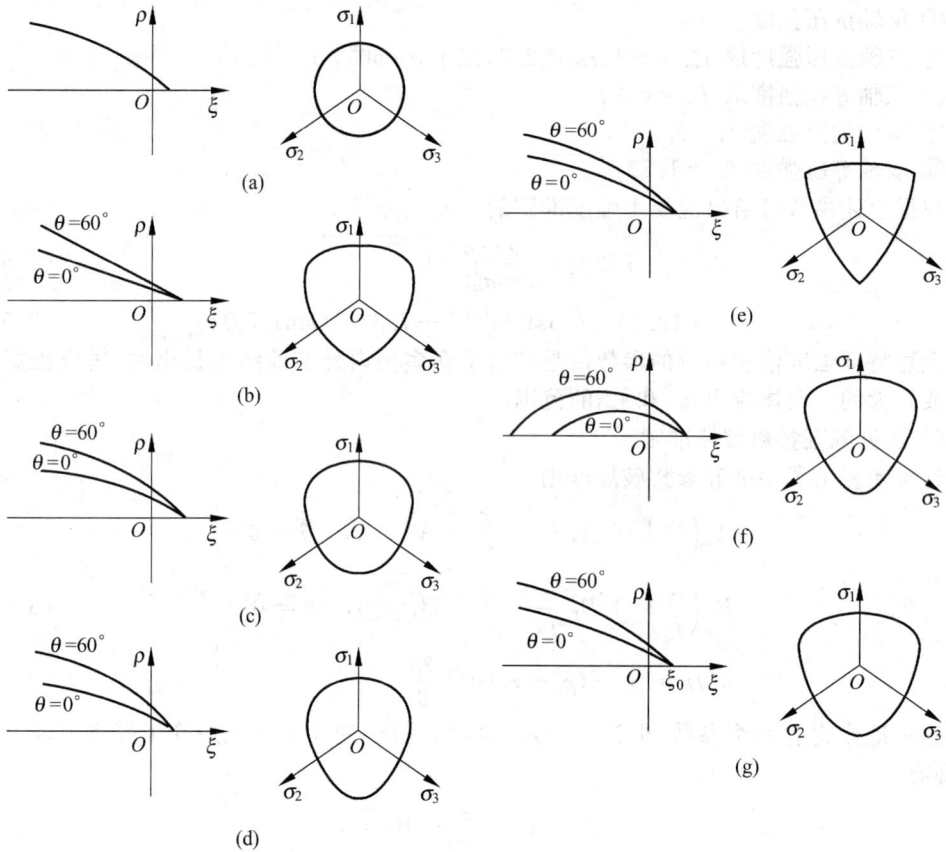

图 3-5-9　多参数破坏准则

(a) Brester-Pister 准则；(b) Willam-Warnke 三参数准则；

(c) 黄克智-张远高准则；(d) Ottosen 五参数准则；(e) 江见鲸建议的四参数准则；

(f) Willam-Warnke 五参数准则；(g) 江见鲸五参数准则

6) 双剪应力强度理论

在古典强度理论中，Tresca 及莫尔-库仑理论只考虑了最大剪应力，这是不全面的。von Mises 考虑了三个主剪应力，但平均对待，这不符合抗拉、抗压强度不同的材料。西安交通大学俞茂铉建议考虑两个主剪应力，称为双剪应力强度理论。这是考虑到在一点的应力状态中有三个主剪应力

$$\tau_{12} + \tau_{23} + \tau_{31} = \frac{\sigma_1 - \sigma_2}{2} + \frac{\sigma_2 - \sigma_3}{2} + \frac{\sigma_3 - \sigma_1}{2} = 0 \tag{3-5-46}$$

所以考虑双剪应力是比较合理的。

双剪应力的最初思想是

$$\left. \begin{array}{ll} \tau_{13} + \tau_{23} = F, & \tau_{12} \geqslant \tau_{23} \\ \tau_{12} + \tau_{13} = F', & \tau_{12} < \tau_{23} \end{array} \right\} \tag{3-5-47}$$

为考虑剪切面上正应力的影响,定义

$$
\left.
\begin{aligned}
\sigma_{12} &= \frac{\sigma_1 + \sigma_2}{2} \\
\sigma_{23} &= \frac{\sigma_2 + \sigma_3}{2} \\
\sigma_{31} &= \frac{\sigma_1 + \sigma_3}{2}
\end{aligned}
\right\}
\tag{3-5-48}
$$

于是,双剪应力可表达为

$$
\left.
\begin{aligned}
F &= \tau_{13} + \tau_{12} + \beta(\sigma_{13} + \sigma_{12}) = c, \quad \tau_{12} + \beta\sigma_{12} \geqslant \tau_{23} + \beta\sigma_{23} \\
F' &= \tau_{13} + \tau_{23} + \beta(\sigma_{13} + \sigma_{23}) = c, \quad \tau_{12} + \beta\sigma_{12} \leqslant \tau_{23} + \beta\sigma_{23}
\end{aligned}
\right\}
\tag{3-5-49}
$$

式中常数可由材料的抗压与抗拉强度确定,经标定可得

$$
\beta = \frac{1-\alpha}{1+\alpha}, \quad c = \frac{2f_t}{1+\alpha}, \quad \alpha = f_t/f_c
$$

这在应力空间是一个不等边的六角形锥体。锥体角点的 $\bar{\theta}$ 角可由 $F = F'$ 确定为

$$
\bar{\theta} = \arctan \frac{\sqrt{3}(1+\beta)}{3-\beta}
\tag{3-5-50}
$$

双剪应力准则与莫尔准则在偏平面上的截曲线如图 3-5-10(a)所示。

基于这一思想,俞茂铉又在原有公式基础上增加参数,使得在偏平面上的曲线在角隅处光滑。

这一准则的拉压子午线为抛物线,而在 π 平面上的投影为不等边六角形,在静水压力较低时接近三角形,在静水压力很大时则接近正六边形,如图 3-5-10(b)所示。

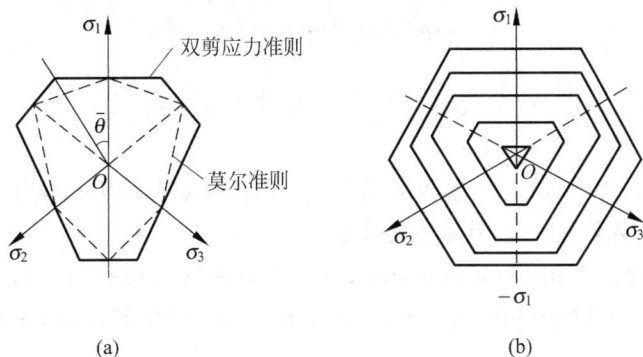

(a)　　　　　　　　(b)

图 3-5-10　双剪应力准则

这一准则的不足之处是在 π 平面上的曲线有尖点,为便于计算机处理,可用一光滑曲线使尖角圆滑化。为达到这一目的,可用下列函数

$$
\rho(\theta) = \frac{2(1-k^2) + (k-2)\sqrt{4(k^2-1) + (5-4k)\sec^2\left(\theta - \frac{\pi}{3}\right)}}{4(1-k^2) - (k-2)^2\sec^2\left(\theta - \frac{\pi}{3}\right)}
$$

$$
\times \rho + \sec\left(\theta - \frac{\pi}{3}\right), \quad 0° \leqslant \theta \leqslant 60°
\tag{3-5-51}
$$

其中，$k = \rho_t / \rho_c$，$\rho_t = \rho(\theta = 0°)$，$\rho_c = \rho(\theta = 60°)$。

这称为双剪应力五参数准则角隅模型，其在子午面及 π 平面上的图形如图 3-5-11 所示。这一准则与实验数据符合良好，且适应面广。

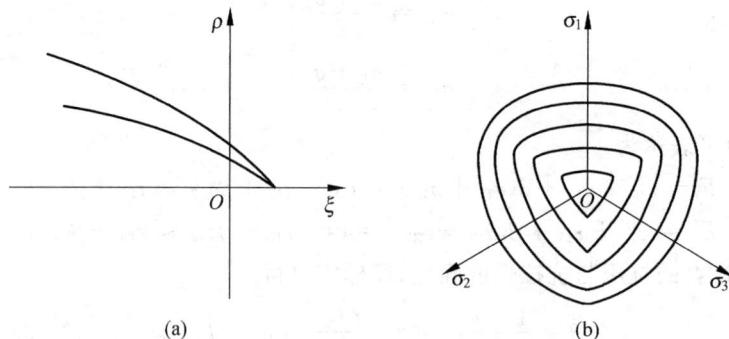

(a)   (b)

图 3-5-11　双剪应力五参数准则角隅模型

俞茂铉又建议了一个双剪应力三参数准则的角隅模型。他建议用椭圆曲线将角隅光滑化。三参数光滑化的强度准则可表达为

$$F(\xi,\rho,\theta) = \frac{\tau_m}{f_c} - \rho(\theta)\left[1 - \frac{1}{\rho}\frac{\sigma_m}{f_c}\right] = 0, \quad 0° \leqslant \theta \leqslant 60° \quad (3\text{-}5\text{-}52)$$

其中，

$$\left.\begin{array}{l} \tau_m = \dfrac{\rho}{\sqrt{5}}, \quad \sigma_m = \dfrac{\xi}{\sqrt{3}} \\[2mm] \rho(\theta) = \dfrac{2\rho_c(\rho_c^2 - \rho_t^2)\cos\theta + \rho_c(2\rho_t - \rho_c)\left[4(\rho_c^2 - \rho_t^2)\cos^2\theta + 5\rho_t^2 - 4\rho_t\rho_c\right]^{1/2}}{4(\rho_c^2 - \rho_t^2)\cos^2\theta + (\rho_t - 2\rho_c)^2} \\[2mm] \rho = \dfrac{\bar{\alpha}\alpha}{\bar{\alpha} - \alpha}, \quad \rho_t = \sqrt{\dfrac{6}{5}}\dfrac{\bar{\alpha}\alpha}{2\bar{\alpha} + \alpha}, \quad \rho_c = \sqrt{\dfrac{6}{5}}\dfrac{\bar{\alpha}\alpha}{3\bar{\alpha}\alpha + \bar{\alpha} - \alpha} \end{array}\right\}$$

$$(3\text{-}5\text{-}53)$$

这实质上与 Willam-Warnke 的三参数准则相似。但他从双剪应力理论出发，考虑了中间主应力及静水压力对强度的影响，其物理意义更加明确。

【例 3-1】　取德国 Mills 和 Zimmerman 作的三轴破坏实验中的一组数据，当破坏时的三向应力为：$\sigma_1 = -1.5\text{N/mm}^2$，$\sigma_2 = -1.5\text{N/mm}^2$，$\sigma_3 = -52.7\text{N/mm}^2$；材料参数为：$f_t = 3.3\text{N/mm}^2$，$f_c = 44.3\text{N/mm}^2$。

【解】　由破坏时的应力状态可求得

$\xi = -32.16$，$\rho_f = 41.8$，$\theta = 60°$。

（1）按江见鲸五参数公式

由材料强度可以确定：$A_2 = 0.1228$，$A_1 = 0.7981$；

进而求得：$\bar{\rho}_f = 1.1215$，$\rho_f = 41.27(-1.2\%)$。

（2）按 Ottosen 四参数公式

$$A\frac{J_2}{f_c^2} + \lambda(\theta)\frac{\sqrt{J_2}}{f_c} + B\frac{\xi}{f_c} - 1 = 0$$

可以确定：$A = 1.2758$，$\lambda(60°) = 6.531\,77$，$B = 3.1962$；

进而求得：$\sqrt{J_{2f}} = 28.56, \rho_f = 40.39(-3.4\%)$。

（3）按 Willam 五参数准则

$$\frac{\tau_{mc}}{f'_c} = a_0 + a_1 \frac{\sigma_m}{f'_c} + a_2 \left(\frac{\sigma_m}{f'_c}\right)^2$$

其中，$\tau_{mc} = \sqrt{\frac{2}{5} J_2} = \frac{\rho}{\sqrt{5}}, \sigma_m = \frac{I_1}{3} = \frac{\xi}{\sqrt{3}}$。

由材料常数可得下列方程

$$\frac{\rho}{f'_c} = 0.195\,48 - 1.1637\,\frac{\xi}{f'_c} - 0.070\,518\left(\frac{\xi}{f'_c}\right)^2$$

从而可求得：$\rho_f = 40.45(-3.2\%)$。

（4）按作者建议的四参数破坏准则

$$a\,\frac{J_2}{f_c^2} + (b + c\cos\theta)\,\frac{\sqrt{J_2}}{f_c} + d\,\frac{I_1}{f_c} - 1 = 0$$

可得

$$1.8184\,\frac{\sqrt{J_{2f}}}{44.3} + (1.1807 + 13.2556\cos60°)\frac{\sqrt{J_{2f}}}{44.3} - \frac{55.7}{44.3} \times 4.1145 - 1 = 0$$

解出 $\sqrt{J_{2f}} = 30.21$，进而求得 $\rho_f = 42.73(+2.2\%)$。

（5）按过镇海-王传志准则

$$\tau_0 = 6.9638\left(\frac{0.09 - \sigma_0}{7.3319 - \sigma_0}\right)^{0.9297}$$

其中，$\tau_0 = \rho/\sqrt{3}, \sigma_0 = \xi/\sqrt{3}$。可以求得 $\rho_f = 40.39(-3.2\%)$。

（6）按 Kostovos 准则

$$\frac{\tau_{0c}}{f_c} = 0.944\left(\frac{\sigma_0}{f_c} + 0.05\right)^{0.724}$$

可以求得：$\rho_f = 39.35(-5.8\%)$。

各破坏准则计算结果与实验结果（$\rho_f = 41.8$）的比较列于表 3-5-9。

表 3-5-9　例 3-1 结果

	江见鲸五参数	Ottosen	Willam	江见鲸四参数	过镇海-王传志	Kostovos
计算结果	41.27	40.39	40.45	42.73	40.39	39.35
误差/%	−1.2	−3.4	−3.2	+2.2	−3.2	−5.8

与表 3-5-9 比较可知，各准则计算机结果的误差均不是很大，对混凝土材料来讲其精度均可满足要求。其中，江见鲸的五参数准则，计算简便而精度最好。

第4章 混凝土材料的本构关系

4.1 概　述

在混凝土结构的数值分析中,必须考虑混凝土结构组成材料的力学性能。其中,混凝土本构关系的模型对钢筋混凝土结构的非线性分析有重大影响。所谓混凝土的本构关系主要是表达混凝土在多轴应力作用力下的应力-应变关系。在连续介质力学中,有关变形体的本构关系有很多模型或理论。在建立混凝土的本构关系时往往基于已有的理论框架,再针对混凝土的力学特性,确定甚至适当调整本构关系中各种所需材料参数。已有的理论模型主要有:弹性理论、非线性弹性理论、弹塑性理论、粘弹性、粘塑性理论、断裂力学理论、损伤力学理论和内时理论等。由于混凝土材料的复杂性,还没有哪一种理论已被公认可以完全描述混凝土材料的本构关系。不同的学者基于不同的理论模型建立了不同的混凝土本构关系。为了对比在建立混凝土本构关系中应用的各种理论模型的特点,我们以一维问题为例,对已有理论模型作一简单的回顾。

1. 线弹性本构关系

应力-应变在加载或卸载时呈线性关系,即服从虎克定律,如图 4-1-1 所示,其表达式为

$$\sigma = E\varepsilon \tag{4-1-1}$$

弹性关系中应力状态与应变状态呈一一对应关系,并且呈线性关系,称为线弹性。在实际结构设计中,线弹性仍然是应用很广泛的本构模式。早期混凝土有限元分析在混凝土受压时也采用这一关系。显然它与混凝土的 σ-ε 关系相差较大。

2. 非线性弹性关系

如图 4-1-2 所示,应力和应变不成正比,但有一一对应关系。卸载后没有残余变形,应力状态完全由应变状态决定,而与加载历史无关,用公式表示则为

$$\left.\begin{array}{l} \sigma = E(\sigma)\varepsilon \\ \mathrm{d}\sigma = E(\sigma)\mathrm{d}\varepsilon = E_{\mathrm{t}}\mathrm{d}\varepsilon \end{array}\right\} \tag{4-1-2}$$

式中,弹性模量 E_{t} 是应力水平(或应变大小)的函数。如果找到了 $E(\sigma)$ 的合适表达式,则它可以较好地描述混凝土在单调加载条件下的应力-应变关系。这在混凝土有限元分析中应用很广。

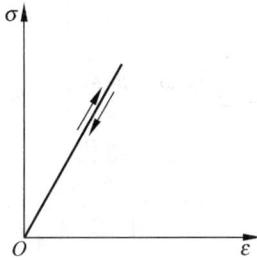

图 4-1-1　线弹性本构关系　　　　　　图 4-1-2　非线性弹性本构关系

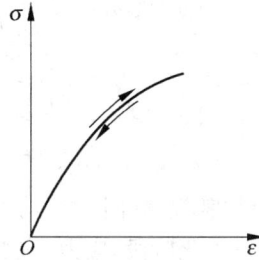

3. 弹塑性关系

在变形体材料加载后卸载时产生不可恢复的变形称为塑性变形,基于这一现象,建立了塑性理论。图 4-1-3(a)为典型的钢材单向拉伸时的 σ-ε 曲线。由图可知,当 $\sigma < \sigma_y$ 时,σ 与 ε 呈弹性关系,即 $\sigma = E\varepsilon$;当 $\sigma > \sigma_y$ 时,则产生塑性变形,即 $\sigma = \Phi(\varepsilon)$,$\varepsilon = \varepsilon^{\mathrm{e}} + \varepsilon^{\mathrm{p}}$,其中 ε^{e} 在卸载时可以恢复,称为弹性变形部分,ε^{p} 不可恢复,称为塑性变形。全过程可以分为若干阶段,OA 称为弹性阶段,AB 称为流动阶段,BC 称为硬化阶段。在一般情况下,根据材料的不同条件作不同的简化。常用的简化模型如下。

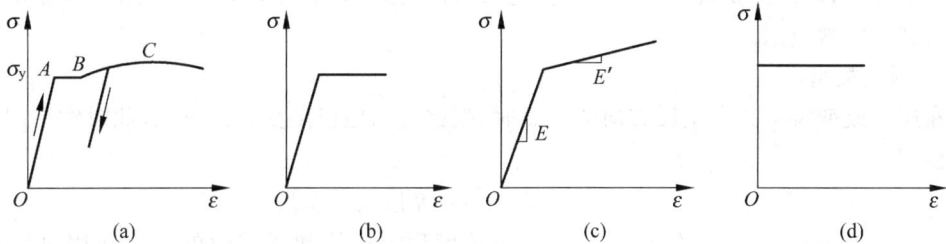

图 4-1-3　弹塑性本构关系

1) 理想弹塑性(图 4-1-3(b))

当材料流动阶段较长而结构应变又不太大时,强化阶段可以忽略,而简化为理想弹塑性材料。其应力-应变关系为

$$\left.\begin{array}{l} |\sigma| < \sigma_y, \quad \varepsilon = \sigma/E \\[2mm] |\sigma| = \sigma_y, \quad \begin{cases} \varepsilon = \dfrac{\sigma}{E} + \lambda\operatorname{sign}\sigma, & \sigma\mathrm{d}\sigma \geqslant 0 \quad 加载 \\[3mm] \mathrm{d}\varepsilon = \dfrac{\mathrm{d}\sigma}{E}, & \sigma\mathrm{d}\sigma < 0 \quad 卸载 \end{cases} \end{array}\right\} \tag{4-1-3}$$

其中 $\lambda \geqslant 0$ 为一个参数;sign 为数学符号,

$$\text{sign}\sigma = \begin{cases} 1, & \sigma > 0 \\ 0, & \sigma = 0 \\ -1, & \sigma < 0 \end{cases} \tag{4-1-4}$$

2) 线性强化弹塑性模型(图 4-1-3(c))

当材料有明显强化作用时,为计算简单,将弹性阶段与强化阶段用两条直线表示,即

$$\begin{aligned} & |\sigma| \leqslant \sigma_y, \quad \varepsilon = \frac{\sigma}{E} \\ & |\sigma| > \sigma_y, \quad \begin{cases} \varepsilon = \frac{\sigma}{E} + (|\sigma| - \sigma_y)\left[\frac{1}{E'} - \frac{1}{E}\right]\text{sign}\sigma & \text{加载} \\ d\varepsilon = \frac{d\sigma}{E} & \text{卸载} \end{cases} \end{aligned} \right\} \tag{4-1-5}$$

3) 一般加载规律(图 4-1-4)

在塑性及强化阶段,应力-应变为一般的曲线关系

$$\sigma = \Phi(\varepsilon) = E\varepsilon[1 - \omega(\varepsilon)] \tag{4-1-6}$$

依留辛(Ilyushin)建议表达式为

$$\sigma = E\varepsilon[1 - \omega(\varepsilon)] \tag{4-1-7}$$

其中 $\begin{cases} \omega(\varepsilon) = 0, & |\varepsilon| \leqslant \varepsilon_y; \\ \omega(\varepsilon) = \dfrac{E\varepsilon - \Phi(\varepsilon)}{E\varepsilon}, & |\varepsilon| > \varepsilon_y \,. \end{cases}$

由图 4-1-4 可知,$\omega(\varepsilon) = \overline{AC}/\overline{AB}$。它表示了应力-应变关系偏离线性关系的程度。在非线性方程用迭代法求解时也很方便。

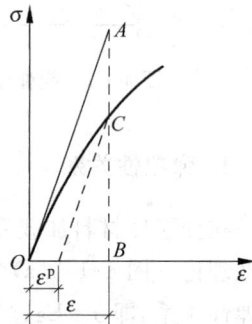

图 4-1-4　一般加载规律

4) 刚塑性模型(图 4-1-3(d))

在总的变形中,若可恢复的弹性变形所占比例很小,即 $\varepsilon^e \ll \varepsilon^p$ 时,为简化计算常常忽略弹性变形部分,即认为 $\sigma < \sigma_y$ 时 $\varepsilon \approx 0$,这种关系称为刚塑性模型,这在计算结构所能承担的极限荷载时常常应用。

5) 强化模型

在应力改变符号并产生反方向的屈服时,根据其屈服极限变化的不同,此时常采用两种简化模型。

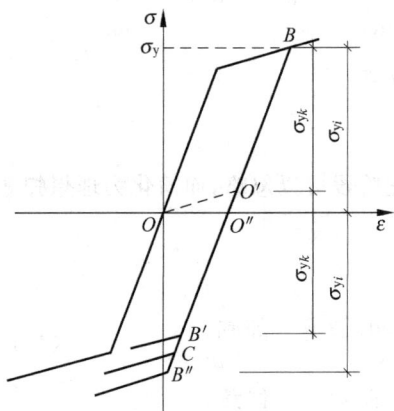

图 4-1-5　等强强化和随动强化

(1) 等强强化模型

该模型中拉伸和压缩时的强化屈服极限是相等的,即

$$\sigma_y^+ = \sigma_y^- = \varphi\left(\int d\varepsilon^p\right) \tag{4-1-8}$$

其屈服极限值取决于历史上达到的绝对值最高应力,它与变形塑性总和有关,如图 4-1-5 中的 $BO''B''$ 曲线。

(2) 随动强化模型

该模型认为弹性的范围不变,如图 4-1-5 中的卸载并反向加载的应力-应变曲线之原点从 O 移到 O',如图 4-1-5 中的 $BO'B'$ 曲线,因而有

$$\sigma_y = | \sigma - H(\varepsilon^p) | \tag{4-1-9}$$

在线性强化阶段可写为

$$\sigma_y = | \sigma - C\varepsilon^p |$$

对比金属实验的数据,实际上的屈服极限值介于上述两种假设之间,因而有的学者又提出混合强化的模型。如图 4-1-5 中的 BC 曲线。

由于塑性理论中应力状态与加载历史和加载路径有关,可以较好地描述结构在各种复杂加载过程中的应力-应变状态,因而得到了广泛的应用。

4. 流变学模型

弹性变形仅与应力状态有关,塑性变形不仅与应力状态有关,而且与加载历史和加载路径有关,但这两种变形都与时间无关。对混凝土材料来讲,其变形是与时间有关的,它存在着徐变和应力松弛现象。徐变是在应力不变的情况下,其变形随时间而增加。与徐变现象相对应的效应是松弛,即当变形体的变形固定时,其应力会随时间而逐渐衰减。针对这一特性,有些学者提出了应用粘弹性或粘塑性理论模型的建议。

粘弹性与粘塑性理论采用了三种基本的、具有理想力学特性的力学元件。并用这三种力学元件串联、并联(可重复应用)组合成具有各种复杂力学性能的模型,有些学者称这种组合模型为流变学模型。

由于流变学模型可在广义范围内研究材料的流动和变形,因而不少学者应用流变学模型来描述混凝土材料的本构关系。下面介绍流变学中常用的几种模型。

1) 三种基本元件

(1) 理想弹性元件

如图 4-1-6(a)所示,通常又称为虎克(Hooke)体或弹簧元件。它可以想像成一个弹簧。以 σ 表示应力,以 ε 表示应变,两者间成正比关系,即

$$\sigma = E\varepsilon \tag{4-1-10}$$

其中,E 为弹性常数。如果 σ 为正应力,ε 为相应的正应变,则 E 即为弹性模量。如果 σ 表示剪应力,ε 表示剪应变,则 E 为剪切弹性模量。

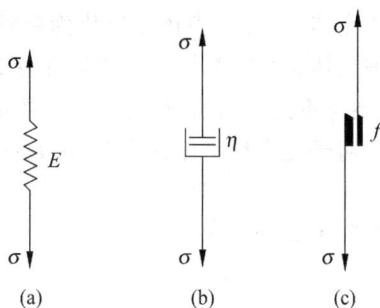

图 4-1-6　基本理想力学元件

(2) 粘性元件

如图 4-1-6(b)所示,通常又称牛顿(Newton)体或阻尼器。它可以想像为一个活塞在充满了粘性液体的圆筒中运动。以 σ 表示应力,ε 表示应变,$\dot\varepsilon$ 表示应变速率,则有

$$\sigma = \eta\dot\varepsilon \tag{4-1-11}$$

其中,η 为粘性系数;$\dot\varepsilon$ 为应变速率,$\dot\varepsilon = d\varepsilon/dt$。

(3) 理想塑性元件

如图 4-1-6(c)所示,通常又称为圣维南(St. Venant)体或滑块元件。它可以理解为有摩擦阻力 f 的两个滑块,即有如下关系

$$\left.\begin{array}{l} \sigma < f, \quad \varepsilon = 0 \\ \sigma = f, \quad \varepsilon = \text{任意值(取决于其他条件)} \end{array}\right\} \tag{4-1-12}$$

注意,滑块滑动时,不论应变多大,均有

$$\sigma = f \tag{4-1-13}$$

上述三种元件,都是高理想化的结果。实际材料的本构方程要复杂得多,但在一定条件下可用以上元件进行组合去表示各种复杂的本构关系。

2) 麦克斯韦(Maxwell)模型

麦克斯韦模型由弹性元件和粘性元件组成,如图 4-1-7 所示。它可表示粘弹性体。设所受应力为 σ,弹性元件的应变为 ε_1,粘性元件的应变为 ε_2,则系统总应变 ε 为两者应变之和,即

$$\varepsilon = \varepsilon_1 + \varepsilon_2 \tag{4-1-14}$$

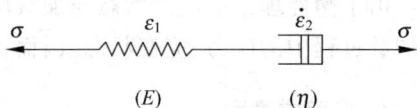

图 4-1-7　麦克斯韦模型

而由

$$\sigma = E\varepsilon_1, \quad \varepsilon_1 = \sigma/E$$

并有

$$\dot{\varepsilon}_1 = \frac{\dot{\sigma}}{E}$$

$$\sigma = \eta\dot{\varepsilon}_2, \quad \dot{\varepsilon}_2 = \sigma/\eta$$

代入

$$\dot{\varepsilon} = \dot{\varepsilon}_1 + \dot{\varepsilon}_2$$

可得

$$\frac{\dot{\sigma}}{E} + \frac{\sigma}{\eta} = \dot{\varepsilon} \tag{4-1-15}$$

这就是麦克斯韦体的本构方程。麦克斯韦体同时具有弹性和粘性。当 $E \to \infty$ 时,则弹簧元件为刚体,麦克斯韦体便转化为牛顿体。如果 $\eta \to \infty$,则阻尼器变成刚体,麦克斯韦体转化为虎克体。由于粘性元件串联于系统中,故在任何微小的应力作用下,总变形会无限增加(只要 η 不是 ∞),所以,麦克斯韦体本质上是流体。

对于麦克斯韦体的徐变,在 $t = 0$ 时加载,产生应力 σ_0 并保持不变,这时有

$$\varepsilon_1 = \sigma_0/E$$

与时间无关,而

$$\varepsilon_2 = \int_0^t \frac{\sigma_0}{\eta} \mathrm{d}t = \frac{\sigma_0}{\eta}t$$

于是有

$$\varepsilon = \varepsilon_1 + \varepsilon_2 = \frac{\sigma_0}{E} + \frac{\sigma_0}{\eta}t \tag{4-1-16}$$

式中,ε_1 为加载后立即产生的弹性变形;ε_2 为徐变变形,将随时间不断增长。

徐变曲线如图 4-1-8(a)所示。如果加载持续 t_1 时间后卸载,则弹性变形将恢复而徐变变形将被保留下来。可见粘性流动是塑性变形(不可恢复的变形),如图 4-1-8(b)所示。

如果保持 ε 为常量,则 $\dot{\varepsilon} = 0$,这样麦克斯韦体的本构方程为

$$\frac{\sigma}{\eta} + \frac{\dot{\sigma}}{E} = 0 \tag{4-1-17}$$

其解为

$$\sigma = c\mathrm{e}^{-\frac{E}{\eta}t} \tag{4-1-18}$$

其中,c 为待定常数,由初始条件决定。若 $t = 0$ 时,$\sigma = \sigma_0$,则 c 等于初始应力 σ_0,于是有

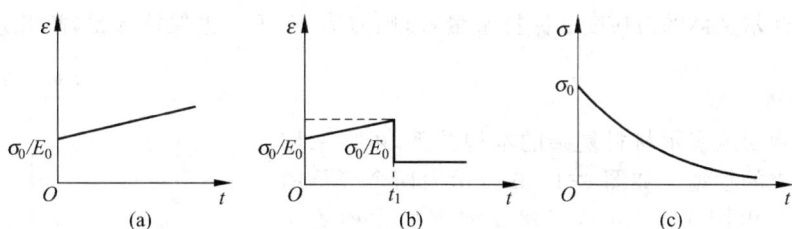

图 4-1-8　麦克斯韦模型的时变曲线

$$\sigma = \sigma_0 e^{-\frac{E}{\eta}t} \tag{4-1-19}$$

由上式可见,当 ε 保持不变时,应力将随时间 t 的增长而减小,这种现象称为松弛,松弛曲线如图 4-1-8(c)所示。常数 η/E 称为松弛时间,其物理意义是当 $t=\eta/E$ 时,应力将减低到初始应力 σ_0 的 $1/e$。麦克斯韦体可以描述物体的徐变及松弛性质,但大多数工程材料的徐变和松弛特性,都与麦克斯韦模型有一定差异,当 $\sigma=\sigma_0$ 时,其徐变变形一般不会无限增大而趋于某一限值;当 $\varepsilon=\varepsilon_0$ 时,材料松弛后的应力一般不会到零,而趋于某一有限值。

3) 开尔文(Kelvin)模型

把一个弹性元件和一个粘性元件并联,如图 4-1-9(a)所示,就得到了开尔文体,也有人称为伏格特(Voigt)体。其本构关系为

弹簧中应力　　　　　　　　　$\sigma_1 = E\varepsilon$

阻尼器中应力　　　　　　　　$\sigma_2 = \eta\dot{\varepsilon}$

系统总应力　　　　　　　　　$\sigma = \sigma_1 + \sigma_2$

于是可得

$$\sigma = E\varepsilon + \eta\dot{\varepsilon} \tag{4-1-20}$$

这便是开尔文体的本构方程。

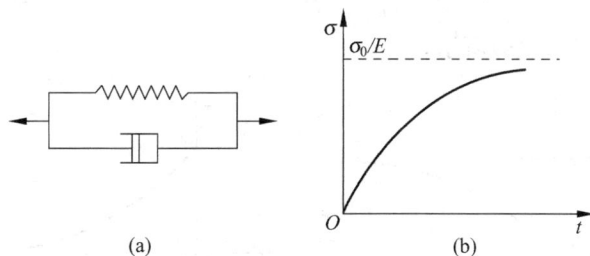

图 4-1-9　开尔文模型

当 $t=0$ 开始作用应力为 σ_0,并保持不变,则由本构方程求出

$$\varepsilon = \frac{\sigma_0}{E}(1 - e^{-\frac{E}{\eta}t}) \tag{4-1-21}$$

在应力不变时,徐变曲线如图 4-1-9(b)所示,开始时因阻尼器不产生瞬时变形,应变 $\varepsilon=0$,随时间 t 增长而 ε 增大,极限值为 σ_0/E。当发生变形 ε_0 后,突然卸载,$\sigma=0$,则方程的解为

$$\varepsilon = \varepsilon_0 e^{-\frac{E}{\eta}t} \tag{4-1-22}$$

由此可以看出,卸载后应变渐渐减小,并当 $t \to \infty$ 时,$\varepsilon=0$,这种卸载后变形逐渐消失的性质称为弹性后效。

若要使开尔文体的总应变 ε 保持常量 ε_0，则应力 $\sigma = E\varepsilon$，也保持常量，故开尔文体是非松弛体。

4）三元件模型

为了更确切地表示材料复杂的本构关系，可以采用更多元件组成的模型。如图 4-1-10 所示为两个等价的三元件模型。由图 4-1-10(a)可建立如下的本构关系方程：

$$\begin{cases} \sigma = E_2\varepsilon_2 \\ \sigma_1 = E_1\varepsilon_1 \\ \sigma_2 = \eta\dot{\varepsilon}_1 \\ \sigma_1 + \sigma_2 = \sigma \\ \varepsilon_1 + \varepsilon_2 = \varepsilon \end{cases}$$

从以上五个方程中消去 σ_1、σ_2、ε_1 和 ε_2，可得到总应力 σ 与总应变 ε 的关系为

$$\sigma + \frac{\eta}{E_1 + E_2}\dot{\sigma} = \frac{E_1 E_2}{E_1 + E_2}\varepsilon + \frac{E_2 \eta}{E_1 + E_2}\dot{\varepsilon} \quad (4\text{-}1\text{-}23)$$

以上模型中，若 $E_1 = 0$，则可化为麦克斯韦模型，若 $E_2 \to \infty$，则化为开尔文模型。可见它有更广泛的适应性。

当 $t = 0$ 时开始承受不变的应力 σ_0，则本构方程可化为

$$\sigma_0 = \frac{E_1 E_2}{E_1 + E_2}\varepsilon + \frac{E_2 \eta}{E_1 + E_2}\dot{\varepsilon} \quad (4\text{-}1\text{-}24)$$

解得

$$\varepsilon = \frac{\sigma_0}{E_2} + \frac{\sigma_0}{E_1}\left(1 - e^{-\frac{E_1}{\eta}t}\right) \quad (4\text{-}1\text{-}25)$$

徐变曲线如图 4-1-11(a)所示。

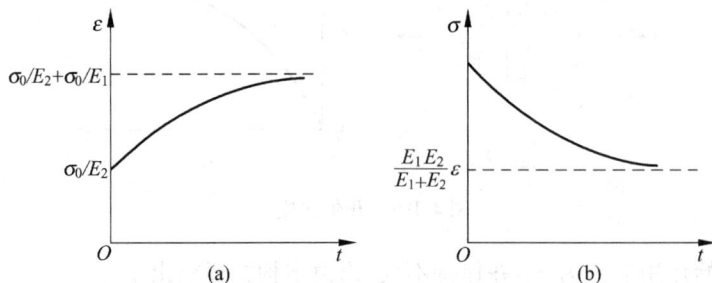

图 4-1-10 三元件模型

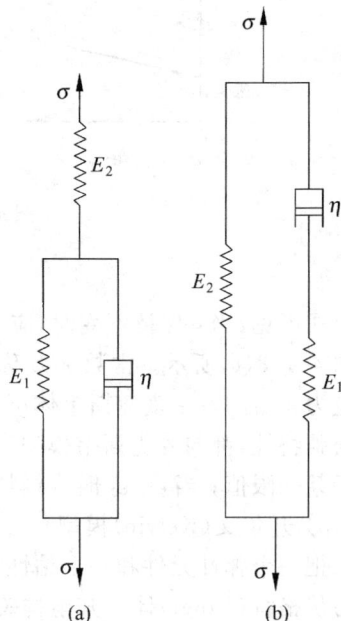

图 4-1-11 三元件模型的时变曲线

当 $\varepsilon = \varepsilon_0$ 保持不变，初应力为 σ_0，则本构方程为

$$\sigma + \frac{\eta}{E_1 + E_2}\dot{\sigma} = \frac{E_1 E_2}{E_1 + E_2}\varepsilon_0 \quad (4\text{-}1\text{-}26)$$

可以解出

$$\sigma = \frac{E_1 E_2}{E_1 + E_2}\varepsilon_0 + \left(\sigma_0 - \frac{E_1 E_2 \varepsilon_0}{E_1 + E_2}\right)e^{-\frac{(E_1 + E_2)}{\eta}t} \quad (4\text{-}1\text{-}27)$$

松弛曲线如图 4-1-11(b)所示。

5) 柏格斯(Burgers)模型

由一个开尔文体和一个麦克斯韦体串联可得柏格斯体,如图 4-1-12 所示,这是一个四元件模型。

由于元件增多,可以表示更复杂的应力-应变关系,由图 4-1-12 可知

$$\frac{\sigma}{\eta_1} + \frac{\dot{\sigma}}{E_1} = \dot{\varepsilon}_1$$

$$\sigma = E_2 \varepsilon_2 + \eta_2 \dot{\varepsilon}_2$$

$$\varepsilon = \varepsilon_1 + \varepsilon_2$$

从中消去 ε_1、ε_2,可得总应力与总应变的关系为

$$\sigma + \left(\frac{\eta_1}{E_1} + \frac{\eta_1 + \eta_2}{E_2} \right) \dot{\sigma} + \frac{\eta_1 \eta_2}{E_1 E_2} \ddot{\sigma} = \eta_1 \dot{\varepsilon} + \frac{\eta_1 \eta_2}{E_2} \ddot{\varepsilon} \tag{4-1-28}$$

这便是伯格斯模型的本构方程。

6) 粘塑性模型

粘塑性体可以用一个塑性元件与一个粘性元件相并联来表示,如图 4-1-13(a)所示,当物体在外力作用下,应力小于某一限值 σ_y 时,没有变形发生,只有当应力达到材料的屈服极限 σ_y 时,才开始变形,屈服前是刚性的,屈服后又是粘塑性的。其本构关系为

$$\left. \begin{array}{ll} \dot{\varepsilon} = 0, & \sigma \leqslant \sigma_y \\ \sigma = \sigma_y + \eta \dot{\varepsilon}, & \sigma > \sigma_y \end{array} \right\} \tag{4-1-29}$$

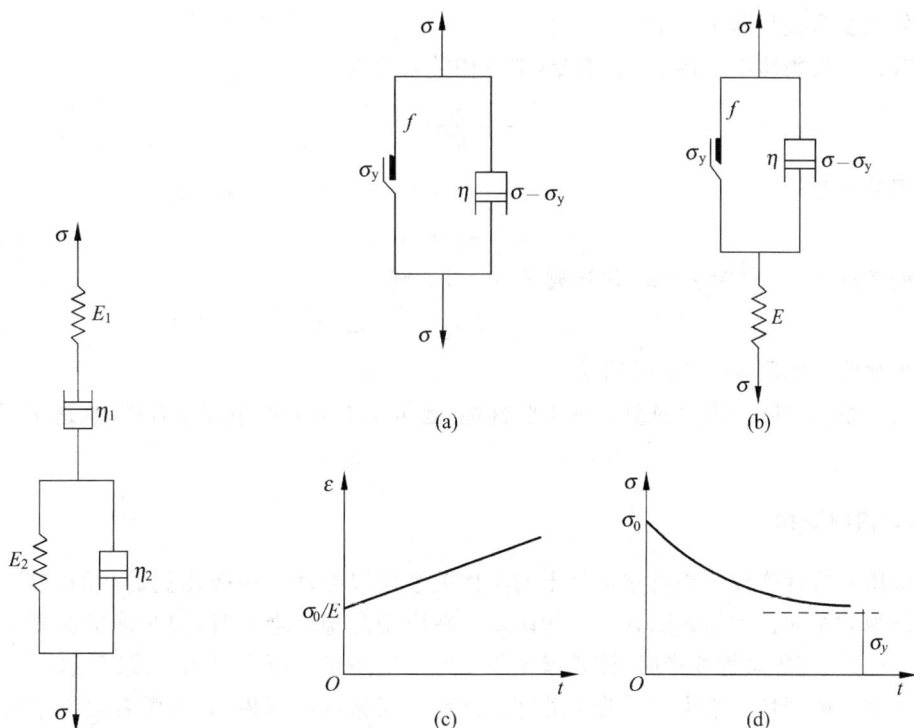

图 4-1-12　柏格斯模型　　　　　　　　图 4-1-13　粘塑性模型

如果不忽略物体的弹性变形,则由图 4-1-13(a)的模型再串联一个弹簧元件,可构成弹性、粘性和塑性的材料模型,如图 4-1-13(b)所示,称为宾汉姆(Bingham)体。

宾汉姆体的应力-应变关系为

当 $\sigma \leqslant \sigma_y$ 时,有 $\qquad\qquad\qquad \sigma = E\varepsilon$

当 $\sigma > \sigma_y$ 时,则有

$$\begin{cases} \sigma = E\varepsilon_1 \\ \sigma - \sigma_y = \eta\dot{\varepsilon}_2 \\ \varepsilon = \varepsilon_1 + \varepsilon_2 \end{cases}$$

式中,ε_1 为弹性变形;ε_2 为粘塑性变形;σ_y 为屈服应力;ε 为总变形。

消去 ε_1、ε_2,可得宾汉姆体在 $\sigma > \sigma_y$ 时的本构关系方程为

$$\sigma = -\frac{\eta}{E}\dot{\sigma} + \sigma_y + \eta\dot{\varepsilon} \qquad\qquad (4\text{-}1\text{-}30)$$

对于宾汉姆体的徐变,设 $t=0$ 时加载 $\sigma_0 > \sigma_y$ 并保持常值,则

$$\sigma_0 = \sigma_y + \eta\dot{\varepsilon} \qquad\qquad (4\text{-}1\text{-}31)$$

解上式得

$$\varepsilon = \varepsilon_0 + \frac{\sigma - \sigma_y}{\eta}t \qquad\qquad (4\text{-}1\text{-}32)$$

ε_0 为 $t=0^+$ 时的瞬时变形,显然它等于弹性元件的伸长 σ_0/E。因而上式的解又可表示为

$$\varepsilon = \frac{\sigma_0}{E} + \frac{\sigma_0 - \sigma_y}{\eta}t \qquad\qquad (4\text{-}1\text{-}33)$$

相应的徐变曲线如图 4-1-13(c)所示。

若在宾汉姆体中保持 $\varepsilon = \varepsilon_0$ 不变,则本构关系变为

$$\sigma + \frac{\eta}{E}\dot{\sigma} = \sigma_y \qquad\qquad (4\text{-}1\text{-}34)$$

此方程的解为

$$\sigma - \sigma_y = c\mathrm{e}^{-\frac{E}{\eta}t} \qquad\qquad (4\text{-}1\text{-}35)$$

若初始条件为 $t=0^+$ 时 $\sigma = \sigma_0$,则常数 $c = \sigma_0 - \sigma_y$,则

$$\sigma = \sigma_y + (\sigma_0 - \sigma_y)\mathrm{e}^{-\frac{E}{\eta}t} \qquad\qquad (4\text{-}1\text{-}36)$$

应力松弛曲线如图 4-1-13(d)所示。

为了模拟实际工程材料复杂的力学性能,还可用更多元件组成复合模型,这里不再一一列举。

5. 内时理论

应用非线性弹性理论建立混凝土的本构关系可以处理一次按比例加载的问题,但对卸载重复加载及非比例加载则有一定的困难。在应用弹塑性理论时,很难确定混凝土的屈服极限。此外,理想塑性变形时,体积保持不变也不适用于混凝土材料。混凝土软化(而非硬化),这在一般塑性力学中也是难以处理的问题。根据这些现象,有些学者提出了所谓内时理论(endochronic theory),其基本思想是用"变形"作为一个内变量(称为 intrinsic time,内蕴时),我们用一个粘弹性组合模型(麦克斯韦体)来说明这一理论的基本思想。

由上述分析可知,麦克斯韦体的本构关系为式(4-1-15)

$$\dot{\varepsilon} = \frac{\dot{\sigma}}{E} + \frac{\sigma}{\eta}$$

其中,$\dot{\varepsilon} = \mathrm{d}\varepsilon/\mathrm{d}t, \dot{\sigma} = \mathrm{d}\sigma/\mathrm{d}t$,再由 $\eta = EZ_1$,则上式可写为

$$\mathrm{d}\varepsilon = \frac{\mathrm{d}\sigma}{E} + \sigma\frac{\mathrm{d}t}{EZ_1} \qquad (4-1-37)$$

式中,E 为弹簧元件的弹性模量;η 为粘性元件的粘性系数,这里用另两个常数 E 及 Z_1 表示,即 $\eta = EZ_1$,Z_1 为与材料有关的常数,它与 E 和 η 有关。

在上述方程中,真实的时间 t 用所谓"内蕴时"(intrinsic time)Z 来替代,所谓"内蕴时"实际上是一个内变量,一个"应变",即 $\mathrm{d}t$ 由 $\mathrm{d}Z = \mathrm{d}\varepsilon$ 来替代,则方程变为

$$\frac{\mathrm{d}\sigma}{\mathrm{d}\varepsilon} + \frac{\sigma}{Z_1} = E \qquad (4-1-38)$$

若初始条件为 $\varepsilon = 0$ 时 $\sigma = 0$,则方程的解为

$$\sigma = EZ_1(1 - \mathrm{e}^{-\frac{\varepsilon}{Z_1}}) \qquad (4-1-39)$$

这一解的 σ-ε 关系曲线如图 4-1-14(b)所示。由图可见,这种 σ-ε 关系概括了非线性应变,与混凝土材料在单面压缩条件下的上升段曲线很相似。

对于卸载,定义一个非负的单调增长的函数

$$\mathrm{d}Z = |\mathrm{d}\varepsilon| \qquad (4-1-40)$$

方程(4-1-38)可改写为

$$\mathrm{d}\sigma = E\mathrm{d}\varepsilon - \sigma\frac{\mathrm{d}Z}{Z_1} = \mathrm{d}\sigma^{\mathrm{e}} - \mathrm{d}\sigma^{\mathrm{p}} \qquad (4-1-41)$$

对照图 4-1-14(c),当加载变为卸载时,$\mathrm{d}\sigma^{\mathrm{e}}$ 由正变为负,而 $\mathrm{d}\sigma^{\mathrm{p}}$ 不变号。混凝土卸载时有一部分塑性变形,不可恢复。在普通弹塑性理论中用了不少公式,而在这一理论中,用了一个 $\mathrm{d}\sigma^{\mathrm{p}}$,即可描述卸载时保留不可恢复的变形,还可以反映出混凝土材料在卸载时不是完全弹性的,且按照比初始弹性模量要小的材料模量卸载。这一构思简单而巧妙,可以模拟混凝土材料的许多复杂性能。在多维应力条件下,$\mathrm{d}Z$ 不仅与材料性质有关,而且与综合应变增量

$\sqrt{\dfrac{1}{2}\mathrm{d}\varepsilon_{ij}\mathrm{d}\varepsilon_{kl}}$ 有关,其表达形式要复杂得多。

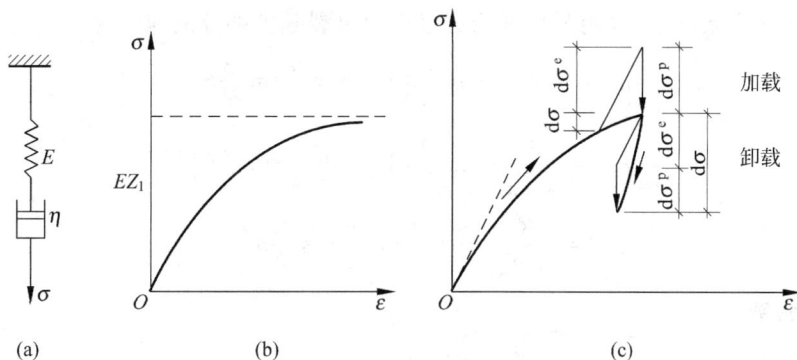

图 4-1-14　内时模型

6. 断裂力学理论

断裂力学的研究对象是含有裂缝缺陷的固体材料,对其进行应力分析,研究裂缝扩展规律和断裂条件。

混凝土的抗拉强度很低,在一般受荷条件下很容易产生裂缝。因此,有些学者便将断裂力学应用于混凝土材料。早在1960年,卡泼郎(Kaplan)就将断裂力学用于混凝土材料的研究。十多年来,国际上已召开过多次专门的混凝土断裂力学会议,国内也开过几次学术会议,交流断裂力学在岩石与混凝土材料中的应用。

下面我们以张开型(第Ⅰ型)裂缝的扩展为例,说明断裂力学方法的基本思想。

有孔洞材料的应力分析早就引起学者们的注意,并且有了解析解。例如,在无限大板中有一圆孔,受均匀拉伸应力 σ 作用时,其孔边应力为

$$\sigma_{max} = 3\sigma \tag{4-1-42}$$

当孔洞是长轴为 $2a$,短轴为 $2b$ 的椭圆形时,孔边应力为

$$\sigma_{max} = \left(1 + \frac{2a}{b}\right)\sigma \tag{4-1-43}$$

长轴端点处的曲率半径为

$$\rho = \frac{b^2}{a} \tag{4-1-44}$$

则 σ_{max} 的表达式为

$$\sigma_{max} = \left(1 + 2\sqrt{\frac{a}{\rho}}\right)\sigma = \alpha\sigma \tag{4-1-45}$$

其中,α 为应力集中系数。当为圆孔时,$a = b, \alpha = 3$。当 ρ 很小时,$\frac{a}{\rho}$ 很大,因而 α 很大。进一步讲就是:当椭圆孔 $\rho \to 0$ 时,则孔变为一条裂缝,量变引起质变,$\alpha \to \infty$,即 $\sigma_{max} \to \infty$,按照传统的强度理论,则不论外加应力 σ 多么微小,其 σ_{max} 也必然超过其容许应力 $[\sigma]$,即必然导致破坏。但实际情况并非如此。许多有裂缝的材料在一定的应力状态下是稳定的,不会引起破坏。在这种情况下,单用应力大小来作为强度的判断条件显然不够,必须另辟途径。断裂力学正是适应这种需要而产生和发展起来的。以无限大板受均匀拉伸应力为例,如图4-1-15(b)所示,在平面应力条件下,采用弹性理论可以推导出裂缝尖端处的应力为

$$\left. \begin{aligned} \sigma_x &= \frac{K_I}{\sqrt{2\pi r}}\cos\frac{\theta}{2}\left(1 - \sin\frac{\theta}{2}\sin\frac{3}{2}\theta\right) \\ \sigma_y &= \frac{K_I}{\sqrt{2\pi r}}\cos\frac{\theta}{2}\left(1 + \sin\frac{\theta}{2}\sin\frac{3}{2}\theta\right) \\ \tau_{xy} &= \frac{K_I}{\sqrt{2\pi r}}\cos\frac{\theta}{2}\sin\frac{\theta}{2}\cos\frac{3}{2}\theta \end{aligned} \right\} \tag{4-1-46}$$

其中 K_I 为常数。

$$K_I = \lim_{r \to \infty}(\sqrt{2\pi r}\sigma_{y\theta=0}) \tag{4-1-47}$$

由上式可见,当 $r \to 0$ 时,$\sigma_y \to \infty$,但 K_I 为常数,称为应力强度因子,并已证明

$$K_I = \sigma\sqrt{\pi a} \tag{4-1-48}$$

可见应力强度因子与外加应力场 σ 的大小和裂缝半长 a 有关。它与无量纲的应力集中系数不同,是一个量纲为(力/长度$^{3/2}$)的量。它从总体上反映了应力场的奇异性。

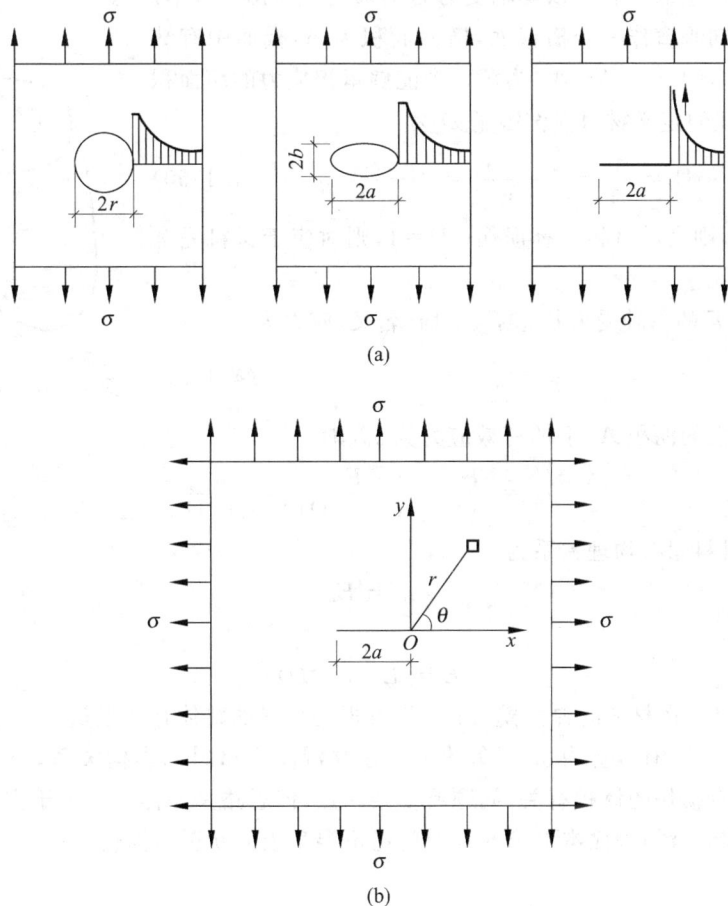

(a)

(b)

图 4-1-15　裂缝端部应力

另一方面,从材料的实验研究可知,对不同材料,能够承受 K_{I} 大小的极限值也不同。材料能抵抗 K_{I} 的极限称为断裂韧度,并用 K_{IC} 表示,它可由实验测定。若

$$K_{\mathrm{I}} \leqslant K_{\mathrm{IC}} \tag{4-1-49}$$

则构件是安全的。关于混凝土断裂力学已有不少专门的论文集及教科书,有兴趣进行深入研究的读者可参考有关专门著作。

7. 损伤力学

混凝土的应力-应变曲线由上升段和下降应变软化段组成。特别是对下降段,它具有裂缝逐渐扩展,卸载时弹性弱化等特点。以上所述的非线性弹性、弹塑性等模式很难描述这一特性。损伤力学则既可考虑混凝土材料在未受力时的初始裂缝的存在,也可反映在受力过程中由于损伤积累而产生的裂缝扩展,从而导致的应变软化。因而近年来不少学者致力于将损伤力学用于混凝土材料,并建立相应的本构关系。

损伤力学与断裂力学一样,承认一般工程材料存在内部微观缺陷这一事实。但与断裂

力学不同,它引进一个损伤变量作为表征材料内部缺陷的物理量(也属于一种内变量)。所谓损伤是指材料内结合部分发生不可恢复的减少。这种减少可以是原始具有的,也可以是在受力过程中产生的。我们以单轴受力为例来说明损伤的基本概念。

与受力方向垂直作一个横截面,横截面积为 A,截面中有缺陷的面积为 A_D,则 $A_n = A - A_D$ 为截面中能够承担应力的净面积(图 4-1-16),我们定义材料损伤因子 D 为

$$D = \frac{A_D}{A} = \frac{A - A_n}{A} = 1 - \frac{A_n}{A} \tag{4-1-50}$$

显然,若 $D = 0$,则表示材料没有损伤;$D = 1$,则对应于材料完全破坏。

在外力为 F 的单轴受力状态下,平均(名义)应力为

$$\sigma = \frac{F}{A} \tag{4-1-51}$$

图 4-1-16　材料里的损伤

设作用在未受损的面积 A_n 上的有效应力为 σ_n,则

$$\sigma_n = \frac{F}{A_n} = \frac{F}{A(1-D)} = \frac{\sigma}{1-D} \tag{4-1-52}$$

另外,未损伤材料间有物理关系为

$$\sigma_n = E_n \varepsilon$$

所以

$$E = E_n(1-D) \tag{4-1-53}$$

式中,E_n 为未受损伤材料的弹性模量;E 为有损伤材料的整体弹性模量。

基于损伤因子、有效应力 σ_n 等参数可以建立混凝土材料的本构关系。对于三维问题,则损伤因子与有损伤的体积有关,问题要复杂一点,但思路是一样的。由于损伤力学在混凝土中的应用日趋广泛,因而本书第 6 章专门讨论混凝土的断裂与损伤。

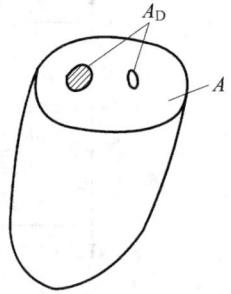

4.2　非线性弹性本构关系——全量型

1. 线弹性关系表达式

线弹性应力-应变关系可用广义虎克定律表示为

$$\sigma_{ij} = C_{ijkl}\varepsilon_{kl} \tag{4-2-1}$$

式中,σ_{ij} 为应力张量,是二阶对称张量;ε_{kl} 为应变张量,也是二阶对称张量;C_{ijkl} 为材料弹性常数,三维空间中的四阶张量。

用矩阵表示应力、应变为

$$\boldsymbol{\sigma} = \begin{bmatrix} \sigma_x & \sigma_y & \sigma_z & \tau_{xy} & \tau_{yz} & \tau_{zx} \end{bmatrix}^T \tag{4-2-2}$$

$$\boldsymbol{\varepsilon} = \begin{bmatrix} \varepsilon_x & \varepsilon_y & \varepsilon_z & \gamma_{xy} & \gamma_{yz} & \gamma_{zx} \end{bmatrix}^T \tag{4-2-3}$$

则线弹性关系可用下列矩阵表示

$$\boldsymbol{\sigma} = \boldsymbol{D}\boldsymbol{\varepsilon} \tag{4-2-4}$$

式中,$\boldsymbol{D}$ 为材料本构关系矩阵。

$\boldsymbol{D}$ 有 $6 \times 6 = 36$ 个元素,弹性力学中已经证明,它是对称的,因而只有 21 个独立常数。

对于正交各向同性体,则独立的材料弹性常数只有两个。

这两个常数常用弹性模量 E 和泊松比 ν,或者用体积弹性模量 K 和剪切弹性模量 G 表示。用 E、ν 表示时,有

$$D = \frac{E}{(1+\nu)(1-2\nu)} \begin{bmatrix} 1-\nu & & & & & \\ \nu & 1-\nu & & & \text{对称} & \\ \nu & \nu & 1-\nu & & & \\ & & & \frac{1-2\nu}{2} & & \\ 0 & & 0 & & \frac{1-2\nu}{2} & \\ & 0 & & 0 & & \frac{1-2\nu}{2} \end{bmatrix} \quad (4\text{-}2\text{-}5)$$

用 K、G 表示时,有

$$D = \begin{bmatrix} K+\frac{4}{3}G & & & & & \\ K-\frac{2}{3}G & K+\frac{4}{3}G & & & \text{对称} & \\ K-\frac{2}{3}G & K-\frac{2}{3}G & K+\frac{4}{3}G & & & \\ & & & G & & \\ 0 & & & 0 & G & \\ & & & 0 & 0 & G \end{bmatrix} \quad (4\text{-}2\text{-}6)$$

因为只有两个常数是独立的,这四个常数间有如下关系:

$$\left. \begin{array}{l} K = \dfrac{E}{3(1-2\nu)}, \quad G = \dfrac{E}{2(1+\nu)} \\ E = \dfrac{9KG}{2K+G}, \quad \nu = \dfrac{3K-2G}{2(3K+G)} \end{array} \right\} \quad (4\text{-}2\text{-}7)$$

在力学分析中,有时将应力张量分解为球张量与偏张量,设

$$\sigma_m = \frac{1}{3}(\sigma_x + \sigma_y + \sigma_z) = \frac{1}{3}\sigma_{kk} = \frac{I_1}{3} \quad (4\text{-}2\text{-}8)$$

为平均应力,取应力偏量

$$S_{ij} = \sigma_{ij} - \sigma_m \delta_{ij} \quad (4\text{-}2\text{-}9)$$

则应力张量可分解为两部分

$$\sigma_{ij} = \sigma_m \cdot \delta_{ij} + S_{ij} \quad (4\text{-}2\text{-}10)$$

同样,将应变张量分解为

$$e_{ij} = \varepsilon_{ij} - \frac{1}{3}\varepsilon_v \delta_{ij} \quad (4\text{-}2\text{-}11)$$

其中 $\varepsilon_v = \varepsilon_x + \varepsilon_y + \varepsilon_z$ 表示体积变形。对球张量,体积变形与平均应力成正比,即有

$$\sigma_m = K\varepsilon_v = K(\varepsilon_x + \varepsilon_y + \varepsilon_z) \quad (4\text{-}2\text{-}12)$$

对偏张量有

$$S_{ij} = \frac{E}{1+\nu}e_{ij} = 2Ge_{ij} \quad (4\text{-}2\text{-}13)$$

其中 δ 为 Kronnecker 算子。使用张量符号,弹性关系又可表示为

$$\varepsilon_{ij} = \frac{\sigma_{kk}}{9K}\delta_{ij} + \frac{1}{2G}S_{ij} \tag{4-2-14}$$

或

$$\sigma_{ij} = K\varepsilon_v\delta_{ij} + 2Ge_{ij} \tag{4-2-15}$$

由于线弹性关系简洁,并且应用很广,如果将材料常数 E、ν 或 K、G 不取为常数,而是确定为随应力状态而变化的参数,则这种关系便变为非线弹性关系。基于这一想法,许多学者提出了许多非线性关系式,主要有两种形式,即全量形式(hyperelastic)和增量形式(hypoelastic)。对于各向异性的材料,其所需参数不止两个。要严格按照 hyperelestic(超弹性)或 hypoelastic(次弹性)的定义来构成各向异性的应力-应变关系,是极为复杂的。目前在混凝土结构非线性分析中所应用的大多只是其最简单的形式,即将混凝土材料视作各向同性体,只取一个或两个变化参数。在全量形式中,采用割线模量,关系式比较简单,但仅适用按比例一次加载。在增量形式中,采用切线模量,适用范围广,但应力-应变计算与加载路径有关,计算比较麻烦。本节先介绍全量型,4.3 节介绍增量型。

2. 全量 *K-G* 型

对于弹性常数随应力状态的变化规律,人们自然首先想到用实验方法来确定。Andenaes、Cedolin、Kapfer 和 Gerstle 等人都进行了一系列实验,得到了 K、G 随八面体应力和应变的变化规律。下面介绍的是 Cedolin 等(Cedolin et al.,1977)建议的模型。对各向同性体,八面体应力(σ_{oct}、τ_{oct})与八面体应变(ε_{oct}、γ_{oct})之间有如下弹性关系:

$$\sigma_{oct} = 3K_s\varepsilon_{oct}, \quad \tau_{oct} = G_s\gamma_{oct} \tag{4-2-16}$$

Cedolin 等人做了一批实验,由量测得出的应力、应变推算出八面体的应力与应变,并收集了其他学者的一些实验数据,由此可以得到 K_s 及 G_s 的变化规律有如下形式(见图 4-2-1):

$$\left.\begin{array}{l} \dfrac{K_s}{K_0} = a \cdot (b)^{\varepsilon_{oct}/c} + d \\[3mm] \dfrac{G_s}{G_0} = p(q)^{-\frac{\gamma_{oct}}{m}} - s\gamma_{oct} + t \end{array}\right\} \tag{4-2-17}$$

式中,K_0,G_0 为初始体积模量与剪切模量;K_s,G_s 为全量型体积模量与剪切模量,它随八面体应变 ε_{oct} 与 γ_{oct} 的增大而减小;a、b、c、d、p、q、m、s 与 t 为材料常数,由实验数据统计求出,Cedolin 等人求得

$$a = 0.85, \quad b = 2.5, \quad c = 0.0014, \quad d = 0.15, \quad p = 0.81$$
$$q = 2.0, \quad m = 0.002, \quad s = 2.0, \quad t = 0.19$$

将变化了的 K_s、G_s 替代弹性矩阵中的 K_0、G_0,则可得到非线性弹性本构矩阵。

这一形式是很简洁的。但根据一部分实验数据得出的规律不一定适用于不同原材料、不同配合比、不同强度的混凝土。即使规律相似,要确定上述式子中九个材料常数也不是件容易的事。因而在实用上受到很大的限制。此外,Kupfer、Gerstls 等人也从实验提出了 G_s、K_s 的变化规律,与上述有所不同,这里不再详述。

3. 全量 *E-ν* 型(Ottosen 模型)

全量型表达的本构关系,关键是要确定材料常数随应力状态变化的规律。4.1 节中介

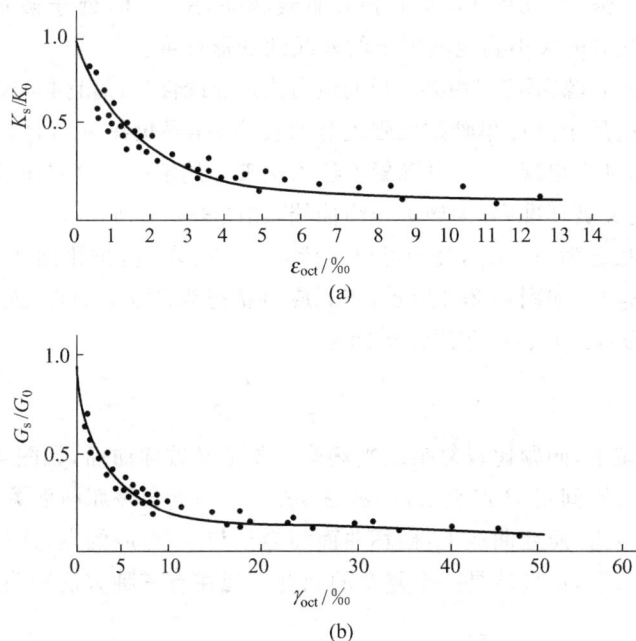

图 4-2-1　Cedolin 模型

绍了从实验出发提出的这种规律,由于混凝土材料的变异性很大,要做那么多三轴应力下的强度实验,实用上是不方便的,甚至是不大可能的。另一方面,在单轴受压实验中记录 $\sigma\text{-}\varepsilon$ 关系是很方便的。这方面实验资料很多,而且其数学表达式也已提出了很多形式,可以参考应用。于是就有学者设想,将一维的 $\sigma\text{-}\varepsilon$ 关系推广到复杂的应力状态中去。Ottosen (Ottosen,1977)提出了一个建议,将这一设想变成切实可行的计算模型。这一模型既能描述 $\sigma\text{-}\varepsilon$ 关系的上升段,也能描述 $\sigma\text{-}\varepsilon$ 关系的下降段,计算也不复杂,因而应用较广。

Ottosen 建议的本构模型,要点是要明确以下三个条件:

① 破坏准则,处于什么应力状态下,混凝土达到破坏;

② 非线性指标,在某一应力状态下,这一指标要能定量地表示它与破坏时应力状态相距多远,这相当于在一维应力状态下表示其应力水平有多高;

③ 等效的单轴应力-应变关系表达式,有了非线性指标,便可以在相应的单轴应力-应变曲线上确定相当的应力水平,从而由单轴应力-应变关系表达式中求得相应的材料参数。

关于材料混凝土的破坏准则在第 3 章中已经说明,这里不再重复。关于非线性指标与等效应力-应变关系曲线分别说明如下。

1) 非线性指标

所谓非线性指标是描述实际应力状态与破坏时的应力状态相互关系的一个定量指标,它表明了应力状态的相对水平,从而可以据此确定混凝土变形的非线性程度。

在单向应力状态下,我们常说在应力小于 $0.3f_c$ 时,应力-应变关系基本上呈线性关系。这个系数 0.3 就是一种非线性指标,在单向应力状态下,非线性指标可用单向应力 σ 唯一地确定,非线性指标定义为

$$\beta = \frac{\sigma}{|f_c|} \tag{4-2-18}$$

式中,f_c 为单轴抗压强度。$\beta=0$ 时,处于未加载状态,$\beta=1$ 时处于破坏状态,所以必有 $0\leqslant\beta\leqslant1$,我们可以从 β 的大小确定混凝土的非线性变形程度。

在双向应力状态下,就不能仅由某一单向应力决定非线性指标,它必与两个方向的应力水平有关。由于双轴抗压强度比单轴抗压强度有所提高,如果仍用 $\beta=\sigma_1/|f_c|$ 或 $\beta=\sigma_2/|f_c|$ 来确定非线性指标,则会出现 $\beta=1$ 时混凝土还未达破坏的情况。这是不合理的。在这种情况下,我们首先得定义破坏准则,即破坏包络曲线,如图 4-2-2 所示。

若有某一应力状态为 (σ_1,σ_2),我们可以保持 $\alpha=\sigma_1/\sigma_2$ 不变,按比例增加应力 (σ_1,σ_2),使之达破坏状态 $(\sigma_{1f},\sigma_{2f})$。如图 4-2-2 所示,实际应力状态为 $P(\sigma_1,\sigma_2)$ 点,连 OP 线,延长与破坏包络线相交于 $F(\sigma_{1f},\sigma_{2f})$ 点,取非线性指标为

$$\beta=\frac{\sigma_2}{\sigma_{2f}}=\frac{\sigma_1}{\sigma_{1f}}=\frac{OP}{OF} \tag{4-2-19}$$

在三向应力状态下,问题比较复杂。当然首先要定义破坏曲面,如图 4-2-3 所示。若有一应力状态在主应力空间用 P 点表示,$P(\sigma_1,\sigma_2,\sigma_3)$,这一点与破坏曲面关系如何,距破坏曲面有多远? 在单轴应力-应变曲线上,破坏曲面相当于与 f_c 对应的点,这是没有问题的。但 P 点应相当于什么水平,这显然是一个复杂的问题。现在有三种方法来确定非线性指标。

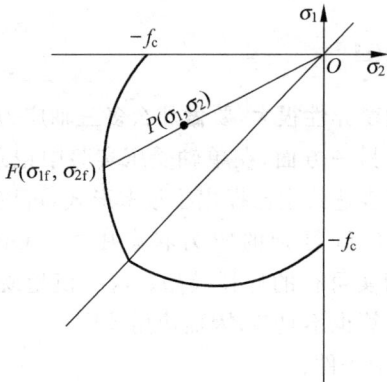

图 4-2-2　双向应力下的非线性指标

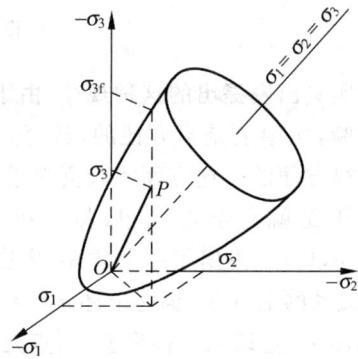

图 4-2-3　Ottosen 法

(1) Ottosen 法

设某点应力状态为已知,$\sigma_1\geqslant\sigma_2\geqslant\sigma_3$,若保持 σ_1、σ_2 不变,减少 σ_3(绝对值增大)到 σ_{3f} 使 $(\sigma_1,\sigma_2,\sigma_{3f})$ 达破坏曲线,于是定义非线性指标为

$$\beta=\frac{\sigma_3}{\sigma_{3f}} \tag{4-2-20}$$

这一方法是从莫尔强度理论启发得到的,如图 4-2-4 所示。实际应力状态的莫尔圆与破坏包络线不相交。当 σ_3 减小(绝对值增大)到 σ_{3f} 时,莫尔圆与破坏包络线相切,达破坏状态,显然 $\beta<1$,$\beta=1$,$\beta>1$ 分别表示实际应力状态的莫尔圆在破坏曲面以内,在破坏面上和在破坏面以外三种情况。因而可用 β 作为非线性指标,这里也满足 $0\leqslant\beta\leqslant1$。在三维空间中,这一方法相当于过 P 点作 σ_3 轴的平行线,使之交于破坏曲面,得 σ_{3f},如图 4-2-3 所示。

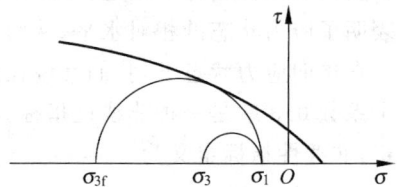

图 4-2-4　莫尔强度理论

因混凝土受拉时的应力-应变关系更接近直线,当实际应力状态中有主拉应力出现时,如 $\sigma_1 > 0$ 时,可取 $\sigma_1' = 0, \sigma_2' = \sigma_2 - \sigma_1, \sigma_3' = \sigma_3 - \sigma_1$ 的应力状态 $(\sigma_1', \sigma_2', \sigma_3')$ 来替代 $(\sigma_1, \sigma_2, \sigma_3)$ 去求得非线性指标,即由 σ_3' 去求 σ_{3f},使 $(\sigma_1', \sigma_2', \sigma_{3f})$ 达破坏状态,这时非线性指标为

$$\beta = \sigma_3' / \sigma_{3f} \tag{4-2-21}$$

显然,求 β 值要用到破坏曲面方程,在一般情况下需要经过多次迭代方能求出 σ_{3f}。

（2）$\sqrt{J_2}$ 法

为了避免求 β 值时的迭代过程,清华大学江见鲸(Jiang,1983)提出了一种算法。

设某一应力状态 $(\sigma_1, \sigma_2, \sigma_3)$,其相应的三个不变量参数为 (I_1, J_2, θ)。若保持 I_1 与 θ 不变,增大 J_2,使之达破坏状态。若达破坏状态时的不变量为 (I_1, J_{2f}, θ),则非线性指标可取为

$$\beta = \sqrt{J_2} / \sqrt{J_{2f}} \tag{4-2-22}$$

从图 4-2-5 中可以看出某点应力状态在 π 平面上投影为 P 点,OP 与 $\sqrt{J_2}$ 成比例。保持 I_1 及 θ 不变,相当于连 OP 线延长与破坏面相交于 OF,OF 与 $\sqrt{J_{2f}}$ 成比例,可见

$$\beta = \frac{\sqrt{J_2}}{\sqrt{J_{2f}}} = \frac{OP}{OF} \tag{4-2-23}$$

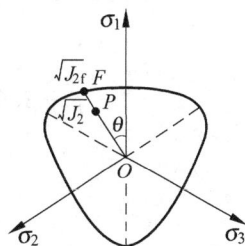

图 4-2-5　$\sqrt{J_2}$ 法

从另一方面看,因 $\sqrt{J_2}$ 与 τ_{oct} 成比例。这一方法也可看做保持 σ_{oct} 不变,而增大 τ_{oct} 达破坏 $(\tau_{oct})_f$,取 $\beta = \tau_{oct} / (\tau_{oct})_f$。

这一方法的物理意义明确,几何上表达直观,对大多数破坏曲线方程来讲,可以从破坏准则直接求出 $\sqrt{J_{2f}}$ 而不用迭代求解。这要比用 Ottosen 的方法求 σ_{3f} 方便得多,并可节省计算机运行时间。数值计算表明,这两种方法的计算精度相仿。

（3）比例增大法

在清华大学王传志教授指导下,几位研究生经过研究分析,对 Ottosen 模型中的非线性指标提出了一种算法(叶献国,1988),这一方法对 Ottosen 法的修改有两点:一是不单一地增大 $|\sigma_3|$,而是按比例增大 $(\sigma_1, \sigma_2, \sigma_3)$ 使之达破坏状态 $(\sigma_{1f}, \sigma_{2f}, \sigma_{3f})$;二是在求非线性指标时又引入一调整系数 k,将非线性指标的计算公式表达为

$$\beta = \left(\frac{\sigma_3}{\sigma_{3f}}\right)^k, \quad 0 \leqslant k \leqslant 1 \tag{4-2-24}$$

调整 k 值,可以更好地适应各种不同的加载情况。

2）等效一维应力-应变关系表达式

通过实验,可以求得单轴应力状态下的应力-应变关系。为了便于在分析中应用这一应力-应变关系曲线,要用一个数学分析式来表示。许多学者在文献中提出过各种各样的解析式子,有抛物线的、双曲线的、指数曲线的或多折线组合的。这在第 3 章中已经介绍过一些。在 Ottosen 建议的本构模型中,他基本上采用 Sargin 于 1971 年(Sargin,1971)提出的表达式(但不考虑侧压系数 k_3)

$$\frac{\sigma}{f_c} = \frac{A \dfrac{\varepsilon}{\varepsilon_c} + (D-1)\left(\dfrac{\varepsilon}{\varepsilon_c}\right)^2}{1 + (A-2)\dfrac{\varepsilon}{\varepsilon_c} + D\left(\dfrac{\varepsilon}{\varepsilon_c}\right)^2} \tag{4-2-25}$$

式中,σ 与 ε 均以受压为正值;f_c 为混凝土单轴抗压强度;$A = E_0/E_c$;E_0 为混凝土初始弹性模量;E_c 为混凝土应力达 f_c 时的割线模量;ε_c 为应力达峰值时的应变;D 为系数,对 σ-ε 曲线上升段影响不大,而对下降段影响很大,如图 4-2-6 所示。限制 $0 \leqslant D \leqslant 1.0$,$D$ 越大,则曲线下降越平缓。这一曲线基本上可以反映混凝土应力-应变关系全曲线的主要特征,因而在混凝土有限元分析中应用很广。

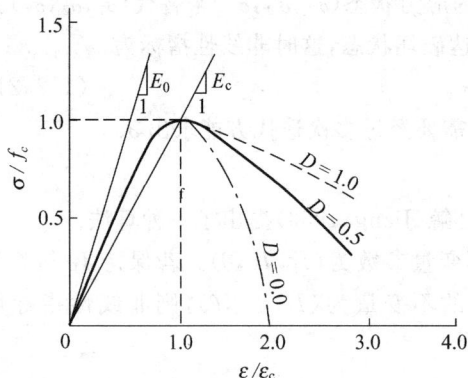

图 4-2-6   Sargin 模型

在单轴应力-应变关系中非线性指标为

$$\beta = \frac{\sigma}{f_c} \tag{4-2-26}$$

对任一应力 σ,其应变为 ε,则割线模量 $E_s = \sigma/\varepsilon$。将 $\beta = \sigma/f_c$ 及 $E_s = \sigma/\varepsilon$ 代入式(4-2-25),得

$$\beta + \beta(A-2)\left(\frac{\varepsilon}{\varepsilon_c}\right) + \beta D \left(\frac{\varepsilon}{\varepsilon_c}\right)^2 = A\left(\frac{\varepsilon}{\varepsilon_c}\right) + (D-1)\left(\frac{\varepsilon}{\varepsilon_c}\right)^2$$

又

$$\frac{\varepsilon}{\varepsilon_c} = \frac{\sigma}{E_s} \bigg/ \frac{f_c}{E_c} = \beta \frac{E_c}{E_s}$$

代入上式,整理后可得即时割线模量计算式为

$$E_s = \frac{1}{2} E_0 - \beta\left(\frac{1}{2} E_0 - E_c\right)$$

$$\pm \sqrt{\left[\frac{1}{2} E_0 - \beta\left(\frac{1}{2} E_0 - E_c\right)\right]^2 + \beta E_c^2 [D(1-\beta) - 1]} \tag{4-2-27}$$

其中根号前的正号适用于上升段,负号适用于下降段。对于任一应力水平,当 $\beta = \sigma/f_c$ 为已知时,即可从中求得相应于这一应力水平的割线弹性模量。

在三轴应力状态下,应力-应变曲线与单轴应力-应变曲线有相同的特征,但参数有些变化,在应用上述公式时要作适当修正。如图 4-2-7 所示,当侧向压力增加时,不仅破坏应力增加,且峰值应变也逐渐增大,即塑性增加,为了反映这一情况,在式(4-2-27)中用 E_f 代替 E_c,E_f 是在三轴应力状态下混凝土破坏时的割线弹性模量,关于 E_f 的取值有以下几种建议。

(1) 王传志等的建议

王传志等建议取

$$E_f = E_c\left(0.18 - 0.0015\theta + 0.038 \left|\frac{\sigma_{oct}}{f_c}\right|^{-1.75}\right) \tag{4-2-28}$$

式中,E_f 为混凝土破坏时的割线模量;E_c 为混凝土初始弹性的模量;θ 为应力矢量与 σ_1 轴在 π 平面上投影之夹角(相似角);σ_{oct} 为八面体正应力;f_c 为混凝土单轴抗压强度。

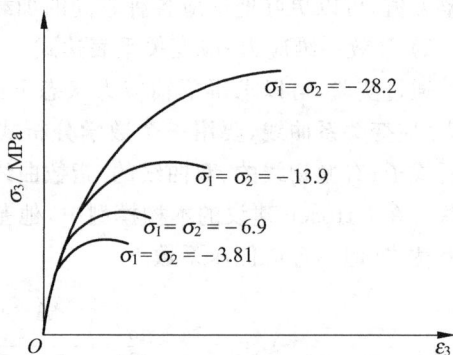

图 4-2-7   峰值应力-应变随侧向约束增大而提高

（2）Ottosen 建议（Ottosen,1977）

Ottosen 建议取

$$E_f = \frac{E_c}{1 + 4(A-1)x} \tag{4-2-29}$$

而

$$A = E_0/E_c$$

$$x = \left(\frac{\sqrt{J_2}}{f_c}\right)_f - \frac{1}{\sqrt{3}} \geqslant 0 \tag{4-2-30}$$

当计算出 $x < 0$ 时，取 $x = 0$。式中 $(\sqrt{J_2}/f_c)_f$ 是达破坏状态时的 $\sqrt{J_{2f}}$（即由 σ_1、σ_2、σ_{3f} 求得）与 f_c 之比，而 $1/\sqrt{3}$ 来自单轴应力状态下破坏时 $\sqrt{J_2}$（即由 0、0、f_c 求得）与 f_c 之比，这时有

$$\frac{\sqrt{J_2}}{f_c} = \frac{1}{\sqrt{3}} \tag{4-2-31}$$

3）割线泊松比的计算

普通混凝土的初始泊松比一般为 $0.15 \sim 0.22$。在单轴应力状态下，当应力小于 $0.8f_c$ 时，泊松比几乎保持不变；当应力大于 $0.8f_c$ 时，泊松比增加很快，甚至可以大于 0.5，如图 4-2-8 所示。根据实验可取下列计算式。

（1）Ottosen 公式（Ottosen,1977）

$$\nu_s = \begin{cases} \nu_0, & \beta \leqslant \beta_a = 0.8 \\ \nu_f - (\nu_f - \nu_0)\sqrt{1 - \left(\dfrac{\beta - \beta_a}{1 - \beta_a}\right)^2}, & \beta > \beta_a \end{cases} \tag{4-2-32}$$

式中，ν_0、ν_f 分别为初始及破坏时的泊松比。

（2）Darwin-Pecknold 公式（只适用于平面问题）（Darwin & Pecknold,1977）

图 4-2-8　Ottosen 公式建议的泊松比

$$\nu = \begin{cases} 0.2 & \text{对双向受压} \\ 0.2 + 0.6\left(\dfrac{\sigma_2}{f_c}\right)^4 + 0.4\left(\dfrac{\sigma_1}{f_c}\right)^4 & \text{对拉-压} \end{cases} \tag{4-2-33}$$

（3）Elwi 和 Murray 公式（Elwi & Murray,1979）

$$\nu = \nu_0\left[1 + 1.3763\frac{\varepsilon}{\varepsilon_u} - 5.36\left(\frac{\varepsilon}{\varepsilon_u}\right)^2 + 8.586\left(\frac{\varepsilon}{\varepsilon_u}\right)^3\right] \tag{4-2-34}$$

（4）江见鲸建议公式（Jiang,1983）

$$\left. \begin{array}{l} \beta \leqslant 0.8, \quad \nu = \nu_0 \\ \beta > 0.8, \quad \nu = \nu_0 + (0.5 - \nu_0)\left(\dfrac{\beta - 0.8}{0.2}\right)^2 \end{array} \right\} \tag{4-2-35}$$

4）本构矩阵的计算步骤

综上所述，混凝土非线性本构矩阵可按下列步骤计算：

① 已知单轴抗压强度 f_c，初始弹性模量 E_0，初始泊松比 ν_0，单轴应力状态下的 σ-ε 表达式，给定破坏准则表达式 $F(\sigma_{ij}) = 0$，输入 $[\sigma_x、\sigma_y、\sigma_z、\sigma_{xy}、\sigma_{yz}、\sigma_{xz}]^T$；

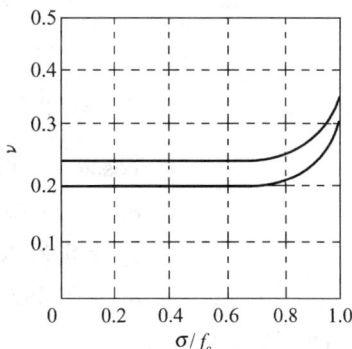

② 求主应力 σ_1、σ_2、σ_3,并计算出相应的不变量 I_1、J_2、J_3、θ;

③ 计算非线性指标 β;

④ 计算即时割线模量 E_s;

⑤ 计算割线泊松比 ν_s;

⑥ 计算并形成非线性本构矩阵。

【例 4-1】 已知:某点应力状态为$\boldsymbol{\sigma} = [-6, -6, -12, 2, 2, 1]^T$,选用江见鲸的四参数破坏准则,一维等效应力-应变曲线采用中国混凝土结构设计规范指定的曲线。

已知混凝土强度为 $f_c = 20.0\text{N/mm}^2$,$f_t = 2.0\text{N/mm}^2$,初始弹性模量 $E_0 = 30.0\text{kN/mm}^2$,泊松比 $\nu_0 = 0.18$。

试求:在该应力状态下的材料参数。

【解】（1）求主应力

$$I_1 = -6 - 6 - 12 = -24$$

$$\sigma_m = \frac{-24}{3} = -8$$

$$s_x = 2, \quad s_y = 2, \quad s_z = -4$$

$$J_2 = 21, \quad \sqrt{J_2} = 4.583$$

$$J_3 = -2, \quad r = \frac{\sqrt{4 \times 21}}{3} = 5.292$$

$$\cos 3\theta = -0.053\,99, \quad \theta = 31.03°$$

$$\sigma_1 = 5.292\cos\theta + \sigma_m = -3.466$$

$$\sigma_2 = 5.292\cos(31.03° - 120°) + \sigma_m = -7.905$$

$$\sigma_3 = 5.292\cos(31.03° + 120°) + \sigma_m = -12.630$$

（2）求 $\sqrt{J_{2f}}$ 及 β

当 $f_t/f_c = 0.1$ 时,破坏准则为

$$1.2856\frac{J_2}{f_c^2} + (1.4268 + 10.2551\cos\theta)\frac{\sqrt{J_2}}{f_c} + 3.2128\frac{I_1}{f_c} - 1 = 0$$

当 $\theta = 31.03°$ 及 $I_1 = -24$ 代入可得

$$0.003214(\sqrt{J_{2f}})^2 + 0.5107\sqrt{J_{2f}} - 4.8554 = 0$$

从而求得

$$\sqrt{J_{2f}} = 8.998$$

所以

$$\beta = \frac{\sqrt{J_2}}{\sqrt{J_{2f}}} = \frac{4.583}{8.998} = 0.5093$$

（3）求材料参数

由等效一维 σ-ε 曲线表达式

$$\frac{\sigma}{f_c} = 2\left(\frac{\varepsilon}{\varepsilon_c}\right) - \left(\frac{\varepsilon}{\varepsilon_c}\right)^2$$

以 $\beta = \dfrac{\sigma}{f_c}$,$E_s = \dfrac{\sigma}{\varepsilon}$,$E_0 = 2\left(\dfrac{f_c}{\varepsilon_0}\right)$ 代入可求得

割线模量

$$E_s = \frac{E_0}{2}(1 + \sqrt{1 - \beta}) = (1 + \sqrt{1 - \beta})E_f$$

切线模量
$$E_t = \sqrt{1-\beta}E_0$$

所以在该应力状态下有

$$E_s = \frac{30.0}{2}(1 + \sqrt{1 - 0.5093}) = 25.5\text{kN/mm}^2$$

因 $\beta < \beta_a = 0.8$，故可取

$$\nu_s = \nu_0 = 0.18$$

用即时的 E_s 及 ν_s 便可求出材料本构关系矩阵。

4.3　非线性弹性本构关系——增量型

采用全量形式对按比例一次加载的条件是合适的，它与加载路径无关。在逐级加载以及非比例加载情况下采用全量形式会感到困难，这时采用增量形式比较合理。因为采用非线性弹性理论，所以仍假定应力状态与应变状态有一一对应关系，材料参数是应力状态（或应变状态）的函数。但这时不采取全量形式，而采用应力增量与应变增量的形式，材料本构矩阵将应力增量与应变增量联系起来。为了方便起见，首先从一维应力-应变关系开始。

1. 单向应力状态下应力增量与应变增量之间的关系

设有应力增量 $d\sigma$，相应地有应变增量 $d\varepsilon$，则

$$d\sigma = E_t d\varepsilon, \quad E_t = d\sigma/d\varepsilon$$

其中 E_t 为切线弹性模量，其值可由实验确定，但通常可由等效的一维应力-应变关系曲线表达式求导而得。在混凝土有限元分析中常用的表达式及其相应的切线弹性模量列举如下。

1）Saenz 公式（Saenz，1964）

$$\left.\begin{array}{l} \sigma = \dfrac{E_0\varepsilon}{1 + \left(\dfrac{E_0}{E_c} - 2\right)\dfrac{\varepsilon}{\varepsilon_0} + \left(\dfrac{\varepsilon}{\varepsilon_0}\right)^2} \\[4mm] E_t = \dfrac{E_0\left[1 - \left(\dfrac{\varepsilon}{\varepsilon_0}\right)^2\right]}{\left[1 + \left(\dfrac{E_0}{E_c} - 2\right)\left(\dfrac{\varepsilon}{\varepsilon_0}\right) + \left(\dfrac{\varepsilon}{\varepsilon_0}\right)^2\right]^2} \end{array}\right\} \quad (4\text{-}3\text{-}1)$$

2）Sargin 公式（Sargin，1971）

$$\left.\begin{array}{l} \sigma = \sigma_0 \dfrac{A\dfrac{\varepsilon}{\varepsilon_0} + (D-1)\left(\dfrac{\varepsilon}{\varepsilon_0}\right)^2}{1 + (A-2)\dfrac{\varepsilon}{\varepsilon_0} + D\left(\dfrac{\varepsilon}{\varepsilon_0}\right)^2} \\[6mm] E_t = \left\{E_0\left[A + 2(D-1)\dfrac{\varepsilon}{\varepsilon_0}\right]\left[1 + (A-2)\dfrac{\varepsilon}{\varepsilon_0} + D\left(\dfrac{\varepsilon}{\varepsilon_0}\right)^2\right]\right. \\[4mm] \left. - \left[A\dfrac{\varepsilon}{\varepsilon_0} + (D-1)\left(\dfrac{\varepsilon}{\varepsilon_0}\right)^2\right]\left[A - 2 + 2D\dfrac{\varepsilon}{\varepsilon_0}\right]\right\}/\left[1 + (A-2)\left(\dfrac{\varepsilon}{\varepsilon_0}\right)\right. \\[4mm] \left. + D\left(\dfrac{\varepsilon}{\varepsilon_0}\right)^2\right]^2 \end{array}\right\} \quad (4\text{-}3\text{-}2)$$

其中,$A = E_0/E_c$,$0 \leqslant D \leqslant 1$。

3) Elwi & Murray 公式(Elwi & Murray,1979)

$$\left. \begin{array}{l} \sigma = \dfrac{E_0\varepsilon}{1 + \left(R + \dfrac{E_0}{E_c} - 2\right)\dfrac{\varepsilon}{\varepsilon_0} - (2R-1)\left(\dfrac{\varepsilon}{\varepsilon_0}\right)^2 + R\left(\dfrac{\varepsilon}{\varepsilon_0}\right)^3} \\[4mm] E_t = \dfrac{1 + (2R-1)\left(\dfrac{\varepsilon}{\varepsilon_0}\right)^2 - 2R\left(\dfrac{\varepsilon}{\varepsilon_0}\right)^3}{\left[1 + \left(R + \dfrac{E_0}{E_0} - 2\right)\left(\dfrac{\varepsilon}{\varepsilon_0}\right) - (2R-1)\left(\dfrac{\varepsilon}{\varepsilon_0}\right)^2 + R\left(\dfrac{\varepsilon}{\varepsilon_0}\right)^3\right]^2} \end{array} \right\} \quad (4\text{-}3\text{-}3)$$

其中
$$R = \dfrac{E_0\left(\dfrac{\sigma_0}{\sigma_u} - 1\right)}{E_c\left(\dfrac{\varepsilon_u}{\varepsilon_0} - 1\right)^2} - \dfrac{\varepsilon_0}{\varepsilon_u}$$

以上各式中的符号意义如图 4-3-1 所示。

2. 双向应力状态下的应力增量与应变增量间的关系

1) Darwin-Pecknold 模型(Darwin & Pecknold,1997)

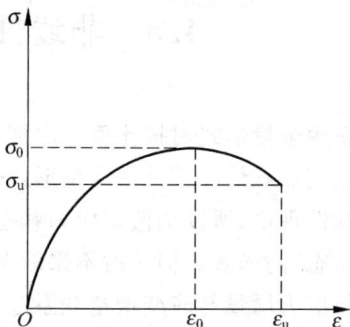

在双向应力状态下,Darwin 和 Pecknold 于 1977 年提出了一个正交异性的应力-应变关系矩阵,他们认为在消除了泊松比的影响后,等效的应力-应变关系仍可用 Saenz 公式,即

图 4-3-1　Elwi & Murray 公式的符号含义

$$\sigma_i = \dfrac{E_0\varepsilon_{iu}}{1 + \left(\dfrac{E_0}{E_c} - 2\right)\left(\dfrac{\varepsilon_{iu}}{\varepsilon_{ic}}\right) + \left(\dfrac{\varepsilon_{iu}}{\varepsilon_{ic}}\right)^2} \quad (4\text{-}3\text{-}4)$$

式中,i 为主应力方向($i=1,2$);ε_{ic} 为相应于最大压应力 σ_{ic} 时的轴向应变值;ε_{iu} 为等效的单向应变,即 $\varepsilon_{iu} = \sum\dfrac{\Delta\sigma_i}{E_i}$;$E_c = \sigma_{ic}/\varepsilon_{ic}$ 是最大压应力时的割线模量。

现在的问题是在双向应力的条件下,如何确定峰值应力 σ_{ic} 和应力峰值时的应变 ε_{ic},关于 σ_{ic} 的计算,Darwin 和 Pecknold 建议在双向受压时用 Kupfer 等所提出的公式,即

$$\left. \begin{array}{l} \alpha = \sigma_1/\sigma_2 \\[2mm] \sigma_{2c} = \dfrac{1 + 3.65\alpha}{(1+\alpha)^2}f_c \\[2mm] \sigma_{1c} = \alpha\sigma_{2c} \end{array} \right\} \quad (4\text{-}3\text{-}5)$$

关于 ε_{ic} 的计算,可近似应用下列公式计算(式中 ε_0 为单轴峰值应变):

$$\left. \begin{array}{ll} \varepsilon_{ic} = \varepsilon_0\left(\dfrac{3\sigma_{ic}}{f_c} - 2\right), & |\sigma_{ic}| \geqslant |f_c| \\[3mm] \varepsilon_{ic} = \varepsilon_0\left[-1.6\left(\dfrac{\sigma_{ic}}{f_c}\right)^3 + 2.25\left(\dfrac{\sigma_{ic}}{f_c}\right)^2 + 0.35\left(\dfrac{\sigma_{ic}}{f_c}\right)\right], & |\sigma_{ic}| < |f_c| \end{array} \right\} \quad (4\text{-}3\text{-}6)$$

有了 σ_{ic} 和 ε_{ic},代入式(4-3-1)求导,即可分别求得两个方向的切线弹性模量,即

$$E_i = \dfrac{d\sigma_i}{d\varepsilon_{iu}} = \dfrac{E_0[1 - (\varepsilon_{iu}/\varepsilon_{ic})^2]}{[1 + (E_0/E_c - 2)(\varepsilon_{iu}/\varepsilon_{ic}) + (\varepsilon_{iu}/\varepsilon_{ic})^2]^2} \quad (4\text{-}3\text{-}7)$$

其中,$\varepsilon_{iu} = \sum \Delta\sigma_i / E_i$。

因为混凝土抗拉时其强度很小,受拉时应力-应变曲线在相当大范围内呈直线,因而对于双向受拉及一向受压、一向受拉应力状态下,受拉方向的切线弹性模量可取初始切线模量。

对于泊松比的影响,可用正交异性的应力增量和应变增量关系来考虑。具体表达式为

$$\begin{bmatrix} d\sigma_1 \\ d\sigma_2 \\ d\tau_{12} \end{bmatrix} = \frac{1}{1-\nu_1\nu_2} \begin{bmatrix} E_1 & \nu_2 E_1 & 0 \\ \nu_1 E_2 & E_2 & 0 \\ 0 & 0 & (1-\nu_1\nu_2)G \end{bmatrix} \begin{bmatrix} d\varepsilon_1 \\ d\varepsilon_2 \\ d\gamma_{12} \end{bmatrix} \qquad (4\text{-}3\text{-}8)$$

式中,E_1、E_2 为施加一级荷载后在主应力方向的等效切线模量;$d\sigma_1$、$d\sigma_2$、$d\tau_{12}$ 为由荷载增量引起的应力增量;ν_1,ν_2 为在方向 1,2 的应力对方向 2,1 所引起的影响(泊松比)。

各正交异性的弹性力学基本关系式为

$$\nu_1 E_1 = \nu_2 E_2$$

由于实验资料不足建议取 $\nu = \sqrt{\nu_1\nu_2}$。

关于 G 的取值,由于缺少各向异性情况下的实验资料,在此假定它的取值不受坐标轴旋转的影响,即 G 的取值不受坐标轴选取的影响。用代入法则可证明下列表达式能满足这一要求:

$$(1-\nu)G = \frac{1}{4}(E_1 + E_2 - 2\nu\sqrt{E_1 E_2}) \qquad (4\text{-}3\text{-}9)$$

这样取值事实上还考虑了 G 随 E 值的降低而减小。这样,式(4-3-8)就变成

$$\begin{bmatrix} d\sigma_1 \\ d\sigma_2 \\ d\tau_{12} \end{bmatrix} = \frac{1}{1-\nu_1\nu_2} \begin{bmatrix} E_1 & \nu\sqrt{E_1 E_2} & 0 \\ \nu\sqrt{E_1 E_2} & E_2 & 0 \\ 0 & 0 & \frac{1}{4}(E_1 + E_2 - 2\nu\sqrt{E_1 E_2}) \end{bmatrix} \begin{bmatrix} d\varepsilon_1 \\ d\varepsilon_2 \\ d\gamma_{12} \end{bmatrix}$$

$$(4\text{-}3\text{-}10)$$

关于泊松比的值,Darwin 和 Pecknold 建议:

双向受压时 $\qquad\qquad\qquad\qquad \nu = 0.2$

一向受压、一向受拉和双向受拉时

$$\nu = 0.2 + 0.6\left(\frac{\sigma_2}{f_c}\right)^4 + 0.4\left(\frac{\sigma_1}{f_c}\right)^4 \qquad (4\text{-}3\text{-}11)$$

这一模型被广泛采用。

2) 茅声焘和肖国模(1979)的建议

新竹清华大学茅声焘在分析钢筋混凝土平面应力问题时建议,对不同应力水平分段逐渐降低切线弹性模量而增加泊松比。材料本构关系在不开裂的条件下视作各向同性。具体建议如表 4-3-1 所示。

表 4-3-1　茅声焘和肖国模模型取值

$\sigma/(f_c)_f$	E_t/E_0	ν
$0 \sim 0.3$	1.0	0.2
$0.3 \sim 0.85$	0.7	0.2
$0.85 \sim 1.0$	0.15	0.3
$1.0 \sim 0.9$	-0.075	0.5

表中，E_0 为初始切线弹性模量；ν 为泊松比；$(f_c)_f$ 为考虑双向应力条件下的强度极限值。

3) Phillips 和 Zienkiewicz 建议

英国学者 Phillips 和 Zienkiewicz(Phillips & Zienkiewicz,1976)在分析包括核反应堆安全壳在内的三维钢筋混凝土结构时,建议了一个增量型的 K-G 本构关系模型。在这一建议中切线体积模量 K 为常数,切线剪切模量 G 则随 $\sqrt{J_2}$(反应力八面体剪应力的水平)的增大而减少。具体建议值如表 4-3-2 所示。

表 4-3-2　Phillips 和 Zienkiewicz 模型参数取值

$\sqrt{J_2}/f_c$	0.0	0.18	0.26	0.42	0.58	0.72	0.88	1.0	2.0
G/G_0	1.0	1.0	0.7	0.4	0.2	0.1	0.05	0.03	0.02

表中,G_0 为初始剪切模量,中间可用内插法取值。

【例 4-2】　已知一应力状态：$\sigma_1 = -2.366\text{N/mm}^2$, $\sigma_2 = -8.134\text{N/mm}^2$, $\sigma_3 = -13.499\text{N/mm}^2$；材料常数为：$f_c=20\text{N/mm}^2$, $E_0=30\text{kN/mm}^2$。求相当于该应力状态下的即时切线弹性模量。

【解】　由给定应力状态可以解得

$$I_1 = -24, \quad \xi = -13.856, \quad \sqrt{J_2} = 5.568$$
$$\rho = 7.8743, \quad \theta = 28.8°$$

(1) 用 $\sqrt{J_2}/\sqrt{J_{2f}}$ 法,由例 4-1 已经求得非线性指标 $\beta=0.6338$,可得

$$E_t = E_0\sqrt{1-\beta} = 30\sqrt{1-0.6338} = 18.15\text{kN/mm}^2$$

(2) 用 σ_3/σ_{3f} 法,按 Ottosen 建议保持 (σ_1,σ_2) 不变,减小 σ_3 到 σ_{3f} 使达破坏经多次迭代可得 $\sigma_{3f}=23.12\text{N/mm}^2$,进而

$$\beta = \frac{\sigma_3}{\sigma_{3f}} = \frac{13.499}{23.12} = 0.5839$$

于是　　　　　$E_t=E_0\sqrt{1-\beta}=30\sqrt{1-0.5839}=19.35\text{kN/mm}^2$

(3) 按茅声焘建议

由　　　　　$$\frac{\sigma_3}{f_c}=\frac{13.499}{20}=0.675$$

取　　　　　$$E_t=0.7E_0=21\text{kN/mm}^2$$

(4) 按 Zienkiewicz 建议

由式(4-2-7),得

$$K_t = K_0 = 15.625, \quad G_0 = 12.605$$

由　　　　　$$\sqrt{J_2}/f_c=5.568/20=0.2784$$

得　　　　　$$G_t=0.667G_0=8.4075\text{kN/mm}^2$$

利用式(4-2-7)可得

$$E_t = \frac{9KG}{2K+G} = \frac{9 \times 15.625 \times 8.4075}{2 \times 15.625 + 8.4705}$$
$$= 29.9\text{kN/mm}^2$$

由本例可以看出，对混凝土来讲前三种方法求得的 E_t 比较接近，第（4）种方法求得的 E_t 偏大。

3. 三向应力状态下应力增量与应变增量的关系

三向应力状态下应力增量与应变增量的关系比较复杂，目前实测数据很少。许多学者提出的各类公式很多。这里介绍 Bathe 等于 1979 年（Bathe & Ramaswamy，1979）提出的一个方法。这一方法采用 Murray 的等效应力-应变曲线，按应力阶段把混凝土看成各向同性或正交各向异性材料，按等效应力-应变曲线来计算变化的切线模量，并且结合混凝土的开裂和压碎的情况。具体计算公式如下。

（1）拉伸而未开裂。压应力很小及卸载的情况下，把混凝土看成各向同性材料，其切线模量取为初始弹性模量，即

$$
\boldsymbol{D} = \frac{E_0}{(1+\nu)(1-2\nu)}
\begin{bmatrix}
1-\nu & & & & & \\
\nu & 1-\nu & & & \text{对称} & \\
\nu & \nu & 1-\nu & & & \\
& & & \dfrac{1-2\nu}{2} & & \\
& 0 & & 0 & \dfrac{1-2\nu}{2} & \\
& & & 0 & 0 & \dfrac{1-2\nu}{2}
\end{bmatrix}
\tag{4-3-12}
$$

其中，E_0 为初始弹性模量；ν 为泊松比。

（2）三向受压时，最大压应力 $|\sigma_c| \leqslant k\sigma_0$ 时，可近似地将混凝土看成各向同性非线性材料。

$$
\boldsymbol{D} = \frac{E_t}{(1+\nu)(1-2\nu)}
\begin{bmatrix}
1-\nu & & & & & \\
\nu & 1-\nu & & & \text{对称} & \\
\nu & \nu & 1-\nu & & & \\
& & & \dfrac{1-2\nu}{2} & & \\
& 0 & & & \dfrac{1-2\nu}{2} & \\
& & & & & \dfrac{1-2\nu}{2}
\end{bmatrix}
\tag{4-3-13}
$$

其中，E_t 为等效切线模量，它由三个主应力 $\sigma_i (i=1,2,3)$ 方向上的切线弹性模量按应力的加权平均值。在刚度计算中可取

$$
E_t = \frac{|\sigma_1| E_{t1} + |\sigma_2| E_{t2} + |\sigma_3| E_{t3}}{|\sigma_1| + |\sigma_2| + |\sigma_3|}
\tag{4-3-14}
$$

其中，$E_{ti} (i=1,2,3)$ 为三个主应力方向按其应变大小由式（4-3-3）求得即时切线模量。但其中的 σ_0、ε_0、σ_u、ε_u 应考虑三向受压情况而进行修正。这一修正应由实验资料统计求出。无实验资料时，可由保持 σ_1、σ_2 不变，选定合适的破坏条件求得 σ_{3f} 使 $(\sigma_1, \sigma_2, \sigma_{3f})$ 达破坏条件，可取

$$
\gamma = \sigma_{3f}/\sigma_c \geqslant 1 \quad \text{即} \quad \sigma_0' = \sigma_{3f} \geqslant \sigma_0
$$

然后取 $\qquad \sigma_u' = \gamma\sigma_u, \quad \varepsilon_0' = \gamma\beta\varepsilon_0, \quad \varepsilon_u' = \gamma\beta\varepsilon_u$

其中 β 是由实验确定的常数。用 σ_0'、σ_u'、ε_0'、ε_u' 代替 σ_0、σ_u、ε_0、ε_u，按公式(4-3-3)即可求得即时切线模量。

(3) 当压应力较大，即 $|\sigma|>0.4\sigma_0$ 时，把混凝土处理成正交异性的非线性材料。

$$D = \frac{1}{(1+\nu)(1-2\nu)}
\begin{bmatrix}
(1-\nu)E_1 & & & & & \text{对称} \\
\nu E_{21} & (1-\nu)E_2 & & & & \\
\nu E_{31} & \nu E_{32} & (1-\nu)E_3 & & & \\
& & & \dfrac{1-2\nu}{2}E_{12} & & \\
0 & & 0 & & \dfrac{1-2\nu}{2}E_{23} & \\
& & & 0 & 0 & \dfrac{1-2\nu}{2}E_{31}
\end{bmatrix}
\quad (4\text{-}3\text{-}15)$$

其中，E_{ij} 取为 E_i 和 E_j 的应力加权平均值，即

$$E_{ij} = \frac{|\sigma_i|E_i + |\sigma_j|E_j}{|\sigma_i| + |\sigma_j|} \quad (4\text{-}3\text{-}16)$$

(4) 当达破坏时，认为 $E_t = 0$(计算中取 $E_t = 0.001$)。

以上关于 $E_i(i=1,2,3)$ 的求法仅建立刚度矩阵时用。在求得位移量及应变增量以后，计算累加应力值时，Bathe 建议用下列方法求得 E_i 的值，即

$$E_i = \frac{\sigma_i' - \sigma_i}{\Delta\varepsilon_i} \quad (4\text{-}3\text{-}17)$$

其中，σ_i' 为应变等于 $\varepsilon_{ki} + \Delta\varepsilon_i$ 时的应力；σ_i 为应变等于 ε_{ki} 时的应力值。而 ε_{ki} 为 k 级荷载时的应变值(累加值)，$\Delta\varepsilon_i$ 是该级荷载下的应变增量值。

(5) 当某主拉应力超过混凝土抗拉强度时，认为沿主拉应力方向混凝土开裂，并取刚度矩阵(在主应力坐标中)为

$$D = \frac{E_t}{1-\nu^2}
\begin{bmatrix}
n_n & \nu n_n & \nu n_n & & & \\
& 1 & \nu & & 0 & \\
& & 1 & & & \\
& & & \eta\dfrac{1-\nu}{2} & 0 & 0 \\
& & & & \dfrac{1-\nu}{2} & \\
\text{对称} & & & & & \eta\dfrac{1-\nu}{2}
\end{bmatrix}
\quad (4\text{-}3\text{-}18)$$

其中，n_n、η 可称为残余刚度系数，它们的取值与许多因素有关，为了确定它们的合理值还必须作进一步研究。在目前计算中不妨取 $n_n = 0.001$，$\eta = 0.5$。

关于开裂面的处理在下面的章节中还将做进一步说明。

(6) 卸载时是弹性的，为了度量材料的加载和卸载，引入加载函数

$$f = \overline{S}_{ij} + 3\alpha\sigma_m \quad (4\text{-}3\text{-}19)$$

$$\overline{S}_{ij} = \sqrt{\frac{S_{ij}S_{ij}}{2}}, \quad S_{ij} = \sigma_{ij} - \sigma_{\mathrm{m}}\delta_{ij} \left.\vphantom{\sqrt{\frac{S_{ij}S_{ij}}{2}}}\right\}$$
$$\sigma_{\mathrm{m}} = \frac{I_1}{3} = \frac{1}{3}(\sigma_x + \sigma_y + \sigma_z) \tag{4-3-20}$$

若 $f \geqslant f_{\max}$，则材料为加载；

若 $f < f_{\max}$，则材料为卸载。

其中，α 为常数，通常为负值；$f_{\max}$ 为受力过程中曾经达到的最大值。

（7）当忽略泊松比的变化时也可按下列实验公式计算：

$$\nu = \nu_0 \left[1.0 + 1.3763 \frac{\varepsilon}{\varepsilon_0} - 5.3600 \left(\frac{\varepsilon}{\varepsilon_0}\right)^2 + 8.586 \left(\frac{\varepsilon}{\varepsilon_0}\right)^3 \right] \tag{4-3-21}$$

其中，ε_0 相当于单轴应力下的应力达峰值时的应变。

综上所述，非线弹性的增量形式的刚度矩阵可按下列步骤计算。

① 给定材料参数 E_0、f_t、f_c、ε_c、ε_u、σ_u、ν，并选定破坏准则。

② 选定参数 n_n、η 和 α、β、k。

③ 给定应力 $[\sigma_x \quad \sigma_y \quad \sigma_z \quad \tau_{xy} \quad \tau_{yx} \quad \tau_{zx}]^\mathrm{T}$。

④ 计算主应力（$\sigma_1, \sigma_2, \sigma_3$）及相应的不变量。

⑤ 判断应力水平，计算 σ_{3f} 及 ν 值修正 σ_0、ε_0、ε_u、σ_u。

⑥ 判断材料处于何种状态：受拉破坏、受拉未破坏、受压很小、受压很大、受压破坏。

⑦ 在受压为主，又未到破坏时，先检查是加载还是卸载，按等效一维 σ-ε 曲线求 E_t、ν_t，并将 E_t、ν_t 代入不同的本构矩阵。

4.4　弹塑性本构关系——形变理论

求解塑性理论问题的基本方程与弹性理论不同之点在于物理方程不再是虎克定律，而代之以材料的非线性关系，目前主要有两种不同的理论，即形变理论与增量理论。本节先介绍形变理论，4.5 节介绍增量理论。

形变理论是弹塑性小变形理论的简称。从理论方面来看，这个理论不是最好的。它仅适用于简单加载（在加载过程中一点的应力诸分量是按比例增长的）。但它在数学方面比较简单，而且在按比例加载的情况下通常可得到满意的结果，所以在电子计算机得到广泛应用之前，这一理论曾被广泛应用。

这一理论有下列假定。

（1）平均应变（或体积变化）是弹性的，并且与平均应力成正比，即

$$\sigma_\mathrm{m} = K \varepsilon_\mathrm{v} \tag{4-4-1}$$

因

$$K_\mathrm{v} = \frac{E}{3(1-2\nu)}, \quad \varepsilon_\mathrm{m} = \frac{1}{3}(\varepsilon_x + \varepsilon_y + \varepsilon_z) = \frac{\varepsilon_\mathrm{v}}{3}$$

故有

$$\sigma_\mathrm{m} = \frac{E}{1-2\nu} \varepsilon_\mathrm{m} \tag{4-4-2}$$

其中，$\sigma_\mathrm{m} = \frac{1}{3}(\sigma_x + \sigma_y + \sigma_z) = \frac{I_1}{3}$ 为平均应力；$\varepsilon_\mathrm{m} = \frac{1}{3}(\varepsilon_x + \varepsilon_y + \varepsilon_z) = \frac{\varepsilon_\mathrm{v}}{3}$ 称为平均应变；K_v 为

体积弹性模量。

(2) 在物体的所有各点,应力主方向和应变主方向重合,并且应力偏量与应变偏量是相似的。在数学上,这一假定可表述如下

$$\left.\begin{aligned}
\sigma_x - \sigma_m &= \psi(\varepsilon_x - \varepsilon_m) \\
\sigma_y - \sigma_m &= \psi(\varepsilon_y - \varepsilon_m) \\
\sigma_z - \sigma_m &= \psi(\varepsilon_z - \varepsilon_m) \\
\tau_{xy} &= \frac{1}{2}\psi\gamma_{xy} \\
\tau_{yz} &= \frac{1}{2}\psi\gamma_{yz} \\
\tau_{zx} &= \frac{1}{2}\psi\gamma_{zx}
\end{aligned}\right\} \tag{4-4-3}$$

式(4-4-2)和式(4-4-3)与理论中的虎克定律相似,在塑性形变理论中起着重要作用。它形式上与虎克定律相仿,但实质上要复杂得多,因为在式(4-4-3)中比例因子 ψ 是随应力状态的变化而变化的。

(3) 应力强度 σ_i 是应变强度 ε_i 的确定函数,即

$$\sigma_i = \Phi(\varepsilon_i) \tag{4-4-4}$$

其中,Φ 表示 ε_i 是单值函数。

这里要说明一下关于应力强度与应变强度的定义。应力强度定义为

$$\sigma_i = \frac{1}{\sqrt{2}}\sqrt{(\sigma_1 - \sigma_2)^2 + (\sigma_2 - \sigma_3)^2 + (\sigma_3 - \sigma_1)^2} \tag{4-4-5}$$

单向拉伸时 $\sigma_1 \neq 0$,$\sigma_2 = \sigma_3 = 0$,$\sigma_i = \sigma_1$；单向压缩时 $\sigma_1 = \sigma_2 = 0$,$\sigma_3 \neq 0$,$\sigma_i = |\sigma_3|$。单轴应力达屈服极限时,$\sigma_i = \sigma_y$。

这实际上是与应力偏量第二不变量有关的一个综合指标。相应的应变强度为

$$\varepsilon_i = \frac{\sqrt{2}}{3}\sqrt{(\varepsilon_1 - \varepsilon_2)^2 + (\varepsilon_2 - \varepsilon_3)^2 + (\varepsilon_3 - \varepsilon_1)^2} \tag{4-4-6}$$

应变强度系数 $\sqrt{2}/3$ 是考虑到在塑性变形时 $\nu = 0.5$ 而确定的。在弹性变形时,有

$$\varepsilon_i = \frac{1}{(1+\nu)\sqrt{2}}\sqrt{(\varepsilon_1 - \varepsilon_2)^2 + (\varepsilon_2 - \varepsilon_3)^2 + (\varepsilon_3 - \varepsilon_1)^2} \tag{4-4-7}$$

在单轴拉伸时,$\varepsilon_1 \neq 0$,$\varepsilon_2 = \varepsilon_3 = -\nu\varepsilon_1$,这样 $\varepsilon_i = \varepsilon_1$,若取 $\nu = 0.5$(相当于塑性状态),则化为上式。

式(4-4-4)中的函数 Φ 的具体形式,应通过实验确定,不同的材料有不同的函数形式。通常以单向拉伸实验来定,这样做比较简单。

这时
$$\sigma_x = \sigma_1 \neq 0, \quad \sigma_y = \sigma_z = 0$$
$$\varepsilon_x = \varepsilon_1 \neq 0, \quad \varepsilon_y = \varepsilon_z = -\nu\varepsilon_x$$

由式(4-4-5)和式(4-4-6)可得

$$\left.\begin{aligned}
\sigma_i &= \sigma_x \\
\varepsilon_i &= \frac{2(1+\nu)}{3}\varepsilon_x
\end{aligned}\right\} \tag{4-4-8}$$

泊松系数的数值在塑性变形条件下,$\nu \to 0.5$。所以,若将 $\nu = 0.5$ 代入可得 $\varepsilon_i = \varepsilon_x$。这不会引

起很大误差。由以上分析可知,函数 Φ 的形状与单向拉伸图形是很接近的,我们可以把单向拉伸图形作为 Φ 函数的曲线。

(4) 卸载时是弹性的,即把变形分为弹性变形与非弹性变形(塑性变形)两部分。在卸载时,塑性变形部分不可恢复,但弹性变形部分可以恢复。

根据以上基本假定,即得出形变理论的应力-应变关系矩阵。

我们用应力强度 σ_i 和应变强度 ε_i 来表示式(4-4-3)中的比例系数。若 $\sigma_x = \sigma_1$,$\sigma_y = \sigma_2$,$\sigma_z = \sigma_3$ 已为主应力,由式(4-4-3)中前三式两两相减可得

$$\left.\begin{array}{c}\sigma_1 - \sigma_2 = \psi(\varepsilon_1 - \varepsilon_2)\\ \sigma_2 - \sigma_3 = \psi(\varepsilon_2 - \varepsilon_3)\\ \sigma_3 - \sigma_1 = \psi(\varepsilon_3 - \varepsilon_1)\end{array}\right\} \tag{4-4-9}$$

将此式代入式(4-4-5),参看式(4-4-6),可得

$$\sigma_i = \frac{3}{2}\psi\varepsilon_i \tag{4-4-10}$$

或

$$\psi = \frac{2}{3}\frac{\sigma_i}{\varepsilon_i} \tag{4-4-11}$$

代入式(4-4-3),并重新排列,即可得下列形变理论的物理方程:

$$\left.\begin{array}{ll}\sigma_x = \dfrac{2\sigma_i}{3\varepsilon_i}(\varepsilon_x - \varepsilon_m) + \dfrac{E}{1-2\nu}\varepsilon_m, & \tau_{xy} = \dfrac{\sigma_i}{3\varepsilon_i}\gamma_{xy}\\[2mm] \sigma_y = \dfrac{2\sigma_i}{3\varepsilon_i}(\varepsilon_y - \varepsilon_m) + \dfrac{E}{1-2\nu}\varepsilon_m, & \tau_{yz} = \dfrac{\sigma_i}{3\varepsilon_i}\gamma_{yz}\\[2mm] \sigma_z = \dfrac{2\sigma_i}{3\varepsilon_i}(\varepsilon_z - \varepsilon_m) + \dfrac{E}{1-2\nu}\varepsilon_m, & \tau_{zx} = \dfrac{\sigma_i}{3\varepsilon_i}\gamma_{zx}\end{array}\right\} \tag{4-4-12}$$

注意使用式(4-4-12)时,$G = \dfrac{E}{2(1+\nu)}$;屈服时有

$$G = \frac{E}{2(1+0.5)} = \frac{E}{3} \tag{4-4-13}$$

当取 $\dfrac{\sigma_i}{\varepsilon_i} = E = 3G$ 时,上式与表示弹性关系的虎克定律相似。

将 $\varepsilon_m = \dfrac{\varepsilon_x + \varepsilon_y + \varepsilon_z}{3}$ 代入式(4-4-12),则可得形变塑性理论的物理关系表达式。以式(4-4-12)中第一式为例

$$\begin{aligned}\sigma_x &= \frac{2\sigma_i}{3\varepsilon_i}\left(\varepsilon_x - \frac{\varepsilon_x + \varepsilon_y + \varepsilon_z}{3}\right) + \frac{E}{1-2\nu}\left(\frac{\varepsilon_x + \varepsilon_y + \varepsilon_z}{3}\right)\\ &= \left[\frac{E}{3(1-2\nu)} + \frac{4\sigma_i}{9\varepsilon_i}\right]\varepsilon_x + \left[\frac{E}{3(1-2\nu)} - \frac{2\sigma_i}{9\varepsilon_i}\right]\varepsilon_y + \left[\frac{E}{3(1-2\nu)} - \frac{2\sigma_i}{9\varepsilon_i}\right]\varepsilon_z\end{aligned} \tag{4-4-14}$$

将之写成矩阵形式,可得

$$\boldsymbol{\sigma} = \boldsymbol{D}_{\mathrm{ep}}\boldsymbol{\varepsilon} \tag{4-4-15}$$

其中 $\boldsymbol{D}_{\mathrm{ep}}$ 为弹塑性矩阵。

$$\boldsymbol{D}_{ep} = \begin{bmatrix} d_{11} & & & & & \\ d_{12} & d_{11} & & & 对称 & \\ d_{12} & d_{12} & d_{11} & & & \\ 0 & 0 & 0 & d_{33} & & \\ 0 & 0 & 0 & 0 & d_{33} & \\ 0 & 0 & 0 & 0 & 0 & d_{33} \end{bmatrix} \tag{4-4-16}$$

式中，

$$\left. \begin{aligned} d_{11} &= \frac{E}{3(1-2\nu)} + \frac{4\sigma_i}{9\varepsilon_i} \\ d_{12} &= \frac{E}{3(1-2\nu)} - \frac{2\sigma_i}{9\varepsilon_i} \\ d_{33} &= \frac{\sigma_i}{3\varepsilon_i} \end{aligned} \right\} \tag{4-4-17}$$

有了弹塑性关系矩阵，则单元刚度矩阵就可由通用方法求出，即运用单元刚度矩阵的一般公式

$$\boldsymbol{K}_e = \int_v \boldsymbol{B}^{\mathrm{T}} \boldsymbol{D}_{ep} \boldsymbol{B} \mathrm{d}v \tag{4-4-18}$$

即可求得单元刚度矩阵，这里除 $\boldsymbol{D}_{ep}$ 之外，与弹性刚度矩阵的公式没有什么不同。关于单元刚度矩阵的推导与计算将在第 5 章进一步说明。

4.5 弹塑性本构关系——增量理论

一般说来，塑性变形是与加载路径有关的。形变理论企图直接建立用全量形式表示的、与加载路径无关的本构关系，这在一般情况下是不适用的。增量理论在描述材料处于塑性状态时的应力-应变关系时用增量形式。这一理论在实际应用中需要按加载过程进行积分，计算比较复杂，因而在电子计算机得到广泛应用之前，反而不如形变理论用得多。由于电子计算机的发展和计算方法的进步，这一理论几乎完全替代了形变理论而得到越来越广泛的应用。

弹塑性增量理论要对以下三个方面作出基本假定：

① 屈服准则，即应力状态满足什么条件时进入屈服状态；

② 流动法则，它确定了材料处于屈服状态时塑性变形增量的方向；

③ 硬化法则，关于材料达初始屈服面以后，屈服条件变化的法则，相当于一维应力状态下，材料到达初始屈服条件后，其屈服极限是不变的（理想弹塑性）、还是提高（硬化弹塑性）或是降低（软化）的法则，下面分别说明。

1. 屈服面与破坏面

通过材料各种不同应力组合的材料强度实验可以求得材料的屈服条件和破坏条件。在单向拉伸时，用一个应力 σ 表示，即屈服准则 $\sigma - \sigma_y = 0$ 和破坏准则 $\sigma - \sigma_u = 0$，在复杂应力状态下，屈服准则可用 $F_{(\sigma_{ij})} = 0$ 表示。在应力空间 $F = 0$ 表示一个曲面，称为屈服面。当应力

点在曲面之内($F_{(\sigma_{ij})} < 0$),材料处于弹性状态;应力点在屈服面上时($F_{(\sigma_{ij})} = 0$)材料开始进入塑性状态。随着塑性变形的发展,材料外部反应会有所不同。材料屈服极限随塑性变形的发展而提高,当卸载后重新加载时要达到这一提高值才屈服,才开始出现新的塑性变形,这种现象称为强化。相反,随着塑性变形的发展材料屈服极限降低的现象称为软化。如果材料塑性变形发展屈服极限保持不变,这种性质则称为理想弹塑性,这种材料当塑性变形或总变形达到某一极限值时,材料才发生破坏。对于强化(或软化)材料,在一定的应力状态下,首先进入初始屈服面;随着塑性变形增加,进入后继屈服面,又称加载面;最后达到破坏。所以屈服曲面一般不等于破坏曲面。在工程上,有时将屈服面也称为破坏面。这是由于:①工程结构不允许有很大的塑性变形,因而将屈服极限定为破坏的标准。②有些材料如岩石、混凝土等没有明显的屈服点,但破坏点却很明显。严格来讲,这两者是有区别的。

在高静水压力下,许多脆性材料会发生相当的塑性变形,也会发生屈服。因而在应力空间,屈服面在静水压力方向应该是闭合的,但破坏面往往是开口的。为方便工程分析中应用,一般假定后继屈服面与初始屈服面的形状相似,仅大小不同,即数学表达式取相同的形式,但其中常数项的大小不同,如图 4-5-1 所示。

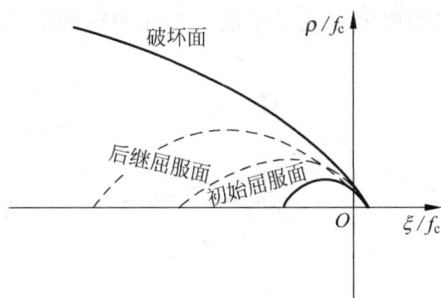

本节主要介绍初始屈服面,后继屈服面将在 4.6 节说明。理论分析和实验验证,屈服面具有连续、光滑、封闭和外凸的特征。对各向同性材料则在 π 平面上的投影应该是对应力主轴的投影三对称的。

图 4-5-1 初始屈服面、后继屈服面与破坏面

对于各向同性材料,这种屈服条件常表达为主应力或应力不变量(I_1, J_2, J_3)或(I_1, J_2, θ)的函数,如

$$f(I_1, J_2, \theta) = 0 \tag{4-5-1}$$

的形式。在材料力学中学习过的几种经典的强度理论中,特雷斯卡(Tresca)、米泽斯(von Mises)屈服准则,莫尔破坏准则和 Druck-Prager 屈服准则,仍是目前应用很广的屈服准则。这些准则及俞茂铉的双剪应力屈服准则在第 3 章中作为破坏准则介绍过了,这里不再重复。下面再介绍一些新的、比较通用的屈服准则。

1) Zienkiewicz-Pande 屈服条件(Zienkiewicz & Pande,1977)

Druck-Prager 的屈服面为圆锥面,克服了莫尔-库仑不光滑的缺点,但在 π 平面上的投影是一个圆,这不符合岩石、混凝土材料的特性,而莫尔-库仑准则是比较合理的。基于此,Zienkiewicz-Pande 提出了一个准则,既保留了莫尔-库仑中拉压子午线不同的特征,而又使棱角光滑化。以莫尔-库仑屈服准则分析,将 I_1(或 σ_m)= 常数代入,则得出在 π 平面上 $\sqrt{J_2}$ 与 θ 的关系;将 θ = 常数代入,则可得 I_1 与 $\sqrt{J_2}$ 之关系,从这个关系可以看出在 π 平面上的屈服曲线几何上是相似的,而在子午面上,则曲线与 θ 的不同在尺寸上有所变化,如能符合这种特性的普通的数学式为

$$F = \alpha\sigma_m^2 + \beta\sigma_m + \nu + \sigma_+^2 = 0 \tag{4-5-2a}$$

$$\sigma_+ = \frac{\sqrt{J_2}}{g(\theta_\sigma)} \tag{4-5-2b}$$

式中，$\sigma_m = \dfrac{I_1}{3}$，为平均正应力；$\theta_\sigma = \dfrac{1}{3}\arcsin\left(-\dfrac{3\sqrt{3}}{2}\cdot\dfrac{J_3}{J_2^{3/2}}\right)$为罗德角；$g(\theta_\sigma)$为 π 平面上屈服曲线随罗德角变化的规律。

由上式可知，在子午面上的屈服线是二次曲线。关于 $g(\theta_\sigma)$ 函数，Gudehus 和 Arygris 建议取

$$g(\theta_\sigma) = \frac{2K}{(1+K)-(1-K)\sin 3\theta_\sigma} \tag{4-5-3}$$

它可满足在 $\theta_\sigma = \pm 30°$时 $\mathrm{d}g(\theta_\sigma)/\mathrm{d}\theta_\sigma = 0$ 的条件，所以在 $\theta_\sigma = \pm 30°$处曲线是连续的、光滑的、没有尖点。K 用内摩擦力表示为

$$K = \frac{3-\sin\varphi}{3+\sin\varphi} \tag{4-5-4}$$

α、β 的取值涉及子午面上二次曲线的形式，一般有如下三种形式，如图 4-5-2 所示。

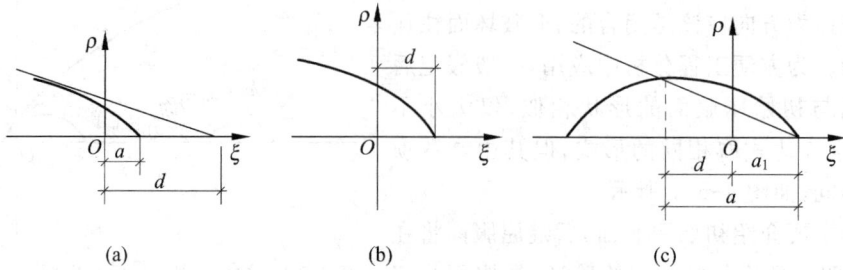

图 4-5-2　Zienkiewicz-Pande 屈服条件

（1）双曲线（见图 4-5-2(a)）

$$F = \left(\frac{\sigma_m-d}{a}\right)^2 - \frac{\sigma_+^2}{b^2} - 1 = 0 \tag{4-5-5}$$

这一曲线以莫尔-库仑包络线为其渐近线，这在式(4-5-2a)中相当于取

$$\alpha = -\frac{b^2}{a^2}, \quad \beta = 2\frac{b^2 d}{a^2}, \quad \nu = b^2 - \frac{b^2 d^2}{a^2} \tag{4-5-6}$$

（2）抛物线（见图 4-5-2(b)）

$$F = (\sigma_m - d) + a\sigma_+^2 = 0$$

这相当于在式(4-5-2a)中取

$$\alpha = 0, \quad \beta = \frac{1}{a}, \quad \nu = -\frac{d}{a} \tag{4-5-7}$$

（3）椭圆（见图 4-5-2(c)）

$$F = \left(\frac{\sigma_m-d}{a}\right)^2 + \frac{\sigma_+^2}{b^2} - 1 = 0 \tag{4-5-8}$$

这在子午面上是"封闭型"曲线，相当于在式(4-5-2a)中取

$$\alpha = \frac{b^2}{a^2}, \quad \beta = -2\frac{b^2 d}{a^2}, \quad \nu = -b^2 + \frac{b^2}{a^2}d^2 \tag{4-5-9}$$

若采用不变量来表示统一的屈服函数，则可写成

$$F = AI_1^2 + BI_1 + C + \left(\frac{\sqrt{J_2}}{g(\theta_\sigma)}\right)^2 = 0 \tag{4-5-10}$$

2) W.F.Chen 的屈服条件(Chen & Chen,1975)

美国 W.F.Chen(陈惠发)教授在混凝土及岩土材料的本构关系方面有很深入的研究。他先后提出过两个屈服准则,一个是三参数的,一个是四参数的。三参数准则是

$$\left.\begin{aligned}F(I_1,J_2) = J_2 + \frac{1}{3}A_0 I_1 - \tau_0^2 = 0, &\qquad 若\ I_1 \leqslant 0\ 且\ \sqrt{J_2} + \frac{I_1}{\sqrt{3}} \leqslant 0 \\ F(I_1,J_2) = J_2 - \frac{1}{6}I_1^2 + \frac{1}{3}A_0 I_1 - \tau_0^2 = 0, &\quad 若\ I_1 > 0\ 或\ \sqrt{J_2} + \frac{I_1}{\sqrt{3}} > 0\end{aligned}\right\}$$

$$(4\text{-}5\text{-}11)$$

这一公式有两个参数 A_0 与 τ_0,但对处于压-压应力区$\left(\right.$即满足 $I_1 \leqslant 0$ 和 $\sqrt{J_2} + \frac{I_1}{\sqrt{3}} \leqslant 0$ 的条件$\left.\right)$,由单轴抗压与等压双轴抗压的屈服极限 f_c 和 f_{bc} 来确定,而对于处于拉-压,拉-拉应力区由单轴抗拉和单轴抗压的屈服极限 f_t 与 f_c 来确定,所以实质上是一个三参数表达式。

对于应力状态区域的划分,可参看图 4-5-3(a)。

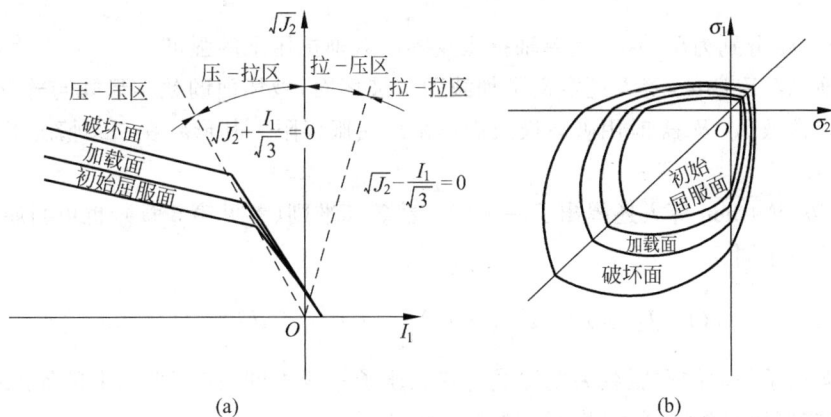

图 4-5-3　W.F.Chen 屈服条件

图 4-5-3(a)表示了由(I_1,$\sqrt{J_2}$)为坐标的子午面上的屈服曲线与破坏曲线,对于三向应力状态,通过单轴抗拉和单轴抗压屈服点或破坏点的直线分别为

$$\sqrt{J_2} + \frac{I_1}{\sqrt{3}} = 0, \quad \sqrt{J_2} - \frac{I_1}{\sqrt{3}} = 0 \qquad (4\text{-}5\text{-}12)$$

由此可见,对压-压应力区域有

$$I_1 < 0 \quad 且 \quad \sqrt{J_2} + \frac{I_1}{\sqrt{3}} < 0$$

对压-拉区有

$$I_1 < 0 \quad 且 \quad \sqrt{J_2} + \frac{I_1}{\sqrt{3}} > 0$$

对拉-压区有

$$I_1 > 0 \quad 且 \quad \sqrt{J_2} - \frac{I_1}{\sqrt{3}} > 0$$

对拉-拉区有

$$I_1 > 0 \quad 且 \quad \sqrt{J_2} - \frac{I_1}{\sqrt{3}} < 0$$

取

$$\bar{f}_{\mathrm{t}}=f_{\mathrm{t}}/f_{\mathrm{c}}, \quad \bar{f}_{\mathrm{bc}}=f_{\mathrm{bc}}/f_{\mathrm{c}}$$

则公式中的常数可确定如下:

当 $I_1 \leqslant 0$ 且 $\sqrt{J_2}+\dfrac{I_1}{\sqrt{3}} \leqslant 0$ 时,有

$$\left.\begin{array}{l} A_0 = \dfrac{\bar{f}_{\mathrm{bc}}^2 - \bar{f}_{\mathrm{c}}^2}{2\bar{f}_{\mathrm{bc}} - \bar{f}_{\mathrm{c}}} \\[4mm] \tau_0^2 = \dfrac{\bar{f}_{\mathrm{c}}\bar{f}_{\mathrm{bc}}(2\bar{f}_{\mathrm{c}} - \bar{f}_{\mathrm{bc}})}{3(2\bar{f}_{\mathrm{bc}} - \bar{f}_{\mathrm{c}})} \end{array}\right\} \tag{4-5-13}$$

当 $I_1 > 0$ 或 $\sqrt{J_2}+\dfrac{I_1}{\sqrt{3}} > 0$ 时,有

$$\left.\begin{array}{l} A_0 = \dfrac{\bar{f}_{\mathrm{c}} - \bar{f}_{\mathrm{t}}}{2} f_{\mathrm{c}} \\[4mm] \tau_0^2 = \dfrac{\bar{f}_{\mathrm{c}}\bar{f}_{\mathrm{t}}}{b} f_{\mathrm{c}}^2 \end{array}\right\} \tag{4-5-14}$$

其中,f_{t}、f_{c}、f_{bc} 分别为单轴抗拉、单轴抗压及等压双轴抗压下的强度。

相应地,W. F. Chen 等人还定义了加载面与破坏面,破坏面的数学形式与式(4-5-11)相同。仅确定常数 A_0 及 τ_0 时用破坏极限而不是用屈服极限。其形状在二维情况下分别示于图 4-5-3(b)。

此外,W. F. Chen 等人还提出了一个四参数破坏准则(参见第 3 章),也可当屈服面用但公式中参数值不同:

$$f(I_1,J_2,\sigma_1) = a\frac{J_2}{f_{\mathrm{c}}^2} + b\frac{\sqrt{J_2}}{f_{\mathrm{c}}} + c\frac{\sigma_1}{f_{\mathrm{c}}} + d\frac{I_1}{f_{\mathrm{c}}} - 1 = 0 \tag{4-5-15}$$

这一屈服面在子午面的屈服线为抛物线,但拉、压子午线不同,在 π 平面上的屈服线为曲边三角形,能较好地反映混凝土、岩石一类材料的特征。

3) Nilsson 的屈服条件

瑞典学者 Nilsson 在 1979 年(Nilsson,1979)提出了一个椭球面屈服准则,其表达式为

$$F(\sigma_{\mathrm{oct}},\tau_{\mathrm{oct}},\theta) = \sqrt{\left(\frac{2\dfrac{\sigma_{\mathrm{oct}}}{H} - \xi_{\mathrm{u}} + \xi_{\mathrm{l}}}{\xi_{\mathrm{u}} - \xi_{\mathrm{l}}}\right)^2 + \left(\frac{\dfrac{\tau_{\mathrm{oct}}}{H}}{b(\theta)}\right)^2} - 1 = 0 \tag{4-5-16}$$

其中,σ_{oct}、τ_{oct} 为八面体正应力与剪应力;$\theta = \dfrac{1}{3}\arccos\dfrac{3\sqrt{3}J_3}{2J_2^{3/2}}$,为 π 平面上的相似角;H 为硬化参数、对静力加载初始屈服 $H = f_{\mathrm{c}}$(单轴抗压强度);ξ_{l}、ξ_{u} 为等压三轴压缩与拉伸时的初始屈服值,参见图 4-5-4;$b(\theta)$ 为 θ 的函数,表达了偏应力向径投影随 θ 角的变化。取 $b(\theta=0°)=b_1$;$b(\theta=60°)=b_2$ 参见图 4-5-4。

取 $b(\theta)$ 为椭圆曲线,如

$$b(\theta) = \frac{t(\theta) + u(\theta)}{\nu(\theta)} \tag{4-5-17}$$

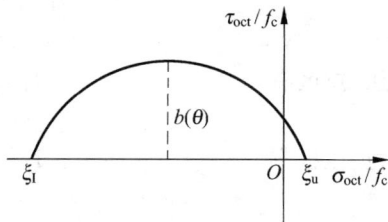

图 4-5-4　Nilsson 屈服条件

其中，

$$t(\theta) = 2b_2(b_2^2 - b_1^2)\cos\theta$$
$$u(\theta) = b_2(2b_1 - b_2)\left[4(b_2^2 - b_1^2)\cos^2\theta + 5b_1^2 - 4b_1b_2\right]^{\frac{1}{2}}$$
$$\nu(\theta) = 4(b_2^2 - b_1^2)\cos\theta + (b_2 - 2b_1)^2$$

$$(4\text{-}5\text{-}18)$$

整个公式包含了 ξ_1、ξ_u、b_1、b_2 四个参数，可由四组实验数据来确定。通常取单轴抗压、单轴抗拉、等压双轴抗压、等压三轴抗压的屈服值来决定。Nilsson 取 Launay 和 Gachon 的实验数据。当 $f_t/f_c = 0.15$，$f_{bc}/f_c = 1.8$，$f_{tc}/f_c = -2.3$ 时，建议 $\xi_1 = -2.3$；$\xi_u = 0.05$，$b_1 = 0.85$，$b_2 = 0.64$，可供读者应用时参考。

4）于丙子屈服条件

中国长江水利水电科学院于丙子于 1982 年（于丙子，1982）提出了一个适应面较广泛的屈服准则，为

$$F(I_1, \sqrt{J_2}) = \sqrt{J_2} - k\left(1 - \frac{I_1}{P_0}\right)^\alpha \left(1 - \frac{I_1}{P_1}\right)^\beta = 0 \qquad (4\text{-}5\text{-}19)$$

式中，I_1 为应力张量第一不变量；J_2 为应力偏量第二不变量；P_0 为三向等拉拉裂应力限值；P_1 为三向等压屈服应力限值；α、β 为屈服面形状参数，为保证屈服面的凸性必须满足 $0 \leqslant \alpha \leqslant 1$ 和 $0 \leqslant \beta \leqslant 1$；$k$ 为强化参数。

这一屈服条件可以包括许多种屈服条件。

（1）取 $\alpha = \beta = 0$ 为 Mises 屈服条件

$$F = \sqrt{J_2} - k = 0 \qquad (4\text{-}5\text{-}20)$$

（2）取 $\alpha = 1$，$\beta = 0$ 则为 Drucker-Prager 屈服条件

$$F = \sqrt{J_2} + aI_1 - k = 0, \quad a = k/P_0 \qquad (4\text{-}5\text{-}21)$$

（3）取 $\alpha = \frac{1}{2}$，$\beta = 0$，则屈服面为抛物面

$$F = \sqrt{J_2} - k(1 - I_1/P_0)^{1/2} = 0 \qquad (4\text{-}5\text{-}22)$$

（4）取 $\alpha = \beta = \frac{1}{2}$，则屈服面为椭圆面

$$F = \sqrt{J_2} - k\left[\left(1 - \frac{I_1}{P_0}\right)\left(1 - \frac{I_1}{P_1}\right)\right]^{1/2} = 0 \qquad (4\text{-}5\text{-}23)$$

（5）在上式中取屈服面的临界状态线的方程为

$$\sqrt{J_2} = m(I_1 - P_0) \qquad (4\text{-}5\text{-}24)$$

则有

$$k = m\sqrt{-P_0 P_1}$$

于是

$$F = \sqrt{J_2} - m\sqrt{(I_1 - P_0)(P_1 - I_1)} = 0 \qquad (4\text{-}5\text{-}25)$$

此即为 Zienkiewicz 椭圆闭合曲面。

由此可见，于丙子提出的屈服准则是一个具有普遍性的塑性屈服模型。这为编制计算机程序提供了方便，便于实际应用。

以上介绍了几种屈服准则。其中有一部分是闭合型的（如在子午面上屈服曲线为椭圆），相当一部分是开口型的。开口型屈服条件不符合岩石、混凝土一类材料在高三轴压

应力下能够发生屈服的实际情况。但在静水压应力(平均压应力 σ_m)较小的条件下,又能与材料的屈服特性较好地符合。因而不少学者对开口型的屈服准则,在静水压力方向又加了一个屈服面,成为两屈服面组成的闭合屈服面,如图 4-5-5 所示。这种屈服面类似于在静水压力轴开口方向加了一个帽子,所以通常又叫"帽子模型"或"帽盖模型"(cap model)。有些学者则用两种不同的屈服条件或两个屈服面组成闭合的屈服面,也称为双屈服面准则。

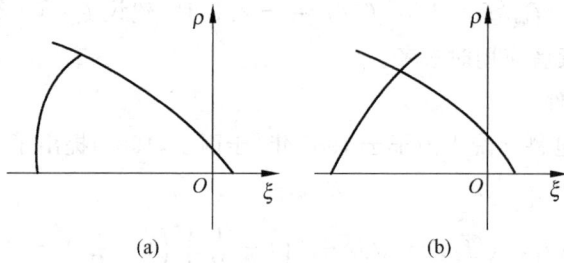

图 4-5-5　闭合屈服面
(a) 帽盖模型;(b) 双屈服面

另外,用应力表示的屈服面在材料有软化现象时,处理起来比较困难,因而又有不少学者提出了在应变空间,即用 ε_{ij} 或应变张量和偏量的不变量来表示屈服准则。读者可以参考有关文献。

2. 强化条件及加卸载准则

1) 强化条件和后继屈服面

前已述及,在单向拉伸情况下,当材料进入塑性状态后卸载,此后再加载时,应力-应变关系仍为弹性,并且直到卸载前达到最高应力点,材料才再次进入塑性状态。这个应力点对强化材料来讲比初始屈服点高,这个点称为强化点。推广到复杂应力状态,材料达屈服后卸载,再加载而再进入塑性状态时,其屈服条件有所变化,屈服面或扩大(称为强化)或缩小(称为软化),称为后继屈服面。这样,后继屈服面不仅与应力状态有关,而且与塑性变形程度和加载历史有关,因而后继屈服面常可写成如下函数形式:

$$f(\sigma_{ij}, \varepsilon_{ij}^p, k) = 0 \qquad (4-5-26)$$

式中,σ_{ij} 为应力状态;ε_{ij}^p 为塑性应变;k 为硬化(或软化)参数,与加载历史等因素有关;ε_{ij}^p,k 为标志材料内部结构永久性变化的量,通称为内变量。

2) 加卸载准则

由单向拉伸(或压缩)实验可知,材料到达屈服状态后,继续加载和卸载的应力-应变关系不同。单向应力状态下,只有一个应力分量,由这个应力分量值的增加或减少即可判断是加载还是卸载。对于复杂应力状态,六个应力分量(即使化为主应力,也有三个分量)中各分量可增、可减,而又不同时增减,如何判断加载还是卸载,应该有一个判断准则。

(1) 理想弹塑性材料的加载、卸载准则

理想弹塑性材料不发生强化,其屈服面的大小和形状不随内变量的发展而变化,因而只

有 $F(\sigma_{ij})=0$ 屈服面,当然也可认为后继屈服面与初始屈服面重合。

在这样的条件下,$F(\sigma_{ij})<0$ 表示材料处于弹性状态;$F(\sigma_{ij})=0$,同时发生应力增量 $d\sigma$ 时,有两种不同反应,一是应力点保持在屈服面上,这时有新的塑性变形增量 $d\varepsilon^p$ 产生,这种情况称为加载;若应力点由屈服面退回屈服面内,则称为卸载,可表示为

$$F(\sigma_{ij})=0\begin{cases} F(\sigma_{ij})<0 & \text{弹性状态} \\ dF=\dfrac{\partial F}{\partial\sigma_{ij}}d\sigma_{ij}\geqslant 0 & \text{加载} \\ dF=\dfrac{\partial F}{\partial\sigma_{ij}}d\sigma_{ij}<0 & \text{卸载} \end{cases} \quad (4\text{-}5\text{-}27)$$

在应力空间,屈服面外法线方向 n 的分量与 $\dfrac{\partial F}{\partial\sigma_{ij}}$ 成正比,加载、卸载条件可用几何图像说明,如图 4-5-6(a)所示。

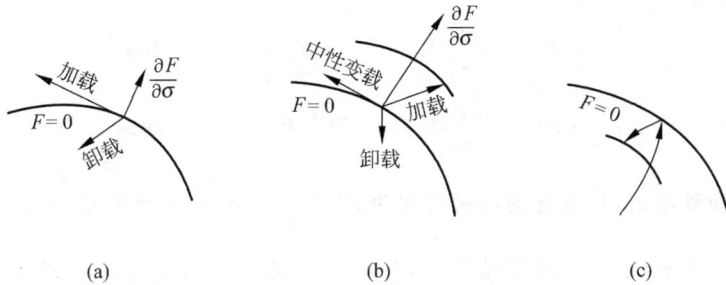

图 4-5-6　加、卸载准则

(a) 理想弹塑性;(b) 硬化塑性;(c) 软化塑性

(2) 强化材料的加载、卸载准则

对于强化材料,加载面(后继屈服面)随着塑性变形等内变量的变化而改变,因而当有应力增量 $d\sigma$ 时,有三种情况:①指向屈服面内部为卸载;②指向屈服面外部为加载;③加载面不变,表示一点的应力状态从一个塑性状态过渡到另一个塑性状态。但不引起新的塑性变形,为中性变载,如图 4-5-6(b)所示。用公式表示加、卸载法为

$$F=0,\quad \begin{cases} \dfrac{\partial F}{\partial\sigma_{ij}}d\sigma_{ij}>0 & \text{加载} \\ \dfrac{\partial F}{\partial\sigma_{ij}}d\sigma_{ij}=0 & \text{中性变载} \\ \dfrac{\partial F}{\partial\sigma_{ij}}d\sigma_{ij}<0 & \text{卸载} \end{cases} \quad (4\text{-}5\text{-}28)$$

(3) 软化材料的加、卸载准则

对于软化材料,在材料处于软化塑性状态时,加载后屈服面会收缩,应力增量也指向屈服面内侧,和卸载很难区别。用应力空间表达的屈服条件很难建立加载、卸载法则。这时,较好的方法是在应变空间表示屈服条件包括后继屈服面,即

$$\varphi(\varepsilon_{ij},H)=0 \quad (4\text{-}5\text{-}29)$$

则加载、卸载准则可表示为

$$\left.\begin{array}{lll} \varphi = 0, & \dfrac{\partial \varphi}{\partial \varepsilon_{ij}} \mathrm{d}\varepsilon_{ij} > 0 & \text{加载} \\[3mm] & \dfrac{\partial \varphi}{\partial \varepsilon_{ij}} \mathrm{d}\varepsilon_{ij} = 0 & \text{中性变载} \\[3mm] & \dfrac{\partial \varphi}{\partial \varepsilon_{ij}} \mathrm{d}\varepsilon_{ij} < 0 & \text{卸载} \end{array}\right\} \tag{4-5-30}$$

【例 4-3】 已知某点三个应力状态(单位:MPa)

$$\sigma^0 = \begin{bmatrix} 400 & 0 & 0 \\ 0 & 200 & 0 \\ 0 & 0 & 200 \end{bmatrix}, \quad \sigma^{\mathrm{I}} = \begin{bmatrix} 410 & 0 & 0 \\ 0 & 310 & 0 \\ 0 & 0 & 310 \end{bmatrix}, \quad \sigma^{\mathrm{II}} = \begin{bmatrix} 300 & 0 & 0 \\ 0 & 100 & 0 \\ 0 & 0 & 0 \end{bmatrix}$$

试判断由 σ^0 到 σ^{I},σ^{I} 到 σ^{II} 为加载还是卸载?

【解】 初一看此题给人的印象,似乎由 $\sigma^0 \rightarrow \sigma^{\mathrm{I}}$ 为加载,$\sigma^{\mathrm{I}} \rightarrow \sigma^{\mathrm{II}}$ 为卸载,但经过计算,按 von Mises 准则

$$\sigma^0 \rightarrow \sigma^{\mathrm{I}}, \quad \frac{\partial F}{\partial \sigma_{ij}} \mathrm{d}\sigma_{ij} = -100\,\mathrm{MPa} < 0 \quad \text{卸载}$$

$$\sigma^{\mathrm{I}} \rightarrow \sigma^{\mathrm{II}}, \quad \frac{\partial F}{\partial \sigma_{ij}} \mathrm{d}\sigma_{ij} = 150\,\mathrm{MPa} > 0 \quad \text{加载}$$

若按其他屈服准则,也可得到相同的结论,当然 $\dfrac{\partial F}{\partial \sigma_{ij}} \mathrm{d}\sigma_{ij}$ 之数值有所不同,但加卸载的结论是一致的。据作者经验,在通常情况下,可计算应力状态的 $\sqrt{J_2}$ 和 ρ,或 τ_{oct},此三值均为正值,若增大则为加载;反之为卸载。此法既直观又简单,一般情况下与式(4-5-30)之判断相符。

3) 强化模型

屈服面随着塑性变形等内变量的变化而发展的规律称为强化法则。由于强化规律比较复杂,人们依据材料的实验资料建立了多种强化模型,其中最常用的有等向强化和随动强化。

(1) 等向强化模型

等向强化模型假定后继屈服面的形态与中心初始屈服面相同,后继屈服面的大小则随着强化程度的增加而作均匀的扩大。参见图 4-5-7(a)。等向强化的后继屈服面只取决于单一的硬化参数 K,它可用下式表示

$$F(\sigma_{ij}, K) = F^*(\sigma_{ij}) - K(\varepsilon_{ij}^{\mathrm{p}}) = 0 \tag{4-5-31}$$

式中,$F^*(\sigma_{ij}) = 0$,$K = 0$,表示初始屈服面;K 为硬化参数,它和塑性变形 $\varepsilon_{ij}^{\mathrm{p}}$ 等内变量有关。

硬化参数 K 的变化规律有多种假定,最常用的有以下两种。

① 与总的塑性变形功有关,即

$$K = H\left(\int \mathrm{d}W^{\mathrm{p}}\right) = H\left(\int \sigma_{ij}\,\mathrm{d}\varepsilon_{ij}^{\mathrm{p}}\right) \tag{4-5-32}$$

这种假定又称为做功硬化。

② 与总的塑性变形有关,即

$$K = H\left(\int \mathrm{d}\varepsilon^{\mathrm{p}}\right) = H\left(\int \sqrt{\mathrm{d}\varepsilon_{ij}^{\mathrm{p}}\,\mathrm{d}\varepsilon_{ij}^{\mathrm{p}}}\right) \tag{4-5-33}$$

在受力过程中,应力分量之间的比例变化不大时,采用等向强化模型是比较符合实际情况

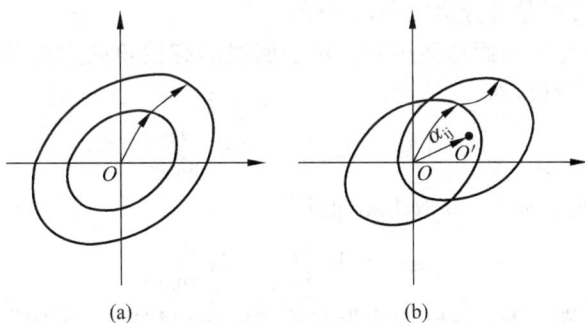

图 4-5-7　强化模型
(a) 等向强化；(b) 随动强化

的。等向强化模型的数学表述简单，后继屈服面与中间的加载路径无关，计算方便，因而是目前应用最广泛的一种强化模型。

(2) 随动强化

随动强化模型假定后继屈服面的大小、形态与初始屈服面相同，在强化过程中，后继屈服面只是初始屈服面整体在应力空间作平动，如图 4-5-7(b)所示。从图上看出，材料在经受塑性变形的方向上，屈服面有所增大，而在塑性变形的反方向，屈服面则降低了，这对于材料处于反复加载或循环加载的情况下，可能出现的反向屈服的问题，还是比较符合实际的。在应力空间，屈服面中心的移动用 α_{ij} 表示，后继屈服条件可表示为

$$F(\sigma_{ij}, H) = F(\sigma - \alpha_{ij}) = 0 \qquad (4\text{-}5\text{-}34)$$

$\alpha_{ij} = 0$ 则为初始屈服面。在强化过程中，屈服面随 α_{ij} 而移动，α_{ij} 称为移动张量，它与塑性变形有关，最简单的关系为

$$\alpha_{ij} = C\varepsilon_{ij}^{p} \qquad (4\text{-}5\text{-}35)$$

其中，C 为常数。

(3) 混合强化模型

如将等向强化与随动强化组合起来，便可组成混合强化模型。用数学式表示为

$$F(\sigma_{ij}, H) = F(\sigma_{ij} - \alpha_{ij}) - K = 0 \qquad (4\text{-}5\text{-}36)$$

在这一模型中，既有位置变化，也有屈服面扩大，能更好地描述材料硬化性能。但计算比较复杂。

3. 流动法则

对弹塑性材料达到屈服条件后，其变形可分为弹性变形与塑性变形两部分。弹性变形的大小是与应力状态有关的，易于确定。如何确定塑性变形的增量，这是困难的问题。按照 Mises 提出的塑性位势理论，经过应力空间任何一点 M，必有一塑性位势等势面存在，它可用式(4-5-37)表示。

$$g(\sigma_{ij}, H) = 0 \qquad (4\text{-}5\text{-}37)$$

而塑性变形增量 $\mathrm{d}\varepsilon_{ij}^{p}$，其变形方向与塑性位势面正交，即

$$\mathrm{d}\varepsilon_{ij}^{p} = \mathrm{d}\lambda \frac{\partial g}{\partial \sigma_{ij}} \qquad (4\text{-}5\text{-}38)$$

其中，$\mathrm{d}\lambda$ 为一个非负的比例系数。式(4-5-38)虽不能确定塑性变形的大小，却可确定塑性变形的方向，所以叫流动法则，由于它表示塑性变形方向与塑性等势面正交，所以又叫正交

法则,即它可确定塑性增量各分量之间的比值。

式(4-5-38)对于光滑曲面是适用的。对于屈服面有棱角或尖点时,该式不适用。这时可取两个相邻面的组合值,如

$$d\varepsilon_{ij}^p = d\lambda_1 \frac{\partial g_1}{\partial \sigma_{ij}} + d\lambda_2 \frac{\partial g_1}{\partial \sigma_{ij}} \tag{4-5-39}$$

若塑性势面 $g=0$ 与屈服面 $F=0$ 取为相同,则

$$d\varepsilon_{ij} = d\lambda \frac{\partial g}{\partial \sigma_{ij}} = d\lambda \frac{\partial F}{\partial \sigma_{ij}} \tag{4-5-40}$$

称为相关联的流动法则。若 $g \neq F$,则称为非关联的流动法则。不少学者认为对混凝土、岩石一类材料 $g \neq F$,应采用非关联流动法则。但要定义 $g=0$,不是很容易的事,并且增加计算的复杂程度。所以相关联的流动法则还是广泛地用于实际的结构分析中。

4. 弹塑性本构矩阵的一般表达式

如上所述,增量塑性理论要对以下三方面作出基本假定:①屈服条件;②流动法则;③硬化法则。设屈服条件为

$$F(\sigma_{ij}, K) = 0 \tag{4-5-41}$$

式中,σ_{ij} 为应力状态;K 为硬化函数。

在增量理论中,材料达屈服以后把应变增量分为弹性增量和塑性增量两部分,即

$$d\boldsymbol{\varepsilon} = d\boldsymbol{\varepsilon}^e + d\boldsymbol{\varepsilon}^p \tag{4-5-42}$$

其中弹性应变增量部分与应力增量之间关系仍服从虎克定律,即

$$d\boldsymbol{\sigma} = \boldsymbol{D} d\boldsymbol{\varepsilon}^e \tag{4-5-43}$$

其中 $\boldsymbol{D}$ 为弹性矩阵。

关于塑性变形,不是唯一确定的。对应于同一应力增量,可以有不同的塑性变形增量。若采用相关联的流动法则,即塑性变形大小虽然不能确定,但其流动方向与屈服面正交。用数学公式表示这一假定,即可得

$$d\boldsymbol{\varepsilon}^p = \lambda \left[\frac{\partial F}{\partial \boldsymbol{\sigma}} \right] \tag{4-5-44}$$

将式(4-5-43)和式(4-5-44)代入式(4-5-42),则可得

$$d\boldsymbol{\varepsilon} = \boldsymbol{D}^{-1} d\boldsymbol{\sigma} + \lambda \left[\frac{\partial F}{\partial \boldsymbol{\sigma}} \right] \tag{4-5-45}$$

由全微分法则可知

$$dF = \frac{\partial F}{\partial \sigma_1} d\sigma_1 + \frac{\partial F}{\partial \sigma_2} d\sigma_2 + \cdots + \frac{\partial F}{\partial K} dK = 0 \tag{4-5-46}$$

或

$$\left[\frac{\partial F}{\partial \boldsymbol{\sigma}} \right]^T d\boldsymbol{\sigma} - A\lambda = 0 \tag{4-5-47}$$

式中

$$A = -\frac{\partial F}{\partial K} dK \cdot \frac{1}{\lambda} \tag{4-5-48}$$

将 $\left[\frac{\partial F}{\partial \boldsymbol{\sigma}} \right]^T \boldsymbol{D}$ 前乘式(4-5-45),并利用式(4-5-47)消去 $d\boldsymbol{\sigma}$ 可得

$$\left[\frac{\partial F}{\partial \boldsymbol{\sigma}} \right]^T \boldsymbol{D} d\boldsymbol{\varepsilon} = A\lambda + \left[\frac{\partial F}{\partial \boldsymbol{\sigma}} \right]^T \boldsymbol{D} \left[\frac{\partial F}{\partial \boldsymbol{\sigma}} \right] \lambda \tag{4-5-49}$$

由此可得

$$\lambda = \frac{\left[\dfrac{\partial F}{\partial \boldsymbol{\sigma}}\right]^{\mathrm{T}} \boldsymbol{D}}{A + \left[\dfrac{\partial F}{\partial \boldsymbol{\sigma}}\right]^{\mathrm{T}} \boldsymbol{D}\left[\dfrac{\partial F}{\partial \boldsymbol{\sigma}}\right]} \mathrm{d}\boldsymbol{\varepsilon} \tag{4-5-50}$$

用 $\boldsymbol{D}$ 前乘式(4-5-45),移项后得

$$\mathrm{d}\boldsymbol{\sigma} = \boldsymbol{D}\mathrm{d}\boldsymbol{\varepsilon} - \boldsymbol{D}\left[\frac{\partial F}{\partial \boldsymbol{\sigma}}\right]\lambda \tag{4-5-51}$$

将式(4-5-50)代入式(4-5-51),即可得

$$\mathrm{d}\boldsymbol{\sigma} = \left[\boldsymbol{D} - \frac{\boldsymbol{D}\left[\dfrac{\partial F}{\partial \boldsymbol{\sigma}}\right]\left[\dfrac{\partial F}{\partial \boldsymbol{\sigma}}\right]^{\mathrm{T}} \boldsymbol{D}}{A + \left[\dfrac{\partial F}{\partial \boldsymbol{\sigma}}\right]^{\mathrm{T}} \boldsymbol{D}\left[\dfrac{\partial F}{\partial \boldsymbol{\sigma}}\right]}\right]\mathrm{d}\boldsymbol{\varepsilon} \tag{4-5-52}$$

令

$$\boldsymbol{D}_{\mathrm{ep}} = \boldsymbol{D} - \frac{\boldsymbol{D}\left[\dfrac{\partial F}{\partial \boldsymbol{\sigma}}\right]\left[\dfrac{\partial F}{\partial \boldsymbol{\sigma}}\right]^{\mathrm{T}} \boldsymbol{D}}{A + \left[\dfrac{\partial F}{\partial \boldsymbol{\sigma}}\right]^{\mathrm{T}} \boldsymbol{D}\left[\dfrac{\partial F}{\partial \boldsymbol{\sigma}}\right]} \tag{4-5-53}$$

此即为增量理论的弹塑性矩阵通式。其具体的数学表达式将在下一小节详细说明。有了弹塑性矩阵,即可按通常的程序去计算单元刚度矩阵了。

关于硬化条件,由硬化参数 A 反映出来,这一值应由材料实验来确定,一般用单轴实验来确定 A 值比较方便。对于"做功硬化"材料(work hardening meterial),参数 A 等于在产生塑性变形过程中所做的塑性功,于是

$$\mathrm{d}K = \mathrm{d}W^{\mathrm{p}} = \sigma_1 \mathrm{d}\varepsilon_1^{\mathrm{p}} + \sigma_2 \mathrm{d}\varepsilon_2^{\mathrm{p}} + \cdots = \boldsymbol{\sigma}^{\mathrm{T}} \mathrm{d}\boldsymbol{\varepsilon}^{\mathrm{p}} \tag{4-5-54}$$

将式(4-5-54)、式(4-5-44)代入式(4-5-47),可得

$$A = -\frac{\partial F}{\partial K}\boldsymbol{\sigma}^{\mathrm{T}}\left[\frac{\partial F}{\partial \boldsymbol{\sigma}}\right] \tag{4-5-55}$$

在单向应力条件下,屈服条件可简化为

$$F(\sigma_{ij}, K) = \sigma - \sigma_y = 0 \tag{4-5-56}$$

由式(4-5-54)

$$\mathrm{d}K = \sigma_y \cdot \mathrm{d}\varepsilon^{\mathrm{p}} \tag{4-5-57}$$

由式(4-5-56)可得

$$\frac{\partial F}{\partial \sigma_y} = -1 \tag{4-5-58}$$

$$\frac{\partial F}{\partial K} = \frac{\partial F}{\partial \sigma_y} \cdot \frac{\partial \sigma_y}{\partial \varepsilon^{\mathrm{p}}} \cdot \frac{\partial \varepsilon^{\mathrm{p}}}{\partial K} = -1 \cdot H' \cdot \frac{1}{\sigma_y} = -\frac{H'}{\sigma_y} \tag{4-5-59}$$

其中, $H' = \dfrac{\mathrm{d}\sigma_y}{\mathrm{d}\varepsilon^{\mathrm{p}}}$,为应力与塑性变形曲线上的斜率(见图 4-5-8(a)),它可由实验来确定。将式(4-5-58)、式(4-5-59)代入式(4-5-55),不难得到

$$A = \frac{H'}{\sigma_y} \cdot \sigma_y \cdot 1 = H' \tag{4-5-60}$$

于是反映硬化条件的参数 A 可以从单向应力与塑性变形的曲线上取得。工程常用的两种硬化条件为

① 理想弹塑性(图 4-5-8(b))

$$A = 0$$

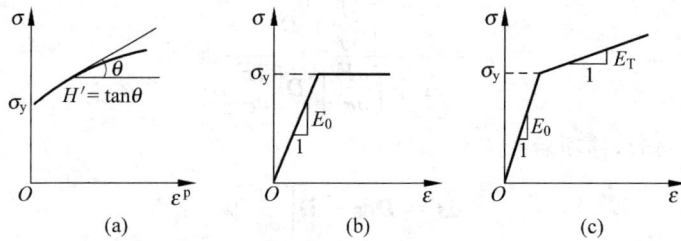

图 4-5-8　硬化斜率

② 线性强化弹塑性(图 4-5-8(c))

$$A = \frac{E_T}{1 - E_T/E_0} \tag{4-5-61}$$

式中，E_0 为初始弹性模量；E_T 为屈服后的模量。

于是，反映硬化条件的参数 A 可以从单向应力与塑性变形的曲线上取得。

5. 增量弹塑性关系通用程序的编制

在弹塑性本构矩阵中，主要是弹性矩阵 $\boldsymbol{D}$ 与流动矢量 $\left[\dfrac{\partial F}{\partial \boldsymbol{\sigma}}\right]$ 两个矩阵的运算。为了便于计算机自动运算，我们将流动矢量写成统一的算法公式。令屈服函数表示为

$$F(I, \sqrt{J_2}, J_3, K) = 0$$

取 $\sigma_e = \sqrt{J_2}$，由微分法则得

$$\begin{aligned}
\frac{\partial F}{\partial \boldsymbol{\sigma}} &= \frac{\partial F}{\partial I_1} \cdot \frac{\partial I_1}{\partial \boldsymbol{\sigma}} + \frac{\partial F}{\partial \sigma_e} \cdot \frac{\partial \sigma_e}{\partial \boldsymbol{\sigma}} + \frac{\partial F}{\partial J_3} \cdot \frac{\partial J_3}{\partial \boldsymbol{\sigma}} \\
&= C_1 \frac{\partial I_1}{\partial \boldsymbol{\sigma}} + C_2 \frac{\partial \sigma_e}{\partial \boldsymbol{\sigma}} + C_3 \frac{\partial J_3}{\partial \boldsymbol{\sigma}}
\end{aligned} \tag{4-5-62}$$

其中 C_1、C_2、C_3 取决于屈服函数 $F(\sigma_{ij}, K) = 0$，而诸不变量对应力的导数的列阵也可求出

因 $I_1 = \sigma_x + \sigma_y + \sigma_z$，故

$$\frac{\partial I_1}{\partial \boldsymbol{\sigma}} = [1, 1, 1, 0, 0, 0]^T \tag{4-5-63}$$

又因

$$J_2 = \frac{1}{2}(S_x^2 + S_y^2 + S_z^2) + \tau_{xy}^2 + \tau_{yz}^2 + \tau_{zx}^2$$

$$= \frac{1}{2}\left[(\sigma_x - \sigma_m)^2 + (\sigma_y - \sigma_m)^2 + (\sigma_z - \sigma_m)^2 + \tau_{xy}^2 + \tau_{yz}^2 + \tau_{zx}^2\right]$$

而

$$\sigma_m = \frac{1}{3}(\sigma_x + \sigma_y + \sigma_z)$$

所以

$$\frac{\partial \sigma_e}{\partial \boldsymbol{\sigma}} = \frac{1}{2\sqrt{J_2}} \begin{bmatrix} S_x \\ S_y \\ S_z \\ 2\tau_{xy} \\ 2\tau_{yz} \\ 2\tau_{zx} \end{bmatrix} \tag{4-5-64}$$

又因

$$J_3 = S_x S_y S_z + 2\tau_{xy}\tau_{yz}\tau_{zx} - S_x\tau_{yz}^2 - S_y\tau_{zx}^2 - S_z\tau_{xy}^2$$

$$= (\sigma_x - \sigma_m)(\sigma_y - \sigma_m)(\sigma_z - \sigma_m) + 2\tau_{xy}\tau_{xz}\tau_{yz}$$
$$- (\sigma_x - \sigma_m)\tau_{yz}^2 - (\sigma_y - \sigma_m)\tau_{zx}^2 - (\sigma_z - \sigma_m)\tau_{xy}^2$$

所以

$$\frac{\partial J_3}{\partial \boldsymbol{\sigma}} = \begin{bmatrix} S_y S_z - \tau_{yz}^2 + \dfrac{J_2}{3} \\[2mm] S_z S_x - \tau_{zx}^2 + \dfrac{J_2}{3} \\[2mm] S_x S_y - \tau_{xy}^2 + \dfrac{J_2}{3} \\[2mm] 2(\tau_{yz}\tau_{yx} - S_z\tau_{xy}) \\[2mm] 2(\tau_{xy}\tau_{zx} - S_x\tau_{yz}) \\[2mm] 2(\tau_{xy}\tau_{yz} - S_y\tau_{zx}) \end{bmatrix} \tag{4-5-65}$$

C_1、C_2、C_3 的值，则由屈服函数确定，下面列出一些供参考。

（1）Tresca 条件

$$\left.\begin{aligned} F(J_2,\theta) &= 2\sqrt{J_2}\sin(\theta+60°) - \sigma_y = 0 \\[2mm] C_1 &= 0, \quad C_2 = -\frac{2\cos\left(\dfrac{2\pi}{3}+2\theta\right)}{\sin 3\theta} \\[2mm] C_3 &= -\frac{\sqrt{3}\cos\left(\dfrac{\pi}{3}+\theta\right)}{J_2\sin 3\theta} \end{aligned}\right\} \tag{4-5-66}$$

（2）Mises 条件

$$F(J_2) = \sqrt{3J_2} - \sigma_y = 0$$
$$C_1 = 0 \quad C_2 = \sqrt{3} \quad C_3 = 0 \tag{4-5-67}$$

（3）莫尔-库仑条件

$$F(I_1,J_2,\theta) = \frac{\sin\varphi}{3}I_1 + J_2\sin(\theta+60°) + \frac{J_2\sin\varphi}{\sqrt{3}}\cos(\theta+60°)\sin\varphi - \cos\varphi = 0$$

$$\left.\begin{aligned} C_1 &= \frac{\sin\varphi}{3} \\[2mm] C_2 &= \frac{1}{2\sqrt{3}}\big[(3+\sin\varphi)(\cos\theta - \sin\theta\cot 3\theta) + \sqrt{3}(1-\sin\varphi)(\sin\theta + \cos\theta\cot 3\theta)\big] \\[2mm] C_3 &= \frac{1}{4J_2\sin 3\theta}\big[(3+\sin\varphi)\sin\theta - \sqrt{3}(1-\sin\varphi)\cos\theta\big] \end{aligned}\right\}$$
$$\tag{4-5-68}$$

（4）Drucker-Prager 条件

$$F(I_1,J_2) = \alpha I_1 + \sqrt{J_2} - K' = 0$$
$$C_1 = \alpha, \quad C_2 = 1, \quad C_3 = 0 \tag{4-5-69}$$

（5）Chen 条件

当 $I_1 \leqslant 0$ 和 $\sqrt{J_2} + \dfrac{I_1}{\sqrt{3}} \leqslant 0$ 时

$$F(I_1,J_2) = \frac{Au}{3}I_1 + J_2 - \tau_u^2 = 0$$

于是
$$C_1 = \frac{Au}{3}, \quad C_2 = 2\sqrt{J_2}, \quad C_3 = 0 \tag{4-5-70}$$

当 $I_1 > 0$ 或 $\sqrt{J_2} + \frac{I_1}{3} > 0$ 时

$$F(I_1, J_2) = \frac{Au}{3} I_1 - \frac{I_1^2}{6} + J_2 - \tau_u = 0$$

于是
$$C_1 = \frac{1}{3}(Au - I_1), \quad C_2 = 2\sqrt{J_2}, \quad C_3 = 0 \tag{4-5-71}$$

关于其他屈服条件的 C_1、C_2、C_3 表达式,只要 $F(I_1, J_2, \theta)$ 为已知,也可用同样的方法导出,这里就不一一列举了。

根据上述求得的弹性矩阵通式,就不难编出计算机程序了。

在实际结构分析中,还要处理弹塑性过渡区的刚度矩阵。从上面分析可知,弹塑性矩阵的数值是随着应力的变化而变化的,涉及复杂的非线性计算,具体计算方法参见 7.7 节。

4.6 粘弹性与粘塑性本构关系

如果考虑混凝土变形在一定应力状态下随时间的变化,那么可以采用粘弹性和粘塑性本构关系。在 4.1 节中已介绍过一维应力状态下的粘弹性和粘塑性关系。现在把这一关系推广到三维应力状态。

1. 粘弹性的本构关系

弹性的本构关系有
$$\sigma_{ij} = D_{ijkl} \varepsilon_{kl} \tag{4-6-1}$$
将应力状态分解为平均应力张量(球应力张量)与应力偏量之和,即
$$\sigma_{ij} = \sigma_m \delta_{ij} + S_{ij} \tag{4-6-2}$$
应变状态也作同样分解
$$\varepsilon_{ij} = \frac{1}{3} \varepsilon_v \delta_{ij} + e_{ij} \tag{4-6-3}$$
其中,
$$\sigma_m = \frac{1}{3} \sigma_{kk} = \frac{1}{3}(\sigma_{11} + \sigma_{22} + \sigma_{33}) = \frac{1}{3}(\sigma_x + \sigma_y + \sigma_z) = \frac{I_1}{3}$$

$$\varepsilon_v = \varepsilon_{kk} = \varepsilon_{11} + \varepsilon_{22} + \varepsilon_{33} = \varepsilon_x + \varepsilon_y + \varepsilon_z$$

这样弹性本构关系可用体积模量 K 和剪切模量 G 表示为
$$\left.\begin{array}{l} \sigma_m = K\varepsilon_v \\ S_{ij} = 2Ge_{ij} \end{array}\right\} \tag{4-6-4}$$

为便于矩阵运算,引入应力偏量矩阵和应变偏量矩阵,即
$$\left.\begin{array}{l} \boldsymbol{S} = \begin{bmatrix} S_{11} & S_{22} & S_{33} & S_{12} & S_{23} & S_{31} \end{bmatrix}^T \\ \boldsymbol{e} = \begin{bmatrix} e_{11} & e_{22} & e_{33} & 2e_{12} & 2e_{23} & 2e_{31} \end{bmatrix}^T \end{array}\right\} \tag{4-6-5}$$

并引入辅助矩阵

$$D^s = \begin{bmatrix} 2 & & & & \\ & 2 & & & 0 \\ & & 2 & & \\ & & & 1 & \\ 0 & & & & 1 \\ & & & & & 1 \end{bmatrix}, \quad D^v = \begin{bmatrix} 1 & 1 & 1 & & & \\ 1 & 1 & 1 & & 0 & \\ 1 & 1 & 1 & & & \\ & & & 0 & & 0 \\ 0 & & & & 0 & \\ & & & & & 0 \end{bmatrix}, \quad M = \begin{bmatrix} 1 \\ 1 \\ 1 \\ 0 \\ 0 \\ 0 \end{bmatrix} \quad (4\text{-}6\text{-}6)$$

这样,弹性本构关系可表示为

$$S = GD^s e \quad \text{或} \quad e = \frac{1}{G}D^{s-1}S \qquad (4\text{-}6\text{-}7)$$

和

$$\sigma_m M = KD^v \varepsilon \quad \text{或} \quad \varepsilon_v M = \frac{1}{3K}D^v \sigma \qquad (4\text{-}6\text{-}8)$$

其中 σ 或 ε 分别为应力和应变矩阵。

对于粘性流动,则有

$$S_{ij} = 2\eta \dot{e}_{ij} = 2\eta \frac{\mathrm{d}e_{ij}}{\mathrm{d}t} \qquad (4\text{-}6\text{-}9)$$

写为矩阵形式

$$S = \eta D^s \dot{e} \quad \text{或} \quad \dot{e} = \frac{1}{\eta}D^{s-1}S \qquad (4\text{-}6\text{-}10)$$

对粘弹性体有两个模型,开尔文体与麦克斯韦体,下面分别说明之。

(1) 开尔文粘弹性体本构关系

一维开尔文体由弹性元件与粘性元件并联组成。推广到三维,则可假定:①粘弹性体中的应力是弹性变形所对应的应力与粘性阻力所对应的应力之和;②粘弹性体中的应变与弹性应变、粘性应变相同;③粘性变形是不可压缩的,即体积变形是完全弹性的。于是有

$$S = GD^s e + \eta D^s \dot{e} \qquad (4\text{-}6\text{-}11)$$

$$\sigma = S + \sigma_m M$$
$$= GD^s e + KD^v \varepsilon + \eta D^s \dot{e} \qquad (4\text{-}6\text{-}12)$$

利用

$$e = \varepsilon - \frac{\varepsilon_v}{3}M = \left(I - \frac{1}{3}D^v\right)\varepsilon$$

代入上式可得

$$\sigma = D\varepsilon + \eta\left(D^s - \frac{2}{3}D^v\right)\dot{\varepsilon} \qquad (4\text{-}6\text{-}13)$$

这便是开尔文粘弹性体的本构方程。

(2) 麦克斯韦粘弹性体本构关系

一维麦克斯韦粘弹性体由弹性元件和粘性元件组成,在三维应力状态中,可以假定:①粘弹性体的变形是弹性变形和粘性变形之和;②粘弹性体的应力与弹性变形对应的应力相同,也与粘性阻力所对应的应力相同;③粘性变形是不可压缩的,于是有

$$\dot{e} = \frac{1}{G}D^{s-1}\dot{S} + \frac{1}{\eta}D^{s-1}S \qquad (4\text{-}6\text{-}14)$$

$$\dot{\varepsilon} = \frac{1}{G}D^{s-1}\dot{S} + \frac{1}{9K}D^v \dot{\sigma} + \frac{1}{\eta}D^{s-1}S \qquad (4\text{-}6\text{-}15)$$

利用

$$S = \boldsymbol{\sigma} - \sigma_m \boldsymbol{M} = \left(\boldsymbol{I} - \frac{1}{3}\boldsymbol{D}^v\right)\boldsymbol{\sigma}$$

上式可改写为

$$\dot{\boldsymbol{\varepsilon}} = \boldsymbol{D}^{-1}\dot{\boldsymbol{\sigma}} + \frac{1}{\eta}\left(\boldsymbol{D}^{s-1} - \frac{1}{6}\boldsymbol{D}^v\right)\boldsymbol{\sigma} \tag{4-6-16}$$

这便是麦克斯韦粘弹性体的本构方程。

2. 弹粘塑性体的本构关系

对于弹粘塑性体介质,我们假定:

① 总变形可分为弹性变形和塑性变形之和,即

$$\boldsymbol{\varepsilon} = \boldsymbol{\varepsilon}^e + \boldsymbol{\varepsilon}^{vp} \tag{4-6-17}$$

其应变率有

$$\dot{\boldsymbol{\varepsilon}} = \dot{\boldsymbol{\varepsilon}}^e + \dot{\boldsymbol{\varepsilon}}^{vp} \tag{4-6-18}$$

② 弹性变形与弹性应力之间服从虎克定律

$$\boldsymbol{\sigma} = \boldsymbol{D}\boldsymbol{\varepsilon}^e \tag{4-6-19}$$

并有

$$\dot{\boldsymbol{\sigma}} = \boldsymbol{D}\dot{\boldsymbol{\varepsilon}}^e$$

或

$$\dot{\boldsymbol{\varepsilon}}^e = \boldsymbol{D}^{-1}\dot{\boldsymbol{\sigma}} \tag{4-6-20}$$

③ 粘塑性变形只是达到了粘塑性体的屈服面后才产生。在等向强化条件下,屈服面函数为

$$f\{\sigma_{ij}, \varepsilon_{ij}^{vp}, \sigma_y(k)\} = 0 \tag{4-6-21}$$

④ 粘塑性变形服从正交流动法则,即

$$\dot{\boldsymbol{\varepsilon}}^{vp} = \nu\left[\varphi\left(\frac{f}{f_0}\right)\right]\frac{\partial f}{\partial \boldsymbol{\sigma}} \tag{4-6-22}$$

其中,ν 为控制塑性流动速率的函数,它是粘塑性变形张量 ε_{ij}^{vp} 与时间 t 的函数;而

$$\boldsymbol{\varphi}(x) = \begin{cases} \varphi(x), & x \geqslant 0 \\ 0, & x < 0 \end{cases} \tag{4-6-23}$$

用此可保证在屈服面以内($f<0$)不引起塑性流动。

$\varphi\left(\dfrac{f}{f_0}\right)$ 是一个正的单调增函数,它根据材料实验资料来确定,目前文献中最常用的有以下两种形式

$$\varphi\left(\frac{f}{f_0}\right) = e^{M\left(\frac{f-f_0}{f_0}\right)} - 1 \tag{4-6-24}$$

和

$$\varphi\left(\frac{f}{f_0}\right) = \left(\frac{f-f_0}{f_0}\right)^N \tag{4-6-25}$$

其中 M、N 是材料常数,f_0 是一个正的参考值,其作用是使表达式无量纲化。由上可得

$$\dot{\boldsymbol{\varepsilon}} = \boldsymbol{D}^{-1}\dot{\boldsymbol{\sigma}} + \nu\left[\varphi\left(\frac{f}{f_0}\right)\right]\frac{\partial f}{\partial \boldsymbol{\sigma}} \tag{4-6-26}$$

这便是粘弹塑性体的本构关系,在具体应用时,还要选定屈服函数的形式。

4.7 微平面模型

Bažant 和 Oh（1985）在 Batdorf 和 Budiansky（1949）提出的塑性滑移理论的基础上，提出了一种新的基于微观层次的模型，称为微平面模型（microplane model）。经过二十多年的研究，Bazant 和他的研究组已经逐步完善了这一模型，使之从最初仅适用于受拉开裂情况的第一代发展到了现在能够较好地描述三轴受力等复杂应力-应变状态的第四代模型（M4）（Bažant & Caner，2000）。

作为一种复合的多相材料，混凝土的内部结构非常复杂。宏观本构模型将混凝土看做均匀的各向同性材料，以简化分析。但是从微观层次来看，混凝土是一种不均匀的多相材料，材料内部存在着不少空隙与微裂缝。特别是混凝土中的骨料与水泥胶体之间的交界面是一个薄弱环节，对混凝土的力学性质有着重要影响。微平面模型正是从混凝土材料的微观结构出发，将材料内部存在于骨料和水泥胶体之间的各方向的交界面作为定义为微平面（图 4-7-1），并将此作为直接研究对象，通过定义在这些微平面上的非线性的应力-应变关系，进而获得宏观的应力张量和应变张量。这种做法使得本构模型相对于宏观弹塑性模型的概念更为简单清晰。

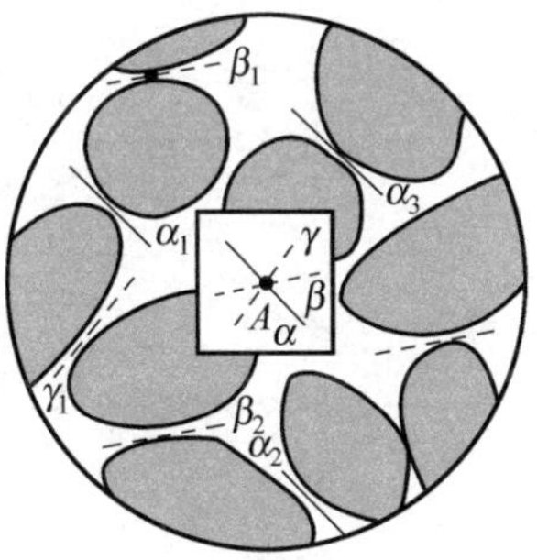

图 4-7-1　混凝土微观结构示意图

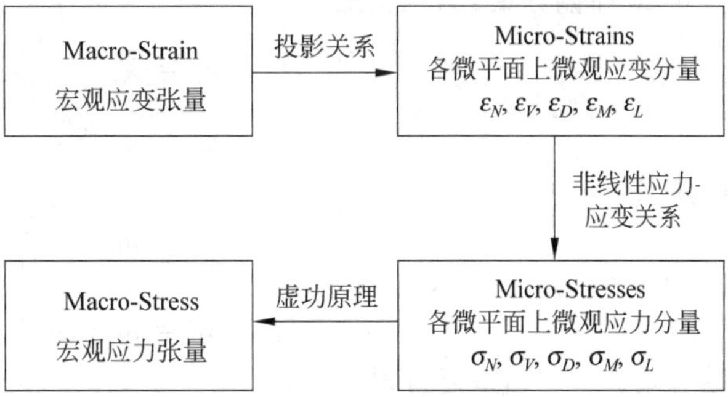

图 4-7-2　微平面模型流程图

微平面模型的主要流程可以用图 4-7-2 来表示，下面就各部分分别简要介绍。

首先，取出材料的一个微元体，将其视为由一系列具有不同方向的微平面按照一定的排布方式组成（图 4-7-3），其中每个微平面的方向可以由一个单位法向矢量 $\boldsymbol{n}$ 表示。作为模型的一个基本假定，每个微平面上的应变矢量$\boldsymbol{\varepsilon}_n$都可以由该微元处的宏观应变张量 ε 在这些微平面上投影得到（图 4-7-4），其投影关系的分量表达式如下：

$$\varepsilon_{n_i} = \varepsilon_{ij} n_j \tag{4-7-1}$$

而每个应变矢量$\boldsymbol{\varepsilon}_n$由法向应变分量 ε_N 和切向应变分量 ε_T 组成，对于法向分量，

$$\varepsilon_N = N_{ij} \varepsilon_{ij} \tag{4-7-2}$$

其中

$$N_{ij} = n_i n_j$$

对于剪切分量 ε_T，又可以分解为在该微平面内相互垂直的两个方向 $\boldsymbol{m}, \boldsymbol{l}$ 上的分量 ε_M，ε_L，与法向分量类似，并考虑到张量 ε_{ij} 的对称性，有

$$\varepsilon_M = M_{ij} \varepsilon_{ij}, \quad \varepsilon_L = L_{ij} \varepsilon_{ij} \tag{4-7-3}$$

其中

$$M_{ij} = (m_i n_j + m_j n_i)/2, \quad L_{ij} = (l_i n_j + l_j n_i)/2$$

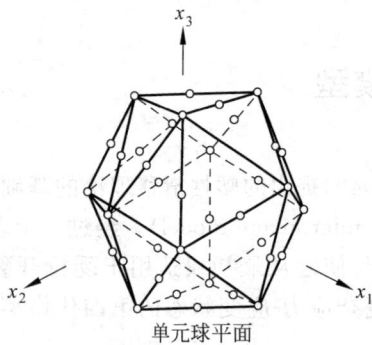

图 4-7-3　微平面分布示意图

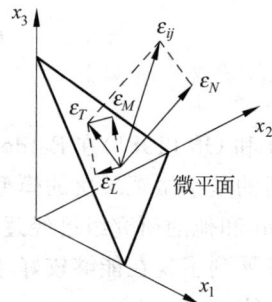

图 4-7-4　应变张量在微平面上的投影

为了建立微观应力分量和宏观应力张量之间的联系,由虚功原理,可得

$$\frac{2\pi}{3}\sigma_{ij}\,\delta\varepsilon_{ij} = \int_{\Omega} (\sigma_N\delta\varepsilon_N + \sigma_L\delta\varepsilon_L + \sigma_M\delta\varepsilon_M)\,d\Omega \tag{4-7-4}$$

代入前面得到的各微观应变分量的表达式,可以得到

$$\sigma_{ij} = \frac{3}{2\pi}\int_{\Omega} (\sigma_N N_{ij} + \sigma_L L_{ij} + \sigma_M M_{ij})\,d\Omega \tag{4-7-5}$$

为了更好地模拟三轴应力下的反应,Bažant 和 Prat (1988) 提出将法向分量再分成体积分量 ε_V 和偏分量 ε_D,也就是

$$\left.\begin{array}{l} \varepsilon_V = \dfrac{\varepsilon_{kk}}{3} \\[2mm] \varepsilon_N = \varepsilon_V + \varepsilon_D \end{array}\right\} \tag{4-7-6}$$

同时定义

$$\left.\begin{array}{l} \sigma_V = \dfrac{\sigma_{kk}}{3} \\[2mm] \sigma_D = \sigma_N - \sigma_V \end{array}\right\} \tag{4-7-7}$$

再结合式(4-7-5),最终可得

$$\sigma_{ij} = \sigma_V\delta_{ij} + \frac{3}{2\pi}\int_{\Omega}\left[\sigma_D\left(N_{ij} - \frac{\delta_{ij}}{3}\right) + \sigma_L L_{ij} + \sigma_M M_{ij}\right]d\Omega \tag{4-7-8}$$

上式在实际计算中通过高斯积分公式在一个球面上进行数值积分实现的,表达式如下:

$$\sigma_{ij} \approx \sigma_V\delta_{ij} + 6\sum_{N=1}^{N=m} w_N\left[\sigma_D\left(N_{ij} - \frac{\delta_{ij}}{3}\right) + \sigma_L L_{ij} + \sigma_M M_{ij}\right]_N \tag{4-7-9}$$

式中,m 为微平面的数目;w_N 为参与积分计算的各个微平面的积分系数,参与积分的微平面数越多,结果越精确。研究表明,如果采用 21 个微平面参与积分,则获得的结果就能达到可以接受的精度。本书作者一般采用 28 个微平面积分公式。

在微平面模型中,非线性的应力-应变关系直接定义在各个微平面上的微观应力分量 σ_N、σ_V、σ_D、σ_M、σ_L 之和微观应变分量 ε_N、ε_V、ε_D、ε_M、ε_L 之间。在求得各微平面的微观应力分量之后,通过式(4-7-8)就可以得到宏观应力张量。在最新的微平面模型中,已经采用了应力边界的概念,即对于每种应力分量,如果当前值没有超过对应于该应力分量的应力边界,则该应力分量处于弹性范围;若当前值超过对应于的应力边界,则该分量加载时沿着该边界进行,从而反映出混凝土的非线性应力-应变关系特性。图 4-7-5 显示了各种微观应力分量的应力边界曲线形状。

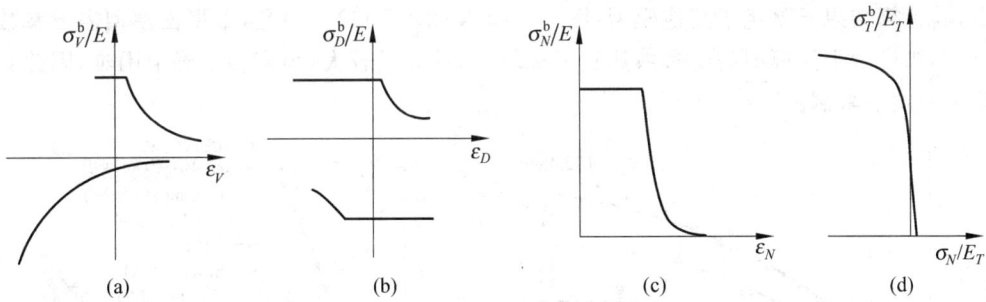

图 4-7-5　各种微观应力分量的应力边界曲线

(a) 体积分量应力边界；(b) 偏分量应力边界；(c) 法向分量应力边界；(d) 剪切分量应力边界

由以上的介绍可以看出，微平面模型相对于宏观本构模型，在模型机理上有以下优势：

(1) 微平面模型从混凝土材料的微观结构出发，将混凝土材料内部存在于骨料和水泥胶体之间的各方向的薄弱交界面作为直接研究对象，通过定义在这些微平面上的非线性的应力-应变关系来直接描述材料受力过程中发生在这些薄弱面上的滑移、拉伸开裂、侧向约束等现象。并进而获得宏观的应力张量和应变张量。这种做法使得本构模型相对于宏观弹塑性模型来说，概念上更为清晰明确。

(2) 在微平面模型中，非线性的应力-应变关系直接定义在各个微平面上的微观应力分量和微观应变分量之间，相对于宏观本构模型中在宏观应力张量和宏观应变张量之间建立关系，表达上要简单清晰很多，而且由于采用了虚功原理，对空间各个方向上微平面上的应力分量进行了积分，最终求得的宏观应力张量可以自动满足张量不变性的要求。

(3) 微平面模型在加载过程中，各微平面上的应力-应变相对独立的发展，而且各微平面上的各应力分量都有自己独立的应力边界来区分弹性和塑性阶段，因此，相当于可以同时考虑很多个加载(屈服)面，而目前常用的宏观本构模型只能考虑有限的几个加载(屈服)面，因此微平面模型可以更准确地模拟混凝土在复杂受力状态下的力学性能。

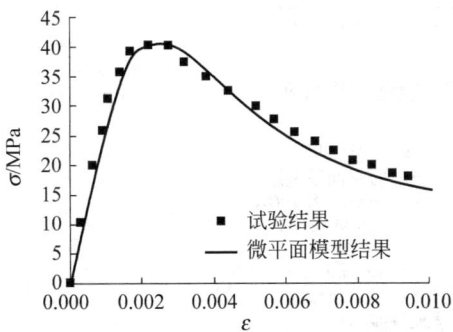

图 4-7-6　单轴应力压缩

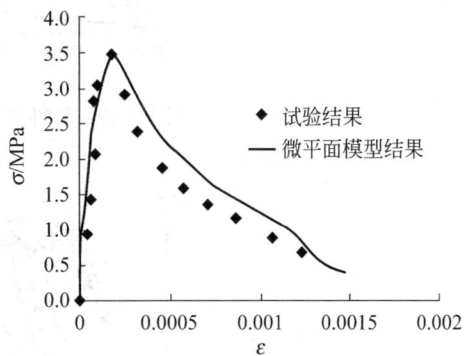

图 4-7-7　单轴应力受拉

微平面模型的计算结果和试验结果以及常用有限元程序中混凝土模型计算结果对比如图 4-7-5～图 4-7-11 所示。其中，MARC 中所选取的本构模型如下：von Mises plasticity、Drucker-Prager plasticity 和 Buyukozturk Concrete 模型(图中标识为"××模型(M)")。ABAQUS 中所选取的本构如下：Concrete smeared cracking 和 Concrete damaged plasticity 模型(图中标识为"××模型(A)")。可见微平面模型与试验吻合较好，特别是在高围压情况下,其计算结果显著优于其他模型(图 4-7-10 及图 4-7-11)。但是,微平面模型需要参数较多(如第四代微平面模型需要参数达到了 22 个),计算量较大,很多参数确定困难,因此其应用受到一定的限制。

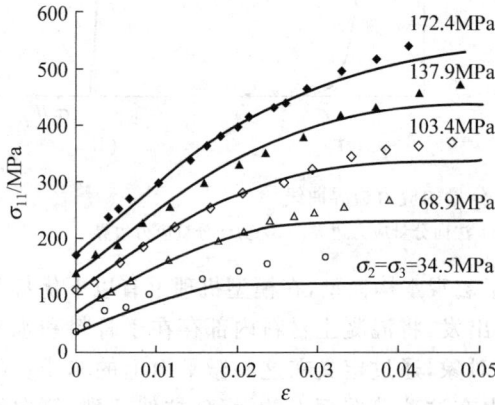

图 4-7-8　三轴压缩(不同侧向围压下的本程序计算结果)

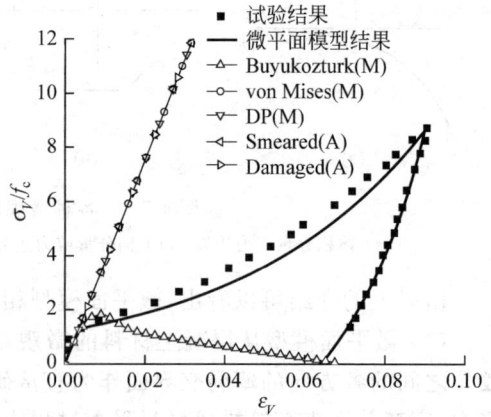

图 4-7-9　静水压缩不同模型计算结果

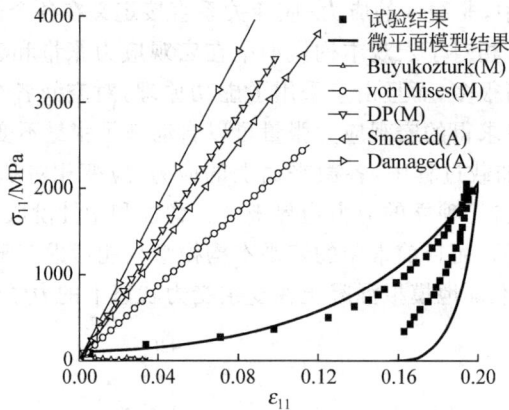

图 4-7-10　单轴应变压缩不同模型计算结果

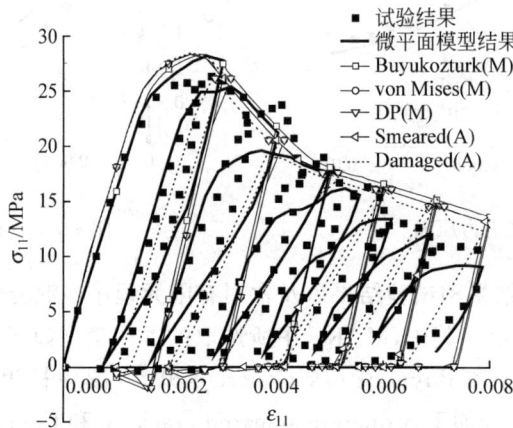

图 4-7-11　单轴受压往复加载不同模型计算结果

第 5 章 钢筋混凝土有限元模型

5.1 概　　述

自 20 世纪 50 年代有限元方法应用于工程以来，有限元方法已经得到越来越广泛的应用，有些高等院校已将其基本原理与应用引入大学的本科生课程。有限元方法也已为广大工程师所熟悉，工程中的一些复杂分析问题都越来越多地借助于有限元方法。该方法求解的对象涉及弹塑性、流变、动力、非稳态渗流，温度场和流固耦合等复杂的问题。因为有限元方法已经成为土木工程专业的研究生甚至本科生的课程，所以本书不再深入介绍有限元方法的理论，而是结合钢筋混凝土结构的特点，重点介绍有限元的基本概念及有限元组合模型。

美国学者 Clough 于 20 世纪 50 年代提出有限元方法时，是基于结构力学中的矩阵位移法，该方法随后被证明在数学上是分片插值的一种逼近法，并可证明当单元划得充分小时，可以逼近精确解，在一般情况下，可以得到满意的解答。

使用有限元法分析问题一般包括如下几个步骤。

(1) 将结构离散化。

所谓离散化，是将所分析的结构分割成有限元单元体，使相邻单元仅在节点处相连接，分析对象由这个单元结合体代替原有结构。如果分析对象是桁架、刚架等杆件结构，一般可取一个杆件作为一个单元，而这类结构的联结点即为节点。如果分析的是二维、三维连续体，那么可根据实际结构的形状、材料组成和计算精度的要求去剖分单元，单元可以是三角形、四边形或四面体、六面体。

(2) 单元分析，求得单元节点位移与节点力的关系，计算单元刚度矩阵。

在杆件结构中，杆件的节点力与节点位移之间的关系可用结构力学的方法，通过平衡(应力与外力)、协调(位移与变形)和物理(应力与应变)关系求得。例如梁的转角位移方程，将单元节点力与节点位移用矩阵形式表达，即可得到单元刚度矩阵。

在连续体(非杆件)结构中，单元节点力与结构位移之间的关系式(单元刚度矩阵)一般很难用结构力学的方法推导出来,而是假设位移插值函数,再用虚功原理来推导。

(3) 以节点为隔离体,建立平衡方程。在有限元计算中不必逐个节点建立平衡方程,而是通过集合单元刚度矩阵为整体刚度矩阵来完成。

(4) 施加荷载(如是非节点荷载可由静力平衡条件转化为节点荷载)。

(5) 引入边界条件。

未经引入边界条件时,刚度矩阵是奇异的。从力学角度来看,这是由于没有边界约束的结构可以产生刚体位移,因而在一定的荷载作用下无法确定其位移的大小。

(6) 求解方程,求得节点位移。

(7) 对每一单元循环,由单元节点位移通过单元刚度矩阵求得单元应力或杆件内力。

下面对几个问题进行说明。

1. 关于单元刚度矩阵的推导

以一拉伸杆件为例说明,如图 5-1-1 所示。

一拉伸杆,长度为 l,截面积为 A,弹性模量为 E,在杆端力 P 作用下,杆端产生位移 Δ,试求 P 与 Δ 的关系。用结构力学的方法:

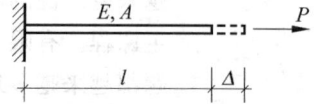

图 5-1-1 拉伸杆件

平衡条件
$$\sigma A = P, \quad \sigma = \frac{P}{A} \tag{5-1-1}$$

几何关系
$$\varepsilon = \frac{\Delta}{l} \tag{5-1-2}$$

物理关系
$$\sigma = E\varepsilon \tag{5-1-3}$$

由以上三式可得
$$\sigma = \frac{P}{A} = E\varepsilon = E\frac{\Delta}{l}$$

故
$$P = \frac{EA}{l}\Delta \tag{5-1-4}$$

这便是节点力与节点位移之间的关系。$\frac{EA}{l}$ 为单元刚度,它表示 $\Delta=1$ 时所需的节点力。

利用虚功原理推导时,首先假设杆件的位移插值函数,当单元很小时,往往可取直线分布

$$u = ax + b \tag{5-1-5}$$

式中有两个待定参数 a,b,由节点位移(取为基本未知量)来标定,已知

$$\left.\begin{array}{l} x=0 \text{ 时}, u=0, \text{得} \qquad b=0 \\ x=l \text{ 时}, u=\Delta, \text{得} \qquad a=\Delta/l \end{array}\right\} \tag{5-1-6}$$

连续体力学中,由位移的微分可得应变

$$\varepsilon = \frac{\mathrm{d}u}{\mathrm{d}x} = \frac{\mathrm{d}(ax+b)}{\mathrm{d}x} = a = \frac{\Delta}{l} \tag{5-1-7}$$

应力与应变仍有
$$\sigma = E\varepsilon \tag{5-1-8}$$

节点力与节点位移之间的关系由虚功原理求得,即

$$P\Delta = \int_0^l \sigma \cdot \varepsilon A \, dx = \int_0^l (E\varepsilon)\varepsilon A \, dx$$

$$= E\left(\frac{\Delta}{l}\right)^2 Al = \frac{EA}{l}\Delta^2$$

同样得到
$$P = \frac{EA}{l}\Delta \qquad\qquad (5\text{-}1\text{-}9)$$

对这样简单的例子,结构力学的方法既直观又简单,但对一般的非杆件单元,则必须利用插值函数和虚功原理来推求。

2. 关于整体刚度集成

整体刚度矩阵是由单元刚度矩阵集合而得,它的物理意义是力在节点处的平衡条件。实际计算时不再去列平衡条件,而是采用集成的方法。其计算过程包括两步:首先将单元刚度矩阵扩大,将局部节点码更换为节点整体码,形成扩大的单元刚度矩阵(又称贡献矩阵),然后将扩大的刚度矩阵中同行、同列的刚度元素叠加,即可集合成整体刚度矩阵。例如图 5-1-2(a)所示的一根梁,分为 24 个三角形单元,共 20 个节点,对每一个三角形单元,有三个节点,编号总是 1,2,3,对于平面问题,每一个节点有两个位移,三个节点有六个节点位移,故单元刚度矩阵是 6×6 的。取出任一个单元,例如整体编号为 7、13、12 的单元则不难求得单元位移与节点位移的对应关系,如图 5-1-2(b)及表 5-1-1 所示。

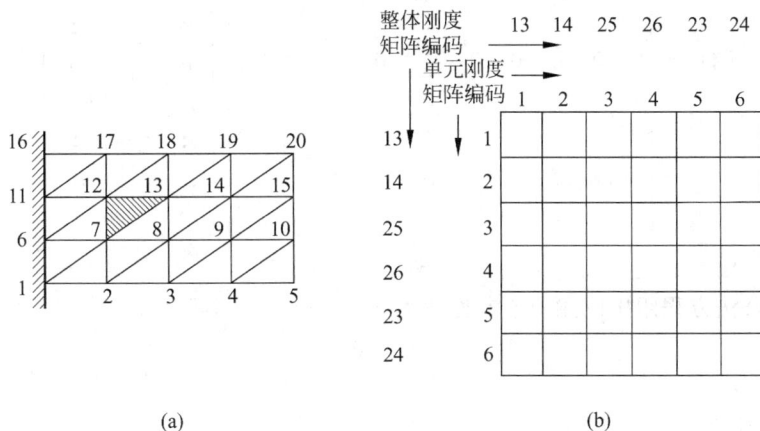

(a)   (b)

图 5-1-2　整体刚度编码与单元刚度编码

表 5-1-1　单元的局部编码与整体编码

单元局部节点号	1		2		3	
单元节点位移行或列号	1	2	3	4	5	6
单元的整体节点号	7		13		12	
节点位移整体的编号	13	14	25	26	23	24

可见对任一单元,在整体坐标系中节点号为 i,j,k,则单元刚度矩阵各元素在整体刚度矩阵中占的位置为 $2i-1,2i,2j-1,2j,2k-1,2k$,对于二节点、四节点等有不同节点,每个节点有不同位移数的单元也易推出类似的关系。

有了扩大的单元刚度矩阵,可以集合成整体刚度矩阵。在实际计算中,总是先设置一个空的(即各元素均为零)总体刚度矩阵,计算各单元刚度矩阵后,立即扩大并同时叠加到总体刚度矩阵中去。

从集合过程可以看出,对应于每个节点位移的刚度元素,只与和这一节点相连节点的单元刚度有关,与不相连的单元无关。整体刚度矩阵的元素集中在主对角线附近,呈带状分布。从主对角元素到左边(或右边)最后一个非零元素的宽度称为半带宽,其中宽度最大的称为最大半带宽。

3. 引入边界条件

当某一节点、某一方向的位移为零或为其他非零的已知值时,应对整体位移法方程进行修改。修改刚度方程通常有两种方法,即化零置 1 法和乘大数法。

(1) 化零置 1 法

如已知某一位移 $v_i = 0$,则将刚度矩阵中的 i 行、i 列中的元素化为零,将 i 行中第 i 个元素(对角元素)置 1,同时将相应的荷载项 P_i 取为零,即修改为(只列出修改的行和列)

$$i\ \text{行} \to \begin{bmatrix} & & & & & 0 & & & & & \\ & & & & & 0 & & & & & \\ & & & & & 0 & & & & & \\ & & & & & 0 & & & & & \\ & & & & & \vdots & & & & & \\ 0 & 0 & 0 & 0 & 0 & 1 & 0 & \cdots & 0 & 0 \\ & & & & & 0 & & & & & \\ & & & & & \vdots & & & & & \\ & & & & & 0 & & & & & \end{bmatrix} \begin{bmatrix} v_1 \\ v_2 \\ v_3 \\ v_4 \\ \vdots \\ v_i \\ v_{i+1} \\ \vdots \\ v_n \end{bmatrix} = \begin{bmatrix} P_1 \\ P_2 \\ P_3 \\ P_4 \\ \vdots \\ 0 \\ P_{i+1} \\ \vdots \\ P_n \end{bmatrix} \qquad (5\text{-}1\text{-}10)$$

$$i\ \text{列}$$

显然,位移法方程组中的第 i 个方程变为

$$v_i = 0 \qquad (5\text{-}1\text{-}11)$$

满足了边界条件。

(2) 乘大数法

若某一节点位移 $v_i = \Delta$ 为已知,为了满足已知条件,我们将 i 行中 i 列元素乘上一个很大的数 A,例如 10^{12},并将相应的荷载项取 $Ak_{ii}\Delta$,第 i 个方程便化为

$$k_{i1}v_1 + k_{i2}v_2 + \cdots + Ak_{ii}v_i + \cdots + k_{in}v_n = Ak_{ii}\Delta \qquad (5\text{-}1\text{-}12)$$

式中,因不包含 A 的各项系数与 Ak_{ii} 相比都很小,可以忽略不计。因而与下列方程的解很接近:

$$Ak_{ii}v_i = Ak_{ii}\Delta \qquad (5\text{-}1\text{-}13)$$

即满足了 $v_i = \Delta$ 的条件。当 $\Delta = 0$ 时,显然有 $v_i = 0$,因而不论边界处位移为零或为某一已知值,这一方法均可作统一处理。

当然,当某一位移为零时,也可以将相应的行及列去掉,即采用缩减矩阵来求解,这在动力分析中常用。

钢筋混凝土结构由钢筋和混凝土两种材料组成。如何将这类结构离散化?这一问题与

一般均匀连续的一种或几种材料组成的结构有类似之处,但也有不同之点。在钢筋混凝土结构中钢筋一般是被包围于混凝土之中的,而且相对体积较小,因此,在建立钢筋混凝土的有限元模型时,必须考虑到这一特点。通常构成钢筋混凝土结构的有限元模型主要有三种方式:分离式、组合式和整体式。下面分别介绍。

5.2 分离式模型

分离式模型把混凝土和钢筋作为不同的单元来处理,即混凝土和钢筋各自被划分为足够小的单元。在平面问题中,混凝土可划分为三角形或四边形单元,钢筋也可分为三角形或四边形单元。但考虑到钢筋是一种细长材料,通常可忽略其横向抗剪强度。这样,可以将钢筋作为线性单元来处理。这样处理,单元数目可以大大减少,并且可避免因钢筋单元划分太细而在钢筋和混凝土的交界处应用很多过渡单元。

在分离式模型中,钢筋和混凝土之间可以插入连接单元来模拟钢筋和混凝土之间的粘结和滑移,如图 5-2-1 所示。这一点是组合式或整体式有限元模型做不到的。但若钢筋和混凝土之间的粘结很好,不会有相对滑移,则可视为刚性连接,这时也可以不用连接单元。

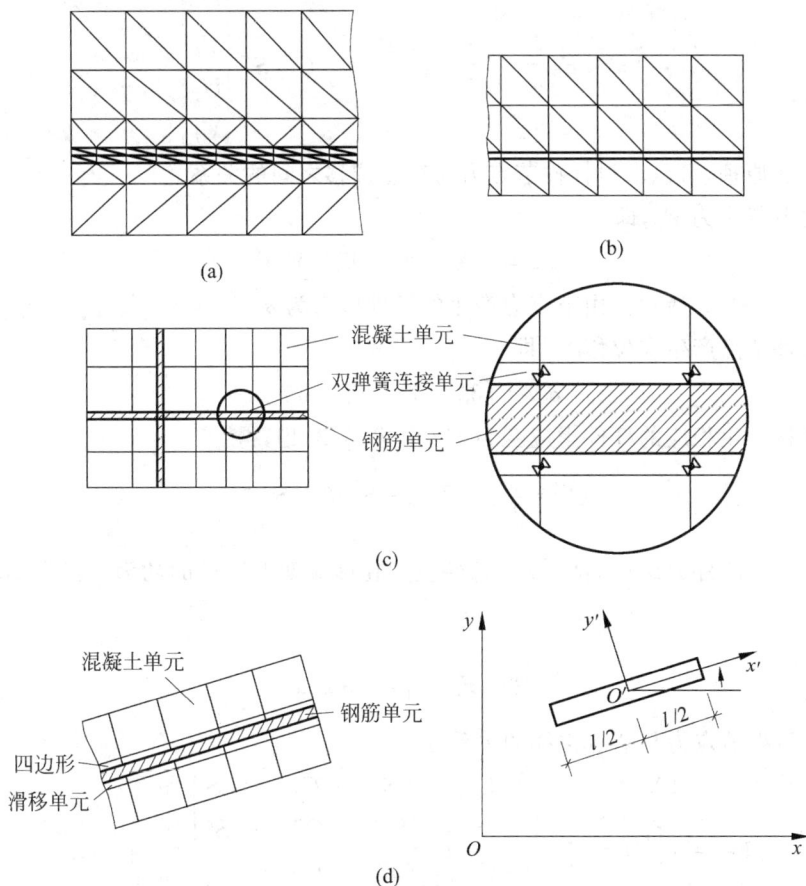

(a)

(b)

(c)

混凝土单元
双弹簧连接单元
钢筋单元

混凝土单元
钢筋单元
四边形
滑移单元

(d)

图 5-2-1 分离式模型

　　关于分离式单元的刚度矩阵,除了连接单元外,与一般的线性单元、平面单元或立体单元并无区别。这些单元刚度矩阵的推导可以很方便地在一般的有限元教材中找到。但是,为了应用的方便,这里对混凝土有限元分析中常用单元作一简要说明。

1. 杆件线性单元(平面单元)

　　设钢筋杆 i-j,面积为 A,杆长 l,与水平轴夹角为 θ,并取 $C=\cos\theta$,$S=\sin\theta$,如图 5-2-2 所示。

　　由结构力学可知,其杆件纵向应变与节点位移之间的关系可以表示为

$$\varepsilon = \frac{1}{L}[-C \quad -S \quad C \quad S]\begin{bmatrix} U_i \\ V_i \\ U_j \\ V_j \end{bmatrix} \qquad (5\text{-}2\text{-}1)$$

图 5-2-2　杆件线性单元

节点位移 U_i、V_i、U_j、V_j 的正方向也示于图 5-2-2。

　　通过虎克定律建立的应力-应变关系,可求得应力与节点位移之间的关系为

$$\sigma = E\varepsilon = \frac{E}{L}[-C \quad -S \quad C \quad S]\begin{bmatrix} U_i \\ V_i \\ U_j \\ V_j \end{bmatrix} \qquad (5\text{-}2\text{-}2)$$

　　利用虚功原理,可以求得杆件节点力与节点位移之间的关系。

　　设杆之节点力为 $\boldsymbol{F}_E$,即

$$\boldsymbol{F}_E = [X_i \quad Y_i \quad X_j \quad Y_j]^T \qquad (5\text{-}2\text{-}3)$$

其正方向如图 5-2-2 所示。由节点力产生的杆件应力为 σ。

　　又设杆件节点产生虚位移 $\boldsymbol{\delta}^*$,即

$$\boldsymbol{\delta}^* = [\delta_{ui}^* \quad \delta_{vi}^* \quad \delta_{uj}^* \quad \delta_{vj}^*]^T \qquad (5\text{-}2\text{-}4)$$

　　由虚位移产生相应的杆件虚应变为 ε^*,由式(5-2-1),得

$$\varepsilon^* = \frac{1}{L}[-C \quad -S \quad C \quad S]\boldsymbol{\delta}^* \qquad (5\text{-}2\text{-}5)$$

则作用在杆件上的外力虚功为 $\boldsymbol{\delta}^{*T}\boldsymbol{F}_E$,杆件应力在虚应变上所做的功为 $\int \varepsilon^{*T}\sigma A\,\mathrm{d}x$,由虚功原理

$$\boldsymbol{\delta}^{*T}\boldsymbol{F}_E = \int \varepsilon^{*T}\sigma A\,\mathrm{d}x \qquad (5\text{-}2\text{-}6)$$

展开化简后可得节点力与节点位移的关系为

$$\boldsymbol{F}_E = \begin{bmatrix} X_i \\ Y_i \\ X_j \\ Y_j \end{bmatrix} = \frac{AE}{L}\begin{bmatrix} C^2 & CS & -C^2 & -CS \\ CS & S^2 & -CS & -S^2 \\ -C^2 & -CS & C^2 & CS \\ -CS & -S^2 & CS & S^2 \end{bmatrix}\begin{bmatrix} u_i \\ v_i \\ u_j \\ v_j \end{bmatrix} = \boldsymbol{K\delta} \qquad (5\text{-}2\text{-}7)$$

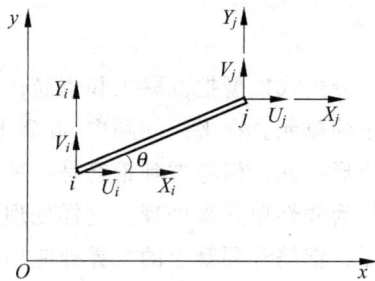

其中 $\boldsymbol{K}$ 为刚度矩阵,其表达式为

$$\boldsymbol{K} = \frac{AE}{L}\begin{bmatrix} C^2 & CS & -C^2 & -CS \\ CS & S^2 & -CS & -S^2 \\ -C^2 & -CS & C^2 & CS \\ -CS & -S^2 & CS & S^2 \end{bmatrix} \tag{5-2-8}$$

2. 平面三角形单元

三角形单元的节点力与节点位移可用向量表示(图 5-2-3):

$$\left.\begin{aligned} \boldsymbol{F}_\mathrm{E} &= \begin{bmatrix} X_i & Y_i & X_j & Y_j & X_m & Y_m \end{bmatrix}^\mathrm{T} \\ \boldsymbol{\delta}_\mathrm{E} &= \begin{bmatrix} U_i & V_i & U_j & V_j & U_m & V_m \end{bmatrix}^\mathrm{T} \end{aligned}\right\} \tag{5-2-9}$$

在常应变三角形单元中,假定位移模式为简单的线性函数,即

$$\left.\begin{aligned} U &= a_1 + a_2 x + a_3 y \\ V &= b_1 + b_2 x + b_3 y \end{aligned}\right\} \tag{5-2-10}$$

其中,a_1、a_2、a_3 和 b_1、b_2、b_3 为待定常数,它们由节点位移确定。设节点 i、j 和 m 的坐标值为 (x_i, y_i),(x_j, y_j) 和 (x_m, y_m)。将节点位移 δ 和坐标值代入

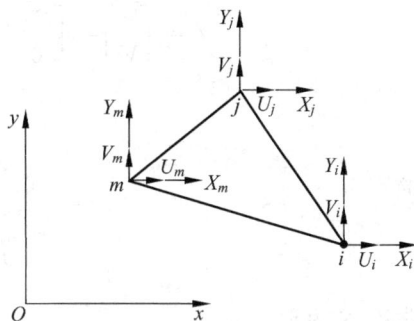

图 5-2-3　平面三角形单元

式(5-2-10),可以得到六个方程,从中可解出六个常数 a_1、a_2、a_3 和 b_1、b_2、b_3。以水平位移为例,由式(5-2-10)中的第一式可得

$$\left.\begin{aligned} U_i &= a_1 + a_2 x_i + a_3 y_i \\ U_j &= a_1 + a_2 x_j + a_3 y_j \\ U_m &= a_1 + a_2 x_m + a_3 y_m \end{aligned}\right\} \tag{5-2-11}$$

解上述方程组,得

$$\left.\begin{aligned} a_1 &= (a_i U_i + a_j U_j + a_m U_m)/2\Delta \\ a_2 &= (b_i U_i + b_j U_j + b_m U_m)/2\Delta \\ a_3 &= (c_i U_i + c_j U_j + c_m U_m)/2\Delta \end{aligned}\right\} \tag{5-2-12}$$

其中,

$$\left.\begin{aligned} a_i &= x_j y_m - x_m y_j \\ b_i &= y_j - y_m \qquad i,\overleftrightarrow{j,m} \\ c_i &= x_m - x_j \end{aligned}\right\} \tag{5-2-13}$$

其中 $i,\overleftrightarrow{j,m}$ 表示将字母轮换,可得另外两组 $a_j, b_j, c_j, a_m, b_m, c_m$ 的表达式。而

$$\Delta = \frac{1}{2}\begin{vmatrix} 1 & x_i & y_i \\ 1 & x_j & y_j \\ 1 & x_m & y_m \end{vmatrix} = 三角形 \; ijm \; 的面积$$

为了使三角形面积不为负值,三角形单元节点 i、j、m 应按逆时针方向排列。

令
$$N_i = (a_i + b_i x + c_i y)/2\Delta \qquad i, \overrightarrow{j, m} \tag{5-2-14}$$

可得

$$U = N_i U_i + N_j U_j + N_m U_m \tag{5-2-15}$$

同样可得

$$V = N_i V_i + N_j V_j + N_m V_m \tag{5-2-16}$$

两式合写为矩阵形式,则有

$$f = \begin{bmatrix} U \\ V \end{bmatrix} = \begin{bmatrix} N_i & 0 & N_j & 0 & N_m & 0 \\ 0 & N_i & 0 & N_j & 0 & N_m \end{bmatrix} \begin{bmatrix} U_i \\ V_i \\ U_j \\ V_j \\ U_m \\ V_m \end{bmatrix} \tag{5-2-17}$$

或简写为

$$f = \begin{bmatrix} U \\ V \end{bmatrix} = \boldsymbol{N\delta} \tag{5-2-18}$$

通常称 N 为形函数。

有了单元的位移模式,就可利用平面问题的几何关系(式(5-2-19))求得应变分量。

$$\boldsymbol{\varepsilon} = \begin{bmatrix} \varepsilon_x \\ \varepsilon_y \\ \gamma_{xy} \end{bmatrix} = \begin{bmatrix} \dfrac{\partial u}{\partial x} \\ \dfrac{\partial v}{\partial y} \\ \dfrac{\partial u}{\partial y} + \dfrac{\partial v}{\partial x} \end{bmatrix} \tag{5-2-19}$$

再利用式(5-2-17)的关系,可以求得单元应变与节点位移的关系

$$\boldsymbol{\varepsilon} = \frac{1}{2\Delta} \begin{bmatrix} b_i & 0 & b_j & 0 & b_m & 0 \\ 0 & c_i & 0 & c_j & 0 & c_m \\ c_i & b_i & c_j & b_j & c_m & b_m \end{bmatrix} \begin{bmatrix} U_i \\ V_i \\ U_j \\ V_j \\ U_m \\ V_m \end{bmatrix} \tag{5-2-20}$$

或简写为

$$\boldsymbol{\varepsilon} = \boldsymbol{B\delta} \tag{5-2-21}$$

其中,矩阵 $\boldsymbol{B}$ 称为单元几何矩阵。由于几何矩阵 $\boldsymbol{B}$ 中的元素均为常量,所以单元内各点的应变也都为常量,故通常称这种单元为常应变单元。

有了单元应变,利用物理关系可以求得单元的应力为

$$\boldsymbol{\sigma} = \begin{bmatrix} \sigma_x \\ \sigma_y \\ \tau_{xy} \end{bmatrix} = \boldsymbol{D\varepsilon} = \boldsymbol{DB\delta} \tag{5-2-22}$$

其中 D 为材料的本构矩阵。在线弹性体的平面应力问题中可以表示为

$$D = \frac{E}{1-\nu^2}\begin{bmatrix} 1 & \nu & 0 \\ \nu & 1 & 0 \\ 0 & 0 & \dfrac{1-\nu}{2} \end{bmatrix}$$ (5-2-23)

对于平面应变问题,只要将上式的 E 换成 $E/(1-\nu)^2$,ν 换成 $\nu/(1-\nu)$ 即可。取用符号

$$S = DB$$ (5-2-24)

称为应力关系矩阵。

利用虚功原理,可以求得节点力与节点位移之间的关系。

设单元三个节点都产生一虚位移

$$\delta^* = \begin{bmatrix} u_i^* & v_i^* & u_j^* & v_j^* & u_m^* & v_m^* \end{bmatrix}^{\mathrm{T}}$$ (5-2-25)

选定的位移模式可以由节点虚位移求得相应的单元内虚位移,进而求得单元内的虚应变。由式(5-2-21)可得

$$\varepsilon^* = B\delta^*$$ (5-2-26)

若单元节点力 F_{E} 产生的单元应力为 σ,则作用在单元上的节点力在虚位移上所做的虚功为

$$\delta^{*\mathrm{T}}F_{\mathrm{E}}$$ (5-2-27)

单元应力在虚应变上所做的虚功为

$$\iint \varepsilon^{*\mathrm{T}}\sigma t\,\mathrm{d}x\mathrm{d}y = \delta^{*\mathrm{T}}\iint B^{\mathrm{T}}DB\delta t\,\mathrm{d}x\mathrm{d}y$$ (5-2-28)

其中,t 为单元厚度。根据虚功原理,外力虚功等于单元内的应力虚功,即

$$\delta^{*\mathrm{T}}F_{\mathrm{E}} = \delta^{*\mathrm{T}}\iint B^{\mathrm{T}}DB t\,\mathrm{d}x\mathrm{d}y \cdot \delta$$

从而

$$F_{\mathrm{E}} = K\delta$$ (5-2-29)

其中,K 为单元刚度矩阵,即

$$K = \iint B^{\mathrm{T}}DB t\,\mathrm{d}x\mathrm{d}y = B^{\mathrm{T}}DB t \cdot \Delta$$ (5-2-30)

将相应矩阵相乘,展开后可写成显式表达为

$$K = \begin{bmatrix} K_{ii} & K_{ij} & K_{im} \\ K_{ji} & K_{jj} & K_{jm} \\ K_{mi} & K_{mj} & K_{mm} \end{bmatrix}$$ (5-2-31)

其中,

$$K_{rs} = \frac{E}{4(1-\nu^2)\Delta}\begin{bmatrix} b_rb_s + \dfrac{1-\nu}{2}c_rb_s & \nu b_rc_s + \dfrac{1-\nu}{2}c_rb_s \\ \nu c_rb_s + \dfrac{1-\nu}{2}b_rc_s & c_rc_s + \dfrac{1-\nu}{2}b_rb_s \end{bmatrix}, \quad r = i,j,m;\ s = i,j,m$$

3. 平面问题矩形单元

三角形单元是常应变单元,精度不是很理想。对于规则形状的物体,可采用矩形单元,

如图 5-2-4 所示,它有 4 个节点,可采用双线性位移插值函数。其精度要高于常应变单元,能更好地反映单元内部的应力状态。

设矩形单元的节点力和节点位移向量为

$$\left.\begin{array}{l} \boldsymbol{F}_\mathrm{E} = \begin{bmatrix} x_1 & y_1 & x_2 & y_2 & x_3 & y_3 & x_4 & y_4 \end{bmatrix}^\mathrm{T} \\ \boldsymbol{\delta}_\mathrm{E} = \begin{bmatrix} u_1 & v_1 & u_2 & v_2 & u_3 & v_3 & u_4 & v_4 \end{bmatrix}^\mathrm{T} \end{array}\right\}$$

(5-2-32)

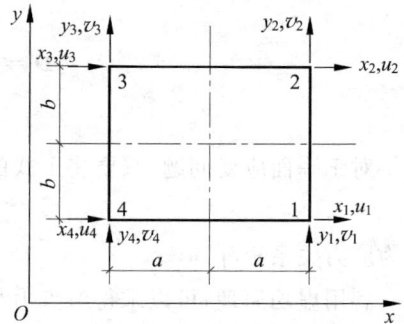
图 5-2-4 平面矩形单元

取位移插值函数为

$$\left.\begin{array}{l} u = a_1 + a_2 x + a_3 y + a_4 xy \\ v = a_5 + a_6 x + a_7 y + a_8 xy \end{array}\right\}$$

(5-2-33)

将 8 个节点位移代入此式,可得 8 个方程,从中解出 8 个待定常数 $a_1 \sim a_8$。经整理后,位移的表达式为

$$\begin{bmatrix} u \\ v \end{bmatrix} = \begin{bmatrix} N_1 & 0 & N_2 & 0 & N_3 & 0 & N_4 & 0 \\ 0 & N_1 & 0 & N_2 & 0 & N_3 & 0 & N_4 \end{bmatrix} \begin{bmatrix} u_1 \\ v_1 \\ u_2 \\ v_2 \\ u_3 \\ v_3 \\ u_4 \\ v_4 \end{bmatrix}$$

(5-2-34)

其中,

$$\left.\begin{array}{l} N_1 = \dfrac{1}{4}\left(1 - \dfrac{x}{a}\right)\left(1 - \dfrac{y}{b}\right) \\[2mm] N_2 = \dfrac{1}{4}\left(1 + \dfrac{x}{a}\right)\left(1 - \dfrac{y}{b}\right) \\[2mm] N_3 = \dfrac{1}{4}\left(1 + \dfrac{x}{a}\right)\left(1 + \dfrac{y}{b}\right) \\[2mm] N_4 = \dfrac{1}{4}\left(1 - \dfrac{x}{a}\right)\left(1 + \dfrac{y}{b}\right) \end{array}\right\}$$

称为形函数。写成矩阵形式为

$$\boldsymbol{\omega} = \begin{bmatrix} u \\ v \end{bmatrix} = \boldsymbol{N}\boldsymbol{\delta}$$

(5-2-35)

有了单元位移,即可求得单元应变

$$\boldsymbol{\varepsilon} = \begin{bmatrix} \varepsilon_x \\ \varepsilon_y \\ \gamma_{xy} \end{bmatrix} = \begin{bmatrix} \dfrac{\partial u}{\partial x} \\[2mm] \dfrac{\partial v}{\partial y} \\[2mm] \dfrac{\partial u}{\partial y} + \dfrac{\partial v}{\partial x} \end{bmatrix} = \boldsymbol{B}\boldsymbol{\delta}$$

(5-2-36)

其中 $\boldsymbol{B}$ 称为几何矩阵,其具体表达式为

$$\boldsymbol{B} = \frac{1}{4ab}\begin{bmatrix} -(b-y) & 0 & b-y & 0 & b+y & 0 & -(b+y) & 0 \\ 0 & -(a-x) & 0 & -(a+x) & 0 & a+x & 0 & a-x \\ -(a-x) & -(b-y) & -(a+x) & b-y & a+x & b+y & a-x & -(b+y) \end{bmatrix}$$

$$(5\text{-}2\text{-}37)$$

由应力-应变关系可以求得单元的应力为

$$\boldsymbol{\sigma} = \begin{bmatrix} \sigma_x \\ \sigma_y \\ \tau_{xy} \end{bmatrix} = \boldsymbol{D}\boldsymbol{\varepsilon} = \boldsymbol{D}\boldsymbol{B}\boldsymbol{\delta} = \boldsymbol{S}\boldsymbol{\delta} \qquad (5\text{-}2\text{-}38)$$

其中,

$$\boldsymbol{S} = \frac{E}{4ab(1-\nu^2)}\begin{bmatrix} S_{11} & S_{12} & S_{13} & S_{14} & S_{15} & S_{16} & S_{17} & S_{18} \\ S_{21} & S_{22} & S_{23} & S_{24} & S_{25} & S_{26} & S_{27} & S_{28} \\ S_{31} & S_{32} & S_{33} & S_{34} & S_{35} & S_{36} & S_{37} & S_{38} \end{bmatrix} \qquad (5\text{-}2\text{-}39)$$

$$S_{11} = -(b-y)$$

$$S_{12} = -\nu(a-x)$$

$$S_{13} = -S_{11} = b-y$$

$$S_{14} = -\nu(a+x)$$

$$S_{15} = b+y$$

$$S_{16} = -S_{14} = \nu(a+x)$$

$$S_{17} = -S_{15} = -(b+y)$$

$$S_{18} = -S_{12} = \nu(a-x)$$

$$S_{21} = -\nu(b-y)$$

$$S_{22} = -(a-x)$$

$$S_{23} = -S_{21} = \nu(b-y)$$

$$S_{24} = -(a+x)$$

$$S_{25} = \nu(b-y)$$

$$S_{26} = -S_{24} = a+x$$

$$S_{27} = -S_{25} = -\nu(b+y)$$

$$S_{28} = -S_{22} = a-x$$

$$S_{31} = -\frac{1-\nu}{2}(a-x)$$

$$S_{32} = -\frac{1-\nu}{2}(b-y)$$

$$S_{33} = -\frac{1-\nu}{2}(a+x)$$

$$S_{34} = -S_{32} = -\frac{1-\nu}{2}(b-y)$$

$$S_{35} = -S_{33} = \frac{1-\nu}{2}(a+x)$$

$$S_{36} = \frac{1-\nu}{2}(b+y)$$

$$S_{37} = -S_{31} = \frac{1-\nu}{2}(a-x)$$

$$S_{38} = -S_{36} = -\frac{1-\nu}{2}(b+y)$$

可见,采用矩形单元时,单元中的应力是随坐标变化的,因而它比三角形常应变单元更能反映实际应力的变化。

利用虚功原理,可以推导出节点力与节点位移的关系为

$$\boldsymbol{F}_{\mathrm{E}} = t\int_{-a}^{a}\int_{-b}^{b}\boldsymbol{B}^{\mathrm{T}}\boldsymbol{D}\boldsymbol{B}\,\mathrm{d}x\mathrm{d}y\boldsymbol{\delta} = \boldsymbol{K}\boldsymbol{\delta} \tag{5-2-40}$$

将 $\boldsymbol{B}$ 和 $\boldsymbol{D}$ 代入后,对每一元素进行积分,可以得出单元刚度矩阵的具体表达式为

$$\boldsymbol{K} = \frac{Et}{1-\nu^2}\begin{bmatrix} k_1 & & & & & & & \\ k_2 & k_3 & & & & & & \\ k_4 & k_5 & k_1 & & \text{对称} & & & \\ -k_5 & k_6 & -k_2 & k_3 & & & & \\ k_7 & -k_2 & k_8 & k_5 & k_1 & & & \\ -k_2 & k_9 & -k_5 & k_{10} & k_2 & k_3 & & \\ k_8 & -k_5 & k_7 & k_2 & k_4 & k_5 & k_1 & \\ k_5 & k_{10} & k_2 & k_9 & -k_5 & k_6 & -k_2 & k_3 \end{bmatrix} \tag{5-2-41}$$

其中,

$$k_1 = \frac{1}{3}\frac{b}{a} + \frac{1-\nu}{6}\frac{a}{b}$$

$$k_2 = \frac{1+\nu}{8}$$

$$k_3 = \frac{1}{3}\frac{a}{b} + \frac{1-\nu}{6}\frac{b}{a}$$

$$k_4 = -\frac{1}{3}\frac{a}{b} + \frac{1-\nu}{12}\frac{a}{b}$$

$$k_5 = \frac{1-3\nu}{8}$$

$$k_6 = \frac{1}{6}\frac{a}{b} - \frac{1-\nu}{6}\frac{b}{a}$$

$$k_7 = \frac{1}{6}\frac{b}{a} - \frac{1-\nu}{12}\frac{a}{b}$$

$$k_8 = \frac{1}{6}\frac{b}{a} - \frac{1-\nu}{6}\frac{a}{b}$$

$$k_9 = -\frac{1}{6}\frac{a}{b} - \frac{1-\nu}{12}\frac{b}{a}$$

$$k_{10} = -\frac{1}{3}\frac{a}{b} + \frac{1-\nu}{12}\frac{b}{a}$$

4. 平面四节点等参单元

矩形单元比三角形单元有较高的精度,但它不适应不规则形状,对于任意四边形单元,如有一边的边界方程为 $y=kx+b$,代入位移插值函数后,有

$$u = a_1 + a_2 x + a_3(kx + b) + a_4 x(kx + b) \tag{5-2-42}$$

其中 x 出现了二次项,这意味着单元边界上的位移不呈线性分布,它不能由节点的位移唯一地确定,因而两单元节点位移相同并不能保证满足位移的连续要求。这就限制了矩形单元的应用范围,等参单元就是为克服这一缺点而发展起来的。

1) 等参单元刚度矩阵的推导

在四边形等参单元推导过程中,采用两套坐标系,一套是总体坐标系 xOy,它适用于被分析物体的实际单元;另一套是局部坐标系 $\xi O\eta$,它是标准化的正方形单元,在等参单元分析中又称为母单元,母单元在边界上有 $\xi=\pm1$ 和 $\eta=\pm1$,如图 5-2-5 所示。

显然在母单元上建立位移插值函数是方便的。现在的问题是要建立两种单元间的一一对应关系。这可以通过图像变换中映射的方法解决。如取实际单元中任一点的坐标与节点坐标有如下关系:

图 5-2-5　平面四节点等参单元

$$\left. \begin{array}{l} x = \displaystyle\sum_{i=1}^{4} N_i x_i \\ y = \displaystyle\sum_{i=1}^{4} N_i y_i \end{array} \right\} \tag{5-2-43}$$

式中,$x_i,y_i(i=1,2,3,4)$ 为节点坐标。

$$\left. \begin{array}{l} N_1 = \dfrac{1}{4}(1-\xi)(1-\eta) \\[2mm] N_2 = \dfrac{1}{4}(1+\xi)(1-\eta) \\[2mm] N_3 = \dfrac{1}{4}(1+\xi)(1+\eta) \\[2mm] N_4 = \dfrac{1}{4}(1-\xi)(1+\eta) \end{array} \right\} \tag{5-2-44}$$

N_i 是 (ξ,η) 的函数,也可称为形函数。通过这一变换,对母单元上每一点 (ξ,η),可以在实际单元中找到一对应点 (x,y),即两单元间有一一对应关系,并且四个角点与四边界上的点均有一一对应关系。现在我们在母单元中建立位移插值函数

$$\left. \begin{array}{l} u = \displaystyle\sum_{i=1}^{4} N_i u_i \\ v = \displaystyle\sum_{i=1}^{4} N_i v_i \end{array} \right\} \tag{5-2-45}$$

式中,$u_i,v_i(i=1,2,3,4)$ 为节点位移;$N_i(i=1,2,3,4)$ 为形函数,它与坐标变换中的形函数相同。

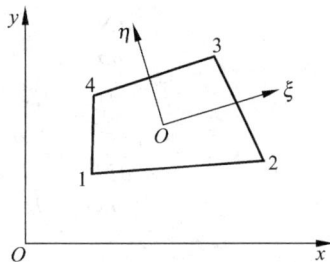

因坐标变换与位移变换取同一函数,所以这种单元称为等参单元。

有了位移分布函数,可以求得单元内各点的应变为

$$
\boldsymbol{\varepsilon} = \begin{bmatrix} \varepsilon_x \\ \varepsilon_y \\ \gamma_{xy} \end{bmatrix} = \begin{bmatrix} \dfrac{\partial u}{\partial x} \\[2mm] \dfrac{\partial v}{\partial y} \\[2mm] \dfrac{\partial u}{\partial y} + \dfrac{\partial v}{\partial x} \end{bmatrix}
$$

$$
= \begin{bmatrix} \dfrac{\partial N_1}{\partial x} & 0 & \dfrac{\partial N_2}{\partial x} & 0 & \dfrac{\partial N_3}{\partial x} & 0 & \dfrac{\partial N_4}{\partial x} & 0 \\[2mm] 0 & \dfrac{\partial N_1}{\partial y} & 0 & \dfrac{\partial N_2}{\partial y} & 0 & \dfrac{\partial N_3}{\partial y} & 0 & \dfrac{\partial N_4}{\partial y} \\[2mm] \dfrac{\partial N_1}{\partial y} & \dfrac{\partial N_1}{\partial x} & \dfrac{\partial N_2}{\partial y} & \dfrac{\partial N_2}{\partial x} & \dfrac{\partial N_3}{\partial y} & \dfrac{\partial N_3}{\partial x} & \dfrac{\partial N_4}{\partial y} & \dfrac{\partial N_4}{\partial x} \end{bmatrix} \begin{bmatrix} u_1 \\ v_1 \\ u_2 \\ v_2 \\ u_3 \\ v_3 \\ u_4 \\ v_4 \end{bmatrix}
$$

$$
= \boldsymbol{B\delta} \tag{5-2-46}
$$

式中,$\boldsymbol{B}$ 称为几何矩阵,在几何矩阵中要用到形函数对整体坐标 x、y 的微分,而形函数是用局部坐标 ξ、η 表示的。这就需要进行坐标变换,由复合函数求导公式,得

$$
\left. \begin{aligned} \dfrac{\partial N_i}{\partial \xi} &= \dfrac{\partial N_i}{\partial x} \dfrac{\partial x}{\partial \xi} + \dfrac{\partial N_i}{\partial y} \dfrac{\partial y}{\partial \xi} \\[2mm] \dfrac{\partial N_i}{\partial \eta} &= \dfrac{\partial N_i}{\partial x} \dfrac{\partial x}{\partial \eta} + \dfrac{\partial N_i}{\partial y} \dfrac{\partial y}{\partial \eta} \end{aligned} \right\} \tag{5-2-47}
$$

写成矩阵形式,有

$$
\begin{bmatrix} \dfrac{\partial N_i}{\partial \xi} \\[2mm] \dfrac{\partial N_i}{\partial \eta} \end{bmatrix} = \begin{bmatrix} \dfrac{\partial x}{\partial \xi} & \dfrac{\partial y}{\partial \xi} \\[2mm] \dfrac{\partial x}{\partial \eta} & \dfrac{\partial y}{\partial \eta} \end{bmatrix} \begin{bmatrix} \dfrac{\partial N_i}{\partial x} \\[2mm] \dfrac{\partial N_i}{\partial y} \end{bmatrix} = \boldsymbol{J} \begin{bmatrix} \dfrac{\partial N_i}{\partial x} \\[2mm] \dfrac{\partial N_i}{\partial y} \end{bmatrix} \tag{5-2-48}
$$

其中,

$$
\boldsymbol{J} = \begin{bmatrix} \dfrac{\partial x}{\partial \xi} & \dfrac{\partial y}{\partial \xi} \\[2mm] \dfrac{\partial x}{\partial \eta} & \dfrac{\partial y}{\partial \eta} \end{bmatrix} = \begin{bmatrix} \displaystyle\sum_{i=1}^{4} \dfrac{\partial N_i}{\partial \xi} x_i & \displaystyle\sum_{i=1}^{4} \dfrac{\partial N_i}{\partial \xi} y_i \\[4mm] \displaystyle\sum_{i=1}^{4} \dfrac{\partial N_i}{\partial \eta} x_i & \displaystyle\sum_{i=1}^{4} \dfrac{\partial N_i}{\partial \eta} y_i \end{bmatrix} \tag{5-2-49}
$$

称为雅可比矩阵。求逆后可得

$$
\begin{bmatrix} \dfrac{\partial N_i}{\partial x} \\[2mm] \dfrac{\partial N_i}{\partial y} \end{bmatrix} = \boldsymbol{J}^{-1} \begin{bmatrix} \dfrac{\partial N_i}{\partial \xi} \\[2mm] \dfrac{\partial N_i}{\partial \eta} \end{bmatrix} \tag{5-2-50}
$$

由于 $N(\xi,\eta)$ 对 ξ、η 的求导是比较容易的,代入前式可求得 $\boldsymbol{J}$,进而便可通过 $\boldsymbol{J}^{-1}$ 求出 N_i 对 x、y 的偏导数。

形函数及其对 ξ、η 的偏导数的计算如表 5-2-1 所示。

表 5-2-1　形函数及其对 ξ、η 的偏导数

i	ξ	η	N_i	$\dfrac{\partial N_i}{\partial \xi}$	$\dfrac{\partial N_i}{\partial \eta}$
1	-1	-1	$\dfrac{1}{4}(1-\xi)(1-\eta)$	$-\dfrac{1}{4}(1-\eta)$	$-\dfrac{1}{4}(1-\xi)$
2	1	-1	$\dfrac{1}{4}(1+\xi)(1-\eta)$	$\dfrac{1}{4}(1-\eta)$	$-\dfrac{1}{4}(1+\xi)$
3	1	1	$\dfrac{1}{4}(1+\xi)(1+\eta)$	$\dfrac{1}{4}(1+\eta)$	$\dfrac{1}{4}(1+\xi)$
4	-1	1	$\dfrac{1}{4}(1-\xi)(1+\eta)$	$-\dfrac{1}{4}(1+\eta)$	$\dfrac{1}{4}(1-\xi)$

于是

$$\boldsymbol{J} = \frac{1}{4}\begin{bmatrix} -(1-\eta) & (1-\eta) & (1+\eta) & -(1+\eta) \\ -(1-\xi) & -(1+\xi) & (1+\xi) & (1-\xi) \end{bmatrix}\begin{bmatrix} x_1 & y_1 \\ x_2 & y_2 \\ x_3 & y_3 \\ x_4 & y_4 \end{bmatrix} \tag{5-2-51}$$

这样便可求出几何矩阵,再利用公式

$$K_{\mathrm{E}} = t\!\int B^{\mathrm{T}}DB\,\mathrm{d}x\mathrm{d}y \tag{5-2-52}$$

计算单元刚度矩阵。此时,还有两件事情要做。

① 积分变量由 $\mathrm{d}x\mathrm{d}y$ 变为 $\mathrm{d}\xi\mathrm{d}\eta$,这时积分上、下限为 ξ 从 -1 到 $+1$,η 从 -1 到 $+1$。

② 积分域 $\mathrm{d}A = \mathrm{d}x\mathrm{d}y$ 的变换。由图 5-2-6 可知,积分微元面积为

$$\mathrm{d}A = |\boldsymbol{a}||\boldsymbol{b}|\sin\theta = |\boldsymbol{a}\times\boldsymbol{b}| \tag{5-2-53}$$

设

$$\left.\begin{array}{l} \boldsymbol{a} = a_x\boldsymbol{i} + a_y\boldsymbol{j} \\ \boldsymbol{b} = b_x\boldsymbol{i} + b_y\boldsymbol{j} \end{array}\right\} \tag{5-2-54}$$

其中,a_x、a_y 为边长 a 在 x 轴与 y 轴上的投影;b_x、b_y 为边长 b 在 x 轴与 y 轴上的投影。

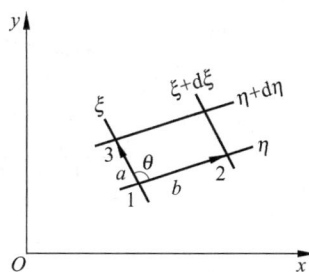

图 5-2-6　积分域的变换

则

$$\mathrm{d}A = |(a_x\boldsymbol{i} + a_y\boldsymbol{j})\times(b_x\boldsymbol{i} + b_y\boldsymbol{j})| = \begin{vmatrix} a_x & b_x \\ a_y & b_y \end{vmatrix} \tag{5-2-55}$$

由图 5-2-6 可知:

点 1 坐标　　　　　　　　　$x(\xi,\eta) = x_1,\quad y(\xi,\eta) = y_1$

点 2 坐标

$$\begin{cases} x(\xi+\mathrm{d}\xi,\eta) = x_1 + \dfrac{\partial x}{\partial \xi}\mathrm{d}\xi \\[2mm] y(\xi+\mathrm{d}\xi,\eta) = y_1 + \dfrac{\partial y}{\partial \xi}\mathrm{d}\xi \end{cases}$$

点 3 坐标　　　　　　　$x(\xi,\eta+\mathrm{d}\eta) = x_1 + \dfrac{\partial x}{\partial \eta}\mathrm{d}\eta,\quad y(\xi,\eta+\mathrm{d}\eta) = y_1 + \dfrac{\partial y}{\partial \eta}\mathrm{d}\eta$

于是有

$$a_x = x_2 - x_1 = \frac{\partial x}{\partial \xi} d\xi, \quad a_y = y_2 - y_1 = \frac{\partial y}{\partial \xi} d\xi \atop b_x = x_3 - x_1 = \frac{\partial x}{\partial \eta} d\eta, \quad b_y = y_3 - y_1 = \frac{\partial y}{\partial \eta} d\eta \right\}$$ (5-2-56)

$$dA = \begin{vmatrix} a_x & b_x \\ a_y & b_y \end{vmatrix} = \begin{vmatrix} \dfrac{\partial x}{\partial \xi} & \dfrac{\partial y}{\partial \xi} \\ \dfrac{\partial x}{\partial \eta} & \dfrac{\partial y}{\partial \eta} \end{vmatrix} d\xi d\eta = |\boldsymbol{J}| d\xi d\eta$$ (5-2-57)

这样四节点等参元的单元刚度公式便变换为

$$\boldsymbol{K} = \int_{-1}^{1} \int_{-1}^{1} \boldsymbol{B}^{\mathrm{T}} \boldsymbol{D} \boldsymbol{B}^{\mathrm{T}} |\boldsymbol{J}| t d\xi d\eta$$ (5-2-58)

计算均可在母单元内进行,但由于几何矩阵的复杂性,一般很难由直接积分求出,常采用数值积分法,有限元分析中最常用的是高斯数值积分法。

2) 高斯数值积分法

高斯数值积分法是优化选择积分点(X_i)和积分权函数(W_i),使积分计算公式为

$$\int_a^b f(x) dx = \sum_{i=1}^{n} f(X_i) W_i$$ (5-2-59)

现以一元函数说明,设线性函数,如图 5-2-7(a)所示,$y = ax + b$ 在区间-1到$+1$上积分,则其精确解为

$$\int_{-1}^{1} (ax + b) dx = \left(\frac{a}{2} x^2 + bx \right) \Big|_{-1}^{+1} = 2b$$ (5-2-60)

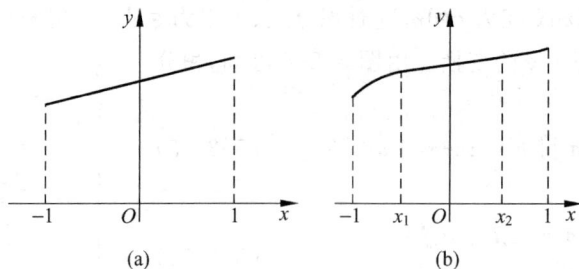

图 5-2-7　高斯数值积分法

显然,当 $x=0$ 时,$f(0)=b$,故可选一个积分点,$x=0$,权因子 $W_1=2$,即可求得与精确积分相同的值,即

$$\int_{-1}^{+1} f(x) dx = \int_{-1}^{+1} (ax + b) dx = f(0) \times 2$$ (5-2-61)

对三次函数 $y = a_1 + a_2 x + a_3 x^2 + a_4 x^3$ 在-1到$+1$区间上的精确积分为

$$\int_{-1}^{+1} (a_1 + a_2 x + a_3 x^2 + a_4 x^3) dx = 2a_1 + \frac{2}{3} a_3$$ (5-2-62)

从中选两个积分点,对称于原点,即 x_1 与$-x_1$,如图 5-2-7(b)所示,且权因子相同 $W_1 = W_2 = W$,则有

$$\int_{-1}^{+1} (a_1 + a_2 x + a_3 x^2 + a_4 x^3) dx = [f(x_1) + f(-x_1)] W$$

$$= 2W(a_1 + a_3 x_1^2)$$
$$= (2a_1 + 2a_3 x_1^2)W \tag{5-2-63}$$

与解析解对比可知,若取 $W = 1$, $x_1^2 = \dfrac{1}{3}$,即取两个积分点 $x_1 = \sqrt{1/3}$, $x_2 = -\sqrt{1/3}$,权因子 $W_1 = W_2 = 1$,则高斯数值积分与精确值相同,即有

$$\int_{-1}^{+1} f(x)\mathrm{d}x = \int_{-1}^{+1}(a_1 + a_2 x + a_3 x^2 + a_4 x^3)\mathrm{d}x = f\left(\frac{1}{\sqrt{3}}\right) + f\left(-\frac{1}{\sqrt{3}}\right) \tag{5-2-64}$$

对于 $n > 3$ 次的多项式,高斯点的值及相应的权因子,如表 5-2-2 所示。

表 5-2-2　高斯点及相应权因子

$n+1$	高　斯　点	权　因　子
1	0.0	2.0
2	$\pm\sqrt{1/3} = \pm 0.577\ 350\ 3$	1.0
3	$\pm 0.774\ 596\ 7$	0.555\ 556
	0.0	0.888\ 889
4	$\pm 0.861\ 136\ 3$	0.347\ 854\ 8
	$\pm 0.339\ 981\ 0$	0.652\ 145\ 2
5	$\pm 0.906\ 179\ 8$	0.236\ 926\ 9
	$\pm 0.538\ 469\ 3$	0.478\ 628\ 7
	0.0	0.568\ 888\ 9

由于高斯积分法运算次数少、精度高,积分点与权函数可预先存于程序中,使用方便,因而在等参元中广为应用。对于二维四边形单元,一般采用 2×2 个高斯积分点便有足够的精度。

关于雅可比矩阵行列式值 $|\boldsymbol{J}|$ 的计算,它与单元的形状有关,以图 5-2-8 各单元为例。对图 5-2-8(a),四个节点坐标值

$$(x_i, y_i) = \{(3,0),(3,1),(0,1),(0,0)\}$$

由 (x,y) 与 (ξ,η) 坐标转换公式

$$\left.\begin{aligned} x &= \sum_{i=1}^{4} N_i x_i = \frac{3}{2}(1-\eta) \\ y &= \sum_{i=1}^{4} N_i y_i = \frac{1}{2}(1+\xi) \end{aligned}\right\} \tag{5-2-65}$$

于是

$$|\boldsymbol{J}| = \det\begin{vmatrix} \dfrac{\partial x}{\partial \xi} & \dfrac{\partial x}{\partial \eta} \\ \dfrac{\partial y}{\partial \xi} & \dfrac{\partial y}{\partial \eta} \end{vmatrix} = \det\begin{vmatrix} 0 & -\dfrac{3}{2} \\ \dfrac{1}{2} & 0 \end{vmatrix} = \frac{3}{4} \tag{5-2-66}$$

对图 5-2-8(b),单元与图 5-2-8(a)一样,但节点坐标是顺时针编的,四个节点坐标为

$$(x_i, y_i) = \{(0,0),(0,1),(3,1),(3,0)\}$$

故

$$x = \sum_{i=1}^{4} N_i x_i = \frac{3}{2}(1+\eta)$$
$$y = \sum_{i=1}^{4} N_i y_i = \frac{1}{2}(1+\xi)$$

(5-2-67)

由此可得 $|\boldsymbol{J}| = -\dfrac{3}{4}$。$|\boldsymbol{J}|$ 为负值,表明单元面积 $|\boldsymbol{J}|\mathrm{d}\xi\mathrm{d}\eta$ 将为负值,这是不合理的。因此,节点编号应取反时针方向。很易证明,只要是反顺序编号,起点号取哪一个,其结果都是一样的。故单元的节点编号应取逆时针方向,但起点号则可任取。确切地讲,节点编号的次序与形函数 N_i 的取法相一致。

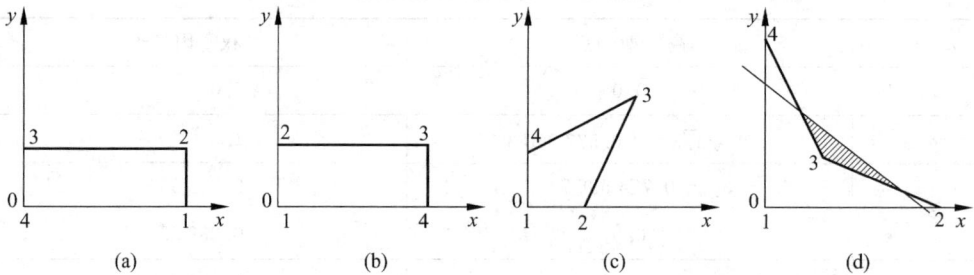

图 5-2-8　不同节点编号和单元形状的影响

对于图 5-2-8(c)所示单元则有
$$(x_i, y_i) = \{(0,0),(1,0),(2,2),(0,1)\}$$
$$x = \sum_{i=1}^{4} N_i x_i = \frac{1}{4}(3+3\xi+\eta+\xi\eta)$$
$$y = \sum_{i=1}^{4} N_i y_i = \frac{1}{4}(3+\xi+3\eta+\xi\eta)$$

(5-2-68)

$$|\boldsymbol{J}| = \det \begin{vmatrix} \frac{1}{4}(3+\eta) & \frac{1}{4}(1+\xi) \\ \frac{1}{4}(1+\eta) & \frac{1}{4}(3+\xi) \end{vmatrix} = \frac{1}{2} + \frac{1}{8}\xi + \frac{1}{8}\eta$$

(5-2-69)

可见 $|\boldsymbol{J}|$ 在单元内各点均不相同,但由于 ξ 由 -1 到 $+1$,η 从 -1 到 $+1$ 可求得其最小值为 $|\boldsymbol{J}| = \dfrac{1}{4}$,位于节点 1;最大值为 $|\boldsymbol{J}| = \dfrac{3}{4}$,位于节点 3,但均为正值。

对于图 5-2-8(d)单元,则有 $(x_i, y_i) = \{(0,0),(3,0),(1,1),(0,2)\}$,按同样步骤可求得
$$|\boldsymbol{J}| = \frac{1}{8}(5-3\xi-4\eta)$$

(5-2-70)

由 $|\boldsymbol{J}|=0$,可得直线方程
$$\xi = \frac{5}{3} - \frac{4}{3}\eta$$

若取的点在直线之上,则 $|\boldsymbol{J}|<0$,在直线之下,则 $|\boldsymbol{J}|>0$。由此可见,单元形状不允许出现凹角,这在划分单元时应予注意。

5. 双弹簧连接单元

在钢筋混凝土有限元分析中,有一种特殊单元,即能描述钢筋与混凝土之间粘结作用的

单元。一般有常用的两种单元，即双弹簧连接单元与四边形滑移单元。本节先介绍双弹簧连接单元。

如图 5-2-9 所示，在垂直于钢筋和平行于钢筋表面方向设置互相垂直的一组弹簧。这组弹簧是设想的力学模型，它具有弹性刚度，但并无实际几何尺寸，所以它可以放置在需要设置连接的任何地方。

这种双弹簧单元，可以不计算弹簧中的应力而直接建立节点力与节点位移之间的关系，因为弹簧刚度经常用单位伸长所需要的力来表示。

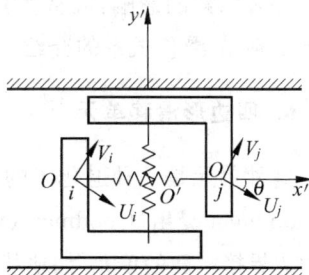

图 5-2-9　双弹簧连接单元

设节点 i、j 在局部坐标系中产生位移差，可由节点位移表示为

$$\Delta \boldsymbol{w}' = \begin{bmatrix} \Delta U' \\ \Delta V' \end{bmatrix} = \begin{bmatrix} (U_j - U_i)C + (V_j - V_i)S \\ -(U_j - U_i)S + (V_j - V_i)C \end{bmatrix} \qquad (5\text{-}2\text{-}71)$$

用矩阵表示为

$$\Delta \boldsymbol{w}' = \begin{bmatrix} \Delta U' \\ \Delta V' \end{bmatrix} = \begin{bmatrix} -C & -S & C & S \\ S & -C & -S & C \end{bmatrix} \begin{bmatrix} U_i \\ V_i \\ U_j \\ V_j \end{bmatrix} = \boldsymbol{B\delta} \qquad (5\text{-}2\text{-}72)$$

式中，$\Delta U'$、$\Delta V'$ 分别表示沿 x' 轴和 y' 轴方向的位移差值。若局部坐标轴 Ox' 与整体坐标轴 Ox 的夹角为 θ，则上式中的 $C = \cos\theta$，$S = \sin\theta$。又设弹簧刚度在 x' 轴与 y' 轴方向分别为 k_h 和 k_v，则内力和位移差之间的关系为

$$\boldsymbol{N}' = \begin{bmatrix} N'_x \\ N'_y \end{bmatrix} = \begin{bmatrix} k_h & 0 \\ 0 & k_v \end{bmatrix} \begin{bmatrix} \Delta U' \\ \Delta V' \end{bmatrix} = \boldsymbol{D} \Delta \boldsymbol{w}' \qquad (5\text{-}2\text{-}73)$$

其中，N'_x 与 N'_y 分别为沿 x' 轴与沿 y' 轴方向弹簧中的内力。利用虚功原理可以建立节点力与内力之间的关系

$$\boldsymbol{F} = \boldsymbol{B}^{\mathrm{T}} \boldsymbol{N}' \qquad (5\text{-}2\text{-}74)$$

式中，节点力 $\boldsymbol{F} = \begin{bmatrix} X_i & Y_i & X_j & Y_j \end{bmatrix}^{\mathrm{T}}$。

将式(5-2-72)和式(5-2-73)代入，可得

$$\boldsymbol{F} = \boldsymbol{B}^{\mathrm{T}} \boldsymbol{D} \Delta \boldsymbol{w}' = \boldsymbol{B}^{\mathrm{T}} \boldsymbol{D} \boldsymbol{B} \boldsymbol{\delta} = \boldsymbol{K\delta}$$

式中，$\boldsymbol{K}$ 即为连接单元的刚度矩阵。展开后可得显式表达如下：

$$\boldsymbol{K} = \begin{bmatrix} -C & S \\ -S & -C \\ C & -S \\ S & C \end{bmatrix} \begin{bmatrix} k_h & 0 \\ 0 & k_v \end{bmatrix} \begin{bmatrix} -C & -S & C & S \\ S & -C & -S & C \end{bmatrix}$$

$$= \begin{bmatrix} k_h C^2 + k_v S^2 & & & \text{对称} \\ (k_h - k_v)CS & k_h S^2 + k_v C^2 & & \\ -k_h C^2 - k_v S^2 & -(k_h - k_v)CS & k_h C^2 + k_v S^2 & \\ -(k_h - k_v)CS & -k_h S^2 - k_v C^2 & (k_h - k_v)CS & k_h S^2 + k_v C^2 \end{bmatrix} \qquad (5\text{-}2\text{-}75)$$

式中, k_h 与 k_v 的数值受钢筋表面性质、直径及间距,混凝土的品种、强度,构件尺寸,单元划分等许多因素的影响,应从实验数据出发根据不同的具体情况确定,详细可参见后面钢筋-混凝土粘结-滑移关系的介绍。

6. 四边形滑移单元

这种单元是一种退化了的四边形单元,即宽度等于零的四边形单元。它首先由美国学者 Goodman 提出(Goodman et al.,1968),并用于岩石力学中作为节理单元,后又引申用于各种边界接触面的单元,如地基与土壤之间,桩与土之间的接触单元,钢筋与混凝土间的粘结-滑移单元。由于这种单元宽度等于零,所以它可以很方便地放于钢筋和混凝土之间而不影响钢筋与混凝土单元的几何划分。由于这种单元由四边形单元退化而来,它可应用和混凝土单元同样的位移插值函数,因而可以建立更为协调的关系。

图 5-2-10 所示为一个四节点平面滑移单元,节点用 1、2、3、4 表示,它的宽度 $t=0$,这表示 1 和 4,3 和 2 节点在开始时占有同一空间位置。设单元局部坐标为 $x'O'y'$,其方向由 $O'x'$ 与总体坐标的 $O'x$ 夹角 θ 来确定。

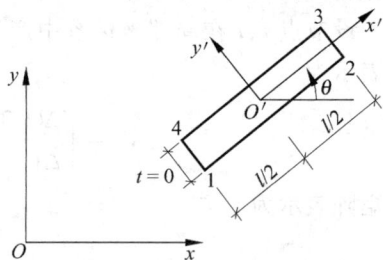

图 5-2-10 四边形滑移单元

设在局部坐标中上层 3~4 对下层 1~2 的相对滑移为

$$\Delta w' = \begin{bmatrix} \Delta U' \\ \Delta V' \end{bmatrix} = \begin{bmatrix} U_{上} - U_{下} \\ V_{上} - V_{下} \end{bmatrix} \tag{5-2-76}$$

取线性位移插值

$$\left.\begin{array}{r} \Delta U' = a_1 + a_2 x' \\ \Delta V' = a_3 + a_4 x' \end{array}\right\} \tag{5-2-77}$$

式中, a_1、 a_2、 a_3 和 a_4 为待定常数。

将节点坐标值代入上式,可得如下四个方程:

$$\left.\begin{array}{r} U_4' - U_1' = a_1 - \dfrac{a_2}{2}l \\[2mm] V_4' - V_1' = a_3 - \dfrac{a_4}{2}l \\[2mm] U_3' - U_2' = a_1 + \dfrac{a_2}{2}l \\[2mm] V_3' - V_2' = a_3 + \dfrac{a_4}{2}l \end{array}\right\} \tag{5-2-78}$$

求解此方程,可以求得四个待定常数如下:

$$a_1 = \frac{1}{2}\big[(U'_3 - U'_2) + (U'_4 - U'_1)\big]$$

$$a_2 = \frac{1}{l}\big[(U'_3 - U'_2) - (U'_4 - U'_1)\big]$$

$$a_3 = \frac{1}{2}\big[(V'_3 - V'_2) + (V'_4 - V'_1)\big] \tag{5-2-79}$$

$$a_4 = \frac{1}{l}\big[(V'_3 - V'_2) - (V'_4 - V'_1)\big]$$

将此式代入式(5-2-77),可得

$$\Delta U' = -\Big(\frac{1}{2} - \frac{x'}{l}\Big)U'_1 - \Big(\frac{1}{2} + \frac{x'}{l}\Big)U'_2 + \Big(\frac{1}{2} + \frac{x'}{l}\Big)U'_3 + \Big(\frac{1}{2} - \frac{x'}{l}\Big)U'_4$$

$$\Delta V' = -\Big(\frac{1}{2} - \frac{x'}{l}\Big)V'_1 - \Big(\frac{1}{2} + \frac{x'}{l}\Big)V'_2 + \Big(\frac{1}{2} + \frac{x'}{l}\Big)V'_3 + \Big(\frac{1}{2} - \frac{x'}{l}\Big)V'_4 \tag{5-2-80}$$

用矩阵形式表示,可简写为

$$\Delta \boldsymbol{w}' = \begin{bmatrix} \Delta U' \\ \Delta V' \end{bmatrix} = \boldsymbol{N}' \boldsymbol{\delta}' \tag{5-2-81}$$

式中,$\boldsymbol{\delta}'$为节点位移列阵:

$$\boldsymbol{\delta}' = \begin{bmatrix} U'_1 & V'_1 & U'_2 & V'_2 & U'_3 & V'_3 & U'_4 & V'_4 \end{bmatrix}^{\mathrm{T}} \tag{5-2-82}$$

$\boldsymbol{N}'$为形函数矩阵:

$$\boldsymbol{N}' = \begin{bmatrix} -\Big(\frac{1}{2} - \frac{x'}{l}\Big) & 0 & -\Big(\frac{1}{2} + \frac{x'}{l}\Big) & 0 & \Big(\frac{1}{2} + \frac{x'}{l}\Big) & 0 & \Big(\frac{1}{2} - \frac{x'}{l}\Big) & 0 \\ 0 & -\Big(\frac{1}{2} - \frac{x'}{l}\Big) & 0 & -\Big(\frac{1}{2} + \frac{x'}{l}\Big) & 0 & \Big(\frac{1}{2} + \frac{x'}{l}\Big) & 0 & \Big(\frac{1}{2} - \frac{x'}{l}\Big) \end{bmatrix} \tag{5-2-83}$$

由物理关系,将节点力和位移差联系起来,得

$$\boldsymbol{r}' = \begin{bmatrix} r'_x \\ r'_y \end{bmatrix} = \begin{bmatrix} k'_x & 0 \\ 0 & k'_y \end{bmatrix}\begin{bmatrix} \Delta U' \\ \Delta V' \end{bmatrix} = \boldsymbol{K}\Delta \boldsymbol{w}' \tag{5-2-84}$$

其中 k'_x 与 k'_y 表示切向与法向的材料刚度系数,可由实验决定。

运用能量原理,可得单元刚度矩阵为

$$\boldsymbol{K}' = \int_{-\frac{1}{2}}^{\frac{1}{2}} \boldsymbol{N}'^{\mathrm{T}} \boldsymbol{K} \boldsymbol{N}' \mathrm{d}x' \tag{5-2-85}$$

积分后展开,可得单元刚度矩阵的表达式为

$$\boldsymbol{K}' = \frac{l}{6}\begin{bmatrix} 2k'_x & & & & & & & \\ 0 & 2k'_y & & & & & & \\ k'_x & 0 & 2k'_x & & & \text{对称} & & \\ 0 & k'_y & 0 & 2k'_y & & & & \\ -k'_x & 0 & -2k'_x & 0 & 2k'_x & & & \\ 0 & -k'_y & 0 & -2k'_y & 0 & 2k'_y & & \\ -2k'_x & 0 & -k'_x & 0 & k'_x & 0 & 2k'_x & \\ 0 & -2k'_y & 0 & -k'_y & 0 & k'_y & 0 & 2k'_y \end{bmatrix} \tag{5-2-86}$$

因刚度矩阵是按总体坐标集合的,单元刚度矩阵在集合到整体刚度矩阵中去以前,应先进行坐标转换。这可以通过坐标转换矩阵来实现

$$K = T^T K' T \quad (5\text{-}2\text{-}87)$$

式中,K 为整体坐标系中的单元刚度矩阵;K' 为局部坐标系中的单元刚度矩阵;T 为坐标转换矩阵,

$$T = \begin{bmatrix} \cos\theta\sin\theta & & & & \\ -\sin\theta\cos\theta & & & & 对称 \\ 0 & \cos\theta\sin\theta & & & \\ 0 & -\sin\theta\cos\theta & & & \\ 0 & 0 & \cos\theta\sin\theta & & \\ 0 & 0 & -\sin\theta\cos\theta & & \\ 0 & 0 & 0 & \cos\theta\sin\theta & \\ 0 & 0 & 0 & -\sin\theta\cos\theta \end{bmatrix} \quad (5\text{-}2\text{-}88)$$

将式(5-2-87)展开后,可以得到具体的单元刚度矩阵表达式为

$$K = \frac{l}{6} \begin{bmatrix} 2a & & & & & & & \\ 2b & 2c & & & & & & \\ a & b & 2c & & & & & \\ b & c & 2b & 2c & & 对称 & & \\ -a & -b & -2a & -2b & 2a & & & \\ -b & -c & -2b & -2c & 2b & 2c & & \\ -2a & -2b & -a & -b & a & b & 2a & \\ -2b & -2c & -b & -c & b & c & 2b & 2c \end{bmatrix} \quad (5\text{-}2\text{-}89)$$

其中,

$$\left. \begin{aligned} a &= k'_x\cos^2\theta + k'_y\sin^2\theta \\ b &= (k'_x - k'_y)\sin\theta\cos\theta \\ c &= k'_x\sin^2\theta + k'_y\cos^2\theta \end{aligned} \right\} \quad (5\text{-}2\text{-}90)$$

这一四边形单元也可应用高次插值函数,例如六节点曲边单元。经分析,若在沿钢筋的单元网格划分不均匀时,或者在混凝土和钢筋应用高次插值单元的情况下,四边形单元可以更自然地得到比较协调的刚度矩阵。

7. 钢筋-混凝土粘结-滑移关系

无论是双弹簧连接单元还是四边形滑移单元,都需要知道钢筋和混凝土之间界面的粘结力-相对滑移关系,简称粘结-滑移(bond-slip)关系。为得到钢筋与混凝土之间的界面受力行为,国内外研究者设计了很多试验方法,进行了大量的研究工作。例如用来研究锚固区钢筋粘结-滑移关系的拔出试验装置(见图 5-2-11),用来研究受弯裂缝间钢筋-混凝土粘结-滑移关系的轴拉试验装置(见图 5-2-12)等。为了准确量测钢筋应力沿轴向的变化,同时不破坏钢筋和混凝土的界面,往往还需要将钢筋从中间剖开,并在钢筋上开槽,在槽内粘贴应变片(见图 5-2-13),再把两根半钢筋合在一起做粘结-滑移实验(叶列平等,2009)。

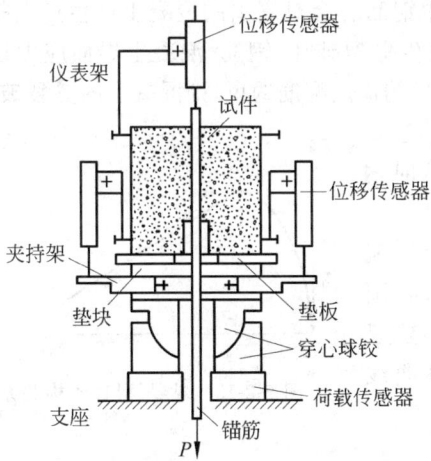

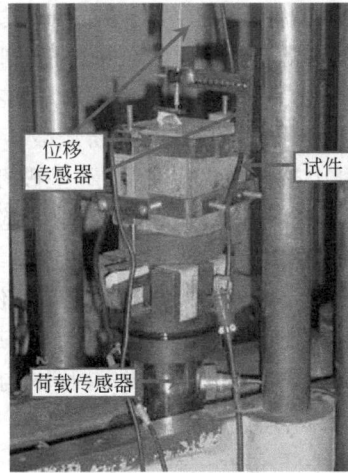

图 5-2-11　拔出试验装置

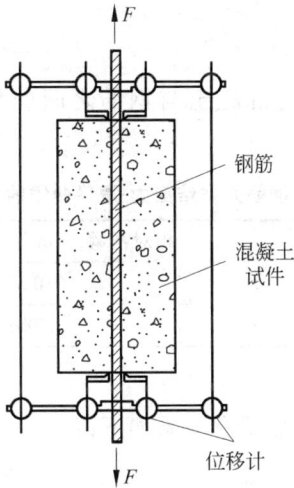

图 5-2-12　轴拉试验装置

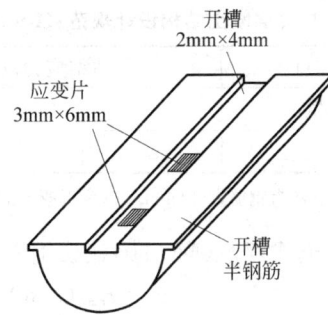

图 5-2-13　钢筋内部贴片

　　通过钢筋-混凝土粘结-滑移试验,可以得到钢筋和混凝土的界面粘结应力(τ)-界面相对滑移(s)之间的关系如图 5-2-14 所示。对于光圆钢筋而言,当钢筋和混凝土之间的界面化学粘着力被破坏后,其粘结力急剧下降;而对于变形钢筋,由于钢筋肋的咬合作用,使得在界面化学粘着力被破坏后,仍然能维持较长工作性能,因此其峰值粘结应力和相应的滑移量都远大于光圆钢筋,其下降段的斜率也要更加平缓一些。

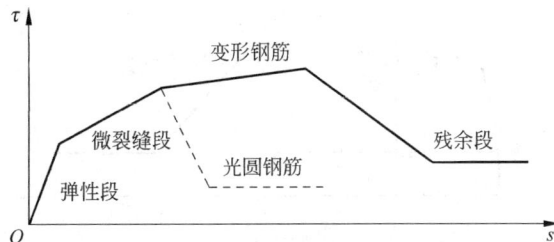

图 5-2-14　粘结-滑移曲线示意图

另外,对于变形钢筋,由于在拔出的过程中钢筋肋会对周围的混凝土产生径向挤压作用。如果周围的混凝土未受到良好的约束,则会发生劈裂破坏,钢筋-混凝土界面应力迅速降低。如果钢筋保护层厚度足够,或者钢筋周围有很好的横向配筋约束,则混凝土的劈裂破坏会受到抑制,最后钢筋肋间的混凝土被挤压破坏,钢筋连着肋间的混凝土被拉出,发生"刮犁"型破坏。这时钢筋和混凝土间会有一个较高的残余粘结应力段。

得到钢筋-混凝土界面粘结的试验结果后,就可以回归得到其界面粘结-滑移模型,例如,我国《混凝土结构设计规范》(GB 50010—2010)中建议的变形钢筋-混凝土粘结应力-滑移本构关系曲线如图 5-2-15 所示。

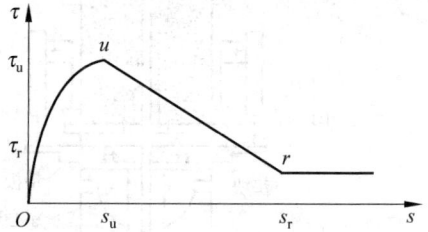

图 5-2-15　粘结-滑移本构关系曲线

$$\tau = \tau_u \left(\frac{s}{s_u}\right)^{0.3}, \quad 0 \leqslant s \leqslant s_u \tag{5-2-91a}$$

$$\tau = \tau_u + \left(\frac{\tau_u - \tau_r}{s_r - s_u}\right)(s_r - s), \quad s_u < s \leqslant s_r \tag{5-2-91b}$$

$$\tau = \tau_r, \quad s > s_r \tag{5-2-91c}$$

式中,τ 为混凝土与钢筋之间的粘结应力(N/mm²);s 为混凝土与钢筋之间的相对滑移(mm);其余参数可按表 5-2-3 取值。

表 5-2-3　《混凝土结构设计规范》(GB 50010—2010)混凝土与钢筋间粘结应力-滑移曲线的参数值

特征点	粘结应力/(N/mm²)		相对滑移/mm	
峰值	τ_u	$4.0f_{tk}$	s_u	$0.04d$
残余	τ_r	$1.2f_{tk}$	s_r	$0.54d$

注: 表中 d 为钢筋直径(mm);f_{tk} 为混凝土的抗拉强度标准值(N/mm²)。

欧洲模式规范(MC 90)建议钢筋和混凝土的界面粘结-滑移关系如下:

$$\tau = \tau_{max}(s/s_1)^\alpha, \quad 0 \leqslant s \leqslant s_1 \tag{5-2-92a}$$

$$\tau = \tau_{max}, \quad s_1 < s \leqslant s_2 \tag{5-2-92b}$$

$$\tau = \tau_{max} - (\tau_{max} - \tau_f)\left(\frac{s - s_1}{s_3 - s_2}\right), \quad s_2 < s \leqslant s_3 \tag{5-2-92c}$$

$$\tau = \tau_f, \quad s_2 > s_3 \tag{5-2-92d}$$

曲线形状见图 5-2-16,参数取值见表 5-2-4。

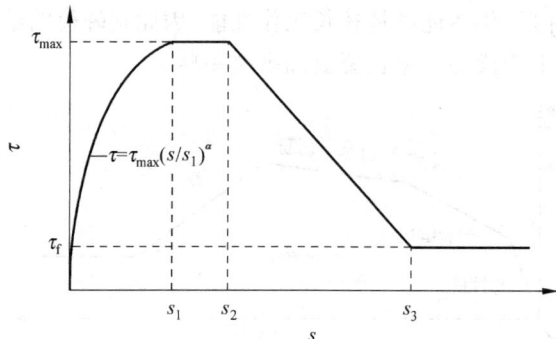

图 5-2-16　MC 90 建议的粘结-滑移关系

表 5-2-4　《欧洲模式规范》混凝土与钢筋间粘结应力-滑移曲线的参数值

	变 形 钢 筋				冷 拉 钢 绞 线		光 圆 钢 筋	
	周围混凝土劈裂破坏*		钢筋肋间混凝土破坏**					
	粘结条件良好	其他情况	粘结条件良好	其他情况	粘结条件良好	其他情况	粘结条件良好	其他情况
s_1/mm	0.6	0.6	1.0	1.0	0.01	0.01	0.1	0.1
s_2/mm	0.6	0.6	3.0	3.0	0.01	0.01	0.1	0.1
s_3/mm	1.0	2.5	肋间净间距	肋间净间距	0.01	0.01	0.1	0.1
α	0.4	0.4	0.4	0.4	0.5	0.5	0.5	0.5
$\tau_{\max}$	$2.0\sqrt{f_{ck}}$	$1.0\sqrt{f_{ck}}$	$2.5\sqrt{f_{ck}}$	$1.25\sqrt{f_{ck}}$	$0.1\sqrt{f_{ck}}$	$0.1\sqrt{f_{ck}}$	$0.1\sqrt{f_{ck}}$	$0.15\sqrt{f_{ck}}$
τ_f	$0.15\tau_{\max}$	$0.15\tau_{\max}$	$0.40\tau_{\max}$	$0.40\tau_{\max}$	$0.1\sqrt{f_{ck}}$	$0.1\sqrt{f_{ck}}$	$0.1\sqrt{f_{ck}}$	$0.15\sqrt{f_{ck}}$

　　* 适用条件：保护层厚度大于纵筋直径，且箍筋面积不小于 $0.25nA_s$，n 为受到箍筋约束的纵筋数量，A_s 为纵筋截面积。

　　**适用条件：保护层厚度大于 5 倍纵筋直径且纵筋间距大于 10 倍纵筋直径，或者箍筋面积大于 nA_s，或者纵筋周围混凝土受到大于 7.5 MPa 的约束应力。

　　对于地震等往复受力荷载工况，钢筋的受力方向会发生变化，同样在钢筋和混凝土之间也会产生往复受力的界面粘结应力-界面滑移行为。其中，变形钢筋的典型滞回行为如图 5-2-17 所示。注意在图中当界面粘结应力卸载完成，再反向加载的过程中，会有一个很长的滑移段，在这个滑移段内，粘结应力基本保持不变，而变形持续发展。这是因为在界面发生粘结破坏后，变形钢筋肋的背面会出现一个"脱空"区，反向加载时，直至"脱空区"闭合，钢筋肋重新和混凝土咬合，才能产生反向的机械咬合作用。这一现象也是导致混凝土构件在地震下出现"捏拢"现象的重要原因之一。

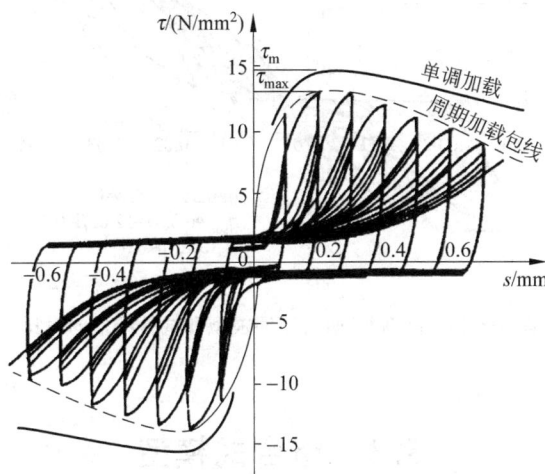

图 5-2-17　典型粘结-滑移滞回行为

　　由于钢筋和混凝土之间的界面滞回受力行为非常复杂(见图 5-2-17)，因此，各国学者提出了很多钢筋-混凝土之间的界面粘结-滑移滞回受力模型(见图 5-2-18)。其主要组成部分包括：

(1) 单调加载骨架线，曲线 O-A-B-P；

(2) 卸载曲线 P-E；

(3) 滑移曲线 E-L' 和 E'-L；

(4) 再加载曲线 L-D 或 L'-D'；

(5) 因为滞回受力引起的骨架线变化 A'-B_1'-P'。

由于模型形式比较复杂，本书不详细列举其公式，具体可参考文献 Vimathanatepa et al.(1979)，Eligehausen et al.(1983)等的工作。另外，也可以采用笔者建议的陆新征-曲哲滞回模型（详见 8.2.3 节）。以 Viwathanatepa(Viwathanatepa et al.,1979)等试验的试件 8 为例，图 5-2-19 所示为陆新征-曲哲滞回模型和试验结果的对比，可见通过选择合适的参数，其模拟精度也可以满足工程的需要。

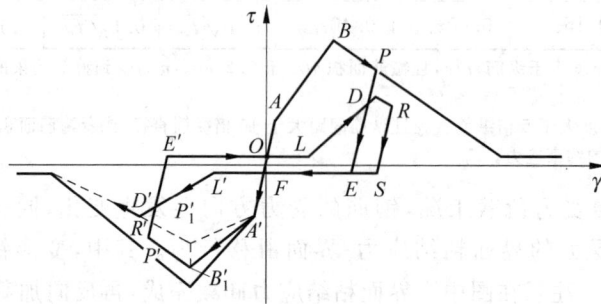

图 5-2-18 粘结-滑移滞回受力模型

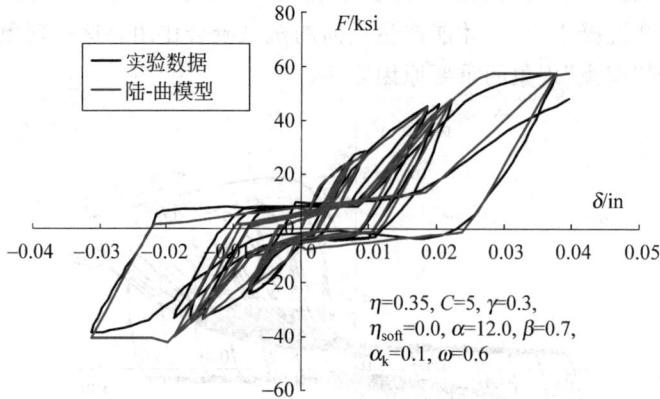

图 5-2-19 陆新征-曲哲滞回模型和试验结果的对比

5.3 组合式模型

当钢筋和混凝土之间的粘结较好，可以认为两者之间无滑移时，可采用组合式或整体式模型，本节介绍组合式模型。

1. 分层组合式

在组合式模型中,最常用的有两种方式,其中第一种为分层组合式,即在横截面上分成许多混凝土层和若干钢筋层,并对截面的应变作出某些假定(如应变沿截面高度为直线分布是应用最广泛的一种假设)。根据材料的实际应力-应变关系和平衡条件可以导出单元的刚度表达式(包括轴向刚度和弯曲刚度)。这种组合方式在杆件系统,尤其在钢筋混凝土板和壳结构中应用很广。

这一方法将混凝土分为许多条带,对钢筋则同一层钢筋分为同一钢筋条带。对一般受弯构件,将混凝土分为 7～10 层计算弯矩和曲率的关系即能满足工程要求。计算中,假定每一条带上的应力是均匀分布的。

以受弯构件为例(见图 5-3-1),实际计算可按下列步骤进行。

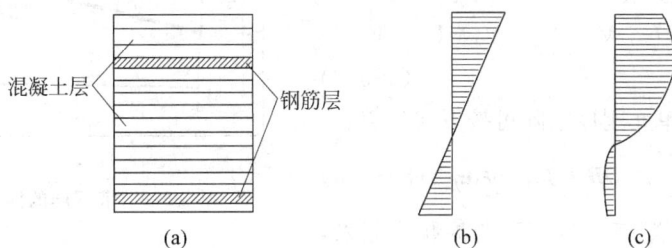

图 5-3-1　分层组合式模型

(a) 截面分层；(b) 假设应变分布；(c) 应力分布

① 对于第 k 步加载,加一级荷载 ΔM,由刚度计算出曲率增量。

$$\Delta \phi_k = \frac{\Delta M}{(EI)_k} \tag{5-3-1}$$

$$\phi_k = \phi_{k-1} + \Delta \phi_k \tag{5-3-2}$$

② 计算每一条带的应变

$$\left. \begin{array}{l} \varepsilon_{ci} = - Z_{ci} \phi_k \\ \varepsilon_{si} = - Z_{si} \phi_k \end{array} \right\} \tag{5-3-3}$$

式中,ε_{ci},ε_{si} 分别为第 i 层混凝土或钢筋的应变;Z_{ci},Z_{si} 分别为第 i 层混凝土或钢筋到中性轴的距离。

③ 由钢筋与混凝土的 σ-ε 关系求出每一条带的应力 σ_{ci} 和 σ_{si}。

④ 求出每一条带的作用力

$$\left. \begin{array}{l} N_{ci} = \sigma_{ci} \cdot A_{ci} \\ N_{si} = \sigma_{si} \cdot A_{si} \end{array} \right\} \tag{5-3-4}$$

并求出合力矩和合力,为

$$M_k = \sum_{i=1}^{n} \sigma_{ci} A_{ci} Z_{ci} + \sum_{i=1}^{l} \sigma_{si} A_{si} Z_{si} \tag{5-3-5}$$

$$N_k = \sum_{i=1}^{n} \sigma_{ci} A_{ci} + \sum_{i=1}^{l} \sigma_{si} A_{si} \tag{5-3-6}$$

⑤ 检查

$$N'_k = 0$$
$$M'_k = \Delta M_k + M_{k-1}$$

(5-3-7)

是否满足,满足了可加下一级荷载,不满足时应重新计算中和轴和曲率。轴向力大于零时,中和轴应稍向下调(增大压区面积);反之则向上调。当 M_k 偏小时,应增加曲率;反之应减小。这一过程用手算较麻烦,而由计算机进行则相当迅速。

2. 带钢筋的四边形单元

设任意四边形单元中包含一根钢筋,如图 5-3-2 所示。

单元节点力为

$$\boldsymbol{F}_\mathrm{E} = \begin{bmatrix} X_1 & Y_1 & X_2 & Y_2 & X_3 & Y_3 & X_4 & Y_4 \end{bmatrix}^\mathrm{T}$$

(5-3-8)

单元节点位移为

$$\boldsymbol{\delta}_\mathrm{E} = \begin{bmatrix} U_1 & V_1 & U_2 & V_2 & U_3 & V_3 & U_4 & V_4 \end{bmatrix}^\mathrm{T}$$

(5-3-9)

无钢筋时的单元刚度矩阵可按下式计算:

$$\boldsymbol{K}_\mathrm{c} = \int_{-1}^{+1}\int_{-1}^{+1} \boldsymbol{B}^\mathrm{T} \boldsymbol{D} \boldsymbol{B} \mid J \mid t \mathrm{d}\xi \mathrm{d}\eta \quad (5\text{-}3\text{-}10)$$

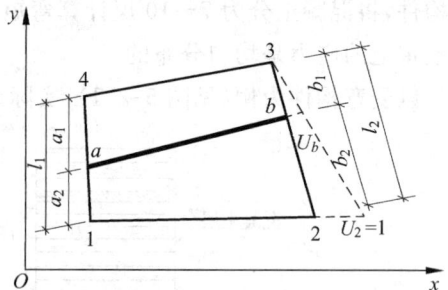

图 5-3-2 带钢筋的四边形单元

这是一个 8×8 的矩阵,它将 $\boldsymbol{F}_\mathrm{E}$ 与 $\boldsymbol{\delta}_\mathrm{E}$ 联系起来,即有 $\boldsymbol{F}_\mathrm{E} = \boldsymbol{K}_\mathrm{c}\boldsymbol{\delta}_\mathrm{E}$。对于单根钢筋,其单元刚度矩阵可按式(5-2-7)计算,即

$$\bar{\boldsymbol{K}}_\mathrm{s} = \frac{EA}{l} \begin{bmatrix} C^2 & CS & -C^2 & -CS \\ CS & S^2 & -CS & -S^2 \\ -C^2 & -CS & C^2 & CS \\ -CS & -S^2 & CS & S^2 \end{bmatrix}$$

(5-3-11)

它联系了钢筋的节点力

$$\bar{\boldsymbol{F}}_\mathrm{s} = \begin{bmatrix} X_a & Y_a & X_b & Y_b \end{bmatrix}^\mathrm{T}$$

(5-3-12)

和节点位移

$$\bar{\boldsymbol{\delta}}_\mathrm{s} = \begin{bmatrix} U_a & V_a & U_b & V_b \end{bmatrix}^\mathrm{T}$$

(5-3-13)

即有

$$\bar{\boldsymbol{F}}_\mathrm{s} = \bar{\boldsymbol{K}}_\mathrm{s}\bar{\boldsymbol{\delta}}_\mathrm{s}$$

(5-3-14)

现在要计算 $\bar{\boldsymbol{K}}_\mathrm{s}$ 如何贡献到整个单元中去,为此要推导出 $\bar{\boldsymbol{\delta}}_\mathrm{s}$ 与 $\boldsymbol{\delta}_\mathrm{E}$ 之间的关系。

仅当单元节点 2 发生位移 $U_2 = 1$,而其余位移均为 0 时,由几何关系可知

$$\frac{U_b}{b_1} = \frac{U_2}{l_2}$$

(5-3-15)

故有

$$U_b = \frac{b_1}{l_2} \cdot 1 = \frac{b_1}{l_2}$$

(5-3-16)

同理,当 $V_2 = 1$,其余节点位移均为零时,可推得

$$V_b = \frac{b_1}{l_2}$$

(5-3-17)

当 $U_1, V_1, \cdots, U_4, V_4$ 等分别等于 1 而其他位移等于零时,可推得钢筋节点位移 $\bar{\boldsymbol{\delta}}_\mathrm{s}$ 与单元节点位移 $\boldsymbol{\delta}_\mathrm{E}$ 之间的关系,具体表达式为

$$\bar{\boldsymbol{\delta}}_s = \begin{bmatrix} U_a \\ V_a \\ U_b \\ V_b \end{bmatrix} = \begin{bmatrix} \dfrac{a_1}{l_1} & 0 & 0 & 0 & 0 & 0 & \dfrac{a_2}{l_1} & 0 \\ 0 & \dfrac{a_1}{l_1} & 0 & 0 & 0 & 0 & 0 & \dfrac{a_2}{l_1} \\ 0 & 0 & \dfrac{b_1}{l_2} & 0 & \dfrac{b_2}{l_2} & 0 & 0 & 0 \\ 0 & 0 & 0 & \dfrac{b_1}{l_2} & 0 & \dfrac{b_2}{l_2} & 0 & 0 \end{bmatrix} \begin{bmatrix} U_1 \\ V_1 \\ U_2 \\ V_2 \\ U_3 \\ V_3 \\ U_4 \\ V_4 \end{bmatrix}$$

$$= \boldsymbol{R}\boldsymbol{\delta}_E \tag{5-3-18}$$

式中，$\boldsymbol{R}$ 称为坐标转换矩阵。通过它可将 4×1 阶的钢筋节点位移转换为 8×1 的四节点单元节点位移。

由平衡关系，用类似的方法可以推得

$$\boldsymbol{F}_E = \boldsymbol{R}^T \bar{\boldsymbol{F}}_s \tag{5-3-19}$$

将 $\bar{\boldsymbol{F}}_s = \bar{\boldsymbol{K}}_s \bar{\boldsymbol{\delta}}_s$ 及 $\bar{\boldsymbol{\delta}}_s = \boldsymbol{R}\boldsymbol{\delta}_E$ 代入可得 \hfill (5-3-20)

$$\boldsymbol{F}_E = \boldsymbol{R}^T \bar{\boldsymbol{K}}_s \boldsymbol{R}\boldsymbol{\delta}_E = \boldsymbol{K}_s \boldsymbol{\delta}_E \tag{5-3-21}$$

其中，

$$\boldsymbol{K}_s = \boldsymbol{R}^T \bar{\boldsymbol{K}}_s \boldsymbol{R} \tag{5-3-22}$$

即为钢筋对整个四边形单元的贡献矩阵。实际计算中，可首先求得钢筋单元的 4×4 阶单元钢筋矩阵 $\bar{\boldsymbol{K}}_s$，然后通过转换到 8×8 阶的贡献矩阵，它便可以叠加到整体单元刚度中去，即

$$\boldsymbol{K}_{sc} = \boldsymbol{K}_c + \boldsymbol{K}_s \tag{5-3-23}$$

3. 带钢筋膜的 8 节点六面体单元

另一种组合方法是采用等参数单元。若假定钢筋与混凝土之间无相对滑移，则两者处于同一位移场中，各点的位移均可由节点的位移来确定。与一般均匀连续体不同之处在于，这种组合单元包括了钢筋对单元刚度的贡献。下面以 8 节点六面体单元为例来说明这种组合单元的刚度矩阵的求法。

在有限元的位移法中选择节点位移为基本未知数。选择位移插值函数（形函数）将单元内的位移场与单元节点联系起来，即

$$\boldsymbol{\delta} = \sum_{i=1}^{n} \boldsymbol{N}_i \boldsymbol{\delta}_i \tag{5-3-24}$$

式中，$\boldsymbol{\delta}$ 为单元位移场；$\boldsymbol{\delta}_i$ 为节点位移；$\boldsymbol{N}_i$ 为形函数。

由几何关系，应变可由位移的微分求得，进而用节点位移表示为

$$\boldsymbol{\varepsilon} = \begin{bmatrix} \varepsilon_x \\ \varepsilon_y \\ \varepsilon_z \\ r_{xy} \\ r_{yz} \\ r_{zx} \end{bmatrix} = \begin{bmatrix} \dfrac{\partial u}{\partial x} \\ \dfrac{\partial v}{\partial y} \\ \dfrac{\partial w}{\partial z} \\ \dfrac{\partial u}{\partial y} + \dfrac{\partial v}{\partial x} \\ \dfrac{\partial v}{\partial z} + \dfrac{\partial w}{\partial y} \\ \dfrac{\partial w}{\partial x} + \dfrac{\partial u}{\partial z} \end{bmatrix} = \boldsymbol{B}\boldsymbol{\delta}_i \tag{5-3-25}$$

式中,$\boldsymbol{B}$ 为几何矩阵,它是 6×24 阶矩阵,可表达为

$$\boldsymbol{B} = \begin{bmatrix} \boldsymbol{B}_1 & \boldsymbol{B}_2 & \boldsymbol{B}_3 & \cdots & \boldsymbol{B}_8 \end{bmatrix}$$

$$\boldsymbol{B}_i = \begin{bmatrix} \dfrac{\partial N_i}{\partial x} & 0 & 0 \\[2mm] 0 & \dfrac{\partial N_i}{\partial y} & 0 \\[2mm] 0 & 0 & \dfrac{\partial N_i}{\partial z} \\[2mm] \dfrac{\partial N_i}{\partial y} & \dfrac{\partial N_i}{\partial x} & 0 \\[2mm] 0 & \dfrac{\partial N_i}{\partial z} & \dfrac{\partial N_i}{\partial y} \\[2mm] \dfrac{\partial N_i}{\partial z} & 0 & \dfrac{\partial N_i}{\partial x} \end{bmatrix} \qquad (5\text{-}3\text{-}26)$$

由材料的应力、应变构成关系及应变可求得应力

$$\boldsymbol{\sigma} = \boldsymbol{D}(\boldsymbol{\varepsilon} - \boldsymbol{\varepsilon}_0) + \boldsymbol{\sigma}_0 \qquad (5\text{-}3\text{-}27)$$

式中,$\boldsymbol{D}$ 为材料的本构关系矩阵;$\boldsymbol{\varepsilon}_0$ 和 $\boldsymbol{\sigma}_0$ 为初应力与初应变向量。

若无初应力和初应变,则式(5-3-27)可简化为

$$\boldsymbol{\sigma} = \boldsymbol{D}\boldsymbol{\varepsilon} \qquad (5\text{-}2\text{-}28)$$

运用虚功原理,可求得单元刚度矩阵为

$$\boldsymbol{K} = \int_v \boldsymbol{B}^{\mathrm{T}} \boldsymbol{D} \boldsymbol{B} \, \mathrm{d}v \qquad (5\text{-}3\text{-}29)$$

一旦求得单元刚度矩阵,整体刚度矩阵可由单元刚度矩阵集合成。所以单元分析在有限元分析中是很重要的一步,而选取形函数又是单元分析中关键的一步。在简单形状单元(如矩形)中选择及推导形函数是比较容易的,但简单形状的单元又很难适合复杂的边界形状。在等参单元中即综合了这两方面的优点。它运用两套坐标:单元坐标(ξ, η, ζ)和整体坐标(x, y, z),如图 5-3-3 所示。

两套坐标之间可以建立固定的对应关系,即

$$\begin{bmatrix} x \\ y \\ z \end{bmatrix} = f \begin{bmatrix} \xi \\ \eta \\ \zeta \end{bmatrix} \qquad (5\text{-}3\text{-}30)$$

图 5-3-3　8 节点六面体等参单元

这样就可以先在简单形状单元(又称母单元)中选择形函数,然后转到实际的复杂形状单元(又称子单元)中去。

在 8 节点六面体单元中,形函数选择如下:

$$N_i = \frac{1}{8}(1 + \xi\xi_i)(1 + \eta\eta_i)(1 + \zeta\zeta_i) \qquad (5\text{-}3\text{-}31)$$

其中 ξ_i、η_i、$\zeta_i (i=1\sim8)$ 为节点坐标值。

形函数及其导数值如表 5-3-1 所示。

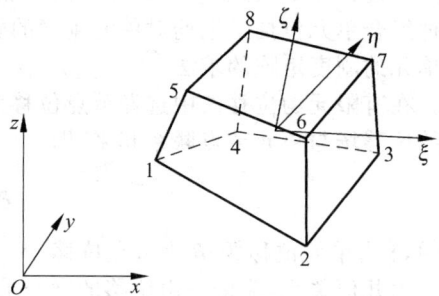

表 5-3-1　节点坐标、形函数及其导数的值

节点	坐标值	形　函　数	形函数的导数		
i	ξ_i　η_i　ζ_i	$N_i(\xi\ \eta\ \zeta)$	$\partial N_i/\partial\xi$	$\partial N_i/\partial\eta$	$\partial N_i/\partial\zeta$
1	$-1\ -1\ -1$	$\frac{1}{8}(1-\xi)(1-\eta)(1-\zeta)$	$-\frac{1}{8}(1-\eta)(1-\zeta)$	$-\frac{1}{8}(1-\xi)(1-\zeta)$	$-\frac{1}{8}(1-\xi)(1-\eta)$
2	$+1\ -1\ -1$	$\frac{1}{8}(1+\xi)(1-\eta)(1-\zeta)$	$\frac{1}{8}(1-\eta)(1-\zeta)$	$-\frac{1}{8}(1+\xi)(1-\zeta)$	$-\frac{1}{8}(1+\xi)(1-\eta)$
3	$+1\ +1\ -1$	$\frac{1}{8}(1+\xi)(1+\eta)(1-\zeta)$	$\frac{1}{8}(1+\eta)(1-\zeta)$	$\frac{1}{8}(1+\xi)(1-\zeta)$	$-\frac{1}{8}(1+\xi)(1+\eta)$
4	$-1\ +1\ -1$	$\frac{1}{8}(1-\xi)(1+\eta)(1-\zeta)$	$-\frac{1}{8}(1+\eta)(1-\zeta)$	$\frac{1}{8}(1-\xi)(1-\zeta)$	$-\frac{1}{8}(1-\xi)(1+\eta)$
5	$-1\ -1\ +1$	$\frac{1}{8}(1-\xi)(1-\eta)(1+\zeta)$	$-\frac{1}{8}(1-\eta)(1+\zeta)$	$-\frac{1}{8}(1-\xi)(1+\zeta)$	$\frac{1}{8}(1-\xi)(1-\eta)$
6	$+1\ -1\ +1$	$\frac{1}{8}(1+\xi)(1-\eta)(1+\zeta)$	$\frac{1}{8}(1-\eta)(1+\zeta)$	$-\frac{1}{8}(1+\xi)(1+\zeta)$	$\frac{1}{8}(1+\xi)(1-\eta)$
7	$+1\ +1\ +1$	$\frac{1}{8}(1+\xi)(1+\eta)(1+\zeta)$	$\frac{1}{8}(1+\eta)(1+\zeta)$	$\frac{1}{8}(1+\xi)(1+\zeta)$	$\frac{1}{8}(1+\xi)(1+\eta)$
8	$-1\ +1\ +1$	$\frac{1}{8}(1-\xi)(1+\eta)(1+\zeta)$	$-\frac{1}{8}(1+\eta)(1+\zeta)$	$\frac{1}{8}(1-\xi)(1+\zeta)$	$\frac{1}{8}(1-\xi)(1+\eta)$

单元中任一点的位移,通过形函数可用节点位移表示为

$$\begin{bmatrix} U \\ V \\ W \end{bmatrix} = \sum_{i=1}^{8} N_i \begin{bmatrix} U_i \\ V_i \\ W_i \end{bmatrix} \tag{5-3-32}$$

在等参数单元中,单元内任一点的坐标也采用同样的形函数和节点坐标联系起来,即

$$\begin{bmatrix} X \\ Y \\ Z \end{bmatrix} = \sum_{i=1}^{8} N_i \begin{bmatrix} X_i \\ Y_i \\ Z_i \end{bmatrix} \tag{5-3-33}$$

按式(5-3-25)与式(5-3-26)由节点位移求单元应变时,它要求形函数在整体坐标中的导数,但形函数是建立在局部坐标中的,这就需要将局部坐标中的表达式转换到整体坐标中去,这可以通过雅可比矩阵来实现。由偏微分法则

$$\frac{\partial N_i}{\partial\xi} = \frac{\partial N_i}{\partial x}\frac{\partial x}{\partial\xi} + \frac{\partial N_i}{\partial y}\frac{\partial y}{\partial\xi} + \frac{\partial N_i}{\partial z}\frac{\partial z}{\partial\xi} \tag{5-3-34}$$

同样可得 $\dfrac{\partial N_i}{\partial\eta}$ 与 $\dfrac{\partial N_i}{\partial\zeta}$,写成矩阵形式,则有

$$\begin{bmatrix} \dfrac{\partial N_i}{\partial\xi} \\ \dfrac{\partial N_i}{\partial\eta} \\ \dfrac{\partial N_i}{\partial\zeta} \end{bmatrix} = \begin{bmatrix} \dfrac{\partial x}{\partial\xi} & \dfrac{\partial y}{\partial\xi} & \dfrac{\partial z}{\partial\xi} \\ \dfrac{\partial x}{\partial\eta} & \dfrac{\partial y}{\partial\eta} & \dfrac{\partial z}{\partial\eta} \\ \dfrac{\partial x}{\partial\zeta} & \dfrac{\partial y}{\partial\zeta} & \dfrac{\partial z}{\partial\zeta} \end{bmatrix} \begin{bmatrix} \dfrac{\partial N_i}{\partial x} \\ \dfrac{\partial N_i}{\partial y} \\ \dfrac{\partial N_i}{\partial z} \end{bmatrix} = \boldsymbol{J} \begin{bmatrix} \dfrac{\partial N_i}{\partial x} \\ \dfrac{\partial N_i}{\partial y} \\ \dfrac{\partial N_i}{\partial z} \end{bmatrix} \tag{5-3-35}$$

其中 $\boldsymbol{J}$ 就是雅可比矩阵,通过它,形函数对局部坐标的导数就转换为对整体坐标的导数,反之亦可应用。其关系式为

$$\begin{bmatrix} \dfrac{\partial N_i}{\partial x} \\[2mm] \dfrac{\partial N_i}{\partial y} \\[2mm] \dfrac{\partial N_i}{\partial z} \end{bmatrix} = \boldsymbol{J}^{-1} \begin{bmatrix} \dfrac{\partial N_i}{\partial \xi} \\[2mm] \dfrac{\partial N_i}{\partial \eta} \\[2mm] \dfrac{\partial N_i}{\partial \zeta} \end{bmatrix} \tag{5-3-36}$$

按式(5-3-29)求单元刚度矩阵,还须对积分的单元体积进行变换。

如果 ξ、η 和 ζ 被选为局部坐标,则由微分几何可知

$$\left. \begin{aligned} \mathrm{d}\xi &= i\frac{\partial x}{\partial \xi}\mathrm{d}\xi + j\frac{\partial y}{\partial \xi}\mathrm{d}\xi + k\frac{\partial z}{\partial \xi}\mathrm{d}\xi \\ \mathrm{d}\eta &= i\frac{\partial x}{\partial \eta}\mathrm{d}\eta + j\frac{\partial y}{\partial \eta}\mathrm{d}\eta + k\frac{\partial z}{\partial \eta}\mathrm{d}\eta \\ \mathrm{d}\zeta &= i\frac{\partial x}{\partial \zeta}\mathrm{d}\zeta + j\frac{\partial y}{\partial \zeta}\mathrm{d}\zeta + k\frac{\partial z}{\partial \zeta}\mathrm{d}\zeta \end{aligned} \right\} \tag{5-3-37}$$

式中,i、j、k 分别是沿 x、y、z 轴方向的单位向量。由 $\mathrm{d}\xi$、$\mathrm{d}\eta$ 和 $\mathrm{d}\zeta$ 组成的微元体积可由其矢量的混合积求得

$$\mathrm{d}V = \mathrm{d}\xi(\mathrm{d}\eta \times \mathrm{d}\zeta) = |\boldsymbol{J}|\,\mathrm{d}\xi\mathrm{d}\eta\mathrm{d}\zeta \tag{5-3-38}$$

代入式(5-3-29)即可得出单元刚度矩阵的表达式为

$$\boldsymbol{K} = \int_{-1}^{+1}\int_{-1}^{+1}\int_{-1}^{+1} \boldsymbol{B}^{\mathrm{T}}\boldsymbol{D}\boldsymbol{B}\,|\boldsymbol{J}|\,\mathrm{d}\xi\mathrm{d}\eta\mathrm{d}\zeta \tag{5-3-39}$$

现在考虑有一等效钢筋薄膜的情况,如图 5-3-4 所示。设薄膜中面坐标 $\zeta = \zeta_c$ 为常量。钢筋只考虑能承受面内轴力,不能承受横向剪力及弯矩,因薄膜很薄,其垂直于中面的变形可以忽略,于是只有面内应变

$$\boldsymbol{\varepsilon}' = \begin{bmatrix} \varepsilon'_x \\[1mm] \varepsilon'_y \\[1mm] \gamma'_{xy} \end{bmatrix} = \begin{bmatrix} \dfrac{\partial U'}{\partial x} \\[2mm] \dfrac{\partial V'}{\partial y} \\[2mm] \dfrac{\partial U'}{\partial y} + \dfrac{\partial V'}{\partial x} \end{bmatrix} \tag{5-3-40}$$

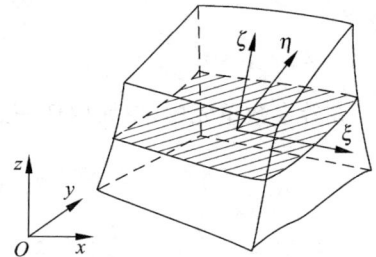

图 5-3-4　带钢筋膜的 8 节点六面体单元

式中,$\boldsymbol{\varepsilon}'$ 为 ξ-η 平面内的应变列阵;U'、V' 为在该面内沿 ξ 和 η 方向的位移。

$\boldsymbol{\varepsilon}'$ 可以通过坐标转换矩阵与单元应变矩阵 $\boldsymbol{\varepsilon}$ 联系起来,即

$$\boldsymbol{\varepsilon}' = \boldsymbol{L}\boldsymbol{\varepsilon} \tag{5-3-41}$$

式中,$\boldsymbol{L}$ 为坐标转换矩阵,可表示为

$$\boldsymbol{L} = \begin{bmatrix} l_1^2 & m_1^2 & n_1^2 & l_1 m_1 & m_1 n_1 & n_1 l_1 \\ l_2^2 & m_2^2 & n_2^2 & l_2 m_2 & m_2 n_2 & n_2 l_2 \\ 2l_1 l_2 & 2m_1 m_2 & 2n_1 n_2 & (l_1 m_2 + l_2 m_1) & (m_1 n_2 + m_2 n_1) & (n_2 l_1 + n_1 l_2) \end{bmatrix} \tag{5-3-42}$$

式中,l_1、m_1、n_1 和 l_2、m_2、n_2 是坐标轴 ξ 和 η 方向的方向余弦。按照向量代数,可得

$$l_1 = \frac{1}{a_1}\frac{\partial x}{\partial \xi}, \quad m_1 = \frac{1}{a_1}\frac{\partial y}{\partial \xi}, \quad n_1 = \frac{1}{a_1}\frac{\partial z}{\partial \xi} \\ l_2 = \frac{1}{a_2}\frac{\partial x}{\partial \eta}, \quad m_2 = \frac{1}{a_2}\frac{\partial y}{\partial \eta}, \quad n_2 = \frac{1}{a_2}\frac{\partial z}{\partial \eta} \right\}$$ (5-3-43)

其中，

$$a_1 = \sqrt{\left(\frac{\partial x}{\partial \xi}\right)^2 + \left(\frac{\partial y}{\partial \xi}\right)^2 + \left(\frac{\partial z}{\partial \xi}\right)^2} \\ a_2 = \sqrt{\left(\frac{\partial x}{\partial \eta}\right)^2 + \left(\frac{\partial y}{\partial \eta}\right)^2 + \left(\frac{\partial z}{\partial \eta}\right)^2} \right\}$$ (5-3-44)

等效钢筋薄膜的面积可由 $|\,\mathrm{d}\xi \cdot \mathrm{d}\eta\,|$ 求得

$$\mathrm{d}\xi \cdot \mathrm{d}\eta = \begin{vmatrix} i & j & k \\ \dfrac{\partial x}{\partial \xi} & \dfrac{\partial y}{\partial \xi} & \dfrac{\partial z}{\partial \xi} \\ \dfrac{\partial x}{\partial \eta} & \dfrac{\partial y}{\partial \eta} & \dfrac{\partial z}{\partial \eta} \end{vmatrix} \mathrm{d}\xi \mathrm{d}\eta$$ (5-3-45)

令

$$M_z = \frac{\partial x}{\partial \xi}\frac{\partial y}{\partial \eta} - \frac{\partial x}{\partial \eta}\frac{\partial y}{\partial \xi} \\ M_x = \frac{\partial y}{\partial \xi}\frac{\partial z}{\partial \eta} - \frac{\partial y}{\partial \eta}\frac{\partial z}{\partial \xi} \\ M_y = \frac{\partial z}{\partial \xi}\frac{\partial x}{\partial \eta} - \frac{\partial z}{\partial \eta}\frac{\partial x}{\partial \xi} \right\}$$ (5-3-46)

则

$$\mathrm{d}A = |\,\mathrm{d}\xi \cdot \mathrm{d}\eta\,| = \sqrt{M_x^2 + M_y^2 + M_z^2}\,\mathrm{d}\xi \mathrm{d}\eta$$ (5-3-47)

若薄膜厚度为 t，则薄膜的体积为

$$\mathrm{d}V = \mathrm{d}A \cdot t$$ (5-3-48)

在 $\xi\text{-}\eta$ 平面内，应力-应变关系为

$$\boldsymbol{\sigma}' = \boldsymbol{D}_s \boldsymbol{\varepsilon}'$$ (5-3-49)

或者

$$\begin{bmatrix} \sigma_x' \\ \sigma_y' \\ \tau_{xy}' \end{bmatrix} = \begin{bmatrix} E_s & 0 & 0 \\ 0 & \dfrac{t_2}{t_1}E_s & 0 \\ 0 & 0 & 0 \end{bmatrix} \begin{bmatrix} \varepsilon_x' \\ \varepsilon_y' \\ \gamma_{xy}' \end{bmatrix}$$ (5-3-50)

式中，t_1 为沿 ξ 方向薄膜的厚度；t_2 为沿 η 方向薄膜的厚度；E_s 为钢筋的弹性模量。

在实用计算中，若已知单根配筋面积为 A_s，间距为 a_s，则其等效薄膜的厚度可取为

$$t = \frac{A_s}{a_s}\frac{E_s - E_c}{E_s}$$ (5-3-51)

由坐标转换矩阵，将局部坐标下的应力转到总体坐标中去，即

$$\boldsymbol{\sigma} = \boldsymbol{L}^{\mathrm{T}}\boldsymbol{\sigma}' = \boldsymbol{L}^{\mathrm{T}}\boldsymbol{D}_s\boldsymbol{L}\boldsymbol{\varepsilon}$$ (5-3-52)

于是，钢筋薄膜对单元的贡献矩阵为

$$\boldsymbol{K}_s = \iint \boldsymbol{B}^{\mathrm{T}}\boldsymbol{L}^{\mathrm{T}}\boldsymbol{D}_s\boldsymbol{L}\boldsymbol{B}t_1\,\mathrm{d}A$$ (5-3-53)

对于 $\eta=\eta_c$ 或 $\xi=\xi_c$ 的钢筋薄膜,对单元刚度矩阵的贡献可用同样的方法求得。包括混凝土和钢筋贡献在内的整个单元刚度矩阵为

$$K = K_c + K_s \tag{5-3-54}$$

5.4 整体式模型

在整体式有限元模型中,将钢筋分布于整个单元中,并把单元视为连续均匀材料,这样就可用式(5-3-29)求得单元刚度矩阵。与分离式不同,它求出的是综合了混凝土与钢筋单元的刚度矩阵。这一点与组合式相同。但与组合式不同之处在于它不是先分别求出混凝土与钢筋对单元刚度的贡献,然后组合,而是一次求得综合的单元刚度矩阵。它可运用式(5-3-29),但应将其中的弹性矩阵改为由两部分组合,具体表达式为

$$\left.\begin{aligned} D &= D_c + D_s \\ K &= \int B^{\mathrm{T}} DB \, \mathrm{d}v \end{aligned}\right\} \tag{5-4-1}$$

式中,D_c 为混凝土的应力-应变矩阵。在开裂前可按一般均质体计算,具体表达式为

$$D_c = \begin{bmatrix} d_{11} & d_{12} & d_{13} & 0 & 0 & 0 \\ & d_{22} & d_{23} & 0 & 0 & 0 \\ & & d_{33} & 0 & 0 & 0 \\ & & & d_{44} & 0 & 0 \\ & & & & d_{55} & 0 \\ & & & & & d_{66} \end{bmatrix} \tag{5-4-2}$$

其中,

$$d_{11} = d_{22} = d_{33} = \frac{E_c(1-\nu)}{(1+\nu)(1-2\nu)}$$

$$d_{12} = d_{13} = d_{23} = \frac{\nu E_c}{(1+\nu)(1-2\nu)}$$

$$d_{44} = d_{55} = d_{66} = \frac{E_c}{2(1+\nu)}$$

由于混凝土的应力和应变是非线性的,E_c 将随应力状态的变化而变化,这已在第 3 章介绍。在混凝土开裂后,还应考虑开裂的情况,这将在第 6 章中论述。

等效分布钢筋的应力-应变关系矩阵 D_s,可按下式求得:

$$D_s = E_s \begin{bmatrix} \rho_x & 0 & 0 & 0 & 0 & 0 \\ & \rho_y & 0 & 0 & 0 & 0 \\ & & \rho_z & 0 & 0 & 0 \\ & & & 0 & 0 & 0 \\ & 对 \quad 称 & & & 0 & 0 \\ & & & & & 0 \end{bmatrix} \tag{5-4-3}$$

式中,E_s 为钢筋的弹性模量;ρ_x、ρ_y、ρ_z 分别为沿 x、y、z 轴方向的配筋率。若 ρ_x、ρ_y、ρ_z 不同,则单元刚度为各向异性。

5.5　小　　结

三种不同的有限元计算模式,各有特点,现分述如下。

(1) 分离式有限元模型

这是由不同材料构成一个结构时通用的计算方式,很自然地引入钢筋混凝土结构的分析中。其特点是混凝土单元刚度矩阵 K_c、钢筋单元刚度矩阵 K_s 是分别计算的,然后统一集成到整体刚度矩阵 K 中去。其优点是可按实际配筋划分单元,必要时可在钢筋与混凝土之间嵌入粘结单元。该单元的缺点是,当配筋量大且不规则时,划分单元的数量很大。

(2) 组合式有限元模型

这一单元模型中已包含了钢筋与混凝土两种材料,在推导单元刚度矩阵时,采用了统一的位移函数,但考虑了不同的材料特性,同时计算单元刚度矩阵 $K^e = K_c^e + K_s^e$,单元刚度矩阵中已包括了混凝土和钢筋两种材料对单元刚度矩阵的贡献。这种模型的特点是单元数量减少,但计算精度可提高。但对每一个单元刚度的计算比较麻烦,当单元中钢筋布置不规则时,没有通用公式可用,要自己推导,遇到配筋类别很多时,单元刚度的计算很麻烦。所以,这种单元是三种模式中应用较少的一种。

(3) 整体式有限元模型

这一模型的单元也包括了两种材料对单元刚度矩阵的贡献,但它不再分别计算 K_s 与 K_c,而是将钢筋化为等效的混凝土,然后按一种材料计算单元刚度矩阵,即

$$K^e = \iiint B^T (D_c + D_s) B \mathrm{d}V$$

然后将 K^e 集成为总体刚度矩阵。这一模型的优点是单元划分少,计算量小,可适应复杂配筋的情况。故目前在一般实际工程结构计算中均采取这模型。这一模型的缺点是只能求得钢筋在所在单元中的平均应力,且不能计算钢筋与混凝土之间的粘结应力。

第6章 混凝土的断裂与损伤

6.1 线弹性断裂力学基础

6.1.1 概述

在建筑结构的设计与施工中,我们必须保证结构或构件有足够的安全性。在传统的设计理论中,我们采用应力控制或构件截面的某种荷载效应控制。例如

$$\sigma \leqslant [\sigma]$$

或

$$M \leqslant M_{\mathrm{u}}/k$$

或

$$S \leqslant R$$

式中,σ 为构件中的应力;$[\sigma]$ 为材料能安全地承受的应力,通常称为允许应力。允许应力是通过材料实验测定再考虑一定的安全系数后确定的。第二个式子中,M 为构件截面的弯矩,M_{u} 为极限弯矩,k 为安全系数;第三个式子中,S 为构件截面的某种荷载效应,R 为相应的抗力。以上几式尽管其计算理论与表达方式不一样,但均假定材料是连续均匀的,并且没有原始损伤或缺陷。第三个式子虽然以概率论为基础,但其基本思想仍然是在一定保证率的水平上限制作用效应不得超过某一限值。

但是人们从长期的实践中,特别是从结构破坏事故中逐步认识到,单独由强度条件控制而设计出来的构件,在某种条件下仍然不足以保证其安全性。在 20 世纪 50 年代,许多结构常在应力不超过屈服极限的情况下突然发生断裂。例如 20 世纪 50 年代初期,美国某种导弹的机壳采用屈服极限为 $1373\mathrm{MN/m^2}$ 的高强度钢制造,但在发射时发生了爆炸。经复核计算可知,当时的应力还不到屈服极限的一半,按传统强度理论计算是不会破坏的。随后,工程界开始重视这类问题,并对此进行了深入的研究。研究结果发现,这些断裂事故都与结构材料中存在有原始的微裂缝或其他微小的缺陷有关。在一定的条件下,这些裂缝急剧扩展,从而导致构件的断裂。而这种裂缝扩展引起的断裂破坏,在传统的强度设计中是没有考虑的。在实际工程的材料制作、构件加工过程中不可避免地会产生一些微小的裂纹。这些微小的裂纹在许多情况下并不发展为断裂,但在某种条件下又会突然发

生裂缝失稳发展而导致断裂。断裂力学就是在这种工程背景下发展起来的。

断裂力学是研究含裂缝构件在各种环境条件下(包括荷载作用、腐蚀性介质作用、温度变化等)裂缝的平衡、扩展和失稳的规律,并确定其判别标准的一门科学。显然,断裂力学一方面要研究裂缝尖端处的应力状态、应变状态和位移状态,另一方面要研究材料本身抵抗裂缝扩展的能力,还要研究测定这种能力的方法和标准。应说明一点,断裂力学的引入并不能代替传统的强度理论和设计方法,传统的强度准则仍然是工程结构设计的重要依据,但是对于含有裂缝的构件,还需进行断裂力学的计算,这两者并不矛盾,都是确保安全所必须的。

断裂力学的最初思想是由格里菲思(Griffith,1920)在研究玻璃、陶瓷等脆性材料的强度时提出来的。Griffith 认为,裂缝扩展时为了形成新的裂缝表面,必定消耗一定的能量,该能量由弹性应变能释放所提供。他求得裂缝扩展临界状态的应力为

$$\sigma_c = \sqrt{\frac{2E\Gamma_s}{\pi a}} \tag{6-1-1}$$

式中,E 为弹性模量;Γ_s 为单位自由表面的表面能;a 为半裂缝的长度。

裂缝扩展的条件为

$$G = 2\Gamma_s \quad \text{或} \quad \sigma = \sigma_c \tag{6-1-2}$$

式中,G 为能量释放率或裂缝扩展力,它是裂缝扩展单位面积时体系所释放的能量。

Griffith 理论当时并未引起广泛注意。直到第二次世界大战以后,由于断裂事故不断发生,并且由于高强度材料的应用,断裂时应力与材料极限强度的比值日趋低下,这促使人们重新认识,并加以深入研究。1960 年欧文(Irwin)提出了尖端应力状态的表达式和应力强度因子的概念,使断裂力学便于应用。此后,断裂力学在金属结构中得到广泛应用,同时非线性断裂力学也得到了长足的发展。

卡普朗(Kaplan)于 1961 年首次将断裂力学用于混凝土材料的研究,并开始用三点弯曲梁测定混凝土的断裂韧度 K_{IC}。1979 年国际结构和材料研究室联合会(RILEM)召开了第一次混凝土断裂力学讨论会,以后又开过多次。20 世纪 80 年代美国混凝土协会组成了 ACI 446 委员会(断裂力学),集中了一批专家对混凝土断裂力学进行了全面的研究,并于 1989 年 10 月发表了综合报告《混凝土断裂力学:概念、模型和材料性能的确定》,系统地总结了断裂力学在混凝土中应用的成果。我国于 20 世纪 70 年代中期开始对混凝土断裂力学进行研究,并于 1981 年召开了第一届岩石、混凝土断裂力学会议。到目前为止,混凝土断裂力学已经得到比较广泛的应用。但由于混凝土材料的复杂性,并且在混凝土中往往配置钢筋,断裂力学在混凝土中的应用仍然有许多课题需要进一步研究。为了便于阅读,本章从断裂力学的基本理论开始,但重点放在基本概念的说明和公式的应用上,特别着重介绍断裂力学在混凝土中应用的成果。

6.1.2 裂缝扩展的三种基本形式

构件或试样中的裂缝,按照它们在荷载作用下扩展的形式不同,可以分为以下三种基本类型:

(1) 张开型裂缝(Ⅰ型),如图 6-1-1(a)所示。正应力 σ 和裂缝面垂直,在正应力作用下裂缝尖端处上下两个平面张开而扩展,且扩展方向与 σ 作用方向相垂直。这种裂缝称为张

开型裂缝,也称为Ⅰ型裂缝。

(2) 滑开型(Ⅱ型)裂缝。在构件或试样受剪切的情况下,若剪应力 τ 与裂缝表面平行且其作用方向与裂缝方向相垂直,使裂缝的上下两个面相对滑移而扩展,如图 6-1-1(b)所示。这种裂缝称为滑开型裂缝或Ⅱ型裂缝。

(3) 撕开型(Ⅲ型)裂缝,如图 6-1-1(c)所示,剪应力和裂缝表面平行,且剪应力作用方向与裂缝方向相平行。在剪应力作用下裂缝的上下两个平面撕裂而扩展。这种裂缝称为撕开型裂缝或称为Ⅲ型裂缝。

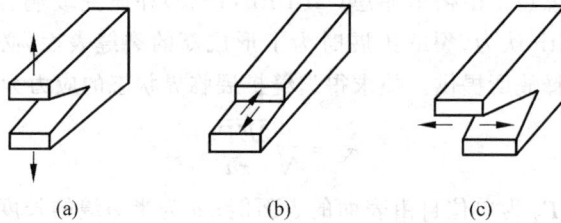

图 6-1-1　裂缝的三种基本类型
(a) 张开型裂缝;(b) 滑开型裂缝;(c) 撕开型裂缝

如果构件或材料内部的裂缝同时受正应力和剪应力的作用,则可能同时存在Ⅰ型和Ⅱ型或Ⅰ型和Ⅲ型裂缝,称为复合型裂缝。在工程结构或材料中以Ⅰ型裂缝最常见,也是最危险,因而本章将重点讨论Ⅰ型裂缝。

6.1.3　裂缝尖端的应力和位移

首先,以Ⅰ型裂缝为例,分析裂缝尖端处的应力场。由于裂缝在结构中是微小的,为简化起见,取一块在长度与宽度方向均为无限大的平板,在板中间有一条长度为 $2a$ 的裂缝,如图 6-1-2 所示。设平板在 x 方向和 y 方向均有应力 σ 的作用。为了研究裂缝尖端附近的应力和位移状态,将坐标原点置于裂缝尖端处,r、θ 为极坐标。

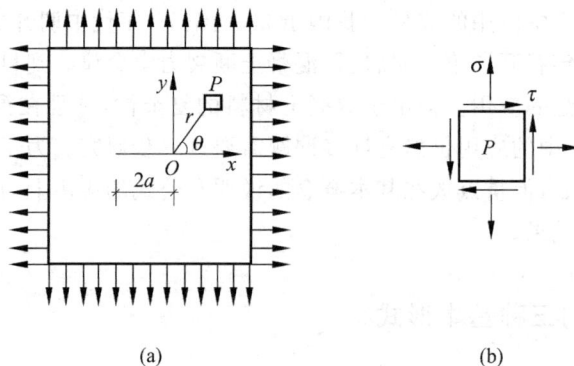

(a)　　　　　　　　　　　(b)

图 6-1-2　裂缝尖端应力

运用弹性理论,可以求出裂缝尖端处附近任一点 $P(r,\theta)$ 处的应力和位移。公式的推导过程从略,这里仅列出最后的计算公式:

$$\sigma_x = \frac{K_{\mathrm{I}}}{\sqrt{2\pi r}} \cos\frac{\theta}{2}\left(1 - \sin\frac{\theta}{2}\sin\frac{3}{2}\theta\right)$$
$$\sigma_y = \frac{K_{\mathrm{I}}}{\sqrt{2\pi r}} \cos\frac{\theta}{2}\left(1 + \sin\frac{\theta}{2}\sin\frac{3}{2}\theta\right) \qquad (6\text{-}1\text{-}3)$$
$$\tau_{xy} = \frac{K_{\mathrm{I}}}{\sqrt{2\pi r}} \cos\frac{\theta}{2}\left(\sin\frac{\theta}{2}\cos\frac{3}{2}\theta\right)$$

式中,K_{I} 为常数。

对于 z 方向的应力,分两种情况

$$\sigma_z = \begin{cases} 0 & \text{平面应力状态} \\ \nu(\sigma_x + \sigma_y) & \text{平面应变状态} \end{cases}$$

式中,ν 为泊松比。

位移的计算公式为

$$u = \frac{K_{\mathrm{I}}}{8G}\sqrt{\frac{2r}{\pi}}\left[(2k-1)\cos\frac{\theta}{2} - \cos\frac{3}{2}\theta\right]$$
$$v = \frac{K_{\mathrm{I}}}{8G}\sqrt{\frac{2r}{\pi}}\left[(2k+1)\sin\frac{\theta}{2} - \sin\frac{3}{2}\theta\right] \qquad (6\text{-}1\text{-}4)$$

其中,

$$k = \begin{cases} \dfrac{3-\nu}{1+\nu} & \text{平面应力状态} \\ 3-4\nu & \text{平面应变状态} \end{cases}$$

式中,ν 为泊松比;G 为剪切弹性模量。

从以上公式可以看出,随着 r 的减小(即越接近裂缝尖端),所有应力分量都增大,并且当 r 趋向于零时,这些应力分量均趋向于无限大,即裂缝尖端处的应力场具有奇异性。

6.1.4　应力强度因子

由上述应力公式可以看出,只要有微裂缝存在,并且外加荷载不等于零,则裂缝尖端处的应力总会趋向无限大。按照传统的强度理论,这必将导致构件的破坏,而且不论外界荷载是多么微小。这等于说,带裂缝材料的强度极小。但实际情况并非如此,许多带裂缝的材料在一定的应力状态下是稳定的。在这种情况下,单纯使用应力大小来判断其强度的方法就不适用了,必须寻找新的力学参数来判断构件破坏与否。由式(6-1-3)可知,裂缝尖端的应力 σ_x、σ_y、τ_{xy} 均与 K_{I} 成正比。K_{I} 越大,则当 $r \to 0$ 时,应力趋向无穷大的趋势也越快。此外,已经知道,对同一裂缝形态在同一应力状态下都具有相同的 K_{I} 值。所以,K_{I} 可以反映出裂纹尖端附近的应力场强度,称为应力强度因子。对于 I 型裂缝,有

$$K_{\mathrm{I}} = \lim_{r \to 0}\left[\sqrt{2\pi r}(\sigma_y)_{\theta=0}\right]$$

经极限运算可得

$$K_{\mathrm{I}} = \sigma\sqrt{\pi a} \qquad (6\text{-}1\text{-}5)$$

式中,σ 为平均拉应力;a 为裂缝长度的 $\dfrac{1}{2}$。

应力强度因子与应力集中系数是完全不同的参数。应力集中系数是应力集中处最大应力与名义应力之比,它反映了应力集中的程度,是一个无量纲的参数。而应力强度因子从总体上反映了裂缝尖端附近应力场奇异性的强弱,是有量纲的参数,其量纲为[力×长度$^{-3/2}$]。

对于带裂缝的无限大平板,受剪应力作用时,Ⅱ型、Ⅲ型裂缝的应力强度因子分别为

$$K_{\text{Ⅱ}} = \tau\sqrt{\pi a} \tag{6-1-6}$$

$$K_{\text{Ⅲ}} = \tau_l\sqrt{\pi a} \tag{6-1-7}$$

一般情况下,应力强度因子的大小与荷载性质、裂缝的几何形态等因素有关,只有在几种简单的情况下可以推导出应力强度因子的解析表达式。当荷载情况复杂,构件尺寸不规则时很难由解析法来确定强度因子时,可用实验的方法或数值计算的方法来确定。常用的应力强度因子表达式已汇编成册,在有关手册中可查用。

同一类型的裂缝在不同荷载作用下,应力强度因子不同,但与荷载呈线性关系。因而当一个带裂缝的构件同时受有几个荷载作用时,其裂缝尖端区的应力场强度因子 K 可根据叠加原理求得,即先分别求出各荷载单独作用时的 K 值,然后将它们相加即得到这些荷载同时作用时的应力强度因子值。

6.1.5　断裂韧度与断裂准则

通过上面的分析可以看出,应力强度因子反映了裂缝尖端附近应力场的强弱。由式(6-1-5)可知,随着外加应力的增大,应力强度因子也将增大。而由实验发现,当应力场的强度增加到某一值时,即使外加应力不再增加,裂缝也会迅速扩展而导致构件断裂或结构发生脆性破坏,把这个极限 K 值称为材料的断裂韧度,用 $K_{\text{I}c}$ 来表示。不同的材料是有不同的 $K_{\text{I}c}$ 值,对于Ⅱ型、Ⅲ型断裂,也有相应的断裂韧度。$K_{\text{Ⅱ}c}$,$K_{\text{Ⅲ}c}$,$K_{\text{I}c}$ 值表示了工程材料本身所固有的抵抗裂缝扩展的能力,与材料的其他力学指标(如抗压强度,屈服极限等)一样需要通过实验来确定。通过实验已经发现,断裂韧度与试件的厚度、加荷速度、环境条件等因素有关。对此,各国都制定了标准实验方法,以求所测指标的统一。关于混凝土断裂试件的类型和尺寸,将在下面几章介绍。

求出了带裂缝构件的应力强度因子 K_{I},测定了材料的断裂韧度 $K_{\text{I}c}$,便可以建立结构或构件不发生断裂的条件为

$$K_{\text{I}} \leqslant K_{\text{I}c} \tag{6-1-8}$$

对于带裂缝的无限大平板

$$K_{\text{I}} = \sigma\sqrt{\pi a}$$

对于带裂缝的一般平板,应力强度因子可表示为

$$K_{\text{I}} = \alpha\sigma\sqrt{\pi a} \tag{6-1-9}$$

于是断裂判断可表示为

$$\alpha\sigma\sqrt{\pi a} \leqslant K_{\text{I}c} \tag{6-1-10}$$

式中,α 为形态系数,与裂缝大小、位置有关。

上式可用于强度校核。当裂缝尺寸已知时,可求出带裂缝构件的临界断裂应力 σ_c;当

已知工作应力 σ 时,可确定带裂缝构件中最大的容许裂缝长度 a_c;当已知工作应力和裂缝尺寸时,可据此选择所需材料的 K_{Ic} 值。

6.1.6　能量释放率及其判据

除了应力强度因子以外,还有能量判据。在断裂力学发展过程中,首先提出的是能量判据。现在来研究裂缝扩展过程中的能量关系。设有一条裂缝,其裂缝面积为 A,若裂缝扩展面积为 δA,这时外力所做的功为 δW,体系弹性变形能变化了 δU,塑性变形能(或塑性功)变化了 δU_p,其表面能变化为 $\delta \Gamma$。假定这一个过程是绝热的,则根据能量守恒和转换定律,体系内能的变化应等于外力对体系所做的功,即

$$\delta W = \delta U + \delta U_p + \delta \Gamma \tag{6-1-11}$$

或

$$\delta W - \delta U = \delta U_p + \delta \Gamma \tag{6-1-12}$$

总势能的变化 $\delta \pi$ 等于外力势能变化 $-\delta W$ 和弹性应变能变化 δU 之和,于是有

$$\delta \pi = -\delta W + \delta U = -(\delta U_p + \delta \Gamma) \tag{6-1-13}$$

因此,能量的耗散为

$$-\delta \pi = \delta W - \delta U = \delta U_p + \delta \Gamma \tag{6-1-14}$$

此式表明,裂缝扩展时,外力功除了转化为弹性变形能之外,还有一部分转化为塑性变形能和表面能。裂缝扩展单位面积所耗散的能量称为能量释放率,一般用 G 表示,即

$$G = -\frac{\mathrm{d}\pi}{\mathrm{d}A} = \frac{\mathrm{d}W}{\mathrm{d}A} - \frac{\mathrm{d}U}{\mathrm{d}A} = \frac{\mathrm{d}U_p}{\mathrm{d}A} + \frac{\mathrm{d}\Gamma}{\mathrm{d}A} \tag{6-1-15}$$

G 的单位为 $MN \cdot m/m^2$ 或 MN/m。因而也有人称 G 为裂缝扩展力,它相当于使裂缝扩展一单位长度时所需要的力。

从裂缝尖端附近的应力场分析,得出应力强度因子的判据 $K_I \leqslant K_{Ic}$ 等,从能量角度出发,得出了能量判据 $G \leqslant G_{Ic}$ 等。同一个问题,有两个判据,它们之间必然存在着某种关系。下面以 I 型裂缝为例来推导这两者之间的关系。

图 6-1-3 所示为 I 型裂缝,裂缝尺寸由 a 增加到 $a + da$。在裂缝延长线上($\theta = 0, r = x$)其应力和位移可按式(6-1-3)和式(6-1-4)计算。为避免与能量符号 G 相混淆,这里用 μ 表示剪切弹性模量。于是,计算式可表示为

$$\sigma_y \mid_{\theta=0} = \frac{K_I}{\sqrt{2\pi x}} \tag{6-1-16}$$

$$v \mid_{\theta=\pm\pi} = \frac{2K_I}{\mu(1+\nu')} \sqrt{\frac{da-x}{2\pi}} \tag{6-1-17}$$

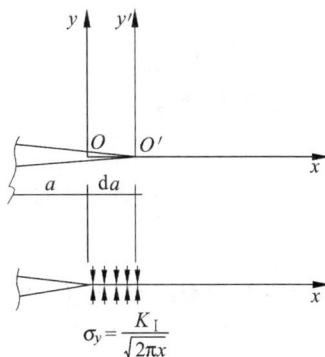

图 6-1-3　裂缝扩展 da 时的能量

若带裂缝的平板厚为 B,我们设想把应力 σ_y 反向加到裂缝表面,使扩展的裂缝完全闭合,然后让应力逐渐释放到零,这时裂缝逐渐扩展,释放能量数值上应等于应力 σ_y 在裂缝尖端位移闭合过程中所做的功

$$\frac{1}{2}\sigma_y \cdot B \cdot \mathrm{d}x \cdot 2v(x) = \sigma_y \cdot v(x) \cdot B\mathrm{d}x \tag{6-1-18}$$

在裂缝长度 $\mathrm{d}a$ 上的应变能变化为

$$\Delta E = \int_0^{\mathrm{d}a} \sigma_y \cdot v(x) \cdot B\mathrm{d}x \tag{6-1-19}$$

单位面积上的能量释放率应为

$$G_{\mathrm{I}} = \lim_{\mathrm{d}A \to 0} \frac{1}{\mathrm{d}A} \int_0^{\mathrm{d}a} \sigma_y \cdot v(x) \cdot B \cdot \mathrm{d}x \tag{6-1-20}$$

将式(6-1-16)和式(6-1-17)代入上式可得

$$G_{\mathrm{I}} = \lim_{\mathrm{d}A \to 0} \frac{B}{\mathrm{d}A} \int_0^{\mathrm{d}a} \frac{K_{\mathrm{I}}^2}{\mu(1+\nu')\pi} \sqrt{\frac{\mathrm{d}a-x}{x}} \mathrm{d}x \tag{6-1-21}$$

取 $x = \mathrm{d}a\cos^2 t$ 作积分变量变换,则

$$\mathrm{d}x = -2\mathrm{d}a\cos t \cdot \sin t \cdot \mathrm{d}t \tag{6-1-22}$$

当 $x=0$ 时,$t=\dfrac{\pi}{2}$;$x=\mathrm{d}a$ 时,$t=0$。于是

$$G_{\mathrm{I}} = \lim_{\mathrm{d}A \to 0} \frac{B}{\mathrm{d}A} \cdot \frac{K_{\mathrm{I}}^2}{\mu(1+\nu')\pi} \int_{\frac{\pi}{2}}^0 \sqrt{\frac{\sin^2 t}{\cos^2 t}} (-2\mathrm{d}a)\cos t \cdot \sin t \mathrm{d}t$$

$$= \lim_{\mathrm{d}A \to 0} \frac{B\mathrm{d}a}{\mathrm{d}A} \cdot \frac{K_{\mathrm{I}}^2}{2\mu(1+\nu')} \tag{6-1-23}$$

注意到 $B\mathrm{d}a = \mathrm{d}A$,所以有

$$G_{\mathrm{I}} = \frac{K_{\mathrm{I}}^2}{2\mu(1+\nu')} \tag{6-1-24}$$

对平面应力状态 $\nu' = \nu$,有

$$2\mu(1+\nu') = \frac{2E}{2(1+\nu)}(1+\nu) = E \tag{6-1-25}$$

对平面应变状态 $\nu' = \dfrac{\nu}{1-\nu^2}$,有

$$2\mu(1+\nu') = \frac{E}{1-\nu'}$$

所以对 I 型裂缝有

$$G_{\mathrm{I}} = \begin{cases} \dfrac{K_{\mathrm{I}}^2}{E} & \text{平面应变状态} \\[3mm] \dfrac{(1-\nu^2)K_{\mathrm{I}}^2}{E} & \text{平面应力状态} \end{cases} \tag{6-1-26}$$

同样可得 II 型裂缝 G_{II} 与 K_{II} 的关系为

$$G_{\mathrm{II}} = \begin{cases} \dfrac{K_{\mathrm{II}}^2}{E} & \text{平面应变状态} \\[3mm] \dfrac{(1-\nu^2)K_{\mathrm{II}}^2}{E} & \text{平面应力状态} \end{cases} \tag{6-1-27}$$

对 III 型裂缝有

$$G_{\mathrm{III}} = \frac{1+\nu}{E} K_{\mathrm{III}}^2 \tag{6-1-28}$$

可见,裂缝扩展能量释放率与强度因子的平方成比例关系,它随着荷载的增大而增长,当达到临界值 G_c 时,裂缝便会失稳扩展,导致构件的脆性断裂。能量释放率的临界值是从

能量转化的观点说明材料抵抗裂缝扩展的能力,它表示裂缝扩展一单位面积时所吸收的能量,这一临界值也可作为一种断裂韧性指标,用 G_C 表示。若 I 型裂缝的裂缝抵抗力或临界裂缝扩展力为 G_{IC},则裂缝稳定的判据可表示为

$$G_I \leqslant G_{IC} \tag{6-1-29}$$

对于 II 型、III 型裂缝可写出类似的判据

$$\left.\begin{array}{l} G_{II} \leqslant G_{IIC} \\ G_{III} \leqslant G_{IIIC} \end{array}\right\} \tag{6-1-30}$$

在线弹性断裂力学中,不论用应力强度因子作判据还是用能量释放率作判据,其结果是一样的。应力场强度因子 K 的计算比较方便,所以在实际工程计算中应用较广。但在非线性断裂力学的研究和应用中,能量判据的应用比较广泛。

6.2　非线性断裂力学基础

6.2.1　概述

根据线弹性理论,在 6.1 节中已经给出在裂缝尖端附近的应力表达式,根据这些表达式可知,裂缝尖端处的应力将随 r 的缩小而迅速增大。但在实际工程材料中,这样理想化的情况不会出现。这是因为,对金属材料,在裂缝尖端前沿,当应力达到屈服极限时会发生塑性变形,从而形成一个塑性区。在塑性区内,应力达到某一极限后便不再增长或只有较小的增长;对于混凝土材料,则在裂缝尖端的前沿处存在着一个微裂区,其应力不仅不会无限增大,并且会有所下降。无论是塑性区还是微裂区,当裂缝增长时都要消耗更多的外功,因而线弹性断裂力学就不再适用。对此,许多学者发展了非线性断裂力学。非线性断裂力学有许多分支,这里对一些主要的概念和方法作一简单介绍。

6.2.2　小范围塑性对应力强度因子的修正

在平面问题中,若已求得一点的应力 σ_x、σ_y 和 τ_{xy},则可求得其主应力为

$$\left.\begin{array}{l} \left\{\begin{array}{l} \sigma_1 \\ \sigma_2 \end{array}\right\} = \frac{1}{2}(\sigma_x + \sigma_y) \pm \frac{1}{2}\sqrt{(\sigma_x - \sigma_y)^2 + 4\tau_{xy}^2} \\ \sigma_3 = \begin{cases} 0 & \text{平面应力} \\ \nu(\sigma_1 + \sigma_2) & \text{平面应变} \end{cases} \end{array}\right\} \tag{6-2-1}$$

由弹塑性力学可知,当应力达到某一数值时,材料就会屈服,形成塑性区。要确定塑性区的形状和大小,可采用米泽斯屈服准则。米泽斯屈服准则可表达为

$$(\sigma_1 - \sigma_2)^2 + (\sigma_2 - \sigma_3)^2 + (\sigma_3 - \sigma_1)^2 = 2\sigma_s^2 \tag{6-2-2}$$

式中,σ_s 为材料在单向拉伸时的屈服极限。

对于 I 型裂缝,其裂缝尖端的应力为

$$
\left.
\begin{aligned}
\sigma_x &= \frac{K_{\mathrm{I}}}{\sqrt{2\pi r}}\cos\frac{\theta}{2}\left(1-\sin\frac{\theta}{2}\sin\frac{3}{2}\theta\right) \\
\sigma_y &= \frac{K_{\mathrm{I}}}{\sqrt{2\pi r}}\cos\frac{\theta}{2}\left(1+\sin\frac{\theta}{2}\sin\frac{3}{2}\theta\right) \\
\tau_{xy} &= \frac{K_{\mathrm{I}}}{\sqrt{2\pi r}}\cos\frac{\theta}{2}\cos\frac{3}{2}\theta
\end{aligned}
\right\}
\tag{6-2-3}
$$

代入主应力公式可得

$$
\left.
\begin{aligned}
\sigma_1 &= \frac{K_{\mathrm{I}}}{\sqrt{2\pi r}}\cos\frac{\theta}{2}\left(1+\sin\frac{\theta}{2}\right) \\
\sigma_2 &= \frac{K_{\mathrm{I}}}{\sqrt{2\pi r}}\cos\frac{\theta}{2}\left(1-\sin\frac{\theta}{2}\right)
\end{aligned}
\right\}
\tag{6-2-4}
$$

将主应力代入米泽斯屈服准则(取平面应力状态 $\sigma_3=0$)可得

$$
\frac{K_{\mathrm{I}}}{\sqrt{2\pi r}}\sqrt{\cos^2\frac{\theta}{2}\left(1+3\sin^2\frac{\theta}{2}\right)}=\sigma_{\mathrm{s}}
\tag{6-2-5}
$$

或

$$
r=\frac{1}{2\pi}\left(\frac{K_{\mathrm{I}}}{\sigma_{\mathrm{s}}}\right)^2\left[\cos^2\frac{\theta}{2}\left(1+3\sin^2\frac{\theta}{2}\right)\right]
\tag{6-2-6}
$$

此式表示在平面应力状态下,裂缝尖端处塑性区的边界曲线方程。该方程所描写的塑性区界限如图 6-2-1 所示。
在 x 轴:

$$
\left.
\begin{aligned}
&\text{当 }\theta=0°\text{ 时,}\quad r_0=\frac{1}{2\pi}\left(\frac{K_{\mathrm{I}}}{\sigma_{\mathrm{s}}}\right)^2 \\
&\text{当 }\theta=\pi\text{ 时,}\quad r_0=0
\end{aligned}
\right\}
\tag{6-2-7}
$$

对于平面应变状态,取 $\sigma_3=\nu(\sigma_1+\sigma_2)$,代入屈服准则可得

$$
\frac{K_{\mathrm{I}}}{\sqrt{2\pi r}}\left[\frac{3}{4}\sin^2\theta+(1-2\nu)^2\cos^2\frac{\theta}{2}\right]^{\frac{1}{2}}=\sigma_{\mathrm{s}}
$$

即

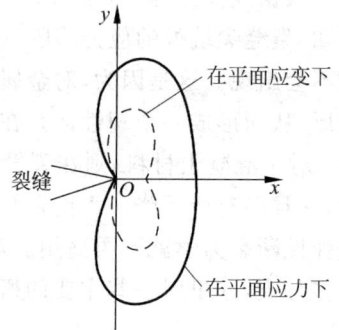

图 6-2-1　裂缝尖端屈服区

$$
\begin{aligned}
r &= \frac{1}{2\pi}\left(\frac{K_{\mathrm{I}}}{\sigma_{\mathrm{s}}}\right)^2\left[\frac{3}{4}\sin^2\theta+(1-2\nu)^2\cos^2\frac{\theta}{2}\right] \\
&= \frac{1}{2\pi}\left(\frac{K_{\mathrm{I}}}{\sigma_{\mathrm{s}}}\right)^2\cos^2\frac{\theta}{2}\left[(1-2\nu)^2+3\sin^2\frac{\theta}{2}\right]
\end{aligned}
\tag{6-2-8}
$$

将此方程描写的塑性区在图 6-2-1 中用虚线表示,可见它比平面应力状态要小一些。在平面应变状态下,在 x 轴($\theta=0°$)上有

$$
r_0=r_{\theta=0}=(1-2\nu)^2\frac{1}{2\pi}\left(\frac{K_{\mathrm{I}}}{\sigma_{\mathrm{s}}}\right)^2
\tag{6-2-9}
$$

若取 $\nu=0.2$,则可得

$$
r_0=0.36\frac{1}{2\pi}\left(\frac{K_{\mathrm{I}}}{\sigma_{\mathrm{s}}}\right)^2
\tag{6-2-10}
$$

可见,在平面应变状态下的塑性区尺寸(在 $\theta=0°$ 的延长线上)仅为平面应力状态下的 36%。平面应变状态下的塑性区要比平面应力状态下小得多,这也可以理解为在平面应变

状态下,裂缝尖端处材料有一定的塑性约束。

上述讨论是基于线弹性分析的应力场。实际上当应力达到屈服后将发生塑性变形,从而引起应力松弛,使塑性区进一步扩大。不考虑塑性变形时裂缝尖端区在 x 轴上的应力为

$$\sigma_y \mid_{\theta=0} = \frac{K_{\mathrm{I}}}{\sqrt{2\pi r}} \tag{6-2-11}$$

其沿 x 轴的分布如图 6-2-2 中的曲线 ADB。

由于应力不可能超过屈服极限,在理想塑性条件下,其实际应力分布将如图 6-2-2 中的 $CDEF$ 所示。由于 ADB 以下的面积与 $CDEF$ 以下的面积都表示净截面上应力的总和,它们将与同一外力平衡。假定这两条曲线下的面积相等,以此条件来粗略估算塑性区的尺寸。基于面积相等条件有

$$R\sigma_{\mathrm{s}} = \int_0^{r_0} \sigma_y \mathrm{d}r = \int_0^{r_0} \frac{K_{\mathrm{I}}}{\sqrt{2\pi r}} \mathrm{d}r = K_0 \sqrt{\frac{2r_0}{\pi}} \tag{6-2-12}$$

式中,R 为考虑应力松弛后塑性区尺寸;r_0 为基于线弹性理论的塑性区尺寸;σ_{s} 为材料屈服应力。

由上式可得

$$R = \frac{1}{\pi}\left(\frac{K_{\mathrm{I}}}{\sigma_{\mathrm{s}}}\right)^2 = 2r_0 \tag{6-2-13}$$

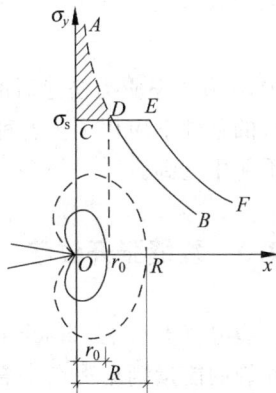

图 6-2-2　应力松弛后的屈服区

由式(6-2-13)可知,考虑了应力松弛以后,塑性区的尺寸在裂缝尖端方向扩大了一倍。这一公式与金属材料的实验相吻合。

在平面应变状态下,考虑了塑性变形引起的应力松弛后,塑性区尺寸为

$$R = \frac{(1-2\nu)^2}{\pi}\left(\frac{K_{\mathrm{I}}}{\sigma_{\mathrm{s}}}\right)^2 = 2r_0 \tag{6-2-14}$$

由比较可知,在平面应变状态下,塑性区尺寸是平面应力状态下的 $(1-2\nu)^2$ 倍。这表明在平面应变状态下,材料的屈服区要小一些。这也说明在同样的应力水平下,平面应变状态的裂缝要比平面应力状态下的裂缝容易扩展,也就是说,脆性要大一些。

根据以上分析,还可对应力强度因子进行修正,使之可作为小范围内塑性变形条件下的断裂判据。设想裂缝长度由 a 向前加长一段 $r_0 = \dfrac{R}{2}$,修正后的裂缝长度 a_{ef} 称为有效裂缝长度。在裂缝长度为 $a + \dfrac{R}{2}$ 的条件下,可以运用线弹性理论分析裂缝尖端处的应力场,这一应力场将和实际应力场相接近,如图 6-2-3 所示。在设想裂缝长度为 a_{ef} 的情况下,运用应力强度因子判据,则修正后的应力强度因子为

$$\overline{K}_{\mathrm{I}} = \sigma\sqrt{\pi a_{\mathrm{ef}}}$$

有效裂缝长度为

$$a_{\mathrm{ef}} = a + \frac{R}{2} = a + \frac{1}{2\pi}\left(\frac{K_{\mathrm{I}}}{\sigma_{\mathrm{s}}}\right)^2 \qquad \text{平面应力状态}$$

$$\tag{6-2-15a}$$

或

$$a'_{\mathrm{ef}} = a + \frac{R'}{2} = a + \frac{(1-2\nu)^2}{2\pi}\left(\frac{K_{\mathrm{I}}}{\sigma_{\mathrm{s}}}\right)^2 \qquad \text{平面应变状态}$$

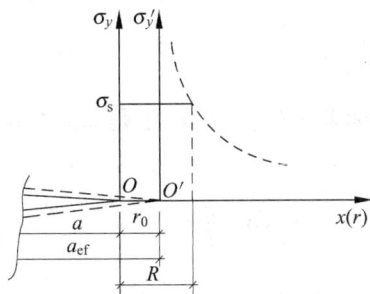

图 6-2-3　有效裂缝长度

$$\tag{6-2-15b}$$

代入修正后的强度因子表达式,得

$$\overline{K}_{\mathrm{I}} = \sigma \sqrt{\pi a_{\mathrm{ef}}} = \sigma \sqrt{\pi a} \sqrt{1 + \frac{1}{2}\left(\frac{\sigma}{\sigma_{\mathrm{s}}}\right)^2} \qquad 平面应力状态 \qquad (6\text{-}2\text{-}16a)$$

$$\overline{K}_{\mathrm{I}}' = \sigma \sqrt{\pi a_{\mathrm{ef}}'} = \sigma \sqrt{\pi a} \sqrt{1 + \frac{1-2\nu}{2}\left(\frac{\sigma}{\sigma_{\mathrm{s}}}\right)^2} \qquad 平面应变状态 \qquad (6\text{-}2\text{-}16b)$$

以上两式可统一写成

$$\overline{K}_{\mathrm{I}} = \alpha\sigma\sqrt{\pi a} \qquad (6\text{-}2\text{-}17)$$

式中,α 为考虑应力松弛后的修正系数。引入修正系数后,强度因子的判据就可在小范围塑性区的条件下应用了。各种强度因子的系数,甚至包括考虑塑性变形后的修正系数可在有关手册中查到。

6.2.3　裂缝张开位移

裂缝张开位移(crack opening displacement,COD)是指裂缝尖端表面的张开位移值。从断裂的能量判据观点来看,当应力-应变的综合量达到了某一临界值后裂缝就扩展。在线弹性理论中,应力与应变呈线性关系,因而用应力强度因子判据与能量判据是等效的。但是,若在裂缝尖端有塑性区(如对金属材料)或微裂区(如对混凝土材料),则用应力强度因子作判据就不适用了。这时用变形的观点去研究裂缝扩展的评判标准就更合适,其中 COD 可作为综合反映裂缝尖端非线性变形的一种指标,用它作为裂缝是否扩展的判据是很适宜的。用 COD 作判据就是认为裂缝张开位移 δ 达到材料所容许的某一临界值 δ_c 时,裂缝就扩展。裂缝稳定而不失稳扩展的条件可写为 $\delta \leqslant \delta_c$。

应用 COD 判据,有两个方面的问题要研究:①δ 的数值表达式,即裂缝尖端张开位移与结构外加荷载、几何形状的关系;②测定材料的 δ_c 值。

1. 小范围屈服条件下的裂缝张开位移(Wells 公式)

Wells 于 1963 年(Wells,1963)提出,按图 6-2-3 在 I 型裂缝尖端区形成塑性区以后,用等效裂缝长度代替实际裂缝长度,这样便可用线弹性断裂力学来求裂缝尖端处垂直裂缝方向的位移和塑性区中点距离 r_y。

对平面应变状态,按线弹性断裂力学,裂缝尖端处 y 方向的位移为

$$v = \frac{2(1+\nu)KI}{E}\sqrt{\frac{r}{2\pi}}\sin\frac{\theta}{2}\left[2(1-\nu) - \cos^2\frac{\theta}{2}\right] \qquad (6\text{-}2\text{-}18)$$

塑性区中点距离为

$$r_y = \frac{R}{2} = \frac{1}{4\sqrt{2\pi}}\left(\frac{K_{\mathrm{I}}}{\sigma_{\mathrm{s}}}\right)^2 \qquad (6\text{-}2\text{-}19)$$

当裂缝尖端向前移动 r_y 以后,上式中的坐标 r、θ 应按坐标系 $x'O'y'$ 计算,于是原裂缝尖端处在 y 方向向上的位移为

$$v(r_y,\pi) = \frac{2(1+\nu)}{E}\sqrt{\frac{r_y}{2\pi}}K_{\mathrm{I}}\sin\frac{\pi}{2}\left[2(1-\nu) - \cos^2\frac{\pi}{2}\right]$$

$$= \frac{2}{\pi}\frac{1}{\sqrt{2\sqrt{2}\sigma_{\mathrm{s}}}}\frac{1-\nu^2}{\sigma_{\mathrm{s}}E}K_{\mathrm{I}}^2$$

$$\approx \frac{1.2}{\pi} \cdot \frac{1}{\sigma_s} \cdot \frac{1-\nu^2}{E} K_{\mathrm{I}}^2 \tag{6-2-20}$$

同理可得该点在 y 方向向下的位移为

$$v(r_y, -\pi) \approx -\frac{1.2}{\pi} \cdot \frac{1}{\sigma_s} \cdot \frac{1-\nu^2}{E} K_{\mathrm{I}}^2 \tag{6-2-21}$$

于是,原来裂缝尖端处的裂缝张开位移 δ(即 COD)为

$$\delta = 2v(r_y, \pi) \approx \frac{2.4(1-\nu^2)K_{\mathrm{I}}^2}{\pi\sigma_s E}$$

$$\approx \frac{2.4}{\pi} \cdot \frac{G_{\mathrm{I}}}{\sigma_s} \tag{6-2-22}$$

对于平面应力状态,只需将上式中的 ν、E 用 $\nu/(1+\nu)$ 和 $(1+2\nu)E/(1+\nu^2)$ 代替,并取 $r_y = \frac{1}{2\pi}\left(\frac{K_{\mathrm{I}}}{\sigma_s}\right)^2$ 即可。经具体计算可得

$$\delta = \frac{4K_{\mathrm{I}}^2}{\pi\sigma_s E} = \frac{4G_{\mathrm{I}}}{\pi\sigma_s} \tag{6-2-23}$$

Wells 经过实验对比,认为在平面应力状态下上述结果偏大,他建议取

$$\delta = \frac{K_{\mathrm{I}}^2}{\sigma_s E} = \frac{G_{\mathrm{I}}}{\sigma_s} \tag{6-2-24}$$

所以 Wells 公式是建立在实验基础上的一个半经验公式。从能量角度看,不论塑性区范围的大小,均可取

$$G_{\mathrm{I}} = \sigma_s \delta \tag{6-2-25}$$

2. 用带状模型(D-B 模型)求裂缝张开位移

对带裂缝体进行弹塑性分析是极为复杂的,于是有些学者通过实验建立适当的物理模型,然后通过比较简单的数学分析求得弹塑性应力状态的近似解。其中 Dugdale(1960)和 Barenblatt(1962)分别提出了带状塑性区模型,称为 D-B 模型。Dugdale 认为,在带状塑性区内材料是理想弹塑性的,在真实裂缝的外侧延长了一段长度,其上作用着应力,其大小等于材料的屈服应力 σ_s,如图 6-2-4(a)所示。在窄带屈服区以外的区域都是弹性区。带状区延长一段距离后的长度为 c,如图 6-2-4(b)所示。

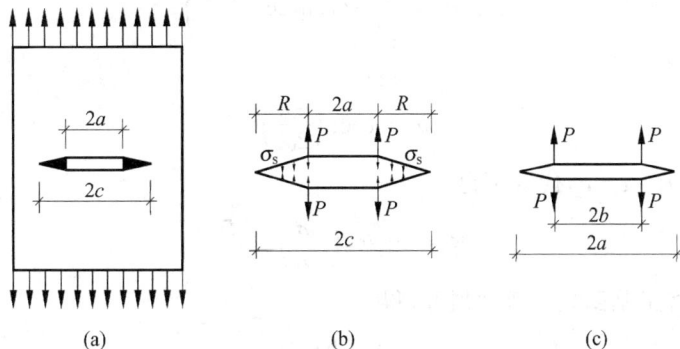

图 6-2-4　D-B 带状屈服模型

延长后的长度 c 可以用 $x=c$ 处的应力不再存在奇异性的条件来确定。现设想两种情况,一种为无限大平板有 $2a$ 长的裂缝,受均匀应力 σ,另一种为无限大平板有 $2a$ 长裂缝在 $x=\pm b$ 处有两对 P 的作用,如图 6-2-4(c)所示。由弹性理论可求得这两种情况下的应力强度因子计算式,也可从一般的断裂力学手册中查得。对于第一种情况,应力强度因子为

$$K_{\mathrm{I}} = \sigma\sqrt{\pi a} \tag{6-2-26}$$

对于第二种情况,应力强度因子为

$$K_{\mathrm{I}} = \frac{2P\sqrt{a}}{\sqrt{\pi(a^2-b^2)}} \tag{6-2-27}$$

现再考虑一种情况,即在裂缝长度为 $2a$ 的无限大平板中,在 $x=\pm a$ 到 $x=\pm c$ 之间的一段内作用有分布力 q,这种情况下的强度因子可视作每一微段 $\mathrm{d}x$ 中作用一对集中力 $q\mathrm{d}x$,并按上述第二种情况的计算公式由积分求得,即

$$K_{\mathrm{I}} = \int_a^c \frac{2(q\mathrm{d}x)\sqrt{c}}{\sqrt{\pi(c^2-x^2)}}\mathrm{d}x \tag{6-2-28}$$

令 $x=c\sin\theta$,则 $\sqrt{c^2-x^2}=c\cos\theta,\mathrm{d}x=c\cos\theta\mathrm{d}\theta$ 上式积分化为

$$K_{\mathrm{I}} = 2q\sqrt{\frac{c}{\pi}}\int_{\arcsin\left(\frac{a}{c}\right)}^{\arcsin\left(\frac{c}{c}\right)} \frac{a\cos\theta\mathrm{d}\theta}{a\cos\theta}$$

$$= 2q\sqrt{\frac{c}{\pi}}\left[\frac{\pi}{2}-\arcsin\left(\frac{a}{c}\right)\right]$$

$$= 2q\sqrt{\frac{c}{\pi}}\arccos\left(\frac{a}{c}\right) \tag{6-2-29}$$

对 D-B 模型,其应力强度因子由两部分组成,第一部分由均匀应力 σ 产生的 $K_{\mathrm{I}}^{(1)}$,第二部分为由 $x=\pm a$ 到 $x=\pm c$ 段内作用均匀应力 $-\sigma_{\mathrm{s}}$ 时产生的 $K_{\mathrm{I}}^{(2)}$。于是 D-B 模型的应力强度因子为

$$K_{\mathrm{I}} = K_{\mathrm{I}}^{(1)} + K_{\mathrm{I}}^{(2)}$$

$$= \sigma\sqrt{\pi a} - \frac{2\sigma_{\mathrm{s}}}{\pi}\sqrt{\pi c}\arccos\left(\frac{a}{c}\right) \tag{6-2-30}$$

由于在裂缝端点 c 处是塑性区的端点,应力已无奇异性,因而 $K_{\mathrm{I}}=0$,由此可得

$$\sigma\sqrt{\pi c} = \frac{2\sigma_{\mathrm{s}}}{\pi}\sqrt{\pi c}\arccos\left(\frac{a}{c}\right)$$

或

$$a = c\cos\left(\frac{\pi\sigma}{2\sigma_{\mathrm{s}}}\right) \tag{6-2-31}$$

由于塑性区尺寸 $R=c-a$,代入可得

$$R = a\left[\sec\left(\frac{\pi\sigma}{2\sigma_{\mathrm{s}}}\right)-1\right] \tag{6-2-32}$$

当 $\sigma/\sigma_{\mathrm{s}}$ 较小时,将正割函数按级数展开,得

$$\sec x = 1 + \frac{x^2}{2} + \frac{5}{24}x^4 + \frac{61}{720}x^6 + \cdots, \quad |x| < \frac{\pi}{2} \tag{6-2-33}$$

舍去 x^4 以后各项,可得

$$R = \frac{a}{2}\left(\frac{\pi\sigma}{2\sigma_s}\right)^2 \tag{6-2-34}$$

注意到 $K_I = \sigma\sqrt{\pi a}$，故有

$$R = \frac{\pi}{8}\left(\frac{K_I}{\sigma_s}\right)^2 \approx 0.39\left(\frac{K_I}{\sigma_s}\right)^2 \tag{6-2-35}$$

这与小范围屈服条件下求得的塑性区尺寸

$$R = \frac{1}{\pi}\left(\frac{K_I}{\sigma_s}\right)^2 \approx 0.318\left(\frac{K_I}{\sigma_s}\right)^2 \tag{6-2-36}$$

相比可知，D-B 模型的塑性区尺寸稍大。

下面来推导 D-B 模型的裂缝张开位移。

根据材料力学中的卡氏(Castigliano)定理，外力作用点沿作用力方向的位移等于应变能对外力的偏导数，即

$$\delta = \frac{\partial u}{\partial p} \tag{6-2-37}$$

若要求某两点的相对位移，则可在这两点加上大小相等、方向相反的一对力 F，求出系统的应变能 U，然后按下式即可求出其相对位移：

$$\delta = \lim_{F \to 0}\left(\frac{\partial U}{\partial F}\right) \tag{6-2-38}$$

即求出包括力 F 在内的应变能，再求应变能(它和 F 有关)对 F 的偏导数，然后令 F 趋于零，这样就求出了原来两点间的相对位移。

设系统的应变能用 U 表示，当裂缝扩展时，扩展 ΔA 面积所消耗的能量为 $\Delta A \cdot G_I$，此时系统应变能下降 $-\Delta U$ 应与裂缝扩展所需的能量相等，即

$$G_I \cdot \Delta A = -\Delta U \tag{6-2-39}$$

在极限情况下，有

$$G_I = -\frac{\partial U}{\partial A} \tag{6-2-40}$$

若取单位厚度平板，即 $B=1$，$dA=Bda$，则

$$G_I = -\frac{\partial U}{\partial a} \tag{6-2-41}$$

为了推导裂缝张开位移的表达式，在 D-B 模型的真实裂缝两端加一对虚力 P，如图 6-2-4(b)所示，则张开位移为

$$\begin{aligned}
\delta &= \lim_{P \to 0}\frac{\partial U}{\partial P} \\
&= \lim_{P \to 0}\frac{\partial}{\partial P}\int_0^c G_I\,dx = \lim_{P \to 0}\int_0^c \frac{\partial G_I}{\partial P}\,dx
\end{aligned} \tag{6-2-42}$$

由于积分表达式是表示裂缝从原点扩展到某裂缝长的过程，取 2ξ 为裂缝增长过程中的瞬时长度。长度为 2ξ 的裂缝尖端的强度因子可按三部分合成计算

$$K_I = \sigma\sqrt{\pi\xi} - 2\sigma_s\sqrt{\frac{\xi}{\pi}}\arccos\left(\frac{a}{\xi}\right) + 2P\sqrt{\frac{\xi}{\pi(\xi^2 - a^2)}} \tag{6-2-43}$$

而 $G_I = \dfrac{K_I^2}{E}$，于是

$$\lim_{P \to 0} \frac{\partial G_I}{\partial P} = \lim_{P \to 0} \frac{2K_I}{E} \cdot \frac{\partial K_I}{\partial P}$$

$$= \frac{4}{E} \left[\sigma \sqrt{\pi \xi} - 2\sigma_s \sqrt{\frac{\xi}{\pi}} \arccos\left(\frac{a}{\xi}\right) \right] \sqrt{\frac{\xi}{\pi(\xi^2 - a^2)}} \qquad (6\text{-}2\text{-}44)$$

因 $\xi < a$ 时,因力 P 作用于韧带上的同一点且方向相反,因而互相抵消,故积分限只需取 a 到 c,所以有

$$\delta = \frac{4}{E} \int_0^c \left[\sigma \sqrt{\pi \xi} - 2\sigma_s \sqrt{\frac{\xi}{\pi}} \arccos\left(\frac{a}{\xi}\right) \right] \sqrt{\frac{\xi}{\pi(\xi^2 - a^2)}} \cdot d\xi$$

$$= \frac{4\sigma}{E} \sqrt{c^2 - a^2} - \frac{8\sigma_s}{\pi E} \sqrt{c^2 - a^2} \arccos\left(\frac{a}{c}\right) + \frac{8\sigma_s a}{\pi E} \ln \frac{a}{c} \qquad (6\text{-}2\text{-}45)$$

对 D-B 模型,前面已推得

$$\arccos\left(\frac{a}{c}\right) = \frac{\pi \sigma}{2\sigma_s} \qquad (6\text{-}2\text{-}46)$$

注意到

$$\arcsin\left(\frac{a}{c}\right) + \arccos\left(\frac{a}{c}\right) = \frac{\pi}{2} \qquad (6\text{-}2\text{-}47)$$

则

$$\arcsin\left(\frac{a}{c}\right) = \frac{\pi}{2} - \arccos\left(\frac{a}{c}\right) = \frac{\pi}{2} - \frac{\pi}{2} \cdot \frac{\sigma}{\sigma_s} = \frac{\pi}{2} \left(1 - \frac{\sigma}{\sigma_s}\right) \qquad (6\text{-}2\text{-}48)$$

代入上式可得

$$\delta = \frac{4\sigma}{E} \sqrt{c^2 - a^2} - \frac{4\sigma}{E} \sqrt{c^2 - a^2} + \frac{8a\sigma_s}{\pi E} \ln \frac{1}{\dfrac{a}{c}}$$

$$= \frac{8a\sigma_s}{\pi E} \ln \frac{1}{\cos\left(\dfrac{\pi \sigma}{2\sigma_s}\right)}$$

$$= \frac{8a\sigma_s}{\pi E} \ln \sec\left(\frac{\pi \sigma}{2\sigma_s}\right) \qquad (6\text{-}2\text{-}49)$$

在小范围屈服条件下,将 $\ln \sec\left(\dfrac{\pi \sigma}{2\sigma_s}\right)$ 展开成幂级数,并略去高阶项,便可得平面应力状态下裂缝张开位移的近似表达式

$$\delta = \frac{K_I^2}{E\sigma_s} \qquad (6\text{-}2\text{-}50)$$

这一结果与 Wells 的半经验公式是一致的。

Barenblatt 提出的带状裂缝模型也与 Dugdale 模型相似,但 Barenblatt 认为在裂缝有效长度 R 上作用着原子内聚力。尽管这两者有些不同,不少文献仍把这种模型也称为 D-B 模型。

6.2.4　J 积分

1968 年 Rice(Rice ＆ Rosengren,1968)提出了一个能量积分,称为 J 积分,它是弹塑性断裂力学中的一个重要参量,它既可用于线弹性体,也可用于非线性弹性体。这一参量与线

性断裂力学中的强度因子一样,能描述裂缝尖端区域的应力-应变场的强度。同时它和变形功率有密切关系,这使得 J 积分容易通过实验由外加荷载的变形功率来测定。现已证明,在线弹性断裂力学中,J 积分和裂缝扩展能量释放率 G 是等效的;在大范围屈服问题中,J 积分和裂缝尖端张开位移存在着一定关系。J 积分的计算与积分路径无关,可以避免裂缝尖端处的应力状态的复杂性,因而得到了广泛的应用。

1. J 积分的定义及其物理意义

对于二维问题,Rice 给出了 J 积分的定义为(见图 6-2-5)

$$J = \int_{\Gamma}\left[W\,\mathrm{d}y - \left(T_x \frac{\partial U_x}{\partial x} + T_y \frac{\partial U_y}{\partial x} \right)\mathrm{d}S \right] \tag{6-2-51}$$

式中,Γ 为围绕裂缝尖端的任一条逆时针积分回路,起端始于裂缝的下表面,末端终于裂缝的上表面,如图 6-2-5 所示;T_x、T_y 为积分路径上任一点处的应力分量;U_x、U_y 为积分路径上任一点处的位移分量;$\mathrm{d}S$ 为积分路径上的积分弧元;W 为带裂缝体在积分路径上任一点处单元体内所积蓄的应变能(称为应变能密度),它可按下式计算

$$W = \int_0^{\varepsilon_{mn}} \sigma_{ij}\,\mathrm{d}\varepsilon_{ij} \tag{6-2-52}$$

为了说明 J 积分的物理意义,取坐标系随着裂缝尖端的扩展向前移动 $\mathrm{d}a$ 距离,则积分路径上各点发生位移增量 $\mathrm{d}a$,如图 6-2-6 所示,则积分路径 Γ 上外加应力矢量所做的功为

$$W_{\Gamma} = B\int_{\Gamma}(T_x\mathrm{d}U_x + T_y\mathrm{d}U_y)\mathrm{d}S \tag{6-2-53}$$

式中,B 为裂缝体的厚度;T_x、T_y 分别为外加应力矢量在 x、y 坐标轴方向的分量;$\mathrm{d}U_x$、$\mathrm{d}U_y$ 分别为位移增量在 x、y 坐标轴方向的分量。

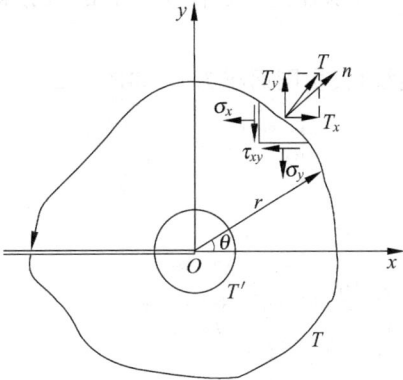

图 6-2-5　J 积分回路

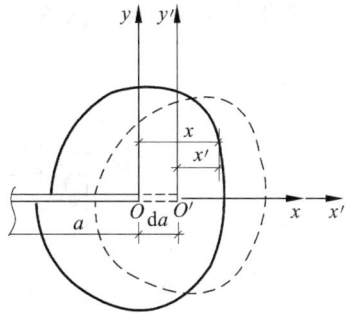

图 6-2-6　J 积分的物理意义

由于坐标系随着裂缝尖端平移了 $\mathrm{d}a$,因而裂缝体上各点的坐标变化为 $\mathrm{d}x = -\mathrm{d}a$,$\mathrm{d}y = 0$,故有

$$\left.\begin{aligned} \mathrm{d}U_x &= \frac{\partial U_x}{\partial x}\mathrm{d}x + \frac{\partial U_x}{\partial y}\mathrm{d}y = -\frac{\partial U_x}{\partial x}\mathrm{d}a \\ \mathrm{d}U_y &= \frac{\partial U_y}{\partial x}\mathrm{d}x + \frac{\partial U_y}{\partial y}\mathrm{d}y = -\frac{\partial U_y}{\partial x}\mathrm{d}a \end{aligned}\right\} \tag{6-2-54}$$

则应力矢量所做的功可表达为

$$W_\Gamma = -\, B\,\mathrm{d}a \int_\Gamma \left(T_x\, \frac{\partial U_x}{\partial x} + T_y\, \frac{\partial U_y}{\partial y} \right) \mathrm{d}S \qquad (6\text{-}2\text{-}55)$$

因为积分路径 Γ 也随着坐标系向右移动了 $\mathrm{d}a$，右侧进入积分路径的体积将增加应变能的积蓄，反之，左侧退出积分路径的体积将减少应变能的积蓄，因而积分路径平移时，其所围的域内应变能的变化为

$$-B \int_\Gamma W \mathrm{d}x \mathrm{d}y = +\, B \int_\Gamma W \mathrm{d}a \mathrm{d}y$$

于是，当裂缝扩展 $\mathrm{d}a$ 时，汇入于积分路径内总的能量为

$$B\,\mathrm{d}a \int_\Gamma \left[W \mathrm{d}y - \left(T_x\, \frac{\partial U_x}{\partial x} + T_y\, \frac{\partial U_y}{\partial x} \right) \mathrm{d}S \right]$$

于是，当裂缝扩展单位长度时，单位厚度的裂缝体汇入积分路径 Γ 内的能量为

$$J = \int_\Gamma \left[W \mathrm{d}y - \left(T_x\, \frac{\partial U_x}{\partial x} + T_y\, \frac{\partial U_y}{\partial x} \right) \mathrm{d}S \right] \qquad (6\text{-}2\text{-}56)$$

这就说明了 J 积分的物理意义。

J 积分可以作为裂缝是否稳定的判据。按 J 积分的理论，当带裂缝体的 J 积分达到材料的临界值 J_c 时，裂缝就失稳扩展而导致断裂。因此可以把临界积分值 J_c 作为材料的断裂韧度指标，于是，J 积分的判据可表达为

$$J \leqslant J_c \qquad (6\text{-}2\text{-}57)$$

满足这一条件时，裂缝将是稳定的。

2. J 积分与积分路径无关的性质

Rice 建议的 J 积分具有与积分路径无关的性质，这一性质反映了它是表示裂缝尖端处应力-应变场的一个综合参量。由于这一性质，我们可以任选一条便于计算的积分路径，可以避开裂缝尖端区域内应力-应变场的复杂分析。

首先我们取一闭合积分回路 C，其中不包含裂缝，其所围面积为 A，如图 6-2-7(a)所示。

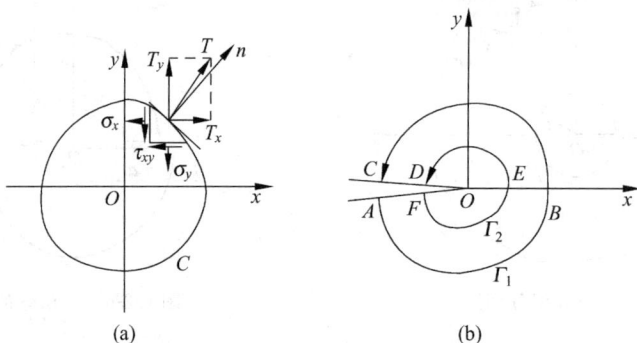

图 6-2-7　J 积分闭合积分回路 C

求积分

$$\oint \left[W \mathrm{d}y - \left(T_x\, \frac{\partial U_x}{\partial x} + T_y\, \frac{\partial U_y}{\partial x} \right) \mathrm{d}S \right] \qquad (6\text{-}2\text{-}58)$$

由图 6-2-7(a)，根据积分微弧段 $\mathrm{d}S$ 处小三角形的平衡条件有

$$T_x = \sigma_x n_x + \tau_{xy} n_y \left.\vphantom{\begin{matrix}a\\b\end{matrix}}\right\} \tag{6-2-59}$$
$$T_y = \sigma_y n_y + \tau_{xy} n_x$$

并且

$$n_y \mathrm{d}S = -\mathrm{d}x, \quad n_x \mathrm{d}S = +\mathrm{d}y$$

于是上述闭合线路积分的第二部分可化为

$$\oint \left(T_x \frac{\partial U_x}{\partial x} + T_y \frac{\partial U_y}{\partial x} \right) \mathrm{d}S$$

$$=\oint \left[\left(\sigma_x \frac{\partial U_x}{\partial x} + \tau_{xy} \frac{\partial U_y}{\partial x} \right) n_x + \left(\tau_{xy} \frac{\partial U_x}{\partial x} + \sigma_y \frac{\partial U_y}{\partial x} \right) n_y \right] \mathrm{d}S$$

$$=\oint \left[\left(\sigma_x \frac{\partial U_x}{\partial x} + \tau_{xy} \frac{\partial U_y}{\partial x} \right) \mathrm{d}y - \left(\tau_{xy} \frac{\partial U_x}{\partial x} + \sigma_y \frac{\partial U_y}{\partial x} \right) \mathrm{d}x \right] \tag{6-2-60}$$

格林(Green)定理指出,函数 $P(x,y)$ 和 $Q(x,y)$ 的闭合路线积分和面积分有如下关系:

$$\oint (P\mathrm{d}x + Q\mathrm{d}y) = \iint_A \left(\frac{\partial Q}{\partial x} - \frac{\partial P}{\partial y} \right) \mathrm{d}x\mathrm{d}y \tag{6-2-61}$$

利用 Green 定理,可将上面的闭路线积分化为面积分,即

$$\oint \left(T_x \frac{\partial U_x}{\partial x} + T_y \frac{\partial U_y}{\partial x} \right) \mathrm{d}S$$

$$=\iint_A \left[\frac{\partial}{\partial x} \left(\sigma_x \frac{\partial U_x}{\partial x} + \tau_{xy} \frac{\partial U_y}{\partial x} \right) + \frac{\partial}{\partial y} \left(\tau_{xy} \frac{\partial U_x}{\partial x} + \sigma_y \frac{\partial U_y}{\partial x} \right) \right] \mathrm{d}x\mathrm{d}y \tag{6-2-62}$$

再看式(6-2-58)积分的第一项,并利用 Green 定理可得

$$\oint W\mathrm{d}y = \iint_A \frac{\partial W}{\partial x} \mathrm{d}x\mathrm{d}y \tag{6-2-63}$$

根据卡氏(Castigliano)定理

$$\sigma_{ij} = \frac{\partial W}{\partial \varepsilon_{ij}} \tag{6-2-64}$$

并对能量密度进行微分得

$$\frac{\partial W}{\partial x} = \frac{\partial W}{\partial \varepsilon_x} \frac{\partial \varepsilon_x}{\partial x} + \frac{\partial W}{\partial \varepsilon_y} \frac{\partial \varepsilon_y}{\partial x} + \frac{\partial W}{\partial \gamma_{xy}} \frac{\partial \gamma_{xy}}{\partial x}$$

$$=\sigma_x \frac{\partial \varepsilon_x}{\partial x} + \sigma_y \frac{\partial \varepsilon_y}{\partial x} + \tau_{xy} \frac{\partial \gamma_{xy}}{\partial x}$$

$$=\sigma_x \frac{\partial}{\partial x} \left(\frac{\partial U_x}{\partial x} \right) + \sigma_y \frac{\partial}{\partial x} \left(\frac{\partial U_y}{\partial y} \right)$$

$$\quad + \tau_{xy} \frac{\partial}{\partial x} \left(\frac{\partial U_y}{\partial x} + \frac{\partial U_x}{\partial y} \right)$$

$$=\frac{\partial}{\partial x} \left(\sigma_x \frac{\partial U_x}{\partial x} + \tau_{xy} \frac{\partial U_y}{\partial x} \right)$$

$$\quad + \frac{\partial}{\partial y} \left(\sigma_y \frac{\partial v_y}{\partial x} + \tau_{xy} \frac{\partial v_x}{\partial x} \right) \tag{6-2-65}$$

将式(6-2-65)代入式(6-2-63),并与式(6-2-62)一起代回积分式(6-2-58),可得

$$\oint \left[W\mathrm{d}y - \left(T_x \frac{\partial U_x}{\partial x} + T_y \frac{\partial U_x}{\partial x} \right) \mathrm{d}S \right] = 0 \tag{6-2-66}$$

我们现在考虑带裂缝体。如图 6-2-7(b)所示,任选两条不同的积分路线 Γ_1 和 Γ_2,这两条积分路线均从裂缝下边缘逆时针转到裂缝的上边缘。为了利用式(6-2-66),作一闭合积

分路线 $ABCDEFA$。这一积分回路有四个积分段,ABC 段即为 Γ_1;CD 段为裂缝上自由表面;DEF 段即为积分路线 Γ_2,但注意方向相反(顺时针);FA 段为裂缝的下自由表面。于是有

$$\oint \left[W \mathrm{d}y - \left(T_x \frac{\partial U_x}{\partial x} + T_y \frac{\partial U_y}{\partial x} \right) \mathrm{d}S \right]$$

$$= \int_{\Gamma_1} \left[W \mathrm{d}y - \left(T_x \frac{\partial U_x}{\partial x} + T_y \frac{\partial U_y}{\partial x} \right) \mathrm{d}S \right]$$

$$+ \int_{CD} \left[W \mathrm{d}y - \left(T_x \frac{\partial U_x}{\partial x} + T_y \frac{\partial U_y}{\partial x} \right) \mathrm{d}S \right]$$

$$- \int_{\Gamma_2} \left[W \mathrm{d}y - \left(T_x \frac{\partial U_x}{\partial x} + T_y \frac{\partial U_y}{\partial x} \right) \mathrm{d}S \right]$$

$$+ \int_{FA} \left[W \mathrm{d}y - \left(T_x \frac{\partial U_x}{\partial x} + T_y \frac{\partial U_y}{\partial x} \right) \mathrm{d}S \right] = 0 \tag{6-2-67}$$

在自由表面上 $T_x = T_y = 0$,且 $\mathrm{d}y = 0$,所以式(6-2-67)中的中间两项,即 CD 段与 FA 段上的积分为 0。这样就有

$$\int_{\Gamma_1} \left[W \mathrm{d}y - \left(T_x \frac{\partial U_x}{\partial x} + T_y \frac{\partial U_y}{\partial x} \right) \mathrm{d}S \right]$$

$$= \int_{\Gamma_2} \left[W \mathrm{d}y - \left(T_x \frac{\partial U_x}{\partial x} + T_y \frac{\partial U_y}{\partial x} \right) \mathrm{d}S \right] \tag{6-2-68}$$

由于 Γ_1 和 Γ_2 是围绕裂缝端部的两条任意的积分路径,这就证明了 J 积分具有与积分路径无关的性质。

6.3 断裂力学在混凝土中的应用

6.3.1 概述

将断裂力学用于混凝土结构时,有两方面的工作要做:一方面是要根据支承条件、荷载作用、裂缝状态等具体情况求得裂缝尖端处的应力强度因子 K_{I}、K_{II}、K_{III} 等,确定应力强度因子的方法有有限元法、边界配置法、边界元法及实验方法等。另一方面是要测定混凝土的断裂韧度 K_{IC}、K_{IIC}、K_{IIIC}、G_{f} 等,这些均为描述混凝土力学性能的新指标,它反映了混凝土材料抵抗裂缝扩展的能力。由于 Ⅰ 型裂缝出现频率较高,危险性也最大,因此将以 Ⅰ 型裂缝为例说明 K_{IC} 的测定方法和断裂力学在处理混凝土裂缝中的应用。

此外,针对混凝土裂缝与金属裂缝的差异,在混凝土断裂分析中有些学者提出了虚拟裂缝、钝化裂缝模型和双 K 断裂准则,在本章也作简要介绍。

6.3.2 混凝土断裂韧度的测定

1. K_{IC} 的测定

测定混凝土断裂韧度 K_{IC} 的试件式样很多,主要有以下几种。

1) 弯曲梁试件

弯曲梁试件又分为三点弯曲梁试件和四点弯曲梁试件,如图 6-3-1(a)、(b)所示。三点弯曲梁试件在梁跨中人为预置一个裂缝,并在跨中加一集中荷载。四点弯曲梁的预制裂缝也在跨中,但在跨中 $L/3$ 处加两个集中荷载,在裂缝所在处造成一个纯弯区。

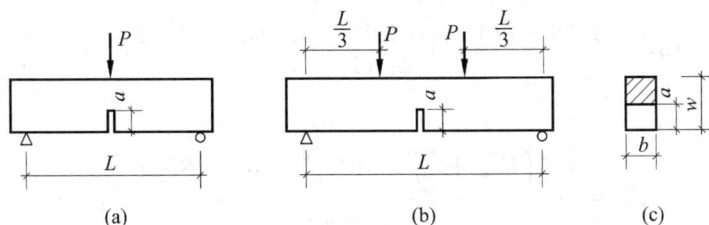

图 6-3-1 弯曲梁试件

由于 K_{IC} 值与试件尺寸大小有关,各国对试件的尺寸均有标准。国际材料及实验室联合会(RILEM)试验标准中关于三点弯曲梁的尺寸取决于混凝土中骨料最大粒径 D_{max},如表 6-3-1 所示。

表 6-3-1 三点弯曲梁试件尺寸建议 mm

D_{max}	梁高 d	梁宽 B	梁跨 L	梁长 L	切口深 a
1~16	100±5	100±5	800±5	840±10	
16.1~32	200±5	100±5	1130±5	1190±10	$\dfrac{d}{2}$±5
32.1~48	300±5	150±5	1385±5	1450±10	
48.1~64	400±5	200±5	1600±5	1640±10	

在我国,三点弯曲梁试件用得较多,常用试件的尺寸为 $100\text{mm}\times100\text{mm}\times500\text{mm}$,实际构件长可取 515mm,这与我国混凝土实验规程规定的标准抗折试件的尺寸相同,裂缝深度可取 40mm($a/d=0.4$),骨料最大粒径 $D_{max}\approx20\text{mm}$。

设测得裂缝失稳时的荷载为 P,则可按下式计算断裂韧度(魏庆同等,1985):

$$K_{IC} = \frac{P}{B\sqrt{d}}\left[2.9\left(\frac{a}{d}\right)^{1/2} - 4.6\left(\frac{a}{d}\right)^{3/2} + 21.8\left(\frac{a}{d}\right)^{5/2}\right.$$
$$\left. - 37.6\left(\frac{a}{d}\right)^{7/2} + 38.7\left(\frac{a}{d}\right)^{9/2}\right] \tag{6-3-1}$$

我国《水工混凝土断裂试验规程》(DL/T 5332—2005)建议的三点弯曲梁试件尺寸见图 6-3-2。

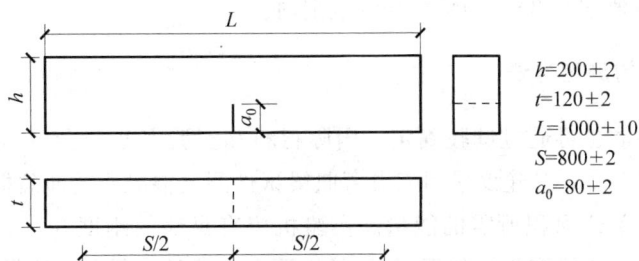

图 6-3-2 《水工混凝土断裂试验规程》建议的三点弯曲梁试件

起裂韧度 K_{IC}^Q 为

$$K_{IC}^Q = \frac{1.5\left(F_Q + \frac{mg}{2} \times 10^{-2}\right) \times 10^{-3} \cdot S \cdot a_0^{1/2}}{th^2} f(\alpha) \tag{6-3-2}$$

式中,F_Q 为起裂荷载,即加载曲线从直线变为曲线的位置;

$$f(\alpha) = \frac{1.99 - \alpha(1-\alpha)(2.15 - 3.93\alpha + 2.7\alpha^2)}{(1+2\alpha)(1-\alpha)^{3/2}}, \quad \alpha = \frac{a_0}{h} \tag{6-3-3}$$

失稳韧度 K_{IC}^S

$$K_{IC}^S = \frac{1.5\left(F_{max} + \frac{mg}{2} \times 10^{-2}\right) \times 10^{-3} \cdot S \cdot a_0^{1/2}}{th^2} f(\alpha) \tag{6-3-4}$$

式中,F_{max} 为荷载位移曲线中的最大荷载点;$\alpha = \frac{a_0}{h}$。

2) 紧凑拉伸试件

紧凑拉伸试件如图 6-3-3 所示,它是直接在裂缝根部施加一对拉力,其优点是,在大尺寸试件中,自重对 K_{IC} 的测量结果的影响比三点弯曲梁试件要小。

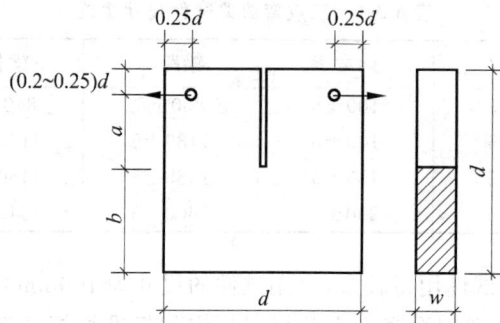

图 6-3-3　紧凑拉伸试件

若裂缝失稳扩展时的荷载为 P,则断裂韧度可按下式计算:

$$K_{IC} = \frac{P}{B\sqrt{d}}\left[29.6\left(\frac{a}{d}\right)^{1/2} - 185.5\left(\frac{a}{d}\right)^{3/2} + 655.7\left(\frac{a}{d}\right)^{5/2}\right.$$

$$\left. -1017.0\left(\frac{a}{d}\right)^{7/2} + 638.9\left(\frac{a}{d}\right)^{9/2}\right] \tag{6-3-5}$$

常用紧凑拉伸试件的尺寸为 $400mm \times 400mm$,最大尺寸为 $3m \times 3m \times 0.2m$。混凝土的断裂韧度 K_{IC} 的数值在 $0.3 \sim 1.0 MN/m^{3/2}$ 范围内。

2. 断裂能 G_f 的测定方法

混凝土的断裂能也可通过试验确定。国际材料和实验室联合会(RILEM)和混凝土断裂力学委员会(TC-50FMC)建议采用三点弯曲梁试件测定混凝土的断裂能。混凝土的断裂能定义为裂缝扩展单位面积所需的能量。实验机应有足够的刚度并具有闭路伺服控制装置,以保证荷载-挠度曲线有稳定的下降段,从而可以正确地求得荷载所做的功。

实验所得三点弯曲梁的荷载-位移曲线如图 6-3-4 所示。外力功由三部分组成：①施加于梁上的外荷载所做的功 W_0，这可以由荷载挠度曲线下的面积确定；②支座间梁自重 $m_1 g$ 所做的功；③加荷附件 $m_2 g$ 所做的功。后两部分荷载不与实验机加载头连在一起,而是一直加在梁上直到梁断裂。在测量记录到的位移 δ 中不包括后两部分的贡献。为了考虑这两部分的做功,首先按断面处弯矩相等的原则将 $m_1 g$ 与 $m_2 g$ 化为等效的跨中集中力 F_1,显然有

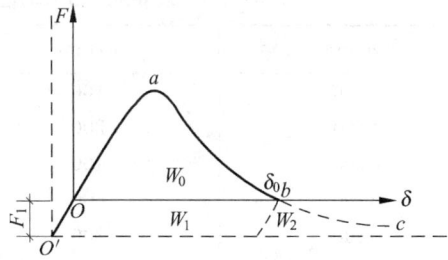

图 6-3-4　三点弯曲梁的荷载-位移曲线

$$F_1 = \frac{1}{2} m_1 g + m_2 g \tag{6-3-6}$$

梁的实测挠度曲线如图 6-3-4 所示为 Oab 段,a 为曲线峰值处,b 为梁断裂时的最大挠度值。如考虑了 F_1,则荷载-挠度曲线应为 $O'Oabc$。由图可知,梁的断裂面所吸收的总能量为

$$W = W_0 + W_1 + W_2 \tag{6-3-7}$$

其中,

$$W_0 = \int_0^{\delta_0} P \mathrm{d}\delta \quad （即曲线 Oab 下的面积）$$

$$W_1 = F_1 \delta_0 = \left(\frac{1}{2} m_1 g + m_2 g \right) \delta_0$$

研究表明,可近似取

$$W_2 \approx W_1 = \left(\frac{1}{2} m_1 g + m_2 g \right) \delta_0 \tag{6-3-8}$$

由此可以推出计算 G_f 的公式为

$$G_f = \frac{W_0 + mg\delta_0}{A} \tag{6-3-9}$$

式中,W_0 为外荷载所做的功,可由实验测得的 P-δ 曲线下的面积计算求得；$m = m_1 + 2m_2$ 为梁和附件的自重；A 为韧带断面面积；δ_0 为梁断裂时测得的最大挠度值。

国内外进行了大量的混凝土断裂能的测定工作。由实测结果可知,在大多数情况下,普通混凝土的断裂能为 70~200N/m,但也有高达 300N/m 的。

3. 混凝土试件的尺寸效应

大量实验证明,混凝土试件的尺寸大小对测得的混凝土断裂韧度 K_{IC} 的值有较大影响。试件的尺寸越大,求得的 K_{IC} 值就越大,这种现象称为尺寸效应。表 6-3-2 为田明伦、黄松梅等(1982)所做实验的结果,试件尺寸不同,但保持 $a/d = 0.5$ 不变。

从表中可以看出,K_{IC} 值随着试件尺寸的增大而增大,当试件尺寸达 2000mm × 2000mm×200mm 时,$a/d = 0.5$,K_{IC} 值趋于稳定。许多实验表明,试件厚度对 K_{IC} 值的影响不大。

为什么试件尺寸对 K_{IC} 值有影响,有些学者从能量变化的观点可以作出合理的解释。前面已说明 K_I 与断裂能 G_f 有对应关系。在测定 K_{IC} 时,除裂缝扩展要吸收能量外,构件内

表 6-3-2　不同尺寸紧凑拉伸试件测得的 K_{Ic}

d/mm	a/mm	K_{Ic}/(MN/m$^{3/2}$)	相对比值
200	100	0.79	1.00
400	200	0.85	1.08
800	400	0.94	1.19
1200	600	1.19	1.51
1600	800	1.27	1.61
2000	1000	1.26	1.59

部的界面微裂缝、内部缺陷也会吸收部分能量。显然,当构件尺寸增大时,内部缺陷也越多,因而耗能也增加,这些均使 G_f 增大,也即使测得的 K_{Ic} 增大。但尺寸大到一定程度时,K_{Ic} 就趋于稳定,同时 G_f 的测量技术还有待改进,这些问题还有待于进一步研究。

4. 混凝土断裂韧度的经验公式

从上面几节有关 K_{Ic} 测定的介绍可以看到,测定 K_{Ic} 值是相当复杂的,在一般工程的工地现场还很难做到留出做测定 K_{Ic} 的试件。而目前可以普遍做到的是留出立方体抗压强度的试件,测定抗压强度 f_{cu} 和劈裂强度 f_t。因而能否由 f_t(或 f_{cu}、f_c)来推求 K_{Ic}。许多学者做了这方面的研究,例如水利水电科学院于骁中(1991)等进行了 K_{Ic} 和 f_t 的对比实验,K_{Ic} 的试件为 100mm×100mm×500mm 的三点弯曲梁,测 f_t 的是 100mm×100mm×100mm 立方体劈裂抗拉试件。经过统计分析,建议可按下式估算混凝土的断裂韧度 K_{Ic}:

$$K_{Ic} = 2.86kf_t \tag{6-3-10}$$

式中,f_t 为混凝土劈裂抗拉强度,适用于强度等级为 C10 到 C36 的混凝土;k 为考虑尺寸效应的系数,对于小试件可取 1.2~1.5,对于大体积混凝土可取 1.9。

欧洲模式规范 CEB-FIP MC90 建议

$$G_f = \alpha \left(\frac{f_c}{10} \right)^{0.7} \tag{6-3-11}$$

式中,f_c 的单位是 MPa;G_f 的单位是 N/mm;α 为系数,和最大骨料粒径有关,欧洲模式规范建议:当 $D_{max}=8$mm 时,取 $\alpha=0.025$;$D_{max}=16$mm 时,取 $\alpha=0.03$;$D_{max}=32$mm 时,取 $\alpha=0.058$。

6.3.3　裂缝处强度因子的计算

在断裂力学计算中,其失效准则为

$$\left. \begin{array}{l} K_I \leqslant K_{Ic} \\ K_{II} \leqslant K_{IIc} \\ K_{III} \leqslant K_{IIIc} \end{array} \right\} \tag{6-3-12}$$

式中,混凝土的断裂韧度 K_{Ic}、K_{IIc}、K_{IIIc} 由实验测定,应力强度因子由带裂缝构件的应力分析求得,它与裂缝形态、尺寸、受力状态、边界条件等因素有关。对于简单的受力情况,可以用弹性力学的方法求得。对于复杂的受力情况常借助于数值方法,如有限元法和边界元法等。下面介绍几种常用方法求应力强度因子的基本思路。

1. 有限元法求 K_I

由 I 型裂缝的位移公式

$$u = \frac{K_I}{8G}\sqrt{\frac{2r}{\pi}}\Big[(2k-1)\cos\frac{\theta}{2} - \cos\frac{3}{2}\theta\Big]$$

$$v = \frac{K_I}{8G}\sqrt{\frac{2r}{\pi}}\Big[(2k+1)\sin\frac{\theta}{2} - \sin\frac{3}{2}\theta\Big]$$

$$G = E/2(1+\nu)\quad E \text{ 为弹性模量}$$

$$k = \begin{cases} \dfrac{3-\nu}{1+\nu} & \text{平面应力状态} \\[2mm] 3-4\nu & \text{平面应变状态} \end{cases}$$

式中，G 为剪切弹性模量；ν 为泊松比。在裂缝尖端处建立坐标系，令 $\theta=\pi$，则有

$$v = \frac{4(1-\nu^2)}{\sqrt{2\pi}E}K_I\sqrt{r}$$

即

$$K_I = \frac{\sqrt{2\pi}E}{4(1-\nu^2)\sqrt{r}}v \tag{6-3-13}$$

首先在离裂缝端处不远的 r^* 处求得位移 v^*，由 v^* 即可求得应力强度因子 K_I^* 的值。显然，应力强度因子只有在 $r \to 0$ 时才是精确的，K_I^* 只是其近似解。在采用有限元法时，在裂缝尖端处应采用精细网格，但总达不到 $r=0$。为了改进精度，可取 r_1^*、r_2^* 等若干点求出 K_{I1}^*、K_{I2}^* 等，由 K_I-r 坐标上进行外推，可采用最小二乘法求出 K_I-r 的直线表达式，此直线与 K_I 坐标轴的交点即为较精确的 K_I 值，如图 6-3-5 所示。

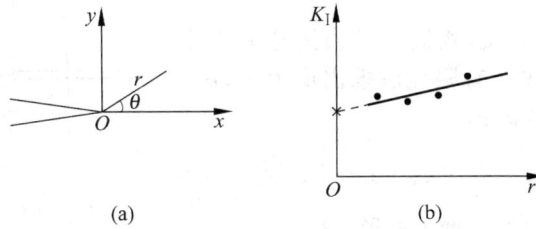

(a)　　　　　(b)

图 6-3-5　外推法求 K_I

2. 有限元法求 K_I、K_{II}

在平面问题中，很少遇到单纯的 I 型或 II 型裂缝，一般情况是 K_I、K_{II} 同时存在，形成复合型断裂。由 K_I、K_{II} 与位移的关系，可以写出

$$\left.\begin{aligned} u &= \frac{1}{4G}\sqrt{\frac{r}{2\pi}}\big[K_I f_1(\theta) + K_{II} g_1(\theta)\big] \\[2mm] v &= \frac{1}{4G}\sqrt{\frac{r}{2\pi}}\big[K_I f_2(\theta) + K_{II} g_2(\theta)\big] \end{aligned}\right\} \tag{6-3-14}$$

其中，

$$f_1(\theta) = (2k-1)\cos\frac{\theta}{2} - \cos\frac{3}{2}\theta$$

$$f_2(\theta) = (2k+1)\sin\frac{\theta}{2} - \sin\frac{3}{2}\theta$$

$$g_1(\theta) = (2k+3)\sin\frac{\theta}{2} + \sin\frac{3}{2}\theta$$

$$g_2(\theta) = -(2k-3)\cos\frac{\theta}{2} - \cos\frac{3}{2}\theta$$

(6-3-15)

式中符号意义同前。

首先在裂缝尖端附近 r^* 处,求出其位移值 u^*,v^*,代入上述方程,可得关于 K_{I},K_{II} 的联立方程,进而求出 K_{I}^*,K_{II}^* 值。当然,这是近似值,因 $r \neq 0$。可以选择若干 r^* 值,求得相应的 K_{I}^*,K_{II}^* 值,然后采用直线外推法,求得较好的 K_{I}^*,K_{II}^* 值。在具体选择计算点时,可取 $\theta = \pm\pi$ 或 $\theta = 0°$ 处,这样在 u 的表达式中不包含 K_{II} 项,在 v 的表达式中不包含 K_{I} 项,可以避免 K_{I},K_{II} 误差的相互影响,计算方便得多。

3. 由 J 积分求 K_{I}

前面已经介绍过,J 积分的定义为

$$J = \int_\Gamma W \mathrm{d}y - \left(T_x \frac{\partial u}{\partial x} + T_y \frac{\partial v}{\partial x}\right)\mathrm{d}S = J_w - J_\Gamma \tag{6-3-16}$$

式中,$W = \int_0^{\varepsilon_{ij}} \sigma_{kl} \mathrm{d}\varepsilon_{kl}$ 为应变能密度;T_x,T_y 为积分路线 Γ 上的应力分量;u,v 为积分路线上相应的位移分量;Γ 为积分路线,可从裂缝自由表面上任一点开始,逆时针绕过裂缝尖端,而终止于另一自由表面。

J 积分与积分路径无关,我们可以选择易于计算的路径,例如矩形。首先按有限元法求出应力 σ_x、σ_y、τ_{xy},应变 ε_x、ε_y、γ_{xy},位移 u、v。

应变能 $W = \dfrac{1}{2}\boldsymbol{\sigma}^{\mathrm{T}}\boldsymbol{\varepsilon} = \dfrac{1}{2}(\sigma_x\varepsilon_x + \sigma_y\varepsilon_y + \tau_{xy}\gamma_{xy})$

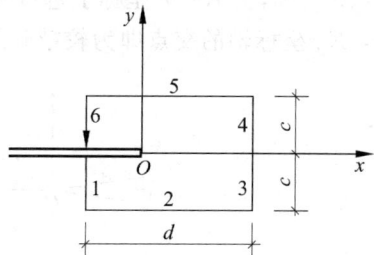

图 6-3-6 J 积分计算回路

以图 6-3-6 为例,取积分域为矩形,分为六段

$$J_w = \int_0^{-c} W_1 \mathrm{d}y + \int_{-c}^{-c} W_2 \mathrm{d}y + \int_{-c}^0 W_3 \mathrm{d}y + \int_0^c W_4 \mathrm{d}y + \int_c^c W_5 \mathrm{d}y + \int_c^0 W_6 \mathrm{d}y \tag{6-3-17}$$

由对称关系 $W_1 = W_6$,$W_3 = W_4$,且

$$\int_{-c}^c W_2 \mathrm{d}y = 0, \quad \int_c^c W_5 \mathrm{d}y = 0 \quad (\text{因 } \mathrm{d}y = 0) \tag{6-3-18}$$

有

$$J_w = 2\left(\int_0^c W_4 \mathrm{d}y + \int_c^0 W_6 \mathrm{d}y\right)$$

$$J_\Gamma = 2(J_{\Gamma 4} + J_{\Gamma 5} + J_{\Gamma 6})$$

$$J_{\Gamma 4} = \sigma_x \frac{\partial u}{\partial x} + \tau_{xy} \frac{\partial v}{\partial x} = \sigma_x \varepsilon_x + \tau_{xy} \frac{\partial v}{\partial x}$$

$$J_{\Gamma 5} = \sigma_y \frac{\partial v}{\partial x} + \tau_{xy} \frac{\partial u}{\partial x} = \sigma_y \frac{\partial v}{\partial x} + \tau_{xy}\varepsilon_x$$

$$J_{\Gamma 6} = -\sigma_x \frac{\partial u}{\partial x} - \tau_{xy} \frac{\partial v}{\partial x} = -\sigma_x\varepsilon_x - \tau_{xy} \frac{\partial v}{\partial x}$$

(6-3-19)

故
$$J_\Gamma = 2\left[\int_0^c \left(\sigma_x \varepsilon_x + \tau_{xy}\frac{\partial v}{\partial x}\right)\mathrm{d}S + \int_0^d \left(\tau_{xy}\varepsilon_x + \sigma_y\frac{\partial v}{\partial x}\right)\mathrm{d}S \right.$$

$$\left. + \int_0^c \left(-\sigma_x \varepsilon_x - \tau_{xy}\frac{\partial v}{\partial x}\right)\mathrm{d}S\right] \tag{6-3-20}$$

可得
$$J = J_w - J_\Gamma \tag{6-3-21}$$

由 J 积分与 K_{I} 关系式

$$\left.\begin{array}{ll}K_{\mathrm{I}} = \sqrt{\dfrac{JE}{1-\nu^2}} & \text{平面应变}\\[3mm] K_{\mathrm{I}} = \sqrt{JE} & \text{平面应力}\end{array}\right\} \tag{6-3-22}$$

即可求得 K_{I} 值。

因 J 积分与积分路径无关,故选择积分路径时,可避开裂缝尖端一段距离,尖端区网格可不必过于细分,因而计算方便,精度又较好。此外,对于尖端附近有小范围屈服时,选择积分路线时可以绕过这一塑性区,从而求得较好的结果。由于 J 积分有这些优点,因而得到了广泛的应用。

6.3.4　混凝土裂面受剪性能

前面介绍的都是混凝土中 I 型裂缝断裂力学指标。同样,在混凝土中,也应该存在 II 型和 III 型断裂力学指标。但是,由于混凝土 II 型和 III 型断裂实验非常困难,很难测得相应的断裂韧度。同时,由于混凝土的裂缝表面往往是粗糙的,存在有骨料咬合作用,在剪力作用下发生滑移时产生摩擦和相互咬合的挤压力。当裂缝穿过钢筋时,还有钢筋的销栓作用,在裂缝滑动时钢筋受剪、受拉,给裂面提供了附加的压力,大大增加了开裂面的摩擦阻力,如图 6-3-7 所示。这些都使得混凝土的剪切断裂很难用经典的断裂力学指标加以描述。目前大多通过定义混凝土的裂面受剪力学性能来近似地考虑 II 型或 III 型断裂问题。

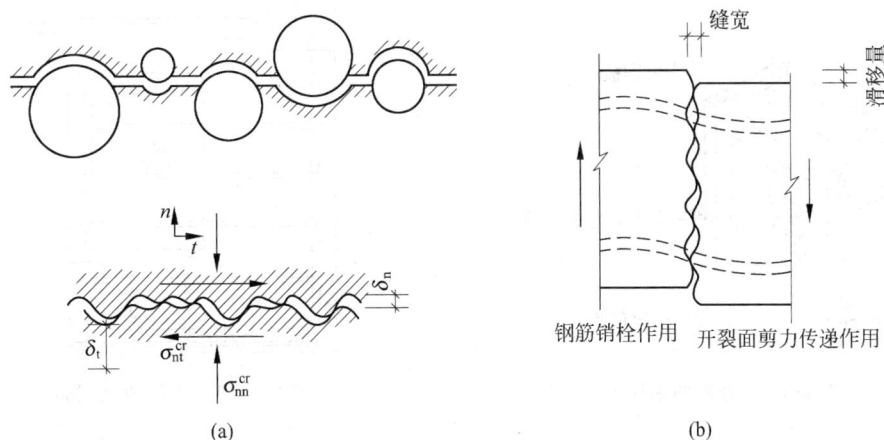

图 6-3-7　混凝土裂面受剪性能

(a) 无钢筋穿过的开裂面骨料咬合作用;(b) 有钢筋穿过的开裂面骨料咬合作用

根据是否有垂直于裂面的约束作用,裂面受剪实验可以分为三种类型:直接剪切实验、外部约束实验和内部约束实验(康清梁,1996)。

直接剪切实验如图 6-3-8 所示,不考虑垂直于裂面的约束作用力,仅对试件施加一对剪切作用力 P 来研究裂面的摩擦力。利用直接剪切实验可以研究初始裂缝宽度、混凝土强度、骨料尺寸和形状、周期加载等对骨料咬合作用的影响。

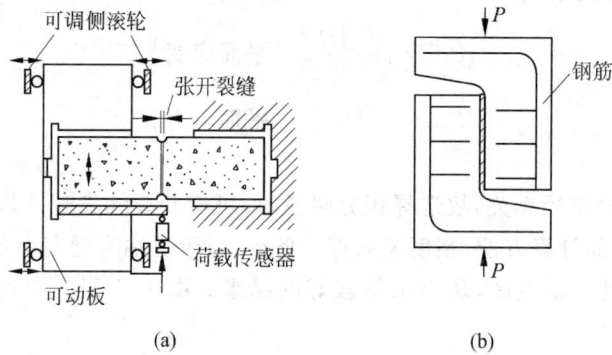

(a)   (b)

图 6-3-8　直接剪切试验

外部约束实验是考虑同时存在剪力和垂直裂面压力的情况下研究裂面抗剪能力的实验方法,如图 6-3-9 所示,垂直方向试件形状和加载方式同图 6-3-8,通过外部约束钢筋给混凝土施加水平压力,研究裂面压力对抗剪能力的影响。

内部约束实验是考虑有跨裂缝钢筋约束的情况下骨料咬合的实验方法,如图 6-3-10 所示。与直剪实验不同的是在试件内埋有垂直于开裂面的约束钢筋。通过量测钢筋的应变,就可以得到垂直裂面压力的大小,进而可以研究裂面压力对抗剪能力的影响。

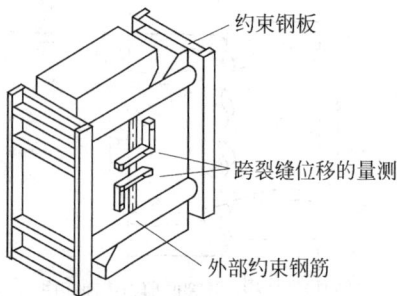

图 6-3-9　外部约束试验

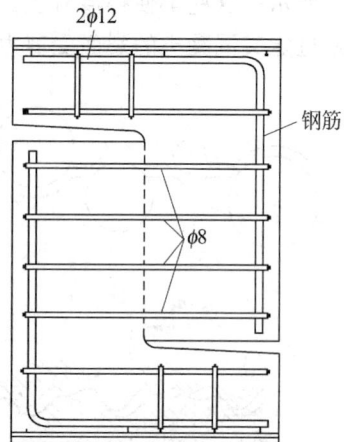

图 6-3-10　内部约束试验

根据实验结果,国内外提出很多混凝土裂缝面受剪力学模型,主要包含如下几个。

Fenwick 和 Pauley(1968)公式

$$\tau_{a} = (3.218/w - 2.281)(0.271\sqrt{f_{c}} - 0.409)(\Delta - 0.0436w) \qquad (6-3-23)$$

式中,τ_{a}(MPa)为裂面剪应力;w 为初始裂缝宽度,$0.06\text{mm} \leqslant w \leqslant 0.38\text{mm}$;$f_{c}$(MPa)为混

凝土抗压强度，$18.6\text{MPa} \leqslant f_c \leqslant 55.94\text{MPa}$；$\Delta$ 为剪切位移。

Houde 和 Mirza(1974)公式

$$\tau_a = 1.98\left(\frac{1}{w}\right)^{1.5}\sqrt{\frac{f_c}{34.5}}\Delta \tag{6-3-24}$$

符号意义同前，$0.05\text{mm} \leqslant w \leqslant 0.50\text{mm}$，$16.5\text{MPa} \leqslant f_c \leqslant 50.5\text{MPa}$。

大连理工大学公式(康清梁，1996)

$$\tau_a = (0.543w^{-0.585} + 0.199)\sqrt{f_c}\Delta^{0.72} \tag{6-3-25}$$

以上实验是基于直剪实验，基于约束实验考虑裂面正应力影响的模型有如下几个。

Walraven 和 Reinhardt(Walraven & Reinhardt,1981)公式

$$\left.\begin{array}{l} \tau_a = -f_c/30 + [1.8w^{-0.80} + (0.234w^{-0.707} - 0.20)f_c]\Delta \\[2mm] \sigma_a = -f_c/20 + [1.35w^{-0.63} + (0.191w^{-0.552} - 0.15)f_c]\Delta \end{array}\right\} \tag{6-3-26}$$

东南大学公式(康清梁，1996)

$$\left.\begin{array}{l} \tau_a = (0.392w^{-1.282} + 0.329\sigma_0 - 0.394)\sqrt{f_c}\Delta^{1.256} \\[2mm] \sigma_a = (0.098w^{-0.700} + 0.096\sigma_0 - 0.028)\sqrt{f_c}\Delta^{1.060} \end{array}\right\} \tag{6-3-27}$$

式中，σ_0 为初始约束应力。

τ_a 对 Δ 求偏导，即可以得到界面的剪切刚度为

$$K_a = \frac{\partial \tau_a}{\partial \Delta} \tag{6-3-28}$$

6.3.5 混凝土裂缝模型

1. 虚拟裂缝模型

大量实验已经证明，混凝土受拉达到强度极限后，如是应变控制加载则不会立即破坏，而是有一段距离随应变增大而应力下降的曲线，直到达到极限拉伸应变后，材料才破坏。基于这一实验以及其他混凝土断裂现象的实验和观察，人们发现混凝土的断裂与金属的断裂有以下几方面不同。

(1) 在单轴拉伸实验中得到 σ-ε 曲线形状不同。对于金属而言，应力达到屈服后有一屈服平台或略有上升(称为强化)；而对混凝土来说，在应力达到抗拉强度后，可以有随应力减小而应变增大的软化阶段，如图 6-3-11(a)所示。

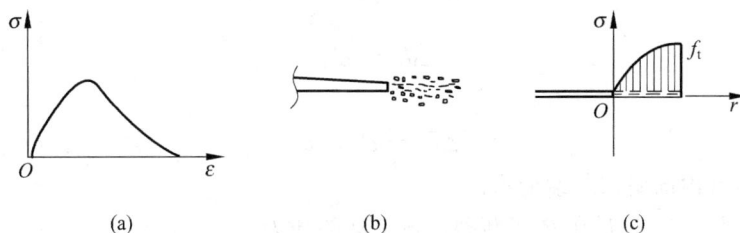

(a)　　　　　　　　　(b)　　　　　　　　　(c)

图 6-3-11　混凝土的断裂特性

（2）在裂缝尖端区的位移场不同。对金属来说，裂缝尖端前沿有一个塑性区，而在混凝土裂缝扩展前缘则出现一个微裂缝区，此微裂缝区有很多微细裂缝组成，如图 6-3-11(b)所示。这些微细裂缝仍能传递一定的拉应力，微裂缝的发展直接影响混凝土的断裂性能。

（3）在裂缝尖端前沿的应力场不同。对金属来讲，裂缝尖端处的应力达到屈服强度，有一应力平台；而对混凝土裂缝来讲，尖端处应力为零，而应力随离尖端距离增大而上升，如图 6-3-11(c)所示。

由于有以上几点区别，不仅线弹性断裂力学不能适应混凝土断裂分析的需要，而且针对金属材料提出的非线性断裂力学也不完全适用于混凝土。针对混凝土材料的特点，各国学者提出了不少针对混凝土非线性断裂分析的方法，下面将介绍两种有代表性且应用广泛的方法。先介绍虚拟裂缝模型。

虚拟裂缝模型是由瑞典学者 Hillerborg 首先提出的(Hillerborg et al.，1976)。实质上这是对于离散裂缝模型的一种改进，在改进中引入了混凝土断裂力学的性能。Hillerborg 对混凝土裂缝尖端的微裂缝区进行分析后认为，混凝土材料断裂具有如下几个特点。

（1）由于混凝土开裂后，混凝土的应变在裂缝区和裂缝区外有本质的不同。如图 6-3-12 所示，有一等截面受拉杆，在两端由位移控制缓慢加载，直到杆件断裂为止。在杆件 B 段和 C 段安装标距为 l 的相同的引伸仪，测量构件在加载过程中的变形。随着荷载的增加，变形将不断增长，当应力小于混凝土抗拉强度 f_t 时，B、C 两段的变形相等；待荷载达到某一值，使截面应力达到 f_t 时，杆件 B 段出现微裂缝，这时 B 段应变继续迅速增大，而 C 段变形则反而变小（回缩），这是由于变形集中到了微

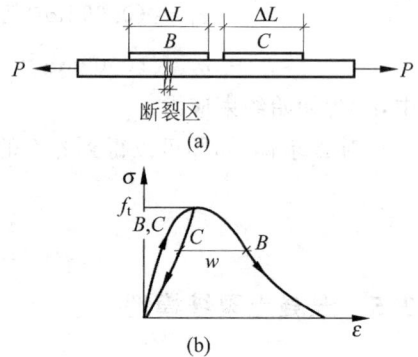

图 6-3-12　混凝土拉伸曲线特征

裂缝区了。由于断裂区内裂缝的发展，有效承载力下降，为保持构件应变继续增长，拉力 P 必须不断下降。这样，拉力 P 的降低也即导致截面应力减小，也即意味着在断裂区以外的构件变形按卸载路线回缩。这也说明在均匀拉伸构件中，一旦某一截面出现裂缝，则其他截面就不会再出现新的裂缝。这样，在 B 段应变则随着应力的降低而不断增大，而 C 段应变则按卸载路线变小。

为了简化计算，在加载段（σ-ε 曲线上升段）近似取为直线，卸载也按直线，则 C 段的变形为

$$\Delta l_C = \varepsilon l \tag{6-3-29}$$

B 段的变形为

$$\Delta l_B = \varepsilon l + w \tag{6-3-30}$$

式中，w 为断裂区内的附加断裂变形。

当构件断裂后，外力 P 在 B 段断裂区所消耗的功为

$$W = P\Delta l_B = Al\int \sigma d\varepsilon + A\int \sigma dw \tag{6-3-31}$$

式中，A 为截面面积。该式中的第一项为整个 B 段体积内所消耗的功，由于加载、卸载曲线

不同,其不可恢复变形将消耗部分外力功,其值为

$$W_1 = Al \int_0^{f_t} (\varepsilon_{卸} - \varepsilon_{加}) \mathrm{d}\sigma \tag{6-3-32}$$

在图 6-3-12 上可表示为加、卸载滞回曲线所包围的面积。若加载、卸载均为直线,则 $W_1 = 0$。

式(6-3-31)中第二项为整个断裂区所做的功,用 W_2 表示,其值为

$$W_2 = A \int_0^{w_0} \sigma \mathrm{d}w \tag{6-3-33}$$

式中,w_0 为附加变形的最大值。用 G_f 表示断裂区单位面积所吸收的能量,则有

$$G_f = \frac{W_2}{A} = \int_0^{w_0} \sigma \mathrm{d}w \tag{6-3-34}$$

G_f 称为混凝土的断裂能,它在几何上可以用 $\sigma\text{-}w$ 曲线下的面积表示。

(2) 对金属材料来讲,裂缝的扩展在平面应力和平面应变条件下有很大不同。但对混凝土材料来讲,这两种应力状态区别不大,因此可使计算简化。

(3) 由于混凝土裂缝的微裂缝区尺寸比金属塑性区的尺寸要大了几个数量级,而且 $\sigma\text{-}w$ 曲线在应力峰值后有一下降段,因此,J 积分理论,COD 理论不适用于混凝土材料。

针对上述特点,为了分析裂缝尖端前沿的应力状态,研究混凝土材料中裂缝的发展过程,Hillerborg 提出了虚拟裂缝模型(friction crack model,FCM)(Hillerborg,1976)。现将这一模型的基本概念和应用情况介绍如下。

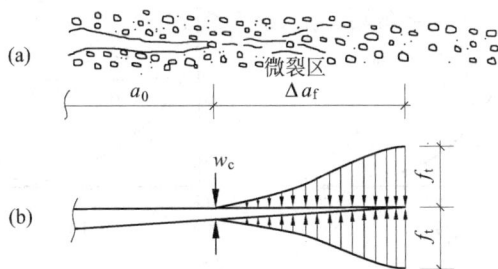

图 6-3-13　虚拟裂缝模型

混凝土 I 型裂缝在失稳扩展前,其裂缝前沿形成一个微裂缝区,如图 6-3-13(a)所示。现用一条虚拟裂缝来模拟此微裂缝区,如图 6-3-13(b)所示。该模型包含如下假定:

(1) 当裂缝区内混凝土应力较低时,微裂缝稳定不扩展,即虚拟裂缝不向前延伸;而当其应力达到某一临界值(混凝土抗拉强度值)时,虚拟裂缝向前扩展。

(2) 混凝土达到抗拉强度后形成的虚拟裂缝并不像真的裂缝那样完全脱开,而是相互之间仍有应力作用,这种相互间有应力作用的裂缝代替了微裂缝区材料间仍保留的相互作用,这也是称为虚拟裂缝模型的缘由。虚拟裂缝模型间传递应力的大小随虚拟裂缝的张开宽度而减小,应力减小到零的点即为宏观裂缝的端点。

(3) 虚拟裂缝间传递应力的规律用 $\sigma\text{-}w$(裂缝宽度)来表示,这一规律是由混凝土单轴拉伸实验来确定,典型的曲线如图 6-3-14 所示。为简化计算,可把曲线下降段简化为一直线或双折线。单直线下降段为 Hillerborg 所采用,双折线下降段为 Peterson 所建议。其他曲线种类,如指数下降式、多折线下降式等均可采用。但不论采用何种曲线形式,均应保持

拉伸曲线的断裂能相同,即

$$G_f = \int_0^{w_0} \sigma dw \qquad (6\text{-}3\text{-}35)$$

如 $\sigma\text{-}w$ 下降段为直线,则 $w_0 = 2\dfrac{G_f}{f_t}$。

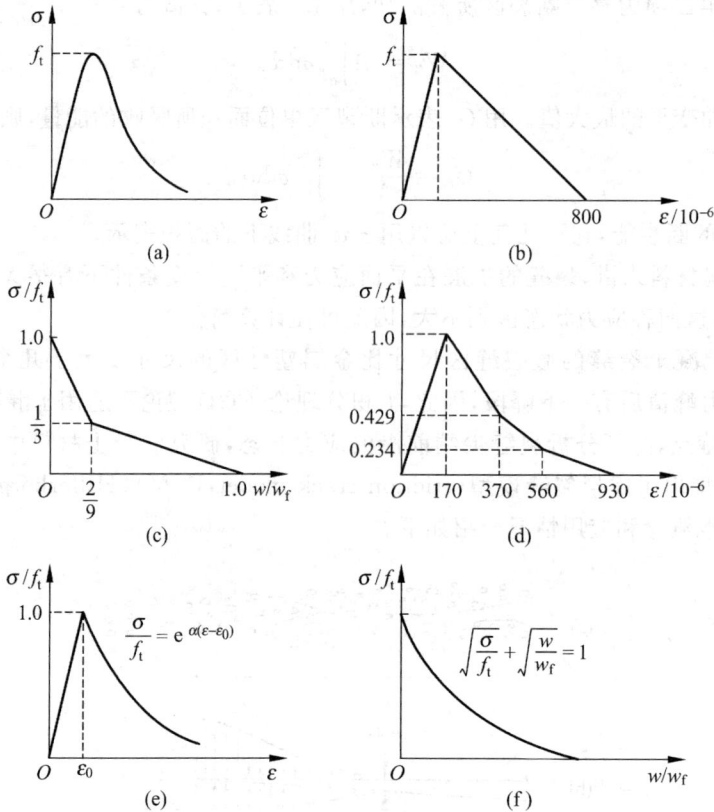

图 6-3-14 典型单轴拉伸曲线

(4) 裂缝区外的混凝土抗拉时按弹性材料处理。

虚拟裂缝模型可在有限元分析方法中应用,现以三点弯曲梁的断裂分析为例说明这一模型的应用。如图 6-3-15 所示为三点弯曲的断裂试件,跨中已经预制一条裂缝。在用有限元分析时,网格划分和支撑处理均与一般有限元方法相同。其关键的不同点是在裂缝尖端前沿插入了一个虚拟裂缝,虚拟裂缝两边实行双节点编号,每一对编号在加载开始时占有同一位置,当节点处的拉力达到抗拉强度 f_t 时,裂缝可沿单元边界的虚拟裂缝发展,如图 6-3-15 所示。

具体判断过程如下:

① 当双节点编号处应力 $\sigma \leqslant f_t$ 时,双节点间的距离(虚拟裂缝宽度)为零,即 $w=0$,双节点仍占据同一位置;

② 当双节点的应力 $\sigma \geqslant f_t$ 时,双节点开始分离,即虚拟裂缝有了张开的宽度;但双节点间仍有一定应力作用(好像有一弹簧将节点联系着),其作用力的大小,与裂缝宽度的关系按

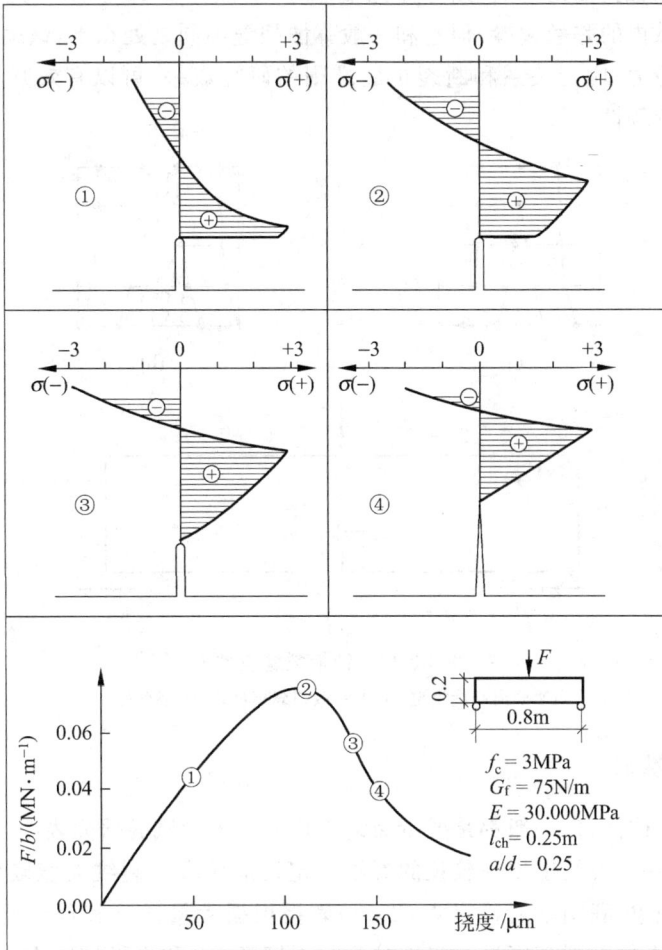

图 6-3-15 虚拟裂缝模型模拟三点弯曲试验

所取的 σ-w 曲线确定;

③ 当虚拟裂缝宽度(双节点分开的距离)达到 w_0 时,则两节点完全脱离(相当于两点间联系的弹簧完全断开)而形成真正的裂缝。对于 w_0 的值,可由 σ-w 曲线的终点确定,例如,对单直线下降,$w_0 = 2\dfrac{G_f}{f_t}$;对双直线下降,$w_0 = 3.6\dfrac{G_f}{f_t}$。

用这一方法分析得到的裂缝尖端前沿应力分布,裂缝扩展即 P-δ 曲线也示于图 6-3-15 中。这与实验得到的数据非常吻合(Sih & DiTommaso,1984)。

对于三点弯曲梁,可以在裂缝尖端处布置虚拟裂缝。但对于一般构件,预先很难确定裂缝发展的方向,采用这一虚拟裂缝模型时,则要根据计算结果逐步调整单元网格,使虚拟裂缝处于单元边界间。显然这是一件相当烦琐的工作。

2. 钝带裂缝模型

美国学者 Bazant 提出了钝带裂缝模型(blunt crack band model)(Bazant & Cedolin,1979),按这种模型,用一组密集的、平行的裂缝带来模拟实际裂缝和断裂区,由于裂缝带有一定的宽度,不是尖的,而是钝的,故称为钝带裂缝,如图 6-3-16 所示。钝带裂缝实质上也是一种在局部区域内的弥散裂缝,但它和一般弥散裂缝不同之处在于,该模型中引入了混凝土断裂力学关于应力-应变关系和断裂扩展准则的研究成果,可以有效减小弥散裂缝模型对于单元网格的依赖性。

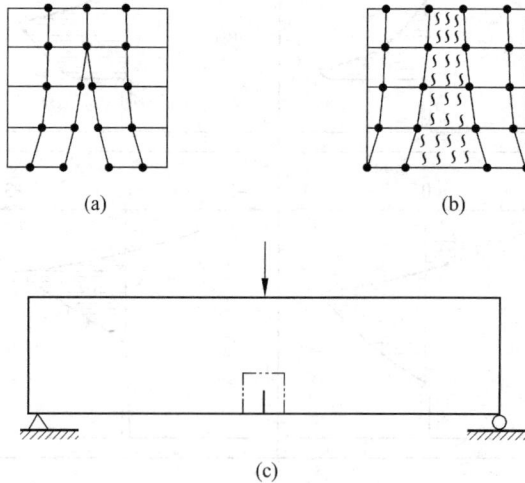

图 6-3-16 钝带裂缝模型

(a) 分离裂缝模型;(b) 弥散裂缝模型;(c) 裂缝带

3. 双 K 断裂准则

对于混凝土结构而言,一般都是要带裂缝工作的。大量试验研究表明,在混凝土结构断裂过程中,存在着一个裂纹出现—较长的裂纹稳定发展阶段—裂纹失稳破坏阶段这样一个过程。针对这一现象,我国学者徐世烺(2011)教授根据大量试验和理论研究,提出了双 K 断裂准则,将混凝土的断裂韧度进一步细分为起裂韧度 K_{IC}^Q 和失稳韧度 K_{IC}^S。于是:

① 当裂缝应力强度因子 $K_I = K_{IC}^Q$ 时,裂缝开始发展;

② 当 $K_{IC}^Q < K_I < K_{IC}^S$ 时,裂纹稳定扩展;

③ 当 $K_I \geqslant K_{IC}^S$ 时,裂纹失稳扩展。

在实际应用中,$K_I = K_{IC}^Q$ 可作为重要结构裂缝扩展的判断准则,$K_{IC}^Q < K_I < K_{IC}^S$ 可作为重要结构裂缝失稳扩展前的安全警报,$K_I = K_{IC}^S$ 可作为一般结构裂缝扩展的判断准则。双 K 断裂模型概念清楚,试验标定简单,只需测定一曲线的上升段,因此被我国《水工混凝土断裂试验规程》(DL/T 5332—2005)采纳并得到广泛应用。

6.4　混凝土有限元分析中的裂缝模型

6.4.1　处理裂缝的主要方式

混凝土的重要特征之一是它的抗拉强度很低,在很多情况下混凝土结构是带裂缝工作的。裂缝引起周围应力的突然变化和刚度降低,这是混凝土非线性分析的重要因素。裂缝处理的适当与否是能否正确地分析钢筋混凝土结构的关键问题,同时,也是较难处理的复杂问题。在前文中,我们介绍了混凝土断裂力学的基本理论和常用模型,本节将介绍常用的混凝土裂缝的有限元处理方法。目前,处理裂缝的方法很多,常用的有三种方法:①利用单元边界模拟裂缝的分离裂缝模型;②利用单元内部材料本构模型模拟裂缝的弥散裂缝模型;③通过改造单元形函数构造内嵌裂缝的特殊单元模型。这三种模型如图 6-4-1 所示。

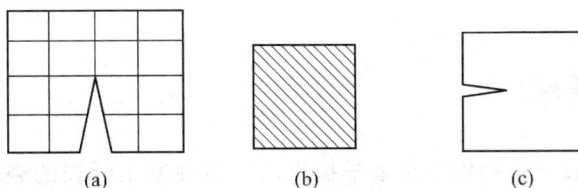

图 6-4-1　处理裂缝的三种方法

(a) 单元边界裂缝(分离式裂缝);(b) 弥散式裂缝;(c) 单元内部内嵌裂缝

早期人们认为混凝土为一脆性材料,即开裂后混凝土的拉应力立刻降低到零。随着更精确的实验研究发现,混凝土的开裂是有过程的,裂面的正应力随着拉伸应变/裂缝的增加而逐步减小。这一应力-应变发展过程可以通过混凝土的拉伸软化曲线加以定义,描述拉伸软化曲线主要有以下一些参数:断裂区的强度极限 f_t、曲线下部的面积 g_f 和下降部分的形状。

(1) 强度 f_t

一般假定强度极限和混凝土的单轴拉伸平均强度相等。但是,当单元尺寸非常大(例如大坝的有限元分析)或非常小时(小于混凝土骨料尺寸)往往要慎重判断。在单元尺寸非常大的情况下,由于混凝土的裂缝分布在单个单元内的不均匀性有时也不能忽略,可能会过高估计混凝土的断裂强度。当单元尺寸非常小时,往往会由于应力集中而过早导致混凝土断裂,这时强度 f_t 的取法需要结合具体情况加以分析。

(2) 曲线下部面积 g_f

该面积可以表达为

$$g_f = \int \sigma_{nn} d\varepsilon_{nn}^{cr} \tag{6-4-1}$$

式中,σ_{nn} 为裂面法向应力;ε_{nn}^{cr} 为裂面法向应变,与断裂能 G_f 有关。

$$G_f = \int \sigma_{nn} dw \tag{6-4-2}$$

其中,w 代表断裂区内所有微裂缝张开的位移量之和。如果令混凝土微裂缝分布区宽度为 h,则

$$w = \int_h d\varepsilon_{nn}^{cr} \tag{6-4-3}$$

对于金属材料而言,断裂能 G_f 是一个相对稳定的材料属性,由 G_f 根据断裂力学相关理论就可以得到材料裂缝发展的规律。而对于混凝土,G_f 不但和材料性质有关,还与加载方式、构件尺寸等有着种种复杂关系,前面给出了一些 G_f 的经验公式,供读者参考。

(3) 下降部分的形状

原则上,假如上述条件满足,模型的下降部分可以任意选择。实际有限元分析中,混凝

土下降软化曲线形状基本采用实验得到的受拉软化曲线。

混凝土开裂后裂面受剪的应力-应变关系也是一个重要的参数。理论上,混凝土的裂面受剪应该和混凝土的第二类、第三类断裂能有关。但是,由于实验量测非常困难,因此,混凝土裂面受剪性能目前还是多采用基于实验的简化计算方法。由实验发现,混凝土裂面受剪和混凝土的强度、裂缝宽度、裂缝表面滑移量、穿过裂缝的钢筋的销栓作用都有关,读者可参阅有关专著。

6.4.2 分离裂缝模型

分离裂缝(discrete crack)模型是最早提出的模拟混凝土开裂的裂缝模型,其基本思想是:将裂缝处理为单元边界,一旦出现裂缝就调整节点位置或增加新的节点,并重新划分单元网格,使裂缝处于单元边界与边界之间。这样,由裂缝引起的非连续性可以很自然地得到描述,裂缝的位置、形状、宽度也可以得到较清晰的表达。

使用分离裂缝模型一般需要以下几个具体步骤。

(1) 开裂标准和裂缝发展方向

早期的分离裂缝模型一般以裂缝尖端的主拉应力作为起裂应力,以垂直主拉应力方向为裂缝发生或发展的方向。但是,经深入研究发现这种方法具有很强的网格依赖性,裂缝尖端的网格越密集,其应力集中也越严重,进而裂缝出现得越早。为了解决这个问题,可以采用前面介绍的 Hillerborg 的虚拟裂缝模型。即认为在裂缝尖端前面,还有一个虚拟的破坏区,裂缝内部的拉应力,由 f_t 逐步降低到 0,应力降低速度和裂缝宽度相关,并引入断裂能的概念,控制裂缝发展。

(2) 裂缝发展与模型网格调整

由于分离裂缝模型是使用单元边界来模拟裂缝,因此随着裂缝的发生和发展,需要不断调整单元网格。这是一项非常复杂的工作,需要消耗大量的计算机时,也是妨碍分离裂缝模型发展的主要原因。对于一个有着大量裂缝的实际混凝土结构,用网格重划来逐个追踪裂缝几乎是不可能的。因此,分离裂缝模型多用于分析只有一条或几条关键裂缝的素混凝土或少筋混凝土结构,例如坝踵裂缝等(图 6-4-2)。随着网格划分技术以及无网格有限元技术的发展,分离裂缝模型的应用领域也有所扩大。

(3) 裂面行为

如前所述,混凝土是半脆性材料,因此,从开裂到拉应力为零有一个发展过程。进而,混凝土粗糙的裂缝表面由于骨料咬合作用,还可以承担一些剪应力。当裂缝闭合时,还可以承受压应力。因此,在分离裂缝模型的裂缝表面相对应的节点上,往往需要布置一些界面单元,如弹簧单元或者接触单元,来模拟这些裂面行为。

分离裂缝模型虽然历史悠久、概念清晰,但是由于混凝土结构中开裂问题的复杂性,以及网格重划分技术的限制,目前主要用于分析有少量裂缝的素混凝土结构,分析的问题也大部分是平面问题。在大坝、岩石等领域有着较多的应用。在通用有限元程序 DIANA 中,也集成了这种裂缝模型。

近年来,在有些通用有限元程序中(如 ABAQUS),提供了 Cohesive Element 模型,其基本原理与 Hillerborg 提出的虚拟裂缝模型(friction crack model)很接近,也可用于混凝土

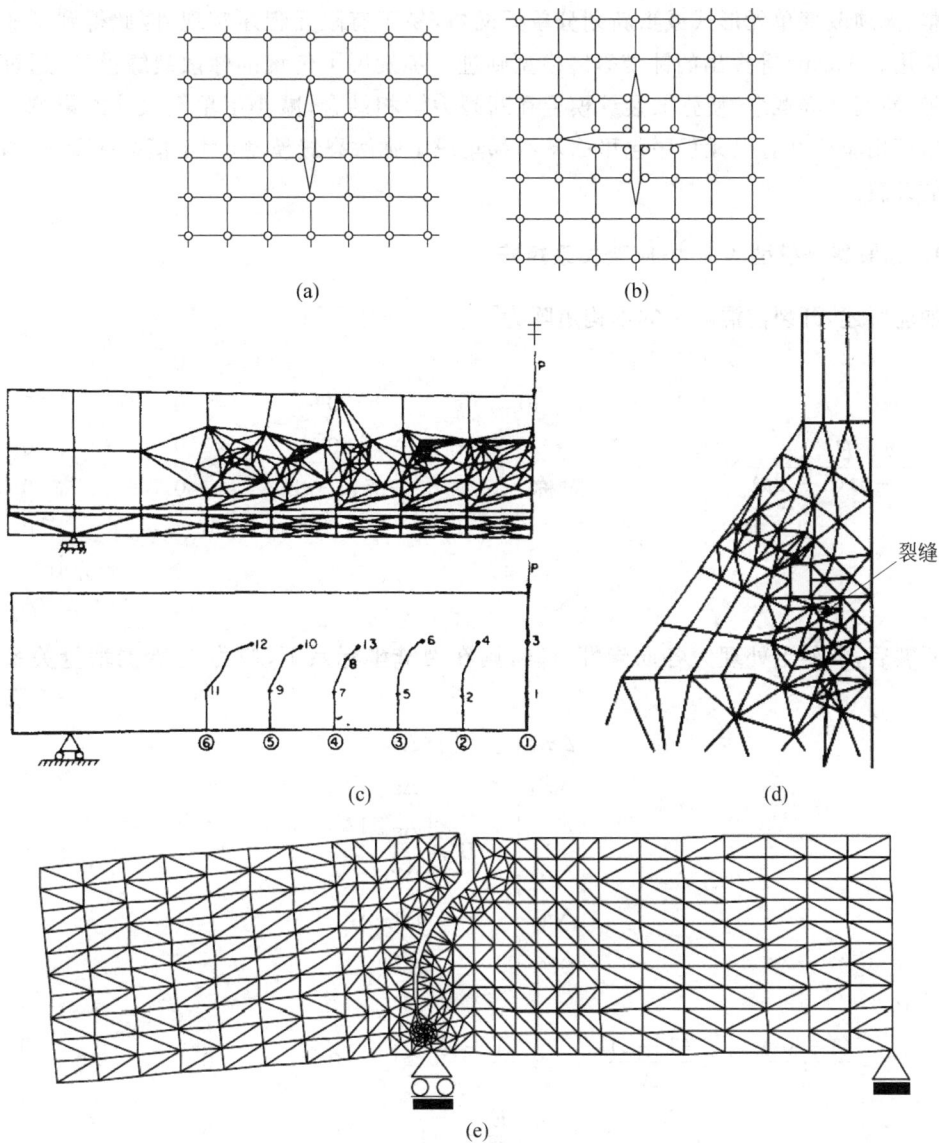

图 6-4-2 分离裂缝模型

断裂的模拟,为研究和应用分离裂缝模型提供了便利。另一些通用有限元程序(如 MSC. MARC),则提供了非常便捷的裂缝扩展(crack propagation)算法。允许裂缝从单元边界或者单元中间(cutting through elements)穿过,程序自动处理因裂缝扩展所需的单元网格重划分等操作,也为研究和应用分离裂缝模型提供了重要的工具。

6.4.3 弥散裂缝模型

弥散裂缝(smeared crack)模型也称为分布裂缝模型,其实质是将实际的混凝土裂缝"弥散"到整个单元中,将混凝土材料处理为各向异性材料,利用混凝土的材料本构模型来模拟裂缝的影响。这样,当混凝土某一单元的应力超过了开裂应力,则只需将材料本构矩阵加以调整,无须改变单元形式或重新划分单元网格,易于有限元程序实现,因此得到了非常广泛的应用。Bazant 等提出的钝带裂缝模型则进一步发展了传统的弥散裂缝模型,通过引入裂缝带、断裂能等概念,使弥散裂缝模型和断裂力学相结合,减小了单元尺寸的影响。现在的大型商用非线性有限元程序包里面基本都集成了弥散裂缝模型,用于模拟混凝土、岩石等材料的开裂。

1. 弥散裂缝模型的应力-应变关系矩阵

如前所述,开裂前混凝土的本构矩阵为

$$
\boldsymbol{D}_{\mathrm{e}} = \frac{E_0}{(1+\nu)(1-2\nu)} \times
\begin{bmatrix}
(1-\nu) & \nu & \nu & 0 & 0 & 0 \\
 & (1-\nu) & \nu & 0 & 0 & 0 \\
 & & (1-\nu) & 0 & 0 & 0 \\
 & \text{对称} & & 0.5(1-2\nu) & 0 & 0 \\
 & & & & 0.5(1-2\nu) & 0 \\
 & & & & & 0.5(1-2\nu)
\end{bmatrix}
$$

$$(6\text{-}4\text{-}4)$$

开裂后,混凝土处理为各向异性材料,则在裂缝坐标系下,应力-应变的增量关系可以写为

$$
\begin{bmatrix}
\Delta\sigma_{11} \\
\Delta\sigma_{22} \\
\Delta\sigma_{33} \\
\Delta\sigma_{12} \\
\Delta\sigma_{23} \\
\Delta\sigma_{31}
\end{bmatrix}
= \boldsymbol{D}'_{\mathrm{cr}}
\begin{bmatrix}
\Delta\varepsilon_{11} \\
\Delta\varepsilon_{22} \\
\Delta\varepsilon_{33} \\
\Delta\gamma_{12} \\
\Delta\gamma_{23} \\
\Delta\gamma_{31}
\end{bmatrix}
$$

式中

$$
\boldsymbol{D}'_{\mathrm{cr}} =
\begin{bmatrix}
\dfrac{(1-\nu^2)}{\Delta} & \nu\dfrac{(1+\nu)}{\Delta} & \nu\dfrac{(1+\nu)}{\Delta} & 0 & 0 & 0 \\[2mm]
 & \dfrac{1}{\Delta}\left(\dfrac{E_0}{E_{\mathrm{t}}}-\nu^2\right) & \dfrac{\nu}{\Delta}\left(\dfrac{E_0}{E_{\mathrm{t}}}+\nu\right) & 0 & 0 & 0 \\[2mm]
 & & \dfrac{1}{\Delta}\left(\dfrac{E_0}{E_{\mathrm{t}}}-\nu^2\right) & 0 & 0 & 0 \\[2mm]
 & \text{对称} & & \dfrac{\eta E_0}{2(1+\nu)} & 0 & 0 \\[2mm]
 & & & & \dfrac{E_0}{2(1+\nu)} & 0 \\[2mm]
 & & & & & \dfrac{\eta E_0}{2(1+\nu)}
\end{bmatrix}
$$

$$(6\text{-}4\text{-}5)$$

$$
\Delta = \left[\frac{1}{E_{\mathrm{t}}}(1-\nu^2) - \frac{2}{E_0}\nu^2(1+\nu)\right]
$$

其中,E_{t} 为受拉软化模量。虽然在理论上,E_{t} 应该为混凝土受拉软化曲线的切线刚度,但

是,由于混凝土受拉软化下降速度很快,一个过大的负刚度项往往会影响有限元程序计算的收敛效率。因此,在实际有限元程序编写中,例如 ADINA、ANSYS 和 MSC. MARC 等,可以采用割线刚度法计算受拉软化应力增量,而给 E_t 一个相对较小的负切线刚度供程序迭代使用。

η 为剪力传递系数,它反映混凝土开裂后裂面的骨料咬合作用,将在 6.4.3 节中专门讨论。

有些研究者或计算程序不再考虑开裂混凝土裂缝方向泊松比的影响,这样开裂混凝土本构矩阵中,裂缝对应的正应力非对角项为零。这时的裂缝方向的应力-应变矩阵为

$$\boldsymbol{D}'_{cr} = \begin{bmatrix} E_t & 0 & 0 & 0 & 0 & 0 \\ & \dfrac{1}{1-\nu^2}\begin{bmatrix} E_0 & \nu E_0 \\ & E_0 \end{bmatrix} & 0 & 0 & 0 & 0 \\ & & 0 & 0 & 0 \\ & & & \dfrac{\eta E_0}{2(1+\nu)} & 0 & 0 \\ & & & & \dfrac{E_0}{2(1+\nu)} & 0 \\ & & & & & \dfrac{\eta E_0}{2(1+\nu)} \end{bmatrix} \tag{6-4-6}$$

如前所述,进行混凝土开裂计算时需要进行坐标转换,在裂缝方向建立应力-应变关系。在求解单元刚度矩阵的时候还要转回到整体坐标系中去。如果在式(6-4-6)中的各正应力方向在整体坐标系中的方向余弦分别为 l_i、m_i、$n_i(i=1,2,3)$,则可以利用下列坐标转换矩阵进行坐标变换:

$$\boldsymbol{D}_{cr} = \boldsymbol{R}^{\mathrm{T}} \boldsymbol{D}'_{cr} \boldsymbol{R}$$

其中,$\boldsymbol{D}'_{cr}$ 为局部坐标系中的应力-应变关系矩阵;$\boldsymbol{R}$ 为坐标转换矩阵,其具体表达形式为

$$\boldsymbol{R} = \begin{bmatrix} l_1^2 & m_1^2 & n_1^2 & l_1 m_1 & m_1 n_1 & n_1 l_1 \\ l_2^2 & m_2^2 & n_2^2 & l_2 m_2 & m_2 n_2 & n_2 l_2 \\ l_3^2 & m_3^2 & n_3^2 & l_3 m_3 & m_3 n_3 & n_3 l_3 \\ 2l_1 l_2 & 2m_1 m_2 & 2n_1 n_2 & l_1 m_2 + l_2 m_1 & m_1 n_2 + m_2 n_1 & n_1 l_2 + n_2 l_1 \\ 2l_2 l_3 & 2m_2 m_3 & 2n_2 n_3 & l_2 m_3 + l_3 m_2 & m_2 n_3 + m_3 n_2 & n_2 l_3 + n_3 l_2 \\ 2l_3 l_1 & 2m_3 m_1 & 2n_3 n_1 & l_3 m_1 + l_1 m_3 & m_3 n_1 + m_1 n_3 & n_3 l_1 + n_1 l_3 \end{bmatrix} \tag{6-4-7}$$

这一坐标转换矩阵,读者可能不熟悉,现简单证明如下。

如图 6-4-3(a)所示,$x'Oy'$ 为局部坐标系,在局部坐标系中的位移为 u'、v'、w'。xOy 为整体坐标系。在整体坐标系中,同一位移用 u、v、w 表示。局部坐标轴在整体坐标系中的方向余弦如表 6-4-1 所示。

表 6-4-1　局部坐标轴在整体坐标系中的方向余弦

	x	y	z
x'	l_1	m_1	n_1
y'	l_2	m_2	n_2
z'	l_3	m_3	n_3

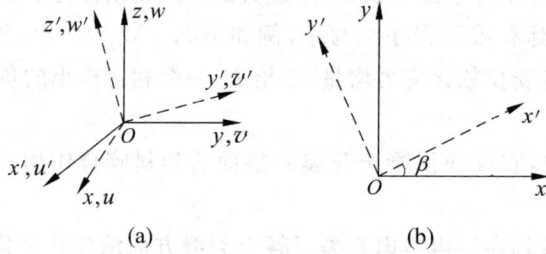

图 6-4-3 坐标转换

由此,局部坐标系的位移可用整体坐标系中的位移表示为

$$
\left.
\begin{aligned}
u' &= l_1 u + m_1 v + n_1 w \\
v' &= l_2 u + m_2 v + n_2 w \\
w' &= l_3 u + m_3 v + n_3 w
\end{aligned}
\right\}
\tag{6-4-8}
$$

由位移可求得变形,这时要利用位移的一次导数,由微分法可知

$$
\frac{\partial u'}{\partial x'} = \frac{\partial u'}{\partial x}\frac{\partial x}{\partial x'} + \frac{\partial u'}{\partial y}\frac{\partial y}{\partial x'} + \frac{\partial u'}{\partial z}\frac{\partial z}{\partial x'}
\tag{6-4-9}
$$

其中 $\dfrac{\partial u'}{\partial x}$ 又可以表示为

$$
\frac{\partial u'}{\partial x} = l_1\frac{\partial u}{\partial x} + m_1\frac{\partial v}{\partial x} + n_1\frac{\partial w}{\partial x}
\tag{6-4-10}
$$

其中,$l_1 = \dfrac{\partial x}{\partial x'}$;$m_1 = \dfrac{\partial y}{\partial x'}$;$n_1 = \dfrac{\partial z}{\partial x'}$。

其他类似的项用同样的方法可以求得,这样的表达式共有 9 个,即

$$
\frac{\partial u'}{\partial x'},\quad \frac{\partial u'}{\partial y'},\quad \frac{\partial u'}{\partial z'},\quad \frac{\partial v'}{\partial x'},\quad \frac{\partial v'}{\partial y'},\quad \frac{\partial v'}{\partial z'},\quad \frac{\partial w'}{\partial x'},\quad \frac{\partial w'}{\partial y'},\quad \frac{\partial w'}{\partial z'}
$$

将上述结果代入式(6-4-9),展开并整理成矩阵形式,则可以得到

$$
\begin{bmatrix}
\dfrac{\partial u'}{\partial x'} \\[2mm]
\dfrac{\partial u'}{\partial y'} \\[2mm]
\vdots \\[2mm]
\dfrac{\partial w'}{\partial z'}
\end{bmatrix}
= \boldsymbol{T}
\begin{bmatrix}
\dfrac{\partial u}{\partial x} \\[2mm]
\dfrac{\partial u}{\partial y} \\[2mm]
\vdots \\[2mm]
\dfrac{\partial w}{\partial z}
\end{bmatrix}
\tag{6-4-11}
$$

其中,$\boldsymbol{T}$ 为 9×9 矩阵

$$
\boldsymbol{T} =
\begin{bmatrix}
l_1 T_c & m_1 T_c & n_1 T_c \\
l_2 T_c & m_2 T_c & n_2 T_c \\
l_3 T_c & m_3 T_c & n_3 T_c
\end{bmatrix}
\tag{6-4-12}
$$

其中,$\boldsymbol{T}_c$ 为 3×3 矩阵

$$
\boldsymbol{T}_c =
\begin{bmatrix}
l_1 & m_1 & n_1 \\
l_2 & m_2 & n_2 \\
l_3 & m_3 & n_3
\end{bmatrix}
\tag{6-4-13}
$$

由位移求应变可用下列几何关系

$$
\begin{bmatrix} \varepsilon'_x \\ \varepsilon'_y \\ \varepsilon'_z \\ \gamma'_{xy} \\ \gamma'_{yz} \\ \gamma'_{zx} \end{bmatrix} = \begin{bmatrix} \dfrac{\partial}{\partial x'} & 0 & 0 \\ 0 & \dfrac{\partial}{\partial y'} & 0 \\ 0 & 0 & \dfrac{\partial}{\partial z'} \\ \dfrac{\partial}{\partial y'} & \dfrac{\partial}{\partial x'} & 0 \\ 0 & \dfrac{\partial}{\partial z'} & \dfrac{\partial}{\partial y'} \\ \dfrac{\partial}{\partial z'} & 0 & \dfrac{\partial}{\partial x'} \end{bmatrix} \begin{bmatrix} u' \\ v' \\ w' \end{bmatrix} \tag{6-4-14}
$$

将式(6-4-11)代入式(6-4-14),整理后可得

$$
\boldsymbol{\varepsilon}' = \boldsymbol{R}\boldsymbol{\varepsilon} \tag{6-4-15}
$$

式中,$\boldsymbol{\varepsilon}' = [\varepsilon'_x \quad \varepsilon'_y \quad \varepsilon'_z \quad \gamma'_{xy} \quad \gamma'_{yz} \quad \gamma'_{zx}]^{\mathrm{T}}$,为用局部坐标表示的应变向量;$\boldsymbol{\varepsilon} = [\varepsilon_x \quad \varepsilon_y$ $\varepsilon_z \quad \gamma_{xy} \quad \gamma_{yz} \quad \gamma_{zx}]^{\mathrm{T}}$,为用整体坐标系表示的应变向量;$\boldsymbol{R}$ 为 6×6 阶坐标转换矩阵,展开后的具体表达式即为式(6-4-7)。

在平面问题中

$$
\boldsymbol{\varepsilon}' = [\varepsilon'_x \quad \varepsilon'_y \quad \gamma'_{xy}]^{\mathrm{T}} \tag{6-4-16}
$$

$$
\boldsymbol{\varepsilon} = [\varepsilon_x \quad \varepsilon_y \quad \gamma_{xy}]^{\mathrm{T}} \tag{6-4-17}
$$

分别表示在局部坐标系 $x'Oy'$ 中和整体坐标系 xOy 中的应变向量。由图 6-4-3(b),设局部坐标系 Ox' 轴与整体坐标系 Ox 轴夹角为 β,则矩阵

$$
\boldsymbol{T}_{\mathrm{c}} = \begin{bmatrix} l_1 = \cos\beta & m_1 = \sin\beta & n_1 = 0 \\ l_2 = -\sin\beta & m_2 = \cos\beta & n_2 = 0 \\ l_3 = 0 & m_3 = 0 & n_3 = 1 \end{bmatrix} \tag{6-4-18}
$$

可仅取

$$
\boldsymbol{T}_2 = \begin{bmatrix} \cos\beta & \sin\beta \\ -\sin\beta & \cos\beta \end{bmatrix} \tag{6-4-19}
$$

在这种情况下,矩阵 $\boldsymbol{R}$ 退化为 3×3 阶矩阵

$$
\boldsymbol{R} = \begin{bmatrix} \cos^2\beta & \sin^2\beta & \cos\beta\sin\beta \\ \sin^2\beta & \cos^2\beta & -\cos\beta\sin\beta \\ -2\cos\beta\sin\beta & 2\cos\beta\sin\beta & \cos^2\beta - \sin^2\beta \end{bmatrix} \tag{6-4-20}
$$

现在来说明公式 $\boldsymbol{D} = \boldsymbol{R}^{\mathrm{T}} \boldsymbol{D}' \boldsymbol{R}$。

取一微元体,设该点的应力状态和应变状态均为已知,则其应变能是一个标量,它应与坐标轴的选取无关,即在局部坐标系和整体坐标系中求得的值应该相等,即有

$$
\boldsymbol{\varepsilon}^{\mathrm{T}} \boldsymbol{\sigma} = \boldsymbol{\varepsilon}'^{\mathrm{T}} \boldsymbol{\sigma}' \tag{6-4-21}
$$

由式(6-4-15)可知

$$\epsilon' = R\epsilon \tag{6-4-22}$$

由物理关系可知

$$\sigma = D\epsilon \tag{6-4-23}$$

$$\sigma' = D'\epsilon' \tag{6-4-24}$$

其中，D 为整体坐标系中的应力-应变关系矩阵；D' 为局部坐标系中的应力-应变关系矩阵。

推求这两者之间的关系：

$$\epsilon^T\sigma = \epsilon^T D\epsilon \tag{6-4-25}$$

$$\epsilon'^T\sigma' = \epsilon'^T D'\epsilon' = [R\epsilon]^T D'\epsilon' = \epsilon^T R^T D'R\epsilon \tag{6-4-26}$$

对比可知

$$D = R^T D'R \tag{6-4-27}$$

类似地，还可以得到其他转换公式

$$\left.
\begin{aligned}
\epsilon' &= R\epsilon \\
\sigma' &= R'\sigma \\
\epsilon &= R'^T\epsilon' \\
\sigma &= R^T\sigma' \\
R &= \begin{bmatrix} \cos^2\beta & \sin^2\beta & \cos\beta\sin\beta \\ \sin^2\beta & \cos^2\beta & -\cos\beta\sin\beta \\ -2\cos\beta\sin\beta & 2\cos\beta\sin\beta & \cos^2\beta - \sin^2\beta \end{bmatrix} \\
R' &= \begin{bmatrix} \cos^2\beta & \sin^2\beta & 2\sin\beta\cos\beta \\ \sin^2\beta & \cos^2\beta & -2\sin\beta\cos\beta \\ -\cos\beta\sin\beta & \cos\beta\sin\beta & \cos^2\beta - \sin^2\beta \end{bmatrix}
\end{aligned}
\right\} \tag{6-4-28}$$

2. 固定裂缝模型与转动裂缝模型

在混凝土单元开裂后，开裂单元的主应力方向在后续计算中可能出现变化，此时主应力方向和裂缝方向就有可能不一致，这时，一般采用以下几种方法来处理（Rots & Blaquwendraad，1989）。

（1）固定裂缝模型（fixed crack model）

最常用的弥散裂缝模型形式为固定裂缝模型，即认为裂缝出现后，原有的裂缝角度不再变化，即 R 矩阵保持不变。计算过程中首先将应力-应变通过 R 矩阵转换到裂缝坐标系下，计算此时的正应力、正应变和剪应力、剪应变，以及裂缝坐标系下的本构矩阵。根据式（6-4-5），迭代求解得到新的荷载步的应力-应变关系。

（2）多裂缝模型（multi-direction crack model）

固定裂缝模型的一个重要问题就是剪力锁死问题，由于式（6-4-5）中切线剪切模量始终大于零，使得裂缝表面的剪应力随剪切应变增加而只能增大，无法模拟裂缝的剪切软化问题。另外，式（6-4-5）中一个积分点最多只能出现三条彼此垂直的裂缝，因此某些复杂的开裂行为难以加以准确模拟，因此，一些研究人员在固定裂缝模型的基础上又提出了多裂缝模型。多裂缝模型的基本思路是：当裂缝与主应力之间的角度大于某一角度 θ，例如 $30°$ 或 $45°$，则在新的主应力下生成新的开裂本构矩阵，同时不再考虑原有的裂缝。

这样,主应力和裂缝方向之间的夹角被限制在一定范围内,可以模拟更加复杂的开裂行为。

(3) 转动裂缝模型(rotating crack model)

如果多裂缝模型中的 $\theta = 0°$,则主应力方向和裂缝方向始终一致,这种裂缝模型称为转动裂缝模型。更进一步,如果要求主应力方向和主应变方向保持一致,则

$$G' = \frac{\sigma_{nn} - \sigma_{tt}}{2(\varepsilon_{nn} - \varepsilon_{tt})} \tag{6-4-29}$$

该模型被称为共轴转动裂缝模型(co-axial rotating crack model)。

(4) 剪力锁死与网格依赖性

如前所述,由于式(6-4-5)中切线剪切模量 G' 始终大于零,使得裂缝表面的剪应力随剪切应变增加而只能增大,无法模拟裂缝的剪切软化问题,如图 6-4-4 所示。而多裂缝模型和转动裂缝模型可以较好地解决这一问题,在分析混凝土受剪构件,以及一些混凝土第二类断裂问题时,往往转动裂缝模型结果要优于固定裂缝模型。

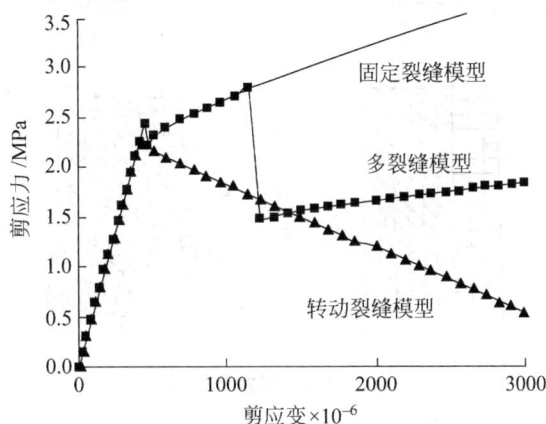

图 6-4-4 不同模型剪切行为的模拟

在长期应用与研究中发现,弥散裂缝模型裂缝比较容易沿着网格划分方向发展,这种现象称为网格依赖性。如图 6-4-5 所示,当使用斜网格时,裂缝往往也会沿着网格斜向发展。因此,在使用弥散裂缝模型时,裂缝形状和网格形状关系密切,而转动裂缝模型更容易受网格划分影响,固定裂缝模型的网格依赖性相对就要好一些。因此,在通用的有限元程序中,一般采用固定裂缝模型,而转动裂缝模型应用则相对较少。

3. 断裂能与单元尺寸效应

如图 6-4-6 所示,一排混凝土单元串联受拉。如果所有单元采用相同的混凝土开裂软化应力-应变曲线,且加载步长足够小以保证只有一个单元开裂,则会发现,单元网格分得越细,整体的荷载位移曲线下降越快,如图 6-4-7 所示。这种现象称为混凝土断裂的单元尺寸效应。

解决单元尺寸效应最常用的方法就是采用裂缝带模型(crack band model),即混凝土的

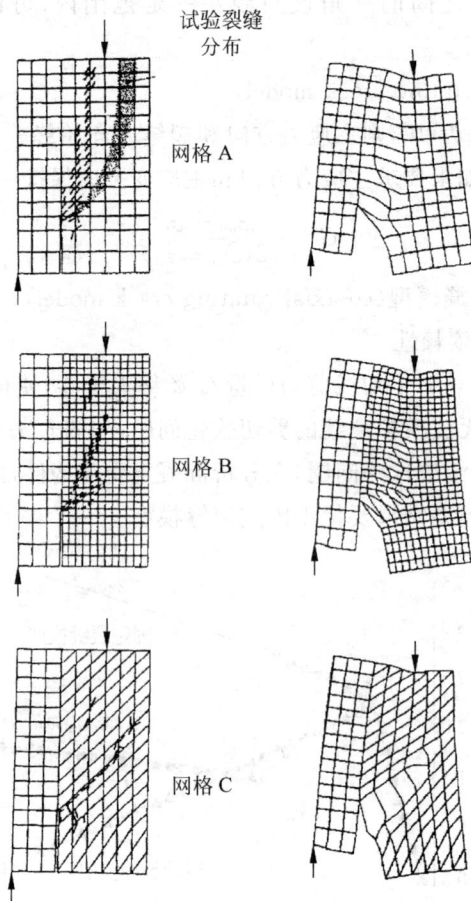

图 6-4-5　网格依赖性

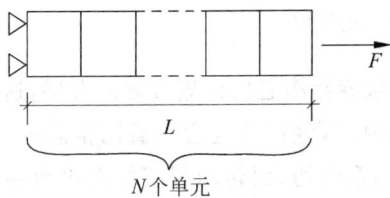

图 6-4-6　不同单元划分

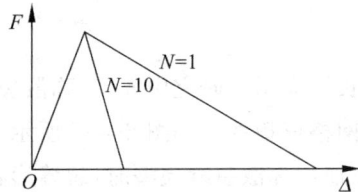

图 6-4-7　不同单元划分得到的 F-Δ 曲线

受拉软化不再以应力-应变曲线的形式来定义,而以应力-裂缝宽度曲线来定义,如图 6-4-8 所示,曲线下包含的面积就是断裂能。在实际有限元计算中,裂缝宽度定义为 $w=\varepsilon_{cr}L_{cr}$,这里 ε_{cr} 为开裂应变,L_{cr} 称为裂缝带宽(crack band width),一般 $L_{cr}=\sqrt{A}$,A 为单元面积。可见,单元越小,L_{cr} 越小,相同开裂应变下 w 也越小,应力下降得也越慢,这样可以有效降低单元尺寸效应的影响。

当单元形状不规则时,有时会采用更精确的裂缝带定义形式,如图 6-4-9 所示,此时裂缝带长度为垂直裂缝方向的单元长度,另外还有一些更复杂的裂缝带定义形式。

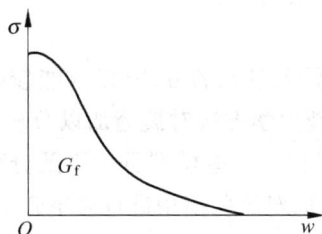

图 6-4-8　应力-裂缝宽度曲线和断裂能

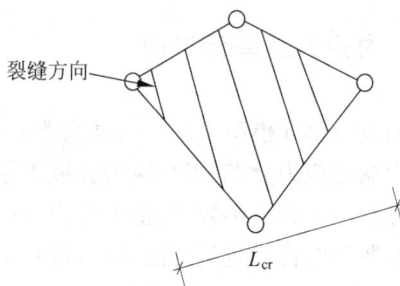

图 6-4-9　不规则单元裂缝带长度

另外,当单元尺寸比较小,例如,小于 3 倍骨料粒径时,这时可以认为裂缝在单元内部是"均匀"分布的,用整个单元的开裂应变 ε_{cr} 乘以单元尺寸来估计裂缝宽度是合适的。但是,当单元尺寸大于 3 倍骨料粒径时,则需要进一步研究。如果此时单元内部配筋是合适的,则钢筋可以使裂缝较为均匀地分布,此时仍可以使用 $\varepsilon_{cr}L_{cr}$ 来估算裂缝宽度。但是,如果单元较大且单元内部没有足够的钢筋约束,则此时裂缝分布将不再均匀。因此,Kwak 等(1990)建议,当单元尺寸较大时,应该考虑裂缝的集中效应,使用下式来估算裂缝宽度

$$w = b\frac{2G_{f}\ln(76/b)}{f_{t}(76 - b)} \tag{6-4-30}$$

其中,b 为单元宽度,mm。

所有这些工作都是为了减少单元尺寸对混凝土开裂的影响。

另外,还有一些学者认为,单元尺寸效应主要出现于素混凝土或少筋混凝土单元中,这时混凝土的开裂软化需要考虑单元尺寸大小。而对于配筋合适的钢筋混凝土单元,则单元尺寸效应不必考虑,无论混凝土单元尺寸大或小,可以用相同的应力-应变软化曲线加以描述,且软化下降速度要比素混凝土单元慢一些。

4. 裂面剪力传递系数

在固定裂缝模型中,裂面剪力传递系数是一个比较复杂的问题。简单处理一般假定裂面剪力传递系数为 0~1 的常量,在没有更详细的数据之前,一般建议,对于普通钢筋混凝土梁取 0.5,钢筋混凝土深梁取 0.25,对于剪力墙取 0.125 进行试算。

另外,国内外研究者也提出了很多种其他的裂面剪力传递系数模型。

Rots 模型(Rots et al.,1984)

$$G' = \eta G_{0} = G_{0}/(1 + 4447\varepsilon_{nn}^{cr}) \tag{6-4-31}$$

其中,ε_{nn}^{cr} 为开裂拉应变。

Al-Mahaidi 模型(1979)

$$G' = \eta G_{0} = \frac{0.4}{\varepsilon_{nn}^{cr}/200\mu\varepsilon}G_{0} \tag{6-4-32}$$

另外,国内外进行了大量的开裂混凝土受剪骨料咬合实验,对于全量型混凝土开裂本构模型,可以直接由裂缝宽度和裂缝间相对滑移得到裂面的剪应力,6.3.4 节已经对这些裂面抗剪模型进行了详细的介绍,读者可以根据具体问题选择适当的模型。

6.4.4 内嵌裂缝单元模型

内嵌裂缝单元模型可以分为两大类:一类是构造奇异等参元的方法,以求能较好地算出裂缝尖端的应力分布,得到应力强度因子,进而通过断裂力学方法对裂缝加以分析;另一类是通过改变单元形函数,构造内嵌裂缝的非连续单元模型。这些模型虽然不及分离裂缝模型或弥散裂缝模型应用广泛,但也得到了很大发展。下面对这些模型进行简单介绍。

1. 奇异等参元

鉴于裂缝尖端附近的应力场有奇异性,且应力与 $1/\sqrt{r}$ 成正比,即有 $r^{-\frac{1}{2}}$ 的奇异性。下面将介绍一个能反映裂缝尖端应力奇异性的 8 节点畸形等参元。如图 6-4-10 所示,把裂缝尖端处的中间节点向裂缝尖端靠拢,置于距离裂缝尖端 1/4 边长处,这样的一组单元可以较好地反映裂缝尖端对应的位移场。这种奇异等参元裂缝实际上还是布置在单元边界,但是由于这种奇异等参元需要一组(两个以上)共同使用,裂缝总是位于这组单元内部,因此也可看做一种内嵌裂缝的单元形式。

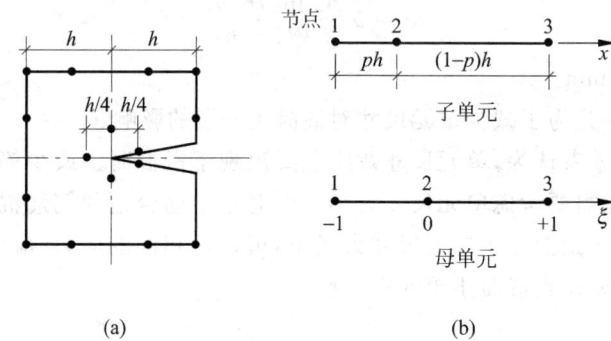

图 6-4-10 奇异等参元

为了便于说明,取一个边的情况来分析,实际单元节点坐标为

$$x_1 = 0, \quad x_2 = ph, \quad x_3 = h \tag{6-4-33}$$

则母单元上的节点坐标为

$$\xi_1 = -1, \quad \xi_2 = 0, \quad \xi_3 = +1 \tag{6-4-34}$$

形函数为

$$\left. \begin{aligned} N_1 &= -\frac{(1-\xi)\xi}{2} \\ N_2 &= 1 - \frac{\xi^2}{2} \\ N_3 &= \frac{(1+\xi)\xi}{2} \end{aligned} \right\} \tag{6-4-35}$$

坐标变换公式为

$$x = N_1 x_1 + N_2 x_2 + N_3 x_3 = (1-\xi^2)ph + \frac{(1-\xi)^3}{2}h \tag{6-4-36}$$

当 $p=\frac{1}{2}$,即为中间节点处于 1/2 边长的普通等参元。当 $p\neq\frac{1}{2}$ 时,解 ξ,可得

$$\xi=\frac{-1\pm\sqrt{1-8(1-2p)\left(p-\dfrac{x}{h}\right)}}{2-(1-2p)} \tag{6-4-37}$$

经检验,根式前取＋号。当 $p=\frac{1}{4}$ 时,有

$$\xi=-1+2\sqrt{\frac{x}{h}} \tag{6-4-38}$$

单元位移插值函数为

$$U=N_1U_1+N_2U_2+N_3U_3 \tag{6-4-39}$$

由位移求应变可得

$$\varepsilon_x=\frac{\mathrm{d}U}{\mathrm{d}x}=U_1\frac{\mathrm{d}N_1}{\mathrm{d}x}+U_2\frac{\mathrm{d}N_2}{\mathrm{d}x}+U_3\frac{\mathrm{d}N_3}{\mathrm{d}x} \tag{6-4-40}$$

由 $\dfrac{\mathrm{d}N_1}{\mathrm{d}\xi}=\dfrac{\mathrm{d}N_1}{\mathrm{d}x}\dfrac{\mathrm{d}x}{\mathrm{d}\xi}$,得

$$\frac{\mathrm{d}N_1}{\mathrm{d}x}=\left(\frac{\mathrm{d}x}{\mathrm{d}\xi}\right)^{-1}\frac{\mathrm{d}N_1}{\mathrm{d}x} \tag{6-4-41}$$

代入应变公式得

$$\frac{\mathrm{d}U}{\mathrm{d}x}=\frac{1}{h}\left[U_1\left(2-\frac{3}{2}\sqrt{\frac{h}{x}}\right)+U_2\left(-4+2\sqrt{\frac{h}{x}}\right)+U_3\left(2-\frac{1}{2}\sqrt{\frac{h}{x}}\right)\right] \tag{6-4-42}$$

上式表明,当 $x\to0$ 时,单元应变有 $x^{-\frac{1}{2}}$ 的奇异性。而应力与应变成正比,可见应力在裂缝尖端处也有 $x^{-\frac{1}{2}}$ 的奇异性。这表明,只要将一般 8 节点等参元中一边中点位置从 1/2 边长移到 1/4 边长处,在角点附近的应力与 $x^{-\frac{1}{2}}$ 成正比,当 $x\to0$ 时,应力具有 $x^{-\frac{1}{2}}$ 的奇异性。这就较好地反映了裂缝尖端处应力场的特点。这种单元,除了中点位置有所变化外,其他均与正常的 8 节点等参元完全相同,因而在裂缝分析中使用较广。

2. 内嵌裂缝非连续单元

为了模拟裂缝引起的应变不连续,又不希望改变单元网格和节点布置,除了修改单元材料本构矩阵外,还可以通过修改单元形函数,构造内嵌裂缝的非连续单元(Wells & Luys,2000)。

典型的内嵌裂缝非连续单元如图 6-4-11 所示。

设某个域 Ω 内含有一条不连续带,不连续带的中心线为 Γ_d,其法线方向为 n_d,则该域内 n_d 方向的位移场可以由一个连续的位移场 $\hat{u}(x)$ 和一个非连续的位移场 $(H_{\Gamma_d}-\varphi(x))u(x)$ 叠加而成。

$$u(x)=\hat{u}(x)+(H_{\Gamma_d}-\varphi(x))u(x) \tag{6-4-43}$$

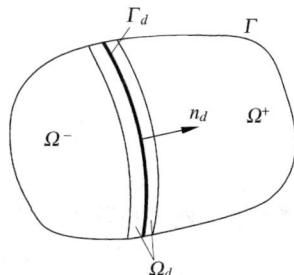

图 6-4-11　内嵌裂缝非连续单元

其中,H_{Γ_d} 和 φ 如图 6-4-12 所示。根据 φ 函数的选取,内嵌裂缝非连续单元又可分为强非连续单元和弱非连续单元,强非连续单元使用阶跃的 φ 函数,弱非连续单元则使用渐变的 φ 函数。

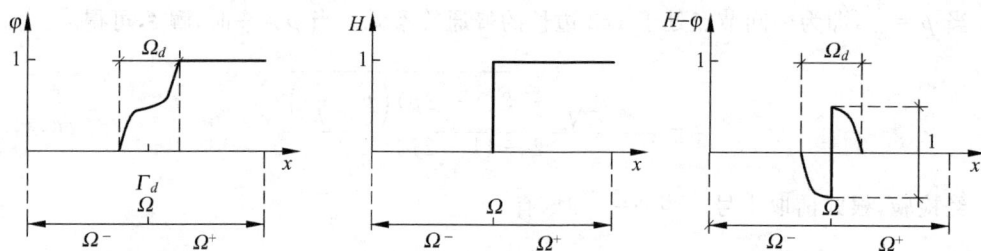

图 6-4-12　弱非连续与强非连续

应变场可由位移场求导得到：

$$\varepsilon(\boldsymbol{x}) = \nabla^s \hat{\boldsymbol{u}} + (\delta_{\Gamma_d} \boldsymbol{n}_d - \nabla^s \varphi) \otimes \boldsymbol{u} \tag{6-4-44}$$

式中，δ_{Γ_d} 为 Dirac delta 函数。

用有限元形式表达，则可写为

$$\boldsymbol{u}(x) = \boldsymbol{N}_a(x)\boldsymbol{a}_e + \boldsymbol{N}_a(x)\boldsymbol{\alpha}_e \tag{6-4-45}$$

$$\boldsymbol{\varepsilon}(x) = \boldsymbol{B}(x)\boldsymbol{a}_e + \boldsymbol{G}(x)\boldsymbol{\alpha}_e \tag{6-4-46}$$

式中，$\boldsymbol{a}_e$ 为单元节点位移（例如，图 6-4-13 中的 $\bar{u}$ 和 $\bar{v}$），$\boldsymbol{\alpha}_e$ 为考虑内嵌裂缝后单元内部隐含节点位移（例如，图 6-4-13 中的 u_i，u_j 和 v），$\boldsymbol{N}_a$ 和 $\boldsymbol{B}$ 为普通单元的形函数和形函数的导数，$\boldsymbol{N}_a$ 和 $\boldsymbol{G}$ 为对应于内嵌裂缝的形函数和形函数的导数。

令 $\boldsymbol{n}_d$ 的三个法向分量为 n_x、n_y、n_z，则 $\boldsymbol{G}$ 可写为

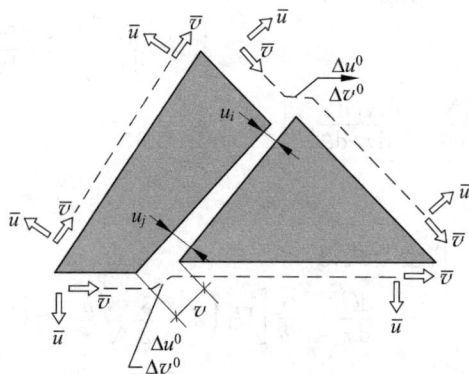

图 6-4-13　合裂缝单元的位移

$$\boldsymbol{G} = \delta_{\Gamma_d} \boldsymbol{n}_d - \nabla^s \varphi = \begin{bmatrix} \delta_{\Gamma_d} n_x - \dfrac{\partial \varphi}{\partial x} & 0 & 0 \\ 0 & \delta_{\Gamma_d} n_y - \dfrac{\partial \varphi}{\partial y} & 0 \\ 0 & 0 & \delta_{\Gamma_d} n_y - \dfrac{\partial \varphi}{\partial y} \\ \delta_{\Gamma_d} n_y - \dfrac{\partial \varphi}{\partial y} & \delta_{\Gamma_d} n_x - \dfrac{\partial \varphi}{\partial x} & 0 \\ 0 & \delta_{\Gamma_d} n_z - \dfrac{\partial \varphi}{\partial z} & \delta_{\Gamma_d} n_y - \dfrac{\partial \varphi}{\partial y} \\ \delta_{\Gamma_d} n_z - \dfrac{\partial \varphi}{\partial z} & 0 & \delta_{\Gamma_d} n_x - \dfrac{\partial \varphi}{\partial x} \end{bmatrix} \tag{6-4-47}$$

而整个单元刚度矩阵为

$$\int_\Omega \begin{bmatrix} \boldsymbol{B}^T \boldsymbol{D} \boldsymbol{B} & \boldsymbol{B}^T \boldsymbol{D} \boldsymbol{G} \\ \boldsymbol{G}^{*T} \boldsymbol{D} \boldsymbol{B} & \boldsymbol{G}^{*T} \boldsymbol{D} \boldsymbol{G} \end{bmatrix} d\Omega \begin{bmatrix} \boldsymbol{a}_e \\ \boldsymbol{\alpha}_e \end{bmatrix} = \begin{bmatrix} \boldsymbol{f}_u^{int} \\ 0 \end{bmatrix} \tag{6-4-48}$$

式中，$\boldsymbol{f}_u^{int}$ 为单元节点上的荷载；$\boldsymbol{G}^{*T} = \left(\delta_{\Gamma_d} - \dfrac{l_e}{A_e}\right)\boldsymbol{n}_d$。对于二维情况，$A_e$ 为单元的面积，l_e 为内嵌裂缝带的长度；对于三维情况，A_e 为单元的体积，l_e 为内嵌裂缝带的面积。对于三

角形常应变单元,如果内嵌裂缝带和单元的某条边平行,则单元刚度矩阵为对称矩阵。

内嵌裂缝的隐含节点对应的节点力 f_a^{int} 可以由下式得到:

$$f^{\text{int}} = \int_\Omega \left\{ \begin{matrix} \boldsymbol{B}^{\text{T}}\,\boldsymbol{\sigma} \\ \boldsymbol{G}^{*\,\text{T}}\,\boldsymbol{\sigma} \end{matrix} \right\} \mathrm{d}\Omega = \left[\begin{matrix} f_u^{\text{int}} \\ f_a^{\text{int}} \end{matrix} \right]$$

内嵌裂缝非连续单元不必随裂缝发展而改变单元的网格划分和节点分布,便于有限元实现,又比弥散裂缝模型更接近真实裂缝,因此近来也得到了较多的研究。但是,由于该模型比分离裂缝模型和弥散裂缝模型都要复杂,因此目前在实际工程中的应用还很少。近年来美国 Belytschko 发展了"扩展有限元"XFEM 方法,为内嵌裂缝模型的发展指明了新的方向,详见本书 9.5 节。

6.5　损伤力学在混凝土中的应用

6.5.1　概述

从混凝土试件在单轴拉伸和单轴压缩下的应力-应变曲线可以看出如下特点:①拉伸试件的应力-应变曲线在应力达到抗拉强度后有下降段;②在单轴压缩实验中也有下降段,且在曲线上升段其弹性模量不断降低;③在应力越过峰值后卸载,其斜率小于初始斜率,这种现象称为刚度退化;④从受压试件由 X 射线进行透射的结果可以看到材料内部的微小裂缝(损伤)随着应力的增大而增大。

从力学角度研究这种有缺陷材料的力学性能通常有两种方法:断裂力学和损伤力学。断裂力学是研究一条或几条裂缝在一定应力状态下失稳的条件,这在前面已经作了介绍。但是,从上面分析的混凝土受力性能可以发现,混凝土不但在受拉时产生裂缝,而且在受压时有刚度退化的现象。其内部微小裂缝呈随机分布,但从总体上随着应力的增长或变形的增大而增长。在这种情况下,断裂力学的研究内容和方法很难处理,因为这种内部损伤不能总是简化为一条或几条裂缝。对此,近几十年来许多学者将损伤力学用于混凝土,并取得了很多成果。

损伤力学不仅研究存在微裂缝和微空洞的有损伤材料,而且研究这些损伤的扩展与演变,直至宏观破坏形成的全过程。损伤力学引入了损伤内变量,仍可把混凝土视作连续介质处理,所以损伤力学也常称为连续损伤理论。将连续损伤理论用于混凝土时又常称作混凝土损伤力学。

损伤力学最早由俄国学者 Kachanov 在研究金属蠕变和疲劳时,发现材料的力学性能有劣化渐变过程,于是提出了用连续变量描写材料受损伤的力学性能变化。随后 Kabotnov 明确引入了损伤变量,建立了损伤力学的最初理论。他们的研究为损伤力学奠定了基础。但随后的几十年中,几乎无人响应。到了 20 世纪 70 年代,这一概念又被重新提出,法国学者 Lemaitre、瑞典学者 Hult、英国学者 Leckie 等用损伤力学观点研究了损伤对材料弹性、塑性、蠕变等性能的影响。到了 1981 年,欧洲力学学会在法国举行了首届国际损伤力学会议。同年我国国内刊物开始刊登有关损伤力学的译文。自 20 世纪 80 年代以来,我国学者在损伤力学的研究方面已经成为国际上这个领域的重要力量。1985 年,在全国第三届岩石、混凝土强度与断裂学术会议上,许多学者讨论了损伤力学理论及其在混凝土中的应用。目前,基于混凝土损伤特性而建立的混凝土本构关系,用损伤力学来分析混凝土力学性能已经得到广泛的研究,并取得了很多成果。

6.5.2 损伤力学的基本概念

材料内部有了微孔洞、微裂缝,我们就说材料有了损伤,这些空隙、裂缝的面积或体积可以作为损伤状态的量度。与塑性应变、温度应变等类似,损伤变量也是一种内变量,其变化反映了物质内部的变化。下面首先介绍损伤力学中常用到的几个重要概念。

1. 损伤变量和有效应力

图 6-5-1 所示为一均匀单轴受拉杆件。在未施加荷载时,杆件面积为 A,在作用有应力后,杆件受损伤,损伤面积 A^*,则杆件的净面积或有效面积变为 $A_n = A - A^*$。在均匀拉伸状态下,损伤变量定义为

$$D = \frac{A^*}{A} = \frac{A - A_n}{A} = 1 - \frac{A_n}{A} \qquad (6\text{-}5\text{-}1)$$

或 $A_n = (1-D)A$。

显然,$D = 0$ 时对应于无损伤状态,$D = 1$ 时对应于完全损伤(断裂)状态。$0 < D < 1$ 对应于不同程度的损伤状态。

图 6-5-1 带损伤的受拉杆件

令 $\sigma = \dfrac{F}{A}$ 为横截面上的名义应力;$\tilde{\sigma} = \dfrac{F}{A_n}$ 为净截面上的应力,并定义为有效应力。

由

$$F = \sigma A = \tilde{\sigma} A_n \qquad (6\text{-}5\text{-}2)$$

得

$$\tilde{\sigma} = \frac{\sigma}{1 - D} \qquad (6\text{-}5\text{-}3)$$

测定断面损伤有多种方法,大致可分为微观方法与宏观方法两大类。在微观方面有超声波、红外线、紫外线探测和受力后切片电镜扫描等,其中声波发射法使用较多。宏观方法往往是测定某一物理量,然后推求其损伤程度。主要有:①用声波传递速度 v_s(横波波速)、v_p(纵波波速)与弹性模量 E 的关系,由测定的 v_s、v_p 来推求 E 的变化,进而求出 D 值;②利用构件的自振频率或其他振动特性的变化来推断 D;③利用应变等价原理,由单轴受力实验测定 $\tilde{E}$ 值,进而求得 D 值。其中应变等价原理应用较广,下面介绍这一方法。

2. 应变等价原理

材料有损伤后,其损伤度理论上可以直接测定。例如截出断面后进行孔洞、裂缝测定并累计,但实际操作极为困难。一般常用的方法是利用应变等价原理进行间接测定。如图 6-5-2 所示。这一原理假设应力 σ

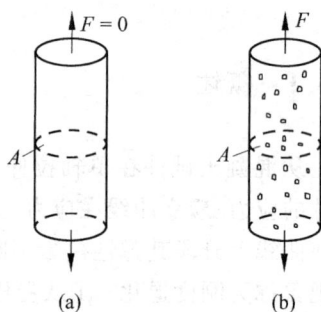

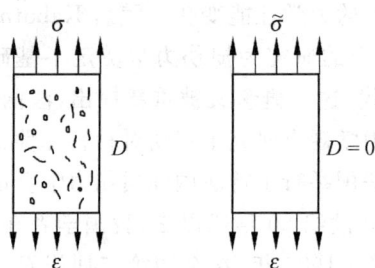

图 6-5-2 应变等价原理

作用在受损材料上的应变与有效应力作用在无损材料上的应变等价,即

$$\varepsilon = \frac{\sigma}{\widetilde{E}} = \frac{\tilde{\sigma}}{E} = \frac{\sigma}{(1-D)E} \tag{6-5-4}$$

或

$$\sigma = (1-D)E\varepsilon \tag{6-5-5}$$

这一公式表示了一维问题中受损材料的本构关系,式中 $\widetilde{E} = (1-D)E$ 为受损材料的弹性模量,可称为有效弹性模量。由此可得

$$D = 1 - \frac{\widetilde{E}}{E} \tag{6-5-6}$$

取 $\sigma = (1-D)E\varepsilon$ 的微分法则,得

$$\frac{\mathrm{d}\sigma}{\mathrm{d}\varepsilon} = \frac{\mathrm{d}E}{\mathrm{d}\varepsilon}(1-D)\varepsilon = E(1-D) - E\varepsilon\frac{\mathrm{d}D}{\mathrm{d}\varepsilon} \tag{6-5-7}$$

在实验中当加载到某一值后卸载,假定损伤完全不可逆,卸载过程中损伤值不变,即有 $\mathrm{d}D/\mathrm{d}\varepsilon = 0$,因为卸载时有

$$\frac{\mathrm{d}\sigma}{\mathrm{d}\varepsilon} = E(1-D) \tag{6-5-8}$$

即

$$D = 1 - \frac{1}{E}\frac{\mathrm{d}\sigma}{\mathrm{d}\varepsilon} \tag{6-5-9}$$

可知

$$\widetilde{E} = \frac{\mathrm{d}\sigma}{\mathrm{d}\varepsilon} \tag{6-5-10}$$

可见受损材料的弹性模量 $\widetilde{E}$ 即为卸载时应力-应变曲线的斜率,$\widetilde{E}$ 也可称为卸载时的弹性模量。根据这一原理,可作材料的拉伸加载、卸载实验,根据卸载时的斜率确定 $\widetilde{E}$,进而可以求得损伤变量 D。或者,在实测 σ-ε 关系曲线上,得出 σ-ε 的解析曲线后,由 $\mathrm{d}\sigma/\mathrm{d}\varepsilon$ 求得 $\widetilde{E}$ 值,据此也可推求出 D 值。

3. 有效应力张量

在多轴应力作用下,如果认为是各向同性的,则可将单轴应力下的有效应力推广表示为张量,即

$$\tilde{\sigma} = \frac{\sigma}{1-D} \tag{6-5-11}$$

实际上,材料的损伤是各向异性的。在这种情况下,损伤变量也应该用张量表示。设在材料内取一微元,微元内有一面,其面积为 A,法向单位矢量为 $\mathbf{n}$,则截面的面积矢量为

$$\mathbf{A} = A\mathbf{n} = A_i\mathbf{e}_i, \quad i = 1, 2, 3$$

式中,$\mathbf{e}_i$ 为直角坐标系的单位矢量; A_i 为面积在三个坐标平面内的投影面积。

当材料损伤后,微元体上法线为 $\tilde{\mathbf{n}}$ 的面积矢量为

$$\widetilde{\mathbf{A}} = \widetilde{A}\tilde{\mathbf{n}} = (1-D_i)A_i\mathbf{e}_i \tag{6-5-12}$$

其中,D_i 为 A 面法线方向的损伤变量。

现定义一个二阶对称张量 $\boldsymbol{\psi} = \mathbf{I} - \mathbf{D}$,$\mathbf{I}$ 为单位张量,使

$$\widetilde{\mathbf{A}} = \boldsymbol{\psi}\mathbf{A} \tag{6-5-13}$$

设有效应力张量为 $\tilde{\sigma}$,定义柯西应力张量为 σ,则有

$$P = \sigma A = \tilde{\sigma}\tilde{A} = \tilde{\sigma}\psi A = \tilde{\sigma}(I - D)A \tag{6-5-14}$$

故

$$\sigma = \tilde{\sigma}\psi = \tilde{\sigma}(I - D) \tag{6-5-15}$$

或

$$\tilde{\sigma} = (I - D)^{-1}\sigma \tag{6-5-16}$$

由于损伤张量不一定对称,这给计算带来很多麻烦。对此,一些学者提出了多种方法将其对称化,一种比较简单的方法是取

$$\tilde{\sigma} = \frac{1}{2}\left[\sigma(I-D)^{-1} + (I-D)^{-1}\sigma\right] = (I-D)^{-\frac{1}{2}}\sigma(I-D)^{-\frac{1}{2}} \tag{6-5-17}$$

若应力张量 σ 与有效应力张量 $\tilde{\sigma}$ 主轴重合,为简化可取

$$(I - D)_{ij} = \begin{cases} \dfrac{1}{1-D_i}, & i = j = 1, 2, 3 \\ 0, & i \neq j \end{cases} \tag{6-5-18}$$

称 $D_i(i=1,2,3)$ 为主损伤变量,不考虑耦合效应,则有

$$\tilde{\sigma}_1 = \frac{\sigma_1}{1-D_1}, \quad \tilde{\sigma}_2 = \frac{\sigma_2}{1-D_2}, \quad \tilde{\sigma}_3 = \frac{\sigma_3}{1-D_3} \tag{6-5-19}$$

6.5.3 混凝土的损伤模型

自 1980 年开始,各国学者开始将损伤力学应用于混凝土受力性能的研究,首要的工作是要根据混凝土的实验数据建立损伤应力随应力状态或应力水平变化的规律,这种规律用公式来表示,常称为损伤模型。目前已经建立起的混凝土损伤模型,大多还是基于单轴受力实验。建立模型时大多采用和半实验半经验的方法。下面介绍一些混凝土的损伤模型。

1. Loland 损伤模型

由混凝土的单轴拉伸实验可以看出,在应力达到 f_t 以前,其应力-应变曲线已有一些非线性。这表明在这一阶段损伤已经发展。在应力达到峰值后,应力-应变曲线为下降段,这表明由于裂缝的发展而使损伤快速增长。Loland 把损伤分为两个阶段。第一阶段 $0 \leqslant \varepsilon \leqslant \varepsilon_f$,有效应力直线增加

$$\tilde{\sigma} = \frac{E\varepsilon}{1 - D_0} \tag{6-5-20}$$

利用实测 σ-ε 关系及 $\tilde{\sigma}$-ε 关系和 $\sigma = (1-D)\tilde{\sigma}$ 的关系可以拟合出损伤变化的方程:

$$D = D_0 + C_1\varepsilon^\beta \tag{6-5-21}$$

在第二阶段,$\varepsilon_f \leqslant \varepsilon \leqslant \varepsilon_u$,有效应力保持常量

$$\tilde{\sigma} = \frac{E\varepsilon_f}{1 - D_0} \tag{6-5-22}$$

损伤方程为

$$D = D_f + C_2(\varepsilon - \varepsilon_f) \tag{6-5-23}$$

式中,D_0 为初始损伤值;D_f 为应变 $\varepsilon = \varepsilon_f$ 时的损伤值;C_1、C_2、β 为待定常数。

由 σ-ε 曲线各特征点的条件

$$\left.\begin{array}{ll} \varepsilon = \varepsilon_f, & \sigma = f_t \\[2mm] \varepsilon = \varepsilon_f, & \dfrac{\mathrm{d}\sigma}{\mathrm{d}\varepsilon} = 0 \\[2mm] \varepsilon = \varepsilon_u, & D = 1 \end{array}\right\} \tag{6-5-24}$$

可以求出三个常数分别为

$$\left.\begin{array}{l} \beta = \dfrac{f_t}{E\varepsilon_f - f_t} \\[3mm] C_1 = \dfrac{1 - D_0}{1 + \beta}\varepsilon_f \\[3mm] C_2 = \dfrac{1 - D_f}{\varepsilon_u - \varepsilon_f} \end{array}\right\} \tag{6-5-25}$$

按此模型,有效应力 $\tilde{\sigma}$,损伤 D,名义应力 σ 和应变的关系示于图 6-5-3。由图可知,这一模型将 σ-ε 曲线的下降段已简化为直线。

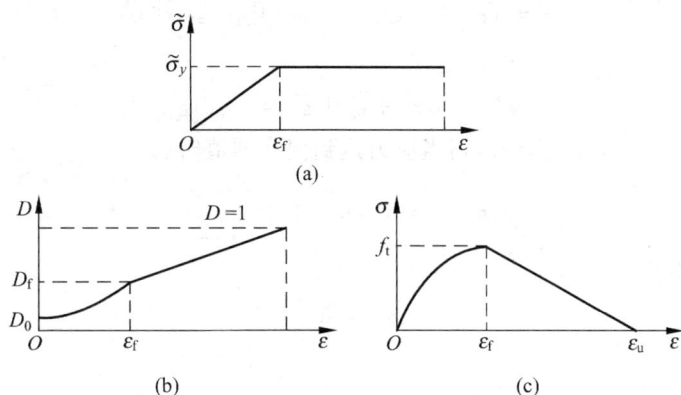

图 6-5-3 Loland 模型

2. Mazars 模型

Mazars 模型将拉伸和压缩分别考虑。

（1）单轴拉伸

Mazars 也将应力达到峰值作为分界点,在应力达到峰值前,认为 σ-ε 曲线为线性关系,即无初始损伤（或初始损伤不扩展）；在应力达到峰值后,应力-应变关系按下列曲线下降：

$$\sigma = E_0 \left[\varepsilon_f(1 - A_T) + \frac{A_T \varepsilon}{\exp[B_T(\varepsilon - \varepsilon_f)]} \right] \tag{6-5-26}$$

式中,A_T 和 B_T 为材料常数,由实验确定。

上升段为

$$\sigma = E_0\varepsilon \tag{6-5-27}$$

由上式可得损伤方程为

$$\left.\begin{array}{ll} D_T = 0, & \varepsilon \leqslant \varepsilon_f \\[3mm] D_T = 1 - \dfrac{\varepsilon_f(1 - A_T)}{\varepsilon} - \dfrac{A_T}{\exp[B_T(\varepsilon - \varepsilon_f)]}, & \varepsilon > \varepsilon_f \end{array}\right\} \tag{6-5-28}$$

对于一般混凝土材料,$0.7 \leqslant A_T \leqslant 1, 10^4 \leqslant B_T \leqslant 10^5, 0.5 \times 10^{-4} \leqslant \varepsilon_f \leqslant 1.5 \times 10^{-4}$。

图 6-5-4 所示为 Mazars 损伤模型$\tilde{\sigma}$-ε、σ-ε、D-ε 的关系。

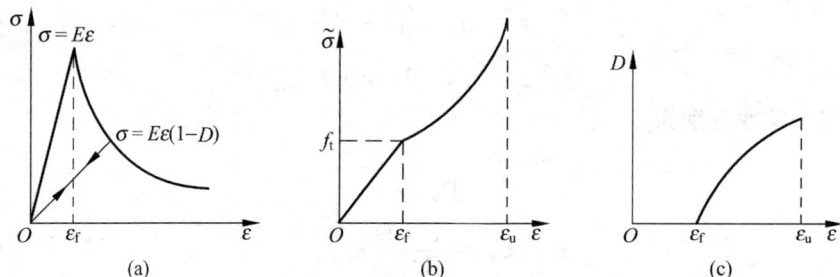

图 6-5-4　Mazars 模型

（2）单轴压缩

单轴压缩时主应变为

$$\boldsymbol{\varepsilon} = \begin{bmatrix} \varepsilon_1 & -\nu\varepsilon_1 & -\nu\varepsilon_1 \end{bmatrix}^{\mathrm{T}}, \quad \varepsilon_1 < 0 \tag{6-5-29}$$

取等效应变为

$$\varepsilon^* = \sqrt{\varepsilon_1^2 + \varepsilon_2^2 + \varepsilon_3^2} = -\sqrt{2}\nu\varepsilon_1 \tag{6-5-30}$$

设开始有损伤的应变为 $\varepsilon_{\mathrm{f}}(\varepsilon_{\mathrm{f}} > 0)$，则当应力达到损伤阈值时有

$$\varepsilon^* = \varepsilon_{\mathrm{f}} \quad \text{或} \quad \varepsilon_1 = \frac{-\varepsilon_{\mathrm{f}}}{\nu\sqrt{2}} \tag{6-5-31}$$

取应力-应变关系为

$$\sigma_1 = E_0\varepsilon_1 \tag{6-5-32}$$

当 $-\varepsilon_1 \leqslant \dfrac{\varepsilon_{\mathrm{f}}}{\nu\sqrt{2}}$时，

$$\sigma_1 = E_0 \left[\frac{\varepsilon_{\mathrm{f}}(1 - A_{\mathrm{C}})}{-\nu\sqrt{2}} + \frac{A_{\mathrm{C}}\varepsilon_1}{\exp[B_{\mathrm{C}}(-\nu\varepsilon_1\sqrt{2} - \varepsilon_{\mathrm{f}})]} \right] \tag{6-5-33}$$

于是，单轴受压时材料的损伤方程为

$$D_{\mathrm{C}} = 1 - \frac{\varepsilon_{\mathrm{f}}(1 - A_{\mathrm{C}})}{\varepsilon^*} - \frac{A_{\mathrm{C}}}{\exp[B_{\mathrm{C}}(\varepsilon^* - \varepsilon_{\mathrm{f}})]} \tag{6-5-34}$$

式中，A_{C}、B_{C} 为材料常数，由实验确定，取值范围一般为 $1 < A_{\mathrm{C}} < 1.5, 10^3 < B_{\mathrm{C}} < 2 \times 10^3$。

3. 双直线模型

为了简化计算，把应力-应变曲线的上升段和下降段均简化为直线，如图 6-5-5 所示。

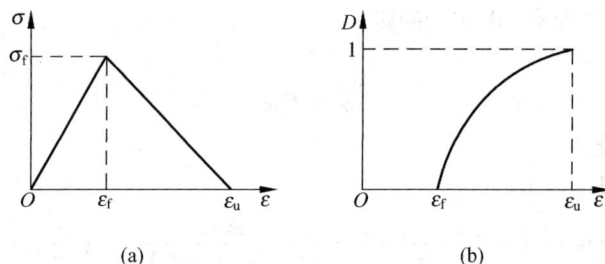

图 6-5-5　双直线模型

对于曲线上升段，$\sigma = E\varepsilon$，$D = 0$。对于曲线下降段，有

$$\sigma = \sigma_f - \sigma_f \frac{\varepsilon - \varepsilon_f}{\varepsilon_u - \varepsilon_f} = \sigma_f \frac{\varepsilon_u - \varepsilon}{\varepsilon_u - \varepsilon_f} = \frac{\varepsilon_u - \varepsilon}{\varepsilon_u - \varepsilon_f} E_0 \varepsilon_f \qquad (6\text{-}5\text{-}35)$$

从损伤角度分析，则有

$$\sigma = (1 - D) E_0 \varepsilon_f = \frac{\varepsilon_u - \varepsilon}{\varepsilon_u - \varepsilon_f} E_0 \varepsilon_f \qquad (6\text{-}5\text{-}36)$$

所以可得损伤表达式

$$D = \frac{\varepsilon - \varepsilon_f}{\varepsilon_u - \varepsilon_f} \frac{\varepsilon_u}{\varepsilon} \qquad (6\text{-}5\text{-}37)$$

对于整个 σ-ε 曲线可得损伤方程为

$$\left. \begin{array}{ll} D = 0, & 0 \leqslant \varepsilon \leqslant \varepsilon_f \\[2mm] D = \dfrac{\varepsilon - \varepsilon_f}{\varepsilon_u - \varepsilon_f} \dfrac{\varepsilon_u}{\varepsilon} = \dfrac{\varepsilon_u}{\varepsilon_u - \varepsilon_f} \left(1 - \dfrac{\varepsilon_f}{\varepsilon} \right), & \varepsilon_f \leqslant \varepsilon \leqslant \varepsilon_u \end{array} \right\} \qquad (6\text{-}5\text{-}38)$$

6.5.4　二维正交异性损伤的本构关系

前面已经介绍过，若 A^* 为有效面积，A 为原来的总面积，则

$$A^* = (1 - D) A \qquad (6\text{-}5\text{-}39)$$

对于各向异性材料，以 $(i = 1, 2)$ 表示两个方向的下标。若损伤后的有效应力为 σ_{ij}^*，有效面积为 A_i^*，按未损伤的面积计算应力为 σ_{ij}，面积为 A_i，由两者内力应相等的原则有

$$\sigma_{ij} \delta_{ik} A_k = \sigma_{ij}^* \delta_{ik} A_k^* \qquad (6\text{-}5\text{-}40)$$

有效应力可表示为

$$\begin{bmatrix} \sigma_{11}^* & \sigma_{12}^* \\ \sigma_{21}^* & \sigma_{22}^* \end{bmatrix} = \begin{bmatrix} \dfrac{\sigma_{11}}{1 - D_1} & \dfrac{\sigma_{12}}{1 - D_1} \\[3mm] \dfrac{\sigma_{21}}{1 - D_2} & \dfrac{\sigma_{22}}{1 - D_2} \end{bmatrix} \qquad (6\text{-}5\text{-}41)$$

显然 σ_{ij}^* 是不对称的，但按总面积计的应力 σ_{ij} 为对称的，故有

$$\sigma_{21}^* = \frac{1 - D_2}{1 - D_1} \sigma_{12}^* \qquad (6\text{-}5\text{-}42)$$

这称为有效应力的相容关系，在二维问题中令

$$\boldsymbol{\sigma}^* = \begin{bmatrix} \sigma_{11}^* & \sigma_{22}^* & \sigma_{12}^* & \sigma_{21}^* \end{bmatrix}^{\mathrm{T}} \qquad (6\text{-}5\text{-}43)$$

$$\boldsymbol{\sigma} = \begin{bmatrix} \sigma_{11} & \sigma_{22} & \sigma_{12} \end{bmatrix}^{\mathrm{T}} \qquad (6\text{-}5\text{-}44)$$

$$\boldsymbol{\psi} = \begin{bmatrix} \dfrac{1}{1 - D_1} & 0 & 0 & 0 \\[3mm] 0 & \dfrac{1}{1 - D_2} & 0 & 0 \\[3mm] 0 & 0 & \dfrac{1}{1 - D_2} & \dfrac{1}{1 - D_1} \end{bmatrix} \qquad (6\text{-}5\text{-}45)$$

则有

$$\boldsymbol{\sigma}^* = \boldsymbol{\psi}^{\mathrm{T}} \boldsymbol{\sigma} \qquad (6\text{-}5\text{-}46)$$

有了 $\boldsymbol{\psi}$，即可将一般的应力张量转化为有效应力张量。

为了求得二维问题各向异性损伤体的本构关系，利用损伤应力弹性余能和未损伤体的

状态余能应相等的条件,可得

$$\pi_e(\boldsymbol{\sigma},\boldsymbol{D})=\pi_e(\boldsymbol{\sigma}^*,0)=\frac{1}{2}\boldsymbol{\sigma}^*\boldsymbol{D}_e^{-1}\boldsymbol{\sigma}^* \tag{6-5-47}$$

其中,$\boldsymbol{D}_e$ 为未损伤体的弹性矩阵;$\boldsymbol{D}$ 为损伤张量。由

$$\boldsymbol{\varepsilon}=\frac{\partial\pi_e(\boldsymbol{\sigma},\boldsymbol{D})}{\partial\boldsymbol{\sigma}} \tag{6-5-48}$$

$$\boldsymbol{\varepsilon}=\boldsymbol{D}_e^{*-1}\boldsymbol{\sigma} \tag{6-5-49}$$

可得

$$\boldsymbol{D}_e^{*-1}=\boldsymbol{\psi}\boldsymbol{D}_e^{-1}\boldsymbol{\psi} \tag{6-5-50}$$

展开可得正交异性损伤的本构关系矩阵

$$\boldsymbol{D}_e^*=\begin{bmatrix}\dfrac{E_1(1-D_1)^2}{1-\nu_{12}\nu_{21}} & \dfrac{E_2(1-D_1)(1-D_2)\nu_{12}}{1-\nu_{12}\nu_{21}} & 0 \\[4mm] \dfrac{E_1(1-D_1)(1-D_2)\nu_{21}}{1-\nu_{12}\nu_{21}} & \dfrac{E_2(1-D_2)^2}{1-\nu_{12}\nu_{21}} & 0 \\[4mm] 0 & 0 & \dfrac{2G_{12}(1-D_1)^2(1-D_2)^2}{(1-D_1)^2+(1-D_2)^2}\end{bmatrix} \tag{6-5-51}$$

其中,E_1、E_2、ν_{12}、ν_{21}、G_{12} 为无损伤时的 5 个弹性常数。

上述公式是在正交损伤体系内建立的,对于整体坐标,未必与之重合,一般有一交角 θ。可以利用转轴公式转换到一般坐标系中,引入坐标转换矩阵

$$\boldsymbol{T}=\begin{bmatrix}\cos^2\theta & \sin^2\theta & \cos\theta\sin\theta \\ \sin^2\theta & \cos^2\theta & -\cos\theta\sin\theta \\ -2\cos\theta\sin\theta & 2\cos\theta\sin\theta & \cos^2\theta-\sin^2\theta\end{bmatrix} \tag{6-5-52}$$

$$\boldsymbol{\sigma}=\boldsymbol{D}_e^*\boldsymbol{\varepsilon} \tag{6-5-53}$$

可得

$$\widetilde{\boldsymbol{D}}_e=\boldsymbol{T}^{\mathrm{T}}\boldsymbol{D}_e^*\boldsymbol{T} \tag{6-5-54}$$

$\widetilde{\boldsymbol{D}}_e$ 已经对称化了,这便是二维问题正交异性的损伤本构矩阵。

在一般坐标系中,有效应力与柯西应力可按下式转换:

$$\begin{bmatrix}\sigma_x^* \\ \sigma_y^* \\ \tau_{xy}^* \\ \tau_{yx}^*\end{bmatrix}=\boldsymbol{\Phi}^*\begin{bmatrix}\sigma_x \\ \sigma_y \\ \tau_{xy}\end{bmatrix} \tag{6-5-55}$$

式中

$$\boldsymbol{\Phi}^*=\begin{bmatrix}\dfrac{\cos^2\theta}{1-D_1}+\dfrac{\sin^2\theta}{1-D_2} & 0 & \left(\dfrac{1}{1-D_2}-\dfrac{1}{1-D_1}\right)\dfrac{\sin2\theta}{2} \\[4mm] 0 & \dfrac{\sin^2\theta}{1-D_1}+\dfrac{\cos^2\theta}{1-D_2} & \left(\dfrac{1}{1-D_2}-\dfrac{1}{1-D_1}\right)\dfrac{\sin2\theta}{2} \\[4mm] \left(\dfrac{1}{1-D_2}-\dfrac{1}{1-D_1}\right)\dfrac{\sin2\theta}{2} & 0 & \dfrac{\sin^2\theta}{1-D_1}+\dfrac{\cos^2\theta}{1-D_2} \\[4mm] 0 & \left(\dfrac{1}{1-D_2}-\dfrac{1}{1-D_1}\right)\dfrac{\sin2\theta}{2} & \dfrac{\cos^2\theta}{1-D_1}+\dfrac{\sin^2\theta}{1-D_2}\end{bmatrix}$$

$$\tag{6-5-56}$$

6.5.5　三维空间的本构关系

将二维本构关系推广到三维，取

$$\boldsymbol{\sigma}^* = \begin{bmatrix} \sigma_{11}^* & \sigma_{22}^* & \sigma_{33}^* & \sigma_{32}^* & \sigma_{23}^* & \sigma_{13}^* & \sigma_{31}^* & \sigma_{12}^* & \sigma_{21}^* \end{bmatrix}^{\mathrm{T}} \tag{6-5-57}$$

$$\boldsymbol{\sigma} = \begin{bmatrix} \sigma_{11} & \sigma_{22} & \sigma_{33} & \sigma_{32} & \sigma_{13} & \sigma_{12} \end{bmatrix}^{\mathrm{T}} \tag{6-5-58}$$

$$\boldsymbol{\sigma}^* = \boldsymbol{\psi}\boldsymbol{\sigma} \tag{6-5-59}$$

$$\boldsymbol{\psi} = \begin{bmatrix}
\frac{1}{1-D_1} & 0 & 0 & 0 & 0 & 0 \\
0 & \frac{1}{1-D_2} & 0 & 0 & 0 & 0 \\
0 & 0 & \frac{1}{1-D_3} & 0 & 0 & 0 \\
0 & 0 & 0 & \frac{1}{1-D_3} & 0 & 0 \\
0 & 0 & 0 & \frac{1}{1-D_2} & 0 & 0 \\
0 & 0 & 0 & 0 & \frac{1}{1-D_1} & 0 \\
0 & 0 & 0 & 0 & \frac{1}{1-D_3} & 0 \\
0 & 0 & 0 & 0 & 0 & \frac{1}{1-D_2} \\
0 & 0 & 0 & 0 & 0 & \frac{1}{1-D_1}
\end{bmatrix} \tag{6-5-60}$$

$$\boldsymbol{D}_{\mathrm{e}}^{*-1} = \begin{bmatrix}
\frac{1}{E_1^*} & -\frac{\nu_{21}^*}{E_2^*} & -\frac{\nu_{31}^*}{E_3^*} & & & \\
-\frac{\nu_{12}^*}{E_1^*} & \frac{1}{E_2^*} & -\frac{\nu_{32}^*}{E_3^*} & & & \\
-\frac{\nu_{13}^*}{E_1^*} & -\frac{\nu_{23}^*}{E_2^*} & \frac{1}{E_3^*} & & & \\
& & & \frac{1}{G_{32}^*} & & \\
& & & & \frac{1}{G_{13}^*} & \\
& & & & & \frac{1}{G_{12}^*}
\end{bmatrix} \tag{6-5-61}$$

式中，$E_i^* = (1-D_i)^2 E_i$；$\nu_{ij}^* = \frac{1-D_i}{1-D_j}\nu_{ij}$；$G_{ij}^* = \frac{2(1-D_i)^2(1-D_j)^2}{(1-D_i)^2+(1-D_j)^2}G_{ij}$，$E_i$ 为弹性模量；ν_{ij} 为泊松比；G_{ij} 为剪切模量。

对 $\boldsymbol{D}_e^{*\,-1}$ 求逆,可得

$$\boldsymbol{D}^* = \begin{bmatrix} d_{11}^* & d_{12}^* & d_{13}^* & & & \\ d_{21}^* & d_{22}^* & d_{23}^* & & & \\ d_{31}^* & d_{32}^* & d_{33}^* & & & \\ & & & G_{32}^* & & \\ & & & & G_{13}^* & \\ & & & & & G_{12}^* \end{bmatrix} \tag{6-5-62}$$

其中,

$$\left. \begin{aligned} d_{ii}^* &= \frac{E_i^*(1 - \nu_{ik}^* \nu_{kj}^*)}{\Delta}, & j \neq k \\ d_{ij}^* &= \frac{E_i^*(\nu_{ji}^* + \nu_{ki}^* + \nu_{jk}^*)}{\Delta}, & i \neq j, j \neq k, k \neq i \\ \Delta &= 1 - \nu_{12}^* \nu_{21}^* - \nu_{32}^* \nu_{23}^* - \nu_{13}^* \nu_{31}^* - 2\nu_{21}^* \nu_{32}^* \nu_{13}^* \end{aligned} \right\} \tag{6-5-63}$$

同样,$\boldsymbol{D}_e^*$ 是在主损伤坐标系内建立的,应将它转换到整体坐标系中。设损伤主轴方向余弦为 l_i、m_i、n_i,$i=1,2,3$,则坐标转换矩阵为

$$\boldsymbol{T} = \begin{bmatrix} l_1^2 & m_1^2 & n_1^2 & l_1 m_1 & m_1 n_1 & n_1 l_1 \\ l_2^2 & m_2^2 & n_2^2 & l_2 m_2 & m_2 n_2 & n_2 l_2 \\ l_3^2 & m_3^2 & n_3^2 & l_3 m_3 & m_3 n_3 & n_3 l_3 \\ 2l_1 l_2 & 2m_1 m_2 & 2n_1 n_2 & l_1 m_2 + l_2 m_1 & m_1 n_2 + m_2 n_1 & n_1 l_2 + n_2 l_1 \\ 2l_2 l_3 & 2m_2 m_3 & 2n_2 n_3 & l_2 m_3 + l_3 m_2 & m_2 n_3 + m_3 n_2 & n_2 l_3 + n_3 l_2 \\ 2l_3 l_1 & 2m_3 m_1 & 2n_3 n_1 & l_3 m_1 + l_1 m_3 & m_3 n_1 + m_1 n_3 & n_3 l_1 + n_1 l_3 \end{bmatrix} \tag{6-5-64}$$

于是

$$\widetilde{\boldsymbol{D}}_e = \boldsymbol{T}^{\mathrm{T}} \boldsymbol{D}_e^* \boldsymbol{T} \tag{6-5-65}$$

这一本构矩阵是对称的,在有限元分析中应用很方便,损伤材料的刚度矩阵可按通常的方法计算。有限元方程

$$\boldsymbol{K}(\boldsymbol{D})\boldsymbol{\sigma} = \boldsymbol{P} \tag{6-5-66}$$

$\boldsymbol{K}(\boldsymbol{D})$ 为刚度矩阵,可按下式计算

$$\boldsymbol{K}(\boldsymbol{D}) = \int \boldsymbol{B}^{\mathrm{T}} \boldsymbol{T}^{\mathrm{T}} \widetilde{\boldsymbol{D}}_e^{\mathrm{T}} \boldsymbol{T} \boldsymbol{B} \, \mathrm{d}V \tag{6-5-67}$$

第 7 章

非线性方程组的求解

7.1　结构分析的非线性问题

在结构分析中,遇到的非线性问题主要有几何非线性问题和材料非线性问题,或者两者兼有。此外,在土建结构工作中还常遇到边界或界面的非线性问题。

1. 几何非线性问题

几何非线性问题常常是由于结构的位移已相当大,以致平衡方程必须按照变形后的几何位置来建立。在线性问题中,物体的变形是由位移的一阶微分求得的,当变形很大而不能忽略高阶微分量时,必须考虑几何非线性问题。由于变形后的几何位置是分析前不能预知的,因而处理几何非线性问题是比较复杂的。

如图 7-1-1(a)所示悬臂梁,端部受集中力作用,若梁的刚度很大,在荷载作用下位移很小,可按线性问题求解。若梁的刚度很小,则会产生很大的位移,如图 7-1-1(b)所示。这时,尽管材料仍保持弹性,但必须按非线性问题求解。

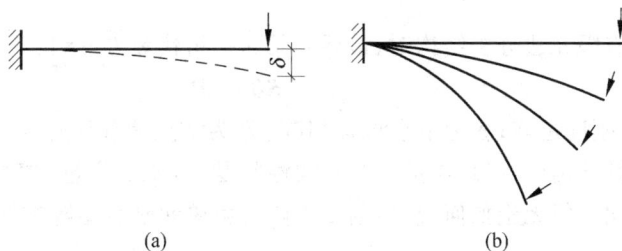

$$(a) \qquad\qquad\qquad (b)$$

图 7-1-1　几何非线性问题

2. 材料非线性问题

材料非线性问题是由材料本身的非线性应力-应变关系引起的。在钢筋混凝土结构中,混凝土受压时的弹塑性变形,受拉区混凝土的开裂,钢筋的屈服和强化,钢筋与混凝土的滑移,混凝土的收缩和徐变等性质,这些都是材料的非线性问题。图 7-1-2 所示为一钢筋混凝土简支梁即受压区混凝土的非线性应变,受拉区混凝土裂缝,靠近支座处的斜裂缝,这包含了很多材料非线性因素引起的问题。对于复杂结构,其复杂程度更大。若要采用解析方法求解这类问题,几乎是不可能的,因而常用数值方法来处理。

3. 边界非线性问题

若材料是弹性的,变形又是小变形,但由于边界条件的变化也会产生非线性问题。边界非线性问题最多的是接触问题。如图 7-1-3 所示,梁下边有一柱子,开始柱顶与梁底有一微小的间隙 Δ,当梁的挠度 $\delta_i \leqslant \Delta$ 时,梁单独受力,处于弹性状态时,P-δ 关系为直线。当 $\delta_i >$ Δ 时,梁与柱子共同受力,若系统仍处于弹性状态,则 P-δ 关系为两段直线,但斜率不同。尽管在两段均是分段线性的,但从整个加载过程来看,仍然是非线性关系。

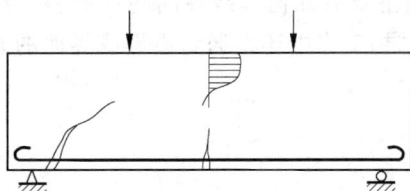

图 7-1-2　混凝土梁中的材料非线性问题　　　　图 7-1-3　边界非线性问题

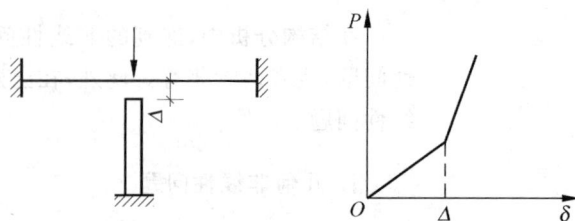

另外,如建筑物基础与地基之间,基础桩与周围土壤之间,钢筋与混凝土之间,压路机与路面的轮轨之间均有接触问题。在受力过程中接触面除了几何形态发生变化以外,接触面的本构关系也还有非线性关系,分析这类问题就更加困难,故常采用数值解。

本章讨论的非线性方程求解,主要集中在材料非线性问题上。

7.2　非线性方程组求解的逐步增量法

用位移有限元法分析结构时,最后归结为一组代数方程组:

$$\boldsymbol{K\delta} = \boldsymbol{P} \tag{7-2-1}$$

式中,$\boldsymbol{K}$ 为总刚度矩阵;$\boldsymbol{\delta}$ 为节点位移列阵;$\boldsymbol{P}$ 为节点荷载列阵。

在线弹性结构中,$\boldsymbol{K}$ 是常量。在非线性问题中,$\boldsymbol{K}$ 是变量,随结构的内力(应力)或位移的变化而变化。但无论如何,总体刚度矩阵可由单元刚度矩阵按标准方法集合而成:

$$\boldsymbol{K} = \sum_n \boldsymbol{K}_e = \sum_n \int \boldsymbol{B}^{\mathrm{T}} \boldsymbol{D}_e \boldsymbol{B} \mathrm{d}V \tag{7-2-2}$$

式中,$\boldsymbol{K}_e$ 为单元刚度矩阵;$\sum_n$ 表示将单元刚度矩阵集合为总刚度矩阵;$\boldsymbol{B}$ 为几何矩阵,通过它建立节点位移与单元应变之间的关系:

$$\boldsymbol{\varepsilon} = \boldsymbol{B\delta} \tag{7-2-3}$$

式(7-2-2)中,$\boldsymbol{D}_e$ 为材料本构矩阵,即

$$\boldsymbol{\sigma} = \boldsymbol{D}_e \boldsymbol{\varepsilon} \tag{7-2-4}$$

在线弹性材料中，D_e 是常量，通常称为弹性矩阵。在材料的非线性问题中，D_e 不再是常量，而是应力状态的函数，即

$$D_e = f\{\sigma\} \tag{7-2-5}$$

归纳以上几个方程：式(7-2-1)表示平衡条件；式(7-2-3)表示几何关系；式(7-2-4)、式(7-2-5)表示材料的本构关系。

可见，与解线性问题相类似，解非线性问题也要满足这三大关系。但是，由于本构关系的非线性，即在式(7-2-5)中 σ 不能预先知道，这就使得问题变得复杂。

为了研究非线性问题的解法，很多数学、力学工作者做了大量工作，取得了不少成果，其中增量法和迭代法是比较常用的解法。增量法实际上是微分方程求解过程中常用的方法。将式(7-2-1)改写为增量形式，则为

$$K \mathrm{d}\delta = \mathrm{d}P \tag{7-2-6}$$

这实质上是一个一阶微分方程组，求解一阶微分方程初值问题的常用方法，如欧拉折线法、龙格-库塔法等都可应用。当然在实际应用中又有许多变化，主要问题是如何修正刚度矩阵 K。

这里结合非线性有限元方程的求解过程介绍增量法。所谓逐步增量法是把荷载划分为许多荷载增量，每施加一个荷载增量，计算结构的位移和其他反应时，认为结构是线性的，即结构的刚度矩阵是常数。在不同的荷载增量中，刚度矩阵是不同的，它与结构的变形有关，所以增量法实质上是用分段线性的折线去代替非线性的曲线。或者说，用分段的线性解去逼近非线性解。如何将非线性问题分段线性化，具体计算方案可有所不同。在结构分析中，关键问题是如何随荷载、位移的变化而计算不同的刚度矩阵。以下介绍几种增量法的常用算法。

1. 欧拉(Euler)折线法

设荷载分为 m 个增量：

$$P = \sum_{i=1}^{m} \Delta P_i \tag{7-2-7}$$

每一个荷载增量产生一个位移 $\Delta\delta_i$，因而在施加 n 个荷载增量之后，总荷载为

$$P_n = \sum_{i=1}^{n} \Delta P_i \tag{7-2-8}$$

$$\delta_n = \delta_{n-1} + \Delta\delta_n \tag{7-2-9}$$

欧拉折线法计算第 n 个位移增量时，其刚度矩阵取为上一级荷载增量结束时的线性刚度矩阵 K_{n-1}，也即第 n 级荷载开始的线性刚度矩阵，即

$$K_{n-1}\Delta\delta_n = \Delta P_n \tag{7-2-10}$$

求解过程以一维为例示于图 7-2-1，其计算公式为

$$\left.\begin{array}{l} \Delta\delta_n = K_{n-1}^{-1}\Delta P_n \\ \delta_n = \delta_{n-1} + \Delta\delta_n \end{array}\right\} \tag{7-2-11}$$

利用式(7-2-11)，并参考图 7-2-1，欧拉折线法的求解过程可归纳如下：

① 施加第 n 步荷载增量 ΔP_n，利用始点线性刚度矩阵 K_{n-1} 求得这一步荷载增量下的位移增量 $\Delta\delta_n$；

图 7-2-1　欧拉折线法

② 由位移增量计算各单元应变增量及相应的应力增量 $\Delta\sigma_n$，并计算总的位移与应力

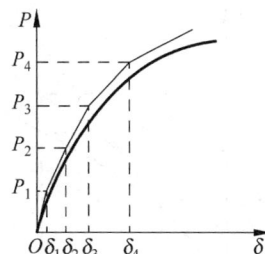

$$\delta_n = \delta_{n-1} + \Delta\delta_n$$

$$\sigma_n = \sigma_{n-1} + \Delta\sigma_n$$

③ 判断是不是最后一级荷载,如果是最后一级荷载,则结束计算;若不是,则进行下一步计算;

④ 根据总应力水平σ_n,修正材料弹性常数,求出相应的单元刚度和集合总体刚度矩阵K_n并转到步骤①,施加下一步荷载增量ΔP_{n+1}。

2. 修正的欧拉折线法

欧拉折线法计算简单,但随着荷载级数的增加,其折线偏离曲线的程度就越大,计算精度就降低。为了提高计算精度,一种办法是用每一步荷载增量的始、末刚度的某种加权平均值替代起始刚度来计算本步荷载增量的位移。即由式(7-2-11)求得的位移δ_n先作为中间值存起来,并记为δ'_n。由此值与前一步荷载位移值加权平均,即

$$\delta_{i+\theta} = (1-\theta)\delta_{n-1} + \theta\delta'_n \tag{7-2-12}$$

其中,θ为加权参数,$0 \leqslant \theta \leqslant 1$,一般可取$\theta = \dfrac{1}{2}$。然后利用$\delta_{i+\theta}$来推求刚度$K_{i+\theta}$,利用这一刚度来求本步荷载增量下的位移,即

$$\left.\begin{array}{l} \Delta\delta_n = K_{i+\theta}^{-1}\Delta P_n \\ \delta_n = \delta_{n-1} + \Delta\delta_n \end{array}\right\} \tag{7-2-13}$$

当取$\theta = \dfrac{1}{2}$时,就相当于求常微分方程数值解的中点龙格-库塔法。全部公式为

$$\left.\begin{array}{l} \delta'_n = \delta_{n-1} + K_{n-1}^{-1}\Delta P_n \\ \delta_{n-\frac{1}{2}} = \dfrac{1}{2}(\delta_{n-1} + \delta'_n) \\ \Delta\delta_n = K_{n-\frac{1}{2}}^{-1}\Delta P_n \\ \delta_n = \delta_{n-1} + \Delta\delta_n \end{array}\right\} \tag{7-2-14}$$

有了这些公式,便不难写出相应的计算步骤。

按上述算法,求得的$\Delta\delta_n$一般不等于$\Delta\delta'_n$。为改善精度,必要时可用$[\Delta\delta_n]$替代$[\Delta\delta'_n]$,进行迭代计算,以达到满意精度为止。

在上述算法中,除了存储δ'_n以外,还要将起始刚度K_{n-1}存储起来,这是不经济的。另一种改进算法是采用半增量法,或称中点刚度法,即先加1/2荷载增量,求出位移及应力增量,并求出相应于这一荷载水平的刚度。用这一刚度求出本步荷载增量的位移。整个计算过程为

$$\Delta\delta'_{n-\frac{1}{2}} = K_{n-1}^{-1}\frac{1}{2}\Delta P_n$$

$$\delta_{n-\frac{1}{2}} = \delta_{n-1} + \Delta\delta'_{n-\frac{1}{2}}$$

由$\delta_{n-\frac{1}{2}}$求出相应的刚度矩阵$K_{n-\frac{1}{2}}$,然后求出

$$\Delta\delta_n = K_{n-\frac{1}{2}}^{-1}\Delta P_n \tag{7-2-15}$$

这一计算过程可用一维P-δ关系示于图7-2-2中。图中,荷载由P_{n-1}加到P_n,用一步欧拉折线法求得

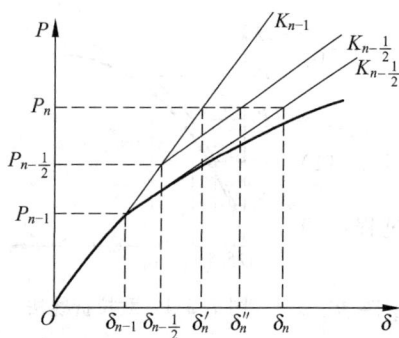

图 7-2-2　修正的欧拉折线法

的位移为 δ'_n,用两步欧拉折线法求得的位移为 δ''_n,而用一步中点刚度法求得的位移为 δ_n,可见,中点刚度法的精度是比较好的,它比二步欧拉折线法的结果还精确一些。

7.3　求解非线性方程组的迭代法

用迭代法解非线性方程组常用三种方法,现分别介绍如下。

1. 割线刚度迭代法

割线刚度迭代法是迭代法中比较简单的一种,又称直接迭代法,其迭代过程如图 7-3-1 所示。在某级荷载 P 作用下,用初始刚度矩阵 $\boldsymbol{K}_0$,求得位移的第一次近似值

$$\delta_1 = \boldsymbol{K}_0^{-1}\boldsymbol{P} \tag{7-3-1}$$

然后,利用 δ_1 求得单元的应变,进而求得应力,根据应力状态确定即时的本构矩阵,根据这一本构矩阵即可求得新的割线刚度矩阵 $\boldsymbol{K}_1$。根据刚度矩阵 $\boldsymbol{K}_1$ 可求得位移的第二次近似值

$$\delta_2 = \boldsymbol{K}_1^{-1}\boldsymbol{P} \tag{7-3-2}$$

重复上述步骤,每次可由下列公式求得进一步的近似值

$$\delta_{k+1} = \boldsymbol{K}_k^{-1}\boldsymbol{P} \tag{7-3-3}$$

直到 δ_{k+1} 与 δ_k 充分接近为止。关于充分接近,或者收敛标准的问题,将在 7.4 节中讨论。

2. 牛顿-拉夫森(Newton-Raphson)法

牛顿-拉夫森法也是一种变刚度的迭代法,但它不同于割线刚度迭代法,不是用割线刚度而是用变化的切线刚度迭代。其迭代过程如图 7-3-2 所示。这一迭代法又称牛顿迭代法或牛顿切线迭代法、切线刚度迭代法。

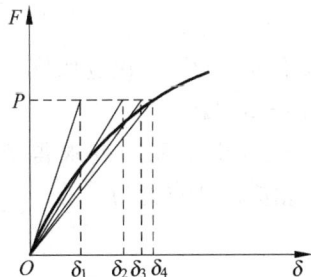

图 7-3-1　割线刚度迭代法

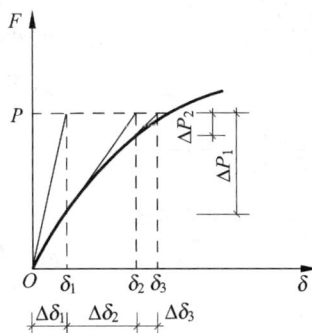

图 7-3-2　牛顿-拉夫森法

该法首先取初始刚度矩阵 $\boldsymbol{K}_0$,求得位移的第一次近似值

$$\delta_1 = \boldsymbol{K}_0^{-1}\boldsymbol{P} \tag{7-3-4}$$

由初始位移可以求得单元应变,进而求得单元应力。由单元应力可以求得相应的节点荷载 $\boldsymbol{P}_1$。接下来,用相应于 δ_1 时的即时切线模量 $\boldsymbol{K}_1$,在荷载 $\Delta\boldsymbol{P}_1 = \boldsymbol{P} - \boldsymbol{P}_1$ 作用下求得位移增量 $\Delta\delta_2$,即

$$\Delta \boldsymbol{\delta}_2 = \boldsymbol{K}_1^{-1} \Delta \boldsymbol{P}_1 \tag{7-3-5}$$

从而求得位移的第二次近似值为

$$\boldsymbol{\delta}_2 = \boldsymbol{\delta}_1 + \Delta \boldsymbol{\delta}_2 \tag{7-3-6}$$

重复以上步骤,即

$$\left. \begin{array}{l} \Delta \boldsymbol{P}_k = \boldsymbol{P} - \boldsymbol{P}_k \\ \Delta \boldsymbol{\delta}_{k+1} = \boldsymbol{k}_k^{-1} \Delta \boldsymbol{P}_k \\ \boldsymbol{\delta}_{k+1} = \boldsymbol{\delta}_k + \Delta \boldsymbol{\delta}_{k+1} \end{array} \right\} \tag{7-3-7}$$

直到 $\boldsymbol{\delta}_{k+1}$ 与 $\boldsymbol{\delta}_k$ 充分接近,或者 $\Delta \boldsymbol{P}_k$ 足够小为止。

3. 牛顿-拉夫森法的变形

以牛顿-拉夫森法为代表的非线性方程组的隐式求解方法因为具有收敛速度快(例如牛顿-拉夫森法为 2 阶收敛)、误差可知可控等突出优点,因此成为非线性有限元计算的主要计算方法。但是,牛顿-拉夫森法也存在着自身的不足,主要表现在:

(1) 牛顿-拉夫森法每步都需要形成切线刚度阵,计算量较大;

(2) 切线刚度阵可能不可求逆;

(3) 切线刚度阵只是局部的最速下降方向,未必是全局的最速下降方向;

(4) 牛顿-拉夫森法要得到收敛解,对初值取值要求非常高,往往会导致计算不收敛。

因此,针对牛顿-拉夫森法的以上缺点和不足,世界各国的研究者提出了很多牛顿-拉夫森法的改进和变形方法,以下选择一些有代表性的方法介绍如下。

(1) 修正牛顿-拉夫森法(modified Newton-Raphson method)

牛顿-拉夫森法每步都需要形成切线刚度阵,建立新的方程组,这是很不经济的。尤其是当结构的自由度很多时,计算工作量很大。为此有学者提出修正的牛顿-拉夫森法。

因为这一方法在迭代过程中采用不变的刚度,所以又称为等刚度迭代法,其计算过程如图 7-3-3 所示。具体步骤如下。

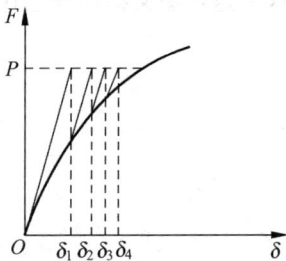

图 7-3-3 修正牛顿法

① 用初始刚度 $\boldsymbol{K}_0$,求出位移的第一次近似值

$$\boldsymbol{\delta}_1 = \boldsymbol{K}_0^{-1} \boldsymbol{P} \tag{7-3-8}$$

② 按 $\boldsymbol{\delta}_1$ 求出单元应变 $\boldsymbol{\varepsilon}_1$,由单元应变求得单元应力 $\boldsymbol{\sigma}_1 = \boldsymbol{D}_0 \boldsymbol{\varepsilon}_1$,由应力可以求得相应的节点力为

$$\boldsymbol{P}_1 = \int \boldsymbol{B}^T \boldsymbol{\sigma} \mathrm{d}V \tag{7-3-9}$$

这样 $\boldsymbol{P}_1$ 与原加荷载的差为

$$\Delta \boldsymbol{P}_1 = \boldsymbol{P} - \boldsymbol{P}_1 \tag{7-3-10}$$

③ 将 $\Delta \boldsymbol{P}_1$ 再加于结构,仍用初始刚度 $\boldsymbol{K}_0$ 求得附加位移

$$\Delta \boldsymbol{\delta}_2 = \boldsymbol{K}_0^{-1} \Delta \boldsymbol{P}_1 \tag{7-3-11}$$

从而求得第二次位移的近似值

$$\boldsymbol{\delta}_2 = \boldsymbol{\delta}_1 + \Delta \boldsymbol{\delta}_2 \tag{7-3-12}$$

④ 重复以上步骤,直到 $\boldsymbol{\delta}_{K+1}$ 与 $\boldsymbol{\delta}_K$ 之差达到足够小或者 $\Delta \boldsymbol{P}_K$ 为足够小时为止。

由上可见,这一方法不同于以上两种方法之处在于迭代过程中始终用同一刚度。这就避免了重新计算刚度的麻烦,但迭代次数显然增加了,也即收敛速度要慢一些。这一点可以通过比较图 7-3-2 和图 7-3-3 看出。

在实际应用中,有时兼用变刚度迭代法和等刚度迭代法,即在收敛速度很慢时变化一次刚度,然后保持此刚度进行迭代。这样可以在变化刚度次数不多的情况下得到较快的收敛速度。

为了求得加载全过程的位移曲线和应力变化等信息,必须将荷载分成许多级,逐级加上,这就要用增量法。而对每一级荷载增量,又要运用迭代法才能求得更精确的结果,所以在实际计算中常常是将增量法和迭代法结合在一起。在实际应用中,每一级荷载增量取 5% 的极限荷载或 20% 左右的开裂荷载即可取得较好的结果。

(2) 牛顿下山法(Newton downhill method)

标准牛顿-拉夫森法每步计算的步长为

$$\left.\begin{aligned}\boldsymbol{\delta}_{k+1} &= \boldsymbol{\delta}_k + \Delta\boldsymbol{\delta}_{k+1} \\ \Delta\boldsymbol{\delta}_{k+1} &= \boldsymbol{K}_k^{-1}\Delta\boldsymbol{P}_k\end{aligned}\right\} \tag{7-3-13}$$

在式 7-3-13 中,位移步长增量 $\Delta\boldsymbol{\delta}$ 可能过大,导致计算上的困难。为了加快收敛速度并减少不收敛的可能性,可以在式(7-3-13)中引入新的系数 $\eta(0<\eta\leqslant 1)$,调整每次迭代时的步长 $\Delta\boldsymbol{\delta}_{k+1}$。这样一来,下一步计算时的位移为

$$\boldsymbol{\delta}_{k+1} = \boldsymbol{\delta}_k + \eta\Delta\boldsymbol{\delta}_{k+1} = \boldsymbol{\delta}_k + \eta\boldsymbol{K}_k^{-1}\Delta\boldsymbol{P}_k \tag{7-3-14}$$

η 有多种选择方法,一种选择 η 的方法是要求每次迭代计算的误差都必须单调减小,所以叫做牛顿下山法(Newton downhill method),即

$$\Delta\boldsymbol{P}_{k+1} \leqslant \Delta\boldsymbol{P}_k \tag{7-3-15}$$

理论上说,在保证式(7-3-15)成立的情况下,η 越接近 1.0 则收敛效率越高。因此,在程序执行过程中,可以采用二分法或黄金分割法,以尽快找到满足式(7-3-15)成立的 η 的最大值。

(3) 线性搜索法

另一种改变步长的方法称为线性搜索法(line search method)。

线性搜索法的基本原理是找到一个合适的 η,使得在位移为 $\boldsymbol{\delta}_k + \eta\Delta\boldsymbol{\delta}_{k+1}$ 时,系统的总势能最小。

如果位移为 $\boldsymbol{\delta}_k + \eta\Delta\boldsymbol{\delta}_{k+1}$ 时,系统的总势能写为 $E(\boldsymbol{\delta}_k + \eta\Delta\boldsymbol{\delta}_{k+1})$,对势能做泰勒(Taylor)展开,得到

$$E = E_0 + \frac{\partial E}{\partial\eta}\mathrm{d}\eta + \cdots = E_0 + \frac{\partial E}{\partial\boldsymbol{\delta}}\frac{\partial\boldsymbol{\delta}}{\partial\eta}\mathrm{d}\eta + \cdots \tag{7-3-16}$$

要求系统的总势能最小,也就是

$$\frac{\partial E}{\partial\eta} = \frac{\partial E}{\partial\boldsymbol{\delta}}\frac{\partial\boldsymbol{\delta}}{\partial\eta} = 0 \tag{7-3-17}$$

令

$$s = \frac{\partial E}{\partial\eta} = \frac{\partial E}{\partial\boldsymbol{\delta}}\frac{\partial\boldsymbol{\delta}}{\partial\eta} \tag{7-3-18}$$

因为

$$\frac{\partial E}{\partial\boldsymbol{\delta}} = \Delta\boldsymbol{P} \tag{7-3-19}$$

ΔP 为位移等于$\boldsymbol{\delta}_k + \eta\Delta\boldsymbol{\delta}_{k+1}$时系统的不平衡力

$$\frac{\partial\boldsymbol{\delta}}{\partial\eta} = \frac{\partial(\boldsymbol{\delta}_k + \eta\Delta\boldsymbol{\delta}_{k+1})}{\partial\eta} = \Delta\boldsymbol{\delta}_{k+1} \tag{7-3-20}$$

于是可以把式(7-3-18)改写为

$$s = \Delta\boldsymbol{\delta}_{k+1}^{\mathrm{T}}\Delta\boldsymbol{P} \tag{7-3-21}$$

为了得到$s=0$对应的η,需要进一步进行迭代计算。最简单的方法如 Crisfield 等(1996)提出的线性插值法:

$$\eta_{n+1} = \frac{\eta_n s_0}{s_0 - s_n} \tag{7-3-22}$$

$$s_0 = \Delta\boldsymbol{\delta}_{k+1}^{\mathrm{T}}\Delta\boldsymbol{P}_k \tag{7-3-23}$$

$\Delta\boldsymbol{P}_k$ 为上一步牛顿-拉夫森法计算时得到的不平衡力。

如果$\frac{s_n}{s_0}$小于某一误差容限(Crisfield 等(1996)建议取为 0.8),则迭代中止,得到相应的η。

从以上分析看出,无论是牛顿下山法还是线性搜索法,虽然它们都可以改善牛顿-拉夫森法的收敛效率,但也都带来了计算量的增加。对于牛顿下山法而言,它需要不断地尝试η,使得式(7-3-15)成立。对于线性搜索法,需要反复计算式(7-3-22)以找到合适的η。但是,这些迭代仅仅需要根据不同的$\boldsymbol{\delta}_k + \eta\Delta\boldsymbol{\delta}_{k+1}$位移值重新计算结构的反力,其计算量比牛顿-拉夫森法对整个刚度矩阵求逆要小很多。特别是这两种方法在某些情况下都可以有效改善算法的收敛性。因此,总的计算效率很多时候是提高的。

(4) 阻尼牛顿法(damped Newton method)

牛顿-拉夫森法需要对刚度矩阵求逆,而非线性计算中可能出现刚度矩阵奇异而导致求逆失败的情况。因此,除了可以采用修正牛顿-拉夫森法外,还可以对切线刚度矩阵加以修正

$$\widetilde{\boldsymbol{K}}_k^{\mathrm{t}} = \boldsymbol{K}_k^{\mathrm{t}} + \omega\boldsymbol{A} \tag{7-3-24}$$

式中,$\boldsymbol{A}$ 为对称正定的矩阵,最简单的 $\boldsymbol{A}$ 可以采用单位刚度阵 $\boldsymbol{I}$,即

$$\widetilde{\boldsymbol{K}}_k^{\mathrm{t}} = \boldsymbol{K}_k^{\mathrm{t}} + \omega\boldsymbol{I} \tag{7-3-25}$$

在有限元分析中,也常用系统的弹性刚度阵 $\boldsymbol{K}^{\mathrm{e}}$ 作为 $\boldsymbol{A}$,即

$$\widetilde{\boldsymbol{K}}_k^{\mathrm{t}} = \boldsymbol{K}_k^{\mathrm{t}} + \omega\boldsymbol{K}^{\mathrm{e}} \tag{7-3-26}$$

ω 是一个系数,严格意义上说,ω 应该使得 $\widetilde{\boldsymbol{K}}_k^{\mathrm{t}}$ 继续保持对称正定的特性,同时不过多影响收敛的效率。由于准确求解 ω 难度比较大,实际有限元程序中,一般对 ω 取一个经验性的值,如取 $\omega = 1\times10^{-6} \sim 1\times10^{-3}$。

(5) 拟牛顿法(quasi-Newton method)

式(7-3-13)中标准的牛顿-拉夫森法要求采用结构的切线刚度阵 $\boldsymbol{K}_k^{\mathrm{t}}$,得到 $\boldsymbol{K}_k^{\mathrm{t}}$ 的计算量较大,且不能保证求逆成功。因此,很多研究者提出可以通过构造一些 $\boldsymbol{K}_k^{\mathrm{t}}$ 的近似矩阵 $\boldsymbol{B}$ 来提高计算效率,并提高计算收敛的成功率。拟牛顿法近年来的研究非常活跃,提出了很多新的方法,其中 BFGS 法是其中效果比较好的方法,它是由 Broyden、Fletcher、Goldfarb、Shanno 四人分别提出的(Bathe and Wilson,1976),现介绍如下。

定义从第 $k-1$ 步到第 k 步不平衡荷载 ΔP 的变化量为

$$y_k = \Delta P_k - \Delta P_{k-1} \tag{7-3-27}$$

那么 BFGS 法构造迭代公式

$$\delta_{k+1} = \delta_k + \Delta \delta_{k+1} = \delta_k + B_{k+1}^{-1} \Delta P_k \tag{7-3-28}$$

$$B_{k+1} = B_k + \frac{y_k y_k^{\mathrm{T}}}{y_k^{\mathrm{T}} \Delta \delta_k} - \frac{B_k \Delta \delta_k \Delta \delta_k^{\mathrm{T}} B_k}{\Delta \delta_k^{\mathrm{T}} B_k \Delta \delta_k} \tag{7-3-29}$$

这样一来,不用每次都求解结构的切线刚度阵 K_k^t,而直接可以采用递推方程式(7-3-29)来得到迭代矩阵 B_{k+1},而且,在很多情况下,可以进一步简化计算步骤:

$$B_{k+1}^{-1} = B_k^{-1} + \frac{\Delta \delta_k^{\mathrm{T}} y_k + y_k^{\mathrm{T}} B_k^{-1} y_k}{(\Delta \delta_k^{\mathrm{T}} y_k)^2} - \frac{B_k^{-1} y_k \Delta \delta_k^{\mathrm{T}} + \Delta \delta_k y_k^{\mathrm{T}} B_k^{-1}}{\Delta \delta_k^{\mathrm{T}} y_k} \tag{7-3-30}$$

从而就成功地避免了计算量最大的矩阵求逆的操作,只要第一次计算求得 B_k^{-1},则后面都不用再进行矩阵求逆的操作,因而大大加快了计算的效率,并可以有效避免因为切线刚度阵 K_k^t 奇异而导致的求逆困难的问题。

从以上分析可以看出,拟牛顿法可以避免求解 K_k^t 和 K_k^{t-1} 而导致的计算量过大问题,还可以避免 K_k^t 奇异而导致的求逆困难的问题,而且很多时候比标准的 Newton-Raphson 方法更容易找到收敛解,因此发展非常迅速,成为近年来非线性方程组求解的主要研究方向。

7.4　收　敛　标　准

在迭代法中,为了中止迭代过程,必须确定一个收敛的标准。在实际应用中,有两种常用的方法:一个是用不平衡节点力;另一个是用位移增量。

我们知道,一个数的"大小"可以由其绝对值来判断,单个矢量的"大小"可由其模来确定。对于一个结构,无论是节点力或节点位移都有很多量,组成一个向量,其"大小"如何衡量? 类似矢量的模,我们可以定一个向量的模,或者称为范数。若 V 表示一向量,则此向量的范数用 $\parallel V \parallel$ 来表示。

有关范数的定义可在线性代数的教科书中找到。常用向量的范数有三个,现说明如下。

设有一列向量 $V = [V_1, V_2, V_3, \cdots, V_n]^{\mathrm{T}}$,则该向量的三个范数如下。

(1) 各元素绝对值之和

$$\parallel V \parallel_1 = \sum_{i=1}^{n} \mid V_i \mid \tag{7-4-1}$$

(2) 各元素平方和的根

$$\parallel V \parallel_2 = \left(\sum_{i=1}^{n} V_i^2 \right)^{\frac{1}{2}} \tag{7-4-2}$$

(3) 元素中绝对值的最大者

$$\parallel V \parallel_\infty = \max_{n} \mid V_i \mid \tag{7-4-3}$$

这三个范数可记为 $\|\boldsymbol{V}\|_P(P=1,2,\infty)$。在应用中可任选其中的一种。

有了向量的范数,则无论是节点力向量还是节点位移向量,其"大小"均可按其范数的大小来判断。所谓足够小或充分小就是指其范数已小于预先指定的一个小数。

若取不平衡节点力为衡量收敛标准,则满足下列条件时即认为收敛:

$$\|\boldsymbol{P}_{\text{res}}\| \leqslant \alpha\|\boldsymbol{P}\| \tag{7-4-4}$$

其中,$\|\boldsymbol{P}_{\text{res}}\|$ 为残余节点力向量的范数;$\|\boldsymbol{P}\|$ 为施加荷载(已化为节点荷载)向量的范数;α 为预先指定的一个小数,称为收敛允许值。

若取节点位移增量为判断收敛的标准,则下列条件满足时即认为收敛:

$$\|\Delta\boldsymbol{\delta}_k\| \leqslant \alpha\|\boldsymbol{\delta}_k\| \tag{7-4-5}$$

其中,$\|\boldsymbol{\delta}_k\|$ 为在某级荷载作用下经 K 次迭代后的总节点位移向量的范数;$\|\Delta\boldsymbol{\delta}_k\|$ 为在同级荷载作用下,第 k 次迭代时附加位移增量向量的范数,即 $\|\Delta\boldsymbol{\delta}_k\| = \|\boldsymbol{\delta}_k - \boldsymbol{\delta}_{k-1}\|$;$\alpha$ 为收敛允许值。

收敛允许值 α 的取值,要根据结构计算要求的精度来确定,有时也要与实验所能达到的精度相适应。通常建议取 $0.1\% \sim 1\%$,据笔者计算后比较,认为钢筋混凝土结构计算与一般均匀连续体介质力学的数值计算方法相比,计算简便、稳定更为重要,精度不必过分苛求,一般取 $\alpha = 2\% \sim 3\%$ 即可。

取哪一种范数,按道理可以任选。但根据笔者计算体会,在用节点力作收敛标准判断时,取 $\|\boldsymbol{P}_{\text{res}}\|_2$ 比较好;在用节点位移增量作收敛标准判断时,取 $\|\boldsymbol{\delta}_{\text{res}}\|_\infty$ 更为方便。在非线性比较严重的问题中,取有关位移的范数作为判断准则更合适。有的学者还用能量的范数(实际已为标量),即用 $\|(\boldsymbol{P}^{\text{T}}\boldsymbol{\delta})_{\text{res}}\|$,作为收敛标准,则综合了力与位移两个方面。

此外还有一个关于误差的问题,这里说明一下。在连续介质力学中,一个计算方法的好坏,精度的高低常与解析解比较。在钢筋混凝土结构有限元分析中,因没有解析解存在,则常与实验结果比较。如图 7-4-1 即为实验曲线与分析结果比较。从实用观点看,这两个比较结果与实测结果吻合相当好,但单从位移或承载力来计算,误差还是相当大的。这里,提出一个用两曲线的距离来衡量误差的方法。为了克服计算两曲线距离的困难,可近似用直角三角形 ABO 斜边上的高 d 来替代,如图 7-4-1(a)所示,即用 d/OB 来衡量误差的大小。这从工程观点来看是比较合理的。当 $\triangle ABO$ 的某一边很长甚至不能形成三角形时,则两曲线必接近平行,可直取两线之间的距离,如图 7-4-1(b)用 d/OA 或 d/OB 来衡量误差。

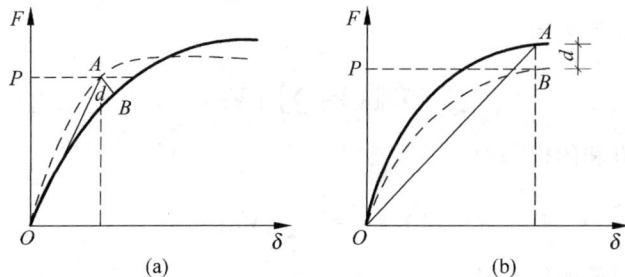

图 7-4-1 误差衡量方法

7.5　非线性方程组求解方法实例比较

【例 7-1】　一简单受拉杆,轴力 $P=30\text{kN}$,已知杆长 $l=50\text{cm}$,截面积 $A=2\text{cm}^2$,材料应力 -应变关系为

$$\sigma = E_0\left(1 - \frac{\varepsilon}{2\varepsilon_0}\right)\varepsilon$$

其中,$\varepsilon_0 = 0.002$,$E_0 = 21\,000\text{kN/cm}^2$,试用增量法和迭代法求解位移。用迭代法求解时要求精度 $\|\Delta\delta\| \leqslant 10^{-3}$。

【解】　下面分别采用三种方法计算,以比较它们的结果。

(1) 弹性解

$$\Delta = \frac{l}{E_0 A}P = K^{-1}P = \frac{50}{21\,000 \times 2} \times 30 = 0.035\,714\,3(\text{cm})$$

(2) 非线性精确解

$$u = \int_0^l\int_0^\varepsilon (\sigma\mathrm{d}\varepsilon)A\mathrm{d}x = AlE_0\left(\frac{\varepsilon^2}{2} - \frac{\varepsilon^3}{6\varepsilon_0}\right) = AlE_0\left[\frac{1}{2}\left(\frac{\Delta}{l}\right)^2 - \frac{1}{6\varepsilon_0}\left(\frac{\Delta}{l}\right)^3\right]$$

由 $\dfrac{\partial u}{\partial \Delta} = P$ 得

$$AlE_0\left[\frac{\Delta}{l^2} - \frac{1}{2\varepsilon_0}\frac{\Delta^2}{l^3}\right] = P$$

即

$$4200\Delta^2 - 840\Delta + 30 = 0$$
$$\Delta = 0.046\,547\,7(\text{cm})$$

(3) 欧拉折线法求解

因为这是一维非线性问题,并且只有一个位移未知量。用有限元法求解时,刚度矩阵只有一个元素,即为

$$K = \frac{EA}{l}$$

由 $\sigma = E_0\left(1 - \dfrac{\varepsilon}{2\varepsilon_0}\right)\varepsilon$,可得切线弹性模量

$$E_t = \frac{\mathrm{d}\sigma}{\mathrm{d}\varepsilon} = E_0\left(1 - \frac{\varepsilon}{\varepsilon_0}\right)$$

割线模量为

$$E_s = \frac{\sigma}{\varepsilon} = E_0\left(1 - \frac{\varepsilon}{2\varepsilon_0}\right)$$

相应地,全量刚度(割线刚度)为

$$K_s = \frac{E_s A}{l}$$

增量刚度(切线刚度)为

$$K_t = \frac{E_t A}{l}$$

用欧拉折线法时,将荷载分为 3 个增量,$\Delta P = 10\text{kN}$ 为第一级荷载增量时,$E_0 = 21\,000\text{kN/cm}^2$,因而有

$$\Delta_1 = K_0^{-1}\Delta P_1 = \frac{50}{21\,000 \times 2} \times 10 = 0.001\,19 \times 10 = 0.0119\,(\text{cm})$$

$$\varepsilon_1 = \frac{\Delta_1}{l} = 0.000\,238$$

$$E_{t_1} = E_0\left(1 - \frac{\varepsilon_1}{\varepsilon_0}\right) = 21\,000 \times \left(1 - \frac{0.000\,238}{0.002}\right) = 18\,501\,(\text{kN/cm}^2)$$

$$\delta_{\Delta_2} = K_1^{-1}\Delta P_2 = \frac{50}{18\,501 \times 2} \times 10 = 0.001\,35 \times 10 = 0.0135\,(\text{cm})$$

$$\Delta_2 = \Delta_1 + \delta_{\Delta_2} = 0.0119 + 0.0135 = 0.0254\,(\text{cm})$$

$$\varepsilon_2 = \frac{\Delta_2}{l} = \frac{0.0254}{50} = 0.000\,508$$

$$E_{t_2} = E_0\left(1 - \frac{\varepsilon_2}{\varepsilon_0}\right) = 21\,000 \times \left(1 - \frac{0.000\,508}{0.002}\right) = 15\,666\,(\text{kN/cm}^2)$$

$$\delta_{\Delta_3} = K_2^{-1}\Delta P_3 = \frac{50}{15\,666 \times 2} \times 10 = 0.001\,60 \times 10 = 0.0160\,(\text{cm})$$

$$\Delta_3 = \Delta_2 + \delta_{\Delta_3} = 0.0254 + 0.0160 = 0.0414\,(\text{cm})$$

与精确解相比,是偏小的。改用中点刚度法,第一次加 $\Delta P_1/2$,求得

$$\Delta_{\frac{1}{2}} = 0.005\,95\,(\text{cm})$$

由

$$\varepsilon_{\frac{1}{2}} = \frac{0.005\,95}{50} = 0.000\,119$$

$$E_{t\frac{1}{2}} = E_0\left(1 - \frac{\varepsilon_{\frac{1}{2}}}{\varepsilon_0}\right) = 21\,000 \times \left(1 - \frac{0.000\,119}{0.002}\right) = 19\,751\,(\text{kN/cm}^2)$$

则

$$\Delta_1 = K_{\frac{1}{2}}^{-1}\Delta P_1 = \frac{50}{19\,751 \times 2} \times 10 = 0.001\,27 \times 10 = 0.0127\,(\text{cm})$$

第二次,再先加 $\frac{1}{2}\Delta P_2$,求得

$$\Delta_{1+\frac{1}{2}} = 0.019\,05\,(\text{cm}), \quad \varepsilon_{1+\frac{1}{2}} = 0.000\,381, \quad E_{1+\frac{1}{2}} = 16\,700\,(\text{kN/cm}^2)$$

于是

$$\delta_{\Delta_2} = K_{1+\frac{1}{2}}^{-1}\Delta P_2 = \frac{50}{16\,700 \times 2} \times 10 = 0.001\,50 \times 10 = 0.0150\,(\text{cm})$$

$$\Delta_2 = \Delta_1 + \delta_{\Delta_2} = 0.0127 + 0.0150 = 0.0277\,(\text{cm})$$

第三次先加 $\frac{1}{2}\Delta P_3$,求得

$$\Delta_{2+\frac{1}{2}} = 0.0354\,(\text{cm}), \quad \varepsilon_{2+\frac{1}{2}} = 0.000\,704, \quad E_{2+\frac{1}{2}} = 13\,608\,(\text{kN/cm}^2)$$

于是

$$\delta_{\Delta_3} = K_{2+\frac{1}{2}}^{-1}\Delta P_3 = \frac{50}{136\,08 \times 2} \times 10 = 0.0184\,(\text{cm})$$

$$\Delta_3 = \Delta_2 + \delta_{\Delta_3} = 0.0277 + 0.0184 = 0.0461\,(\text{cm})$$

显然,这一结果比前一种大有改进。

【例 7-2】 如图 7-5-1(a),由三杆组成一简单桁架结构,几何尺寸如图注:$l = 50\text{cm}$,$\beta = 30°$。三杆截面积相同,$A = 2\text{cm}^2$。杆件材料的本构关系如图 7-5-1(c)所示,应力峰值

$\sigma_y = 12.5 \text{kN/cm}^2$，应力达到峰值时的应变 $\varepsilon_y = 1190 \times 10^{-6}$。应力-应变间的本构关系方程为

$$\sigma = E_0 \left(1 - \frac{\varepsilon}{2\varepsilon_y}\right)\varepsilon$$

其中，E_0 为初始弹性模量。已知 $E_0 = 21\,000 \text{kN/cm}^2$。当结构自由节点 A 处作用有 40kN 力时，求节点位移 Δ。

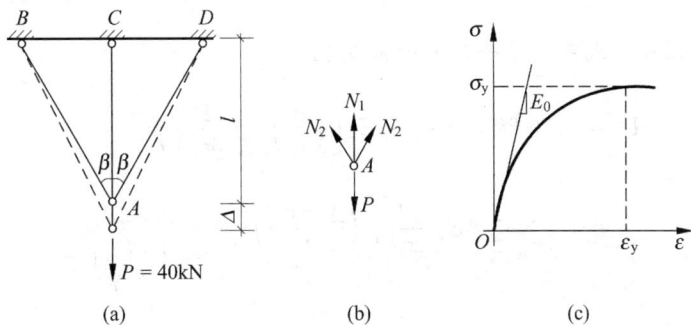

图 7-5-1　三杆桁架结构

【解】　为了说明求解方法，我们不妨用多种方法进行分析。

1) 线性分析

设杆件的应力-应变关系为线性，弹性模量为 E_0，则

中杆内力　　　　　　$N_1 = AE_0\varepsilon_1 = AE_0\dfrac{\Delta_1}{l_1}$

侧杆内力　　　　　　$N_2 = AE_0\varepsilon_2 = AE_0\dfrac{\Delta_2}{l_2}$

由几何关系 $\Delta_2 = \Delta\cos\beta$，$l_2 = \dfrac{l}{\cos\beta}$，得

$$N_2 = AE_0\,\frac{\Delta\cos\beta}{\dfrac{l}{\cos\beta}} = AE_0\,\frac{\Delta\cos^2\beta}{l}$$

因平衡条件

$$N_1 + 2N_2\cos\beta = P$$

$$\frac{AE_0}{l}[1 + 2\cos^2\beta]\Delta = P$$

故

$$\Delta = \frac{Pl}{AE_0}\frac{1}{1 + 2\cos^2\beta} = \frac{40 \times 50}{2 \times 21\,000 \times (1 + 2\cos^2 30°)} = 0.020\,712\,9\,(\text{cm})$$

分析中因假定材料为线弹性，故位移 Δ 与荷载 P 呈正比，容易求出当 P 为不同值时的位移值，如表 7-5-1 所示。

表 7-5-1　不同 P 时的位移（线弹性材料）

P/kN	10	20	30	40
Δ/cm	0.005 178	0.010 36	0.015 53	0.020 71

2) 材料为非线性时的解析解

对于等截面杆,当应变由 0 变到 ε 时,其应变能为

$$U = \int_0^l \left(\int_0^\varepsilon \sigma \,\mathrm{d}\varepsilon \right) A \,\mathrm{d}x = AL \int_0^\varepsilon E_0 \left(1 - \frac{\varepsilon}{2\varepsilon_y} \right) \varepsilon \,\mathrm{d}\varepsilon = \frac{1}{2} A L E_0 \left(\varepsilon^2 - \frac{\varepsilon^3}{3\varepsilon_y} \right)$$

由中间杆长为 $L = l$,两侧杆长 $L = \dfrac{l}{\cos\beta}$,当有竖向位移 Δ 时中间杆应变为 $\dfrac{\Delta}{l}$,两侧杆的

应变为 $\dfrac{\Delta\cos^2\beta}{l}$。代入上式可得整个体系的应变能为

$$U = U_1 + 2U_2 = \frac{1}{2} A l E_0 \left[\left(\frac{\Delta}{l} \right)^2 - \frac{1}{3\varepsilon_y} \left(\frac{\Delta}{l} \right)^3 \right]$$

$$+ 2 \times \frac{1}{2} A E_0 \frac{l}{\cos\beta} \left[\left(\frac{\Delta\cos^2\beta}{l} \right)^2 - \frac{(\Delta\cos\beta)^3}{3\varepsilon_y \left(\frac{l}{\cos\beta} \right)^3} \right]$$

由卡氏定理

$$P = \frac{\partial U}{\partial \Delta} = \frac{E_0 A}{l} \left[\Delta - \frac{\Delta^2}{2l\varepsilon_y} + 2\Delta\cos^3\beta - \frac{\Delta^2\cos^5\beta}{l\varepsilon_y} \right]$$

也即有

$$\frac{1}{l\varepsilon_y} \left(\frac{1}{2} + \cos^5\beta \right) \Delta^2 - (1 + 2\cos^3\beta)\Delta + \frac{Pl}{E_0 A} = 0$$

这是关于 Δ 的一个一元二次方程,代入已知数值,可得

$$a = \frac{1}{l\varepsilon_y} \left(\frac{1}{2} + \cos^5\beta \right) = 16.59 (\mathrm{cm}^{-1})$$

$$b = 1 + 2\cos^3\beta = 2.299$$

$$c = \frac{Pl}{E_0 A} = 0.047\,62 (\mathrm{cm})$$

可解得

$$\Delta_{1,2} = \frac{-b \pm \sqrt{b^2 - 4ac}}{2a} = \frac{2.299 \pm 1.4578}{2 \times 16.59} = 0.025\,35 (\mathrm{cm})$$

其中,根号前加号相当于下降段,负号相当于上升段。经检验,取负号时,$\Delta_1 = 0.025\,35\mathrm{cm}$ 为本题条件下之解,即对应于应变 $\varepsilon < \varepsilon_y$ 的情况。

用同样的方式可以解得 $P = 10\mathrm{kN}, 20\mathrm{kN}, 30\mathrm{kN}$ 作用下的位移,如表 7-5-2 所示。

表 7-5-2 不同 P 时的位移(非线性材料)

P/kN	10	20	30	40
Δ/cm	0.005\,576	0.011\,70	0.018\,59	0.025\,35

可见每级荷载下的位移均比线性位移要大一些。

3) 用逐步增量法求解

用逐步增量法求解,实质上是分段线性化的求解方法。若杆件变形为 ε,则由应力-应变关系

$$\sigma = E_0 \left(1 - \frac{\varepsilon}{2\varepsilon_y}\right)\varepsilon$$

可以求得即时切线弹性模量 E_t 的值

$$E_t = \frac{\mathrm{d}\sigma}{\mathrm{d}\varepsilon} = E_0 \left(1 - \frac{\varepsilon}{\varepsilon_y}\right)$$

若杆件节点 A 有一个荷载增量 ΔP,则杆件端点有位移增量 δ,这时中间杆件的内力增量为 ΔN_1,即时切线弹性模量为 E_1,侧杆内力增量为 ΔN_2,即时切线弹性模量为 E_2。

因为

$$\Delta N_1 = AE_1\Delta\varepsilon_1 = AE_1\frac{\delta}{l}$$

$$\Delta N_2 = AE_2\Delta\varepsilon_2 = AE_2\frac{\delta\cos\beta}{\frac{l}{\cos\beta}} = AE_2\frac{\delta\cos^2\beta}{l}$$

由平衡条件

$$\Delta N_1 + 2\Delta N_2\cos\beta = \Delta P$$

可得

$$\delta\left[\frac{AE_1}{l} + \frac{2AE_2\cos^3\beta}{l}\right] = \Delta P$$

将荷载 $P=40\text{kN}$ 分为四级,每级 $\Delta P=10\text{kN}$。第一级荷载下,$E_1=E_2=E_0$,有

$$\delta_1 = \frac{\Delta P}{\frac{AE_0}{l} + \frac{2AE_0\cos^3\beta}{l}} = \frac{10}{\frac{2\times 21\,000}{50} + \frac{2\times 2\times 21\,000\times\cos^3 30°}{50}} = 0.005\,178(\text{cm})$$

这时 A 端节点力为 $P_1=10\text{kN}$,节点位移为 $\Delta_1=\delta_1=0.005\,178\text{cm}$。

加第二级荷载时,$\Delta P=10\text{kN}$,杆件已有位移 δ,杆件应变为

$$\varepsilon_1 = \frac{\Delta_1}{l} = 96.56\times 10^{-6}$$

$$\varepsilon_2 = \frac{\Delta_1\cos^2\beta}{l} = 75.02\times 10^{-6}$$

这时,相应的杆件的切线弹性模量分别为

$$E_1 = E_0\left(1 - \frac{\varepsilon_1}{\varepsilon_y}\right) = 21\,000\times\left(1 - \frac{96.56\times 10^{-6}}{1190\times 10^{-6}}\right) = 19\,032(\text{kN/cm}^2)$$

$$E_2 = E_0\left(1 - \frac{\varepsilon_2}{\varepsilon_y}\right) = 21\,000\times\left(1 - \frac{75.02\times 10^{-6}}{1190\times 10^{-6}}\right) = 19\,524(\text{kN/cm}^2)$$

$$\delta_2 = \frac{10}{\frac{2\times 19\,032}{50} + \frac{2\times 2\times 19\,524\times\cos^3 30°}{50}} = 0.005\,577(\text{cm})$$

这时,A 端节点力

$$P_2 = 10 + 10 = 20(\text{kN})$$

节点位移

$$\Delta_2 = \Delta_1 + \delta_2 = 0.005\,178 + 0.005\,577 = 0.010\,76(\text{cm})$$

重复上述步骤,直到节点力 $P=40\text{kN}$ 为止。计算结果汇总如表 7-5-3 所示。

表 7-5-3　逐步增量法求解结果

荷载增量 ΔP/kN	10	10	10	10
总荷载 P/kN	10	20	30	40
位移增量 δ/cm	0.005 178	0.005 577	0.006 127	0.006 848
总位移 Δ/cm	0.005 178	0.010 76	0.016 89	0.023 74

当 $P=40$kN 时,与解析解相比相对误差为

$$\frac{0.023\ 74 - 0.025\ 35}{0.025\ 35} \approx -6.4\%$$

即偏小约 6.4%。

线性解、增量法非线性解及非线性解析解结果如图 7-5-2 所示。

4)用迭代法求解

下面分别用三种不同的迭代法求解。

(1)直接迭代法

令

$$K_s = \left(\frac{AE_1}{l} + \frac{2AE_2\cos^3\beta}{l}\right) = \frac{A}{l}[E_1 + 2E_2\cos^3\beta]$$

其中 E_1、E_2 为即时割线弹性模量,即由相应的 ε 按下式算得

$$E_s = E_0\left(1 - \frac{\varepsilon}{2\varepsilon_y}\right)$$

迭代计算公式为

$$\Delta = \frac{P}{K_s}$$

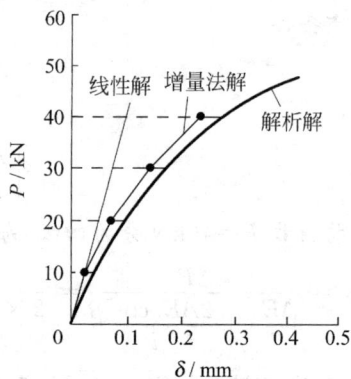

图 7-5-2　逐步增量法结果

第一步,$E_1 = E_2 = E_0$

$$K_s = \frac{A}{l}(E_1 + 2E_2\cos^3\beta) = \frac{2}{50} \times (21\ 000 + 2 \times 21\ 000 \times \cos^3 30°)$$

$$= 1931.192(\text{kN/cm})$$

$$\Delta_1 = \frac{P}{K_s} = \frac{40}{1931.192} = 0.020\ 71(\text{cm})$$

第二步,由 $\varepsilon_1 = \dfrac{\Delta_1}{l} = \dfrac{0.020\ 71}{50} = 414 \times 10^{-6}$,$\varepsilon_2 = \varepsilon_1\cos^2\beta = 310.7 \times 10^{-6}$,得

$$E_1 = E_0\left(1 - \frac{\varepsilon_1}{2\varepsilon_y}\right) = 17\ 347.1(\text{kN/cm}^2)$$

$$E_2 = E_0\left(1 - \frac{\varepsilon_2}{2\varepsilon_y}\right) = 18\ 258.6(\text{kN/cm}^2)$$

$$K_s = \frac{A}{l}(E_1 + 2E_2\cos^3\beta) = \frac{2}{50} \times (17\ 347.1 + 2 \times 18\ 258.6 \times \cos^3 30°)$$

$$= 1642.629(\text{kN/cm})$$

$$\Delta_2 = \frac{P}{K_s} = \frac{40}{1642.629} = 0.024\ 35(\text{cm})$$

第三步

$$\varepsilon_1 = \frac{\Delta_2}{l} = 487.00 \times 10^{-6}$$

$$\varepsilon_2 = \varepsilon_1 \cos^2\beta = 365.25 \times 10^{-6}$$

得

$$E_1 = E_0\left(1 - \frac{\varepsilon_1}{2\varepsilon_y}\right) = 16\,702.9(\text{kN/cm}^2)$$

$$E_2 = E_0\left(1 - \frac{\varepsilon_2}{2\varepsilon_y}\right) = 17\,777.4(\text{kN/cm}^2)$$

$$K_s = \frac{A}{l}\left[E_1 + 2E_2\cos^3\beta\right] = 1591.84(\text{kN/cm})$$

$$\Delta_3 = \frac{P}{K_s} = \frac{40}{1591.84} = 0.025\,13(\text{cm})$$

因 $|\Delta_3 - \Delta_2| = 0.000\,78$，迭代终止，取 Δ_3 为最后结果。

相对误差为

$$\left|\frac{0.025\,13 - 0.025\,35}{0.025\,35}\right| \approx 0.88\% < 1\%$$

显然，此结果比增量法要精确一些。

（2）切线刚度迭代法（牛顿-拉夫森法）

首先取初始弹性模量

$$E_1 = E_2 = E_0$$

$$K_0 = \frac{A}{l}(E_1 + 2E_2\cos^3\beta) = \frac{2}{50} \times (21\,000 + 2 \times 21\,000 \times \cos^3 30°)$$

$$= 1931.192(\text{kN/cm})$$

$$\Delta_1 = \frac{P}{K_0} = \frac{40}{1931.192} = 0.020\,71(\text{cm})$$

这时，杆件的应变为

$$\varepsilon_1 = \frac{\Delta_1}{l} = \frac{0.020\,71}{50} = 414 \times 10^{-6}$$

$$\varepsilon_2 = \varepsilon_1\cos^2\beta = 414 \times 10^{-6} \times \cos^2 30° = 310.688 \times 10^{-6}$$

相应的切线弹性模量为

$$E_1 = E_0\left(1 - \frac{\varepsilon_1}{\varepsilon_y}\right) = 13\,689.67(\text{kN/cm}^2)$$

$$E_2 = E_0\left(1 - \frac{\varepsilon_2}{\varepsilon_y}\right) = 15\,517.25(\text{kN/cm}^2)$$

在这种应变状态下，杆件的应力分别为

$$\sigma_1 = E_0\left(1 - \frac{\varepsilon_1}{2\varepsilon_y}\right)\varepsilon_1 = 7.1816(\text{kN/cm}^2)$$

$$\sigma_2 = E_0\left(1 - \frac{\varepsilon_2}{2\varepsilon_y}\right)\varepsilon_2 = 5.6698(\text{kN/cm}^2)$$

相应的杆件内力应为

$$N_1 = \sigma_1 A = 14.36(\text{kN})$$

$$N_2 = \sigma_2 A = 11.34(\text{kN})$$

杆件能够平衡的外力为

$$P_1 = N_1 + 2N_2\cos\beta = 34.00(\text{kN})$$

显然,有不平衡外力

$$\Delta P_1 = P - P_1 = 40 - 34.00 = 6.00(\text{kN})$$

取即时切线弹性模量求即时切线刚度

$$K_2 = \frac{A}{l}(E_1 + 2E_2\cos^3\beta) = \frac{2}{50} \times (13\,694.12 + 2 \times 15\,520.59 \times \cos^3 30°)$$

$$= 1354.17(\text{kN/cm})$$

在不平衡力作用下,位移有一增量

$$\Delta\delta_1 = \frac{\Delta P_1}{K_2} = \frac{6}{1354.17} = 0.004\,43(\text{cm})$$

于是节点总位移为

$$\Delta_2 = \Delta_1 + \Delta\delta_1 = 0.020\,71 + 0.004\,43 = 0.025\,14(\text{cm})$$

节点位移为 Δ_2 时,杆件应变和即时切线弹性模量为

$$\varepsilon_1 = 502.6 \times 10^{-6}, \quad \varepsilon_2 = 376.95 \times 10^{-6}$$

$$E_1 = 12\,130.59\text{kN/cm}^2, \quad E_2 = 14\,347\text{kN/cm}^2$$

杆件应力及相应的内力

$$\sigma_1 = 8.25\text{kN/cm}^2, \quad \sigma_2 = 6.6198\text{kN/cm}^2$$

$$N_1 = 16.5\text{kN}, \quad N_2 = 13.24\text{kN}$$

这时,杆件所能承担的荷载为

$$P_2 = N_1 + 2N_2\cos\beta = 39.432(\text{kN})$$

不平衡力为

$$\Delta P_2 = 40 - 39.43 = 0.57(\text{kN})$$

即时切线刚度为

$$K_2 = \frac{A}{l}(E_1 + 2E_2\cos^3\beta) = 1230.7(\text{kN/cm})$$

在不平衡力 ΔP_2 作用下,应有位移增量

$$\Delta\delta_2 = \frac{\Delta P_2}{K_2} = \frac{0.568}{1230.7} = 0.000\,46(\text{cm})$$

这时节点位移

$$\Delta_3 = \Delta_2 + \Delta\delta_2 = 0.025\,14 + 0.000\,46 = 0.025\,19(\text{cm})$$

因 $|\Delta_3 - \Delta_2| = 0.000\,05(\text{cm})$,认为已满足精度要求,迭代停止,取 Δ_3 为最后结果。

与精确解相比,相对误差为

$$\left|\frac{0.025\,19 - 0.025\,35}{0.025\,35}\right| = 0.63\% < 1\%$$

(3) 等刚度迭代法

等刚度迭代法计算步骤与切线刚度迭代法相仿,所不同的是在迭代过程中采用初始刚度 K_0,并保持不变。详细步骤不再列出,各次迭代的计算结果如表 7-5-4 所示。

表 7-5-4　等刚度迭代法求解结果

$\Delta\delta_0 = 0\mathrm{cm}$	$\Delta\delta_1 = 0.003\,107\mathrm{cm}$	$\Delta\delta_2 = 0.001\,06\mathrm{cm}$	$\Delta\delta_3 = 0.000\,37\mathrm{cm}$
$\Delta_1 = 0.020\,71\mathrm{cm}$	$\Delta_2 = 0.023\,82\mathrm{cm}$	$\Delta_3 = 0.024\,88\mathrm{cm}$	$\Delta_4 = 0.025\,25\mathrm{cm}$
$P_1 = 34.00\mathrm{kN}$	$P_2 = 37.95\mathrm{kN}$	$P_3 = 39.28\mathrm{kN}$	
$\Delta P_1 = 6.0\mathrm{kN}$	$\Delta P_2 = 2.05\mathrm{kN}$	$\Delta P_3 = 0.72\mathrm{kN}$	

经四次迭代后,误差约为 0.4%。

三种迭代法收敛过程示于图 7-5-3。由图可见,在相同精度下,等刚度迭代法收敛要慢一些,但每次迭代过程中不用重新计算结构刚度。这在结构刚度矩阵很大时,有利于节省计算机时。

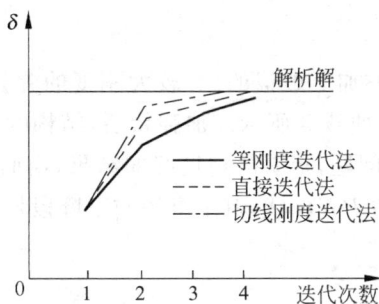

图 7-5-3　不同迭代方法收敛速度比较

7.6　考虑结构负刚度的一些算法

混凝土的 σ-ε 曲线由上升段和下降段组成,如图 7-6-1(a)所示。在下降段应变随着应力的减小而增加。对于混凝土结构,其 P-δ 曲线有时也会出现类似的情况,即荷载达到极限荷载后,仍能保持荷载不变或下降的条件下继续变形,如图 7-6-1(b)所示。在 P-δ 曲线上升段,其刚度矩阵是正定的,采用 7.3 节所介绍的任何一种迭代算法均可求得满意的解答。但对于 P-δ 曲线的下降段,采用 7.3 节所介绍的迭代法均不能收敛。这主要是因为刚度矩阵不是正定的,非正定的刚度矩阵也常称作"负刚度"。针对这一情况,各国学者提出了不少算法,以克服下降段的不稳定现象。以下介绍几种考虑负刚度的算法。

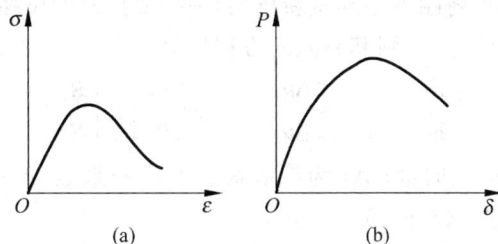

图 7-6-1　负刚度问题

1. 逐步搜索法

对于只要求极值荷载,而对 $P\text{-}\delta$ 下降段不是很有兴趣的情况可采用逐步搜索顶点的算法。其基本思想是:施加一荷载增量 ΔP,计算发散后,退回上级荷载状态并改用荷载步长 $\frac{1}{2}\Delta P$,若计算收敛,则再加一级荷载为 $\frac{1}{4}\Delta P$。若加 $\frac{1}{2}\Delta P$ 后计算仍发散,则再改用荷载步长为 $\frac{1}{4}\Delta P$。如此搜索,若原步长 ΔP 预计为 5% 的破坏荷载,则 $\frac{1}{4}\Delta P$ 已接近 1% 的破坏荷载,对钢筋混凝土结构来说,已可满足精度要求。当然还可向前再搜索一步到 $\frac{1}{8}\Delta P$ 为止。

2. 虚加刚性弹簧法

如图 7-6-2(a)在适当地方加上虚拟的、有较大刚度的弹簧,弹簧的内力与位移的关系总是线性的,如图 7-6-2(b)中曲线 2 所示。加弹簧后,结构的 $P\text{-}\delta$ 曲线如图 7-6-2(b)中曲线 3 所示,该曲线已无负刚度问题,很易得到良好的结果,由曲线 3 和曲线 2 相减可得曲线 1,这便是原钢筋混凝土结构的 $P\text{-}\delta$ 曲线,其上升段与下降段均可有足够的精度。

3. 位移控制法

由图 7-6-3 可知,若在分析过程中不是控制荷载增量而是控制位移增量,则 $P\text{-}\delta$ 曲线的下降段部分便不难求得。图 7-6-3 示出了在梁的加载点处换为支座,而分析时控制该支座位移并求出该支座的反力,即可得到全过程 $P\text{-}\delta$ 曲线(Batoz&Dhatt,1979)。

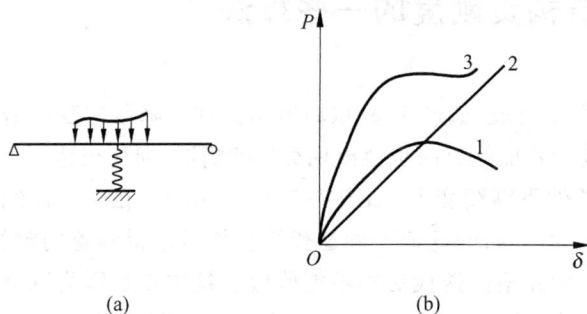

图 7-6-2　虚加刚性弹簧法　　　　图 7-6-3　位移控制法

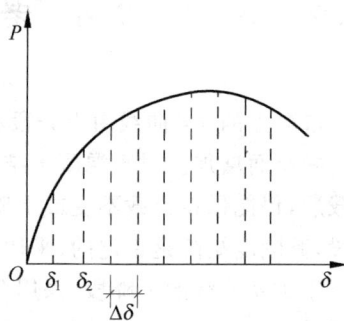

对于一般结构,我们可将刚度矩阵重新排列,使得要控制的位移(例如 $\bar{u}_2 = \Delta u_2$)排到最后一项,同时将原刚度矩阵分块,则其有限元方程变为

$$\begin{bmatrix} \boldsymbol{K}_{11} & \boldsymbol{K}_{12} \\ \boldsymbol{K}_{21} & \boldsymbol{K}_{22} \end{bmatrix} \begin{bmatrix} \Delta \boldsymbol{u}_1 \\ \Delta \boldsymbol{u}_2 \end{bmatrix} = \Delta\lambda \begin{bmatrix} \boldsymbol{P}_1 \\ \boldsymbol{P}_2 \end{bmatrix} + \begin{bmatrix} \boldsymbol{R}_1 \\ \boldsymbol{R}_2 \end{bmatrix} \tag{7-6-1}$$

其中,$\begin{bmatrix} \boldsymbol{P}_1 & \boldsymbol{P}_2 \end{bmatrix}^{\mathrm{T}}$ 为参考荷载向量;$\Delta\lambda$ 为控制荷载的步长系数;$\begin{bmatrix} \boldsymbol{R}_1 & \boldsymbol{R}_2 \end{bmatrix}^{\mathrm{T}}$ 为求解迭代过程中的不平衡力。改写方程(7-6-1)

$$\begin{bmatrix} \boldsymbol{K}_{11} & -\boldsymbol{P}_1 \\ \boldsymbol{K}_{21} & -\boldsymbol{P}_2 \end{bmatrix} \begin{bmatrix} \Delta \boldsymbol{u}_1 \\ \Delta\lambda \end{bmatrix} = \begin{bmatrix} \boldsymbol{R}_1 \\ \boldsymbol{R}_2 \end{bmatrix} - \begin{bmatrix} \boldsymbol{K}_{12} \\ \boldsymbol{K}_{22} \end{bmatrix} \Delta \boldsymbol{u}_2 \tag{7-6-2}$$

这样,求解方程时可控制指定的 $\bar{u}_2$ 值,求出相应的位移 Δu_1 及荷载增量比例因子 $\Delta\lambda$。由于 K_{ij} 是与位移有关的,需要迭代,使得 $[R_1 \quad R_2]^T$ 值趋于零,以满足精度要求。

需要指出,方程(7-6-2)中的系数矩阵 $\begin{bmatrix} K_{11} & -P_1 \\ K_{21} & -P_2 \end{bmatrix}$ 是不对称的,也不呈带状,求解时需要的存储单元较多,这是一个严重的缺点。

还有一种方法是用添加行列的方法实现预定量的限制位移。例如,有限元方程如下

$$
\left[K_{7\times7}\right]
\begin{bmatrix} u_1 \\ u_2 \\ u_3 \\ u_4 \\ u_5 \\ u_6 \\ u_7 \end{bmatrix}
=
\begin{bmatrix} 0 \\ 0 \\ P_2 \\ 0 \\ 0 \\ P_3 \\ 0 \end{bmatrix}
\tag{7-6-3}
$$

其中有 7 个未知位移,并有 2 个荷载项。现想控制与荷载总相关的两个位移 u_3 与 u_6。若指定了值 $\bar{u}_3$ 和 $\bar{u}_6$,则可以改写有限元方程为

$$
\left[
\begin{array}{c:cc}
 & 0 & 0 \\
 & 0 & 0 \\
 & 1 & 0 \\
K_{7\times7} & 0 & 0 \\
 & 0 & 0 \\
 & 0 & 1 \\
 & 0 & 0 \\ \hdashline
0\ 0\ 1\ 0\ 0\ 0\ 0 & 0 & 0 \\
0\ 0\ 0\ 0\ 0\ 1\ 0 & 0 & 0
\end{array}
\right]
\begin{bmatrix} u_1 \\ u_2 \\ u_3 \\ u_4 \\ u_5 \\ u_6 \\ u_7 \\ -P_2 \\ -P_3 \end{bmatrix}
=
\begin{bmatrix} 0 \\ 0 \\ 0 \\ 0 \\ 0 \\ 0 \\ 0 \\ \bar{u}_3 \\ \bar{u}_6 \end{bmatrix}
\tag{7-6-4}
$$

新的方程中 $\bar{u}_3$ 和 $\bar{u}_6$ 为已知,要求其余位移及所加荷载 P_2 和 P_3,当然,因 K_{ij} 是非线性的,求解过程也需迭代。

4. 强制迭代法

由图 7-6-4 可见,在 P-δ 曲线上升段,结构总刚度系数矩阵是正定的,用迭代法求解并无困难。在下降段,结构刚度矩阵是负定的,只要施加负荷载(荷载增量为负),也可求得相应的位移增量。解有限元方程最大的困难在于极值荷载点附近。有人提出一种强制迭代法来解决这一困难。如图 7-6-4 所示,在 A 点施加一级荷载后,迭代不会收敛。设位移增大很多而超过了指定值,如到了 C' 点。这时,我们终止迭代,而将位移按比例由 C' 退到 C 点(当然,这可参照前几级荷载增量下的位移增量来确定)。施加下一级负荷载增量,同时用 C 点的位移求应变,并更新刚度矩阵。用三角分解法即 LDL^T 方法

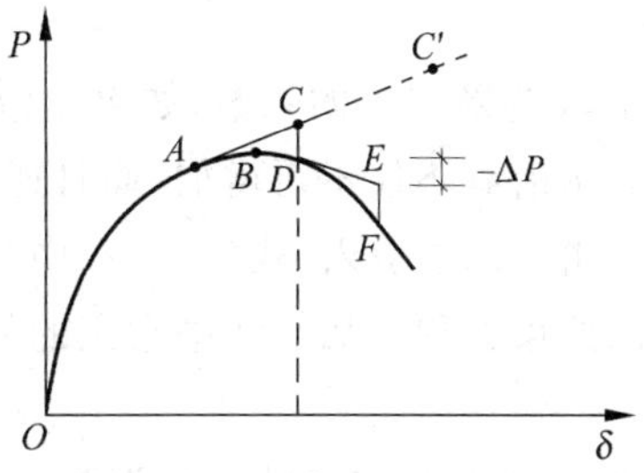

图 7-6-4　强制迭代法

分解刚度矩阵,可以查出在对角元 D 中会有一个负元素出现,这时即可在负荷载增量下顺利往下迭代,如由 C 到 D,到 E 等。注意,若在 D 中未查到任何负元素,则表明刚度矩阵仍是正定的,应适当增大 C 点的位移值;若刚度矩阵的行列式为零,则这点便是 P-δ 曲线的峰值点,也即极限荷载点。计算表明,若荷载步长取得足够小时,本方法可取得满意的效果。

5. 硬化刚度法

用切线刚度求解时,在 P-δ 曲线上升段是收敛较快的,但在接近极值点时收敛很慢,甚至不收敛。为此,可以人为地使结构的刚度增大一点,即"硬"一点,这样便容易渡过极值点了。

一般结构切线刚度 K_T 可分为两部分

$$K_T = K_E - K_P \qquad (7\text{-}6\text{-}5)$$

式中,K_E 为弹性刚度;K_P 为非线性影响刚度。

而在迭代中取刚度为

$$K_I = K_E - \lambda K_P \qquad (7\text{-}6\text{-}6)$$

其中 λ 可称为刚度硬化系数,应有 $0 \leqslant \lambda \leqslant 1$。若 $\lambda = 0$,则 $K_I = K_E$ 为常刚度迭代刚度;若 $\lambda = 1$,则 $K_I = K_T$ 为切线迭代刚度。在计算中可取 $0 \sim 1$ 范围内的值,计算实践表明,当取 $\lambda = 0.25 \sim 0.35$ 时可取得较好的效果。

这一方法也可推广用于 P-δ 曲线的下降段,如图 7-6-5 所示。

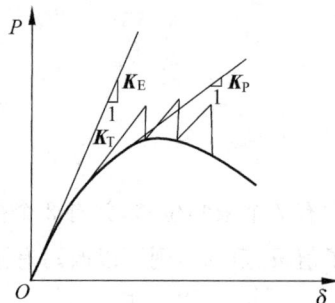

图 7-6-5　硬化刚度法

7.7　弧　长　法

在结构计算过程中,常常需要根据情况的变化随时调整加载荷载步长的大小。如果加载过程由荷载控制,则每一步的平衡方程可以写作

$$F(\Delta x) = \Delta f \qquad (7\text{-}7\text{-}1)$$

式中,Δf 为加载时的荷载增量;$F(\cdot)$ 为结构的力-变形函数;Δx 为加载时的结构节点位移增量。

如果希望荷载步长可以变化,则需要在荷载前面引入一个系数,将式(7-7-1)改写为

$$F(\Delta x) = \lambda \Delta f \qquad (7\text{-}7\text{-}2)$$

式中,λ 为新引入的系数,如果 λ 始终等于1,退化为最常见的等荷载步长加载。如果 $\lambda < 0$,则表示荷载不仅不再增加,而且还在不断减小。

由于的 λ 引入,式(7-7-2)中存在 n 个平衡方程,$n+1$ 个未知数。为此,需要引入一个新的约束方程。弧长法中常用的约束方程形式为

$$\lambda^2 \parallel \Delta f \parallel^2_2 + \parallel x \parallel^2_2 = S^2 \qquad (7\text{-}7\text{-}3)$$

式中,S 为预先定义的一个常数。由该式可以看出,此时每一步加载过程中,荷载增量和位移增量的范数的平方和等于一个常数,也就是迭代过程中,从第 i 步向第 $i+1$ 步是按照一

个圆弧来进行的,如图 7-7-1 所示,故称为弧长法。

如果令

$$\boldsymbol{r} = \begin{bmatrix} \lambda \parallel \Delta \boldsymbol{f} \parallel_2 \\ \parallel \boldsymbol{x}_2 \parallel \end{bmatrix} \tag{7-7-4}$$

则将式(7-7-3)和式(7-7-4)联立,则可以得到新的方程组

$$\left. \begin{array}{l} F(\Delta \boldsymbol{x}) = \lambda \Delta \boldsymbol{f} \\ \parallel \boldsymbol{r} \parallel_2 = S \end{array} \right\} \tag{7-7-5}$$

该式有 $n+1$ 个方程,$n+1$ 个未知数,故可以得到唯一解。

因为 S 需要预先给定,故在常用有限元分析时,一般可取

$$S = \sqrt{\parallel \boldsymbol{F}_0 \parallel_2^2 + \parallel \boldsymbol{K}_0^{-1} \boldsymbol{F}_0 \parallel_2^2} \tag{7-7-6}$$

式中,$\boldsymbol{K}_0$ 为结构的初始刚度矩阵;$\boldsymbol{F}_0$ 为结构第一个荷载步的大小,可以取为结构最大承载力的 $2\% \sim 5\%$。

在有限元计算时,第 i 次迭代的平衡方程可以写为

$$\boldsymbol{K}(\boldsymbol{x}_i) \Delta \boldsymbol{x}_i = \lambda_i \Delta \boldsymbol{f} + \boldsymbol{R}_i \tag{7-7-7}$$

现在的问题就是如何修正 $\boldsymbol{x}_i$ 和 λ_i 使得不平衡力 $\boldsymbol{R}_i$ 尽可能小,把该迭代过程表示如图 7-7-2 所示。

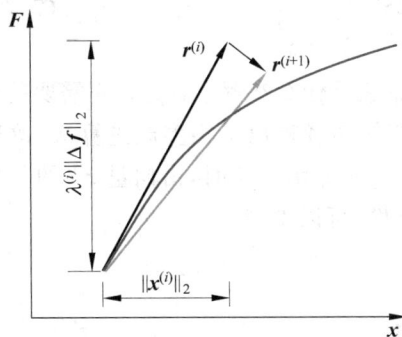

图 7-7-1 弧长法的概念　　　　　　图 7-7-2 弧长法的迭代法

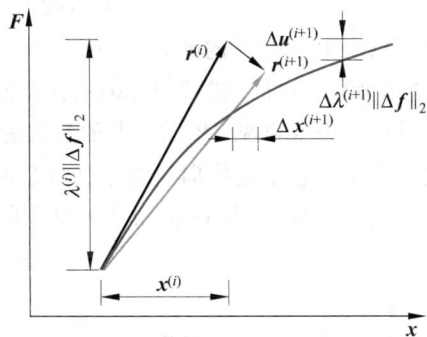

从第 i 步到第 $i+1$ 步,迭代向量可以表示为

$$\boldsymbol{r}^{(i+1)} = \boldsymbol{r}^{(i)} + \Delta \boldsymbol{u}^{(i+1)} \tag{7-7-8}$$

则根据图 7-7-2 和式(7-7-5),可以得到

$$\boldsymbol{r}^{(i)} \cdot \boldsymbol{r}^{(i)} = S^2 \tag{7-7-9}$$

$$(\boldsymbol{r}^{(i)} + \Delta \boldsymbol{u}^{(i+1)}) \cdot (\boldsymbol{r}^{(i)} + \Delta \boldsymbol{u}^{(i+1)}) = S^2 \tag{7-7-10}$$

展开式(7-7-10),并将式(7-7-9)代入,可以得到

$$\Delta \boldsymbol{u}^{(i+1)} \cdot (\Delta \boldsymbol{u}^{(i+1)} + 2\boldsymbol{r}^{(i)}) = 0 \tag{7-7-11}$$

由图 7-7-2,可知

$$\Delta \boldsymbol{u}^{(i+1)} = \begin{bmatrix} \Delta \lambda^{(i+1)} \parallel \Delta \boldsymbol{f} \parallel_2 \\ \Delta \boldsymbol{x}^{(i+1)} \end{bmatrix} \tag{7-7-12}$$

$$\boldsymbol{r}^{(i)} = \begin{bmatrix} \lambda^{(i)} \parallel \Delta \boldsymbol{f} \parallel_2 \\ \boldsymbol{x}^{(i)} \end{bmatrix} \tag{7-7-13}$$

$$\Delta \boldsymbol{u}^{(i+1)} \cdot \Delta \boldsymbol{u}^{(i+1)} = \Delta \boldsymbol{x}^{(i+1)\mathrm{T}} \Delta \boldsymbol{x}^{(i+1)} + (\Delta \lambda^{(i+1)} \parallel \Delta \boldsymbol{f} \parallel_2)^2 \tag{7-7-14}$$

$$\boldsymbol{r}^{(i)} \cdot \boldsymbol{r}^{(i)} = \boldsymbol{x}^{(i)\mathrm{T}} \boldsymbol{x}^{(i)} + (\lambda^{(i)} \parallel \Delta \boldsymbol{f} \parallel_2)^2 \tag{7-7-15}$$

联立式(7-7-11)~式(7-7-15)得到

$$\Delta \boldsymbol{x}^{(i+1)\mathrm{T}} \cdot (\Delta \boldsymbol{x}^{(i+1)} + 2\boldsymbol{x}^{(i)}) + \Delta \lambda^{(i+1)} \parallel \Delta \boldsymbol{f} \parallel_2 (\Delta \lambda^{(i+1)} \parallel \Delta \boldsymbol{f} \parallel_2 + 2\lambda^{(i)} \parallel \Delta \boldsymbol{f} \parallel_2) = 0$$
$$\tag{7-7-16}$$

注意到该式中同时存在两个未知数,即 $\Delta \boldsymbol{x}^{(i+1)}$ 和 $\Delta \lambda^{(i+1)}$。从数学意义上说,图7-7-2中满足弧长相等,从 $\boldsymbol{r}^{(i)}$ 变化到 $\boldsymbol{r}^{(i+1)}$ 有无数种可能性,因此,必须再引入一个新的控制要求。

为了让计算结果尽可能快的收敛(即 $\boldsymbol{R}_i$ 尽可能小),于是可以把 $\Delta \boldsymbol{x}^{(i+1)}$ 分解成两个部分

$$\Delta \boldsymbol{x}^{(i+1)} = \Delta \lambda^{(i+1)} \Delta \boldsymbol{x}_{\mathrm{I}}^{(i+1)} + \Delta \boldsymbol{x}_{\mathrm{II}}^{(i+1)} \tag{7-7-17}$$

$$\boldsymbol{K}^{(i)} \Delta \lambda^{(i+1)} \Delta \boldsymbol{x}_{\mathrm{I}}^{(i+1)} = \Delta \lambda^{(i+1)} \Delta \boldsymbol{f} \tag{7-7-18}$$

$$\boldsymbol{K}^{(i)} \Delta \boldsymbol{x}_{\mathrm{II}}^{(i+1)} = \boldsymbol{R}^{(i)} \tag{7-7-19}$$

式中,$\Delta \boldsymbol{x}_{\mathrm{I}}^{(i+1)}$ 和 $\Delta \boldsymbol{x}_{\mathrm{II}}^{(i+1)}$ 的含义如图7-7-3所示。

将式(7-7-18)和式(7-7-19)代入式(7-7-16),则可得到关于 $\Delta \lambda^{(i+1)}$ 的二次方程为

$$a(\Delta \lambda^{(i+1)})^2 + 2b \Delta \lambda^{(i+1)} + c = 0 \tag{7-7-20}$$

$$a = 1 + \Delta \boldsymbol{x}_{\mathrm{I}}^{(i+1)\mathrm{T}} \Delta \boldsymbol{x}_{\mathrm{I}}^{(i+1)} \tag{7-7-21}$$

$$b = \lambda^{(i)} + \Delta \boldsymbol{x}_{\mathrm{I}}^{(i+1)\mathrm{T}} (\Delta \boldsymbol{x}_{\mathrm{II}}^{(i+1)} + \boldsymbol{x}^{(i)}) \tag{7-7-22}$$

$$c = \Delta \boldsymbol{x}_{\mathrm{II}}^{(i+1)\mathrm{T}} (\Delta \boldsymbol{x}_{\mathrm{II}}^{(i+1)} + 2\boldsymbol{x}^{(i)}) \tag{7-7-23}$$

从而可以求得 $\Delta \lambda^{(i+1)}$ 的解。

【思考】 为什么式(7-7-20)有两个解?其物理意义是什么?哪个解是真正需要的解?

从以上公式可见,求 $\Delta \lambda^{(i+1)}$ 的过程相当复杂。有的学者提出了很多改进算法,改进算法之一是用垂直于迭代向量的平面代替圆弧,如图7-7-4所示。这时,由向量 $\boldsymbol{r}^{(i)}$ 的长度不变条件变成向量 $\boldsymbol{r}^{(i)}$ 与向量 $\Delta \boldsymbol{u}^{(i+1)}$ 相垂直。由垂直条件,可以得到

$$\boldsymbol{r}^{(i)} \Delta \boldsymbol{u}^{(i+1)} = 0 \tag{7-7-24}$$

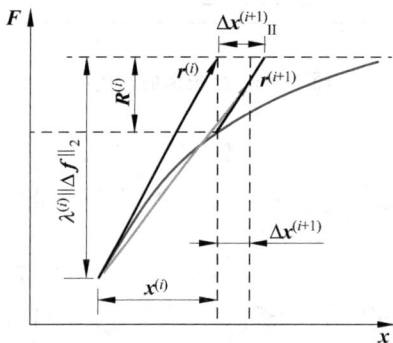

图7-7-3　$\Delta \boldsymbol{x}_{\mathrm{I}}^{(i+1)}$ 和 $\Delta \boldsymbol{x}_{\mathrm{II}}^{(i+1)}$ 的含义

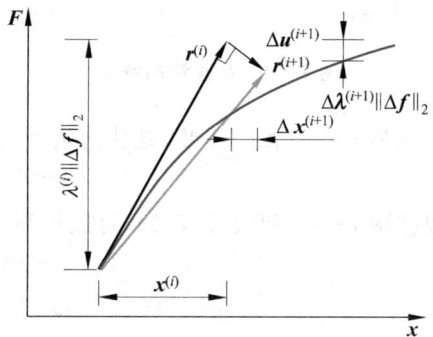

图7-7-4　简化的弧长法

写成矩阵形式为

$$\boldsymbol{x}^{(i)\mathrm{T}} \cdot \Delta \boldsymbol{x}^{(i+1)} + \lambda^{(i)} \Delta \lambda^{(i+1)} \parallel \Delta \boldsymbol{f} \parallel_2^2 = 0 \tag{7-7-25}$$

同样,将 $\Delta \boldsymbol{x}^{(i+1)}$ 分解成两个部分,将式(7-7-18)和式(7-7-19)代入式(7-7-25),得到

$$\Delta \lambda^{(i+1)} = -\left(\frac{\boldsymbol{x}^{(i)\mathrm{T}} \cdot \Delta \boldsymbol{x}_{\mathrm{II}}^{(i+1)}}{\boldsymbol{x}^{(i)\mathrm{T}} \cdot \Delta \boldsymbol{x}_{\mathrm{I}}^{(i+1)} + \lambda^{(i)} \parallel \Delta \boldsymbol{f} \parallel_2^2} \right) \tag{7-7-26}$$

该式比式(7-7-20)简化得多。

所以,弧长法的基本计算步骤可以写为:

① 选定参考荷载 Δf 和参考弧长 S;

② 得到切线刚度矩阵;

③ 计算不平衡力;

④ 求出 $\Delta x_{\mathrm{I}}^{(i+1)}$ 和 $\Delta x_{\mathrm{II}}^{(i+1)}$;

⑤ 计算 $\Delta \lambda^{(i+1)}$;

⑥ 重新求解 $\Delta u^{(i+1)}$;

⑦ 检查是否收敛。

【例 7-3】 如果结构的实际非线性行为如图 7-7-5 所示。第一步计算求得平衡点 $F=$ 0.75, $x=0.5$,第二步参考荷载 $\Delta f=0.75$,试采用简化弧长法求解。

【解】 计算的初始条件为

$$f = \frac{3}{4}, \quad x = \frac{1}{2}, \quad k = 1$$

第 1 次迭代:

取 $\lambda^{(1)} = 1, \Delta f = \dfrac{3}{4}, x^{(1)} = \dfrac{3}{4} \bigg/ k = \dfrac{3}{4}$,则总位移

$$\sum x = \frac{3}{4} + \frac{1}{2} = 1.25$$

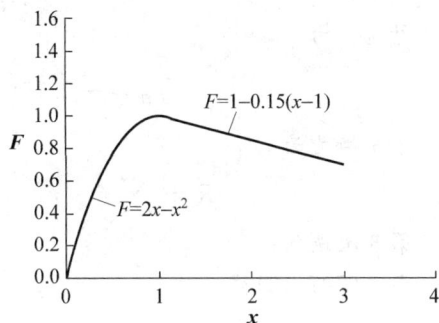

图 7-7-5　弧长法例题

结构反力

$$f_{内} = -0.15\left(\sum x - 1\right) + 1 = 0.9625$$

合外力

$$\sum f_{外} = \frac{3}{4} + \frac{3}{4} = 1.5$$

不平衡力

$$R = \sum f_{外} - f_{内} = 1.5 - 0.9625 = 0.5375$$

第 2 次迭代:

由式(7-7-18)得

$$\Delta x_{\mathrm{I}}^{(2)} = \frac{\Delta f}{k} = \frac{3}{4}$$

由式(7-7-19)得

$$\Delta x_{\mathrm{II}}^{(2)} = \frac{R}{k} = 0.5375$$

代入式(7-7-26)得

$$\Delta \lambda^{(2)} = -\left[\frac{x^{(1)} \times \Delta x_{\mathrm{II}}^{(2)}}{x^{(1)} \times \Delta x_{\mathrm{I}}^{(2)} + \lambda^{(1)}(\Delta f)^2}\right] = -\frac{\dfrac{3}{4} \times 0.5375}{\dfrac{3}{4} \times \dfrac{3}{4} + 1 \times 0.75^2} = -0.358\,33$$

所以荷载比例因子

$$\lambda^{(2)} = \lambda^{(1)} + \Delta\lambda^{(2)} = 0.6417$$

合外力

$$\sum f = 0.75 + \lambda^{(2)} \Delta f = 1.2312$$

位移增量

$$\Delta x^{(2)} = \Delta\lambda^{(2)} \times \Delta x_{\text{I}}^{(2)} + \Delta x_{\text{II}}^{(2)} = 0.2688$$

第 2 次迭代后的位移

$$x^{(2)} = x^{(1)} + \Delta x^{(2)} = 1.019$$

总位移

$$\sum x = \frac{1}{2} + 1.019 = 1.519$$

结构反力

$$f_{\text{内}} = -0.15\left(\sum x - 1\right) + 1 = 0.9222$$

不平衡力为

$$R = \sum f - f_{\text{内}} = 1.2312 - 0.9222 = 0.3090$$

第 3 次迭代：

由式(7-7-18)得

$$\Delta x_{\text{I}}^{(3)} = \frac{\Delta f}{k} = \frac{3}{4}$$

由式(7-7-19)得

$$\Delta x_{\text{II}}^{(3)} = \frac{R}{k} = 0.3090$$

代入式(7-7-26)得

$$\Delta\lambda^{(3)} = -\left[\frac{x^{(2)} \times \Delta x_{\text{II}}^{(2)}}{x^{(2)} \times \Delta x_{\text{I}}^{(2)} + \lambda^{(2)}(\Delta f)^2}\right] = -\frac{0.3149}{1.125} = -0.2799$$

所以荷载比例因子为

$$\lambda^{(3)} = \lambda^{(2)} + \Delta\lambda^{(3)} = 0.3618$$

合外力

$$\sum f = 0.75 + \lambda^{(3)} \Delta f = 1.0213$$

位移增量

$$\Delta x^{(3)} = \Delta\lambda^{(3)} \times \Delta x_{\text{I}}^{(3)} + \Delta x_{\text{II}}^{(3)} = 0.099$$

第 3 次迭代后的位移

$$x^{(3)} = x^{(2)} + \Delta x^{(3)} = 1.118$$

总位移

$$\sum x = \frac{1}{2} + 1.118 = 1.618$$

结构反力

$$f_{\text{内}} = -0.15\left(\sum x - 1\right) + 1 = 0.9073$$

不平衡力为

$$R = \sum f - f_{内} = 1.0213 - 0.9073 = 0.114$$

第 4 次迭代：

由式(7-7-18)得

$$\Delta x_{I}^{(4)} = \frac{\Delta f}{k} = \frac{3}{4}$$

由式(7-7-19)得

$$\Delta x_{II}^{(4)} = \frac{R}{k} = 0.114$$

代入式(7-7-26)得

$$\Delta \lambda^{(4)} = -0.12235$$

所以荷载比例因子为

$$\lambda^{(4)} = \lambda^{(3)} + \Delta \lambda^{(4)} = 0.2394$$

合外力

$$\sum f = 0.75 + \lambda^{(4)} \Delta f = 0.9296$$

位移增量

$$\Delta x^{(4)} = 0.0222$$

第 4 次迭代后的位移

$$x^{(4)} = x^{(3)} + \Delta x^{(4)} = 1.14$$

总位移

$$\sum x = \frac{1}{2} + 1.14 = 1.64$$

结构反力

$$f_{内} = -0.15\left(\sum x - 1\right) + 1 = 0.9040$$

不平衡力为

$$R = \sum f - f_{内} = 0.02561$$

整个迭代的收敛过程如图 7-7-6 所示。

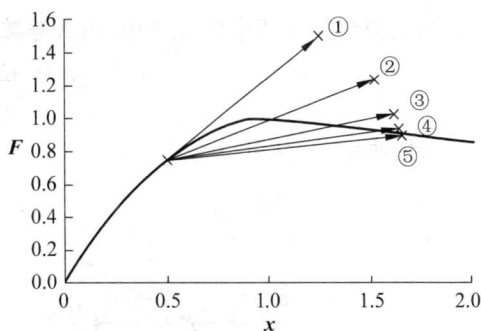

图 7-7-6 弧长法收敛过程

7.8 弹塑性单元应力调整计算

在用牛顿-拉夫森法或者其他增量方法的计算中，要计算不平衡力 ΔP，即未能被单元节点力所平衡掉的力。而计算单元节点力时又要用到单元应力，单元应力要满足屈服条件、流动法则和硬化条件，是一个比较复杂的问题。通常将求解这一问题的算法称为应力调整算法或者应力更新算法。这一算法有各种形式。这里分别介绍一个典型的基于增量法的方法和一个典型的基于迭代法的方法，来说明其主要步骤。

1. 增量应力调整算法

首先以一维问题为例，来介绍其应力调整算法的基本原理。如果材料的弹塑性特性为

双线性屈服材料(即屈服后硬化刚度 H' 始终保持不变),那么:

(1) 由上一步 $(j-1)$ 迭代结束时的残余力 ΔP^{j-1} 作为外荷载增量或就是外荷载增量,由此求出位移增量 $\Delta\delta^j$,进而求出单元应变增量 $\Delta\varepsilon^j$。

(2) 按弹性材料计算应力增量(下标 e 表示按弹性)

$$\Delta\sigma_e^j = E\Delta\varepsilon^j \tag{7-8-1}$$

如材料已进入塑性,就会有误差,必须在迭代过程中加以修正。

(3) 计算每一个单元(多维情况下为每一个高斯积分点)的应力水平:

$$\sigma^j = \sigma^{j-1} + \Delta\sigma^j \tag{7-8-2}$$

式中,σ^{j-1} 为上 $(j-1)$ 次迭代后的总应力,这一应力已调整到满足屈服条件,故没有下标 e。因而,如有误差,必在 $\Delta\sigma_e^j$ 这一项中。

(4) 下一步迭代过程取决于上一次迭代后的应力水平 σ^{j-1} 和屈服条件,应作一个检查:

$$\sigma^{j-1} > \sigma_y + H'\varepsilon_p^{j-1} \tag{7-8-3}$$

该式右边是后继屈服应力(满足硬化条件后的更新屈服应力),$H' = d\sigma/d\varepsilon_p$,这要逐个单元计算。按回答分两种情况。

① 回答为"否"。说明上次迭代中单元尚未屈服。这时应进一步检查:

$$\sigma_e^j > \sigma_y \tag{7-8-4}$$

若回答为"否",则表明单元仍为弹性,可直接转向式(7-8-12)。

若回答为"是",则表明在本次迭代中单元进入屈服,必须将应力调整到后继屈服线上。移去的应力包括在残余力矢量中,引入缩减系数 R(见图 7-8-1(a))。

$$R = \frac{AB}{AC} = \frac{\sigma_e^j - \sigma_y}{\sigma_e^j - \sigma^{j-1}} \tag{7-8-5}$$

转向步骤(5)计算 $\Delta\sigma_{ep}^j$。

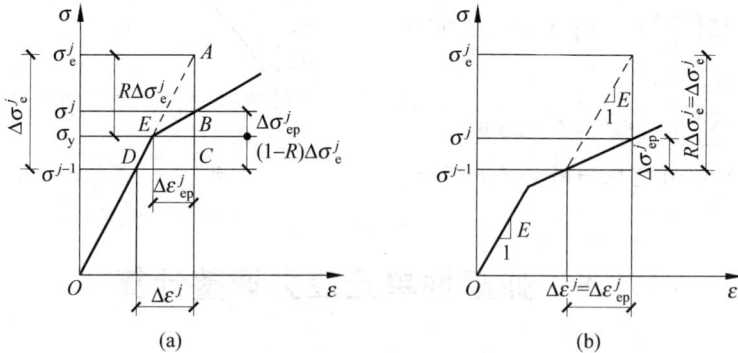

图 7-8-1　一维双线性屈服材料增量应力调整算法

② 若回答为"是",说明在上次即 $(j-1)$ 次迭代中已经屈服,应检查是否满足

$$\sigma_e^j > \sigma^{j-1}$$

若回答为"否",则说明单元正在卸载,根据"卸载按弹性"的规则,按弹性计算,可直接转向式(7-8-12)。

若回答为"是",则表明在上次迭代中单元已达屈服应力,本次应力仍在增长中,因而超出 $\sigma_e^j - \sigma^{j-1}$ 的应力必须降到屈服值上,故缩减因子 R 应取 1,转向下一步(步骤(5))计算 $\Delta\sigma_{ep}^j$。

（5）对于屈服的单元，应计算弹塑性应力增量 $\Delta\sigma_{\mathrm{ep}}^{j}$。

对于本次迭代中开始的屈服面，如图 7-8-1(a)所示。

$$\Delta\sigma_{\mathrm{ep}}^{j} = E\left(1 - \frac{E}{E + H'}\right)\Delta\varepsilon_{\mathrm{ep}}^{j} \tag{7-8-6}$$

由图 7-8-1(a)中△ADC 和△AEB 相似，可得

$$\Delta\varepsilon_{\mathrm{ep}}^{j} = R\Delta\varepsilon^{j} \tag{7-8-7}$$

并有

$$\Delta\sigma_{\mathrm{ep}}^{j} = E\left(1 - \frac{E}{E + H'}\right)R\Delta\varepsilon^{j} \tag{7-8-8}$$

当前总应力值为

$$\sigma^{j} = \sigma^{j-1} + (1 - R)\Delta\sigma_{\mathrm{e}}^{j} + \Delta\sigma_{\mathrm{ep}}^{j} \tag{7-8-9}$$

对于上次已经屈服而应力仍在增长的单元(见图 7-8-1(b))，可取 $R=1$。

由式可知，式右端第二项为弹性应力增量，若 $R=1$，则全为弹塑性应力增量，$R=0$ 则 $\Delta\sigma_{\mathrm{ep}}^{j}=0$。

对于二维或三维模型，也可以使用该方法，只不过步骤略有差别，现介绍如下：

已知前一步计算得到的应力 σ^{j-1}，当前应变增量 $\mathrm{d}\varepsilon^{j}$。

① 同样，首先假设所有应变增量都为弹性应变，则得到试算应力

$$\sigma_{\mathrm{e}}^{j} = \sigma^{j-1} + \boldsymbol{D}_{\mathrm{e}}\mathrm{d}\varepsilon^{j} \tag{7-8-10}$$

② 将试算应力代入屈服准则 $F(\boldsymbol{\sigma})$ 函数，计算其屈服函数值

$$f_{2} = F(\boldsymbol{\sigma}_{\mathrm{e}}^{j}) \tag{7-8-11}$$

③ 如果 $f_{2}\leqslant0$，则说明未发生塑性屈服，

$$\boldsymbol{\sigma}^{j} = \boldsymbol{\sigma}_{\mathrm{e}}^{j} \tag{7-8-12}$$

计算结束。

④ 如果 $f_{2}>0$，表示步骤①进入了屈服阶段，那么进一步计算

$$f_{1} = F(\boldsymbol{\sigma}^{j-1}) \tag{7-8-13}$$

⑤ 令 $R = \dfrac{f_{2}}{f_{2} - f_{1}}$，得到屈服面附近 (见图 7-8-2)的一个近似解应力点 B

$$\boldsymbol{\sigma}_{B} = (1 - R)\boldsymbol{D}_{\mathrm{e}}\mathrm{d}\varepsilon^{j} + \boldsymbol{\sigma}^{j-1} \tag{7-8-14}$$

⑥ 求应力点 B 处的弹塑性矩阵

$$\boldsymbol{D}_{\mathrm{ep}} = \left[\boldsymbol{D}_{\mathrm{e}} - \frac{\boldsymbol{D}_{\mathrm{e}}\left\{\dfrac{\partial F}{\partial\boldsymbol{\sigma}_{B}}\right\}\left\{\dfrac{\partial F}{\partial\boldsymbol{\sigma}_{B}}\right\}^{\mathrm{T}}\boldsymbol{D}_{\mathrm{e}}}{A + \left\{\dfrac{\partial F}{\partial\boldsymbol{\sigma}_{B}}\right\}^{\mathrm{T}}\boldsymbol{D}_{\mathrm{e}}\left\{\dfrac{\partial F}{\partial\boldsymbol{\sigma}_{B}}\right\}}\right] \tag{7-8-15}$$

图 7-8-2　空间增量应力调整算法

⑦ 于是得到应力增量为

$$\boldsymbol{\sigma}^{j} = \boldsymbol{\sigma}^{j-1} + \left[(1 - R)\boldsymbol{D}_{\mathrm{e}} + R\boldsymbol{D}_{\mathrm{ep}}\right]\mathrm{d}\varepsilon^{j} \tag{7-8-16}$$

这样得到的 $\boldsymbol{\sigma}^{j}$，虽然不一定能准确满足 $F(\boldsymbol{\sigma}^{j})=0$ 的屈服条件，但是一般误差都在工程可接受的范围内。

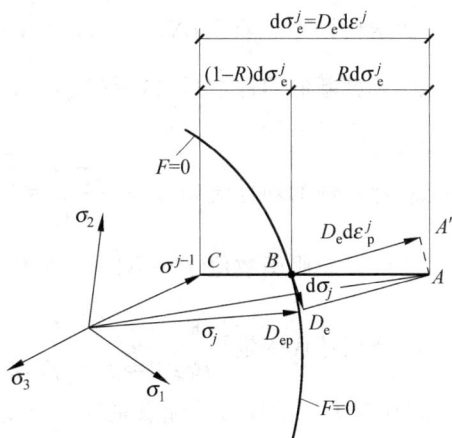

2. 迭代应力调整算法

前述的增量应力调整算法,不一定能准确满足 $F(\boldsymbol{\sigma}^j)=0$ 的屈服条件。如果采用牛顿-拉夫森法,则可以准确控制应力增量误差的大小。迭代应力调整算法有很多,例如 Backward Euler Return 法、Radial Return 法等。这里介绍一个比较简便实用的方法,其他方法请读者参阅有关文献。

已知前一步的应力 $\boldsymbol{\sigma}^{j-1}$,当前应变增量 $\mathrm{d}\boldsymbol{\varepsilon}^j$,当前塑性应变 $\boldsymbol{\varepsilon}_{\mathrm{p}}^{j-1}$。

① 同样,首先假设所有应变增量都为弹性应变,则得到试算应力

$$\boldsymbol{\sigma}_{\mathrm{e}}^j = \boldsymbol{\sigma}^{j-1} + \boldsymbol{D}_{\mathrm{e}}\mathrm{d}\boldsymbol{\varepsilon}^j \tag{7-8-17}$$

② 将试算应力代入屈服准则 $F(\boldsymbol{\sigma})$ 函数,计算其屈服函数值

$$f_{\mathrm{A}}^{\mathrm{p}} = F(\boldsymbol{\sigma}_{\mathrm{e}}^j) \tag{7-8-18}$$

③ 如果 $f_{\mathrm{A}}^{\mathrm{p}} \leqslant 0$,则说明未发生塑性屈服,$\boldsymbol{\sigma}^j = \boldsymbol{\sigma}_{\mathrm{e}}^j$,计算结束。

④ 如果 $f_{\mathrm{A}}^{\mathrm{p}} > 0$,表示步骤①进入了屈服阶段,那么进行以下迭代计算直至 $|\Delta\lambda_{\mathrm{B}}^k - \Delta\lambda_{\mathrm{B}}^{k-1}| < Tol$,这里 Tol 为事先输入的误差容限。

$$\Delta\lambda_{\mathrm{B}}^0 = 0, \qquad \boldsymbol{\sigma}_{\mathrm{B}}^0 = \boldsymbol{\sigma}_{\mathrm{e}}^j$$

$$\Delta\lambda_{\mathrm{B}}^k = \Delta\lambda_{\mathrm{B}}^{k-1} + \frac{F\left(\boldsymbol{\sigma}_{\mathrm{e}}^j - \Delta\lambda_{\mathrm{B}}^{k-1}\boldsymbol{D}_{\mathrm{e}}\left\{\dfrac{\partial F(\boldsymbol{\sigma}_{\mathrm{e}}^j)}{\partial \boldsymbol{\sigma}}\right\}\right)}{\left\{\dfrac{\partial F(\boldsymbol{\sigma}_{\mathrm{e}}^j)}{\partial \boldsymbol{\sigma}}\right\}^{\mathrm{T}} D_{\mathrm{e}}\left\{\dfrac{\partial F(\boldsymbol{\sigma}_{\mathrm{e}}^j)}{\partial \boldsymbol{\sigma}}\right\}} \tag{7-8-19}$$

从而得到 $\Delta\lambda_{\mathrm{B}}$。

⑤ 计算 $f_{\mathrm{B}} = F\left(\boldsymbol{\sigma}_{\mathrm{e}}^j - \Delta\lambda_{\mathrm{B}}\boldsymbol{D}_{\mathrm{e}}\left\{\dfrac{\partial F(\boldsymbol{\sigma}_{\mathrm{e}}^j)}{\partial \boldsymbol{\sigma}}\right\}, \boldsymbol{\varepsilon}_p^{j-1} + \Delta\lambda_{\mathrm{B}}\left\{\dfrac{\partial F(\boldsymbol{\sigma}_{\mathrm{e}}^j)}{\partial \boldsymbol{\sigma}}\right\}\right)$,注意这里需要根据新的塑性应变 $\boldsymbol{\varepsilon}_{\mathrm{p}}^{j-1} + \Delta\lambda_{\mathrm{B}}\left\{\dfrac{\partial F(\boldsymbol{\sigma}_{\mathrm{e}}^j)}{\partial \boldsymbol{\sigma}}\right\}$ 修正屈服函数。

⑥ 迭代计算 i,直至 $|\Delta\lambda_{\mathrm{A}} - \Delta\lambda_{\mathrm{B}}| < Tol$

⑦ 计算新的塑性增量 $\Delta\lambda = \Delta\lambda_{\mathrm{A}} - f_{\mathrm{A}}^{\mathrm{p}}\dfrac{\Delta\lambda_{\mathrm{B}} - \Delta\lambda_{\mathrm{A}}}{f_{\mathrm{B}}^{\mathrm{p}} - f_{\mathrm{A}}^{\mathrm{p}}}$

⑧ 计算新的塑性流动方向 $\left\{\dfrac{\partial F}{\partial \boldsymbol{\sigma}}\right\}^i = \dfrac{\partial F\left(\boldsymbol{\sigma}_{\mathrm{e}}^j - \Delta\lambda\boldsymbol{D}_{\mathrm{e}}\left\{\dfrac{\partial F}{\partial \boldsymbol{\sigma}}\right\}^{i-1}\right)}{\partial \boldsymbol{\sigma}}$

⑨ 计算屈服函数值 $f^{\mathrm{p}} = F\left(\boldsymbol{\sigma}_{\mathrm{e}}^j - \Delta\lambda\boldsymbol{D}_{\mathrm{e}}\left\{\dfrac{\partial F}{\partial \boldsymbol{\sigma}}\right\}^i, \boldsymbol{\varepsilon}_{\mathrm{p}}^{j-1} + \Delta\lambda\left\{\dfrac{\partial F}{\partial \boldsymbol{\sigma}}\right\}^i\right)$

⑩ 修正迭代变量 $\begin{cases} f_{\mathrm{B}}^{\mathrm{p}} < 0 \Rightarrow f_{\mathrm{B}}^{\mathrm{p}} = f^{\mathrm{p}}, \Delta\lambda_{\mathrm{B}} = \Delta\lambda \\ f_{\mathrm{B}}^{\mathrm{p}} \geqslant 0 \Rightarrow f_{\mathrm{A}}^{\mathrm{p}} = f_{\mathrm{B}}^{\mathrm{p}}, \Delta\lambda_{\mathrm{A}} = \Delta\lambda_{\mathrm{B}}, f_{\mathrm{B}}^{\mathrm{p}} = f^{\mathrm{p}}, \Delta\lambda_{\mathrm{B}} = \Delta\lambda \end{cases}$,返回步骤⑥

迭代应力调整算法的优点是给定误差容限 Tol 后,程序保证计算得到的应力误差都不大于预定容限,从而可以保证求解的精度。对于强化材料(即材料不出现软化行为),本节建议的方法一般都可以迅速找到所需的结果。而对于有软化行为的材料,则迭代应力调整算法有可能会因为迭代不收敛而导致计算失败。对于这种情况,笔者建议考虑采用增量应力调整算法。

7.9 基于多点位移控制的推覆分析算法

为了得到结构的完整受力曲线，往往需要将结构加载到下降段（软化段），而当结构进入软化阶段时，往往需要等比例的降低荷载。如果下降段是整体结构的软化，例如结构的整体屈曲，采用弧长法（Arc-length Method）进行求解就能够快速有效地得到计算结果。但如果下降段是由于结构的局部失效引起的，例如混凝土的开裂、压碎，或者钢筋拉断，那么平衡路径就可能会有"跳跃"或者"突变"，不再光滑连续变化。此时弧长法在求解上就会遇到很大困难。而与控制荷载相比，控制位移可以提高求解的稳定性。但是由于结构中不同部位非线性程度的差异，使满足荷载比例关系所对应的多点位移并不能在分析前预先知道，所以不能简单地采用位移控制的方式进行加载。针对该问题，本书作者和加州伯克利大学黄羽立博士共同提出了一种基于多点位移控制的推覆分析方法（黄羽立等，2011），该方法在原有结构模型中引入一个能够使荷载分布保持恒定比例关系的位移约束，通过位移控制的方式进行恒定推覆侧力分布的推覆分析，从而大幅度提高了分析的数值稳定性。

1. 基本理论

如果一个结构上一共有 N 个自由度(d_1，d_2，$\cdots$，d_N)，需要施加比例为 $p_1 : p_2 : \cdots : p_N$ 的荷载(F_1，F_2，$\cdots$，F_N)，通过对该结构增加以下位移约束方程，就可以保证荷载(F_1，F_2，$\cdots$，F_N)始终满足比例关系 $F_1 : F_2 : \cdots : F_N = p_1 : p_2 : \cdots : p_N$。

$$\sum(p_i d_i) - \left(\sum p_i\right)d_0 = 0 \tag{7-9-1}$$

式中，p_i 是第 i 个自由度上施加荷载的比例系数；d_i 是第 i 个自由度的位移；d_0 是新增约束方程引入自由度的位移，可以看做加载自由度位移的加权平均值，即由式(7-9-1)可变换得

$$d_0 = \frac{\sum(p_i d_i)}{\sum p_i} \tag{7-9-2}$$

对上述结论现证明如下：对这 N 个自由度位移 d_1，d_2，$\cdots$，d_N 及新引入自由度位移 d_0 分别引入虚位移 δd_i 及 δd_0，则由虚功原理可得

$$F_0 \delta d_0 + \sum(-F_i \delta d_i) = 0 \tag{7-9-3}$$

式中，F_i 是约束施加在原有结构上的荷载，$(-F_i)$ 和 F_0 分别是 d_i 和 d_0 上约束所受的外力。因为约束是刚性的，所以式(7-9-2)右端内力所做的虚功为零。

虚位移 δd_i 和 δd_0 应该满足约束方程(7-9-1)，因此有

$$\sum(p_i \delta d_i) - \left(\sum p_i\right)\delta d_0 = 0 \tag{7-9-4}$$

由式(7-9-3)和式(7-9-4)消去 δd_0 可得

$$\sum\left\{\left[p_i F_0 - \left(\sum p_i\right)F_i\right]\delta d_i\right\} = 0 \tag{7-9-5}$$

注意到 d_i 是加载自由度位移，要使式(7-9-5)对任意大小的虚位移 δd_i 恒成立，则 δd_i 对应

的系数必须全部为零,即

$$p_i F_0 - \left(\sum p_i\right) F_i = 0, \quad \forall i \tag{7-9-6}$$

如果 $\sum p_i \neq 0$,则可以进一步推出约束作用 F_i 的比例关系如下:

$$F_1 : \cdots : F_N = p_1 : \cdots : p_N \tag{7-9-7}$$

所以,如果位移约束方程式(7-9-2)成立,则荷载($F_1 : \cdots : F_N$)就始终满足($p_1 : \cdots : p_N$)的比例,也即保持恒定的荷载分布。

以上分析表明,只要在原有结构上增加位移约束方程(7-9-2),就能保证推覆分析中保持恒定侧力分布。特别有用的是,d_0 自由度上不但能直接施加荷载,也能通过控制位移的方式进行加载,从而有效地提高了加载的灵活性和数值稳定性。以上分析理论的前提是虚功原理和刚性位移约束,这两个前提与原结构的特性无关,所以本方法对弹性和弹塑性结构均适用。下面通过一个简单线弹性算例和一个简单弹塑性算例来介绍该方法的具体计算步骤,以便于读者理解。

2. 算例一

首先用一个简单的弹性结构使本文的证明过程形象化。该结构由两个刚度分别为 1 和 2 的独立弹簧组成(如图 7-9-1 所示),为了评价该结构的性能,对其施加比例为 2:1 的荷载{F_1, $F_2\}^T = \{4,2\}^T$,通过计算可得位移为 $d_1 = 4$ 和 $d_2 = 1$。

作为比较,下面应用本文提出的刚性位移约束法求解同一结构。为了保持荷载比例为 2:1,基于式(7-9-3),对原结构增加位移约束方程

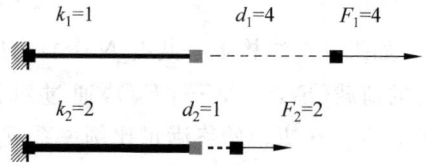

图 7-9-1　线弹性结构

$$2d_1 + 1d_2 - 3d_0 = 0 \tag{7-9-8}$$

与式(7-9-1)类似,d_0 是由约束引入的附加位移。对位移约束引入虚位移,由虚功原理可得

$$F_0 \delta d_0 - F_1 \delta d_1 - F_2 \delta d_2 = 0 \tag{7-9-9}$$

上式中的虚位移 δd_1、δd_2 和 δd_0 也应满足式(7-9-8)的约束,即

$$2\delta d_1 + 1\delta d_2 - 3\delta d_0 = 0 \tag{7-9-10}$$

由式(7-9-9)和式(7-9-10)消去 d_0 可得

$$(2F_0 - 3F_1)\delta d_1 + (F_0 - 3F_2)\delta d_2 = 0 \tag{7-9-11}$$

注意到 d_1、d_2 是加载自由度的位移,要使式(7-9-11)对任意虚位移 δd_1、δd_2 恒成立,则 δd_1、δd_2 对应的系数必须全部为零,即

$$2F_0 - 3F_1 = F_0 - 3F_2 = 0 \tag{7-9-12}$$

也就是
$$F_1 : F_2 = 2 : 1$$

所以通过引入本文建议的刚性约束方程,可以保证荷载 F 始终按比例施加。在位移控制加载计算过程中,通过逐步增大 d_0,直至当 $d_0 = 3$ 时,内力 R 与外力 F 平衡,此时{R_1, $R_2\}^T = \{F_1, F_2\}^T = \{4,2\}^T$,$\{d_1, d_2\}^T = \{4,1\}^T$,结果正确。

3. 算例二

下面再通过一个理想弹塑性结构介绍本文方法的计算步骤。结构仍由两个弹性刚度分别为 $K_{e1}=1$ 和 $K_{e2}=2$ 的独立弹簧组成,屈服荷载均为 $F_{y1}=F_{y2}=2$,屈服变形分别为 $d_{y1}=2$ 和 $d_{y2}=1$,屈服后刚度为 $K_p=0$,即理想弹塑性弹簧(如图7-9-2所示)。求解在加权平均位移 $d_0=3$ 时,结构的内力和变形分布。

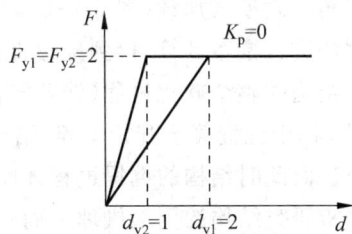

结构的力平衡方程为

$$\boldsymbol{R}-\boldsymbol{F}=\{0\}, \quad \boldsymbol{R}=\begin{bmatrix} R_1(d_1) \\ R_2(d_2) \end{bmatrix}, \quad \boldsymbol{F}=\begin{bmatrix} F_1 \\ F_2 \end{bmatrix}$$

图 7-9-2　理想弹塑性弹簧模型力-位移关系

$$(7\text{-}9\text{-}13)$$

将位移约束方程式(7-9-1)用矩阵形式表达:

$$\boldsymbol{g}(\boldsymbol{d})=\boldsymbol{Q}\boldsymbol{d}-\boldsymbol{d}_g=\{0\} \tag{7-9-14}$$

式中,$\boldsymbol{Q}=\{2,1\}$,$\boldsymbol{d}=\{d_1,d_2\}^{\mathrm{T}}$,$\boldsymbol{d}_g=\{3d_0\}$。不妨用拉格朗日乘子求解带约束(7-9-14)的原结构方程组 $\boldsymbol{R}-\boldsymbol{F}=\{0\}$,那么新的结构方程组变化为

$$\left.\begin{array}{r} \boldsymbol{R}+\boldsymbol{Q}^{\mathrm{T}}\lambda-\boldsymbol{F}=\{0\} \\ \boldsymbol{Q}\boldsymbol{d}-\boldsymbol{d}_g=\{0\} \end{array}\right\} \tag{7-9-15}$$

对于本算例,需要求解关于 $\{d_1,d_2,\lambda\}^{\mathrm{T}}$ 的非线性方程组:

$$\begin{bmatrix} R_1(d_1)+2\lambda \\ R_2(d_2)+1\lambda \\ 2d_1+1d_2-3d_0 \end{bmatrix}=\begin{bmatrix} 0 \\ 0 \\ 0 \end{bmatrix} \tag{7-9-16}$$

式(7-9-16)中反力 R_1 和 R_2 分别是位移 d_1 和 d_2 的非线性函数,可用牛顿-拉夫森法迭代求解该非线性方程组:

$$\begin{bmatrix} d_1^{(i+1)} \\ d_2^{(i+1)} \\ \lambda^{(i+1)} \end{bmatrix}=\begin{bmatrix} d_1^{(i)} \\ d_2^{(i)} \\ \lambda^{(i)} \end{bmatrix}-\begin{bmatrix} K_{t1}(d_1^{(i)}) & 0 & 2 \\ 0 & K_{t2}(d_2^{(i)}) & 1 \\ 2 & 1 & 0 \end{bmatrix}^{-1}\left\{\begin{array}{c} R_1(d_1^{(i)})+2\lambda^{(i)} \\ R_2(d_2^{(i)})+1\lambda^{(i)} \\ 2d_1^{(i)}+1d_2^{(i)}-3d_0 \end{array}\right\}$$

$$(7\text{-}9\text{-}17)$$

式中,上标 (i) 为迭代次数,K_{t1} 和 K_{t2} 分别为两弹簧的切线刚度。以弹性解开始迭代,可得

$$\begin{bmatrix} d_1^{(0)} \\ d_2^{(0)} \\ \lambda^{(0)} \end{bmatrix}=\begin{bmatrix} 4 \\ 1 \\ -2 \end{bmatrix}\Rightarrow\left\{\begin{array}{ll} R_1(d_1^{(0)})=2, & K_{t1}(d_1^{(0)})=K_p=0 \\ R_2(d_2^{(0)})=2, & K_{t2}(d_2^{(0)})=K_{e2}=2 \end{array}\right\}$$

$$\begin{bmatrix} d_1^{(1)} \\ d_2^{(1)} \\ \lambda^{(1)} \end{bmatrix}=\begin{bmatrix} 4 \\ 1 \\ -2 \end{bmatrix}-\begin{bmatrix} 0 & 0 & 2 \\ 0 & 2 & 1 \\ 2 & 1 & 0 \end{bmatrix}^{-1}\left\{\begin{array}{c} 2-4 \\ 2-2 \\ 8+1-9 \end{array}\right\}=\left\{\begin{array}{c} 4.25 \\ 0.5 \\ -1 \end{array}\right\} \tag{7-9-18}$$

$$R_1(d_1^{(1)})=2, \quad R_2(d_2^{(1)})=1$$

最后的解为 $\{R_1,R_2\}^{\mathrm{T}}=\{F_1,F_2\}^{\mathrm{T}}=\{2,1\}^{\mathrm{T}}$,$\{d_1,d_2\}^{\mathrm{T}}=\{4.25,0.5\}^{\mathrm{T}}$,$d_0=(2d_1+d_2)/3$,结果正确。

4. 钢筋混凝土平面框架的推覆算例

采用该方法,笔者对图 7-9-3 所示的 6 层钢筋混凝土框架进行了推覆分析,侧向荷载按照倒三角荷载模式加载(图 7-9-3(a)),分别利用 MSC. MARC 程序提供的弧长法和多点位移控制法进行推覆计算,得到推覆曲线如图 7-9-3(b)所示,可见多点位移控制法可以稳定的追踪结构的整个软化过程(误差限值为不平衡力<0.1%)。当结构推覆到图 7-9-3(b)中的 A 点时,中柱混凝土开始压碎,结构侧向承载力急剧下降。此时弧长法已经不能收敛,计算中止。而此时结构的倒塌过程才刚刚开始,竖向倒塌模式不明显,故而难以基于弧长法结果来分析研究结构的倒塌机理。而多点位移控制法可以完整追踪结构的整个破坏过程,结构最终为中柱柱脚在水平推覆侧力和 P-Δ 效应下的压弯破坏,见图 7-9-3(c),此时对应于图 7-9-3(b)中推覆曲线上的 B 点。图 7-9-3(d)给出了多点位移控制法得到的各层推覆力-顶点位移关系,可见它们严格符合预设的侧向荷载模式比例。

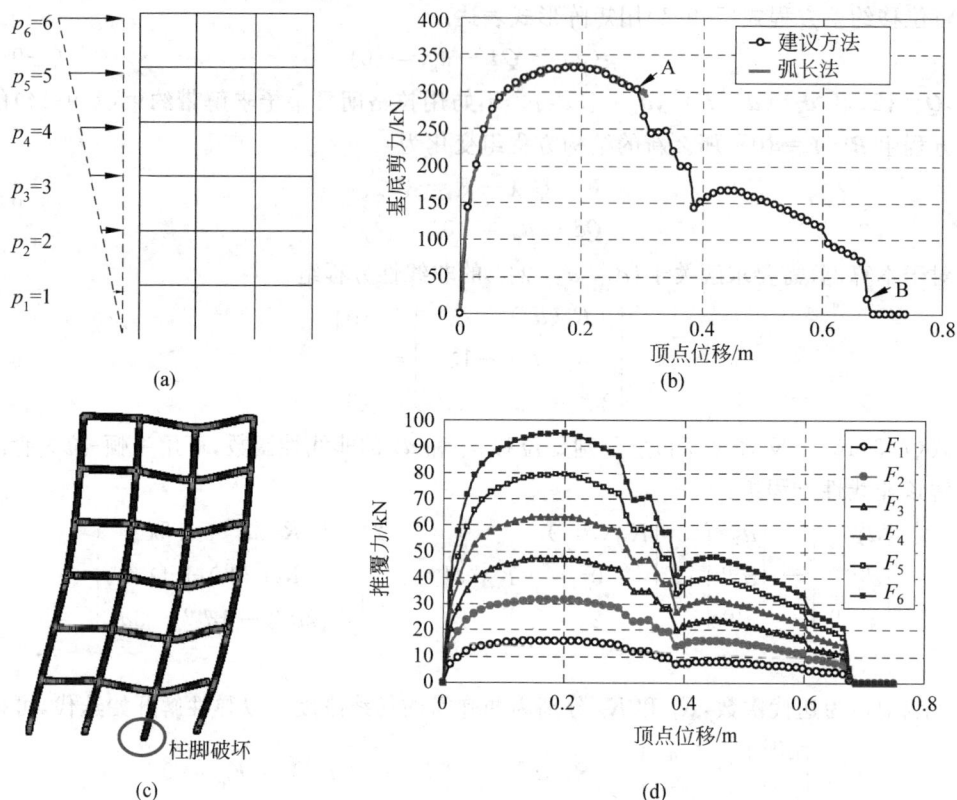

图 7-9-3　倒三角荷载单向推覆

(a) 推覆荷载比例;(b) 推覆结果;(c) 最终倒塌模式(变形放大 5 倍);(d) 各层推覆荷载

杆系有限元模型

8.1 概　述

在前面的章节中介绍的混凝土模型多为混凝土实体单元模型,例如平面三角形单元、等参单元等。这些单元多用于分析独立的构件,如一根梁或一个节点,以及一些连续的大型结构,如水坝、核反应堆安全壳等。

但是,对于建筑工程中的一些常见结构形式,例如框架结构、框架剪力墙结构,往往由成千上万个构件组成,用实体单元对整个结构建模分析几乎是不可能的。因此,对于这类结构的整体分析,一般还是采用传统的杆系单元。这时,通常用梁单元模拟结构中的梁、柱等构件,用壳单元模拟剪力墙和连梁,用桁架单元模拟支撑。根据各个构件的类型(长柱、短柱、墙、梁)、尺寸、材料组成(混凝土强度、钢筋强度、配筋率、钢筋布置方式)、受力工况,设定相应的非线性恢复力关系,并根据所要分析的问题类型(静力弹塑性分析,动力弹塑性分析)输入荷载工况,得到整个结构的非线性行为。

在早些年前,受到计算机分析能力等诸方面因素的限制,整体结构计算机模拟多采用剪切层模型(也称"糖葫芦串模型",多用于框架结构),弯曲层模型(也称"悬臂梁模型",多用于剪力墙结构);而后,随着计算分析能力的提高,基于构件的集中塑性铰模型和墙体宏模型(三垂直杆、多垂直杆模型等)也得到了大量应用;再后,随着工程计算进一步追求精细化,基于材料本构的纤维模型和分层壳模型(也称为非线性壳元模型,弹塑性壳元模型等),成为了近年来工程非线性计算的一个热点方向。

一般来说,随着模型精细化程度的提高,从宏观构件向微观材料发展,模型的适应性、精确性都会有所提高,例如,纤维梁模型可以比集中塑性铰模型更好地考虑构件的轴力-弯曲耦合滞回行为,分层壳单元可以更好地模拟轴压-平面内弯曲-平面内剪切-平面外弯曲的耦合滞回行为等。但是,随着模型越来越精细化,其计算量和建模工作量往往也随之增大。而且,由于钢筋混凝土结构自身行为的复杂性,有时更多基于构件试验拟合的宏观构件模型反而能更好地反映一些特殊复杂受力行为。例如根据试验拟合的集中塑性铰模型可能会比纤维模型更好地模拟剪切捏拢和钢筋粘结-滑移影响。故工程分析人员应根据实际工程的具体情况,选择最合适的计算模型,以达到精度和效率的统一。

8.2　框架结构的弹塑性有限元模型

8.2.1　恢复力模型概述

框架结构以柱-梁-板构成主要受力体系。一般而言,在整体结构受力分析中,仅考虑梁-柱构件,不考虑或者近似考虑楼板对整体结构受力的影响。楼板的近似考虑方法主要包括以下两方面:

(1) 增加梁的抗弯惯性矩或将梁等效为 T 形梁,来近似考虑楼板对梁的增强作用;

(2) 对同一楼层内构件相对位移增加附加约束,如"刚性楼板假定"等,来近似考虑楼板在平面内对周边构件的约束作用。

工程经验表明,对于结构的弹性计算,采取上述近似方法,经过多年的工程实践检验,是比较可行的。但是对于结构的非线性受力分析,特别是在罕遇地震下的非线性计算而言,上述楼板简化方法会带来较大的问题。在 2008 年"5·12"四川汶川大地震中,大量框架结构出现柱铰而非梁铰,未能实现抗震设计所追求的"强柱弱梁"破坏机制,计算模型选取不当是导致该问题的重要原因之一。这个问题比较复杂,笔者另有专门论文加以讨论(马千里等,2008)。笔者建议,在框架结构非线性计算时,如果条件允许,尽量采用更加精细的方法来模拟楼板的作用。

对于一个框架构件,从结构矩阵分析的角度上说(匡文起等,1993),可视为两个节点 1、2 之间的一个宏观元件:

$$
\begin{bmatrix} F_i^1 \\ M_i^1 \\ F_i^2 \\ M_i^2 \end{bmatrix} = \boldsymbol{K} \begin{bmatrix} \Delta_i^1 \\ \theta_i^1 \\ \Delta_i^2 \\ \theta_i^2 \end{bmatrix} \tag{8-2-1}
$$

式中,F 为力;M 为弯矩;Δ 为平动位移;θ 为转角;根据问题的维数 i 可以取 $1\sim3$。结构矩阵分析的实质就是设法得到联系荷载(力、力矩)和变形(位移、转角)之间的刚度矩阵 $\boldsymbol{K}$(这个 $\boldsymbol{K}$ 根据问题的特性还要能考虑几何非线性、材料非线性、往复受力等诸多因素)。在结构抗震分析中,一般称这种杆端力-位移关系为恢复力模型(hysteretic model)。对于一些简单情况,可以根据工程经验直接给出构件端部荷载和变形之间的对应关系(最常见的就是各种弹簧元件或阻尼元件)直接给出 $\boldsymbol{K}$ 的表达式,无须再进一步分析构件内部受力的情况。我们称这种模型为**基于构件的模型**。实际上,早年的基于层模型的"糖葫芦串"模型,就是基于构件模型的一个特例。

对于比较复杂的构件,一般难以直接给出准确的构件**恢复力模型**,需要通过构造构件变形的形函数,建立有限单元,进而得到在各种受力情况下的 $\boldsymbol{K}$ 和杆端力-位移关系。对于框架结构的主要受力构件(如柱、梁),一般多采用一维杆系单元,可采用只考虑弯曲的欧拉梁单元或可以同时考虑弯曲和剪切变形的铁木辛柯梁单元。由于钢筋混凝土梁剪切非线性建模难度较大,故目前在工程中应用得最多的还是欧拉梁单元。以三维欧拉梁单元为例,此

时,在单元坐标系下,刚度矩阵可以写为

$$
\boldsymbol{K}^e =
\begin{bmatrix}
\dfrac{EA}{l} & 0 & 0 & 0 & 0 & 0 & -\dfrac{EA}{l} & 0 & 0 & 0 & 0 & 0 \\[2mm]
 & \dfrac{12EI_z}{l^3} & 0 & 0 & 0 & \dfrac{6EI_z}{l^2} & 0 & -\dfrac{12EI_z}{l^3} & 0 & 0 & 0 & \dfrac{6EI_z}{l^2} \\[2mm]
 & & \dfrac{12EI_y}{l^3} & 0 & -\dfrac{6EI_y}{l^2} & 0 & 0 & 0 & -\dfrac{12EI_y}{l^3} & 0 & -\dfrac{6EI_y}{l^2} & 0 \\[2mm]
 & & & \dfrac{GI_p}{l} & 0 & 0 & 0 & 0 & 0 & -\dfrac{GI_p}{l} & 0 & 0 \\[2mm]
 & & & & \dfrac{4EI_y}{l} & 0 & 0 & 0 & \dfrac{6EI_y}{l^2} & 0 & \dfrac{2EI_y}{l} & 0 \\[2mm]
 & & & & & \dfrac{4EI_z}{l} & 0 & -\dfrac{6EI_z}{l^2} & 0 & 0 & 0 & \dfrac{2EI_z}{l} \\[2mm]
 & & & & & & \dfrac{EA}{l} & 0 & 0 & 0 & 0 & 0 \\[2mm]
 & & & & & & & \dfrac{12EI_z}{l^3} & 0 & 0 & 0 & -\dfrac{6EI_z}{l^2} \\[2mm]
 & & & & & & & & \dfrac{12EI_y}{l^3} & 0 & \dfrac{6EI_y}{l^2} & 0 \\[2mm]
 & & \text{对称} & & & & & & & \dfrac{GI_p}{l} & 0 & 0 \\[2mm]
 & & & & & & & & & & \dfrac{4EI_y}{l} & 0 \\[2mm]
 & & & & & & & & & & & \dfrac{4EI_z}{l}
\end{bmatrix}
$$

$$(8\text{-}2\text{-}2)$$

式中,EA、EI_x、EI_y、EI_z,GI_p 分别为梁的轴向刚度、弯曲刚度和扭转刚度。我们讨论最基本的情况:一个等截面梁。此时,对于弹性分析,所有的刚度与内力都无关,所以单元刚度矩阵 $\boldsymbol{K}^e$ 可以直接写出。但是,对于非线性分析,则构件每个截面的刚度都与它当前的内力相关。以图 8-2-1 所示为例,对于右侧立柱,其底部弯矩很大,而顶部弯矩为零,因而对于同样一个单元,可能底部截面已经屈服(此时切线 $EI=0$),而顶部截面还是弹性(此时切线 $EI=EI_e$)。

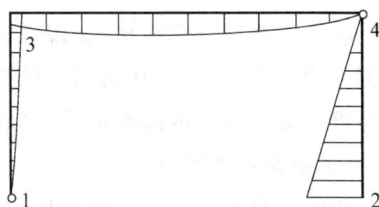

图 8-2-1 构件内部各截面弯矩不同

这时,取哪个截面的 EI 作为整个单元的代表刚度,就会有多种取值方法。归纳来说,一般可以分为特征截面法和数值积分法两大类。

1. 特征截面法

特征截面法就是根据工程经验,选取单元内部比较有代表性的截面,分析其截面刚度,进而得到整个单元的刚度。例如,钢筋混凝土规范中计算受弯构件变形时,就是采用最大弯矩对应的截面的抗弯刚度作为整个构件的抗弯刚度,偏于保守的计算整个构件的变形。这种方法在工程近似计算中应用得非常广泛。在结构有限元分析中,也常常采用构件中心截面的刚度,作为整个构件的代表刚度(即单点高斯积分)。如果构件不同截面内力变化较大,则通过细分单元的方法(例如把一个梁分成5个或者更多的梁单元)来实现对整个构件非线性行为模拟的近似。

由于在抗震计算中,塑性铰一般多出现在构件端部(图8-2-2),针对结构这一受力特点,另一种特征截面计算方法,即端部集中塑性铰模型,也得到大量应用。其基本特点是将构件分为两端塑性区和中间弹性区(图8-2-3),分别计算两端塑性区(EI_1 和 EI_2)和中间弹性区(EI_0)特征截面的抗弯刚度,再积分得到整个构件的抗弯刚度,如式(8-2-1)所示。端部塑性区的刚度计算多采用8.2.3节所介绍的"基于截面的模型",但也有采用8.2.2节"基于材料的模型"(Lai et al.,1984)。具体恢复力模型介绍参见本书后续章节。这种特征截面法,在基于截面的集中塑性铰模型中应用得最为广泛,也是目前计算框架构件地震非线性行为的一个主要分析方法(顾祥林,孙飞飞,2002)。

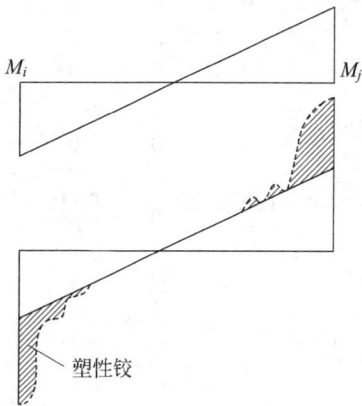

图 8-2-2 梁端集中塑性铰

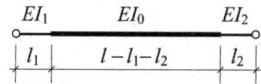

图 8-2-3 三段式变刚度梁单元

2. 数值积分法

特征截面法概念简单,实现容易。但是需要事先了解构件的受力特点,这样选取的特征截面才能具有代表性,从而保证计算结果的精度。但是,在实际工程中,大量构件的内部受力特点是无法事先准确知道的,这时就需要一种更加灵活的从截面刚度到构件刚度的计算方法,也就是数值积分方法。

数值积分法就是在一个构件中,根据积分法则,选取若干截面,计算截面刚度,然后再积分得到整个构件的刚度。例如,最常用的三点高斯积分计算,就是选取距离构件一端0.3873,0.5,0.6127相对长度的三个代表性截面,计算其截面刚度,然后各截面刚度乘以相应的积分权系数,得到整个构件的刚度如下:

$$EI^e = \sum w_i EI_i = 0.278 \times EI_{1,x=0.3873L} + 0.444 \times EI_{2,x=0.5L}$$
$$+ 0.278 \times EI_{3,x=0.6127L} \tag{8-2-3}$$

当构件内部截面刚度变化连续平滑时,数值积分方法能保证较高的精度。一般通用有限元程序,如 MSC. MARC 中的 52 号梁单元等(MSC. Software Corporation,2005a),均采用数值积分方法获得单元刚度。

与构件刚度计算存在的问题类似,如何得到构件的截面刚度也存在不同的手段。构件

的截面刚度可以简写为

$$\begin{bmatrix} N \\ M \end{bmatrix} = \boldsymbol{K}^{\text{sect}} \begin{bmatrix} \varepsilon_N \\ \phi \end{bmatrix} \tag{8-2-4}$$

式中，N、M 分别为构件截面上的轴力和弯矩；ε_N、ϕ 分别为截面的轴向应变和曲率。可以根据事先得到的截面弯矩-曲率关系，或者轴力-轴向应变关系，直接给出截面刚度 $\boldsymbol{K}^{\text{sect}}$ 的表达式，这种杆系构件恢复力模型，在本书中称为"**基于截面的模型**"。与前文基于构件的模型相比不难看出，基于截面的模型，首先根据试验结果建立截面的受力规律，然后通过有限单元构造位移函数，得到截面行为和杆端力-杆端位移之间的关系；而**基于构件的模型**则直接根据试验结果，构造杆端力和杆端位移之间的关系。

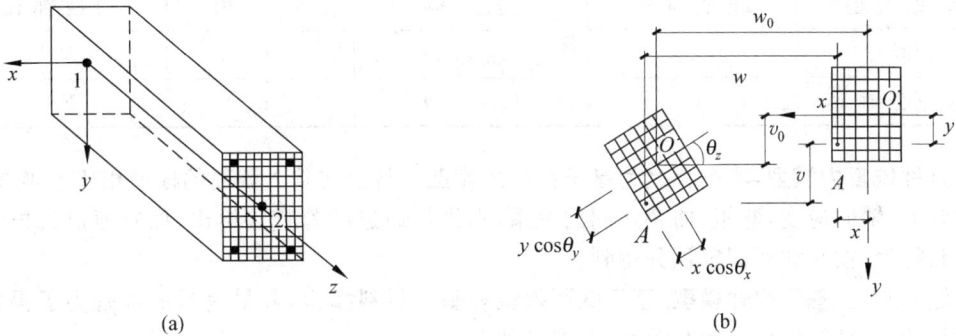

图 8-2-4　纤维梁单元(a)及单元截面划分(b)

实际上，结构构件的截面行为是非常复杂的。例如钢筋混凝土构件，就存在复杂的轴力-弯矩相关关系。再加上往复受力等因素的影响，构造出基于截面的并可以考虑轴力-弯矩耦合滞回关系是非常困难的。因此，很多情况下需要将截面行为再细分成很多小区域（习惯上称为纤维）（图 8-2-4），根据轴向变形、弯曲变形以及在构件截面上的位置，按平截面假定，计算出每个纤维的应变，然后再由材料单轴应力-应变滞回关系，计算出纤维的应力和弹性模量，积分得到整个截面的内力和刚度如下：

$$N = \sum_{i_c=1}^{n_c} \left[E_{t,c}(\varepsilon_N + \phi_x y_{i,c} - \phi_y x_{i,c}) A_{i,c} \right]$$
$$+ \sum_{i_s=1}^{n_s} \left[E_{t,s}(\varepsilon_N + \phi_x y_{i,s} - \phi_y x_{i,s}) A_{i,s} \right] \tag{8-2-5a}$$

$$M_x = \sum_{i_c=1}^{n_c} \left[E_{t,c}(\varepsilon_N + \phi_x y_{i,c} - \phi_y x_{i,c}) A_{i,c} y_{i,c} \right]$$
$$+ \sum_{i_s=1}^{n_s} \left[E_{t,s}(\varepsilon_N + \phi_x y_{i,s} - \phi_y x_{i,s}) A_{i,s} y_{i,s} \right] \tag{8-2-5b}$$

$$M_y = \sum_{i_c=1}^{n_c} \left[E_{t,c}(\varepsilon_N + \phi_x y_{i,c} - \phi_y x_{i,c}) A_{i,c}(-x_{i,c}) \right]$$
$$+ \sum_{i_s=1}^{n_s} \left[E_{t,s}(\varepsilon_N + \phi_x y_{i,s} - \phi_y x_{i,s}) A_{i,s}(-x_{i,s}) \right] \tag{8-2-5c}$$

式中，N 为截面的轴向力；M_x、M_y 分别为截面绕 x、y 轴（见图 8-2-4(b)）的弯矩；n 为截面纤维总数,其他符号意义见表 8-2-1。对应的截面刚度 $\boldsymbol{K}^{\text{sect}}$ 为

$$
\boldsymbol{K}^{\text{sect}} = \begin{bmatrix}
\sum_{i=1}^{n}(E_{\text{t}})_i A_i & \sum_{i=1}^{n}(E_{\text{t}})_i A_i y_i & -\sum_{i=1}^{n}(E_{\text{t}})_i A_i x_i \\
\sum_{i=1}^{n}(E_{\text{t}})_i A_i y_i & \sum_{i=1}^{n}(E_{\text{t}})_i A_i y_i^2 & -\sum_{i=1}^{n}(E_{\text{t}})_i A_i x_i y_i \\
-\sum_{i=1}^{n}(E_{\text{t}})_i A_i x_i & -\sum_{i=1}^{n}(E_{\text{t}})_i A_i x_i y_i & \sum_{i=1}^{n}(E_{\text{t}})_i A_i x_i^2
\end{bmatrix}
\tag{8-2-6}
$$

表 8-2-1 符号意义

纤维类型	纤维编号	坐标	面积	切线弹模
混凝土	i_{c}	$(x_{i,\text{c}}, y_{i,\text{c}})$	$A_{i,\text{c}}$	$E_{\text{t,c}}$
钢筋	i_{s}	$(x_{i,\text{s}}, y_{i,\text{s}})$	$A_{i,\text{s}}$	$E_{\text{t,s}}$

这种**恢复力模型**,本书称之为**基于材料的模型**。与前文基于截面的模型相比不难看出,此时轴力-轴向应变,弯矩-曲率之间的关系,不再是通过试验直接给出,而是通过每根纤维的材料行为,按平截面假定积分得到。

综上所述,**基于构件模型**、**基于截面模型**和**基于材料模型**,其最终目的都是为了得到构件的杆端力-杆端位移的相互关系,其差别如下:

(1) 基于构件模型直接给出杆端力-杆端位移关系;

(2) 基于截面模型通过有限元形函数,将杆端力-位移和截面力-位移关系联系起来;

(3) 基于材料模型,在基于截面模型的基础上,进一步引入了平截面假定,将截面力、位移关系和材料的应力、应变关系联系起来。

上述三种模型的关系和比较如图 8-2-5 所示。

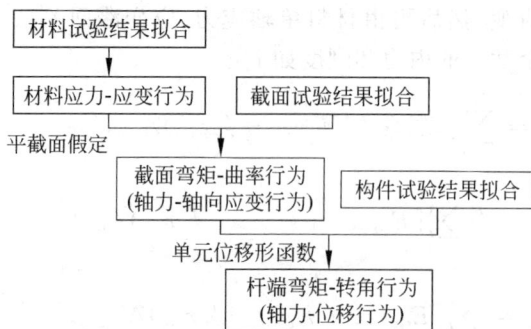

图 8-2-5 不同建模方式对比

从构件,到截面,再到材料,建模越发精细化,故而一般适应性也更广一些。但是,这里要特别强调,**凡事都有其两面性。从构件到截面到材料的精细化过程,是有一定代价或者说是有先决条件的,一旦这个先决条件不满足,则精细化建模未必一定能得到最精确的结果。**例如,从构件到截面的建模过程,引入了有限元位移形函数。但是,如果实际构件的变形不满足事先假定的形函数规律,例如构件出现了整体或者局部失稳,则从截面积分得到的构件行为与真实构件行为就会有很大差异。同理,从截面到材料的建模过程,引入了平截面假定,但是如果构件的剪切变形很大或者钢筋与混凝土之间的相对滑移很大,那么基于材料的

模型也是很难准确模拟的。请读者在选取模型时一定要特别留意。

下面分别介绍比较常见的基于材料、基于截面和基于构件的恢复力模型。

8.2.2 基于材料的模型

1. 概述

确立截面恢复力模型时,最直接的方法就是对截面按材料组成和位置进行分割,划分成一系列的层或纤维,如图 8-2-6 所示。层与层之间或纤维与纤维之间,服从平截面假定的位移协调关系。如果到中性轴的距离为 d_k,则截面变形关系为

$$\varepsilon_k = \varepsilon_N + \phi d_k \tag{8-2-7}$$

设每个层或纤维的轴力为 F_k,则可建立以下截面受力平衡关系:

$$\sum F_k = N \tag{8-2-8}$$

$$\sum F_k d_k = M \tag{8-2-9}$$

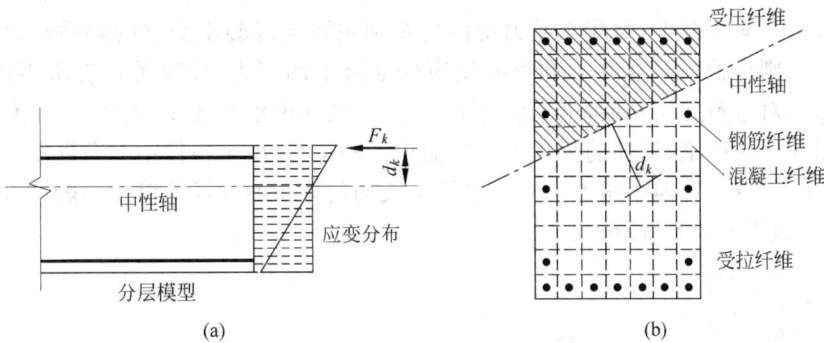

图 8-2-6 基于材料的分层模型或纤维模型
(a) 分层模型;(b) 纤维型

根据所选择的材料单轴滞回关系模型,由截面曲率和纤维与中性轴的相对位置关系得到纤维应变,由纤维应变和滞回关系模型得到纤维的轴力,积分得到截面的合内力 $\sum F_k$ 及弯矩 $\sum F_k d_k$。将 $\sum F_k$ 和 $\sum F_k d_k$ 与截面外力 N 及 M 比较,对分析结果进行修正。由于钢筋混凝土构件混凝土受拉后会开裂,截面的实际中性轴会发生偏移(例如,对于纯弯工况一般会从截面形心移向受压区),这时可以采取两种方法来处理。第一种方法是直接移动中性轴位置,使之与真实的中性轴位置一致,但是这种方法一般多用于简单构件分析,在整体结构分析中不常用。另外一种方法是保持截面的中心位置不变,通过修改轴向应变和曲率来反映中性轴位置的变化。第二种方法在整体结构有限元分析中较常用,如图 8-2-7 所示。但是,这种方法存在一个问题,就是一般欧拉梁单元轴向位移采用的是一次插值函数,故整个梁单元只有一个轴向应变,而横向位移采用的是 3 次插值函数,不同截面的曲率是不同的,因而轴向变形和弯曲变形之间难以做到完全协调。当一个钢筋混凝土构件内部弯矩变化比较剧烈时,**应通过适当细分单元来减少这种不协调带来的误差**。

纤维模型从材性和截面配筋布置出发,可以同时考虑轴力和弯矩对截面滞回关系的影响,因而理论上精度较高,适应范围较广,特别适用于轴力变化较大的情况。但是,由于每次

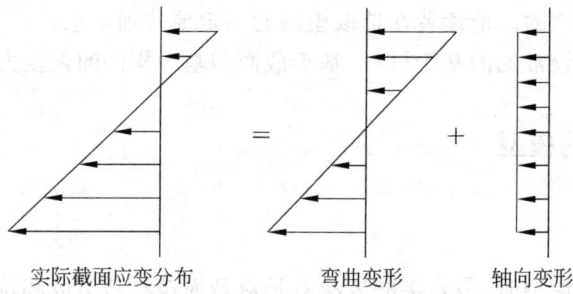

图 8-2-7　由弯曲应变和轴向应变叠加模拟真实截面应变分布

计算都要对截面的各个纤维受力进行分别运算并积分迭代,因而工作量大,编程难度高,而且,实际钢筋混凝土的截面行为也远比平截面假定得到的截面滞回行为复杂,因此,对实际截面的分析结果未必一定比基于截面或构件的模型精度高。

2. 截面分区

　　无论是划分纤维还是划分层,首先需要根据截面不同部分的材料受力性能差别按一定规则进行分区。对于杆件,混凝土受力特性的差别主要与混凝土受到的侧向约束有关。比如,对于柱子,则保护层的混凝土和核心约束区混凝土的应力-应变关系有所不同,需要分别加以模拟。对于剪力墙,端部暗柱的混凝土和其他部位混凝土的应力-应变关系也有所不同。如图 8-2-8 所示,钢筋的分区主要根据钢筋的位置,由于构件中纵向钢筋一般都分布在四周,因此,用分布在四个角点的 4 纤维模型或均匀分布的 9 纤维模型一般可以较好地模拟钢筋作用,如图 8-2-9 所示。

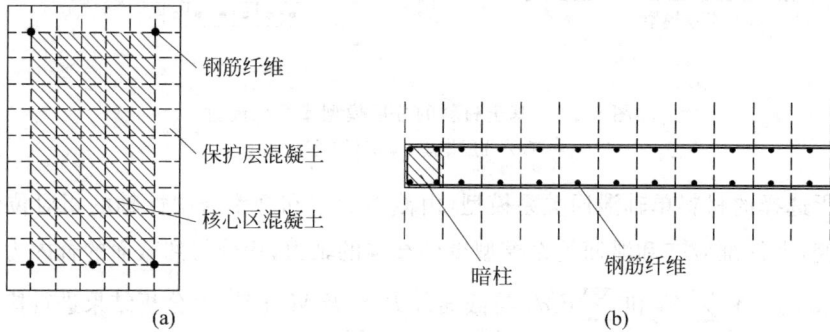

图 8-2-8　混凝土纤维分区
(a) 杆件截面;(b) 剪力墙截面

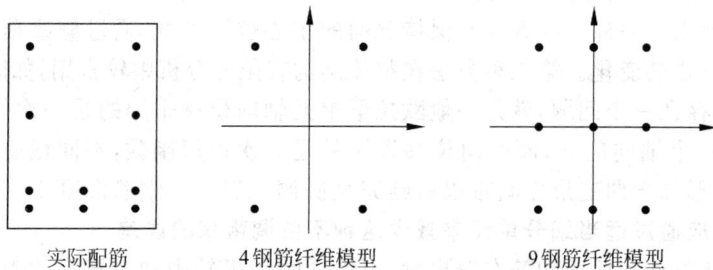

图 8-2-9　4 纤维或 9 纤维钢筋模型

3. 钢筋滞回模型

钢筋材料一般可采用简单的双线性弹塑性模型来模拟，如图 8-2-10 所示，可以采用随动强化来模拟包辛格（Bauschinger）效应。

为更好地模拟往复加载过程中钢筋的复杂受力行为，笔者和研究生一起（汪训流等，2007）提出了一种更为精确的钢筋本构模型，其模拟结果与实验吻合较好，现介绍如下。

汪训流钢筋本构模型基于 Légeron 模型（Légeron et al.，2005），该模型在再加载路径上合理考虑了钢筋的包辛格效应，并与钢筋的材性试验结果吻合良好。为反映钢筋单调加载时的屈服、硬化和软化现象，并使钢筋本构更加通用，汪训流钢筋本构模型在 Légeron 模型的基础上做了以下修正：

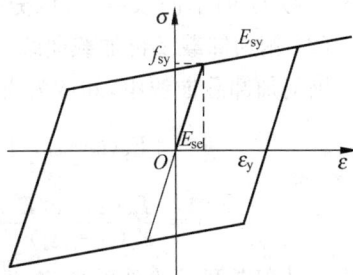

图 8-2-10　双线性钢筋材料模型

① 单调加载曲线采用 Esmaeily-Xiao 模型（Esmaeily & Xiao，2005），即分别引入钢筋的屈服点、硬化起点、应力峰值点和极限点，将 Légeron 模型的双线性骨架线修正成带抛物线的三段式；

② 引入代表钢筋拉压屈服强度之比的参数 k_5，即 $k_5 = f_y / f_y{}'$（f_y 为钢筋的抗拉屈服强度，$f_y{}'$ 为钢筋的抗压屈服强度），将钢筋本构扩展为可以分别模拟拉压等强的具有屈服台阶的普通钢筋和拉压不等强的没有屈服台阶的高强钢筋或钢绞线的通用模型。

汪训流钢筋本构模型的具体关系式如下。

（1）钢筋单调加载曲线

钢筋单调加载曲线由双直线段加抛物线段三部分组成，以受拉段为例（见图 8-2-11），有

$$\sigma = \begin{cases} E_s \varepsilon, & \varepsilon \leqslant \varepsilon_y \\ f_y, & \varepsilon_y < \varepsilon \leqslant k_1 \varepsilon_y \\ k_4 f_y + \dfrac{E_s (1 - k_4)}{\varepsilon_y (k_2 - k_1)^2} (\varepsilon - k_2 \varepsilon_y)^2, & \varepsilon > k_1 \varepsilon_y \end{cases} \qquad (8\text{-}2\text{-}10)$$

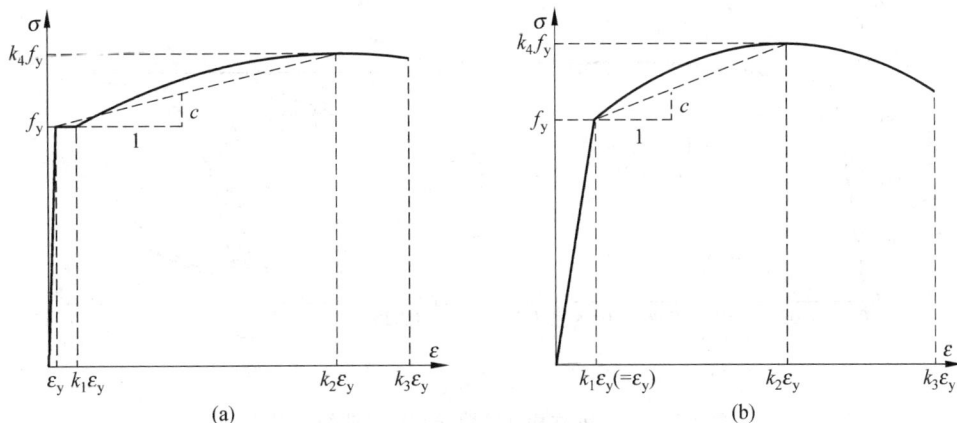

图 8-2-11　钢筋单调受拉加载曲线

（a）普通钢筋；（b）硬钢或钢绞线

式中,σ、ε 分别为钢筋的应力和应变;E_s 为钢筋的弹性模量;f_y、ε_y 分别为钢筋的屈服强度和屈服应变;k_1 为钢筋硬化起点应变与屈服应变的比值;k_2 为钢筋峰值应变与屈服应变的比值;k_3 为钢筋极限应变与屈服应变的比值;k_4 为钢筋峰值应力与屈服强度的比值。通过参数 k_1 的不同取值,可以分别模拟有明显屈服台阶的软钢和无屈服台阶的硬钢。

(2) 钢筋卸载及再加载曲线

钢筋加卸载曲线中,卸载为直线,反向再加载曲线采用以下方程(见图 8-2-12):

$$\sigma = \left[E_s(\varepsilon - \varepsilon_a) + \sigma_a \right] - \left(\frac{\varepsilon - \varepsilon_a}{\varepsilon_b - \varepsilon_a} \right)^p \left[E_s(\varepsilon_b - \varepsilon_a) - (\sigma_b - \sigma_a) \right] \tag{8-2-11}$$

$$p = \frac{E_s(1 - c/E_s)(\varepsilon_b - \varepsilon_a)}{E_s(\varepsilon_b - \varepsilon_a) - (\sigma_b - \sigma_a)} \tag{8-2-12}$$

式中,c 为等效硬化直线的斜率,取为过屈服点和峰值点直线的斜率(见图 8-2-11);σ_a 为再加载路径起点应力,建议取 $\sigma_a = 0$;其他符号的意义见图 8-2-12。

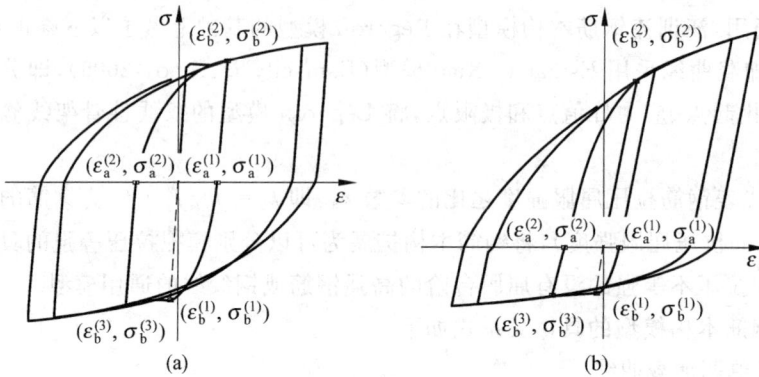

图 8-2-12　钢筋反复拉压应力-应变曲线

(a) 普通钢筋;(b) 硬钢或钢绞线

图 8-2-13 所示为该钢筋模型对钢筋单调受力和反复拉压受力计算结果与试验结果的对比。

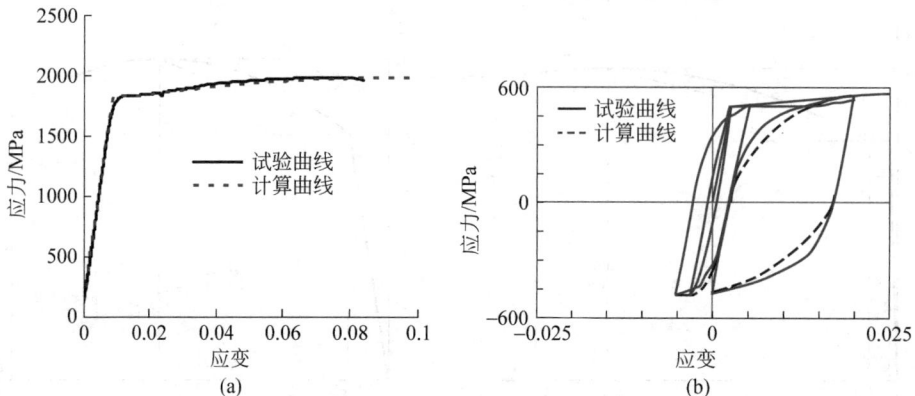

图 8-2-13　钢筋本构计算曲线与试验曲线的对比

(a) 单调受拉;(b) 反复拉压

4. 混凝土滞回模型

混凝土的滞回模型也很多,Lai 等(Lai et al.,1984)建议了一个最简单的混凝土滞回模型,可以简单描述混凝土的受压屈服、刚度退化、受拉断裂等行为(图 8-2-14)。

为了更加合理地反映受压混凝土的约束效应、循环往复荷载下的滞回行为(包括刚度和强度退化)以及受拉混凝土的"受拉刚化效应",笔者和研究生一起(汪训流等,2007)提出了一个新的混凝土本构关系。该混凝土本构的受压单调加载包络线选取 Légeron-Paultre 模型(Légeron & Paultre,2005)。为反映反复荷载下混凝土的滞回行为,采用二次抛物线模拟混凝土卸载及再加载路径,并考虑反复受力过程中材料的刚度和强度退化(Mander et al.,1988)。为模拟混凝土裂缝闭合带来的裂面效应,在混凝土受拉、受压过渡区,采用线性裂缝闭合函数模拟混凝土由开裂到受压时的刚度恢复过程。在受拉区,采用江见鲸模型(江见鲸等,2005),模拟混凝土受拉开裂及软化行为,以考虑"受拉刚化效应"(见图 8-2-15)。各受力分区的力学模型详细介绍如下。

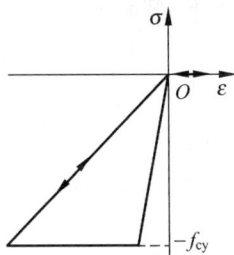

图 8-2-14　Lai 等建议的简单混凝土滞回模型

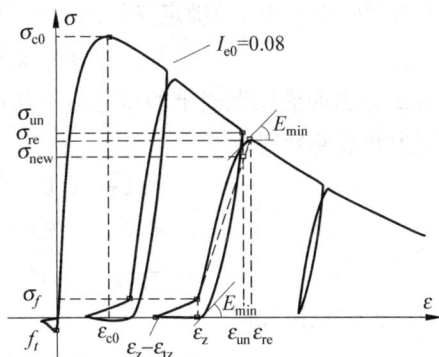

图 8-2-15　汪训流模型混凝土往复加载曲线

1) 混凝土受压本构关系

受压区混凝土的本构关系主要包括:①骨架线加载;②卸载及再加载;③拉压过渡区(即裂缝闭合区)等三部分。

(1) 混凝土受压本构骨架线加载曲线

骨架线加载应能反映约束效应和软化行为,本节采用以下模型:

$$\sigma = \begin{cases} \sigma_{c0}\left[\dfrac{s(\varepsilon/\varepsilon_{c0})}{s-1+(\varepsilon/\varepsilon_{c0})^s}\right], & \varepsilon \leqslant \varepsilon_{c0} \\ \sigma_{c0}\exp\left[s_1(\varepsilon-\varepsilon_{c0})^{s_2}\right], & \varepsilon > \varepsilon_{c0} \end{cases} \tag{8-2-13}$$

式中,σ、ε 分别为受压混凝土的压应力和压应变;σ_{c0}、ε_{c0} 分别为受压混凝土的峰值应力和峰值应变;s、s_1、s_2 为应力-应变曲线的控制参数。

(2) 受压混凝土卸载及再加载曲线

卸载及再加载曲线应能反映滞回、强度退化以及刚度退化的特性。首先,按 Mander 提出的方法(Mander et al.,1988)确定卸载至零应力点时的残余应变 ε_z 和再加载达到骨架线时的应变 ε_{re}(见图 8-2-15):

$$\left.\begin{array}{l} \varepsilon_z = \varepsilon_{un} - \dfrac{(\varepsilon_{un} + \varepsilon_{ca})\sigma_{un}}{\sigma_{un} + E_c\varepsilon_{ca}} \\[4mm] \varepsilon_{re} = \varepsilon_{un} + \dfrac{\sigma_{un} - \sigma_{new}}{E_r\left(2 + \dfrac{\sigma_{c0}}{\sigma_{c0}^0}\right)} \end{array}\right\} \qquad (8\text{-}2\text{-}14a)$$

$$\left.\begin{array}{l} \varepsilon_{ca} = \max\left(\dfrac{\varepsilon_{c0}}{\varepsilon_{c0} + \varepsilon_{un}}, \dfrac{0.09\varepsilon_{un}}{\varepsilon_{c0}}\right)\sqrt{\varepsilon_{c0}\varepsilon_{un}} \\[4mm] \sigma_{new} = 0.92\sigma_{un} + 0.08\sigma_{un0} \\[4mm] E_r = \dfrac{\sigma_{un0} - \sigma_{new}}{\varepsilon_{un0} - \varepsilon_{un}} \end{array}\right\} \qquad (8\text{-}2\text{-}14b)$$

式中，ε_z 为受压混凝土卸载至零应力点时的残余应变；ε_{re} 为受压混凝土再加载至骨架线时的应变；σ_{un}、ε_{un} 分别为受压混凝土从骨架线开始卸载时相应卸载点的应力和应变；ε_{ca}、σ_{new} 及 E_r 分别为附加应变与 ε_{un} 等应变的更新应力和更新割线模量；σ_{un0}、ε_{un0} 分别为混凝土受压段卸载曲线终点的应力和应变(见图 8-2-15)。

其次，按式(8-2-15)确定受压混凝土的卸载及再加载路径：

$$\sigma = a_1\varepsilon^2 + a_2\varepsilon + a_3 \qquad (8\text{-}2\text{-}15)$$

式中，σ、ε 分别为受压混凝土的压应力和压应变，参数 a_1、a_2 和 a_3 确定如下：

当为卸载路径时

$$\left.\begin{array}{l} a_1 = (\sigma_{un} - E_{min}(\varepsilon_{un} - \varepsilon_z))/(\varepsilon_{un} - \varepsilon_z)^2 \\[2mm] a_2 = E_{min} - 2a_1\varepsilon_z \\[2mm] a_3 = \sigma_{un} - a_1\varepsilon_{un}^2 - a_2\varepsilon_{un} \end{array}\right\} \qquad (8\text{-}2\text{-}15a)$$

当为再加载路径时

$$\left.\begin{array}{l} a_1 = ((\sigma_f - \sigma_{re}) - E_{min}(\varepsilon_z - \varepsilon_{re}))/(\varepsilon_z - \varepsilon_{re})^2 \\[2mm] a_2 = E_{min} - 2a_1\varepsilon_{re} \\[2mm] a_3 = \sigma_{re} - a_1\varepsilon_{re}^2 - a_2\varepsilon_{re} \end{array}\right\} \qquad (8\text{-}2\text{-}15b)$$

式中，E_{min} 为受压混凝土卸载或再加载路径沿线最小切线斜率(如图 8-2-15 所示)；σ_f 为混凝土拉压过渡区终点应力，可取为 $\sigma_f = \sigma_{c0}/10$；$\sigma_{re}$ 为受压混凝土再加载路径达到骨架线时的应力，由混凝土受压单调加载曲线(即式(8-2-13))代入 ε_{re} 计算所得；其他的符号意义同式(8-2-14)。

式(8-2-15)实际是分别用过两点(ε_{un}, σ_{un})、(ε_z, 0)和(ε_z, σ_f)、(ε_{re}, σ_{re})并指定沿线最小切线斜率 E_{min}(即路径终点斜率)的抛物线，来模拟受压混凝土的卸载及再加载应力-应变关系，整个卸载和再加载循环考虑了加卸载时的强度退化、刚度退化和滞回行为。

(3) 混凝土拉压过渡区

在拉压过渡区，混凝土存在一个刚度恢复过程，该本构关系采用线性裂缝闭合函数。过渡区起点的相对应变大小为最大名义受拉应变 ε_{tz}(即混凝土第一次开裂后再次进入受拉区时据平截面假定所得到的最大"虚假"应变)，且限定 $\varepsilon_{tz} \leqslant \varepsilon_{tu}$，相应应力为 0；终点的应变为 ε_z，相应应力为 σ_f，如图 8-2-15 所示。

2) 混凝土受拉本构关系

受拉混凝土单调加载曲线上升段取为直线，软化段取江见鲸模型(江见鲸等，2005)：

$$\sigma = \begin{cases} E_t \varepsilon, & \varepsilon \leqslant \varepsilon_{t0} \\ f_t \exp[-\alpha(\varepsilon - \varepsilon_{t0})], & \varepsilon > \varepsilon_{t0} \end{cases} \qquad (8\text{-}2\text{-}16)$$

式中，σ、ε 分别为受拉混凝土的应力和应变；f_t 为混凝土抗拉强度；ε_{t0} 为受拉混凝土峰值应变，且 $\varepsilon_{t0} = f_t / E_t$；$E_t$ 为混凝土抗拉弹性模量（原点切线模量）；α 为控制参数。通过参数 α 的适当取值，曲线型受拉软化段可以较好考虑混凝土的"受拉刚化"效应。受拉混凝土的卸载及再加载路径指向应力正负转折点（如图 8-2-15 所示）。

图 8-2-16 所示为采用汪训流混凝土本构模型计算结果与 Sinha et al.(1964)试验曲线的对比，可见二者吻合较好。

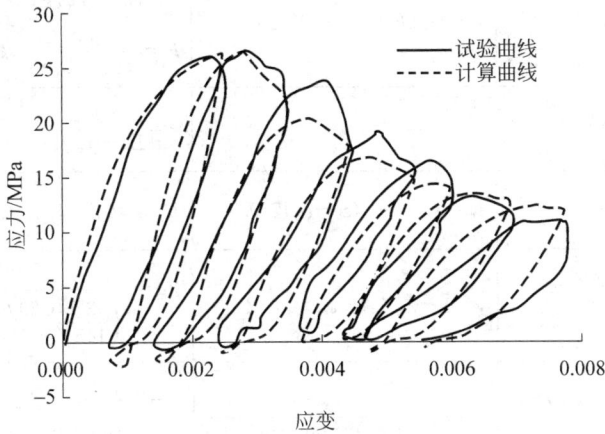

图 8-2-16　汪训流混凝土本构计算曲线与试验曲线的对比

箍筋约束可以有效提高混凝土的强度和延性，由于纤维模型中输入的混凝土为单向应力-应变曲线，因此需要根据实际配箍情况调整混凝土应力-应变曲线骨架线的形状。研究者们对箍筋约束混凝土进行了大量的试验和理论研究，从而提出了适用于钢筋混凝土构件的箍筋约束钢筋混凝土模型。书中对应用较广的几种适用于普通混凝土矩形构件的约束本构进行了比较，结果见表 8-2-2，各个模型的应力-应变全曲线公式见表 8-2-3。

表 8-2-2　常用箍筋约束混凝土本构模型汇总

模　型	提　出　者	适用截面	考虑的参数		
			箍筋形式	配箍率	纵筋参数
SR	Saatcioglu & Razvi，(1992)	矩形、圆形	√	√	
HKNT	Hoshikuma et al. (1997)	矩形、圆形	√	√	
UC	Legeron & Paultre (2003)	矩形、圆形	√	√	√
MPP	Mander et al. (1988)	矩形、圆形	√	√	√
BN	Bousalem & Chikh (2007)	矩形	√	√	√
Park	Kent & Park (1971)	矩形、圆形	√	√	
Qian	钱稼茹等 (2002)	矩形	√	√	

表 8-2-3　箍筋约束混凝土单轴模型

缩写	上 升 段	下 降 段	参 数 取 值
SR	$y=(2x-x^2)^{1/(1+2K)}$ $a=2.4-0.01f_{cu}$ $\alpha=0.132f_{cu}^{0.785}-0.905$	$f_c=f_{cc}-Z(\varepsilon_c-\varepsilon_{cc})\geqslant 0.2f_{cc}$	$K=\dfrac{k_1 f_{le}}{f_{co}'}, Z=\dfrac{0.15f_{cc}}{\varepsilon_{85}-\varepsilon_{cc}}$
HKNT	$f_c=E_c\varepsilon_c\left(1-\dfrac{1}{n}x^{n-1}\right)$	$f_c=f_{cc}-E_{des}(\varepsilon_c-\varepsilon_{cc})$ $\geqslant 0.5f_{cc}$	$E_{des}=\dfrac{11.2f_{cc}^2}{\rho_{sh}f_{yh}}$
UC	$y=\dfrac{kx}{k-1+x^r}$	$y=\exp[k_1(\varepsilon_c-\varepsilon_{cc})^{k_2}]$	$k=\dfrac{E_{ct}}{E_{ct}-f_{cc}/\varepsilon_{cc}}$ $k_1=\dfrac{\ln 0.5}{(\varepsilon_{50}-\varepsilon_{cc})^{k_2}}, k_2=1+25(I_{e50})^2$
MPP	$y=\dfrac{rx}{r-1+x^r}$		$r=\dfrac{E_c}{E_c-f_{cc}/\varepsilon_{cc}}$
BC	$y=\dfrac{nx}{n-1+x^n}$	$f_c=f_{cc}-E_{soft}(\varepsilon_c-\varepsilon_{cc})\geqslant 0.3$	$E_{soft}=4f_{co}^2/k_e\rho_{sh}f_{yh}$
Park	$y=2x-x^2$	$y=1-Z_m(\varepsilon_c-\varepsilon_{cc})\geqslant 0.2$	$Z_m=\dfrac{0.5}{\left(\dfrac{3+0.29f_c'}{145f_c'-1000}\right)+\dfrac{3}{4}\rho_{sh}\sqrt{\dfrac{bc}{s}}-\varepsilon_{cc}}$
Qian	$y=ax+(3-2a)x^2+$ $(a-2)x^3$	$y=\dfrac{x}{(1-0.87\lambda_V^{0.2})\alpha(x-1)^2+x}$	$a=2.4-0.01f_{cu}$ $\alpha=0.132f_{cu}^{0.785}-0.905$

注：(1) $y=f_c/f_{cc}$，f_c 和 f_{cc} 为箍筋约束混凝土的纵向应力和单轴峰值应力；(2) f_c' 为混凝土圆柱体抗压强度，f_{co} 为未约束混凝土的单轴峰值应力，f_{yh} 为箍筋屈服强度，ρ_{sh} 为体积配箍率，b,c 为箍筋约束混凝土核心区的长宽，s 为箍筋间距；(3) Z、k_1、k_2、E_{des}、E_{soft}、a、α、r、Z_m 等为各个模型的系数，其值根据各模型具体参数确定。

下面以 MPP 模型为例，介绍典型的约束混凝土模型。

MPP 模型的表达式为

$$y=\dfrac{rx}{r-1+x^r} \tag{8-2-17}$$

式中，$y=\dfrac{f_c}{f_{cc}'}$，$x=\dfrac{\varepsilon_c}{\varepsilon_{cc}}$，$r=\dfrac{E_c}{E_c-\dfrac{f_{cc}'}{\varepsilon_{cc}}}$；$f_{co}'$ 为未约束混凝土的单轴峰值应力；ε_0 为未约束混凝土的单轴峰值应变，其中：

$$f_{cc}'=f_{co}'\left(-1.254+2.254\sqrt{1+\dfrac{7.94f_1'}{f_{co}'}}-2\dfrac{7.94f_1'}{f_{co}'}\right) \tag{8-2-18a}$$

$$\varepsilon_{cc}=\varepsilon_0\left(1+5\left(\dfrac{f_{cc}'}{f_{co}'}-1\right)\right) \tag{8-2-18b}$$

$$E_c=5000\sqrt{f_{co}'} \tag{8-2-18c}$$

$$f_1'=f_1k_e=\dfrac{1}{2}k_e\rho_s f_{yh} \tag{8-2-18d}$$

$$k_e = \frac{1 - \dfrac{s'}{2d_s}}{1 - \rho_{cc}} \tag{8-2-18e}$$

上式中，f_{yh} 为箍筋屈服强度；ρ_h^s 为体积配箍率；ρ_{cc} 为纵筋面积比上混凝土核心区面积；d_s 为核心区直径；s' 为箍筋净间距。典型 MPP 模型曲线如图 8-2-17 所示。

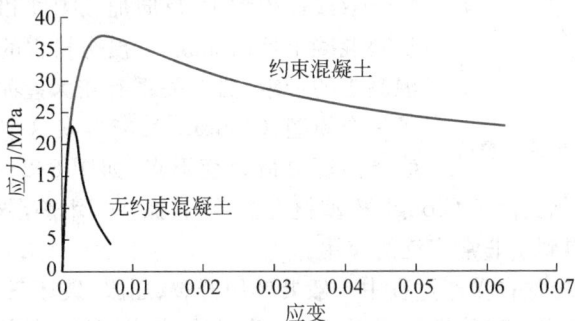

图 8-2-17　MPP 约束混凝土本构与无约束混凝土本构对比

8.2.3　基于截面的模型

基于材料的恢复力模型虽然可以较好地考虑轴力和弯矩的共同影响，但是计算过程比较复杂。因此，对于以弯曲破坏为主，轴力变化不大或者轴力影响可以预测的问题时，可以采用基于截面的恢复力模型。这类模型一般是根据试验的弯矩-曲率关系加以简化得到。由于截面模型一般隐含考虑了钢筋滑移、塑性内力重分布等影响，且计算过程也比较简单，因而得到了比较广泛的应用。

1. 单向弯曲的弯矩-曲率关系

早期的钢筋混凝土杆件的弯矩-曲率关系多是从金属恢复力模型中推广得到的，如 Ramberg-Osgood 模型（图 8-2-18）（Chen & Lui，2005）中设定骨架曲线为

$$\frac{\phi}{\phi_y} = \frac{M}{M_y}\left(1 + \left|\frac{M}{M_y}\right|^{\alpha_r - 1}\right) \tag{8-2-19}$$

式中，(M_y, ϕ_y) 为屈服弯矩及其相应曲率；α_r 为确定骨架线的经验系数，模拟钢材时可取 5~10，模拟钢筋混凝土时可取 3~7。

从 M_0/M_y，ϕ_0/ϕ_y 开始的 A-B 曲线为

$$\frac{\phi - \phi_0}{2\phi_y} = \frac{M - M_0}{2M_y}\left(1 + \left|\frac{M}{M_y}\right|^{\alpha_r - 1}\right) \tag{8-2-20}$$

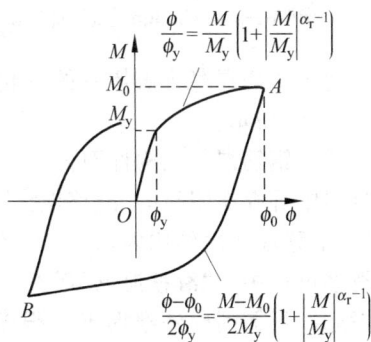

图 8-2-18　Ramberg-Osgood 模型

双线性或退化双线性模型早期也被用来模拟钢筋混凝土的弯矩-曲率关系（Chen & Lui，2005）。双线性模型认为卸载刚度和初始加载刚度相同，退化双线性模型认为钢筋混凝土由于损伤，其卸载刚度要低于初始加载刚度，如

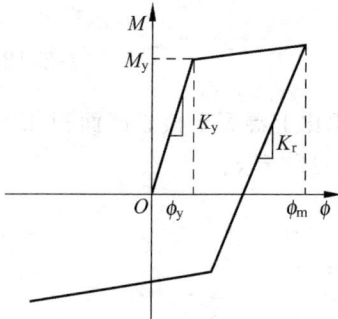

图 8-2-19　双线性弯矩-曲率模型

图 8-2-19 所示,这时可定义卸载刚度为

$$K_r = K_y \left| \frac{\phi_m}{\phi_y} \right|^{-\alpha_k} \qquad (8-2-21)$$

式中,α_k 为卸载刚度降低系数,对钢筋混凝土构件一般可取为 0.4。

双线性模型中,反向加载刚度和初始刚度相同,不能反映混凝土反向加载时,损伤累积的影响,这与实际钢筋混凝土的弯矩-曲率关系有较大差别,为此,Clough 建议了一个模型(Clough,1966),在这个模型中,反向加载曲线指向历史最大变形点,如图 8-2-20 所示。同时,也可以考虑卸载刚度的退化。由于 Clough 模型概念简单,且抓住了钢筋混凝土结构截面滞回关系的关键特征,因此得到了非常广泛的应用。

由于钢筋混凝土构件在受弯过程中一般要经历开裂、屈服、破坏三个关键阶段,因此,用由开裂点、屈服点为折点的三线性模型更接近混凝土的真实弯矩-曲率关系,也就是著名的武田模型(Takeda Model),如图 8-2-21 所示(Takeda et al.,1970),此时卸载刚度为

$$K_r = \frac{M_c + M_y}{\phi_c + \phi_y} \left| \frac{\phi_m}{\phi_y} \right|^{-\alpha_k} \qquad (8-2-22)$$

式中,M_c 和 ϕ_c 分别为开裂点时的弯矩和对应的曲率。

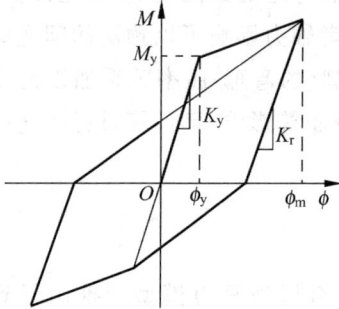

图 8-2-20　Clough 弯矩-曲率模型

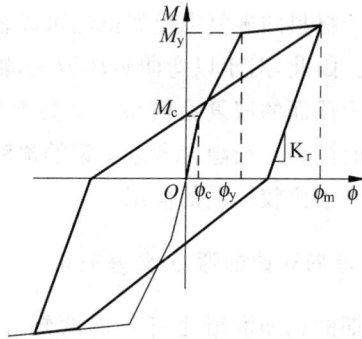

图 8-2-21　三线性弯矩-曲率模型

为了考虑混凝土破坏后的软化现象,一些学者还提出了具有软化段的四线性模型,如图 8-2-22 所示。

对于钢筋混凝土构件而言,如果出现了剪切破坏,或者节点处出现了锚固破坏等,在滞回过程中都存在明显的"滑移捏拢"现象。即在反向加载过程中,存在一段刚度很小的"滑移段"。滑移段产生的原因,或者由于是斜裂缝处于闭合过程中,或者由于是钢筋处于反向加载滑移过程中。"滑移捏拢"现象会显著降低结构的滞回耗能能力,故而有必要在分析中加以考虑。目前国内外都提出了很多不同的可以模拟捏拢的滞回模型,如 Park 等(Park et al.,1987)提出的滞回模型,如图 8-2-23 所示。当变形小于裂缝闭合位移(ϕ_{close},可取前次卸载到零时对应的残余变形)时,再加载曲线指向前次卸载曲线上对应于 γM_y 的点 P,其中 γ 是预先给定的参数,Park 等建议对于捏拢现象严重的构件取 0.25,对一般捏拢的构件取 0.4,对没有捏拢的构件取 1.0。当变形超过 ϕ_{close} 时,和 Clough 模型一样指向历史最大点。在 Park 等人模型的基础上,很多不同学者又提出不同的捏拢模型。

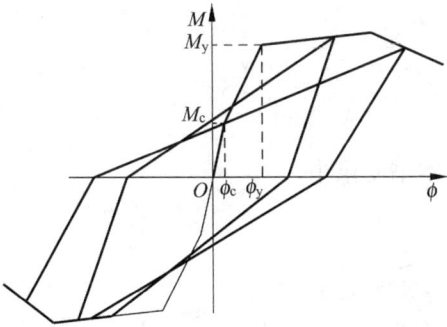

图 8-2-22　四线性弯矩-曲率模型

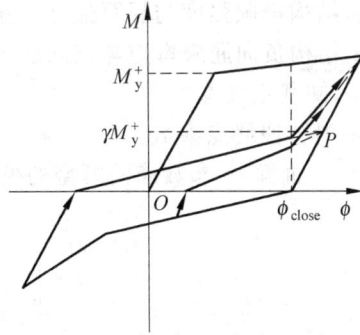

图 8-2-23　Park 等提出的考虑捏拢的弯矩-曲率模型

无论是钢筋混凝土构件还是钢构件，在往复加载过程中，除了再加载的刚度会退化（如Clough 模型那样出现再加载刚度指向历史最大点，或出现 Park 模型那样的捏拢现象）外，其强度也会退化。也就是说，保持一个最大位移，反复加载，结构的强度会不断降低。为了反映构件这一特性，很多研究者又提出了考虑损伤累计导致强度退化的滞回模型。损伤累计的参量，可以是位移，也可以是能量。一般用总滞回耗能作为损伤累计指标的较多。清华大学曲哲等（曲哲，叶列平，2011）在 Clough 模型的基础上，提出了以下累计滞回能量与屈服强度之间的关系：

$$M_{\mathrm{y}} = M_{\mathrm{y}0}\left(1.0 - \frac{E_{\mathrm{h,eff}}}{3.0 \times CM_{\mathrm{y}0}\phi_{\mathrm{y}0}}\right) \geqslant 0.3M_{\mathrm{y}0} \qquad (8\text{-}2\text{-}23)$$

式中，M_{y} 为当前考虑损伤累计后的屈服弯矩；$M_{\mathrm{y}0}$ 为初始屈服弯矩；$\phi_{\mathrm{y}0}$ 为初始屈服曲率；$E_{\mathrm{h,eff}}$ 为累计滞回耗能；C 为系数，表示构件屈服强度降低与累计损伤之间的关系。曲哲模型中一共有四个基本参数，即初始刚度 K_0、屈服强度 M_{y}，强化模量 η 和损伤累计耗能参数 C。图 8-2-24 所示为曲哲模型计算得到的弯矩-曲率滞回关系。

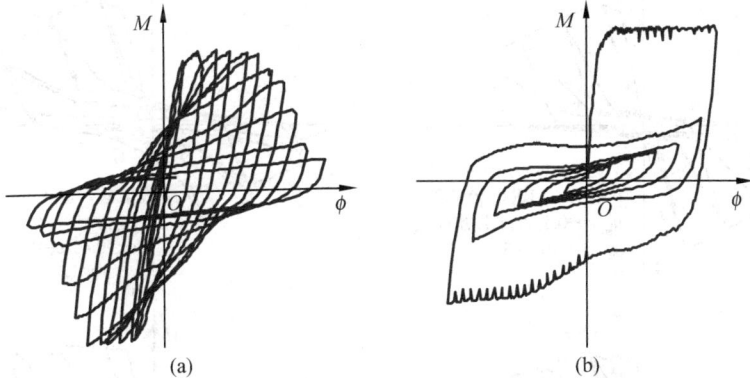

图 8-2-24　考虑损伤累计的弯矩-曲率模型（曲哲模型）

而后，清华大学陆新征等在曲哲模型的基础上，参考 Park 等人的工作，提出了陆新征-曲哲模型，如图 8-2-25 所示。陆新征-曲哲模型在曲哲模型的基础上，又补充了 6 个新的系数：

① γ，与 Park 模型定义相同。在反向加载过程中，如荷载小于 γM_{y}，表示结构在滑移捏拢阶段。

② η_{soft}，结构超过极限强度后的软化刚度与初始刚度比值。

③ α，结构极限强度与屈服强度的比值。

④ β，结构负向屈服弯矩与正向屈服弯矩之比。

⑤ α_k，卸载刚度参数。

⑥ ω，滑移段终点参数。

陆新征-曲哲 10 参数滞回模型的模型程序列在本书附录中。

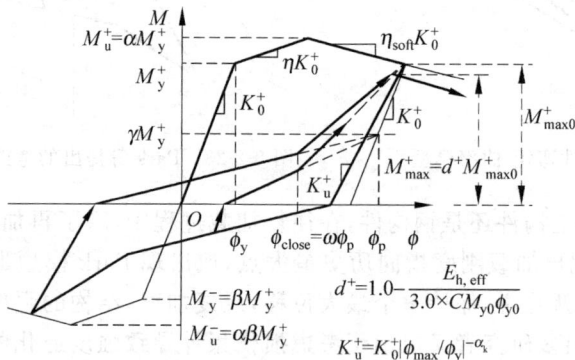

图 8-2-25　陆新征-曲哲 10 参数滞回模型中的参数含义

通过调整陆新征-曲哲模型中 8 个参数（强化参数 η、损伤累计耗能参数 C、滑移捏拢参数 γ、软化参数 η_{soft} 强度比参数 α、结构负向与正向屈服弯矩之比参数 β、卸载刚度参数 α_k、滑移段终点参数 ω）的取值，就可以模拟多种不同的滞回模型。例如，取损伤累计耗能参数 $C=\infty$，则相当于不考虑累计耗能损伤；滑移捏拢参数 $\gamma=1.0$，相当于不考虑滑移捏拢效应；取强度比参数 $\alpha=\infty$，则相当于不考虑软化行为。由陆新征-曲哲模型取不同参数计算得到的部分典型滞回关系如图 8-2-26 所示。

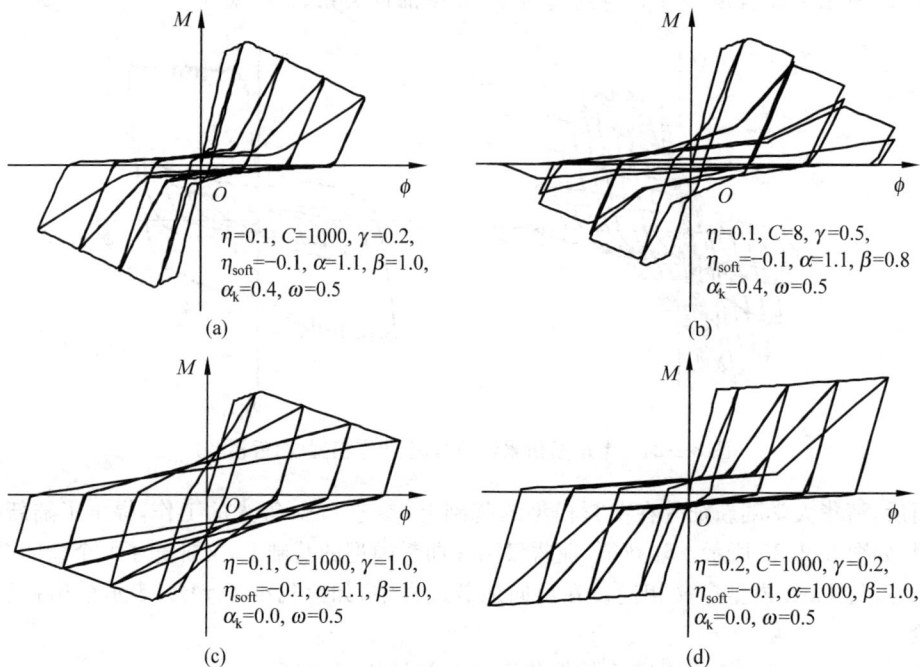

图 8-2-26　陆新征-曲哲模型不同参数得到的滞回曲线性状

图 8-2-27 所示为采用陆新征-曲哲模型模拟钢结构滞回行为,选择了 3 个代表性试验结果,JD-1 是捏拢型滞回,JD-3 是饱满型滞回,JD-6 是损伤累计型滞回。可见通过选择合适参数,陆新征-曲哲模型都与试验结果吻合良好。

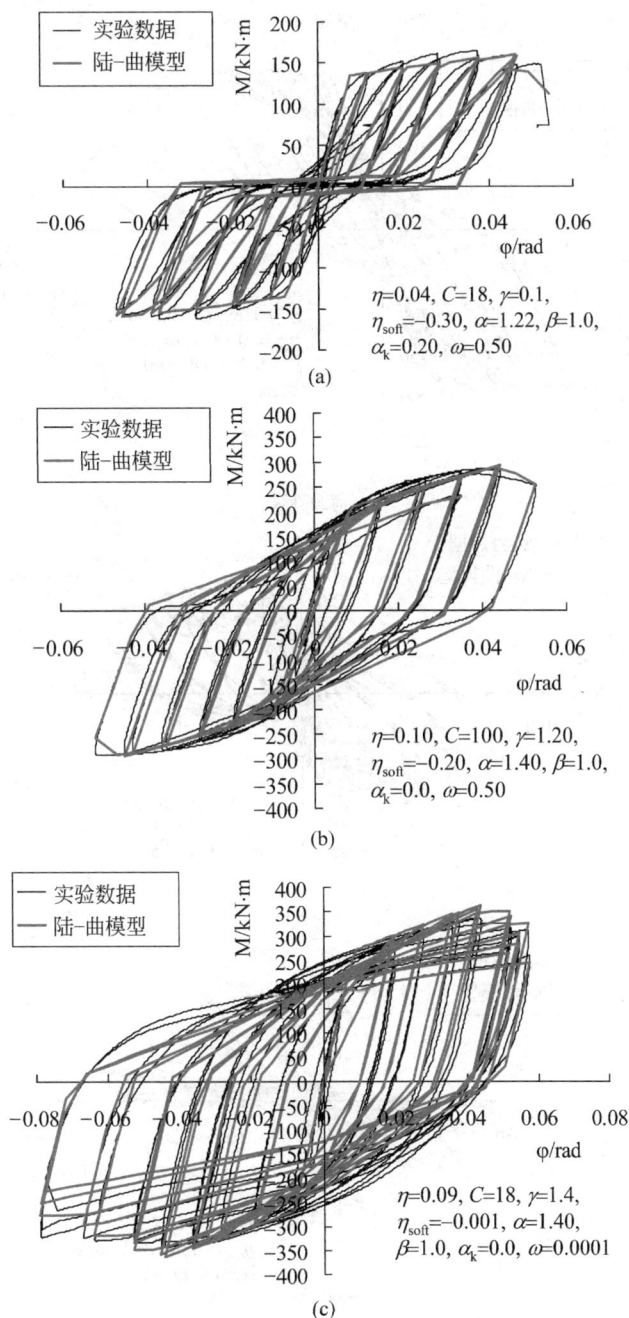

$\eta=0.04$, $C=18$, $\gamma=0.1$,
$\eta_{soft}=-0.30$, $\alpha=1.22$, $\beta=1.0$,
$\alpha_k=0.20$, $\omega=0.50$

(a)

$\eta=0.10$, $C=100$, $\gamma=1.20$,
$\eta_{soft}=-0.20$, $\alpha=1.40$, $\beta=1.0$,
$\alpha_k=0.0$, $\omega=0.50$

(b)

$\eta=0.09$, $C=18$, $\gamma=1.4$,
$\eta_{soft}=-0.001$, $\alpha=1.40$,
$\beta=1.0$, $\alpha_k=0.0$, $\omega=0.0001$

(c)

图 8-2-27　陆新征-曲哲模型模拟钢结构滞回行为(施刚等,2005)
(a) JD-1 平齐式半刚性端板节点;(b) JD-3 外伸式半刚性端板节点;
(c) JD-6 外伸式半刚性端板节点

图 8-2-28 所示为采用陆新征-曲哲模型模拟钢筋混凝土结构滞回行为,选择了 3 个代表性试验结果,分别是弯曲破坏、弯剪破坏和剪切破坏。可见通过选择合适参数,陆新征-曲哲模型都与试验结果吻合良好。

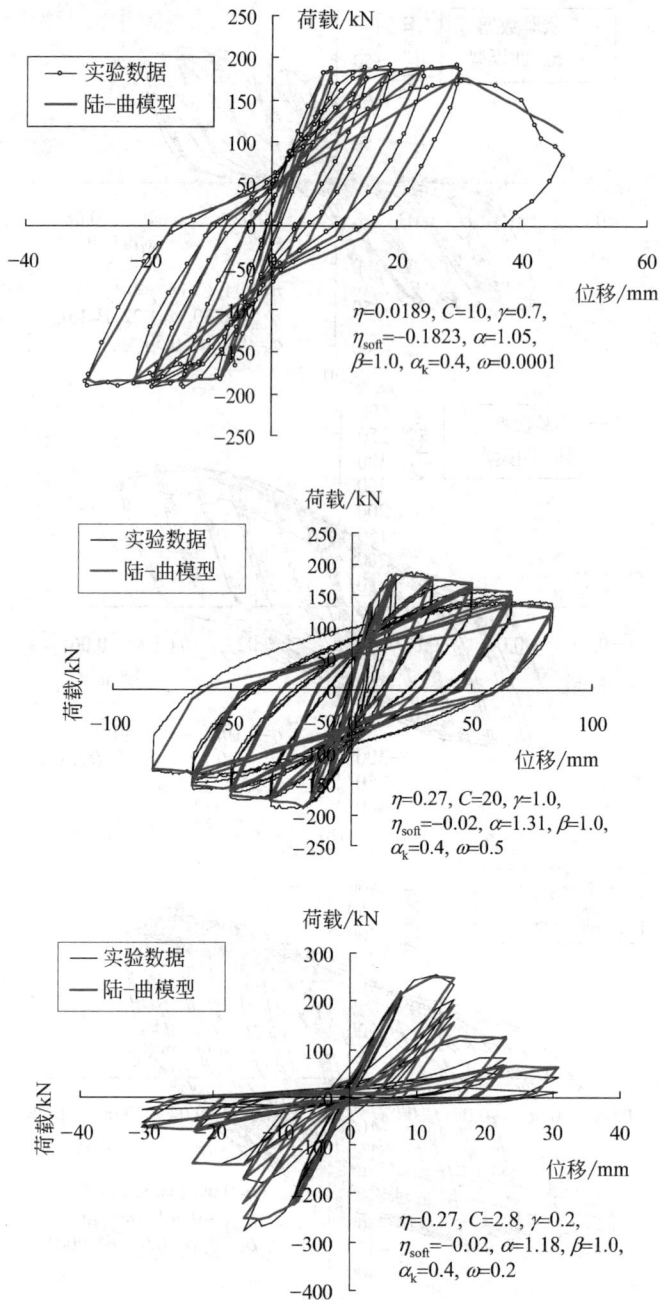

图 8-2-28 陆新征-曲哲模型模拟钢筋结构滞回行为
(a) 陆新征-曲哲模型与弯曲破坏剪力墙试验比较(陈勤,2002);
(b) 陆新征-曲哲模型与弯剪破坏钢筋混凝土柱压弯试验比较(Saatcioglu & Grira,1999);
(c) 陆新征-曲哲模型与剪切破坏钢筋混凝土弯柱试验比较(Lynn et al.,1996)

Ibarra 和 Krawinkler 等建议了一个更为复杂的塑性铰模型,近年来得到了广泛重视,如图 8-2-29 所示(Ibarra & Krawinkler,2006)。该模型需要以下一些参数:

① 初始刚度 K_e;

② 硬化刚度 K_s;

③ 峰值位移(capping displacement)δ_c;

④ 软化刚度 K_c;

⑤ 残余强度 F_r。

随着荷载的往复作用,其卸载刚度、峰值强度等都将随着应变能的累积而退化,其退化规律如式(8-2-24)所示:

$$\beta_i = \left[\frac{E_i}{E_t - \sum\limits_{j=1}^{i} E_j} \right]^c \tag{8-2-24a}$$

$$F_i^+ = (1 - \beta_{s,i}) F_{i-1}^+, \quad F_i^- = (1 - \beta_{s,i}) F_{i-1}^- \tag{8-2-24b}$$

$$K_i^+ = (1 - \beta_{s,i}) K_{i-1}^+, \quad K_i^- = (1 - \beta_{s,i}) K_{i-1}^- \tag{8-2-24c}$$

$$F_{ref}^{+/-} = (1 - \beta_{ret,i}) F_{ref,i-1}^{+/-} \tag{8-2-24d}$$

$$K_{u,i} = (1 - \beta_{k,i}) K_{u,i-1} \tag{8-2-24e}$$

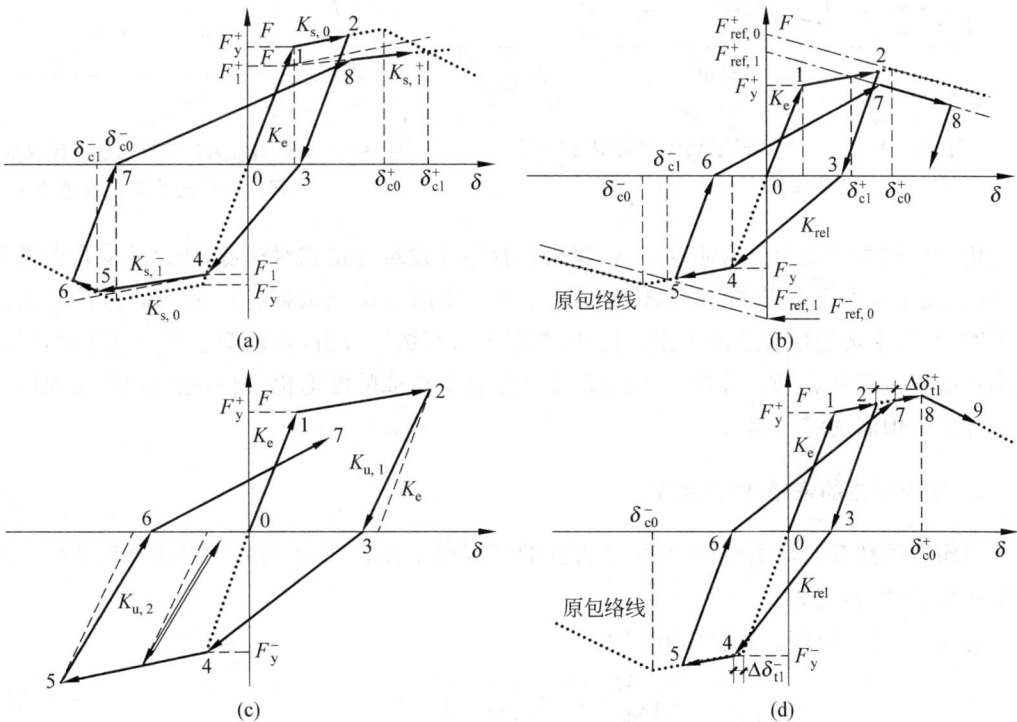

图 8-2-29　Ibarra 和 Krawinkler 建议的塑性铰模型

(a) 基本强度退化;(b) 软化段强度退化;

(c) 卸载刚度退化;(d) 再加载加速刚度退化

式中，β_i 为退化系数；E_i 为第 i 圈耗能；$\sum_{j=1}^{i} E_j$ 为前面所有滞回圈总耗能；E_t 为滞回耗能能力；$E_t = \gamma F_y \delta_y$；$F_y$ 和 δ_y 为屈服荷载和屈服位移；γ 为系数；C 为试验给出的系数，一般在 $1 \sim 2$ 之间；F_i、$K_{s,i}$、$F_{\mathrm{ref},i}$、$K_{u,i}$ 等为第 i 圈对应的结构屈服强度、硬化刚度、骨架线峰值强度及软化刚度；β_i、$\beta_{s,i}$、$\beta_{\mathrm{ref},i}$、$\beta_{k,i}$ 等为第 i 圈各参数对应的退化系数 β 值。

Ibarra 和 Krawinkler 等经过大量对比，表明通过选择合适参数，该模型可以同很多试验结果吻合良好。

通用有限元软件 SAP 2000 建议的塑性铰模型如图 8-2-30 及图 8-2-31 所示(CSI，2007)，其控制点 A、B、C、D、E 取值可根据 FEMA-356 等美国有关性能化设计规范中建议的参数取值，其卸载可采用原点指向型模型。图 8-2-31 中 IO、LS、CP 分别代表 immediate occupancy(立即使用)，life safe(生命安全)和 collapse prevention(防止倒塌)。

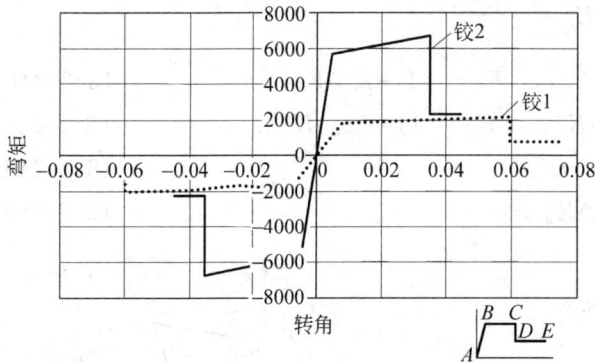

图 8-2-30　SAP 2000 程序建议的典型弯矩-转角
塑性铰模型

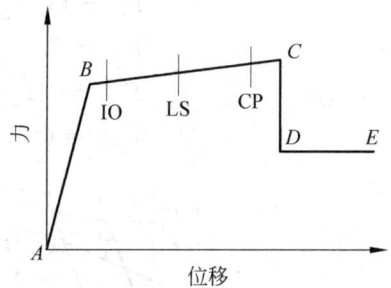

图 8-2-31　SAP 2000 有限元软件建议的
塑性铰骨架线模型物理含义

由于单向构件试验数据非常丰富，建模和程序开发难度也相对较低，所以单向弯曲的弯矩-曲率关系种类还有很多，这里不再一一介绍。使用者应该根据自己分析的目的以及构件的特性，灵活选用最合适的模型。譬如：如果要进行倒塌分析，则模型应该有软化段，以模拟构件破坏过程特点；如果构件有明显的滞回刚度退化或强度退化，则不应使用理想双线性模型等过于饱满的滞回模型。

2. 双向弯曲的弯矩-曲率关系

当构件受到双向弯曲作用时，两个方向的弯矩相互影响，形成的屈服曲面和破坏曲面有着空间相关性，如图 8-2-32 所示。

这时，考虑双向弯曲耦合的方程为

$$\left(\frac{M_x}{M_{x,u}}\right)^{\alpha_n} + \left(\frac{M_y}{M_{y,u}}\right)^{\alpha_n} = 1 \tag{8-2-25}$$

其中，α_n 为轴力水平系数，当轴力为零时，可以取为 2，轴力水平较高时，α_n 在 1 和 2 之间。$M_{x,u}$、$M_{y,u}$ 分别为 x 和 y 方向单向弯曲时的极限弯矩。

构件屈服后，屈服面可以在空间移动或扩大，类似于塑性理论中的等强硬化和随动硬化行为。

3. 考虑变轴力影响的弯矩-曲率关系（邹积麟，2001）

图 8-2-33 所示为常见的轴力-弯矩相关关系，可见轴力的变化对构件的弯曲性能影响明显。

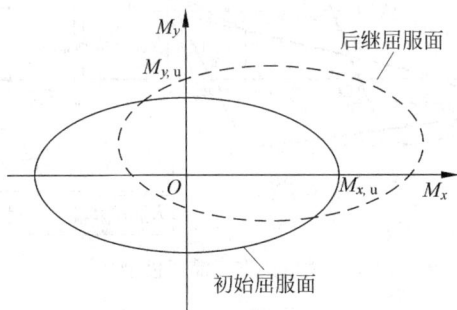

图 8-2-32 双向弯曲空间相互影响

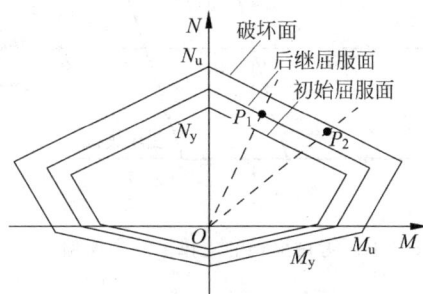

图 8-2-33 轴力弯矩相关关系

当前变轴力作用下截面的弯矩-曲率关系的模型一般都比较简单，多采用类似于弹塑性力学的模型加以模拟。如图 8-2-33 所示，首先根据截面形式和配筋情况得到截面的开裂、屈服和极限受力组合，确定开裂面、屈服面和破坏面。然后，根据截面当前的内力情况和变形增量，判断截面是属于加载、卸载还是再加载状态。如图中 P_1 点为当前截面内力组合，考虑截面变形增量后得到的内力组合点为 P_2 点。如果 P_2 点在当前屈服面以外，则认为是屈服后骨架线加载；如果在屈服面以内，则为卸载，分别使用相应的截面抗弯刚度系数，得到相应的截面弯矩-曲率关系。考虑变轴力的影响一直是基于截面模型的一个重要难题，目前仍未得到较好解决。因此，如果轴力变化较大且对弯矩影响比较显著时，一般认为基于材料的纤维模型效果要优于基于截面的模型。

8.2.4 基于构件的模型

1. 概述

对于一些受力比较明确的杆件，可以直接给出杆件的杆端力-杆端变形关系，即 F-Δ 关系。例如，对考虑受压失稳的钢支撑构件，由于支撑稳定计算难度较大，往往直接给出整个构件受拉或受压关系。

2. 考虑失稳的钢支撑恢复力模型

对于框架间的钢支撑，由于长细比一般较大，因此在受压情况下会失稳，受压与受拉行为不同，因此，可以建立支撑的杆端力-位移关系，如图 8-2-34 所示。图中，N_y 为支撑受拉屈服轴力，N_b 为支撑受压屈曲轴力。

笔者提出了能较全面地模拟钢支撑复杂滞回行为的 18 参数支撑模型，如图 8-2-35 所示。该模型的主要特点包括：可以考虑支撑的屈服、强化、软化特性；可以考虑支撑的捏拢特性；可以考虑支撑在往复加载下的累积损伤特性；可以考虑支撑的正、反向屈服强度不同的特性；可以考虑支撑卸载刚度退化的特性；可以考虑支撑受压失稳引起刚度、强度退化等特性。

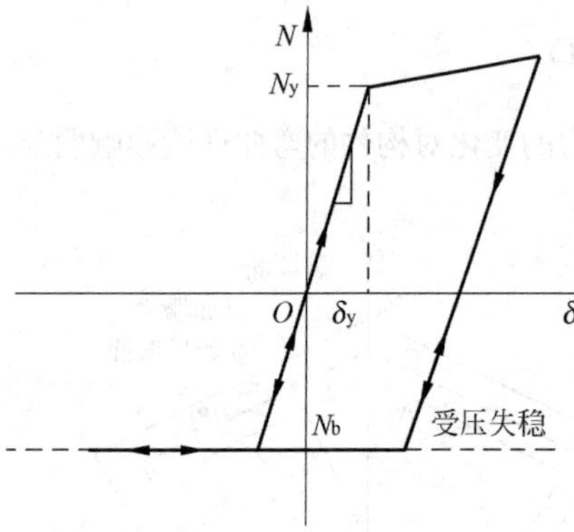

图 8-2-34 考虑失稳的支撑恢复力模型

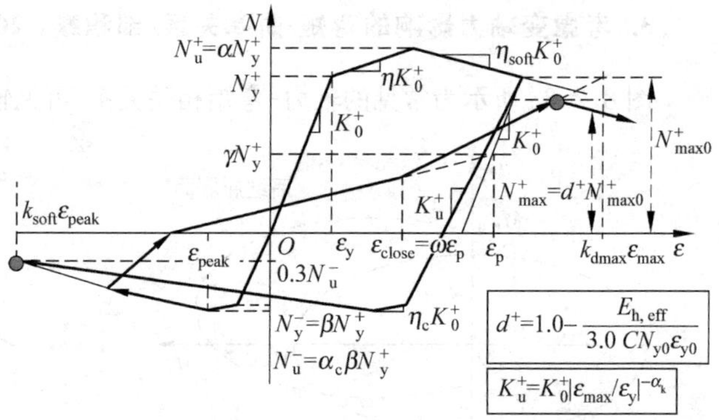

图 8-2-35 18 参数支撑滞回模型

在该模型中,一共需定义 18 个参数,见表 8-2-4。通过调整这些参数的取值,就可以模拟多种不同的滞回模型。以 Goggins 等(Goggins et al.,2005)的支撑试验为例,计算得到的滞回关系与试验滞回关系比较如图 8-2-36 所示。可见模型与试验结果吻合很好,准确模拟了支撑的屈服、屈曲、刚度退化、强度退化、捏拢等复杂受力特征。

表 8-2-4 支撑模型输入参数列表

(1) 初始刚度 K_0	(10) 受拉滑移结束位置 ω
(2) 初始屈服轴力 N_y	(11) 最大位移增大系数 k_{dmax}
(3) 强化参数 η	(12) 受压强化参数 η_c
(4) 损伤累计耗能参数 C	(13) 受压滑移捏拢参数 γ_c
(5) 滑移捏拢参数 γ	(14) 受压软化比例 k_{soft}
(6) 软化参数 η_{soft}	(15) 受压极限荷载与屈服荷载之比 α_c
(7) 极限荷载与屈服荷载之比 α	(16) 受压卸载刚度系数 α_{kc}
(8) 反向与正向屈服强度比 β	(17) 受压滑移结束位置 ω_c
(9) 卸载刚度系数 α_k	(18) 受压-受拉损伤累积速率比 D_c

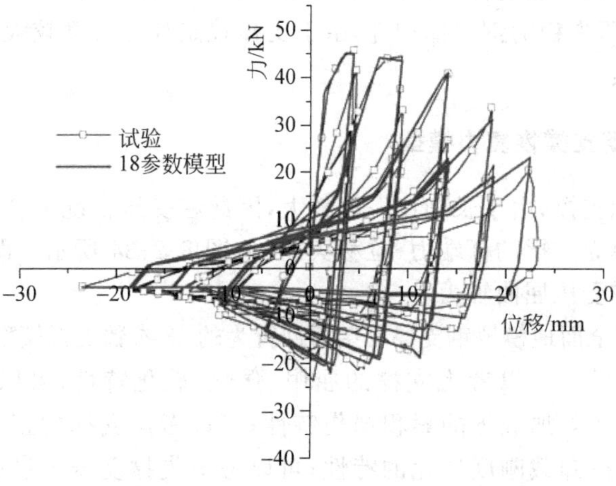

图 8-2-36 18 参数支撑模型与实验结果对比图

8.3 剪力墙结构的弹塑性有限元模型

剪力墙和楼板等平面构件是结构非线性计算中另一类重要结构构件。与框架等构件不同,剪力墙等平面构件的特点是其长度和宽度往往是在一个数量级上,而厚度则比长度和宽度要明显小很多。故而对于剪力墙,最适宜的有限单元是空间板壳单元。目前一些结构线弹性分析软件,如 SAP 2000,SATWE 等,都已经采用空间壳单元来分析剪力墙。

但是对于弹塑性分析,特别是时程分析,采用壳单元会导致计算量很大,故而在过去计算机分析能力不足的情况下,提出了很多针对剪力墙受力特点的宏观非线性模型(简称宏模型),如桁架模型、多弹簧模型、三垂直杆元模型、多垂直杆元模型等。这些模型在剪力墙结构非线性分析的发展过程中发挥了非常重要的作用,但是由于其简化较多,也存在很多的问题。故而,近年来随着计算机分析能力的提高,剪力墙结构的非线性计算已经逐渐集中到采用分层壳元模型(或称非线性壳元、弹塑性壳元模型)上来。本节重点介绍分层壳元在剪力墙计算中的应用,对于传统的宏模型,此后再简单加以介绍。

8.3.1 微观模型(分层壳模型)

1. 分层壳单元的基本公式

分层壳剪力墙单元是基于复合材料力学原理,可以用来描述钢筋混凝土剪力墙面内弯剪共同作用效应和面外弯曲效应(林旭川等,2009;叶列平等,2006)。如图 8-3-1 所示,一个分层壳单元可以划分成很多层,各层可以根据需要设置不同的厚度和材料性质(混凝土、钢筋)。在有限元计算过程中,首先得到壳单元中心层的应变和壳单元的曲率,然后根据各层材料之间满足平截面假定,就可以由中心层应变和壳单元的曲率得到各钢筋和混凝土层的应变,进而由各层的材料本构方程得到各层相应的应力,并积分得到整个壳单元的内力。由此可见,壳单元可以直接将混凝土、钢筋的本构行为与剪力墙的非线性行为联系起来,因而在描述实际剪力墙复杂非线性行为方面有着明显的优势。

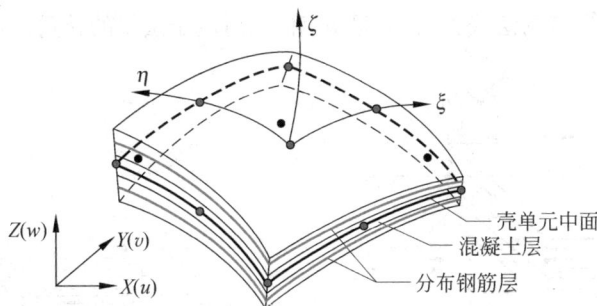

图 8-3-1 分层壳单元

分层壳元的主要假设包括:
(1) 混凝土层与钢层之间无相对滑移;

（2）每个分层壳单元可以有不同的分层数，并且每个分层可以厚度不同，但同一个分层厚度均匀。

如图 8-3-2 所示，将壳单元分成若干层，各分层依次编号，从分层壳单元的下表面开始，每一层中面上有高斯积分点，每层的应力分量就在这些高斯应力点上计算，那么壳单元的应力分布可以由分段的常应力值来近似表示。

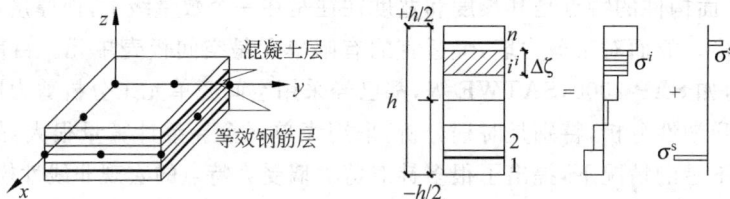

图 8-3-2　分层壳单元模型和应力表示

规定单元内力的正方向之后（见图 8-3-3），分层壳单元的单元内力可以由每层上的应力分量沿厚度方向的坐标进行积分而得到

$$N_{x(y)} = \int_{-h/2}^{h/2} \sigma_{x(y)}\, dz = \frac{h}{2} \sum_{1}^{n} \sigma_{x(y)}^{i} \Delta \zeta^{i} \tag{8-3-1a}$$

$$M_{x,(y),(xy)} = -\int_{-h/2}^{h/2} \sigma_{x,(y),(xy)}\, dz = -\frac{h^2}{4} \sum_{1}^{n} \sigma_{x,(y),(xy)}^{i} \zeta^{i} \Delta \zeta^{i} \tag{8-3-1b}$$

$$M_{x,(y),(xy)} = -\int_{-h/2}^{h/2} \sigma_{x,(y),(xy)}\, dz = -\frac{h^2}{4} \sum_{1}^{n} \sigma_{x,(y),(xy)}^{i} \zeta^{i} \Delta \zeta^{i} \tag{8-3-1c}$$

下面以应用广泛的四边形退化壳单元来介绍分层壳单元的基本公式。引入分层模型时，通过建立分层壳的总体坐标系、分层壳单元节点坐标系以及壳单元各层的曲线坐标系和各高斯点的局部坐标系来确定单元的几何特性以及应力、应变、位移的计算。

（1）总体坐标系(x,y,z)是整个模型建立的参考坐标系，可以在建立模型时任意选取，结构的空间几何关系、节点的坐标和位移、结构总体刚度矩阵和外力矢量都在此坐标系下确定。

（2）壳单元节点坐标系(v_{1k}, v_{2k}, v_{3k})是定义在壳单元节点上的坐标系（见图 8-3-4），原点在分层壳单元的中面上，矢量 v_{3k} 由此点壳单元上下表面的厚度方向确定。矢量 v_{1k} 垂直于 v_{3k} 并且平行于总体坐标系下的 x-y 平面，矢量 v_{2k} 的方向通过右手规则由 v_{1k} 和 v_{3k} 确定。由此可知，矢量 v_{3k} 定义了节点的法线方向，矢量 v_{1k} 和 v_{2k} 对应于法线的转角位移 β_{2k} 和 β_{1k}。

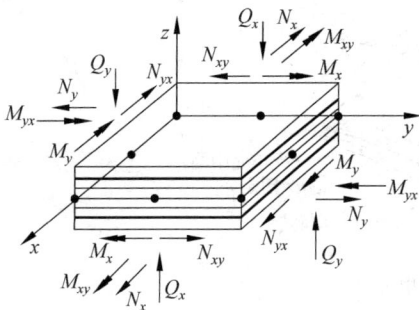

图 8-3-3　单元内力的符号规定

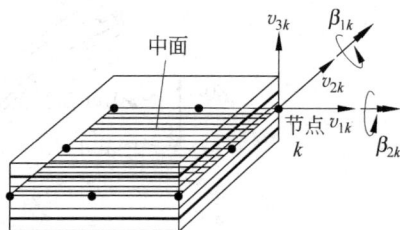

图 8-3-4　壳单元节点坐标系

（3）壳单元的曲线坐标系(ξ,η,ζ)。由于分层壳单元的几何特性需要通过壳中面的位置来确定，所以需要在各分层上建立一坐标系。此坐标系中，ζ是壳单元厚度方向坐标与v_{3k}相同，并且在$[-1,1]$之间变化（见图8-3-5），$\zeta=-1$时表示分层壳下表面的第一层，$\zeta=1$时表示分层壳的最上层。曲线坐标系与整体坐标系的转换关系如下：

$$x_i = \sum_{k=1}^{n} N_k x_{ik}^{\text{中面}} + \sum_{k=1}^{n} N_k \frac{h}{2} \zeta \overline{v}_{3k}^i \tag{8-3-2}$$

即

$$\begin{bmatrix} x \\ y \\ z \end{bmatrix} = \sum_{k=1}^{n} N_i \begin{bmatrix} x_k \\ y_k \\ z_k \end{bmatrix} + \sum_{k=1}^{n} N_k \frac{h}{2} \zeta \begin{bmatrix} \overline{v}_{3k}^x \\ \overline{v}_{3k}^y \\ \overline{v}_{3k}^z \end{bmatrix}$$

式中，$i=1\sim3$，对应于三个总体坐标方向；n为分层壳的节点数；$N_k=N_k(\xi,\eta)$，$k=1,2,\cdots,n$，是对应于ζ分层上壳单元的形状函数；h为壳单元的厚度。

（4）高斯点的局部坐标系(x_1',x_2',x_3')。由于分层壳单元在每个分层上采用高斯点积分方式，所以在每个积分点上需要建立一坐标系来计算高斯点上的应力-应变。x_3'方向仍然与分层壳单元的厚度方向一致，原点选在高斯点上，x_1'平行于ξ方向，x_2'平行于η方向（见图8-3-6）。

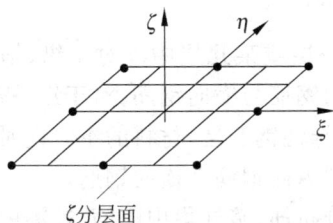

图 8-3-5　壳单元的曲线坐标系　　　　　图 8-3-6　高斯点的局部坐标系

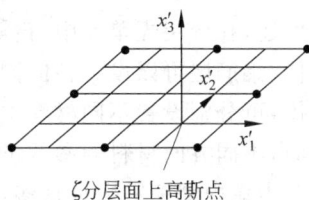

分层壳单元位移场由节点上法线的 5 个自由度来表示，包括中面节点的 3 个位移（$u_{ik}^{\text{中面}}$）和 2 个转角位移（β_{1k},β_{2k}）。由图8-3-4可知，由两个转角引起的法线上点的位移为

$$\delta_{1k} = h\beta_{1k} \tag{8-3-3}$$

$$\delta_{2k} = h\beta_{2k} \tag{8-3-4}$$

式中，δ_{1k}为v_{1k}方向上的位移；δ_{2k}为v_{2k}负方向上的位移。相应的位移分量可表示为

$$(u_i)_{\beta_{1k}} = \delta_{1k} \overline{v}_{1k}^i \tag{8-3-5}$$

$$(u_i)_{\beta_{2k}} = \delta_{2k} \overline{v}_{2k}^i \tag{8-3-6}$$

最后的壳单元位移场可表示为

$$u_i = \sum_{k=1}^{n} N_k u_{ik}^{\text{中面}} + \sum_{k=1}^{n} N_k \frac{h}{2} \zeta [\overline{v}_{1k}^i, -\overline{v}_{2k}^i] \begin{bmatrix} \beta_{1k} \\ \beta_{2k} \end{bmatrix} \tag{8-3-7}$$

即

$$\begin{bmatrix} u \\ v \\ w \end{bmatrix} = \sum_{k=1}^{n} N_k \begin{bmatrix} u_k \\ v_k \\ w_k \end{bmatrix} + \sum_{k=1}^{n} N_k \frac{h}{2} \zeta \begin{bmatrix} \overline{v}_{1k}^x - \overline{v}_{2k}^x \\ \overline{v}_{1k}^y - \overline{v}_{2k}^y \\ \overline{v}_{1k}^z - \overline{v}_{2k}^z \end{bmatrix} \begin{bmatrix} \beta_{1k} \\ \beta_{2k} \end{bmatrix} \tag{8-3-8}$$

则 k 节点引起的总体位移为

$$
\begin{bmatrix} u \\ v \\ w \end{bmatrix} = \begin{bmatrix} N_k^e & 0 & 0 & N_k^e\zeta\dfrac{h}{2}v_{1k}^x & -N_k^e\zeta\dfrac{h}{2}v_{2k}^x \\ 0 & N_k^e & 0 & N_k^e\zeta\dfrac{h}{2}v_{1k}^y & -N_k^e\zeta\dfrac{h}{2}v_{2k}^y \\ 0 & 0 & N_k^e & N_k^e\zeta\dfrac{h}{2}v_{1k}^z & -N_k^e\zeta\dfrac{h}{2}v_{2k}^z \end{bmatrix} \begin{bmatrix} u_k \\ v_k \\ w_k \\ \beta_{1k} \\ \beta_{2k} \end{bmatrix} \qquad (8\text{-}3\text{-}9)
$$

即

$$
u_k = N_k\delta_k \qquad (8\text{-}3\text{-}10)
$$

对整个分层壳单元

$$
u = N\delta \qquad (8\text{-}3\text{-}11)
$$

式中,δ 为单元节点位移变量矢量;N 为壳单元的形状函数矩阵,对于单元的角节点按式(8-3-12a)确定,如果是 8 节点壳单元,对于单元边上的中节点按式(8-3-12b)确定。

$$
N_i^e = \frac{1}{4}(1+\xi\xi_i)(1+\eta_i)(\xi\xi_i+\eta_i-1) \qquad (8\text{-}3\text{-}12a)
$$

$$
N_i^e = \frac{\xi_i^2}{2}(1+\xi\xi_i)(1-\eta^2) + \frac{\eta_i^2}{2}(1+\eta_i)(1-\xi^2) \qquad (8\text{-}3\text{-}12b)
$$

2. 分层壳单元在剪力墙计算中的实现

如上所述,在分层壳单元中,钢筋材料被弥散到某一层或某几层中。对于纵、横配筋率相同的墙体,钢筋层可以设为各向同性,来同时模拟纵向钢筋与横向钢筋;对于纵、横配筋率不同的墙体,可分别设置不同材料主轴方向的正交各向异性钢筋层,材料的主方向对应于钢筋的主方向,不同方向材料的参数可以不同,来分别模拟纵向钢筋和横向钢筋。

由于剪力墙内部钢筋数量众多,类型又有多样,如分布筋、暗柱集中配筋、连梁中的受弯纵筋和箍筋及其 X 形钢筋骨架等。一般建议通过在分层壳单元中输入适当的钢筋层(图 8-3-7),用"弥散"钢筋模型来模拟分布筋,可极大简化分布筋的建模。但是,对于连梁、暗柱等特殊部位,由于钢筋分布很不均匀,钢筋走向也很多样,这时可将这些关键配筋用专门的杆件单元建模,则较为准确。但由此引发的问题是,如何实现这些不同钢筋单元与混凝土单元之间位移协调共同工作。利用目前通用有限元软件提供的内嵌钢筋功能,如MSC. MARC 的"Inserts"功能,可保证钢筋与壳体之间变形协调,如图 8-3-8 所示。例如对于图 8-3-9、图 8-3-10 所示的核心筒结构,可以建好"钢筋网"单元后(图 8-3-9),用"Inserts"功能直接嵌入混凝土单元(图 8-3-10),程序自动考虑钢筋与混凝土之间的位移协调。离散钢筋-分层壳剪力墙模型的计算量大,但随着计算机性能的不断提高,计算机分析能力已不再是限制因素。

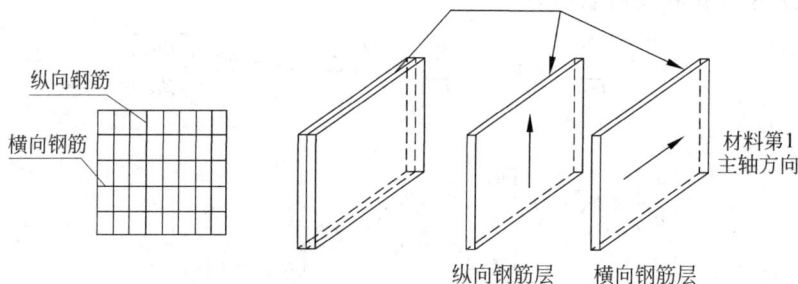

图 8-3-7 分层壳模型中钢筋层设置示意图

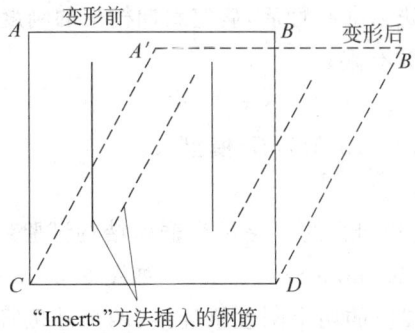

图 8-3-8　采用"Inserts"方法保证钢筋与壳体变形协调

图 8-3-9　钢筋单元空间分布

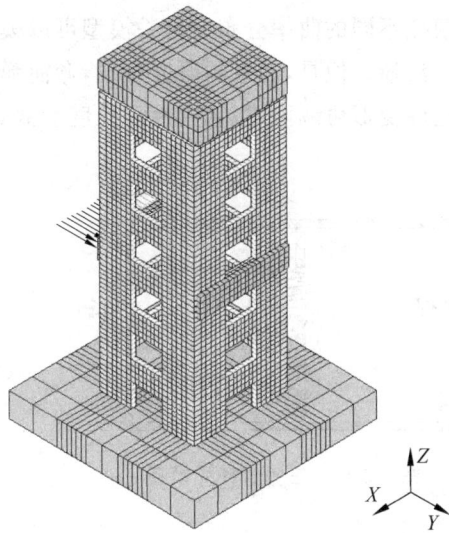

图 8-3-10　混凝土单元划分

8.3.2　等效梁模型

当剪力墙的宽度较小,高宽比较大,整体弯曲效果显著时,可以把剪力墙等效为一根钢筋混凝土梁单元。这时,可以采用前面介绍的两端有集中塑性铰的梁单元模型加以模拟,也可以采用纤维梁模型来模拟,而节点区则用刚域模拟。等效梁方法在弹性分析中使用得较多,当考虑剪力墙的非线性反应,包括塑性、开裂等行为时,集中的塑性铰模型很难真实模拟出剪力墙中的曲率分布和中性轴位置的变化,因此等效梁模型使用受到较大限制。

8.3.3　等效桁架模型(宏模型 1)

等效桁架模型是用一个等效的桁架系统来模拟剪力墙,如图 8-3-11 所示,其特点是可以计算由对角开裂引起

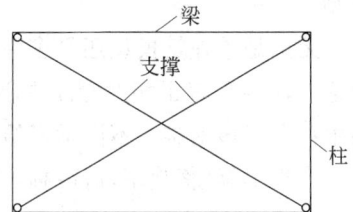

图 8-3-11　等效桁架模型

的应力重分布。桁架模型在进入非线性后,确定斜向桁架的刚度和恢复力模型比较困难,因此这个模型的使用范围也比较有限。

8.3.4 三垂直杆元模型(TVLEM)(宏模型2)

为了分析1984年美日合作研究的7层足尺框剪结构试验结果,Kabeyasawa等提出了一个宏观的三垂直杆元模型(Kabeyasawa,1983)。如图8-3-12所示,三垂直杆元模型中三个垂直杆元通过代表上、下楼板的两个刚性梁连接,两个外侧杆元代表墙两边柱的轴向刚度,中心杆元由垂直、水平和弯曲弹簧组成,在中心杆元和下部刚梁之间加入一高度为 ch 的刚性元素,ch 即为底部和顶部刚性梁相对转动中心的高度。通过参数 $c(0 \leqslant c \leqslant 1)$ 的不同取值可以模拟不同的曲率分布。这一模型可以模拟进入非线性后剪力墙中性轴的移动,而且物理概念清晰。但是,后来的研究发现,弯曲弹簧的刚度取值存在一定的困难,弯曲弹簧的变形与边柱变形协调困难,且刚性杆长度参数 c 也比较难以确定。

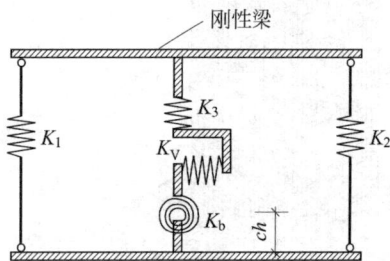

图 8-3-12 三垂直杆元模型

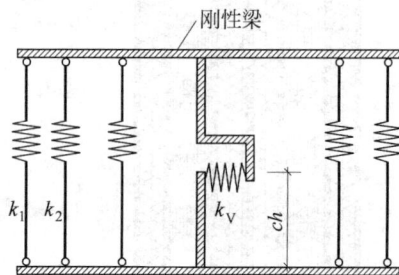

图 8-3-13 多垂直杆元模型

8.3.5 多垂直杆元模型(MVLEM)(宏模型3)

为了解决垂直杆件中弯曲弹簧与其他弹簧变形协调困难的问题,一些研究者(Vulano等,1988)又提出了多垂直弹簧模型(MVLEM)。在多垂直弹簧模型中,用几个垂直杆件来代替弯曲弹簧,剪力墙的弯曲刚度和轴向刚度由这些弹簧代表,而剪切刚度由一个水平弹簧代表(图8-3-13)。这样,只需给出单根杆件的拉压或剪切滞回关系,避免了弯曲弹簧弯曲滞回关系确定困难的缺点,也可以考虑中性轴的移动,这与前文介绍的基于材料的纤维模型基本原理相似。多垂直杆元模型是目前使用较广的非线性剪力墙模型。

无论是单弹簧模型还是多弹簧模型,都需要知道剪切弹簧距离底部刚性梁的距离 ch。理论上,c 值代表了相对弯曲中心的位置,应该根据层间的曲率分布加以确定。但是实际应用中存在很多困难。不同学者给出了不同的 c 取值,一般取 $0.33 \sim 0.5$。

蒋欢军等(蒋欢军,吕西林,1998)推导了多垂直杆件墙元的刚度矩阵为

$$F = K^e \Delta^e \tag{8-3-13}$$

$$
\boldsymbol{K}^{e} =
\begin{bmatrix}
k_{\mathrm{V}} & 0 & k_{\mathrm{V}} \cdot ch & -k_{\mathrm{V}} & 0 & k_{\mathrm{V}} \cdot (1-c)h \\
& \sum_{i=1}^{n} k_i & -\sum_{i=1}^{n} k_i l_i & 0 & -\sum_{i=1}^{n} k_i & \sum_{i=1}^{n} k_i l_i \\
& & k_{\mathrm{V}} \cdot (ch)^2 + \sum_{i=1}^{n} k_i l_i^2 & -k_{\mathrm{V}} \cdot ch & \sum_{i=1}^{n} k_i l_i & k_{\mathrm{V}} \cdot (1-c)dh^2 - \sum_{i=1}^{n} k_i l_i^2 \\
& & & k_{\mathrm{V}} & 0 & -k_{\mathrm{V}} \cdot (1-c)h \\
& & & & \sum_{i=1}^{n} k_i & -\sum_{i=1}^{n} k_i l_i \\
& & & & & k_{\mathrm{V}} \cdot (1-c)dh^2 + \sum_{i=1}^{n} k_i l_i^2
\end{bmatrix}
$$

$$(8\text{-}3\text{-}14\mathrm{a})$$

$$\boldsymbol{\Delta}^{e} = \begin{bmatrix} x_i^{e} & y_i^{e} & \theta_i^{e} & x_j^{e} & y_j^{e} & \theta_j^{e} \end{bmatrix}^{\mathrm{T}} \tag{8-3-14b}$$

式中,k_{V} 为剪切弹簧刚度;k_i 为第 i 个垂直弹簧刚度;l_i 为第 i 个垂直弹簧到形心的水平距离。

8.4 地震下结构整体弹塑性分析的方法和注意事项

前面介绍了钢筋混凝土杆系结构分析所常用的单元和相应的材料模型,为分析复杂结构整体行为提供了必要的工具。但是,在实际结构分析中,除了要选择适当的单元和材料模型外,还需要适当的分析方法。本节将介绍一些主要的注意事项。

8.4.1 单元和本构模型的选择

一般来说,对于框架构件,可采用梁单元来建模。竖向构件及轴力影响不可忽略的水平构件应优先选用基于材料的模型(纤维模型)。其他单元可采用基于截面或基于构件的模型。

在整体结构弹塑性分析中,特别是对于地震分析,由于经常出现梁、柱构件两端弯矩符号不同的情况,因此,在建模时应该充分考虑构件这一受力特性。根据笔者经验,如果采用图 8-2-3 所示的那种两端集中塑性铰模型,则一般可以只划分一个单元。如果采用的是一般通用有限元程序中的单一积分点或者三积分点梁单元,则应保证每个梁柱构件中积分点的数量不应少于 5~6 个(即采用单一积分点时,每个梁柱构件应划分成不少于 5~6 个单元,采用三积分点梁单元时,每个梁柱构件应划分成不少于 2 个单元),应保证塑性铰区在梁的长度方向至少有一个积分点。

剪力墙单元应优先选用分层壳单元。根据笔者经验,根据采用的单元类型不同,剪力墙尺寸不同,单元网格密度也有所不同,但是一般单元边长不宜超过 2~3m。在关键受力部位,网格密度应适当增加以保证计算精度的可靠。在剪力墙的端部或转角部位,建议采用梁单元或者桁架单元来模拟边缘约束构件的集中配筋。

连梁建议采用分层壳单元模拟,在连梁高度方向网格划分不少于 2 个单元。

混凝土本构模型应考虑受拉和受压刚度退化和负刚度,钢材的本构模型应考虑屈服和包辛格效应。单轴本构模型可参阅《混凝土结构设计规范》(GB 50010—2010)等有关规范中的规定。对于配筋构造三级以上的框架柱,应考虑约束混凝土的影响,建议可采用 MPP 约束模型(式(8-2-17)及式(8-2-18))。

8.4.2 分析方法

对于高度不超过 40m 或 12 层、地震反应以第一振型为主的规则结构抗倒塌能力验算可采用静力弹塑性分析方法。进行双向或多向地震作用下的弹塑性地震反应分析时,应采用弹塑性时程分析方法。

计算应采用三维计算模型。计算模型应符合结构的实际受力状态;构件的材料、截面尺寸、配筋等应反映结构的实际情况;必要时,计算模型应包括结构的地下部分、基础和地基;宜考虑楼板变形的影响,必要时采用弹塑性楼板模型;预期不屈服的结构构件可采用线弹性模型(但应该检查计算结果是否满足预期假定);计算应考虑几何非线性影响(包括大变形和 P-Δ 效应);荷载按《工程结构可靠度设计统一标准》(GB 50153—2008)地震工况组合。

弹塑性计算阻尼比选择应符合《建筑抗震设计规范》(GB 50011—2010)的规定,可采用 Rayleigh 阻尼,采用其他阻尼形式时,应对其可靠性进行验证。

8.5 算 例

笔者采用直接基于材料本构模型的纤维梁单元和分层壳单元,完成了超高层建筑——上海中心大厦——在特大地震下倒塌全过程的模拟(Lu et al.,2011),预测了结构的倒塌模式和破坏机理,为研究和改进超高层建筑的抗震设计提供依据(图 8-5-1~图 8-5-3)。

图 8-5-1 上海中心大厦的外形和结构

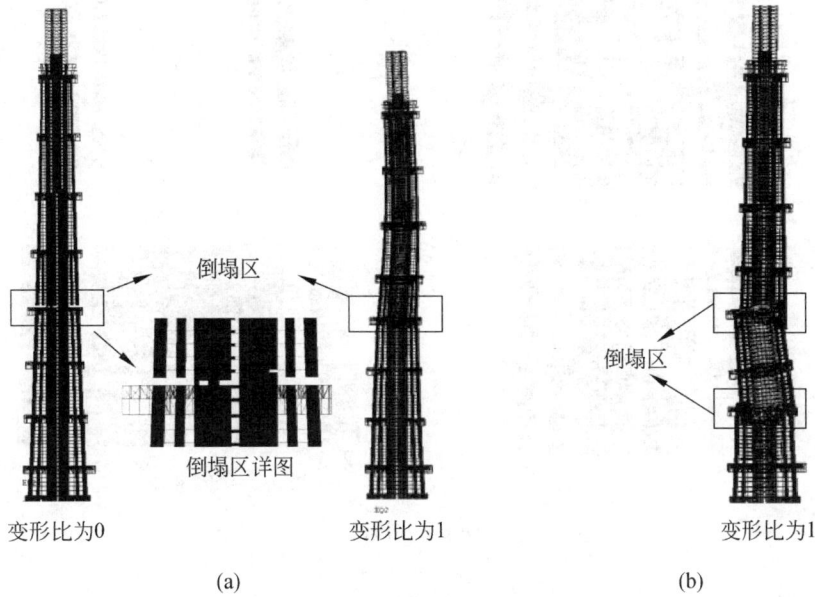

图 8-5-2 不同地震动输入下的倒塌模式

(a) El-Centro 波输入（PGA＝19.6m/s²）倒塌模式；

(b) 上海波双向输入（PGA＝9.8m/s²）倒塌模式

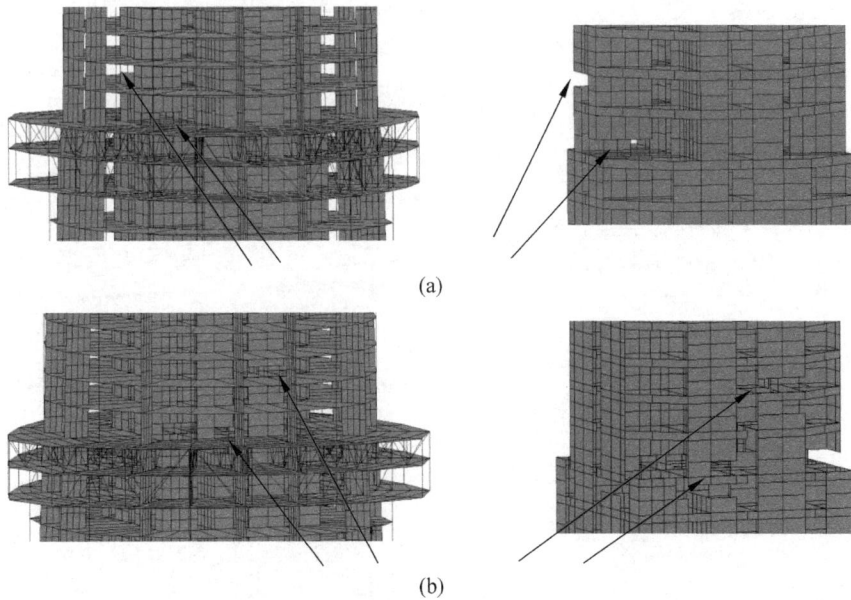

图 8-5-3 El-Centro 波单向地震动输入（PGA＝19.6m/s²）倒塌过程

（a）t＝2.58s，节段 7 底部剪力墙开始破坏；（b）t＝3.90s，节段 5 底部剪力墙开始破坏；

（c）t＝5.88s，节段 5 巨柱开始破坏；（d）t＝6.18s，节段 5 超过 50％的剪力墙和所有巨柱均已破坏，整体结构开始倒塌

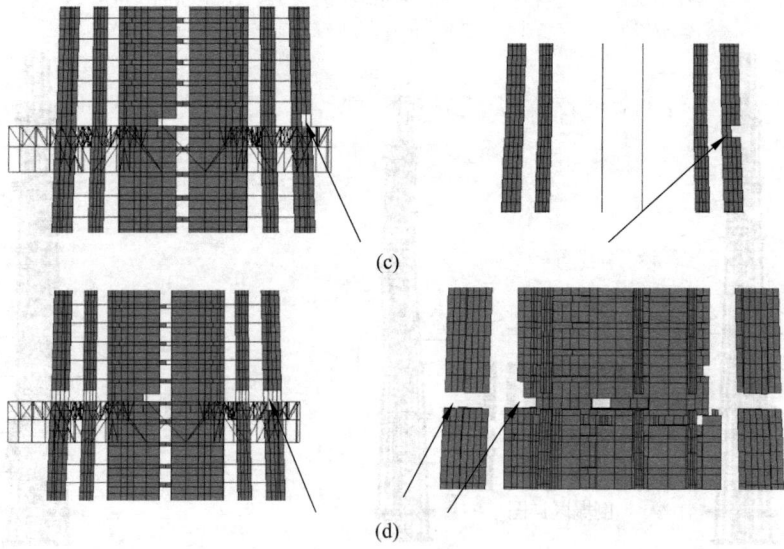

(c)

(d)

图 8-5-3（续）

第9章 其他数值方法

9.1 概　述

　　有限元法是目前使用最广泛的数值计算方法,它将连续的求解域离散为一组由有限个单元组成的组合体,由细分单元去模拟或逼近求解区域。由于单元能按不同的连接方式组合在一起,且单元本身又可有不同的几何形状,因此可以适应几何形状复杂的求解域。有限元的另一特点是利用每一单元内假设的近似函数来表示全求解区域上待求的未知场函数,把一个连续的无限自由度问题变成离散的有限自由度问题,由求解微分方程转化为求解线性代数方程组,只要节点未知量解出,就可确定单元组合体上的场函数,随着单元数量的增加,近似解将收敛于精确解。有限元的第三个特点是用有限元法计算得到的刚度矩阵为稀疏带状矩阵,存储和计算的效率都比较高,便于处理大规模问题。

　　但是,由于有限元法是基于连续体力学发展起来的,相邻边界上的位移连续,这对于处理应力或位移出现间断的问题比较麻烦。例如前文讨论的混凝土开裂问题,或者通过改变单元网格的拓扑结构人为增加不连续边界,或者通过改变单元本身的材料或位移场插值函数使单元变成各向异性来解决,但前者往往由于前处理工作量过大而难以得到实际应用,后者往往出现网格依赖性、应力锁死等种种问题,在变形较大、网格畸化的时候精度明显下降。还有一些有限元程序(如 DYNA 系列等),使用单元"生死"的方法来处理不连续边界问题,这时就需要将原始网格划分得非常细密,通过非常细小的单元逐步退出工作来模拟裂缝的发生和发展。为此,除了不断改进现有的有限元方法以外,相关研究人员还提出了很多其他数值方法,如离散单元法、刚体弹簧单元法和无网格法等,试图更好地处理一些有限元法难以处理的问题,也取得了很多重要的成果。除了这些方法外,还有一些数值方法,例如边界元法在处理裂缝尖端应力场和块体分析法处理不连续体的散落问题等方面,也取得了一些重要成果。

9.2 离散单元法

9.2.1 概述

离散单元法也被称为散体单元法,是由 Cundall 在 1971 年提出的一种不连续数值方法,这种方法的优点是适用于模拟节理系统或离散颗粒组合体在准静态或动态条件下的变形过程。离散单元法的基本原理和其他的数值方法,例如有限元法不同,它不是建立在最小势能变分原理上,而是建立在最基本的牛顿第二运动定律上。它以每个刚体的运动方程为基础,建立描述整个破坏过程的显式方程组后,通过动力松弛迭代求解。

该方法有着以下一些重要特点(魏群,1991):

① 岩体或颗粒组合体被模拟成通过角或边的相互接触而产生相互作用;

② 块体之间边界的相互作用可以体现其不连续性和节理的特性;

③ 使用显式积分迭代算法,允许有大的位移、转动和使用各种非线性材料模型。

9.2.2 基本原理

1. 基本计算过程

离散单元法的基本计算过程如下:将分析对象按照其物理界面划分成若干块非连续的刚体,刚体之间相互镶嵌排列,在空间有其固定的位置,处于平衡状态。如果外力或边界条件发生变化时,某些块体在重力或者外力的作用下将产生一定的加速度和相应的位移,使块体的空间状态发生变化。发生位移后块体与块体之间会接触而产生"叠合",也可能会脱离接触。这时,需要根据力-位移关系,计算出块体间新的作用力状态。根据各个块体受到的作用力,由牛顿运动定律,计算出块体当前的速度、加速度等运动参数。对块体的运动参数进行积分,得到块体新的位置状态,接着再判断块体间的相互作用力。重复上述步骤,迭代或逐步积分,得到所有块体运动变化的全过程。

在整个计算过程中,块体本身可以是刚性的,也可以发生变形。块体与块体间的接触也可以有多种形式。例如,在岩石力学中,最常见的是:块体和块体间的法向接触作用为刚体接触,切向接触作用为库仑摩擦作用。在其他一些场合,例如模拟岩石中不很发育的节理或模拟混凝土中骨料间的作用时,也可以给块体界面间一个初始的界面强度。在界面应力低于界面强度时认为界面不发生分离,而当界面应力高于界面强度时界面破坏,块体分离并按刚体接触处理。还有一些场合,一些块体间一旦发生接触就不能再分离。具体采用何种接触形式需要根据具体分析问题来决定。

2. 力-位移方程

离散单元法采用最简单的力-位移关系,并且认为这个关系是可逆的。两个块体间的相互作用和块体间的叠合量有关。

如图 9-2-1 所示,法向接触力一般正比于法向叠合位移,即

$$F_n = K_n \delta_n \tag{9-2-1}$$

式中,K_n 为法向接触刚度。

由于块体间一般认为不能受拉,所以,当块体间不存在叠合位移时,则认为块体间作用力为零。

切向接触力比较复杂,对于界面中大量存在的库仑摩擦作用,有

$$|F_s| \leqslant c + F_n \tan\varphi \tag{9-2-2}$$

式中,c 为接触点的粘聚应力;φ 为接触面的摩擦角。因此,切向接触力往往要通过增量形式计算,如图 9-2-2 所示,即

$$\delta F_s = K_s \Delta \delta_s \tag{9-2-3}$$

$$^{t+\Delta t}F_s = {}^t F_s + \delta F_s \quad 且 \quad |^{t+\Delta t}F_s| \leqslant c + {}^t F_n \tan\varphi$$

式中,左上角标 t 表示时间;K_s 为切向接触刚度。

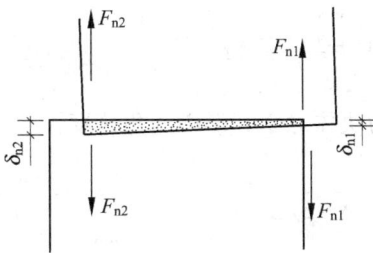

图 9-2-1　块体间法向接触

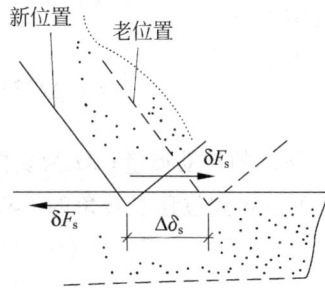

图 9-2-2　块体间切向接触

由于 K_n 与 K_s 主要用于界面接触力的计算,相当于接触分析中的罚函数方法,通过一个较大的界面接触刚度来控制接触中的重叠误差。在保证收敛的情况下,K_n 与 K_s 主要影响接触计算的精度。理论上说,K_n 与 K_s 应该越大越好。但是,实际计算过程中并非如此,为了保证计算的收敛性和速度,K_n 与 K_s 非常关键。Cundall 建议 K_n/K_s 应该取 $1\sim3$。Jean-Pierre Bardet 认为,K_n 与 K_s 可以由块体内波速导出,他给出的关系是

$$K_n = \frac{BEA}{2\Delta l} \tag{9-2-4}$$

$$K_s = \frac{K_n}{2(1+\nu)} \tag{9-2-5}$$

式中,E、ν 为块体弹性模量和泊松比;B 为块体平均尺寸;A 为块体厚度;Δl 为裂隙宽度。

3. 运动方程

每个块体的运动方式由作用在其上的不平衡的合力及合力矩决定,表现为块体的平移和绕其形心的转动。考虑一个块体在受到变化的力 F 的作用下产生运动,可用牛顿第二运动定律表示为

$$\frac{\partial^2 u}{\partial t^2} = \frac{F}{m} \tag{9-2-6}$$

式中,m 为块体质量。

上式的左边使用中心差分格式可得

$$\frac{\partial^2 u}{\partial t^2} = \frac{\dot{u}(t + \Delta t/2) - \dot{u}(t - \Delta t/2)}{\Delta t} \tag{9-2-7}$$

代入得到

$$\dot{u}(t + \Delta t/2) = \dot{u}(t - \Delta t/2) + \frac{F(t)}{m} \Delta t \tag{9-2-8}$$

上式中半个时步的速度也可以用位移表示为

$$u(t + \Delta t) = u(t) + \dot{u}(t + \Delta t/2) \Delta t \tag{9-2-9}$$

由于力的产生依赖位移,所以力和位移的计算在同一时步内同时进行。

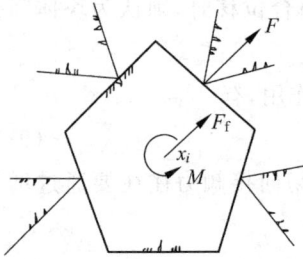

图 9-2-3 多个力作用下块体的运动

块体在多个力的作用下,如图 9-2-3 所示,其速度方程为

$$\dot{u}(t + \Delta t/2) = \dot{u}(t - \Delta t/2) + \frac{\sum F(t)}{m} \Delta t \tag{9-2-10}$$

$$\dot{\theta}(t + \Delta t/2) = \dot{\theta}(t - \Delta t/2) + \frac{\sum M(t)}{I} \Delta t \tag{9-2-11}$$

式中,I 为块体的转动惯量;M 为块体上的力矩;$\dot{\theta}$ 为块体对于其形心的角速度。

同样可以得到位移和转角的方程为

$$u(t + \Delta t) = u(t) + \dot{u}(t + \Delta t/2) \Delta t \tag{9-2-12}$$

$$\theta(t + \Delta t) = \theta(t) + \dot{\theta}(t + \Delta t/2) \Delta t \tag{9-2-13}$$

这样,每一个迭代过程中产生块体新的位置都导致产生新的接触力。合力与合力矩产生线加速度和角加速度,块体的速度和位移可由整个时步增量的积分获得,这一循环过程一直持续到获得平衡状态或破坏状态为止。

为了使运动方程能够更快地收敛,往往需要在计算过程中引入阻尼项以吸收动能,避免体系不稳定振荡。数值分析中一般采用 Rayleigh 阻尼,阻尼力和质量及刚度相关。系统惯性力方程可改写为

$$\frac{\partial^2 u}{\partial t^2} = \frac{F}{m} - \alpha \dot{u} \tag{9-2-14}$$

式中,α 为阻尼常数。

将上式写为差分格式

$$\frac{\dot{u}(t + \Delta t/2) - \dot{u}(t - \Delta t/2)}{\Delta t} = \frac{F(t)}{m} - \alpha \frac{\dot{u}(t + \Delta t/2) + \dot{u}(t - \Delta t/2)}{2} \tag{9-2-15}$$

刚度阻尼分为切向刚度阻尼 K'_s 和法向刚度阻尼 K'_n,为

$$D_s = \Delta u_s K'_s = \Delta u_s \beta K_s \tag{9-2-16}$$

$$D_n = \Delta u_n K'_n = \Delta u_n \beta K_n \tag{9-2-17}$$

阻尼常数的选择比较困难,一般依赖于经验方法,如果阻尼过大,则计算迭代次数将增加,阻尼过小,则计算结果将出现振荡。当阻尼接近临界阻尼时,计算可以迅速收敛。

4. 迭代时间步长

具有质量 m 和刚度系数 k 的弹性系统,其运动方程中位移 u 的表达式可以写作差分形式

$$u^{t+\Delta t} + \left[(k/m)(\Delta t)^2 - 2\right] u^t + u^{t-\Delta t} = 0 \qquad (9\text{-}2\text{-}18)$$

为了使这个差分方程获得稳定解,时间步长需要满足

$$\Delta t \leqslant 2\sqrt{m/k} \qquad (9\text{-}2\text{-}19)$$

由于块体系统是由多个质量不一、刚度不同的块体组成,因此,需要选择不同组合的 m/k 值来确定 Δt 的理论最大值。实际计算使用的 Δt 还应该比理论值小一些,甚至取为理论时步的 1/100 到 1/10,以保证计算过程稳定收敛。如何选择合适的时间步长,在保证收敛的情况下降低计算工作量,是离散单元法中有待进一步研究的问题。

9.2.3 接触判断算法

离散元通过块体之间的相互接触判断得到相互之间的作用力,进而形成运动方程。因此,快速而准确的接触算法对离散单元法非常重要。由于离散元计算过程中块体往往会发生较大位移,导致原有的块体间的空间拓扑关系发生变化,使接触判断变得更加复杂。目前离散元解决二维问题的接触分析已经比较成熟,但对于三维问题的应用比较有限,其中的重要原因之一就是三维接触判断过于复杂,尤其是允许出现大位移的三维接触,目前还是一个有待进一步研究的问题。下面将简单介绍一下目前在离散元中使用最为广泛的分格接触检索算法(王泳嘉,邢纪波,1991)和公共面接触算法。

1. 分格接触检索算法

在块体系统计算时,为了判断块与块之间可能的接触,一般将研究的区域划分成网格,然后对块体逐一进行分格检索。如图 9-2-4 所示,在二维情况下,若需判定块体 $ABCD$ 的 AB 边与哪些块体的边或角接触,只需在涂有阴影的 12 个格内检索即可,从而避免了边、角的组合爆炸。在计算过程中,每个若干次循环程序自动检索一次,去掉脱离接触的关系,同时形成新的接触关系。

网格的尺寸和数目对计算效率至关重要。如果网格尺寸过大,虽然会降低网格循环时间,但是,每个网格所包括的块体角数增多,使块体间相互关系判断工作量增大。反之则会在网格循环中消耗过多的试算时间。根据王泳嘉等的研

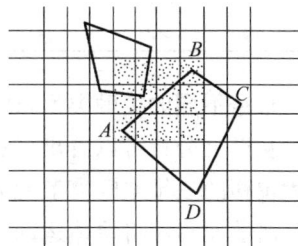

图 9-2-4 分格接触检索算法

究,网格数目应该是块体数目的 $10\% \sim 100\%$,最少为 20 个。也可以设定网格尺寸为分析体系尺寸的 1/10。

2. 公共面法

分格接触检索算法在二维问题中应用得比较成功,但是在处理三维接触中仍然存在问题。因此,Cundall 等提出了公共面法(common plane),将块体间接触类型的判断归结为每个块体间公共面关系的判断,以间接方法确定块体间的接触关系。

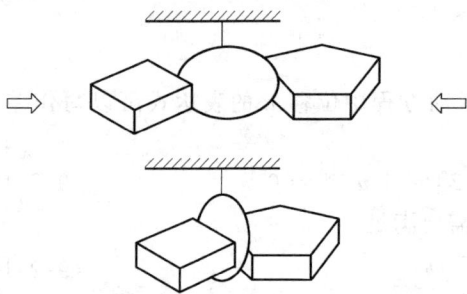

图 9-2-5　公共面

公共面是一个刚性平面：它位于两块体之间，将空间一分为二，若两块体发生接触，则两块体都与它接触。公共面可近似地由以下过程得到：将一个无厚度的刚性薄板悬挂起来，令两块体从薄板两侧附近向薄板靠近，如图 9-2-5 所示。随着两块体的运动，薄板可能发生平移和转动，当两个块体在接触时停止运动，薄板也就被固定在一个位置，此时薄板所处的平面就是公共面。

在程序设计中，一般采用如下的算法确定公共面的位置：先给公共面设定一个初值，然后根据一定的规则平移或旋转公共面，直到使公共面与具有最大叠合的角点之间的叠合量最小为止。这时，可以计算公共面和各角点间的距离，如果距离大于接触容差，则认为有接触发生。根据与公共面接触的角点数量，就可以得到当前接触的类型，如表 9-2-1 所示。

表 9-2-1　接触类型

与公共面接触的角点数		接触类型
块体 A	块体 B	
0	0	无接触
1	1	角-角
1	2	角-边
1	>2	角-面
2	1	边-角
2	2	边-边
2	>2	边-面
>2	1	面-角
>2	2	面-边
>2	>2	面-面

根据不同的接触类型，选择相应的接触力计算方法。

从以上分析可以看出，三维离散元的接触判断和接触作用算法是非常复杂的。因此，考虑大位移的三维空间离散元分析，尤其是接触分析，还是当前研究的一个热点问题。另外，一些离散元程序将块体运动限制在有限位移范围内，这样在计算过程中，块体的拓扑关系不会发生大的变化，进而使得接触的判断和处理都得到简化。

9.2.4　颗粒离散元法

由于由多边形块体组成的离散元体系接触判断过于复杂，因此，很多研究者想到使用圆形（二维）或球形（三维）块体来代替多边形，从而使接触判断大大简化。当球形块体足够多时，也可以较好地近似模拟实际块体的行为。这种离散元体系被称为颗粒离散元、颗粒散体元或扩展离散元。其基本思路都是：将体系离散为由一系列球形或圆形块体组成；块体运动服从牛顿运动定律；体系的变形和内力由块体间相互作用控制；初始状态块体可以通过链杆或弹簧单元相互联系,随着荷载的增加,块体间的连接单元破坏,块体之间主要靠接触传递荷载。以混凝土分析中常用的质点-桁架离散元模型为例(孙利民等,2002),如图 9-2-6 所示。

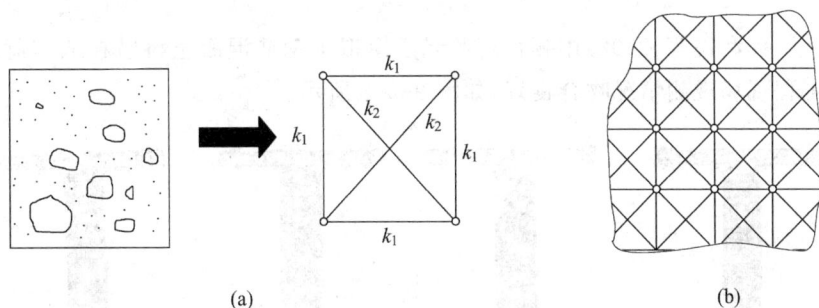

(a) (b)

图 9-2-6 质点-桁架离散单元模型

(a) 混凝土单元的简化;(b) 混凝土的质点集合体

根据连续体混凝土单元与桁架混凝土单元轴向变形刚度等效的原理,可以得到

$$k_1 = \frac{1}{2(1+\nu)}Et \tag{9-2-20}$$

$$k_2 = \frac{\nu}{1-\nu^2}Et \tag{9-2-21}$$

式中,E 为混凝土弹性模量;t 为厚度。

同样,根据剪切变形刚度等效的原理,可得

$$k_2 = \frac{1}{2(1+\nu)}Et \tag{9-2-22}$$

这时只有在 $\nu = \frac{1}{3}$ 时方程才严格成立,这个泊松比比混凝土的初始泊松比要大。考虑到实际混凝土在轴压作用下泊松比有所增长,因此可以认为取 $\nu = \frac{1}{3}$ 对结果影响不大。

在桁架单元中的应力达到混凝土开裂应力以前,桁架单元的应力-应变关系服从混凝土的单轴应力-应变关系。桁架单元达到混凝土开裂应力后,桁架断裂,这时,质点间的相互作用力只剩下接触作用力,服从牛顿运动定律。

上述质点-桁架离散元模型是把连续体离散为颗粒质点,还有的学者将钢筋混凝土杆件单元离散为颗粒质点,如图 9-2-7 所示,用一组非线性轴向弹簧和转动弹簧来模拟钢筋混凝土杆件的轴向变形和弯曲变形行为,当钢筋混凝土达到断裂荷载时,弹簧退出工作,颗粒质点通过接触按牛顿运动定律运动。

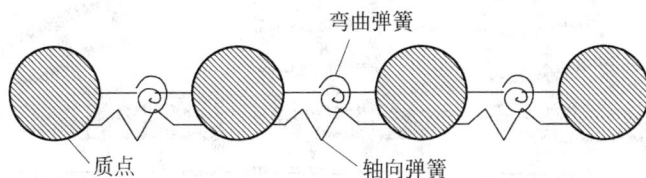

图 9-2-7 由颗粒质点组成的杆件单元

9.2.5　应用举例

同济大学(孙利民等,2002)用颗粒离散元法模拟了钢筋混凝土桥墩在地震荷载下的倒塌情况,与工程现场观测情况吻合良好,如图 9-2-8 所示。

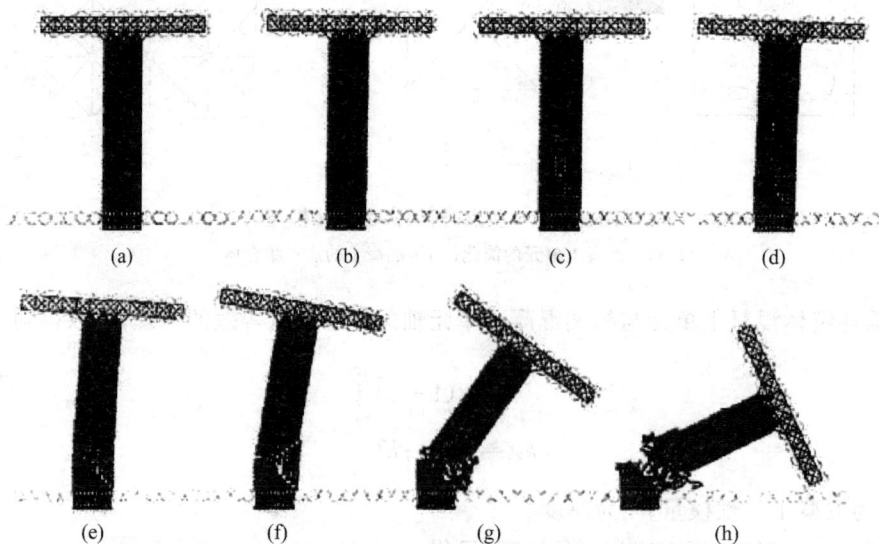

图 9-2-8　用颗粒散体元模拟桥墩在地震作用下的倒塌

(a) $t=0.0s$;(b) $t=7.74s$;(c) $t=10.44s$;(d) $t=10.80s$;(e) $t=1084s$;(f) $t=11.02s$;(g) $t=11.78s$;(h) $t=12.38s$

日本(Motohiko Hakuno,Kimiro Meguro,1992)改进离散元法模拟了多层结构在地震荷载下的倒塌情况,如图 9-2-9 所示。

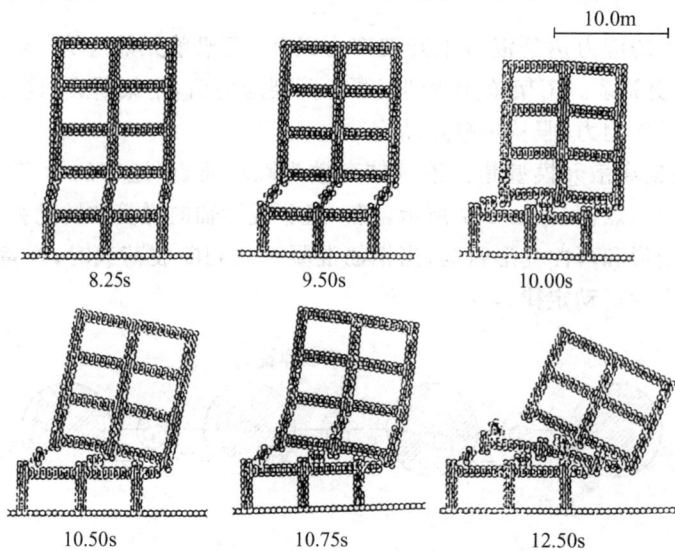

图 9-2-9　用离散元模拟地震作用下某层破坏引起的倒塌

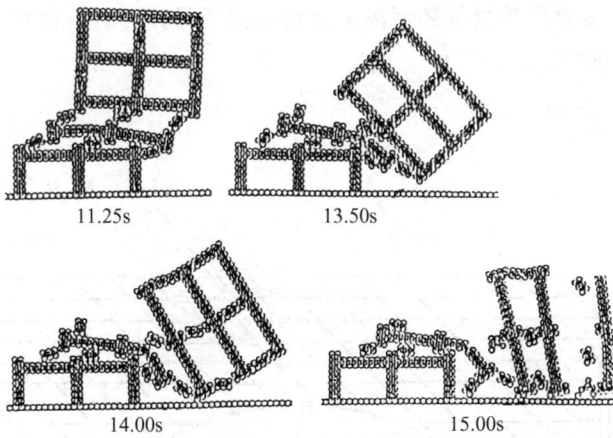

11.25s

13.50s

14.00s

15.00s

图 9-2-9　(续)

杨顺存等(2003)用颗粒离散元模拟了混凝土试块在轴压和轴拉下的破坏过程,与实验结果相符合,如图 9-2-10 所示。

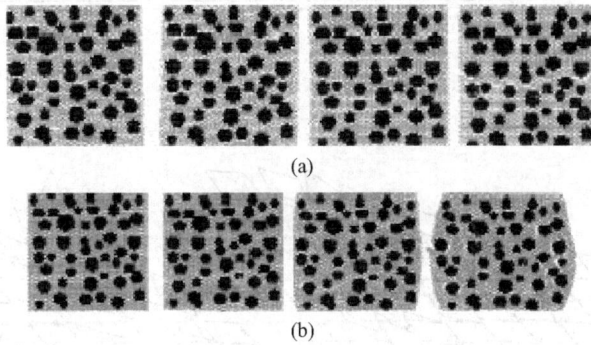

(a)

(b)

图 9-2-10　颗粒离散元模拟混凝土试块的破坏过程

(a) 轴拉;(b) 轴压

刘凯新等(2003)用颗粒离散元模拟了混凝土在弹丸冲击下的动态断裂过程,也取得了较好的成果,如图 9-2-11 所示。

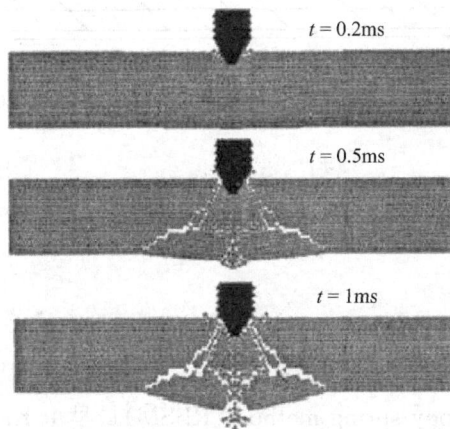

$t = 0.2ms$

$t = 0.5ms$

$t = 1ms$

图 9-2-11　颗粒离散元模拟混凝土在弹丸冲击下的动态断裂过程

　　此外,清华大学裴觉民教授等还用离散元法模拟了导弹对岩石掩体的冲击破坏问题,计算结果如图 9-2-12 所示。

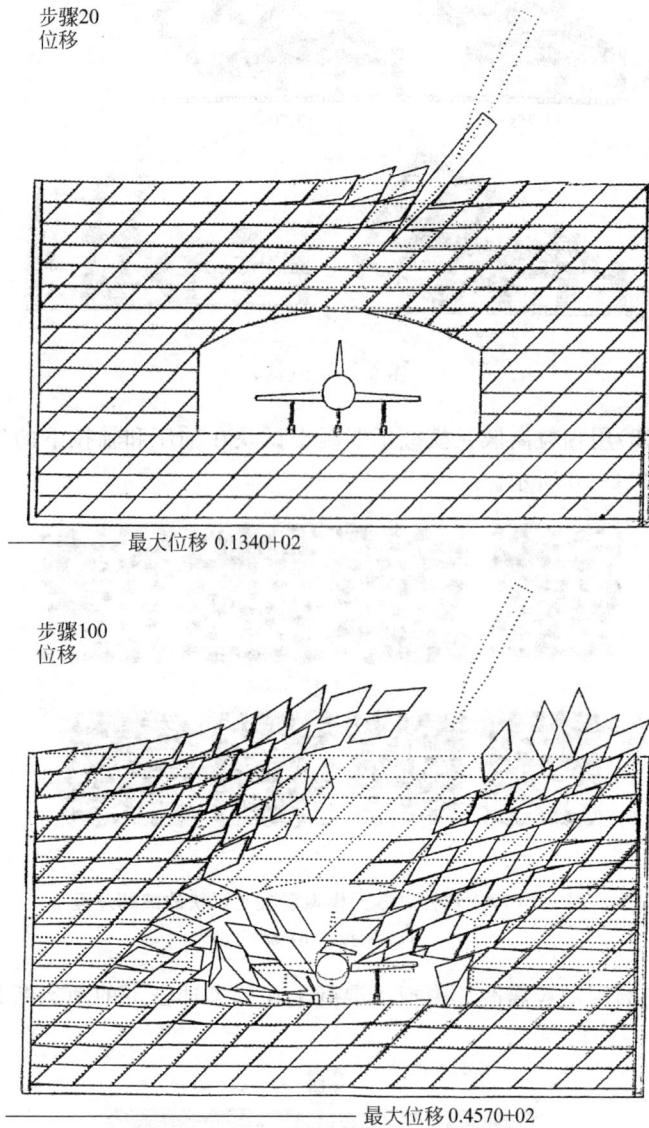

步骤20
位移

最大位移 0.1340+02

步骤100
位移

最大位移 0.4570+02

图 9-2-12　掩体被导弹击中爆炸破坏的模拟计算（步 20,步 100）

9.3　刚体弹簧元法

9.3.1　概述

　　刚体弹簧元法（rigid body spring method, RBSM）最早由 Kawai 于 1976 年提出（钱令希,张雄,1991）,当初提出的意图是以较少的自由度来求解结构问题。它把体系分解为一些由均布在接触面上的弹簧系统联系起来的刚性元,刚性元本身不发生弹性变形,因此结构的变形能仅能储存在接触面的弹簧系统中。

由于刚体弹簧元中任意一点的位移完全由单元重心的刚体位移来描述,因此单元刚度矩阵绝不会超过 6×6(平面单元为 3×3),而且总刚的半带宽及体积也比传统的有限元要小。同时由于刚体弹簧元单元间的作用力通过单元界面上的弹簧传递,可以直接得到界面的作用力,因此该法在极限分析等领域也有着较好的应用。

9.3.2 基本原理

1. 弹性情况

下面以二维刚性三角形单元为例,介绍刚体弹簧元法的基本原理(王宝庭,2000)。

如图 9-3-1 所示,设单元的重心坐标为 $(x_\mathrm{G}, y_\mathrm{G})$,单元边界上一点 M 的坐标为 (x, y),则该点的位移可以由单元重心的位移表示为

$$\begin{bmatrix} u \\ v \end{bmatrix} = \begin{bmatrix} 1 & 0 & -(y-y_\mathrm{G}) \\ 0 & 1 & x-x_\mathrm{G} \end{bmatrix} \begin{bmatrix} u_\mathrm{G} \\ v_\mathrm{G} \\ \theta_\mathrm{G} \end{bmatrix} \quad (9\text{-}3\text{-}1)$$

如果 M 点位于两个单元之间的公共边界上,则由单元 1 的位移产生的 M 的位移记作 u_1、v_1,单元 2 产生的位移记作 u_2、v_2,那么 M 点变形后产生的位移为

$$\boldsymbol{u} = \boldsymbol{Q}\boldsymbol{u}_\mathrm{G} \quad (9\text{-}3\text{-}2)$$

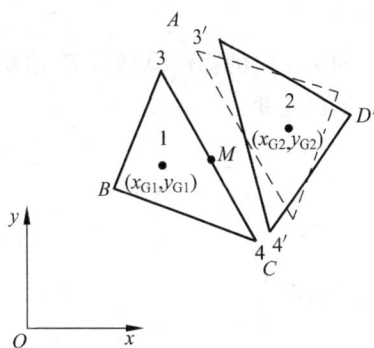

图 9-3-1 刚体弹簧元及其界面

其中,

$$\boldsymbol{u} = \begin{bmatrix} u_1 & v_1 & u_2 & v_2 \end{bmatrix}^\mathrm{T} \quad (9\text{-}3\text{-}3)$$

$$\boldsymbol{Q} = \begin{bmatrix} 1 & 0 & -(y-y_{\mathrm{G1}}) & & & \\ 0 & 1 & x-x_{\mathrm{G1}} & & & \\ & & & 1 & 0 & -(y-y_{\mathrm{G2}}) \\ & & & 0 & 1 & x-x_{\mathrm{G2}} \end{bmatrix} \quad (9\text{-}3\text{-}4)$$

$$\boldsymbol{u}_\mathrm{G} = \begin{bmatrix} u_{\mathrm{G1}} & v_{\mathrm{G1}} & \theta_{\mathrm{G1}} & u_{\mathrm{G2}} & v_{\mathrm{G2}} & \theta_{\mathrm{G2}} \end{bmatrix}^\mathrm{T} \quad (9\text{-}3\text{-}5)$$

上述的边界点位移为整体坐标下的边界点位移,在刚体弹簧元中,需要将整体位移转换到边界局部坐标系上,则边界上任意一点在局部坐标系下的相对位移 $\begin{bmatrix} \delta_\mathrm{n} & \delta_\mathrm{s} \end{bmatrix}^\mathrm{T}$ 可以写作

$$\boldsymbol{\delta} = \begin{bmatrix} \delta_\mathrm{n} \\ \delta_\mathrm{s} \end{bmatrix} = \boldsymbol{MRQ}\boldsymbol{u}_\mathrm{G} = \boldsymbol{B}\boldsymbol{u}_\mathrm{G} \quad (9\text{-}3\text{-}6)$$

其中,

$$\boldsymbol{M} = \begin{bmatrix} -1 & 0 & 1 & 0 \\ 0 & -1 & 0 & 1 \end{bmatrix} \quad (9\text{-}3\text{-}7)$$

$$R = \frac{1}{l_{AC}} \begin{bmatrix} y_A - y_C & x_C - x_A & & \\ x_A - x_C & y_C - y_A & & \\ & & y_A - y_C & x_C - x_A \\ & & x_A - x_C & y_C - y_A \end{bmatrix} \tag{9-3-8}$$

其中,x_A、y_A、x_C、y_C 为图 9-3-1 中 A、C 点的坐标;l_{AC} 为 AC 边的边长。

边界上的表面应力和相对位移的关系为

$$\sigma = \begin{bmatrix} \sigma_n \\ \tau \end{bmatrix} = \begin{bmatrix} k_n & 0 \\ 0 & k_s \end{bmatrix} \begin{bmatrix} \delta_n \\ \delta_s \end{bmatrix} = D\delta \tag{9-3-9}$$

其中,k_n、k_s 分别为界面的法向和切向刚度。

假定相对位移就是弹簧单元的应变,从两单元重心向边界作垂线,垂线的长度分别记为 h_1 和 h_2,则法向与切向应变分别为

$$\begin{bmatrix} \varepsilon_n \\ \gamma \end{bmatrix} = \frac{1}{h_1 + h_2} \begin{bmatrix} \delta_n \\ \delta_s \end{bmatrix} \tag{9-3-10}$$

如果材料的弹性模量为 E,泊松比为 ν,则可得表面应力和应变的关系如下:

平面应变

$$\left. \begin{aligned} \sigma_n &= E_1 \varepsilon_n = \frac{(1-\nu)E}{(1-2\nu)(1+\nu)} \varepsilon_n \\ \tau &= E_2 \gamma = \frac{E}{1+\nu} \gamma \end{aligned} \right\} \tag{9-3-11}$$

平面应力

$$\left. \begin{aligned} \sigma_n &= E_1 \varepsilon_n = \frac{E}{1-\nu^2} \varepsilon_n \\ \tau &= E_2 \gamma = \frac{E}{1+\nu} \gamma \end{aligned} \right\} \tag{9-3-12}$$

由此可以得到 k_n、k_s 的表达式如下:

平面应变

$$\left. \begin{aligned} k_n &= \frac{(1-\nu)E}{(1-2\nu)(1+\nu)} \frac{1}{h_1 + h_2} \\ k_s &= \frac{E}{1+\nu} \frac{1}{h_1 + h_2} \end{aligned} \right\} \tag{9-3-13}$$

平面应力

$$\left. \begin{aligned} k_n &= \frac{E}{1-\nu^2} \frac{1}{h_1 + h_2} \\ k_s &= \frac{E}{1+\nu} \frac{1}{h_1 + h_2} \end{aligned} \right\} \tag{9-3-14}$$

除了通过材料的弹性模量和泊松比来确定界面刚度系数以外,也可以通过材料的界面实验来确定其界面刚度系数。

得到界面刚度以及界面的应力-应变关系后,就可以积分求得界面弹簧单元的刚度矩阵。

设两个单元的荷载向量为

$$F_G = \begin{bmatrix} X_{G1} & Y_{G1} & M_{G1} & X_{G2} & Y_{G2} & M_{G2} \end{bmatrix}^T \tag{9-3-15}$$

虚位移向量为

$$\boldsymbol{\delta u}_{\mathrm{G}} = \begin{bmatrix} \delta u_{\mathrm{G1}} & \delta v_{\mathrm{G1}} & \delta \theta_{\mathrm{G1}} & \delta u_{\mathrm{G2}} & \delta v_{\mathrm{G2}} & \delta \theta_{\mathrm{G2}} \end{bmatrix}^{\mathrm{T}} \tag{9-3-16}$$

则单元的内力虚功为

$$W_{\mathrm{I}} = \boldsymbol{\delta u}_{\mathrm{G}}^{\mathrm{T}} \int \boldsymbol{B}^{\mathrm{T}} \boldsymbol{D} \boldsymbol{B} \, \mathrm{d} s \boldsymbol{u}_{\mathrm{G}} \tag{9-3-17}$$

外力虚功为

$$W_{\mathrm{E}} = \boldsymbol{\delta u}_{\mathrm{G}}^{\mathrm{T}} \boldsymbol{F}_{\mathrm{G}} \tag{9-3-18}$$

由内外力虚功互等,可得

$$\boldsymbol{F}_{\mathrm{G}} = \int \boldsymbol{B}^{\mathrm{T}} \boldsymbol{D} \boldsymbol{B} \, \mathrm{d} s \boldsymbol{u}_{\mathrm{G}} \tag{9-3-19}$$

所以,弹簧单元的刚度矩阵为

$$\boldsymbol{K} = \int \boldsymbol{B}^{\mathrm{T}} \boldsymbol{D} \boldsymbol{B} \, \mathrm{d} s \tag{9-3-20}$$

2. 弹塑性情况

以上推导是在线弹性条件下推导得到的,在弹塑性条件下,形函数矩阵 $\boldsymbol{B}$ 保持不变,但是本构矩阵 $\boldsymbol{D}$ 要相应发生变化,正应力和剪应力可能耦合,不再是对角阵。下面给出几种常见屈服条件下的本构矩阵。

1) Tresca 屈服条件

屈服函数　　　　　　　　　　　$f = \tau^2 - c^2$ 　　　　　　　　　　　(9-3-21)

屈服条件　　　　　　　　　　　$f = 0$ 　　　　　　　　　　　(9-3-22)

塑性流动法则　　　　　$\Delta \varepsilon_{\mathrm{n}}^{\mathrm{pl}} = \lambda \dfrac{\partial f}{\partial \sigma_{\mathrm{n}}}, \quad \Delta \gamma^{\mathrm{pl}} = \lambda \dfrac{\partial f}{\partial \tau}$ 　　　　　(9-3-23)

应变增量　　　　　$\Delta \varepsilon_{\mathrm{n}}^{\mathrm{e}} = \Delta \varepsilon_{\mathrm{n}} - \Delta \varepsilon_{\mathrm{n}}^{\mathrm{pl}}, \quad \Delta \gamma^{\mathrm{e}} = \Delta \gamma - \Delta \gamma^{\mathrm{pl}}$ 　　　　　(9-3-24)

应力位移关系

$$\begin{bmatrix} \Delta \sigma_{\mathrm{n}} \\ \Delta \tau \end{bmatrix} = \boldsymbol{D}_{\mathrm{ep}} \begin{bmatrix} \Delta \delta_{\mathrm{n}} \\ \Delta \delta_{\mathrm{s}} \end{bmatrix} = \boldsymbol{D}_{\mathrm{ep}} \begin{bmatrix} (h_1 + h_2) \Delta \varepsilon_{\mathrm{n}} \\ (h_1 + h_2) \Delta \gamma \end{bmatrix} = (h_1 + h_2) \boldsymbol{D}_{\mathrm{e}} \begin{bmatrix} \Delta \varepsilon_{\mathrm{n}}^{\mathrm{e}} \\ \Delta \gamma^{\mathrm{e}} \end{bmatrix} \tag{9-3-25}$$

整理后得

$$\lambda = \frac{\Delta \gamma}{2\tau} \tag{9-3-26}$$

$$\boldsymbol{D}_{\mathrm{ep}} = \boldsymbol{D}_{\mathrm{e}} = \boldsymbol{D}_{\mathrm{pl}} = \begin{bmatrix} \dfrac{E_1}{h_1 + h_2} & 0 \\ 0 & \dfrac{E_2}{h_1 + h_2} \end{bmatrix} - \begin{bmatrix} 0 & 0 \\ 0 & \dfrac{E_2}{h_1 + h_2} \end{bmatrix} = \begin{bmatrix} \dfrac{E_1}{h_1 + h_2} & 0 \\ 0 & 0 \end{bmatrix} \tag{9-3-27}$$

2) 平面应变下的莫尔-库仑屈服条件

屈服函数　　　$f = \tau^2 - (c - \tan\varphi)^2 - k^2(\bar{\varepsilon}^{\mathrm{pl}}), \quad \bar{\varepsilon}^{\mathrm{pl}} = \int \sqrt{\mathrm{d}\varepsilon_{ij}^{\mathrm{pl}} \mathrm{d}\varepsilon_{ij}^{\mathrm{pl}}}$ 　　　(9-3-28)

屈服条件　　　　　　　　　　　$f = 0$ 　　　　　　　　　　　(9-3-29)

塑性流动法则　　　　　$\Delta \varepsilon_{\mathrm{n}}^{\mathrm{pl}} = \lambda \dfrac{\partial f}{\partial \sigma_{\mathrm{n}}}, \quad \Delta \gamma^{\mathrm{pl}} = \lambda \dfrac{\partial f}{\partial \tau}$ 　　　　　(9-3-30)

应变增量　　　　　$\Delta \varepsilon_{\mathrm{n}}^{\mathrm{e}} = \Delta \varepsilon_{\mathrm{n}} - \Delta \varepsilon_{\mathrm{n}}^{\mathrm{pl}}, \quad \Delta \gamma^{\mathrm{e}} = \Delta \gamma - \Delta \gamma^{\mathrm{pl}}$ 　　　　　(9-3-31)

应力位移关系为

$$\begin{bmatrix} \Delta\sigma_n \\ \Delta\tau \end{bmatrix} = \boldsymbol{D}_{ep} \begin{bmatrix} \Delta\delta_n \\ \Delta\delta_s \end{bmatrix} = \boldsymbol{D}_{ep} \begin{bmatrix} (h_1+h_2)\Delta\varepsilon_n \\ (h_1+h_2)\Delta\gamma \end{bmatrix} = (h_1+h_2)\boldsymbol{D}_e \begin{bmatrix} \Delta\varepsilon_n^e \\ \Delta\gamma^e \end{bmatrix} \qquad (9\text{-}3\text{-}32)$$

整理后得

$$\lambda = \frac{2}{4F+H'}[E_2\tau\Delta\gamma + E_1(c-\tan\varphi\sigma_n)\tan\varphi\Delta\varepsilon_n] \qquad (9\text{-}3\text{-}33)$$

其中，H' 为硬化模量；φ 为摩擦角。

$$F = E_2\tau^2 + E_1[(c-\tan\varphi\sigma_n)\tan\varphi]^2 \qquad (9\text{-}3\text{-}34)$$

$$\boldsymbol{D}_{ep} = \boldsymbol{D}_e = \boldsymbol{D}_{pl} \qquad (9\text{-}3\text{-}35)$$

$$\boldsymbol{D}_{pl} = \frac{1}{h_1+h_2} \frac{4}{4F+H'} \begin{bmatrix} E_1^2[(c-\tan\varphi\sigma_n)\tan\varphi]^2 & E_1E_2\tau(c-\tan\varphi\sigma_n)\tan\varphi \\ E_1E_2\tau(c-\tan\varphi\sigma_n)\tan\varphi & E_2^2\tau^2 \end{bmatrix} \qquad (9\text{-}3\text{-}36)$$

3）平面应力下的莫尔-库仑屈服条件

$$\boldsymbol{D}_{pl} = \frac{1}{h_1+h_2} \frac{1}{E_1A^2+E_2B^2+H'} \begin{bmatrix} E_1^2A^2 & E_1E_2AB \\ E_1E_2AB & E_2^2B^2 \end{bmatrix} \qquad (9\text{-}3\text{-}37)$$

其中，$A = \dfrac{\sigma_n}{2} + \sin\varphi\left(c\cos\varphi - \dfrac{\sigma_n}{2}\sin\varphi\right)$；$B = 2\tau$。

3. 本构矩阵的显式表达

设本构矩阵 $\boldsymbol{D}$（无论是弹性的还是弹塑性的）为

$$\boldsymbol{D} = \begin{bmatrix} D_{11} & D_{12} \\ D_{21} & D_{22} \end{bmatrix} \qquad (9\text{-}3\text{-}38)$$

按边界进行线积分，可得

$$\boldsymbol{K} = \begin{bmatrix} k_{11} & k_{12} & k_{13} & k_{14} & k_{15} & k_{16} \\ & k_{22} & k_{23} & k_{24} & k_{25} & k_{26} \\ & & k_{33} & k_{34} & k_{35} & k_{36} \\ & & & k_{44} & k_{45} & k_{46} \\ & \text{对称} & & & k_{55} & k_{56} \\ & & & & & k_{66} \end{bmatrix} \qquad (9\text{-}3\text{-}39)$$

式中，

$$k_{11} = D_{11}y_{AC}^2 + D_{22}x_{AC}^2 + 2x_{AC}y_{AC}D_{12}$$

$$k_{12} = -(D_{11}-D_{22})y_{AC}x_{AC} + (y_{AC}^2-x_{AC}^2)D_{12}$$

$$k_{13} = -D_{11}y_{AC}\Delta_{11} + D_{22}x_{AC}\Delta_{21} - (x_{AC}\Delta_{11}-y_{AC}\Delta_{21})D_{12}$$

$$k_{14} = -k_{11}$$

$$k_{15} = -k_{12}$$

$$k_{16} = -D_{11}y_{AC}\Delta_{22} + D_{22}x_{AC}\Delta_{12} - (x_{AC}\Delta_{22}-y_{AC}\Delta_{12})D_{12}$$

$$k_{22} = D_{11}x_{AC}^2 + D_{22}y_{AC}^2 - 2x_{AC}y_{AC}D_{12}$$

$$k_{23} = D_{11}x_{AC}\Delta_{11} + D_{22}y_{AC}\Delta_{21} - (x_{AC}\Delta_{21}+y_{AC}\Delta_{11})D_{12}$$

$$k_{24} = -k_{12}$$

$$k_{25} = -k_{22}$$

$$k_{26} = D_{11}x_{AC}\Delta_{22} + D_{22}y_{AC}\Delta_{12} - (x_{AC}\Delta_{12} + y_{AC}\Delta_{22})D_{12}$$

$$k_{33} = D_{11}\Delta_{11}^2 + D_{22}\Delta_{22}^2 + D_{11}l_{AC}^4/12 - 2D_{12}\Delta_{11}\Delta_{21}$$

$$k_{34} = -k_{13}$$

$$k_{35} = -k_{23}$$

$$k_{36} = D_{11}\Delta_{11}\Delta_{22} + D_{22}\Delta_{21}\Delta_{12} - (\Delta_{11}\Delta_{12} + \Delta_{21}\Delta_{22})D_{12} - D_{11}l_{AC}^4/12$$

$$k_{44} = k_{11}$$

$$k_{45} = k_{12}$$

$$k_{46} = -k_{16}$$

$$k_{55} = k_{22}$$

$$k_{56} = -k_{23}$$

$$k_{66} = D_{11}\Delta_{22}^2 + D_{22}\Delta_{12}^2 + D_{11}l_{AC}^4/12 - 2D_{12}\Delta_{22}\Delta_{12}$$

$$\Delta_{11} = \frac{1}{2}[x_{AC}(x_{A1}+x_{C1}) + y_{AC}(y_{A1}+y_{C1})]$$

$$\Delta_{12} = \frac{1}{2}[x_{AC}(x_{A2}+x_{C2}) - y_{AC}(y_{A2}+y_{C2})]$$

$$\Delta_{21} = \frac{1}{2}[-x_{AC}(x_{A1}+x_{C1}) + y_{AC}(y_{A1}+y_{C1})]$$

$$\Delta_{22} = \frac{1}{2}[-x_{AC}(x_{A2}+x_{C2}) - y_{AC}(y_{A2}+y_{C2})]$$

$$x_{ij} = x_i - x_j$$

$$y_{ij} = y_i - y_j$$

其中，x_1、y_1、x_2、y_2 为单元 1、2 的重心坐标。

9.3.3　实际应用

由于刚体弹簧元法可以直接得到界面弹簧的法向应力和切向应力，因此，该法非常适合于分析含有界面的体系，尤其适合做稳定性分析或界面脱离分析。

王宝庭等(2000)利用刚体弹簧元法，对全级配混凝土进行了模拟，得到混凝土试块在受轴压荷载、劈裂荷载和轴拉荷载作用下裂缝发展过程，如图 9-3-2～图 9-3-4 所示。其中，黑色代表骨料单元；小网格代表砂浆单元；白色间隙为裂缝。模拟结果与实验结果吻合较好。

清华大学水利系(崔玉柱等,2002)利用刚体弹簧元法，对一系列大坝的垮坝破坏进行仿真分析，得到了较好的结果。其中对梅花坝垮塌的过程模拟如图 9-3-5 所示，这与现场观察到的情况较吻合。

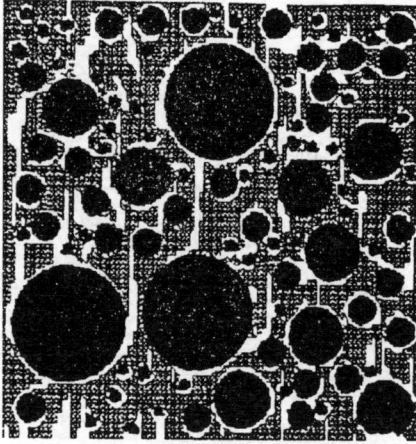

图 9-3-2　混凝土试块受压破坏裂缝分布

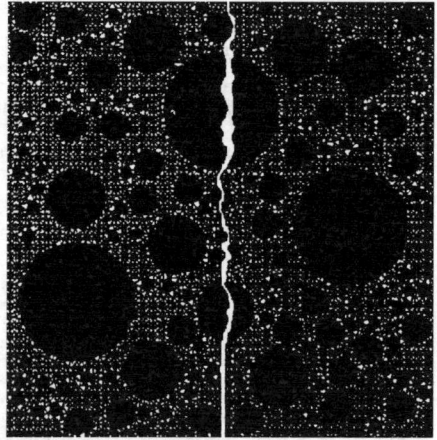

图 9-3-3　混凝土试块劈裂破坏裂缝分布

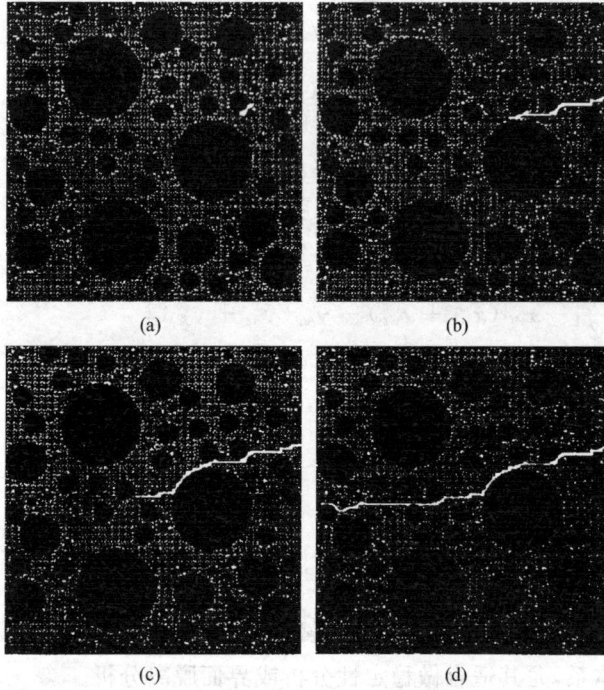

(a)

(b)

(c)

(d)

图 9-3-4　混凝土试块受拉破坏裂缝分布

(a) 微裂缝形成；(b) 裂缝发展；(c) 裂缝穿过骨料间隔；(d) 裂缝分开试块

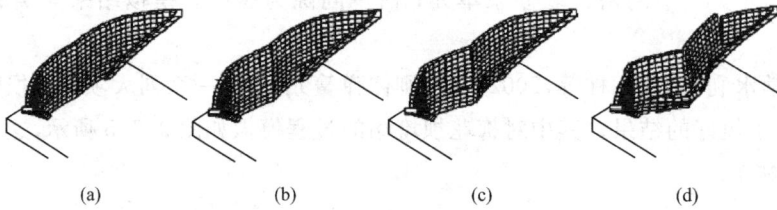

(a)　　　　　　(b)　　　　　　(c)　　　　　　(d)

图 9-3-5　梅花坝垮塌过程模拟

(a) $t=3.00s$；(b) $t=3.45s$；(c) $t=3.60s$；(d) $t=3.90s$

9.4 无网格法

9.4.1 概述

无网格法产生于 20 世纪 70 年代,其基本思想是在计算域上用一些离散的点来拟合场函数。在无网格法中,可以彻底或部分地消除网格,而采用基于节点的位移插值函数,这样可以避免有限元方法中单元网格的限制,对于连续体的计算可以避免复杂的三维网格划分工作,大大简化了前处理。同时,由于不存在固定的网格,在大变形、开裂等可能引起网格拓扑关系变化的问题上比有限元方便实用。

无网格方法的核心问题是如何由一系列离散的点来构造场函数,常用的构造近似函数的方法有(宋康祖等,2000)核函数法、移动最小二乘法和径向基函数法等。

核函数近似法是对函数 $u(x)$ 利用核函数进行修正

$$u^h(x) = \int_\Omega w(\parallel x-y \parallel, h) \cdot u(y) \mathrm{d}\Omega_y \tag{9-4-1}$$

式中,$w(\parallel x-y \parallel, h)$ 被称为权函数或核函数;h 为紧支集尺寸的一个度量。

当节点位于影响域以外时,$w=0$,即近似场函数的影响范围是有限的,而不是全域的。这样最终的刚度矩阵就会是一个稀疏的带状矩阵。矩阵平均带宽大小由影响域大小决定。权函数的取法可以有很多,常用的有指数函数、分数函数、对数函数、样条函数等。由于权函数的选取很自由,因此无网格法理论上可以很容易地构造任意高阶连续的场函数,这对分析板壳等问题尤其重要。

对上面的积分式离散得到数值积分式

$$u^h(x) = \sum_I w(\parallel x-x_I \parallel) \cdot u_I \cdot \Delta V_I \tag{9-4-2}$$

其中,ΔV_I 为与节点 I 的影响域有关的参数。

于是可得 $u^h(x)$ 的形函数表达式为

$$u^h(x) = \sum_I \varphi_I(x) u_I \tag{9-4-3}$$

$$\varphi(x) = w(\parallel x-x_I \parallel) \Delta V_I \tag{9-4-4}$$

径向基函数法是直接用径向基函数对原函数 m 的近似表达。对空间一系列离散的点 a_i,其近似函数 $u(x)$ 用径向基函数可表示为

$$u(x) = \sum_{i=1}^N a_i \phi(\parallel x-x_i \parallel) \tag{9-4-5}$$

径向基函数可以是高斯函数 $e^{-\sigma r^2}$、逆 MQ 函数 $(r^2+c^2)^\beta (\beta<0)$ 或正定影响径向基函数等。

得到场函数的近似表达式后,就可以使用配点法、最小二乘法或伽辽金法来建立方程。一般说来,配点法的速度快,不需要背景积分网格,但稳定性和收敛性并不很理想,最早应用较广的无网格法之一——SPH 法(光滑质点流法)就使用配点法,在高速冲击计算中取得了较好的结果。伽辽金法需要一个积分过程,效率相对较低,而且为了保证解的稳定性常常需

要在背景网格上积分,但是稳定性和收敛性比较有保证。目前无网格法中应用较广的EFGM(element free galerkin method)法就是采用伽辽金法。

下面以 EFGM 法为例介绍一下无网格法的基本原理。

9.4.2 无网格伽辽金法

无网格伽辽金法由 Belytschko 等于 1994 年提出(寇晓东,1998),后经不断改进,成为目前影响最大,应用最广的无网格计算方法之一,其核心内容分为两块:①由移动最小二乘法得到近似场函数;②由变分原理得到基本方程。

1. 近似场函数

设空间某域 Ω 内存在场函数 $u^*(x)$,则可以根据该域内的若干个已知点(即类似于有限元分析中的节点),根据移动最小二乘法构造其近似函数

$$u^*(x) \approx u^h(x) = \sum_{j=1}^{m} p_j(x)a_j(x) \equiv \boldsymbol{p}^{\mathrm{T}}(x)\boldsymbol{a}(x) \qquad (9\text{-}4\text{-}6)$$

式中,$\boldsymbol{a}(x)$ 是系数,它是 x 的函数;$\boldsymbol{p}(x)$ 是 m 维完全多项式基,在二维情况下可取

$$\boldsymbol{p}^{\mathrm{T}}(x) = \begin{bmatrix} 1 & x & y \end{bmatrix} \qquad\qquad (m=1) \text{ 线性基}$$

$$\boldsymbol{p}^{\mathrm{T}}(x) = \begin{bmatrix} 1 & x & y & x^2 & xy & y^2 \end{bmatrix} \qquad (m=2) \text{ 二次基}$$

$$\boldsymbol{p}^{\mathrm{T}}(x) = \begin{bmatrix} 1 & x & y & x^2 & xy & y^2 & x^3 & x^2y & xy^2 & y^3 \end{bmatrix} \quad (m=3)$$

近似函数在点 x^* 附近可表示为

$$u^h(x,x^*) = \sum_{j=1}^{m} p_j(x^*)a_j(x) \equiv \boldsymbol{p}^{\mathrm{T}}(x^*)\boldsymbol{a}(x) \qquad (9\text{-}4\text{-}7)$$

系数 $\boldsymbol{a}(x)$ 根据加权最小二乘来确定,它使得近似函数 $u^h(x,x^*)$ 和原函数 $u^*(x)$ 在各已知点 x_j 上取值差别的加权平方范数 J 最小,为

$$\begin{aligned} J &= \sum_{j=1}^{n} w(\|x-x_j\|)[u^h(x,x_j) - u^*(x_j)]^2 \\ &= \sum_{j=1}^{n} w(\|x-x_j\|)\left[\sum_{i=1}^{m} p_i(x_j)a_i(x) - u^*(x_j)\right]^2 \end{aligned} \qquad (9\text{-}4\text{-}8)$$

其中,$w(\|x-x_j\|)$ 是权函数,可采用多种函数形式

$$w_i(r_i) = \frac{r_{mi}^2}{r_i^2 + \varepsilon^2 r_{mi}^2}\left[1 - \frac{r_i^2}{r_{mi}^2}\right]^k \qquad (9\text{-}4\text{-}9a)$$

$$w_i(r_i) = \frac{e^{-(r_i/c)^k} - e^{-(r_{mi}/c)^k}}{1 - e^{-(r_{mi}/c)^k}} \qquad (9\text{-}4\text{-}9b)$$

$$w_i(r_i) = 1 - 6\left(\frac{r_i}{r_{mi}}\right)^2 + 8\left(\frac{r_i}{r_{mi}}\right)^3 - 3\left(\frac{r_i}{r_{mi}}\right)^4 \qquad (9\text{-}4\text{-}9c)$$

其中,c、ε 和 r_m 为参数;r_i 为到节点 i 的距离;$u^*(x_j)$ 为 $u^*(x)$ 在 x_j 处的值。

权函数一般都为紧支形式,有一个影响半径,当节点到 x^* 的距离大于影响半径时,则权函数的值为零,不参与 x^* 的移动最小二乘。这样,最终得到的整体刚度矩阵将是稀疏带状的。

要求 J 对系数 $\boldsymbol{a}(x)$ 取极小,即 $\dfrac{\partial J}{\partial a_i}=0$,进而得到系数

$$\boldsymbol{a}(x) = \boldsymbol{A}^{-1}(x)\boldsymbol{B}(x)\boldsymbol{u}^* \tag{9-4-10}$$

其中，

$$\boldsymbol{A}(x) = \sum_{i=1}^{n} w_i(\parallel x - x_j \parallel)\boldsymbol{p}(x_i)\boldsymbol{p}^{\mathrm{T}}(x_i) \tag{9-4-11}$$

$$\boldsymbol{B}(x) = [w_1(\parallel x - x_j \parallel)\boldsymbol{p}(x_1), \cdots, w_n(\parallel x - x_j \parallel)\boldsymbol{p}(x_n)] \tag{9-4-12}$$

$$\boldsymbol{u}^* = [u^*(x_1), u^*(x_2), \cdots, u^*(x_n)]^{\mathrm{T}} \tag{9-4-13}$$

因此，式(9-4-6)可改写为

$$u^h(x) = \sum_{i=1}^{n} n_i(x)u_i^* \tag{9-4-14}$$

其中，$n_i(x)$ 为 i 节点的形函数在 x 点的值。

$$n_i(x) = \sum_{j=1}^{m} \boldsymbol{p}_j(x)[\boldsymbol{A}^{-1}(x)\boldsymbol{B}(x)]_{ji} \tag{9-4-15}$$

写成矩阵形式为

$$\boldsymbol{u}^h(x) = \boldsymbol{N}(x)\boldsymbol{u} \tag{9-4-16}$$

其中，

$$\boldsymbol{u}^h(x) = [u(x) \quad v(x) \quad w(x)]^{\mathrm{T}} \tag{9-4-17a}$$

$$\boldsymbol{u} = [u_1(x) \quad v_1(x) \quad w_1(x) \quad \cdots \quad u_n(x) \quad v_n(x) \quad w_n(x)]^{\mathrm{T}} \tag{9-4-17b}$$

$$\boldsymbol{N}(x) = \begin{bmatrix} n_1(x) & 0 & 0 & \vdots & n_i(x) & 0 & 0 \\ 0 & n_1(x) & 0 & \vdots & 0 & n_i(x) & 0 \\ 0 & 0 & n_1(x) & \vdots & 0 & 0 & n_i(x) \end{bmatrix},$$
$$i = 1, 2, \cdots, n \tag{9-4-17c}$$

形函数关于坐标的偏导数为

$$n_{i,k}(x) = \sum_{j=1}^{m} \{ \boldsymbol{p}_{j,k}(x)[\boldsymbol{A}^{-1}(x)\boldsymbol{B}(x)]_{ji} + \boldsymbol{p}_j(x)[\boldsymbol{A}_{,k}^{-1}(x)\boldsymbol{B}(x)$$
$$+ \boldsymbol{A}^{-1}(x)\boldsymbol{B}_{,k}(x)]_{ji} \} \tag{9-4-18}$$

$$\boldsymbol{A}_{,k}^{-1}(x) = -\boldsymbol{A}^{-1}\boldsymbol{A}_{,k}\boldsymbol{A}^{-1} \tag{9-4-19}$$

域内任意一点的应变为

$$\boldsymbol{\varepsilon}(x) = \boldsymbol{L} \cdot \boldsymbol{u}(x) \tag{9-4-20}$$

$$\boldsymbol{\varepsilon}(x) = [\varepsilon_x \quad \varepsilon_y \quad \varepsilon_z \quad \gamma_{xy} \quad \gamma_{yz} \quad \gamma_{zx}]^{\mathrm{T}} \tag{9-4-21}$$

$$\boldsymbol{L} = \begin{bmatrix} \dfrac{\partial}{\partial x} & 0 & 0 \\[2mm] 0 & \dfrac{\partial}{\partial y} & 0 \\[2mm] 0 & 0 & \dfrac{\partial}{\partial z} \\[2mm] \dfrac{\partial}{\partial y} & \dfrac{\partial}{\partial x} & 0 \\[2mm] 0 & \dfrac{\partial}{\partial z} & \dfrac{\partial}{\partial y} \\[2mm] \dfrac{\partial}{\partial z} & 0 & \dfrac{\partial}{\partial x} \end{bmatrix} \tag{9-4-22}$$

则该点的应变可写为

$$\boldsymbol{\varepsilon}^h(x) = \boldsymbol{L} \cdot \boldsymbol{u}^h(x) = \boldsymbol{L} \cdot \boldsymbol{N}(x)\boldsymbol{u} = \boldsymbol{B}(x)\boldsymbol{u} \tag{9-4-23}$$

$$\boldsymbol{B}(x) = \begin{bmatrix} \boldsymbol{B}_1(x) & \boldsymbol{B}_2(x) & \cdots & \boldsymbol{B}_n(x) \end{bmatrix} \tag{9-4-24}$$

$$\boldsymbol{B}_i(x) = \begin{bmatrix} \dfrac{\partial n_i(x)}{\partial x} & 0 & 0 \\[2mm] 0 & \dfrac{\partial n_i(x)}{\partial y} & 0 \\[2mm] 0 & 0 & \dfrac{\partial n_i(x)}{\partial z} \\[2mm] \dfrac{\partial n_i(x)}{\partial y} & \dfrac{\partial n_i(x)}{\partial x} & 0 \\[2mm] 0 & \dfrac{\partial n_i(x)}{\partial z} & \dfrac{\partial n_i(x)}{\partial y} \\[2mm] \dfrac{\partial n_i(x)}{\partial z} & 0 & \dfrac{\partial n_i(x)}{\partial x} \end{bmatrix} \tag{9-4-25}$$

应力可写为

$$\boldsymbol{\sigma}^h(x) = \boldsymbol{D}\boldsymbol{\varepsilon}^h(x) = \boldsymbol{D} \cdot \boldsymbol{B}(x)\boldsymbol{u} \tag{9-4-26}$$

其中,$\boldsymbol{D}$ 为本构矩阵,

$$\boldsymbol{D} = \frac{1}{(1+\nu)(1-2\nu)} \cdot$$

$$\begin{bmatrix} (1-\nu)E & \nu E & \nu E & 0 & 0 & 0 \\ & (1-\nu)E & \nu E & 0 & 0 & 0 \\ & & (1-\nu)E & 0 & 0 & 0 \\ & & & 0.5(1-2\nu)E & 0 & 0 \\ \text{对称} & & & & 0.5(1-2\nu)E & 0 \\ & & & & & 0.5(1-2\nu)E \end{bmatrix} \tag{9-4-27}$$

2. 基本方程

弹性体的平衡方程为

$$\sigma_{ij,j} + \bar{f}_i = 0 \quad \text{在域 } \Omega \text{ 内}$$
$$\sigma_{ij}n_j - \bar{t}_i = 0 \quad \text{在力边界 } \Gamma_t \text{ 上}$$
$$u_i = \bar{u}_i \quad\quad\quad \text{在位移边界 } \Gamma_u \text{ 上}$$

其中,f_i 为体力分量;$\bar{t}_i$ 为面力分量;n_j 为边界法向单位向量分量;$\bar{u}_i$ 为边界位移分量。

系统的总势能 π 由以下几部分组成。

(1) 由应变产生的应变能 π_1

$$\pi_1 = \frac{1}{2}\boldsymbol{u}^{\mathrm{T}} \cdot \left[\iint\limits_{\Omega} \boldsymbol{B}^{\mathrm{T}} \boldsymbol{D} \boldsymbol{B} \, \mathrm{d}\Omega \right] \cdot \boldsymbol{u} \tag{9-4-28}$$

则

$$\delta\pi_1 = \delta\boldsymbol{u}^{\mathrm{T}} \cdot \left[\iint_{\Omega}\boldsymbol{B}^{\mathrm{T}}\boldsymbol{D}\boldsymbol{B}\,\mathrm{d}\Omega\right] \cdot \boldsymbol{u} = \delta\boldsymbol{u}^{\mathrm{T}} \cdot \boldsymbol{K}_1 \cdot \boldsymbol{u} - \delta\boldsymbol{u}^{\mathrm{T}} \cdot \boldsymbol{f}_1 \tag{9-4-29}$$

$$\boldsymbol{K}_1 = \left[\iint_{\Omega}\boldsymbol{B}^{\mathrm{T}}\boldsymbol{D}\boldsymbol{B}\,\mathrm{d}\Omega\right] \tag{9-4-30}$$

$$\boldsymbol{f}_1 = 0 \tag{9-4-31}$$

(2) 由初应力 $\sigma^{(0)}(x)$ 产生的势能 π_2

$$\pi_2 = -\boldsymbol{u}^{\mathrm{T}} \cdot \left[\iint_{\Omega}\boldsymbol{B}^{\mathrm{T}}\sigma^{(0)}(x)\,\mathrm{d}\Omega\right] \cdot \boldsymbol{u} \tag{9-4-32}$$

$$\delta\pi_2 = -\delta\boldsymbol{u}^{\mathrm{T}} \cdot \left[\iint_{\Omega}\boldsymbol{B}^{\mathrm{T}}\sigma^{(0)}(x)\,\mathrm{d}\Omega\right] \cdot \boldsymbol{u} = \delta\boldsymbol{u}^{\mathrm{T}} \cdot \boldsymbol{K}_2 \cdot \boldsymbol{u} - \delta\boldsymbol{u}^{\mathrm{T}} \cdot \boldsymbol{f}_2 \tag{9-4-33}$$

$$\boldsymbol{K}_2 = 0 \tag{9-4-34}$$

$$\boldsymbol{f}_2 = \left[\iint_{\Omega}\boldsymbol{B}^{\mathrm{T}}\sigma^{(0)}(x)\,\mathrm{d}\Omega\right] \tag{9-4-35}$$

(3) 由集中力 $\bar{\boldsymbol{T}}(x)$ 产生的势能 π_3

设集中力可分解为

$$\bar{\boldsymbol{T}}(x) = \begin{bmatrix} \bar{T}_x(x) & \bar{T}_y(x) & \bar{T}_z(x) \end{bmatrix}^{\mathrm{T}}$$

$$\pi_3 = -\boldsymbol{u}^{\mathrm{T}} \cdot \boldsymbol{N}^{\mathrm{T}}(x) \cdot \bar{\boldsymbol{T}}(x) \tag{9-4-36}$$

$$\delta\pi_3 = -\delta\boldsymbol{u}^{\mathrm{T}} \cdot \boldsymbol{N}^{\mathrm{T}}(x) \cdot \bar{\boldsymbol{T}}(x) = \delta\boldsymbol{u}^{\mathrm{T}} \cdot \boldsymbol{K}_3 \cdot \boldsymbol{u} - \delta\boldsymbol{u}^{\mathrm{T}} \cdot \boldsymbol{f}_3 \tag{9-4-37}$$

$$\boldsymbol{K}_3 = 0 \tag{9-4-38}$$

$$\boldsymbol{f}_3 = \boldsymbol{N}^{\mathrm{T}}(x) \cdot \bar{\boldsymbol{T}}(x) \tag{9-4-39}$$

(4) 由面力 $\bar{\boldsymbol{t}}(x)$ 产生的势能 π_4

$$\pi_4 = -\boldsymbol{u}^{\mathrm{T}}\int_{\Gamma_1} \boldsymbol{N}^{\mathrm{T}}(x) \cdot \bar{\boldsymbol{t}}(x) \cdot \mathrm{d}\Gamma \tag{9-4-40}$$

$$\delta\pi_4 = -\delta\boldsymbol{u}^{\mathrm{T}}\int_{\Gamma_1} \boldsymbol{N}^{\mathrm{T}}(x) \cdot \bar{\boldsymbol{t}}(x) \cdot \mathrm{d}\Gamma = \delta\boldsymbol{u}^{\mathrm{T}} \cdot \boldsymbol{K}_4 \cdot \boldsymbol{u} - \delta\boldsymbol{u}^{\mathrm{T}} \cdot \boldsymbol{f}_4 \tag{9-4-41}$$

$$\boldsymbol{K}_4 = 0 \tag{9-4-42}$$

$$\boldsymbol{f}_4 = \int_{\Gamma_1} \boldsymbol{N}^{\mathrm{T}}(x) \cdot \bar{\boldsymbol{t}}(x) \cdot \mathrm{d}\Gamma \tag{9-4-43}$$

式中，Γ_1 为面力作用的边界面积(长度)。

(5) 由体力 $\bar{f}(x)$ 产生的势能 π_5

$$\pi_5 = -\boldsymbol{u}^{\mathrm{T}} \cdot \left[\iint_{\Omega}\boldsymbol{N}^{\mathrm{T}}(x) \cdot \bar{f}(x) \cdot \mathrm{d}\Omega\right] \tag{9-4-44}$$

$$\delta\pi_5 = -\delta\boldsymbol{u}^{\mathrm{T}} \cdot \left[\iint_{\Omega}\boldsymbol{N}^{\mathrm{T}}(x) \cdot \bar{f}(x) \cdot \mathrm{d}\Omega\right] = \delta\boldsymbol{u}^{\mathrm{T}} \cdot \boldsymbol{K}_5 \cdot \boldsymbol{u} - \delta\boldsymbol{u}^{\mathrm{T}} \cdot \boldsymbol{f}_5 \tag{9-4-45}$$

$$\boldsymbol{K}_5 = 0 \tag{9-4-46}$$

$$\boldsymbol{f}_5 = \left[\iint_{\Omega}\boldsymbol{N}^{\mathrm{T}}(x) \cdot \bar{f}(x) \cdot \mathrm{d}\Omega\right] \tag{9-4-47}$$

(6) 边界位移约束

由于无网格法的插值函数一般不能在边界上精确满足，因此与有限元方法不同，无网格法往往需要在边界上进行特殊处理以满足边界条件,常用的方法有拉格朗日法或罚函数法等。在 Belytschko 提出无网格伽辽金法的时候,是使用拉格朗日法来建立边界条件的,其优势是可以高精度地满足边界条件,但是,这种方法会使刚度矩阵带宽大大增大,且不对称,严重影响计算效率。因此,现在使用得最多的边界约束方法是用罚函数法施加边界约束。

设罚函数的弹簧刚度为 k,边界约束位移为 $\bar{u}$,则罚函数引起的势能为

$$\pi_6 = \frac{1}{2}k\boldsymbol{u}^{\mathrm{T}}\boldsymbol{N}^{\mathrm{T}}(x)\boldsymbol{R}\boldsymbol{N}(x)\boldsymbol{u} - k\bar{u}\boldsymbol{u}^{\mathrm{T}}\boldsymbol{N}^{\mathrm{T}}(x)\boldsymbol{R}\boldsymbol{r} + \frac{1}{2}k\bar{u}^2\boldsymbol{r}^{\mathrm{T}}\boldsymbol{R}\boldsymbol{r} \tag{9-4-48}$$

$$\delta\pi_6 = \delta\boldsymbol{u}^{\mathrm{T}} \cdot k\boldsymbol{N}^{\mathrm{T}}(x)\boldsymbol{R}\boldsymbol{N}(x)\boldsymbol{u} - \delta\boldsymbol{u}^{\mathrm{T}} \cdot k\bar{u}\boldsymbol{N}^{\mathrm{T}}(x)\boldsymbol{R}\boldsymbol{r}$$

$$= \delta\boldsymbol{u}^{\mathrm{T}} \cdot \boldsymbol{K}_6 \cdot \boldsymbol{u} - \delta\boldsymbol{u}^{\mathrm{T}} \cdot \boldsymbol{f}_6 \tag{9-4-49}$$

$$\boldsymbol{K}_6 = k\boldsymbol{N}^{\mathrm{T}}(x)\boldsymbol{R}\boldsymbol{N}(x) \tag{9-4-50}$$

$$\boldsymbol{f}_6 = k\bar{u}\boldsymbol{N}^{\mathrm{T}}(x)\boldsymbol{R}\boldsymbol{r} \tag{9-4-51}$$

$\boldsymbol{R}$ 和 $\boldsymbol{r}$ 为坐标转换矩阵,对于二维情况,有

$$\boldsymbol{R} = \begin{bmatrix} \cos^2\theta & \sin\theta\cos\theta \\ \sin\theta\cos\theta & \sin^2\theta \end{bmatrix} \tag{9-4-52}$$

$$\boldsymbol{r} = \begin{bmatrix} \cos\theta \\ \sin\theta \end{bmatrix} \tag{9-4-53}$$

对于 k 的选取,过小则不能充分有效约束边界,过大则可能导致整体刚度矩阵病态而精度下降,一般而言,k 可以取原刚度矩阵最大主元的 $10^4 \sim 10^5$ 倍。

有了系统的势能及其变分,就可以根据最小势能原理 $\sum \delta\pi = 0$,得到体系的刚度矩阵和荷载向量。对应于上述的 $\pi_1 \sim \pi_6$,可得 $\sum_{i=1}^{6}\delta\pi_i = \sum_{i=1}^{6}(\delta\boldsymbol{u}^{\mathrm{T}} \cdot \boldsymbol{K}_i \cdot \boldsymbol{u} - \delta\boldsymbol{u}^{\mathrm{T}} \cdot \boldsymbol{f}_i) = 0$,得到刚度矩阵 $\boldsymbol{K} = \sum_{i=1}^{6}\boldsymbol{K}_i$ 和荷载向量 $\boldsymbol{f} = \sum_{i=1}^{6}\boldsymbol{f}_i$。

3. 数值实现

根据以上推导的数学公式,对分析对象进行数值离散,就可以进行无网格伽辽金法的计算。由于无网格伽辽金法是建立在能量泛函的基础上,因此需要进行积分计算。积分方法可以有多种选择形式,最稳定且精度最高的方法是对分析域像有限元一样划分背景网格(如图 9-4-1 所示),在各个背景网格内采用高阶高斯积分(如 4 点积分),形成整体刚度矩阵和荷载向量,得到线性方程组。但是,这种方法有两个主要缺点:首先是积分计算量太大,影响效率;其次是由于背景网格依赖分析对象形状(边界),因此同有限元一样,存在着网格依赖性的问题。针对上述问题,各国研究者主要从以下两个方面进行改进:一方面,降低积分的阶数并减少积分区域数,极限情况就是让节点同时作为积分点,采用一阶高斯积分。这样虽然能够提高效率,但是精度和稳定性也会随之下降。另一方面,让背景积分网格不再依赖于实际的分析对象,而是在分析对象所在的空间里面全部布置上背景积分网格,积分网格、积分点的位置与分析对象形状无关(如图 9-4-2 所示),这样,分析对象的变形不再受到背景网格的约束,可以进行大变形分析。但是,其缺点是在每步积分计算时先要分析积分点和节点之间的相互拓扑关系。

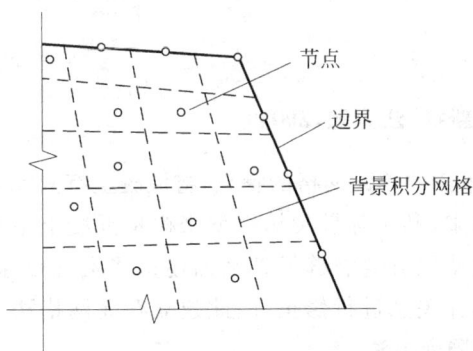

图 9-4-1　根据分析对象形状划分背景积分网格　　图 9-4-2　背景积分网格与分析对象形状无关

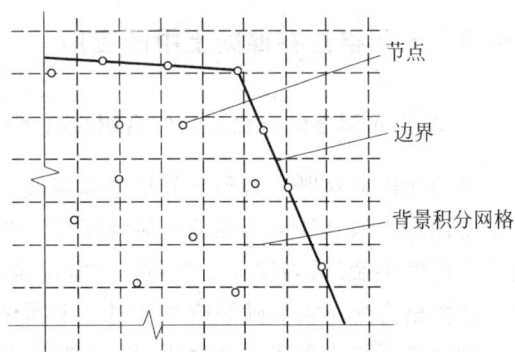

对于混凝土的开裂分析,由于需要追踪多条裂缝。因此,根据笔者的经验,采用与分析对象无关的背景网格,积分方案采用低阶高斯积分,多布积分点的方法,其综合效果较好。这时整个数值求解流程如下。

(1) 根据分析对象的形状布置节点和边界,并将分析对象所在空间划分背景积分网格,背景网格应能完全覆盖分析对象以及分析对象可能变形到的区域,在背景网格内布置高斯积分点。记录下高斯积分点的位置和积分参数。

(2) 在每步计算时,完成以下步骤:

① 扫描高斯积分点,如果高斯积分点在分析对象域内,则执行②~④;

② 根据高斯积分点的坐标以及该高斯积分点影响半径,找到位于该高斯点影响域内的所有节点;

③ 根据高斯点和影响域内节点的坐标进行最小二乘运算,得到形函数矩阵 N 以及形函数矩阵的导数矩阵 B;

④ 计算并存储该高斯积分点的刚度矩阵和荷载向量;

⑤ 集成并求解整体刚度方程,得到位移向量 u';

⑥ 根据 u',由最小二乘法拟合出节点的真正位移 u;

⑦ 计算积分点的应力、应变等。

(3) 更新节点位置以及边界位置,重复执行(2)直到计算结束。

无网格伽辽金法每个高斯积分点影响域内的节点数应该大于基函数中完备向量的个数,以保证 $A^{-1}(x)$ 存在且求逆过程数值稳定。这样,在每个高斯点的计算过程中,都要对一个 3 阶以上(对于二维线性基)甚至 6 阶以上(对于二维二次基)的矩阵求逆,其计算工作量很大。同时,由于无网格伽辽金法对积分点密度要求比较高,需要对较多的积分点进行操作,因此,一般说来,在形成整体刚度矩阵的过程中,无网格伽辽金法的效率要比有限元低很多。不过,由于无网格伽辽金法的收敛速度一般高于普通有限元方法,可以用较少的节点得到较高的精度,加上无网格法在前处理上比有限元要容易,因此综合比较,无网格伽辽金法的效率还是可以接受的。

9.4.3　无网格法在混凝土中的应用

1. 基于无网格伽辽金法的组合裂缝模型(陆新征,江见鲸,2004)

利用无网格法既与有限元分析过程相似,又不需要单元网格的特点,将混凝土有限元分析中常用的弥散裂缝模型和分离裂缝模型结合起来,利用弥散裂缝模型来模拟混凝土中大量存在的微小裂缝,当裂缝发展到一定宽度时,则使用分离裂缝模型来描述这些宏观裂缝。由于无网格方法不需要随裂缝发展对整个网格拓扑关系进行修正,因此建立在无网格法基础上的分离裂缝模型实施难度要远小于普通的有限元方法。

(1) 影响域的设定和裂缝边界的处理

由于裂缝的开展,节点和高斯积分点之间的关系是不断变化的,因此,使用以下方法处理影响域的大小及节点和高斯积分点之间的关系。

① 对于某一高斯积分点 P_{int},首先判断各个节点和它的关系,即在节点和该高斯积分点之间连线,如果该连线和某个边界(可以是实体边界,也可以是裂缝)相交,则认为该节点被这条边界"遮蔽"了,不参与该高斯积分点的计算。

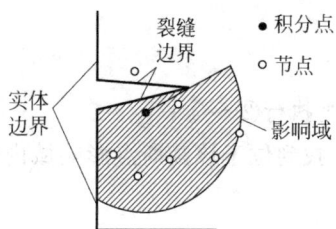

图 9-4-3　影响域和边界的处理

② 对于所有未被"遮蔽"的节点,选取和该高斯积分点距离最近的 6 个节点,参与该高斯积分点的运算。

③ 以参与计算的最远的节点的距离作为该高斯积分点的影响半径。

根据以上步骤得到的影响域形状以及节点和高斯积分点之间的关系如图 9-4-3 所示。对每个高斯积分点重复以上步骤,就可以得到无网格伽辽金方法计算所需的各项几何参数。

(2) 宏观裂缝的生成、开展和裂面抗剪单元

由于混凝土的最大拉应力很低,相应于最大拉应力的拉应变也很小,一般是 10^{-4} 左右,也就是说,在实际混凝土构件中,存在大量的肉眼不可见的微裂缝。对于这些微裂缝,要一一加以模拟是不可能的,且实际工程最为关心的是那些肉眼可见的宏观裂缝,因而这些微裂缝一般不是研究者关心的重点。可使用如下两种方法来区别对待宏观裂缝和微观裂缝。

① 当混凝土的拉应变小于某一数值 $\varepsilon_{t,u}$ 时,可认为这时混凝土的裂缝基本上都是肉眼不可见的微裂缝,此时的混凝土仍然可以承受部分拉应力,因此,对于这些混凝土,可以使用传统的弥散裂缝模型,剪力传递系数 $\beta = 0.3 \sim 0.7$ 作为参数讨论,取混凝土的极限拉应变 $\varepsilon_{t,u} = 800 \times 10^{-6}$。

② 当混凝土的拉应变大于 $\varepsilon_{t,u}$ 时,可认为此时混凝土中已经存在肉眼可见的宏观裂缝,弥散裂缝模型已经不能很好地描述这些裂缝。因此,可通过增加节点和边界的方法,对这些裂缝加以几何描述。

假设裂缝首先从构件的边缘产生,对于普通钢筋混凝土梁等纯弯或弯剪组合受力构件,该假设一般都是成立的。由于无网格法没有网格划分的限制,因而可以很方便地在可能产生裂缝的任意位置布置节点和边界来生成裂缝。具体的裂缝产生方法如下:

① 对于某一确定的荷载步,根据距离边界最近的高斯积分点的拉应变值外推出构件边界上相应位置点 P_{ext} 的拉应变值,由于无网格伽辽金方法中高斯点的密度一般是节点密度的 4 倍以上,因此,使用高斯点判断开裂点位置的精确程度将高于使用节点拉应变来判断的精确程度;

② 如果某个边界上的外推点 P_{ext} 的最大拉应变大于 $\varepsilon_{t,u}$,则认为该点将出现宏观裂缝;

③ 在 P_{ext} 两侧沿原构件边缘方向增加两个新的节点,各偏移一个很小的量 $\Delta_{c,i}$,同时沿 P_{ext} 的最大压应力方向在构件内部增加一个新的节点 N_c^t,即裂缝尖端节点,N_c^t 距构件边缘的距离为 2 倍的高斯点间距 δ_{Gauss},并由这三个节点组成两个新的边界即裂缝边界,如图 9-4-4 所示;

④ 用图 9-4-3 中提到的方法重新建立在新的节点和边界分布下的节点和高斯积分点关系,重新计算该荷载步,得到裂缝尖端节点 N_c^t 的最大拉应变 $\varepsilon_{c,t}^t$;

⑤ 如果 $\varepsilon_{c,t}^t > \varepsilon_{t,u}$,即此时的裂缝深度应该比给定的深度要大,需要修正裂缝深度,将 $N_{c,t}$ 继续沿现有裂缝方向向前移动高斯点间距 δ_{Gauss};

⑥ 重复步骤④、⑤,直至 $\varepsilon_{c,t}^t < \varepsilon_{t,u}$,则可以认为在当前荷载步下构件宏观裂缝生成已经完成。

需要说明的是,用这种方法产生的裂缝,其尖端有较严重的应力集中问题,采用最大拉应变作为裂缝扩展标准,理论上会带来计算上的不稳定。不过,由于使用弥散裂缝模型模拟微观裂缝,可以有效减轻裂缝尖端的应力集中,加上实际计算中节点和积分点的密度也是有限的。因此,根据计算实验,在节点间距大于 10mm 时,计算结果基本上是稳定的。

在施加新一级荷载后,得到各个裂缝尖端节点 $N_{c,i}^t$ 的拉应变。如果 $N_{c,i}^t$ 的主拉应变大于 $\varepsilon_{t,u}$,则在该尖端节点附近再增加一个新的节点 N_1,N_1 和 $N_{c,i}^t$ 的距离很近。同时沿 $N_{c,i}^t$ 的主压应变方向前进 $2\delta_{Gauss}$ 增加一个新的节点 N_2,如图 9-4-5 所示。

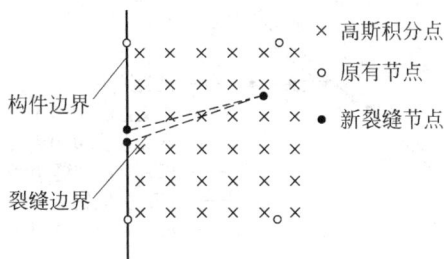

图 9-4-4　宏观裂缝的生成　　　　图 9-4-5　宏观裂缝开展

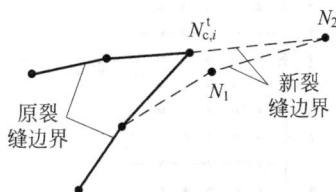

以 N_2 为新的裂缝尖端节点,修正节点和高斯点之间的关系,重新计算该荷载步,如果新裂缝尖端节点 N_2 的拉应变大于 $\varepsilon_{t,u}$,则 N_2 继续沿原方向前进 δ_{Gauss},直至 N_2 的拉应变小于 $\varepsilon_{t,u}$。

通过在宏观裂缝裂面上各对节点之间引入切向弹簧的方法来模拟裂面抗剪能力。由宏观裂缝边界上各对节点间的距离可以得到该处裂缝的宽度,大连理工大学实验得到的裂面剪应力-位移关系经验公式为

$$\tau = (0.543w^{-0.585} + 0.199)\sqrt{f_c}\Delta^{0.72} \tag{9-4-54}$$

根据式(9-4-54)可得宏观裂面单元的抗剪刚度为

$$K_a = \frac{dV}{d\Delta} = \frac{lt\,d\tau}{d\Delta} = 0.72(0.543w^{-0.585} + 0.199)\sqrt{f_c}\Delta^{-0.28}lt \qquad (9\text{-}4\text{-}55)$$

式中,w 为裂缝宽度,mm;f_c 为混凝土抗压强度,MPa;Δ 为节点间沿裂缝方向的相对位移,mm;l 为相邻裂缝间的距离,mm;t 为混凝土厚度 mm。

由于无网格方法节点配置非常灵活,因而可以在任何配置钢筋的位置增加节点。本书中使用传统混凝土有限元中分析中常采用的链杆单元来模拟钢筋,钢筋与混凝土共用节点,如图 9-4-6 所示。在混凝土无网格伽辽金方法得到的刚度矩阵中的相应位置增加钢筋链杆单元刚度矩阵,就可以得到钢筋对整体结构的影响。在每级荷载计算完成后,根据计算得到的节点位移修正节点坐标,再进行下一步计算。这样就可以考虑由裂缝两侧相对滑动而引起的钢筋销栓作用。

(3) 算例

对一根无腹筋斜拉破坏混凝土梁进行实验,实验得到的荷载位移曲线与本文方法结果及有限元弥散裂缝方法结果对比情况如图 9-4-7 所示。在有限元弥散裂缝方法中,计算结果对剪力传递系数 β 非常敏感。如果 β 较大,则将过高估计梁的后期承载力;而如果 β 过小,则又会过低估计梁的前期承载力。鉴于目前 β 的取值还主要依靠经验,用有限元弥散裂缝方法分析斜拉破坏混凝土梁可能会导致错误的结果,而在本节方法中,由于剪力传递系数 β 仅仅在微裂缝阶段起作用,因而其对最终结果的影响大大减小,在图中几乎无法区分其影响。同时,由于选择了基于实验结果的裂面剪力传递模型,因而梁的整体计算结果和实验结果吻合良好。

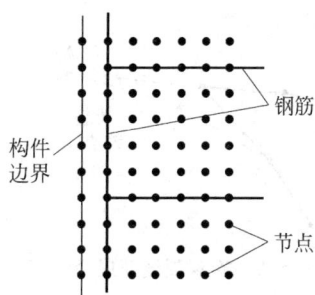

图 9-4-6　混凝土和钢筋组合

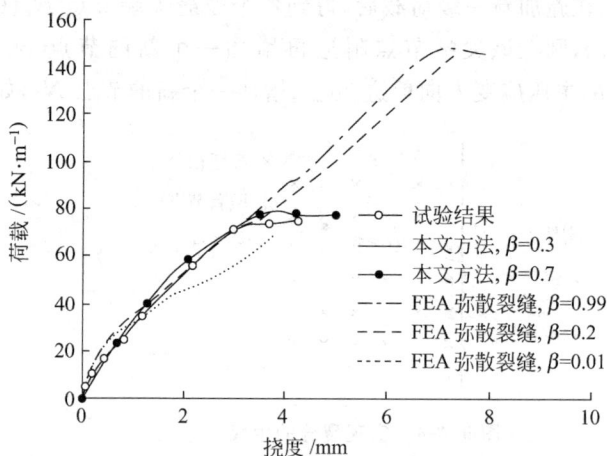

图 9-4-7　荷载位移曲线对比

计算得到的宏观裂缝和实验结果对比如图 9-4-8 所示,可见本模型和实验结果也有着较好的一致性,可以清晰得到主裂缝的张开情况。

2. 基于 SPH 算法的混凝土侵彻问题

大量防护工程采用混凝土作为建筑材料,弹丸对混凝土的侵彻破坏也就成了防护工程中需要重点研究的问题。由于侵彻实验耗资庞大且不安全,因此数值模拟也就变得非常重

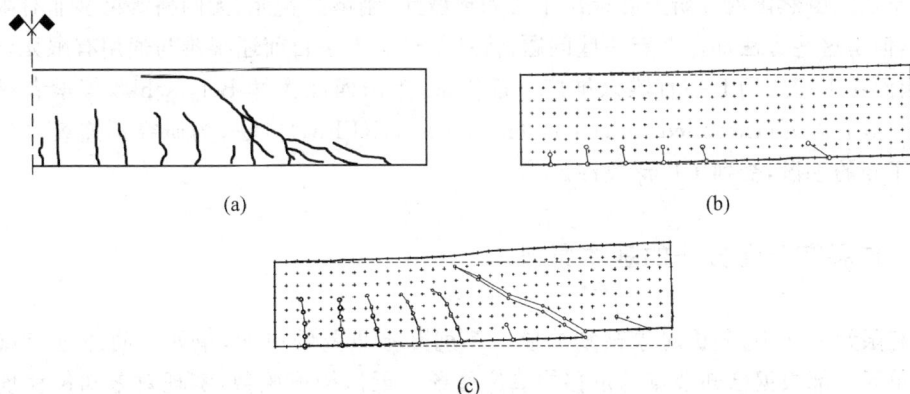

(a)　　　　　　　　　　　　　　(b)

(c)

图 9-4-8　裂缝分布图

(a) 实验最终裂缝分布；(b) 计算结果(跨中挠度＝2.1mm)；(c) 计算结果(跨中挠度＝5.1mm)

要。由于在混凝土侵彻破坏过程中,牵涉严重的非线性问题,混凝土会"崩落"甚至成为碎片,因此很难采用普通的有限元方法进行分析。而完全不需要计算网格的 SPH 无网格算法就可以较好地克服这一困难。

蔡清裕等(2003)利用 SPH 算法模拟了混凝土在刚性弹丸冲击下的侵彻破坏,如图 9-4-9 所示,与真实情况符合较好。不过需要指出的是,SPH 算法现在的稳定性还不是很理想,还有很多问题有待研究。

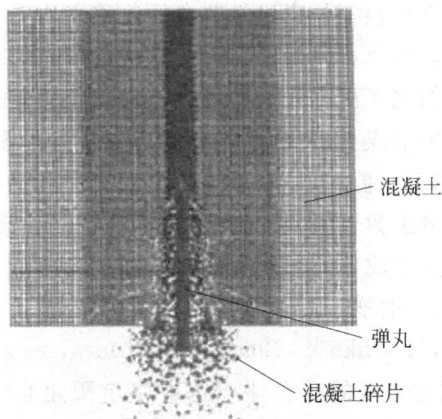

图 9-4-9　用 SPH 算法模拟混凝土受弹丸侵彻破坏

9.5　扩展有限元法

有限元方法作为一种最为成熟稳定的结构数值计算方法,在工程界得到了大量的应用,并已有大量成熟的通用有限元软件,极大地降低了使用难度。但是,有限元方法本质上是一种连续体力学方法,而混凝土结构往往是带裂缝工作的,实际混凝土结构在破坏前往往会发生非常复杂的断裂行为。模拟混凝土开裂引起的不连续行为是混凝土结构有限元分析的一个重要难点。虽然国内外研究者提出了诸如离散元、刚体弹簧元、无网格等诸多非有限元数值方法,但是这些方法都存在着一些问题,特别是这些方法目前还很难与通用有限元软件相结合,因而在工程应用上一直难以推广。近年来,美国西北大学 Belytschko 等学者提出和发展了扩展有限元(extended finite element method,XFEM)方法,为研究不连续位移场模拟提供了新的手段,受到了广泛关注。

9.5.1　扩展有限元方法的基本原理

在有限元方法中,分析对象被划分成一系列互不重叠的单元,单元之间通过节点相联系。在单元内部根据已知节点的位移构造位移场的近似插值函数,实现对未知位移场的分片近似。并要求该近似位移场能够满足:对所有满足位移边界条件的虚位移,系统的内力和外力在该虚位移上所做的功之和为零(弱形式)。有限单元法的一个突出贡献就是通过构造一系列不同的"单元",使得对研究对象物理特性的描述(面积、体积等)和对研究对象数学特性的描述(位移场、能量等)实现了统一,也就是"数学覆盖"和"物理覆盖"(石根华,1997)的统一。

但是,由于常用的有限单元节点数量比较少,单元内部的近似位移场函数也比较简单(通常采用二阶以下多项式),难以构造复杂的位移场函数。因此,对于复杂的应力区域,往往只能通过细分单元来加以解决,增大了计算难度和前处理的工作量。

针对有限元法的上述缺点,20 世纪 70 至 90 年代发展起来的无网格法完全抛弃了"单元"的概念。这些无网格法直接根据任意已知节点的位移来构造近似位移场函数,不仅简化了前处理划分单元的工作,而且也可以根据需要,构造出各种复杂的近似位移场函数。无网格法的重要贡献,是极大地拓宽了研究人员的思路,帮助研究人员跳出有限元法中"单元"的窠臼,可以直接通过任意多个节点,构造任意需要的近似位移场函数,为工程数值计算的发展提供了很多非常有益的启示。但是,无网格法完全抛弃单元来构造近似位移场函数随意性太大,不同的插值算法或者参数取值,可能会导致计算结果出现很大的差异,表现为稳定性不够。另外,无网格法与大量成熟的通用有限元程序的衔接问题也比较难解决。这些都限制了无网格法在工程应用中的推广。

因此,Belytschko 等(Belytschko & Black,1999;Moës, et al.,1999)学者受到无网格Galerkin 法(EFGM)等无网格方法的启示,提出了扩展有限元方法。其核心思想包括:

① 仍然采用有限元法的单元剖分思想,将分析对象划分成若干个单元,并以这些单元和连接单元之间的节点,作为构造近似位移函数的基础,这样就克服了无网格法任意构造近似函数可能带来的随意性过大的缺点;

② 构造近似位移场函数时,不再受到网格构造的限制,可以选择任意节点根据需要来构造近似位移场函数;

③ 对于一些内边界,如分析对象内存在的裂缝,或者分析对象内不同物质之间的界面,不再另划分单元,而是通过增加附加的位移函数来加以描述。

以图 9-5-1 所示最简单的一维情况为例(Moës,2012),有两个单元 A、B 和三个节点 1、2、3。那么,根据有限元法的基本原理,任意一点的位移都可以节点 1、2、3 的位移 u_1、u_2 和 u_3 表示:

$$u(x) = u_1 N_1 + u_2 N_2 + u_3 N_3 \tag{9-5-1}$$

式中，$N_1 \sim N_3$ 为形函数，如图 9-5-1 中虚线所示。

　　如果在节点 2 上引入一个不连续，即可以视作把节点 2 分为两个独立的节点 2^- 和 2^+，如图 9-5-2 所示，那么，式(9-5-1)可以改写为

$$u(x) = u_1 N_1 + u_2^- N_2^- + u_2^+ N_2^+ + u_3 N_3 \tag{9-5-2}$$

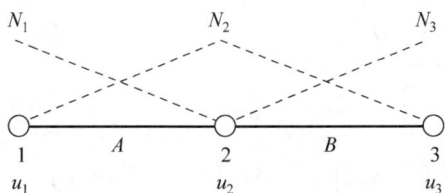

图 9-5-1　有限元表示法　　　　　　　　图 9-5-2　节点 2 处引入不连续

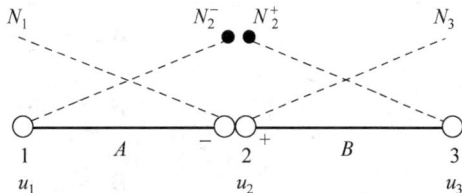

　　如果把 u_2^- 和 u_2^+ 定义为两个新的变量，

$$u_2' = \frac{u_2^- + u_2^+}{2} \tag{9-5-3a}$$

$$a = \frac{u_2^- - u_2^+}{2} \tag{9-5-3b}$$

则式(9-5-2)将改写为

$$u(x) = u_1 N_1 + u_2' N_2 + u_3 N_3 + a N_2 H(x) \tag{9-5-4}$$

式中，N_2 定义同式(9-5-1)；$H(x)$ 为 Heaviside 函数，如图 9-5-3 所示，在节点 2 左侧为 $H(x) = +1$，右侧为 $H(x) = -1$。此时，与节点 2 相关的形函数不仅包括 N_2，还包括了新的 Heaviside 函数 $N_2 H(x)$（图 9-5-3），也就是说，节点 2 的形函数得到了增加，扩展有限元称这种新增的形函数为富集函数(enrichment function)。a 则相当于是由于增加了不连续而引入的新的未知量。

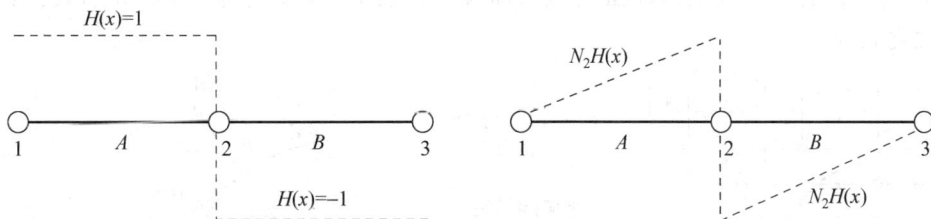

图 9-5-3　引入富集函数

　　从以上分析可以看出，扩展有限元在传统有限元形函数的基础上，可以超出单元的边界，引入新的位移场函数，例如 $N_2 H(x)$ 同时包括单元 A 和单元 B，但是整个模型的拓扑关系并没有随着不连续条件的引入而发生变化。也就是说，图 9-5-3 中的网格划分和图 9-5-1 是完全一样的，只是多引入了一个未知量 a。这个未知量可以放在整体刚度矩阵的最后进行处理，而不必对原有的刚度矩阵进行修改，即

$$\boldsymbol{K}_{\text{XFEM}} = \begin{bmatrix} \boldsymbol{K}_{\text{uu}} & \boldsymbol{K}_{\text{ua}} \\ \boldsymbol{K}_{\text{au}} & \boldsymbol{K}_{\text{aa}} \end{bmatrix} \tag{9-5-5}$$

式中，$\boldsymbol{K}_{uu}$为对应于有限元模型的刚度矩阵；$\boldsymbol{K}_{ua}$、$\boldsymbol{K}_{au}$、$\boldsymbol{K}_{aa}$为引入代表不连续行为的自由度 a 以后增加的刚度矩阵元素。

$$\boldsymbol{K}_{uu} = \int_{\Omega} \boldsymbol{B}_u \boldsymbol{D} \boldsymbol{B}_u \mathrm{d}\Omega \qquad (9\text{-}5\text{-}6)$$

$$\boldsymbol{K}_{ua} = \int_{\Omega} \boldsymbol{B}_u \boldsymbol{D} \boldsymbol{B}_a H(x) \mathrm{d}\Omega \qquad (9\text{-}5\text{-}7)$$

$$\boldsymbol{K}_{aa} = \int_{\Omega} \boldsymbol{B}_a \boldsymbol{D} \boldsymbol{B}_a H^2(x) \mathrm{d}\Omega \qquad (9\text{-}5\text{-}8)$$

$$\boldsymbol{B}_u = \begin{bmatrix} \cdots & \dfrac{\partial N_u}{\partial x} & \cdots \end{bmatrix} \qquad (9\text{-}5\text{-}9)$$

$$\boldsymbol{B}_a = \begin{bmatrix} \cdots & \dfrac{\partial N_u H(x)}{\partial x} & \cdots \end{bmatrix} \qquad (9\text{-}5\text{-}10)$$

对于大型结构问题而言，随着新的不连续行为的引入(如裂缝的开展)，只需要修改刚度矩阵后面的元素 $\boldsymbol{K}_{ua}$、$\boldsymbol{K}_{au}$、$\boldsymbol{K}_{aa}$ 即可，而原来的有限元网格划分和刚度矩阵 $\boldsymbol{K}_{uu}$ 都不需要改变，因此扩展有限元方法非常容易集成到现有的通用有限元程序中。

9.5.2　扩展有限元方法的基本公式

对于二维和三维问题，同样可以构造出相应的位移场函数

$$u(x) = \sum_{I \in \Omega} \boldsymbol{N}_I(x) \Big[\boldsymbol{u}_I + \sum_{I \in \Omega_d} \boldsymbol{\Psi} \boldsymbol{a}_I \Big] \qquad (9\text{-}5\text{-}11)$$

式中，Ω 为计算域；Ω_d 为不连续域；$\boldsymbol{u}_I$ 和 $\boldsymbol{N}_I(x)$ 分别为通常有限元分析的节点位移和形函数；$\boldsymbol{\Psi}$ 为因为考虑不连续而引入的新的富集函数；$\boldsymbol{a}_I$ 是为了考虑不连续引入的新的未知量。在结构分析中，常见的不连续行为包括以下几种。

(1) 单元被裂缝穿过(图9-5-4)

此时，可以通过引入 Heaviside 函数，即 $\boldsymbol{\Psi} = H(x)$。裂缝两侧 $H(x)$ 分别取 ± 1 即可(图9-5-5)。

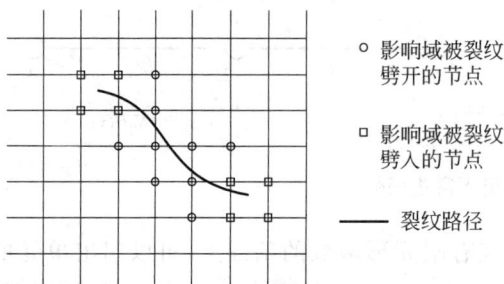

图 9-5-4　分析对象中存在裂缝

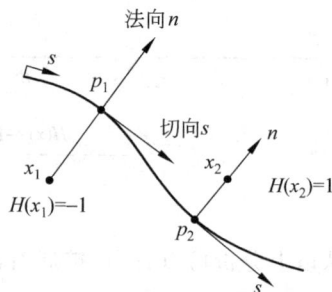

图 9-5-5　裂缝的 Heaviside 函数

(2) 单元内部有裂缝尖端

例如，可以引入 Belytschko 建议的裂缝尖端函数，即

$$\boldsymbol{\Psi} = \left\{ \sqrt{r}\sin\left(\frac{\theta}{2}\right), \quad \sqrt{r}\cos\left(\frac{\theta}{2}\right), \quad \sqrt{r}\sin\left(\frac{\theta}{2}\right)\sin\theta, \quad \sqrt{r}\cos\left(\frac{\theta}{2}\right)\sin\theta \right\} \qquad (9\text{-}5\text{-}12)$$

式中，r、θ 为裂缝尖端的极坐标值。

（3）单元内部有材料边界

如果单元内部有两种或者两种以上的材料，那么可以引入函数

$$\Psi = \left| \sum_I N_I(x)\psi_I \right| \tag{9-5-13}$$

式中，ψ_I 为对应于不连续体界面的水平集函数（level set function）（Sukumar et al.，2001）

由富集函数 Ψ 得到新的位移场函数后（即式（9-5-11）），就可以通过式（9-5-5）～式（9-5-10）得到结构的刚度矩阵，进而和有限元法类似，完成未知量的求解计算。

当然，类似于有限元法的位移形函数，对于扩展有限元法而言，富集函数的选取对扩展有限元法的计算效率和稳定性也有很大的影响，近年来国内外在该问题上开展了大量的研究，读者可以参阅相关文献。

9.5.3　扩展有限元方法在混凝土计算中的应用

扩展有限元法因为可以灵活处理各类断裂问题，因此在混凝土结构的断裂分析领域得到了大量的应用。图 9-5-6、图 9-5-7 所示为清华大学方修君博士及其导师金峰教授（方修君，2007）共同完成的混凝土三点弯曲梁开裂分析及 Koyna 重力坝开裂分析，可见由于扩展有限元法可以允许裂缝自由穿过单元内部，因而给断裂分析带来了极大的便捷。

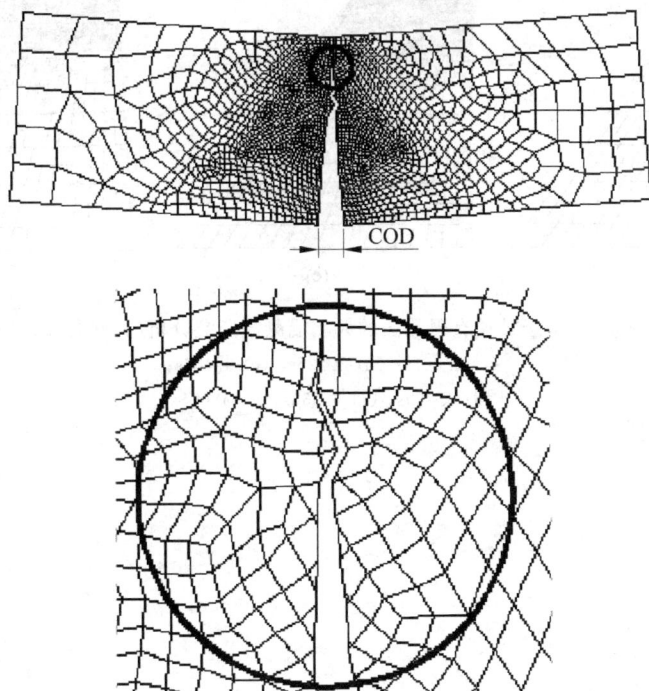

图 9-5-6　基于扩展有限元法的混凝土三点弯曲梁断裂分析

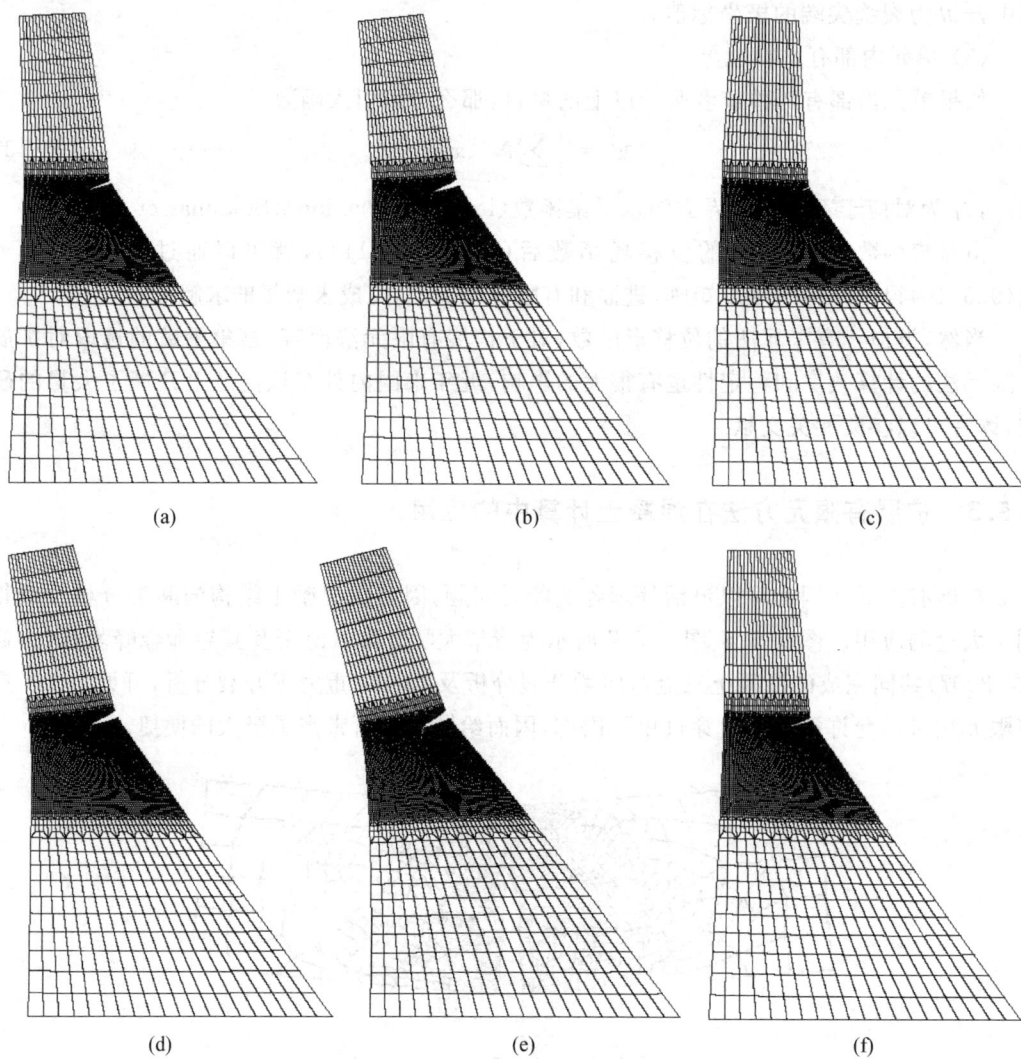

图 9-5-7　基于扩展有限元法的大坝混凝土断裂分析(方修君,2007)

(a) 3.267s；(b) 3.295s；(c) 3.458s；

(d) 3.889s；(e) 3.958s；(f) 4.071s

第 10 章 常用有限元程序中的混凝土模型

10.1 概　述

在常用的商业有限元程序中，ABAQUS、ADINA、ANSYS、MSC. MARC 都加入了混凝土本构模型以及相应的前后处理功能。一般来说，各个有限元程序都有链杆或梁单元，可以通过这些单元与混凝土单元组合，建立分离钢筋模型。此外，在这些有限元程序中，有的还专门设计了钢筋模型，可以建立组合式或者整体式钢筋。在此将这些程序中的混凝土模型作一简单介绍，由于各个软件也是在不断发展的，因此这里介绍的模型主要基于 ABAQUS 6.4、ADINA 8.0、ANSYS 7.0 和 MSC. MARC 2003 等几个常见版本。

为了便于读者使用这些软件，后面介绍所使用的符号为各个软件的用户手册中所使用的符号，在阅读时请注意。

10.2　ADINA

ADINA(ADINA,1999)是最早开发混凝土本构模型的有限元程序之一，其混凝土模型至今仍有广泛影响。该混凝土模型可以用于二维和三维实体单元，模型可以考虑大位移，采用 Total Langrage 方程。

1. 混凝土模型

ADINA 的混凝土模型包含以下基本材料属性：

① 当主拉应力达到拉断应力时，材料拉坏；

② 在较高的应力下会被压溃，压溃后进入应变软化直至极限应变。

先介绍各符号的物理意义：

^tE——t 时刻的多轴切线杨氏模量(左上标 t 表示时间)；

$\widetilde{E}_0$——单轴初始弹性模量(所有的单轴参数都在上面加一个～号)；

$\widetilde{E}_s$——达到相应的单轴最大应变的割线模量 $\widetilde{E}_s=\dfrac{\widetilde{\sigma}_c}{\widetilde{e}_c}$；

$\widetilde{E}_u$——达到单轴极限应变的割线模量 $\widetilde{E}_u=\dfrac{\widetilde{\sigma}_u}{\widetilde{e}_u}$；

$'\widetilde{E}_{pi}$——在主应力$'\sigma_{pi}$方向上的切线模量;

$'e_{ij}$——总应变;

e_{ij}——应变增量;

$'\widetilde{e}$——单轴应变;

$\widetilde{e}_c$——相应于$\widetilde{\sigma}_c$的单轴应变($\widetilde{e}_c<0$);

$\widetilde{e}_u$——单轴极限压应变($\widetilde{e}_u<0$);

$'\sigma_{ij}$——总应力;

σ_{ij}——应力增量;

$'\widetilde{\sigma}$——单轴应力;

$\widetilde{\sigma}_t$——单轴开裂应力($\widetilde{\sigma}_t>0$);

$\widetilde{\sigma}_{tp}$——断裂瞬时减低后的拉应力($\widetilde{\sigma}_{tp}>0$),注意假如$\widetilde{\sigma}_{tp}=0$,ADINA 设定$\widetilde{\sigma}_{tp}=\widetilde{\sigma}_t$;

$\widetilde{\sigma}_c$——最大单轴压应力($\widetilde{\sigma}_c<0$);

$\widetilde{\sigma}_u$——单轴极限压应力($\widetilde{\sigma}_u<0$);

$'\sigma_{pi}$——i方向主应力($'\sigma_{p1}\geqslant{}'\sigma_{p2}\geqslant{}'\sigma_{p3}$);

$'S_{ij}$——应力偏量;

$'\bar{S}$——有效应力偏量;

$'f$——加载函数。

ADINA 的混凝土模型在描述材料性质方面有三个基本特点:①增加压缩应力,允许材料软化的非线性应力-应变关系;②用来定义拉坏及压溃的破坏包络线;③模拟材料开裂和压碎后特性的方法。在求解过程中,材料可以承受循环荷载条件,即数值求解时,允许卸载和重新加载。此外,还可以考虑热效应。

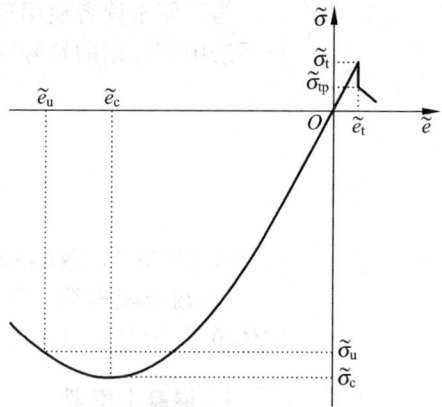

图 10-2-1　ADINA 中混凝土的单轴应力-应变关系

1) 应力-应变关系

(1) 单轴条件

通常多轴的应力-应变关系都是基于单轴$'\widetilde{\sigma}$、$'\widetilde{e}$应力-应变关系。典型的单轴应力$'\widetilde{\sigma}$、应变$'\widetilde{e}$关系如图 10-2-1 所示。

这个应力-应变关系包含三个应变阶段:$'\widetilde{e}\geqslant0$,$0>{}'\widetilde{e}\geqslant\widetilde{e}_c$ 和 $\widetilde{e}_c>{}'\widetilde{e}\geqslant\widetilde{e}_u$,其中$\widetilde{e}_c$是相应于能够达到的最小(压溃)应力$\widetilde{\sigma}_c$的应变,$\widetilde{e}_u$是极限压应变。

假如$'\widetilde{e}>0$,材料受拉,直到拉断应力$\widetilde{\sigma}_t$,应力-应变关系为线性。采用初始弹性模量$\widetilde{E}_0$,即$'\widetilde{\sigma}=\widetilde{E}_0{}'\widetilde{e}$。

当材料受压时,采用如下单轴应力-应变关系:

$$\frac{'\widetilde{\sigma}}{\widetilde{\sigma}_c}=\frac{\left(\dfrac{\widetilde{E}_0}{\widetilde{E}_s}\right)\left(\dfrac{'\widetilde{e}}{\widetilde{e}_c}\right)}{1+A\left(\dfrac{'\widetilde{e}}{\widetilde{e}_c}\right)+B\left(\dfrac{'\widetilde{e}}{\widetilde{e}_c}\right)^2+C\left(\dfrac{'\widetilde{e}}{\widetilde{e}_c}\right)^3} \tag{10-2-1}$$

因此

$$
{}^{t}\widetilde{E} = \frac{\widetilde{E}_0\left[1 - B\left(\dfrac{{}^{t}\widetilde{e}}{\widetilde{e}_c}\right)^2 - 2C\left(\dfrac{{}^{t}\widetilde{e}}{\widetilde{e}_c}\right)^3\right]}{\left[1 + A\left(\dfrac{{}^{t}\widetilde{e}}{\widetilde{e}_c}\right) + B\left(\dfrac{{}^{t}\widetilde{e}}{\widetilde{e}_c}\right)^2 + C\left(\dfrac{{}^{t}\widetilde{e}}{\widetilde{e}_c}\right)^3\right]^2}
\tag{10-2-2}
$$

其中，

$$
A = \frac{\left[\dfrac{\widetilde{E}_0}{E_u} + (p^3 - 2p^2)\dfrac{\widetilde{E}_0}{E_s} - (2p^3 - 3p^2 + 1)\right]}{\left[(p^2 - 2p + 1)p\right]}
$$

$$
B = \left[\left(2\frac{\widetilde{E}_0}{\widetilde{E}_s} - 3\right) - 2A\right]
$$

$$
C = \left[\left(2 - \frac{\widetilde{E}_0}{\widetilde{E}_s}\right) + A\right]
$$

材料参数 $\widetilde{E}_0$、$\widetilde{\sigma}_c$、$\widetilde{e}_c$、$\widetilde{E}_s = \dfrac{\widetilde{\sigma}_c}{\widetilde{e}_c}$、$\widetilde{\sigma}_u$、$\widetilde{e}_u$、$p = \dfrac{\widetilde{e}_u}{\widetilde{e}_c}$、$\widetilde{E}_u = \dfrac{\widetilde{\sigma}_u}{\widetilde{e}_u}$ 等由单轴实验获得。

另外，上式定义的应力-应变关系为骨架线加载的应力-应变关系。对于卸载或再加载情况，都使用初始弹性模量 $\widetilde{E}_0$，对于超出 $\widetilde{e}_u$ 的应变状态，假设应力是线性降到 0，使用以下杨氏模量

$$
\widetilde{E}_u = \frac{\widetilde{\sigma}_u - \widetilde{\sigma}_c}{\widetilde{e}_u - \widetilde{e}_c}
\tag{10-2-3}
$$

(2) 多轴条件

在多轴条件下，首先需要定义一个度量加卸载的非线性指标，ADINA 中采用的加卸载函数 ${}^{t}f$ 定义为

$$
{}^{t}f = {}^{t}\bar{S} + 3\alpha\, {}^{t}\sigma_m
\tag{10-2-4}
$$

其中 ${}^{t}\bar{S} = \sqrt{\dfrac{1}{2}{}^{t}S_{ij}{}^{t}S_{ij}}$，${}^{t}S_{ij} = {}^{t}\sigma_{ij} - {}^{t}\sigma_m\delta_{ij}$；$\alpha$ 为系数，通常是负值；${}^{t}\sigma_m = {}^{t}\sigma_{ii}/3$，为静水压力。

如果 ${}^{t}f \geqslant f_{\max}$，则材料为骨架线加载；否则，材料处于卸载或再加载阶段。这里 $f_{\max}$ 为加载函数历史上曾经达到的最大值。

为了得到加载条件下的应力-应变关系，首先要计算主应力 ${}^{t}\sigma_{pi}$（${}^{t}\sigma_{p1} \geqslant {}^{t}\sigma_{p2} \geqslant {}^{t}\sigma_{p3}$）以及主应力方向的应变 ${}^{t}e_{pi}$，然后根据等效单轴应力-应变关系得到切线模量 ${}^{t}\widetilde{E}_{pi}$。不过，这时可用 $\widetilde{\sigma}_c'$、$\widetilde{\sigma}_u'$、$\widetilde{e}_c'$ 和 $\widetilde{e}_u'$ 来代替 $\widetilde{\sigma}_c$、$\widetilde{\sigma}_u$、$\widetilde{e}_c$ 和 $\widetilde{e}_u$，这些参数的取值将在后面介绍。当材料受拉或受到较小的压应力（${}^{t}\sigma_{p3} \geqslant k\,\widetilde{\sigma}_c'$，$k = 0.4 \sim 0.7$）时，认为材料仍然是各向同性的，使用等价弹性模量 ${}^{t}E$

$$
{}^{t}E = \frac{|{}^{t}\sigma_{p1}|\,{}^{t}\widetilde{E}_{p1} + |{}^{t}\sigma_{p2}|\,{}^{t}\widetilde{E}_{p2} + |{}^{t}\sigma_{p3}|\,{}^{t}\widetilde{E}_{p3}}{|{}^{t}\sigma_{p1}| + |{}^{t}\sigma_{p2}| + |{}^{t}\sigma_{p3}|}
\tag{10-2-5}
$$

此时泊松比为常数。

如果材料处于高压缩阶段，即 ${}^{t}\sigma_{p3} < k\,\widetilde{\sigma}_c'$，则采用由主应力方向定义的正交各向异性模型，相应的应力-应变矩阵为

$$C = \frac{1}{(1+\nu)(1-2\nu)} \cdot$$

$$\begin{bmatrix} (1-\nu)^t\widetilde{E}_{p1} & \nu^tE_{12} & \nu^tE_{13} & 0 & 0 & 0 \\ & (1-\nu)^t\widetilde{E}_{p2} & \nu^tE_{23} & 0 & 0 & 0 \\ & & (1-\nu)^t\widetilde{E}_{p3} & 0 & 0 & 0 \\ & & & 0.5(1-2\nu)^tE_{12} & 0 & 0 \\ & & & & 0.5(1-2\nu)^tE_{13} & 0 \\ & & & & & 0.5(1-2\nu)^tE_{23} \end{bmatrix}$$

$$(10\text{-}2\text{-}6)$$

其中,ν 为切线泊松比;$i \neq j$ 时,$^tE_{ij}$ 为

$$^tE_{ij} = \frac{|^t\sigma_{pi}|^t\widetilde{E}_{pi} + |^t\sigma_{pj}|^t\widetilde{E}_{pj}}{|^t\sigma_{pi}| + |^t\sigma_{pj}|} \tag{10-2-7}$$

2) 材料破坏包络面

ADINA 中使用的拉伸、双轴、三轴破坏包络曲线如图 10-2-2~图 10-2-4 所示。其中,ADINA 的三轴压缩破坏包络面是通过定义 24 个离散的应力值输入的。首先输入 6 个 $^t\sigma_{p1}/\tilde{\sigma}_c$ 的值,接着输入在这 6 个 $^t\sigma_{p1}/\tilde{\sigma}_c'$ 对应情况下,$^t\sigma_{p1} = {}^t\sigma_{p2}$,$^t\sigma_{p2} = \beta^t\sigma_{p3}$($\beta$ 为系数)以及 $^t\sigma_{p2} = {}^t\sigma_{p3}$ 时的 3 组,每组 6 个 $^t\sigma_{p3}/\tilde{\sigma}_c$ 的值,这样就定义了 ADINA 的三轴压缩破坏包络面。在 ADINA 的 GUI 前处理中提供了默认的破坏面定义,供用户参考。

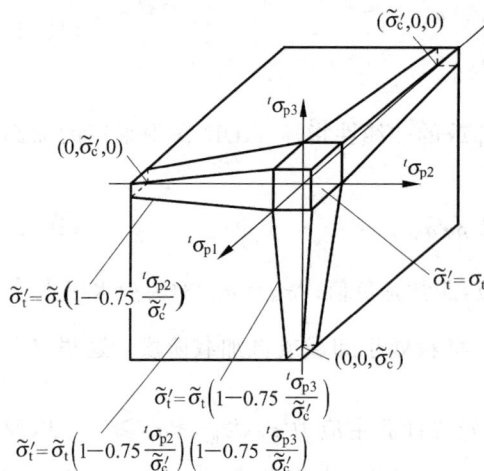

图 10-2-2 ADINA 混凝土三维受拉破坏包络线
$\tilde{\sigma}_t'$—多轴应力条件下开裂应力;
$\tilde{\sigma}_c'$—多轴应力条件下受压峰值应力

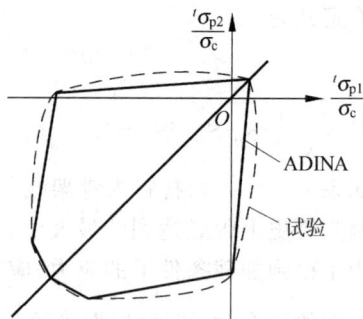

图 10-2-3 ADINA 混凝土二维破坏包络线

在确定了破坏包络面,已知某时刻主应力状态后,假设 $^t\sigma_{p1}$ 和 $^t\sigma_{p2}$ 保持不变,在破坏包络面上找到相应的交点,并设该点主压应力为 $\tilde{\sigma}_c'$,令 $\gamma_1 = \tilde{\sigma}_c'/\tilde{\sigma}_c$,则

$$\tilde{\sigma}_u' = \gamma_1\tilde{\sigma}_u, \qquad \tilde{e}_c' = (C_1\gamma_1^2 + C_2\gamma_1)\tilde{e}_c, \qquad \tilde{e}_u' = (C_1\gamma_1^2 + C_2\gamma_1)\tilde{e}_u$$

式中,C_1 和 C_2 为输入参数,通常 $C_1 = 1.4$,$C_2 = -0.4$。用 $\tilde{\sigma}_c'$、$\tilde{\sigma}_u'$、$\tilde{e}_c'$ 和 $\tilde{e}_u'$ 代替没有撇号的参数,就可确定多轴状态下的等效单轴应力-应变关系。

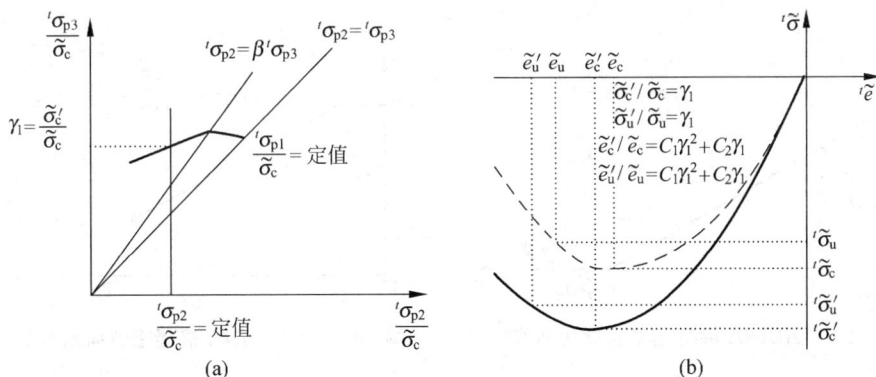

图 10-2-4　ADINA 中的应力

（a）ADINA 中 $\tilde{\sigma}_c'$ 的定义；（b）ADINA 中多维应力等效一维应力-应变关系

当材料的主拉应力超过拉断应力时，则材料被拉坏，在垂直于主拉应力的方向出现裂缝，进入应力软化阶段，此时的刚度矩阵为

$$\boldsymbol{C} = \begin{bmatrix} \widetilde{E}_0\,\eta_n & 0 & 0 & 0 & 0 & 0 \\[2mm] & \dfrac{1}{1-\nu^2}\begin{bmatrix} {}^t\widetilde{E}_{p2} & \nu\,{}^tE_{23} \\ & {}^t\widetilde{E}_{p3} \end{bmatrix} & 0 & 0 & 0 & 0 \\[4mm] & & 0 & 0 & 0 & 0 \\[2mm] & & & \dfrac{\widetilde{E}_0\,\eta_s}{2(1+\nu)} & 0 & 0 \\[3mm] & & & & \dfrac{\widetilde{E}_0\,\eta_s}{2(1+\nu)} & \\[3mm] & & & & & \dfrac{{}^tE_{23}}{2(1+\nu)} \end{bmatrix} \quad (10\text{-}2\text{-}8)$$

式中，${}^t\widetilde{E}_{pi}$ 为主应力方向的单轴杨氏模量；${}^tE_{ij}$ 由式（10-2-7）计算；常数 η_n 和 η_s 分别是受拉软化和剪力传递系数，由用户输入，η_n 通常不取为 0，以避免出现奇异矩阵，剪力传递系数 η_s 前文已经做了详细讨论，读者可参考相应建议。对于应力计算，使用总应变来计算裂面法向和切向应力。相应的割线刚度矩阵为

$$\hat{\boldsymbol{C}} = \begin{bmatrix} E_f & 0 & 0 \\ & G_{12}^f & 0 \\ 对称 & & G_{13}^f \end{bmatrix} \quad (10\text{-}2\text{-}9)$$

其中，E_f 和 G_{12}^f、G_{13}^f 按图 10-2-5 和图 10-2-6 所示计算。在图中，ξ 为受拉软化应力降低到 0 的变量。特别注意如果 ξ 取值大于 1.0，由于应变软化会导致损伤集中，可能出现不唯一解，必须进行分析。

另外，通常假设泊松比在整个分析过程中是常数，但是，也可以改变 ν 来模拟混凝土受压时的膨胀效果，ν_s 通过下式确定：

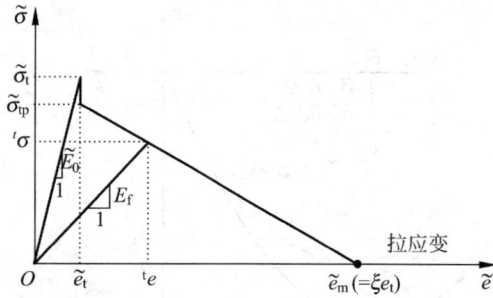

图 10-2-5 ADINA 混凝土受拉软化曲线

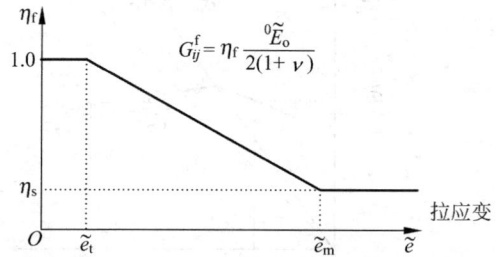

图 10-2-6 ADINA 混凝土裂面割线剪切模量

$$\left.\begin{array}{l} \nu_s = \nu, \qquad\qquad\qquad\qquad \gamma_2 = \dfrac{{}^t\sigma_{p3}}{\tilde{\sigma}'_c} \leqslant \gamma_a \\[3mm] \nu_s = \nu_f - (\nu_f - \nu)\sqrt{1 - \left(\dfrac{\gamma_2 - \gamma_a}{1 - \gamma_a}\right)^2}, \quad \gamma_2 > \gamma_a \end{array}\right\} \qquad (10\text{-}2\text{-}10)$$

式中,ν 为初始泊松比;ν_f 为破坏时的最大泊松比,建议取为 0.36~0.42;$\gamma_a = 0.7$。

2. 钢筋模型

ADINA 只能使用分离式钢筋模型,在最新的 ADINA 版本中,提供了 Rebar 单元,是一种改进了的桁架单元,可以简化前处理工作。

3. 前后处理

ADINA 的混凝土材料参数输入已经集成在 GUI 界面中,后处理不但可以绘制开裂应变,还可以绘制裂缝以及压缩单元。

4. 二次开发

ADINA 的最新版本提供了使用 FORTRAN 语言子程序建立用户自定义材料功能。

10.3 ANSYS

ANSYS(陆新征,江见鲸,2003)提供了混凝土弹塑性断裂模型和整体式钢筋模型。

1. 混凝土模型

ANSYS 提供了一种特殊的单元 Solid 65,专门用于模拟混凝土和岩石材料。Solid 65 单元在普通 8 节点三维等参元的基础上增加了针对混凝土材料的参数和整体式钢筋模型,其单元形状如图 10-3-1 所示。

Solid 65 单元的基本属性包括:

① 每个单元有 $2 \times 2 \times 2$ 个高斯积分点,所有材性分析都是基于高斯积分点来进行;

② 用弹性或弹塑性模型来描述材料的受压行为;

③ 破坏面由应力空间定义,当应力达到破坏面时,则出现压碎或开裂;

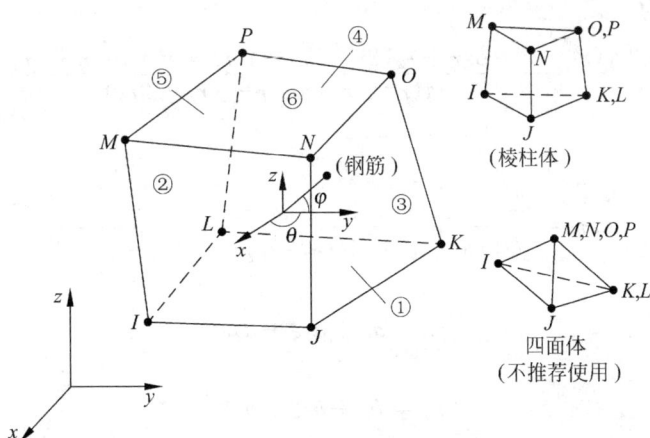

图 10-3-1　ANSYS Solid 65 单元

④ 使用弥散固定裂缝模型,每个高斯积分点上最多有三条相互垂直的裂缝;

⑤ 可以使用整体式钢筋模型。

1) Solid 65 的破坏面

Solid 65 单元的破坏面为改进的 Willam Warnke 五参数破坏曲面,需要以下几个参数来加以定义:单轴受拉强度 f_t,单轴受压强度 f_c,双向受压强度 f_{cb},以及在某一围压 σ_h^a 下的单向受压强度 f_2 和双向受压强度 f_1。需要说明的是,ANSYS 要求输入的是这些参数的绝对值。在缺少多轴实验参数的情况下,ANSYS 只要求输入 f_t 和 f_c,ANSYS 默认为

$$f_{bc} = 1.2 f_c \tag{10-3-1}$$

$$|\sigma_h^a| = \sqrt{3} f_c \tag{10-3-2}$$

$$f_1 = 1.45 f_c \tag{10-3-3}$$

$$f_2 = 1.725 f_c \tag{10-3-4}$$

如果在 ANSYS 中给 f_c 赋一个负值,则相当于受压破坏面不起作用,只考虑受拉软化效应。

ANSYS 中是否达到破坏面的判断可以用以下方程加以概括,即

$$\frac{F}{f_c} - S \geqslant 0 \tag{10-3-5}$$

式中,F 为应力组合;S 为破坏面。

为了反映混凝土在不同应力组合下的破坏行为,ANSYS 对混凝土的破坏面进行了分区,根据应力组合分为以下 4 种类型:

① $0 \geqslant \sigma_1 \geqslant \sigma_2 \geqslant \sigma_3$:压-压-压分区;

② $\sigma_1 \geqslant 0 \geqslant \sigma_2 \geqslant \sigma_3$:拉-压-压分区;

③ $\sigma_1 \geqslant \sigma_2 \geqslant 0 \geqslant \sigma_3$:拉-拉-压分区;

④ $\sigma_1 \geqslant \sigma_2 \geqslant \sigma_3 \geqslant 0$:拉-拉-拉分区。

下面将逐个介绍各个分区的破坏面的定义。

(1) 压-压-压分区

本分区使用的是 Willam-Warnke 五参数破坏曲面。其中,应力组合 F 的定义为

$$F = F_1 = \frac{1}{\sqrt{15}} \left[(\sigma_1 - \sigma_2)^2 + (\sigma_2 - \sigma_3)^2 + (\sigma_3 - \sigma_1)^2 \right]^{\frac{1}{2}} \tag{10-3-6}$$

破坏面定义为

$$S = S_1 = \frac{2r_2(r_2^2 - r_1^2)\cos\eta + r_2(2r_1 - r_2)\left[4(r_2^2 - r_1^2)\cos^2\eta + 5r_1^2 - 4r_1r_2\right]^{\frac{1}{2}}}{4(r_2^2 - r_1^2)\cos^2\eta + (r_2 - 2r_1)^2}$$

$$(10\text{-}3\text{-}7)$$

其中,

$$\cos\eta = \frac{2\sigma_1 - \sigma_2 - \sigma_3}{\sqrt{2}\left[(\sigma_1 - \sigma_2)^2 + (\sigma_2 - \sigma_3)^2 + (\sigma_3 - \sigma_1)^2\right]^{\frac{1}{2}}} \qquad (10\text{-}3\text{-}8)$$

受拉子午线

$$r_1 = a_0 + a_1\xi + a_2\xi^2 \qquad (10\text{-}3\text{-}9)$$

受压子午线

$$r_2 = b_0 + b_1\xi + b_2\xi^2 \qquad (10\text{-}3\text{-}10)$$

其中,$\xi = \dfrac{\sigma_h}{f_c}$;$a_0$、$a_1$、$a_2$ 和 b_0、b_1、b_2 为系数,可以由以下方程求解得到

$$\begin{bmatrix} \dfrac{F_1}{f_c}(\sigma_1 = f_t, \sigma_2 = 0, \sigma_3 = 0) \\[2mm] \dfrac{F_1}{f_c}(\sigma_1 = 0, \sigma_2 = \sigma_3 = -f_{bc}) \\[2mm] \dfrac{F_1}{f_c}(\sigma_1 = -\sigma_h^a, \sigma_2 = \sigma_3 = -\sigma_h^a - f_1) \end{bmatrix} = \begin{bmatrix} 1 & \xi_t & \xi_t^2 \\ 1 & \xi_{cb} & \xi_{cb}^2 \\ 1 & \xi_1 & \xi_1^2 \end{bmatrix}\begin{bmatrix} a_0 \\ a_1 \\ a_2 \end{bmatrix} \qquad (10\text{-}3\text{-}11)$$

其中,$\xi_t = \dfrac{f_t}{3f_c}$,$\xi_{cb} = -\dfrac{2f_{cb}}{3f_c}$,$\xi_1 = -\dfrac{\sigma_h^a}{f_c} - \dfrac{2f_1}{3f_c}$。

同样

$$\begin{bmatrix} \dfrac{F_1}{f_c}(\sigma_1 = 0, \sigma_2 = 0, \sigma_3 = f_c) \\[2mm] \dfrac{F_1}{f_c}(\sigma_1 = \sigma_2 = -\sigma_h^a, \sigma_3 = -\sigma_h^a - f_2) \\[2mm] \dfrac{F_1}{f_c}(\sigma_1 = \sigma_2 = \sigma_3 = 0) \end{bmatrix} = \begin{bmatrix} 1 & \xi_c & \xi_c^2 \\ 1 & \xi_2 & \xi_2^2 \\ 1 & \xi_0 & \xi_0^2 \end{bmatrix}\begin{bmatrix} b_0 \\ b_1 \\ b_2 \end{bmatrix} \qquad (10\text{-}3\text{-}12)$$

$$\xi_c = -\frac{f_c}{3f_c} \qquad (10\text{-}3\text{-}13\mathrm{a})$$

$$\xi_2 = -\frac{\sigma_h^a}{f_c} - \frac{f_2}{3f_c} \qquad (10\text{-}3\text{-}13\mathrm{b})$$

$$\xi_0 = \frac{-a_1 + \sqrt{a_1^2 - 4a_0a_2}}{2a_2} \qquad (10\text{-}3\text{-}13\mathrm{c})$$

相应的破坏曲面如图 10-3-2 所示,在该分区内,当应力达到破坏面时,混凝土发生压碎破坏。需要说明的是,σ_h^a 应大于等于结构所受到的最大静水压力。

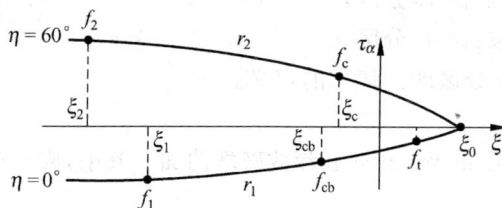

图 10-3-2 ANSYS 中混凝土的破坏曲面

（2）拉-压-压破坏分区

在该分区内，破坏面和 Willam-Warnke 破坏面基本相同，但是有所变化，拉应力不再在应力组合中出现，只用于将破坏面作一线性折减。

$$F = F_2 = \frac{1}{\sqrt{15}}\left[(\sigma_2 - \sigma_3)^2 + \sigma_2^2 + \sigma_3^2\right]^{\frac{1}{2}} \tag{10-3-14}$$

$$S = S_2 = \left(1 - \frac{\sigma_1}{f_t}\right)\frac{2p_2(p_2^2 - p_1^2)\cos\eta + p_2(2p_1 - p_2)\left[4(p_2^2 - p_1^2)\cos^2\eta + 5p_1^2 - 4p_1p_2\right]^{\frac{1}{2}}}{4(p_2^2 - p_1^2)\cos^2\eta + (p_2 - 2p_1)^2} \tag{10-3-15}$$

$$p_1 = a_0 + a_1\chi + a_2\chi^2 \tag{10-3-16}$$

$$p_2 = b_0 + b_1\chi + b_2\chi^2 \tag{10-3-17}$$

$$\chi = \frac{1}{3}(\sigma_2 + \sigma_3) \tag{10-3-18}$$

在该分区内，当应力达到破坏面时，混凝土破坏按开裂处理。

（3）拉-拉-压分区

在该分区内，压应力不再在应力组合中出现，而破坏面随压应力作一线性折减。

$$F = F_3 = \sigma_i, \quad i = 1,2 \tag{10-3-19}$$

$$S = S_3 = \frac{f_t}{f_c}\left(1 + \frac{\sigma_3}{f_c}\right) \tag{10-3-20}$$

在该分区内，当应力达到破坏面时，混凝土破坏也按开裂处理。

（4）拉-拉-拉分区

在该分区内，混凝土的破坏面为 Rankine 的最大拉应力破坏面。

$$F = F_4 = \sigma_i, \quad i = 1,2,3 \tag{10-3-21}$$

$$S = S_4 = \frac{f_t}{f_c} \tag{10-3-22}$$

在该分区内，当应力达到破坏面时，混凝土破坏也是按开裂处理。

需要说明的是，在拉-压-压分区和拉-拉-压分区中，当拉应力很小而压应力很大时 $\left(\left|\frac{\sigma_1}{\sigma_3}\right| < 0.05\right)$，实际上混凝土往往还是会出现压碎破坏。但是由于压碎破坏收敛难度要大于开裂破坏，因此 ANSYS 仍然按开裂破坏来处理，以降低非线性分析的难度。这也体现了理论分析和工程实际应用之间的差别。

2）Solid 65 的本构关系

Solid 65 可以使用弹性或弹塑性本构关系来描述其受拉的应力-应变关系，其中主要使用米泽斯屈服准则或 Drucker Prager 屈服准则。在 ANSYS 中，塑性流动均为关联流动，使用米泽斯准则时，可以选择等强硬化或随动硬化模型，而使用 Drucker Prager 准则时，则只能使用理想弹塑性模型。因此，Solid 65 单元在本构模型的选择上是比较有限的，对于较高围压的混凝土是不适用的。

3）压碎与开裂行为

在 Solid 65 中，当应力组合达到破坏面时，则单元进入压碎或开裂状态。如果单元进入压碎状态,则单元刚度为 0,且应力完全释放。这时往往会带来计算的不收敛,使用时需要注意。

Solid 65 中有一条裂缝时,混凝土的本构矩阵为

$$
\boldsymbol{D}_{\mathrm{cr}} = \frac{E}{1+\nu}
\begin{bmatrix}
\dfrac{R^t(1+\nu)}{E} & 0 & 0 & 0 & 0 & 0 \\
0 & \dfrac{1}{1-\nu} & \dfrac{\nu}{1-\nu} & 0 & 0 & 0 \\
0 & \dfrac{\nu}{1-\nu} & \dfrac{1}{1-\nu} & 0 & 0 & 0 \\
0 & 0 & 0 & \dfrac{\beta_1}{2} & 0 & 0 \\
0 & 0 & 0 & 0 & \dfrac{1}{2} & 0 \\
0 & 0 & 0 & 0 & 0 & \dfrac{\beta_1}{2}
\end{bmatrix}
\tag{10-3-23}
$$

式中,R^t 为开裂后混凝土的割线模量,如图 10-3-3 所示;β_1 为裂缝张开时的裂面剪力传递系数,需要用户输入。

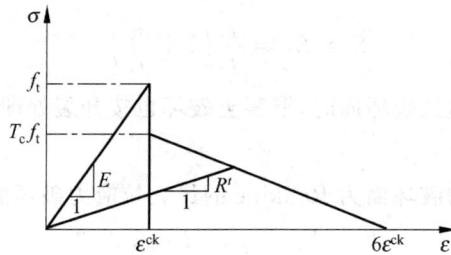

图 10-3-3 ANSYS 中混凝土开裂软化曲线

有两条裂缝时,混凝土的本构矩阵为

$$
\boldsymbol{D}_{\mathrm{cr}} = E
\begin{bmatrix}
\dfrac{R^t}{E} & 0 & 0 & 0 & 0 & 0 \\
0 & \dfrac{R^t}{E} & 0 & 0 & 0 & 0 \\
0 & 0 & 1 & 0 & 0 & 0 \\
0 & 0 & 0 & \dfrac{\beta_1}{2(1+\nu)} & 0 & 0 \\
0 & 0 & 0 & 0 & \dfrac{\beta_1}{2(1+\nu)} & 0 \\
0 & 0 & 0 & 0 & 0 & \dfrac{\beta_1}{2(1+\nu)}
\end{bmatrix}
\tag{10-3-24}
$$

有三条裂缝时,混凝土的本构矩阵为

$$
\boldsymbol{D}_{\mathrm{cr}} = E
\begin{bmatrix}
\dfrac{R^{t}}{E} & 0 & 0 & 0 & 0 & 0 \\[2mm]
0 & \dfrac{R^{t}}{E} & 0 & 0 & 0 & 0 \\[2mm]
0 & 0 & \dfrac{R^{t}}{E} & 0 & 0 & 0 \\[2mm]
0 & 0 & 0 & \dfrac{\beta_{1}}{2(1+\nu)} & 0 & 0 \\[2mm]
0 & 0 & 0 & 0 & \dfrac{\beta_{1}}{2(1+\nu)} & 0 \\[2mm]
0 & 0 & 0 & 0 & 0 & \dfrac{\beta_{1}}{2(1+\nu)}
\end{bmatrix}
\tag{10-3-25}
$$

ANSYS 中,混凝土开裂后应变软化至 6 倍的开裂应变时,应力降低至零。

裂缝闭合后混凝土的本构矩阵为

$$
\boldsymbol{D}_{\mathrm{cr}} = \frac{E}{(1+\nu)(1-2\nu)}
\begin{bmatrix}
1-\nu & \nu & \nu & 0 & 0 & 0 \\[2mm]
\nu & 1-\nu & \nu & 0 & 0 & 0 \\[2mm]
\nu & \nu & 1-\nu & 0 & 0 & 0 \\[2mm]
0 & 0 & 0 & \dfrac{\beta_{c}(1-2\nu)}{2} & 0 & 0 \\[2mm]
0 & 0 & 0 & 0 & \dfrac{(1-2\nu)}{2} & 0 \\[2mm]
0 & 0 & 0 & 0 & 0 & \dfrac{\beta_{c}(1-2\nu)}{2}
\end{bmatrix}
$$

$$
\tag{10-3-26}
$$

用闭合裂缝剪力传递系数 β_{c} 来表示开裂引起的混凝土抗剪能力下降,β_{c} 需要用户输入。

ANSYS 中裂缝闭合的判据为:开裂应变 $\varepsilon_{\mathrm{ck}}^{\mathrm{ck}} < 0$。

开裂应变 $\varepsilon_{\mathrm{ck}}^{\mathrm{ck}}$ 的定义为

$$
\varepsilon_{\mathrm{ck}}^{\mathrm{ck}} =
\begin{cases}
\varepsilon_{1}^{\mathrm{ck}} & \text{只有一条裂缝} \\[2mm]
\varepsilon_{1}^{\mathrm{ck}} + v\varepsilon_{2}^{\mathrm{ck}} & \text{有两条裂缝} \\[2mm]
\varepsilon_{1}^{\mathrm{ck}} + \dfrac{v}{1-v}(\varepsilon_{2}^{\mathrm{ck}} + \varepsilon_{3}^{\mathrm{ck}}) & \text{有三条裂缝}
\end{cases}
\tag{10-3-27}
$$

$\boldsymbol{\varepsilon}^{\mathrm{ck}} = \boldsymbol{T}^{\mathrm{ck}} \boldsymbol{\varepsilon}'$,$\boldsymbol{T}^{\mathrm{ck}}$ 为坐标转换矩阵。

$$
\boldsymbol{\varepsilon}' = \boldsymbol{\varepsilon}_{n-1}^{\mathrm{el}} + \Delta\boldsymbol{\varepsilon}_{n} - \Delta\boldsymbol{\varepsilon}_{n}^{\mathrm{th}} - \Delta\boldsymbol{\varepsilon}_{n}^{\mathrm{pl}}
$$

其中,n 为荷载步数;$\boldsymbol{\varepsilon}_{n-1}^{\mathrm{el}}$ 为前一步的弹性应变;$\Delta\boldsymbol{\varepsilon}_{n}$ 为应变增量;$\Delta\boldsymbol{\varepsilon}_{n}^{\mathrm{th}}$ 为热应变增量;$\Delta\boldsymbol{\varepsilon}_{n}^{\mathrm{pl}}$ 为塑性应变增量。

ANSYS 的混凝土模型只能用于三维实体单元。

2. 钢筋模型

Solid 65 中提供了整体式钢筋模型,用户可以通过定义各个方向的配筋率来模拟钢筋混凝土。在未指定局部坐标系的情况下,ANSYS 默认 Solid 65 的单元坐标轴和整体坐标轴平行。如果需要调整单元坐标系,应建立相应的局部坐标系并将其赋予 Solid 65 单元。

3. 前后处理

ANSYS 的钢筋与混凝土定义均可通过 GUI 界面实现。另外,ANSYS 可以通过 GUI 显示钢筋的布置。后处理中 ANSYS 除了可以显示开裂应变外,还可以显示裂缝以及压碎破坏。

4. 二次开发

ANSYS 提供了 UPF 以供用户自定义材料。但是 ANSYS 的用户手册上没有进行详细说明。

10.4 MSC. MARC

MSC. MARC(MARC,2003)提供了混凝土弹塑性断裂本构模型和组合式钢筋模型。

1. 混凝土模型

MARC 程序中可以选用多种不同的混凝土屈服准则,如 von Mises 屈服准则、Mohr-Coulomb 准则等。除了这些常见屈服准则外,MARC 还提供了一个专用于混凝土的弹塑性模型。该模型由 Buyukozuturk 建议,其屈服面表达式为

$$f = \beta\sqrt{3}\bar{\sigma}I_1 + \gamma I_1^2 + 3J_2 - \bar{\sigma}^2 \tag{10-4-1}$$

Buyukozuturk 通过拟合 Kufer 等二维混凝土强度试验数据,建议常数取

$$\beta = \sqrt{3}, \quad \gamma = 0.2 \tag{10-4-2}$$

增量形式的应力-塑性应变关系中

$$\bar{\varepsilon}_p = \sqrt{3}\varepsilon_p, \quad \bar{\sigma} = \sigma/3 \tag{10-4-3}$$

式中,$\bar{\varepsilon}_p$ 为等效塑性应变;ε_p 为工程塑性应变;$\bar{\sigma}$ 为等效应力;σ 为工程应力。

屈服后硬化方程为

$$\mathrm{d}\boldsymbol{\sigma} = \left[\boldsymbol{D}_e - \frac{\boldsymbol{D}_e \left\{\dfrac{\partial f}{\partial \boldsymbol{\sigma}}\right\} \left\{\dfrac{\partial f}{\partial \boldsymbol{\sigma}}\right\} \boldsymbol{D}_e}{\left(1 - \dfrac{3I_1}{2\bar{\sigma}}\right)H' + \left\{\dfrac{\partial f}{\partial \boldsymbol{\sigma}}\right\} \boldsymbol{D}_e \left\{\dfrac{\partial f}{\partial \boldsymbol{\sigma}}\right\}} \right] \mathrm{d}\boldsymbol{\varepsilon} = \boldsymbol{D}_p \mathrm{d}\boldsymbol{\varepsilon} \tag{10-4-4}$$

这里 $H' = \dfrac{\mathrm{d}\bar{\sigma}}{\mathrm{d}\varepsilon_p}$,为硬化参数。

以 $f_c = 31.5\mathrm{MPa}$ 的混凝土为例,MARC 中定义的混凝土等效应力-等效塑性应变关系如图 10-4-1 所示。

当混凝土的压应变达到极限压应变时,则认为混凝土被压碎,材料完全退出工作。

另外,MSC. MARC 还可以用米泽斯、莫尔-库仑模型或改进的莫尔-库仑模型等其他模型描述混凝土的弹塑性行为。

MSC. MARC 通过输入软化模量 E_s 来定义 MSC. MARC 的受拉线性软化行为,如图 10-4-2 所示。

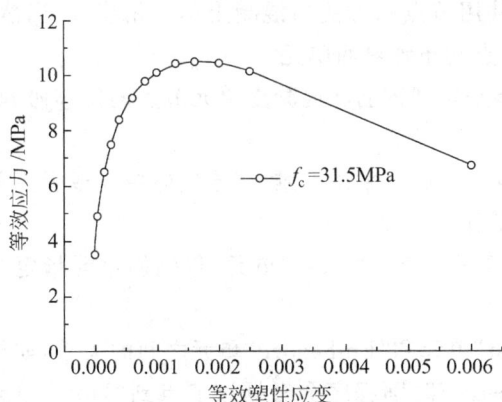

图 10-4-1　MARC 中定义混凝土等效应力-
等效塑性应变曲线

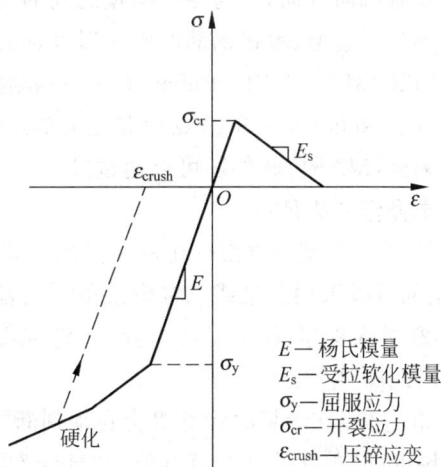

E—杨氏模量
E_s—受拉软化模量
σ_y—屈服应力
σ_{cr}—开裂应力
ε_{crush}—压碎应变

图 10-4-2　MSC. MARC 中混凝土单轴
应力-应变曲线

MSC. MARC 可以输入恒定的裂面剪力传递系数来定义裂面受剪,混凝土材料可以用于二维、三维实体单元和壳单元等。

2. 钢筋单元模型

MSC. MARC 提供了 Rebar 单元,可以和混凝土单元组合建立组合式钢筋模型。

MSC. MARC 的 Rebar 单元通过定义钢筋的参考平面以及相对厚度坐标来定义钢筋面的位置,通过定义参考坐标轴以及与参考坐标轴之间的角度来定义钢筋方向,通过定义单根钢筋截面以及钢筋间距来定义钢筋数量。

现以 MSC. MARC 中 Rebar 143 号平面钢筋单元来说明 MSC. MARC 中 Rebar 单元的使用。该单元和普通的 4 节点平面单元一样,有 4 个节点。每个 Rebar 单元内部允许定义5 层钢筋,每层钢筋有两个积分点,用于计算钢筋的应力和应变。组合式钢筋模型的理论知识在前文中已有介绍,这里就不重复了。下面主要介绍一下 MSC. MARC 中定义钢筋层的方法。

用户首先要根据钢筋层的空间布置,输入该钢筋层与单元哪条边平行,对于如图 10-4-3 所示的钢筋层,则是与单元由节点 1-2 组成的边平行。其次,需要用户输入该钢筋层的相对厚度坐标。如图 10-4-3 所示的钢筋单元,如果钢筋位于单元底部,则输入相对厚度坐标为 0。如果位于单元中间,则输入 0.5;位于单元顶部,则输入1.0。而后,用户需要定义一个参考向量,并输入钢筋走向和参考向量之间的角度。例如,如果定义参考向量为 x 轴,即(1,0,0)向量,如钢筋位于xy 平面内,则与参考向量之间的角度为 0°;如果

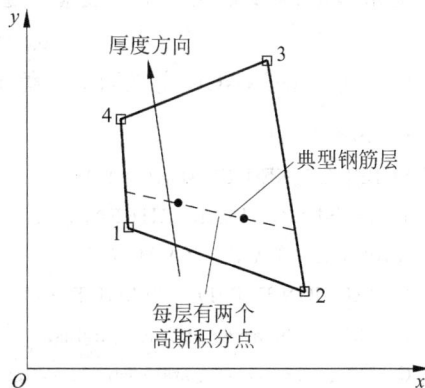

图 10-4-3　MSC. MARC 中的 Rebar
143 号平面钢筋单元

钢筋垂直纸面方向,则与参考向量之间的角度为 90°。定义完钢筋的位置和方向后,再定义钢筋的材料类型、单根钢筋的面积以及钢筋间距,就可以完成一层钢筋的输入。

MSC. MARC 中的 Rebar 单元,一般通过共用节点的方法与混凝土单元相连接,当然,也可以在 Rebar 单元的节点和混凝土单元的节点间布置界面单元。

另外,MARC 软件还可以通过"Insert"功能来实现钢筋和混凝土单元节点的位移协调。其基本操作方法是:

① 首先分别建立混凝土和钢筋的单元。混凝土可以采用二维、三维实体单元或者壳单元,钢筋可以采用二维或三维桁架单元或者梁单元。

② 进入程序"Insert"功能界面,将混凝土单元指定为"Host"单元,将钢筋单元指定为"Embedded"单元。

③ 这样,在计算时计算机会自动判断"Host"单元和"Embedded"单元之间的关系,如果"Embedded"单元的某个节点位于"Host"单元的内部,则程序会根据该节点到"Host"单元各个节点之间的距离,插值计算出"Embedded"单元节点位移和"Host"单元节点位移的比例关系,从而实现混凝土和钢筋单元节点位移自由度的协调。

3. 前后处理

MSC. MARC 的混凝土和钢筋可以在 GUI 图形界面中输入。MSC. MARC 后处理可以显示开裂应变。

4. 二次开发

MSC. MARC 可以通过 ZERO,YIEL,ASSOC,WKSLP 四个子程序分别定义等效应力、屈服面、流动方向和硬化模量,而且为混凝土专门提供了四个子程序,子程序 UCRACK 用于定义环境参数发生变化时的开裂应力;子程序 TENSOF 用于定义混凝土软化曲线;子程序 USHRET 用于定义混凝土裂面剪力传递系数随裂缝开展的变化;子程序 REBAR 用于定义复杂的配筋。另外,还可以通过子程序 HYPELA 来建立用于自定义材料。相对而言,MSC. MARC 针对混凝土的二次开发功能比较完善。

例如,如果需要定义一个开裂应力随温度而变化的关系:

$$\sigma_{cr} = A(1 - e^{-RT})$$

则可利用 UCRACK 定义以下子程序:

```
C  子程序入口
SUBROUTINE UCRACK(SCRACK,ESOFT,ECRUSH,ECP,DT,DTDL,N,NN,KC,
1 INC,NDI,NSHEAR, SHRFAC)
IMPLICIT REAL * 8 (A-H, O-Z)
DIMENSION ECP(1),DT(1),DTDL(1)
C  ECP is the array of crack strains.
C  DT is the array of state variables, temperature first.
C  DTDL is the array of incremental state variables, temperature first.
C  N is the element number.
C  NN is the integration point number.
```

```
C   KC is the layer number.
C   INC is the increment number.
C   NDI is the number of direct components.
C   NSHEAR is the number of shear components.
C   SHRFAC is the user-defined shear retention factor.
C   Required Output
C   SCRACK is the user-defined ultimate cracking stress.
C   ESOFT is the user-defined strain softening moduli.
C   ECRUSH is the user-defined strain at which crushing occurs.
C   User coding
C   定义参数 A 与 R
A=
R=
C   得到当前温度
TT=DT(1)+DTDL(1)+473.0
C   计算此时开裂应力
SCRACK=A*(1.0D0-EXP(-R*TT))
RETURN
END
```

又例如,如果要使用前文介绍的 Al-Mahaidi(1979)的裂面剪力传递系数模型:

$$\beta = \frac{0.4}{\varepsilon_{nn}^{cr}/200\mu\varepsilon}$$

则可通过子程序 USHRET 定义:

```
C   子程序入口
SUBROUTINE USHRET (FACTOR,ECRA1,ECRA2,ECRA12)
IMPLICIT REAL*8 (A-H, O-Z)
C
C   user routine for definition of the shear retention factor as function
C   of the crack strain
C
C     ecra1     crack strain in first crack direction
C     ecra2     crack strain in second direction
C     ecra12    shear strain over crack
C
C   the user needs to define factor for a particular shear component
C
C     factor      shear retention factor
C   User coding
C FACTOR 为剪力传递系数,由用户定义
C ECRA1 为开裂应变
IF (ECRA1.gt.0) THEN
    FACTOR=0.4/(ECRA1/200.0E-6)
```

```
    ELSE
        FACTOR=0.4
    END IF
    RETURN
    END
```

10.5 ABAQUS

ABAQUS(ABAQUS,2001)中提供了混凝土弹塑性断裂和混凝土损伤模型以及钢筋单元。

1. 混凝土模型

ABAQUS 主要提供了两种混凝土模型,即弹塑性断裂模型和弹塑性断裂-损伤模型,另外,在 ABAQUS/Explicit 模块中,还提供了一个弹性断裂模型,也可以用于模拟混凝土的断裂破坏。

1) 弹塑性模型

ABAQUS 提供的第一种混凝土模型,即弹塑性断裂模型(在 ABAQUS 自带的文献中称为 Smeared Crack Model),是一个用弹塑性模型描述混凝土受压,用固定弥散裂缝模型模拟混凝土受拉的本构模型。在 ABAQUS 的用户手册中指出,由于该模型的受压弹塑性模型相对比较简单,因此比较适合于非线性主要由受拉开裂引起的低围压混凝土构件。对于高静水压情况,则 ABAQUS 推荐使用帽盖模型。

在受压区,混凝土的屈服面为

$$f_c = q - \sqrt{3} a_0 p - \sqrt{3} \tau_c \tag{10-5-1}$$

其中

$$p = -\frac{1}{3} \mathrm{trace}(\boldsymbol{\sigma}), \quad q = \sqrt{\frac{3}{2} \boldsymbol{S} : \boldsymbol{S}}$$

参数 a_0 反映了静水压力对屈服的贡献,它可通过混凝土的单轴受压强度和双轴受压强度加以定义,即

$$a_0 = \sqrt{3} \frac{1 - r_{bc}^\sigma}{1 - 2r_{bc}^\sigma} \tag{10-5-2}$$

其中,$r_{bc}^\sigma = \dfrac{f_{bc}}{f_c}$,混凝土双轴受压强度除以单轴受压强度,一般认为在 $1.16 \sim 1.2$ 之间,ABAQUS 默认为 1.16。

硬化参数 τ_c 可以通过应力-塑性应变曲线加以定义:

$$\tau_c = \left(\frac{1}{\sqrt{3}} - \frac{a_0}{3} \right) \sigma_c \tag{10-5-3}$$

塑性流动为关联流动,其流动法则可以表示为

$$\mathrm{d}\boldsymbol{\varepsilon}_c^{pl} = \mathrm{d}\lambda_c \left(1 + c_0 \left(\frac{p}{\sigma_c} \right)^2 \right) \frac{\partial f_c}{\partial \boldsymbol{\sigma}} \tag{10-5-4}$$

其中,c_0 为参数,可以通过混凝土单轴和双轴受压行为确定

$$c_0 = 9\,\frac{r_{bc}^\epsilon(\sqrt{3}-a_0)+(a_0-\sqrt{3}/2)}{r_{bc}^\epsilon(a_0-\sqrt{3})+(r_{bc}^\sigma)^2(2\sqrt{3}-4a_0)} \tag{10-5-5}$$

r_{bc}^ϵ 为双轴受压和单轴受压时 ϵ_{11}^{pl} 的比值,一般为 1.28。

在受拉区,ABAQUS 提供了两种定义混凝土受拉曲线的方法,即用应力-应变曲线定义和用应力-位移曲线定义。其中,应力-位移曲线定义相当于是用应力-裂缝宽度来定义混凝土的受拉软化关系。ABAQUS 通过将定义的位移除以单元特征长度大小,就可以得到与单元尺寸无关的应力-应变软化曲线。这两种软化曲线的定义已在混凝土开裂处理的相关章节中介绍过,这里不再详述。ABAQUS 中裂缝法向的应力-应变曲线如图 10-5-1 所示。

ABAQUS 允许用户定义随受拉应变增加而变化的剪力传递系数,并且在混凝土裂缝闭合后,通过定义闭合裂缝的剪力传递系数来反映裂缝的影响,如图 10-5-2 所示。

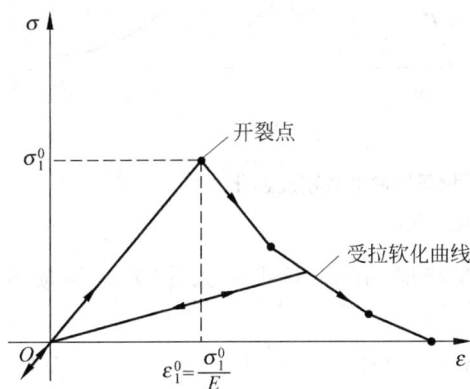

图 10-5-1　ABAQUS 弹塑性模型中混凝土
开裂软化曲线

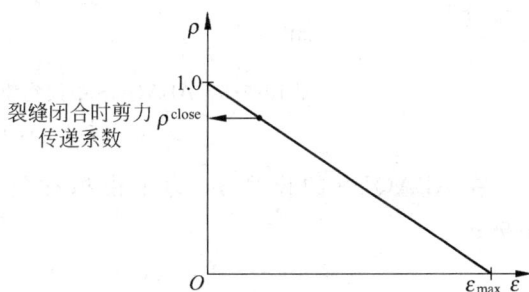

图 10-5-2　ABAQUS 弹塑性模型中裂面
剪力传递系数

2) 损伤模型

ABAQUS 中还提供了一个弹塑性断裂和损伤的混凝土模型。其主要改进有:

① 将损伤指标引入混凝土模型,对混凝土的弹性刚度矩阵加以折减,以模拟混凝土的卸载刚度随损伤增加而降低的特点;

② 将非关联硬化引入混凝土弹塑性本构模型中,以期更好的模拟混凝土的受压弹塑性行为;

③ 可以人为控制裂缝闭合前后的行为,更好模拟反复荷载下混凝土的反应。

该模型可以用以下一组方程加以概括:

$$\boldsymbol{\sigma} = (1-d)\,\bar{\boldsymbol{\sigma}} \tag{10-5-6}$$

$$\bar{\boldsymbol{\sigma}} = \boldsymbol{D}_0^{el}(\boldsymbol{\varepsilon}-\boldsymbol{\varepsilon}^{pl}) \tag{10-5-7}$$

$$\dot{\tilde{\boldsymbol{\varepsilon}}}^{pl} = \boldsymbol{h}(\bar{\boldsymbol{\sigma}},\tilde{\boldsymbol{\varepsilon}}^{pl})\cdot\dot{\boldsymbol{\varepsilon}}^{pl} \tag{10-5-8}$$

$$\dot{\boldsymbol{\varepsilon}}^{pl} = \dot{\lambda}\,\frac{\partial G(\bar{\boldsymbol{\sigma}})}{\partial\bar{\boldsymbol{\sigma}}} \tag{10-5-9}$$

其中,第一个式子定义了考虑损伤时的有效应力;第二个式子定义了有效应力和弹性应变之间的关系;第三个式子和第四个式子定义了混凝土的塑性行为。

以单轴受力为例,用损伤指标 d_c 和 d_t 来分别反映混凝土在受压、受拉时损伤引起的弹性刚度退化,如图 10-5-3 所示,即

$$\boldsymbol{D}_c = (1-d_c)\boldsymbol{D}_0^{\mathrm{el}} \qquad\qquad (10\text{-}5\text{-}10)$$

$$\boldsymbol{D}_t = (1-d_t)\boldsymbol{D}_0^{\mathrm{el}} \qquad\qquad (10\text{-}5\text{-}11)$$

这样就可以模拟混凝土中损伤引起的弹性刚度退化。

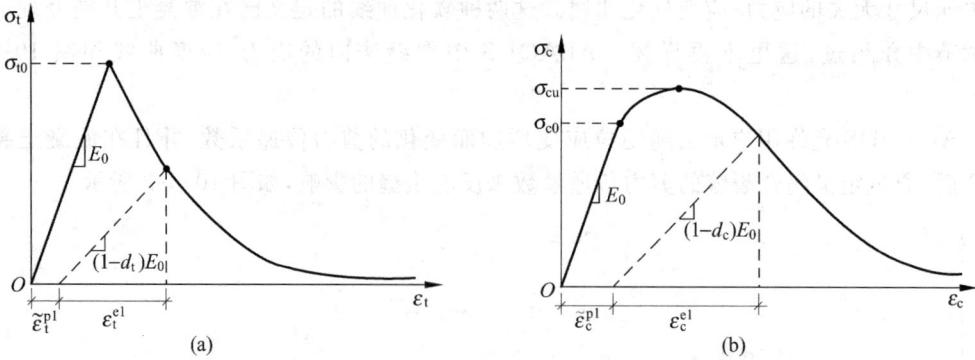

图 10-5-3　ABAQUS 中损伤模型受拉受压的卸载刚度退化
(a) 受拉损伤;(b) 受压损伤

在 ABAQUS 的模型中,为了模拟往复荷载情况,用以下式子来定义总的损伤指标:

$$(1-d_t) = (1-s_t d_c)(1-s_c d_t), \quad 0 \leqslant s_t, s_c \leqslant 1 \qquad (10\text{-}5\text{-}12)$$

$$s_t = 1 - w_t r^*(\bar{\sigma}_{11}), \qquad\qquad 0 \leqslant w_t \leqslant 1 \qquad (10\text{-}5\text{-}13)$$

$$s_c = 1 - w_c(1 - r^*(\bar{\sigma}_{11})), \qquad 0 \leqslant w_c \leqslant 1 \qquad (10\text{-}5\text{-}14)$$

$$r^*(\bar{\sigma}_{11}) = H(\bar{\sigma}_{11}) = \begin{cases} 1, & \bar{\sigma}_{11} > 0 \\ 0, & \bar{\sigma}_{11} < 0 \end{cases} \qquad (10\text{-}5\text{-}15)$$

其中,w_c 和 w_t 为参数,ABAQUS 默认 $w_c = 1, w_t = 0$。

以单轴工况为例,在往复荷载下混凝土的反应如图 10-5-4 所示。

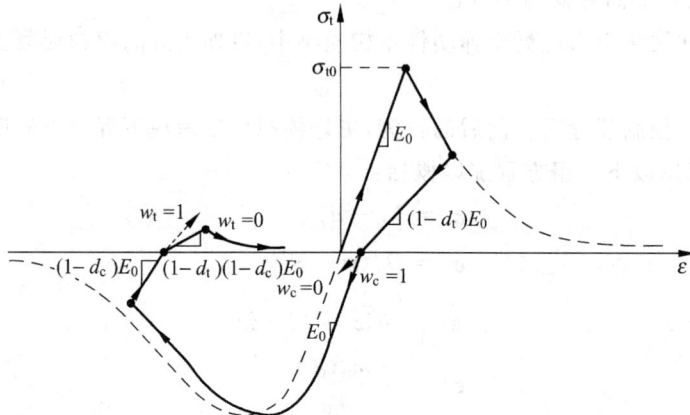

图 10-5-4　ABAQUS 中损伤模型受往复荷载作用

该模型中混凝土的弹塑性屈服面为

$$f(\bar{\sigma},\widetilde{\varepsilon}^{\,\mathrm{pl}}) = \frac{1}{1-\alpha}(\bar{q} - 3\alpha\,\bar{p} + \beta(\widetilde{\varepsilon}^{\,\mathrm{pl}})\langle\hat{\bar{\sigma}}_{\max}\rangle - \gamma\langle-\hat{\bar{\sigma}}_{\max}\rangle) - \bar{\sigma}_{\mathrm{c}}(\widetilde{\varepsilon}^{\,\mathrm{pl}}_{\mathrm{c}}) \quad (10\text{-}5\text{-}16)$$

其中：

$$\beta(\widetilde{\varepsilon}^{\,\mathrm{pl}}) = \frac{\bar{\sigma}_{\mathrm{c}}(\widetilde{\varepsilon}^{\,\mathrm{pl}}_{\mathrm{c}})}{\bar{\sigma}_{\mathrm{t}}(\widetilde{\varepsilon}^{\,\mathrm{pl}}_{\mathrm{t}})}(1-\alpha) - (1+\alpha) \qquad \bar{\sigma}_{\mathrm{c}}\text{ 和 }\bar{\sigma}_{\mathrm{t}}\text{ 为受压和受拉的有效粘聚应力；}$$

$$\alpha = \frac{\sigma_{\mathrm{b0}} - \sigma_{\mathrm{c0}}}{2\sigma_{\mathrm{b0}} - \sigma_{\mathrm{c0}}} \qquad \sigma_{\mathrm{b0}}\text{ 和 }\sigma_{\mathrm{c0}}\text{ 为双轴和单轴受压时的初始屈服应力；}$$

$$\gamma = \frac{3(1-K_{\mathrm{c}})}{2K_{\mathrm{c}} - 1} \qquad \text{对于混凝土，材料参数 } K_{\mathrm{c}}\text{ 可以取为 }2/3\text{，如图 }10\text{-}5\text{-}5\text{ 所示。}$$

该模型的塑性流动法则为基于 Drucker-Prager 流动面的非关联流动，其公式为

$$\dot{\varepsilon}^{\,\mathrm{pl}} = \dot{\lambda}\frac{\partial G(\bar{\sigma})}{\partial\bar{\sigma}} \tag{10-5-17}$$

$$G = \sqrt{(\varepsilon\sigma_{\mathrm{t0}}\tan\Psi)^2 + \bar{q}^{\,2}} - \bar{p}\tan\Psi \tag{10-5-18}$$

需要注意的是，由于采用非关联流动，该模型混凝土的材料矩阵是不对称的。

另外，在 ABAQUS/Explicit 版本中，还允许用户使用全量型裂面受剪关系来模拟裂面受剪的软化行为，如图 10-5-6 所示。

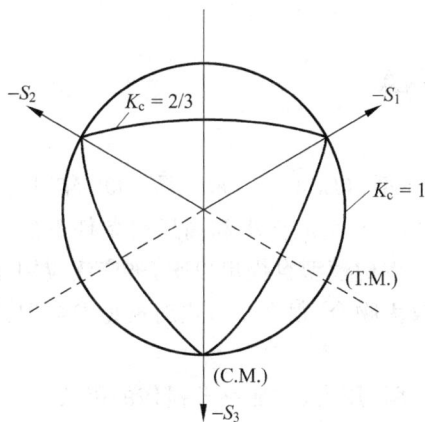

图 10-5-5　偏平面上屈服面形状与 K_{c} 的关系　　　　图 10-5-6　ABAQUS 中裂面受剪软化模型

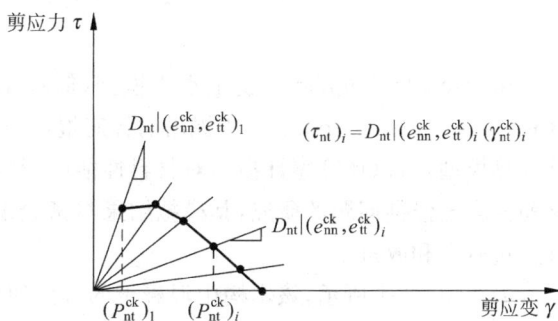

ABAQUS 的混凝土材料可以用于二维、三维实体单元，壳单元和梁单元等。需要指出的是，ABAQUS 允许用户在梁单元中使用混凝土本构模型，对于很多工程问题可以大大简化建模工作。

2. 钢筋模型

ABAQUS 可以添加单独的钢筋单元，也可以在单元属性中附加钢筋属性以定义组合模型的钢筋，还可以通过 Embed 方法将链杆单元或者膜单元嵌入混凝土单元中，ABAQUS 可以自动耦合自由度。ABAQUS 钢筋的一般定义方法为：定义钢筋的截面积，间距，方向，钢筋所对应的单元边界编号以及在该边上的相对位置，如图 10-5-7 所示。

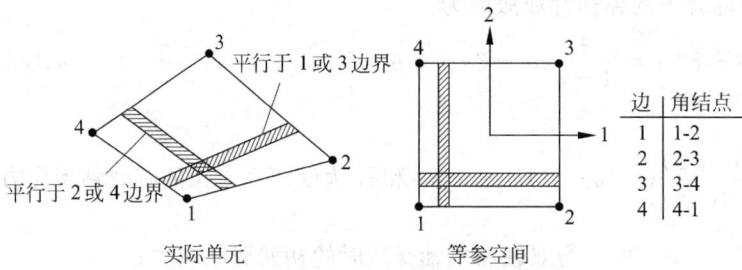

图 10-5-7　ABAQUS 中的 Rebar 单元

3. 前后处理

在 ABAQUS 中,混凝土材料参数和组合式钢筋的输入已经集成在 GUI 图形界面中,在后处理中可以绘制混凝土的开裂应变(目前只针对弹塑性断裂-损伤模型)。

4. 二次开发功能

ABAQUS 中提供的 UMAT 用户自定义子程序可以由用户用 FORTRAN 语言自己定义混凝土的本构关系。

10.6　LS-DYNA

Johnson-Holmquist 混凝土本构模型(简称 HJC 模型)(LSTC,2003)是 1993 年 T. J. Holmquist 和 G. R. Johnson 所提出的针对混凝土在大应变、高应变率和高压强条件下的一种计算模型,可以计算累计损伤对材料性能的影响。该本构模型自提出以来,被广泛应用于钢筋混凝土侵彻问题的研究,其模拟结果与试验现象较为吻合,很多学者也对模型参数取值进行过研究和改进。

如图 10-6-1 所示,该本构中混凝土的等效屈服强度是压力、应变率及损伤的函数,其归一化等效应力为

$$\sigma^* = [A(1-D) + Bp^{*N}][1 - C\ln(\dot{\varepsilon}^*)] \tag{10-6-1}$$

式中,$\sigma^* = \sigma/f_c'$ 为归一化的等效内力,σ 为混凝土真实应力,f_c' 为混凝土的静态单轴抗压屈服强度,应满足 $\sigma^* \leqslant S_{\max}$;$p^* = p/f_c'$ 为归一化的静水围压,p 为实际静水围压;D 为混凝土的断裂损伤指数,$0 \leqslant D \leqslant 1$;$\dot{\varepsilon}^* = \dot{\varepsilon}/\dot{\varepsilon}_0$ 为无量纲的等效应变率,$\dot{\varepsilon}$ 为实际应变率,$\dot{\varepsilon}_0$ 为参考应变率;A、B、N、C 和 $S_{\max}$ 均为混凝土的材料参数,A 为归一化内聚强度,B 为归一化压力硬化系数,N 为归一化压力硬化指数,C 为应变率系数,$S_{\max}$ 是归一化的最大强度,均由实测确定。

混凝土的断裂损伤指数 D 表示为

$$D = \sum \frac{\Delta\varepsilon_p + \Delta\mu_p}{\varepsilon_p^f + \mu_p^f} \tag{10-6-2}$$

式中,$\Delta\varepsilon_p$ 和 $\Delta\mu_p$ 分别为在一个积分步长内的等效塑性应变和等效体积应变的增量;ε_p^f 和 μ_p^f

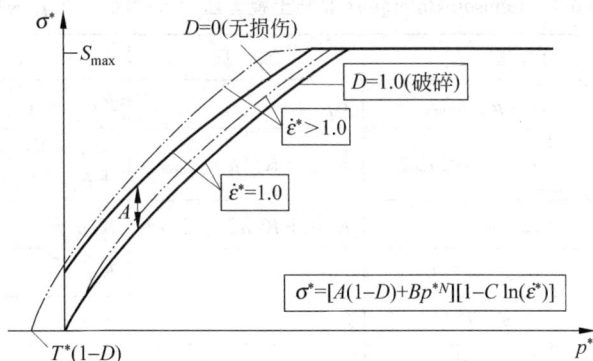

图 10-6-1　Johnson-Holmquist 混凝土本构模型

为在常压 p 下断裂时的塑性应变和体积应变，为了计算方便，定义 $f(p)$ 为在一定压力下的材料直到断裂失效所产生的塑性应变，用下式表示：

$$f(p) = \varepsilon_p^f + \mu_p^f = D_1(p^* + T^*)^{D_2} \tag{10-6-3}$$

$$D_1(p^* + T^*)^{D_2} \geqslant \varepsilon_{fmin} \tag{10-6-4}$$

式中，$T^* = T/f_c'$，T 为最大拉伸强度；D_1 和 D_2 为实测损伤常数；常数 ε_{fmin} 为最小破碎塑性应变。

混凝土的压力-体积应变关系在受压区和受拉区均分为三段表述：第一区是线弹性区，压力 $p \leqslant p_c$ 或者 $\mu \leqslant \mu_c$；第二区是过渡区，$p_c \leqslant p \leqslant p_{lock}$ 或者 $\mu_c \leqslant \mu \leqslant \mu_{lock}$，在该阶段，混凝土内的孔洞逐渐被压缩，从而产生塑性变形；第三区为密实区，混凝土满足下列关系：

$$p = K_1\bar{\mu} + K_2\bar{\mu}^2 + K_3\bar{\mu}^3 \tag{10-6-5}$$

表 10-6-1 给出了混凝土本构静水压力与体积应变之间的关系。

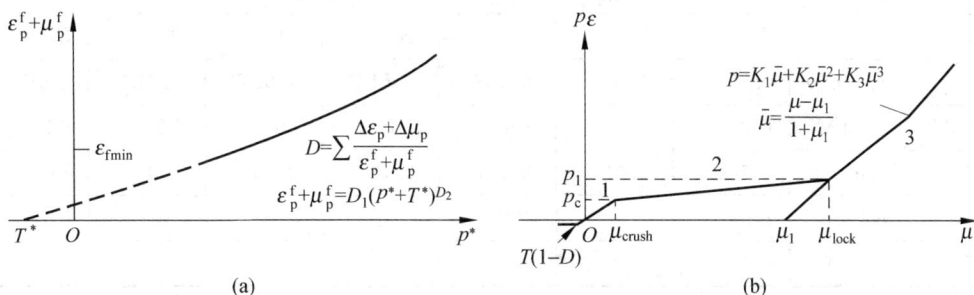

图 10-6-2　Johnson-Holmquist 模型的混凝土损伤描述和压力-体积变形关系曲线
(a) 损伤描述；(b) 静水压力-体积应变关系曲线

表 10-6-1 中，K 为弹性体积模量；K_1、K_2、K_3 为常数；插值函数 $F = \dfrac{\mu_{max} - \mu_{crush}}{\mu_{lock} - \mu_{crush}}$，$\mu_{max}$ 为卸载之前所达到的最大体积应变，p_{crush} 和 μ_{crush} 分别为混凝土材料空隙开始闭合时临界压力和体应变，p_1^* 和 μ_{lock} 分别为混凝土材料空隙全部闭合时临界压力和体应变；μ_0 为混凝土单元卸载前的体积应变；$\mu_{lock} = \dfrac{\rho_g}{\rho_0} - 1$，$\rho_g$ 为颗粒密实时混凝土材料的密度，也称晶体密度，ρ_0 为初始密度。

表 10-6-1 Johnson-Holmquist 混凝土模型压力 p-体积应变 μ 的关系

三阶段	分区		加载	卸载
压缩阶段	弹性区	$0 < \mu \leqslant \mu_{\text{crush}}$	$K\mu$	$K\mu$
	过渡区	$\mu_{\text{crush}} < \mu \leqslant \mu_{\text{lock}}$	$p_{\text{crush}} + K_1(\mu - \mu_{\text{crush}})$	$p_{\text{crush}} + K_1(\mu_0 - \mu_{\text{crush}}) + [(1-F)K + FK_1](\mu - \mu_0)$
	密实区	$\mu > \mu_{\text{lock}}$	$K_1\bar{\mu} + K_2\bar{\mu}^2 + K_3\bar{\mu}^3$	$K_1\bar{\mu}$
拉伸阶段		$0 \leqslant -p \leqslant T$	$K\mu$	$K\mu$
		$-p > T$	0	0
断裂后重新受压	恢复阶段	$\mu_1 < \mu \leqslant 0$	0	—
	过渡区	$0 \leqslant \mu \leqslant \mu_{\text{lock}}$	$p_1^* \mu / \mu_{\text{lock}}$	$p_{\text{crush}} + K_1(\mu_0 - \mu_{\text{crush}}) + [(1-F)K + FK_1](\mu - \mu_0)$
	密实区	$\mu > \mu_{\text{lock}}$	$K_1\bar{\mu} + K_2\bar{\mu}^2 + K_3\bar{\mu}^3$	$K_1\bar{\mu}$

在 LS-DYNA 中,应用 Johnson-Holmquist 模型需要输入 21 个参数,这些参数主要有初始密度 ρ_0 和剪切模量 G,本构方程中等效应力表达式(10-6-1)中的 A、B、C、N,拟静力单轴抗压强度 f_c,归一化的最大强度 S_{max},参考应变率 $\dot{\varepsilon}_0$,式(10-6-4)中最小破碎塑性应变 $\varepsilon_{\text{fmin}}$ 以及塑性常数 D_1、D_2,式(10-6-5)中的压力常数 K_1、K_2、K_3,表 10-6-1 中混凝土材料空隙开始闭合时临界压力和体应变 p_{crush} 和 μ_{crush} 以及混凝土材料空隙全部闭合时临界压力和体应变 p_{lock} 和 μ_{lock},失效类型判断标志 F_s。表 10-6-2 给出了轴心抗压强度 $f_c = 48.0\text{MPa}$ 的 Johnson-Holmquist 参数在 LS-DYNA 中的数值输入。

表 10-6-2 Johnson-Holmquist 模型参数(48MPa)

* MAT_JOHNSON_HOLMQUIST_CONCRETE(单位:m,kg,s)								
RO	G	A	B	C	N	FC	T	EPS0
2400	1.49E10	0.79	1.60	0.007	0.61	4.8E7	4.0E6	1.0E-6
EFMIN	SFMAX	PC	UC	PL	UL	D1	D2	K1
0.01	7.0	1.60E7	0.01	8.0E8	0.10	0.03	1.0	85E9
K2	K3	FS						
−171 E9	208 E9	0.0						

对于不同强度的混凝土,在无试验数据支持的情况下,可以假设 A、B、C、N、S_{max} 对于不同的混凝土抗压强度来说是不变量,计算结果也显示这样的假设是可取的。取 $D_2 = 1.0$,$\varepsilon_{\text{f min}} = 0.01$。$D_1$ 的值由下式给出:

$$D_1 = 0.01/(1/6 + T^*) \tag{10-6-6}$$

其中 $T^* = T/f_c'$,而 T 的值按美国混凝土协会(ACI)提出的关系表达式计算(公式中 T 和 f_c 的单位均为 MPa),

$$T = 0.62(f_c)^{1/2} \tag{10-6-7}$$

混凝土的弹性模量可以取为(公式中 E_c 和 f_c 的单位均为 MPa):

$$E_c = \frac{10^5}{2.2 + \dfrac{34.74}{f_c}} \tag{10-6-8}$$

混凝土泊松比一般取 $\nu = 0.2$，这样可以根据弹性理论计算混凝土的弹性模量 K 和剪切模量 G：

$$\left.\begin{array}{l} K = \dfrac{E_c}{3(1-2\nu)} \\[3mm] G = \dfrac{E_c}{2(1+\nu)} \end{array}\right\} \tag{10-6-9}$$

p_{crush} 计算公式为

$$p_{crush} = f_c/3 \tag{10-6-10}$$

这样，可以计算 $\mu_{crush} = \dfrac{p_{crush}}{K}$；混凝土的压实密度，一般可以取 $\rho_g = 2680\mathrm{kg/m^3}$，这样可以计算 $\mu_{lock} = \dfrac{\rho_g}{\rho_0} - 1$；对于混凝土压实阶段，由于混凝土的成分相差不大，认为压实后混凝土的 $p\text{-}\mu$ 是一致的，即参数 K_1、K_2、K_3 取值相同。

参数 p_{lock} 需要由试验数据确定，因此，在 Johnson-Holmquist 混凝土本构模型中，除了 p_{lock} 之外，其他参数均可以由 f_c 计算。

F_s 在程序默认状态下取 0，不考虑失效；如果取 $F_s < 0$，在 $p^* + T^* < 0$ 时失效，材料拉伸破坏；如果取 $F_s > 0$，则当 $\varepsilon > F_s$ 时失效。

10.7　有限元建模中的注意事项

通用有限元程序一般都有完善的前后处理系统，给建模和分析工作带来很大的方便。但是，由于混凝土材性非常复杂，因此，钢筋混凝土有限元分析不但远较线弹性有限元分析复杂，而且也不同于一般金属材料的非线性分析。由于混凝土结构中存在大量的开裂或压溃软化现象，使得非线性分析的收敛问题变得异常复杂。根据我们的分析经验，在钢筋混凝土有限元分析中由于计算不收敛导致分析失败的情况比比皆是。因此，从有限元建模的一开始，就应该对整个有限元模型有一个全面的规划，尽量避免不必要的不合理单元划分和边界条件，选择合适的非线性求解方法，争取快速、准确地得到结果。

在一般钢筋混凝土有限元建模过程中，比较常见的有以下一些问题。

（1）边界条件不合理

以图 10-7-1 所示的最常见的三点弯曲梁为例，很多软件使用者往往就按照弹性力学中的方法，将整个梁用混凝土材料划分网格，并把边界条件直接施加在一个或几个节点上。这种方法在弹性材料或硬化材料中都没有问题，或者说问题不大，但在混凝土中往往就会导致严重后果。这是因为，把边界条件直接施加在混凝土节点上，则相当于这个节点处应力趋向于无穷大。而且单元网格划分得越密，这个应力集中也就越发严重。如果混凝土的网格比较密，则此处的混凝土势必将首先开裂或者压碎，而混凝土开裂或压碎后就进入软化段，就会造成计算结果错误或者计算过程无法进行下去。因此，对于这类问题，一般建议在分析实际工况前,先给混凝土施加一个很小的试算荷载。比较一下施加边界条件的位置和预计破坏位置的应力大小,尤其是主拉应力的大小。如果发现施加边界条件的位置存在应力集中,应力大于预计破坏位置的应力,则说明边界条件布置不合理,破坏将发生在这里而不是预计破坏区。这时,常用的处理方法是在边界条件和混凝土单元之间设置一个弹性过渡层,过渡层的刚度和混凝土相近。这样利用圣维南原理,减轻边界条件引起的应力集中效应。

另一种常见的边界条件错误为施加了不合理的支座条件,如图 10-7-2 所示,混凝土构件受力后的变形如图中虚线所示。这时,在最左边的支座位置就会出现严重的拉应力,往往导致混凝土最先在那里拉坏。进而,整个有限元分析模型往往会因为这个局部的拉坏而彻底失败。类似的,由于混凝土抗拉能力很弱,因此实际施加在混凝土构件上的边界条件大部分是受压边界条件。在建立有限元模型时,需要事先考察一下,这个边界条件是否会因为局部受拉而导致不应出现的局部破坏。

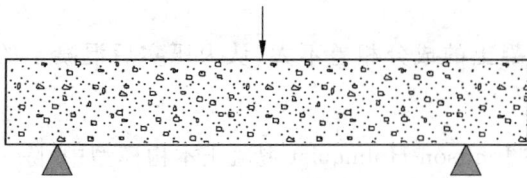

图 10-7-1　三点弯曲梁　　　　　　　　图 10-7-2　错误的支座条件

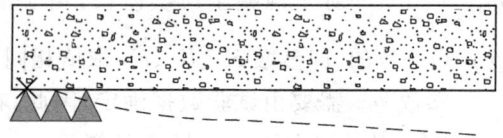

另外,使用分离式钢筋模型时,与钢筋单元相连的混凝土单元的节点附近也存在一定的应力集中问题,这也需要加以注意。

(2) 网格密度

对于弹性力学问题,一般认为网格越密,精度越好。对于一般的硬化材料,也有类似结论。但是,对于混凝土这种存在大量软化的材料,则未必如此。由于软化带来损伤和应变集中,往往单元越密,这种集中效果越明显,也越容易出现错误或者不收敛的结果。因此,对于混凝土有限元分析,一般单元网格密度适宜即可,不必过细。在没有充分考虑如何解决应力集中、损伤集中等问题以前,网格密度应该大于等于若干倍混凝土的最大骨料粒径。在支座、加载点等可能出现应力集中的部位,如果不是重点研究区域,应尽量使用较大的单元网格以保证收敛。

(3) 加载步长和收敛标准

由于目前非线性有限元分析多是基于分段线性化的分析方法。因此,对于复杂非线性问题,只有加载步长足够小时,才能较好地模拟整个非线性行为。对于混凝土问题,加载的步长一般应小于开裂荷载的 1/2~1/3,以更好地跟踪混凝土的开裂行为,避免因为荷载步长加得太大而导致损伤区域不合理的扩大或缩小。

另外,由于混凝土中频频出现软化现象,在进行牛顿迭代时,迭代的误差并不总是单调减小的,可能有若干步误差持续增大,然后再逐步减小的情况。在一些有限元程序,例如 ANSYS 或 ABAQUS 中,当出现连续若干步误差增大时,就自动判别不收敛,进而将荷载步长折半。这完全没有必要,而且可能会导致不必要的不收敛。这时应该调高自动荷载折半的判断步数,来正确模拟混凝土的这种行为。

在混凝土结构中,当达到混凝土开裂荷载或者钢筋或混凝土屈服荷载时,往往会出现塑性流动甚至软化现象,表现为荷载变化很小,而变形增加迅速。这时,如果使用力作为收敛标准,往往因为荷载变化不敏感而导致计算收敛困难;而使用位移作为收敛标准,则结果要好得多。

当结构某一荷载步出现大量单元同时开裂或者同时压碎时,由于单元软化而导致计算结果可能不唯一。例如一个混凝土构件,在某一步荷载下,第 1 次迭代得到单元 1 开裂软化,单元 2 未开裂,还处于硬化状态。第 2 次迭代得到单元 1 还未开裂,单元 2 开裂软化。这时就出现了所谓的"分叉点"问题。非线性程序在分叉点两侧跳来跳去,陷入死循环,无法得出满足预定收敛标准的结果。遇到这种问题,要么修改整个有限元模型,尤其是单元网格布置,避免过多的单元同时开裂;要么放松收敛标准,让计算过程能够近似地通过这个分叉点。对于混凝土结构,因为实际裂缝非常复杂,这类的误差对最后结果的影响一般不会非常严重。

另外,当结构中大量单元开裂或屈服后,这些单元的切线刚度往往非常小,这时,全牛顿-拉弗逊法的切线刚度矩阵往往由于过度病态而无法收敛或计算结果错误。例如,有限元程序会提示整体刚度矩阵条件数过大或者某个节点出现不合理的过大位移。遇到这类问题,可以考虑使用改进牛顿-拉弗逊法或者使用初始刚度来进行迭代。这样可以较好地避免切线刚度病态的问题。但是此时收敛的速度相应地也会减慢,使用者应该适当增加最大迭代次数上限。

(4) 深入了解混凝土材料的理论背景

由于混凝土材料非常复杂,目前还没有一个公认的十全十美的模型,因此,各个有限元程序在设置混凝土模型时,都是有取舍的。程序设计者一般会选择最常用的,同时也是比较实用的模型来集成到商业软件中。例如,尽管固定裂缝模型在一些场合比转动裂缝模型要逊色,但是鉴于其概念简单,对网格依赖性小,便于使用者掌握,因此绝大部分通用有限元程序都使用固定裂缝模型。而用户如果一定要分析一个由受剪破坏控制的混凝土构件,则固定裂缝模型,特别是恒定剪力传递系数的固定裂缝模型,就会存在很多问题。有时不得不利用软件提供的二次开发功能开发自定义的材料本构或单元来满足特定的问题。因此,阅读有限元软件的理论说明文件、了解其混凝土模型的理论背景,是建立正确的分析模型的前提。

教 学 程 序

附录 A1　等强双线性硬化本构模型子程序

```
C   ========================================
C   清华大学研究生课程《钢筋混凝土有限元》教学程序
C              等强双线性硬化本构模型
C   利用 MSC. Marc 软件提供的 zero wkslp assoc yiel 等 4 个子程序
C   编制等强硬化双线性本构程序
C
C   主要参考文献：
C   1. MARC Volumn D user subroutine and Special Routines
C   ========================================
C   子程序说明：
C   zero：得到等效应力
C   yiel：得到当前屈服应力
C   wkslp：得到强化模量
C   assoc：得到流动方向

      subroutine assoc(stot,sinc,sc,t,ngens,ndi,nshear,n,nnn,layer)
c******
c      provides flow rule for general plasticity option.
C      流动法则
C      变量说明
c      stoc           stress array ! 应力矩阵
c      sinc           flow direction array ! 流动向量
c      sc             hydrostatic stress ! 静水压力
c      t              not used
c      ngens          number of stress components ! 应力分量个数
c      ndi（3）        number of direct stress components ! 正应力分量个数
c      nshear（3）     number of shear stress components ! 剪应力分量个数
c      n              element number ! 单元编号
c      nnn            integration point number ! 积分点编号
c      layer          layer number ! 层编号,对于壳单元或者复合材料,可能有多个层
c******
      implicit real * 8（a-h,o-z）    ! 变量说明
```

```
        dimension stot(*),sinc(*)   ！变量说明
        do 26 i＝1,ndi
26      sinc(i)＝0.5*(3.*stot(i)－sc)
        if(nshear.eq.0)go to 30
        f3＝3.
        do 28 i＝1,nshear
        j＝ndi＋i
28      sinc(j)＝f3*stot(j)
30      continue
        return
        end


        subroutine wkslp(m,nn,kc,mats,slope,ebarp,eqrate,stryt,dt,ifirst)
        implicit real*8 (a-h,o-z)                                      dp
c******
c     user subroutine to define work hardening slope.
c            得到硬化模量子程序
c     m              is the current user element number ！单元编号
c     nn             is the integration point number ！积分点编号
c     kc             is the layer number (＝1 for non-layered elements) ！层编号
c     mats           is the current material id ！材料标号
c     slope          work hardening slope to be defined in this routine ！返回硬化模量
c     ebarp          is the total equivalent plastic strain ！等效塑性应变
c     eqrate         is the equivalent plastic strain rate ！等效塑性应变率
c     stryt          current yield stress that optionally can be defined in this routine ！返回屈服应力
c     dt             is the current total temperature ！总温度
c     ifirst         flag distinguishing tenth cycle properties for
c                       ornl option
c
c     the internal element number mint can be obtained with
c         mint＝ielint(m)
c******
C    双线性弹塑性硬化
     SLOPE＝20e3 ！强化模量为 Es＝2GPa
     STRYT＝210＋ebarp*20e3 ！强化后的屈服应力为 210MPa＋eps_eq_pl*Es
        return
        end


        real*8 function yiel(m,nn,kc,yld,ifirst,dt,eplas,erate,matz,
     *                         jprops)
c******
C    得到屈服应力
c     find current value of yield stress
c     n              element index ！单元编号
c     yld            initial yield stress ！初始屈服应力
```

```
c     ifirst          flag for 10th cycle yield
c     dt              temperature！温度
c     eplas           equivalent plastic strain！等效塑性应变
c     erate           equivalent plastic strain rate！等效塑性应变率
c     jprops          table asscociated with the yield！定义屈服应力-应变关系表(可选用)
c ******
      implicit real * 8 (a-h,o-z)
      yiel＝yld
c
c     user subroutine wkslp
c     调用做功强化子程序得到强化模量和屈服应力
          stryt＝0. d0
          call wkslp(m,nn,kc,mats,slope,eplas,erate,stryt,dt,ifirst)
          yiel＝stryt
      return
      end


      real * 8 function zero(ndi,nshear,t,iort,ianiso,yrdir,yrshr,amm,a0)
c ******
c     得到等效应力
c     find equivalent stress for a stress tensor.
c     ndi             number of direct components of stress！正应力分量个数
c     nshear          number of shear   components of stress！剪应力分量个数
c     t(i)            component i of stress！应力向量
c     iort            indicating if curvilinear coordinates are used！是否使用曲线坐标系
c        iort ＝ 0 - no curvilinear coordinates are used
c        iort ＝ 1 - get mixed components in t
c        iort ＝ 2 - assumes mixed compcomponents already in t
c     ianiso          flag indicating if anisotropy is used！是否为各向异性
c     yrdir           direct components for hill's anisotropic plasticity
c     yrshr           shear   components for hill's anisotropic plasticity
c     amm             the metric if curvilinear coordinates are used
c     a0              the metric scale factor if curvilinear coordinates are used
c
c ******
      implicit real * 8 (a-h,o-z)
      dimension t( * )
      dimension s(6),yrdir(3),yrshr(3),amm(3)
      zero＝0. d0
c
c     等效应力采用 von mises 应力
          if(ndi. eq. 1) then
              zero＝t(1) * t(1) * 2. d0
            else if(ndi. eq. 2) then
              zero＝2. d0 * (t(1) * t(1)＋t(2) * t(2)－t(1) * t(2))
```

```
            else if(ndi. eq. 3) then
                zero＝t(1) * t(1)＋t(2) * t(2)＋t(3) * t(3)
    *                   －t(1) * t(2)－t(2) * t(3)－t(3) * t(1)
                zero＝2. d0 * zero
        endif
        if(nshear. eq. 1) then
                zero＝zero＋6. d0 * t(ndi＋1) * t(ndi＋1)
            else if(nshear. eq. 2) then
                zero＝zero＋6. d0 * (t(ndi＋1) * t(ndi＋1)＋t(ndi＋2) * t(ndi＋2))
                else if(nshear. eq. 3) then
                    zero＝zero＋6. d0 * (t(ndi＋1) * t(ndi＋1)
    *                       ＋t(ndi＋2) * t(ndi＋2)＋t(ndi＋3) * t(ndi＋3))
        endif
    if(zero. lt. 0. d0) zero＝0. d0
    zero＝sqrt(0. 5d0 * zero)
    return
end
```

附录 A2　随动双线性硬化本构模型子程序

```
C ==================================================
C 清华大学研究生课程《钢筋混凝土有限元》教学程序
C 随动双线性硬化本构模型
C  利用 MSC. Marc 软件提供的 HYPELA 子程序
C  编制等强硬化双线性本构程序
C 主要参考文献：
C 1. MARC Volumn D user subroutine and Special Routines
C 2. ABAQUS "Writing UMATs，VUMATs，and UELs"
C ==================================================
      SUBROUTINE HYPELA(D,G,E,DE,S,TEMP,
    1 DTEMP,NGENS,N,NN,KC,MATS,NDI,NSHEAR)
c implicit none
c * * * * * *
c 变量说明
c d stress strain law to be formed by user！本构矩阵
c g change in stress due to temperature effects
c e total strain！总应变向量
c de increment of strain！应变增量向量
c s stress － should be updated by user！应力向量
c temp state variables！状态变量
c dtemp increment of state variables！状态变量增量
c ngens size of stress － strain law！应力分量个数
c n element number！单元编号
```

```
c nn integration point number ！积分点编号
c kc layer number ！层编号
c mats material i. d. ！材料编号
c ndi number of direct components ！正应力分量个数
c nshear number of shear components ！剪应力分量个数
c ＊＊＊＊＊＊
      implicit real ＊ 8 (a-h,o-z)
      INCLUDE '../common/concom' ！通过 concom 模块得到当前的计算步数
      integer::ngens,nn,kc,mats,ndi,nshear
      real ＊ 8::e(1),de(1),temp(40),dtemp(40),g(1),d(ngens,ngens),s(1)
! temp(40)需要在前面 initial condition 里面设置完成,用于存放状态参量
      integer::n(2)


C———————————————————————————————————
C EELAS - Elastic Strains ！弹性应变
C EPLAS - Plastic Strains ！塑性应变
C ALPHA - Shift Tensor ！硬化参数
C Flow - Plasitc Flow Directions ！塑性流动方向
C SIG - Stress at start of increment ！增量步开始时的应力
C EPSPL - Plastic Strains at start of increment ！增量步开始时的塑性应变
C
      real ＊ 8 EELAS(ngens),EPLAS(ngens),ALPHA(ngens)
   1 ,FLOW(ngens),SIG(ngens),EPSPL(ngens)
      real ＊ 8 E0,ENU,EBULK,EG,ELAM ！初始弹性模量,泊松比,体积模量,剪切模量
      integer::K1, K2 ！循环变量
      real ＊ 8::Smises, SYIELD, hard ！VM 应力,屈服应力,硬化模量
      real ＊ 8::SIGM,DEQPL ！平均正应力,等效应变增量
      real ＊ 8::effg, efflam, effhard ！等效剪切模量,等效 lame 常数,等效硬化模量
C
      real ＊ 8,parameter::ENUMAX＝0.49999D0,TOLER＝1. D-6
C
C temp (1) - E ！弹性模量
C temp (2) - NU ！泊松比
C temp (3) - SYIELD ！屈服强度
C temp (4) - HARD ！硬化模量 C ———————————————————————————
C 初始状态赋值
C
      if(inc＝＝0. and. incsub＝＝0. and. ncycle＝＝0) then ！初始状态
        TEMP(1)＝200e3；！弹性模量 200GPa
        TEMP(2)＝0. 27；！泊松比为 0.27
        TEMP(3)＝210.0；！屈服强度 210MPa
        TEMP(4)＝20e3；！硬化模量 20GPa
      end if
      E0＝TEMP(1)
      ENU＝Min(TEMP(2),ENUMAX)
```

```
      EBULK=E0/(1.-2.＊ENU)/3.
      EG=E0/(1.+ENU)/2.
      ELAM=(EBULK＊3.-EG＊2.)/3.
C 弹性矩阵
      D=0.
      do K1=1, NDI
        do K2=1, NDI
          D(K2,K1)=ELAM
        end do
        D(K1,K1)=EG＊2.+ELAM
      END do
      do K1=NDI+1, NGENS
        D(K1,K1)=EG
      end do
C 数组赋值
      EELAS=TEMP(4+1：4+NGENS)
      EPLAS=TEMP(4+NGENS+1：4+2＊NGENS)
      ALPHA=TEMP(4+2＊NGENS+1：4+3＊NGENS)
C 保存初始应力并计算试算应力
      do k1=1, NGENS
        SIG(K1)=S(K1)
        EPSPL(K1)=EPLAS(K1)
        EELAS(K1)=EELAS(K1)+DE(K1)
        do k2=1,NGENS
          s(k2)=s(k2)+d(k2,k1)＊de(k1)
        end do
      end do
C 计算 von mises 应力
      smises=(s(1)-alpha(1)-s(2)+alpha(2))＊＊2
    1 +(s(2)-alpha(2)-s(3)+alpha(3))＊＊2
    2 +(s(3)-alpha(3)-s(1)+alpha(1))＊＊2
      do K1=NDI+1,NGENS
        smises=smises+6.＊(s(k1)-alpha(k1))＊＊2
      end do
      smises=sqrt(smises/2.)
C 得到屈服应力和硬化模量
      SYIELD=temp(3)
      hard=temp(4)
C 判断是否屈服
      if(smises.gt.(1+toler)＊syield) then
C 如果屈服,则计算硬化方向 dF/dSIG
      SIGM=(s(1)+s(2)+s(3))/3.
      do K1=1, NDI
        flow(k1)=(s(k1)-alpha(k1)-SIGM)/smises
      end do
```

```
         do k1＝NDI＋1，NGENS
            Flow(k1)＝(s(k1)-alpha(k1))/smises
         end do
C 计算等效应变增量
         deqpl＝(smises－syield)/(EG * 3.＋HARD)
C 更新应力-应变
         do k1＝1，ndi
            alpha(k1)＝alpha(k1)＋hard * flow(k1) * deqpl
            eplas(k1)＝eplas(k1)＋3./2. * flow(k1) * deqpl
            eelas(k1)＝eelas(k1)－3./2. * flow(k1) * deqpl
            s(k1)＝alpha(k1)＋flow(k1) * syield＋SIGM
         end do
         do k1＝ndi＋1，ngens
            alpha(k1)＝alpha(k1)＋hard * flow(k1) * deqpl
            eplas(k1)＝eplas(k1)＋3. * flow(k1) * deqpl
            eelas(k1)＝eelas(k1)－3. * flow(k1) * deqpl
            s(k1)＝alpha(k1)＋flow(k1) * syield
         end do
C 得到切线刚度矩阵
         effg＝eg * (syield＋hard * deqpl)/smises
         efflam＝(ebulk * 3.-effg * 2.)/3.
         effhard＝eg * 3. * hard/(eg * 3.＋hard)-effg * 3.
         do k1＝1，ndi
            do k2＝1，ndi
               d(k2,k1)＝efflam
            end do
            d(k1,k1)＝effg * 2.＋efflam
         end do
         do k1＝ndi＋1，ngens
            d(k1,k1)＝effg
         end do
         do k1＝1，ngens
            do k2＝1，ngens
               d(k2,k1)＝d(k2,k1)＋effhard * flow(k2) * flow(k1)
            end do
         end do
         end if
C 保存当前弹性应变,塑性应变和硬化参数
         do k1＝1，ngens
            temp(4＋k1)＝eelas(k1)
            temp(4＋k1＋ngens)＝eplas(k1)
            temp(4＋k1＋2 * ngens)＝alpha(k1)
         end do
         return
         end
```

附录 A3　变带宽总刚集成及求解简单程序例子

```
C ================================================
C 变带宽总刚集成及求解简单程序例子
C LU 分解法,in-core only
C   主要参考文献:
C   1. 袁驷 程序结构力学
C ================================================
module MatSolve
    use Lxz_Tools
    use TypeDef
    use Elem_Prop

    implicit none

    integer::NGlbDOF ! 总自由度数

    contains

subroutine Get_GK(GValue,Node,Elem,Rebar,Load,Support,Initial_Load)
    type(typ_GValue)::GValue ! 总体控制变量数据结构
    type(typ_Node)::Node(:) ! 节点性质数据结构数组
    type(typ_Elem)::Elem(:) ! 混凝土单元性质数据结构数组
    type(typ_Rebar)::Rebar(:) ! 钢筋单元性质数据结构数组
    type(typ_Load)::Load(:) ! 荷载数据结构数组
    type(typ_Load)::Initial_Load(:) ! 初始荷载数据结构数组
    type(typ_Support)::Support(:) ! 支座数据结构数组
    type(typ_Kcol),allocatable::Kcol(:) ! 变带宽总体刚度矩阵数组
    real(rkind),allocatable::GLoad(:), GDisp(:) ! 荷载,位移向量
    integer(ikind)::BandWidth(2 * GValue%NNode) ! 带宽
    real(rkind)::Plenty ! 支座罚函数
    integer(ikind)::ELocVec(8)
    integer(ikind)::I,J,K
    integer(ikind)::MinDOFNum

    NGlbDOF=2 * GValue%NNode ! 计算总自由度数
    Plenty=1.0

    allocate(GLoad(NGlbDOF))
    allocate(GDisp(NGlbDOF))

! 查找带宽
    do I=1,NGlbDOF
```

```
            BandWidth(I)=I
        end do
        do I=1,GValue%NElem
            do J=1,4
                ELocVec(J*2-1)=2*Elem(I)%NodeNo(J)-1
                ELocVec(J*2)=2*Elem(I)%NodeNo(J)
            end do
                MinDOFNum=minval(ELocVec)
            do J=1,8
                BandWidth(ELocVec(J))=min(MinDOFNum,BandWidth(ELocVec(J)))
            end do
        end do
        do I=1,GValue%NRebar
            do J=1,2
                ELocVec(J*2-1)=2*Rebar(I)%NodeNo(J)-1
                ELocVec(J*2 )=2*Rebar(I)%NodeNo(J)
            end do
            MinDOFNum=minval(ELocVec(1:4))
            do J=1,4
                BandWidth(ELocVec(J))=min(MinDOFNum,BandWidth(ELocVec(J)))
            end do
        end do


!总刚矩阵分配内存
    allocate(Kcol(NGlbDOF))
    do I=1, NGlbDOF
        allocate(Kcol(I)%Row(BandWidth(I):I))
        Kcol(I)%Row=0.d0
    end do


!单元自由度向量生成及总刚集成
    zdo I=1, GValue%NElem
        do J=1,4
            ELocVec(J*2-1)=2*Elem(I)%NodeNo(J)-1
            ELocVec(J*2)=2*Elem(I)%NodeNo(J)
        end do
        do J=1,8
            do K=1,J
                if(ELocVec(J)>ELocVec(K)) then
                    Kcol(ELocVec(J))%row(ELocVec(K))=&
                    Kcol(ELocVec(J))%row(ELocVec(K))+Elem(I)%EK(J,K)
                else
                    Kcol(ELocVec(K))%row(ELocVec(J))=&
                    Kcol(ELocVec(K))%row(ELocVec(J))+Elem(I)%EK(J,K)
                end if
```

```
                end do
            end do
! 罚函数法确定边界条件
            Plenty=max(Plenty,maxval(abs(Elem(I)%EK)))
        end do

        do I=1, GValue%NRebar
            do J=1,2
                ELocVec(J*2-1)=2*Rebar(I)%NodeNo(J)-1
                ELocVec(J*2)=2*Rebar(I)%NodeNo(J)
            end do
            do J=1,4
                do K=J,4
                    if(ELocVec(J)>ELocVec(K)) then
                        Kcol(ELocVec(J))%row(ELocVec(K))=&
                        Kcol(ELocVec(J))%row(ELocVec(K))+Rebar(I)%EK(J,K)
                    else
                        Kcol(ELocVec(K))%row(ELocVec(J))=&
                        Kcol(ELocVec(K))%row(ELocVec(J))+Rebar(I)%EK(J,K)
                    end if
                end do
            end do
            Plenty=max(Plenty,maxval(abs(Rebar(I)%EK)))
        end do
        write(*,*)"完成总刚集成"


! 荷载向量集成
        GLoad=0.d0

        do I=1, GValue%NLoad
            GLoad(Load(I)%NodeNo*2-1)=GLoad(Load(I)%NodeNo*2-1)&
                +Load(I)%Value(1)/real(GValue%NStep)
            GLoad(Load(I)%NodeNo*2)=GLoad(Load(I)%NodeNo*2)&
                +Load(I)%Value(2)/real(GValue%NStep)
        end do

        write(*,*)"完成荷载集成"


! 支座向量集成
        do I=1,GValue%NSupport
            J=2*(Support(I)%NodeNo-1)+Support(I)%DOF
            GLoad(J)=GLoad(J)+Support(I)%Value*Plenty*1.0D8
            Kcol(J)%Row(J)=KCol(J)%Row(J)+Plenty*1.0d8
        end do
write(*,*)"完成支座集成"
```

```
! 矩阵求解
    call BandSolv(Kcol,Gload,GDisp)

! 得到节点位移增量
    call Get_Node_dDisp(GValue,Node,GDisp)
! 得到单元应变增量
    call Get_Elem_dEPS(GValue, Node, Elem)

! 关闭数组，释放内存
    do I=1,NGlbDOF
        deallocate(Kcol(I)%Row)
    end do
    deallocate(Kcol)
    deallocate(GDisp)
    deallocate(GLoad)
    return
end subroutine Get_GK


! 得到节点位移增量
subroutine Get_Node_dDisp(GValue,Node,GDisp)
    type(typ_GValue)::GValue
    type(typ_Node)::Node(:)
    real(rkind)::GDisp(:)
    integer(ikind)::I,J
    do I=1, GValue%NNode
        Node(I)%dDisp(1)=GDisp(I*2-1)
        Node(I)%dDisp(2)=GDisp(I*2)
        Node(I)%Disp=Node(I)%Disp+Node(I)%dDisp
    end do
    return
end subroutine Get_Node_dDisp


! 判断误差
subroutine Get_Error_F(GValue, Node,Load,Initial_Load,Support)
    type(typ_GValue)::GValue
    type(typ_Node)::Node(:)
    type(typ_Load)::Load(:)
    type(typ_Load)::Initial_Load(:)
    type(typ_Support)::Support(:)
    real(rkind)::External_Load(GValue%NNode*2)
    integer::I
    real(rkind)::dGForce(2*GValue%NNode)
    real(rkind)::Max_Force,Max_dForce
    External_Load=0.
    dGForce=0.
```

! 外力荷载向量集成
```
do I=1,GValue%NInitial_Load
  External_Load(Initial_Load(I)%NodeNo * 2-1)=&
  External_Load(Initial_Load(I)%NodeNo * 2-1)+Initial_Load(I)%Value(1)
  External_Load(Initial_Load(I)%NodeNo * 2 )=&
  External_Load(Initial_Load(I)%NodeNo * 2 )+Initial_Load(I)%Value(2)
end do
do I=1,GValue%NLoad
  External_Load(Load(I)%NodeNo * 2-1)=&
  External_Load(Load(I)%NodeNo * 2-1)+Load(I)%Value(1) * &
  real(GValue%FinishedStep+1)/real(GValue%NStep)
  External_Load(Load(I)%NodeNo * 2 )=&
  External_Load(Load(I)%NodeNo * 2 )+Load(I)%Value(2) * &
  real(GValue%FinishedStep+1)/real(GValue%NStep)
end do
```
! 节点不平衡力集成
```
do I=1, GValue%NNode
  dGForce(I * 2-1)=Node(I)%dForce(1)
  dGForce(I * 2 )=Node(I)%dForce(2)
end do
```
! 消去边界条件
```
do I=1, GValue%NSupport
    dGForce((Support(I)%NodeNo-1) * 2+Support%DOF)=0.
end do
```

! 力的零范数误差
```
if(GValue%ErrorNormal==0) then
  Max_dForce=maxval(abs(dGForce))
  Max_Force=maxval(abs(External_Load))
  if(Max_Force.ne.0) then
    GValue%GError=abs(Max_dForce/Max_Force)
  else
    GValue%GError=0.0
  end if
end if
```

! 力的 1 范数误差
```
if(GValue%ErrorNormal==1) then
  max_dForce=sum(abs(dGForce))
  max_Force=sum(abs(External_Load))
    if(Max_Force.ne.0) then
      GValue%GError=abs(Max_dForce/Max_Force)
      GValue%GError=GValue%GError/real(GValue%NNode) * &
      real(GValue%NLoad)
    else
```

```
                GValue%GError=0. 0
            end if
        end if
```

! 力的 2 范数误差

```
    if(GValue%ErrorNormal==2) then
        max_dForce=dot_product(dGForce,dGForce)
        max_Force=dot_product(External_Load,External_Load)
        if(Max_Force. ne. 0) then
            GValue%GError=abs(Max_dForce/Max_Force)
            GValue%GError=GValue%GError/real(GValue%NNode * * 2) * &
                real(GValue%NLoad * * 2)
        else
            GValue%GError=0. 0
        end if
    end if
    return
end subroutine Get_Error_F
```

! 矩阵求解

```
! —————————————————————————————————————
subroutine BandSolv(Kcol,GLoad,Disp)
! —————————————————————————————————————
    type (typ_Kcol)::Kcol(:);
    real(rkind)::GLoad(:),Disp(:);
    integer::row1,ncol,row,j,ie
    real(rkind)::diag(1:NGlbDOF),s
    ncol=NGlbDOF
    diag(1:ncol)=(/(Kcol(j)%row(j),j=1,ncol)/)
    do j=2,ncol
        row1=lbound(Kcol(j)%row,1)
        do ie=row1,j-1
            row=max(row1,lbound(Kcol(ie)%row,1))
            s=sum(diag(row:ie-1) * Kcol(ie)%row(row:ie-1) * Kcol(j)%row(row:ie-1))
            Kcol(j)%row(ie)=(Kcol(j)%row(ie)-s)/diag(ie)
        end do
        s=sum(diag(row1:j-1) * Kcol(j)%row(row1:j-1) * * 2)
        diag(j)=diag(j)-s
    end do
    do ie=2,ncol
        row1=lbound(Kcol(ie)%row,dim=1)
        GLoad(ie)=GLoad(ie)-sum(Kcol(ie)%row(row1:ie-1) * GLoad(row1:ie-1))
    end do
    GLoad(:)=GLoad(:)/diag(:)
```

```
    do j=ncol,2,-1
        row1=lbound(Kcol(j)%row,dim=1)
        GLoad(row1:j-1)=GLoad(row1:j-1)-GLoad(j)*Kcol(j)%row(row1:j-1)
    end do
    Disp(:)=GLoad(:)

    return;
end subroutine BandSolv

end module
```

附录 A4　牛顿-拉弗逊法求解非线性问题
迭代过程的简单程序例子

```
C ===============================================
C 一个牛顿-拉弗逊法求解非线性问题迭代过程的简单程序例子
C 可以进行荷载步长自动调整
C 读者可参考该模块加入相应的子程序编制自己的非线性计算程序
C ===============================================
module Main_Iteration

use TypeDef ! 数据结构定义模块
use Data_Input ! 数据输入模块
use Data_Output ! 数据输出模块
use Elem_Prop ! 单元属性模块
use MatSolve ! 矩阵求解模块
implicit none


contains

subroutine RC2D_Main()
    type(typ_GValue)::GValue ! 总体控制变量数据结构数组
    type(typ_Node),pointer::Node(:) ! 节点数据结构数组
    type(typ_Elem),pointer::Elem(:) ! 混凝土单元数据结构数组
    type(typ_Rebar),pointer::Rebar(:) ! 钢筋单元数据结构数组
    type(typ_Load),pointer::Load(:) ! 荷载数据结构数组
    type(typ_Load),pointer::Initial_Load(:) ! 初始荷载
    type(typ_Material),pointer::Material(:) ! 材料数据结构数组
    type(typ_Support),pointer::Support(:) ! 支座数据结构数组

    call DataInput(GValue,Node,Elem,Rebar,Material,Load,Support,&
        Initial_Load) ! 读入数据

    call Iteration(GValue,Node,Elem,Rebar,Load,Support,Initial_Load) ! 迭代核心程序
```

```
    call DataOutput(GValue,Node,Elem,Rebar,Material,Load,Support) ! 输出数据
    write( * , * ) "计算成功结束"
    read( * , * )
    deallocate(node)
    deallocate(Elem)
    deallocate(Rebar)
    deallocate(Load)
    deallocate(Support)
    return
end subroutine

subroutine Iteration(GValue0,Node0,Elem0,Rebar0,Load0,Support0,Initial_Load0)
    type(typ_GValue)::GValue0
    type(typ_Node)::Node0(:)
    type(typ_Elem)::Elem0(:)
    type(typ_Rebar)::Rebar0(:)
    type(typ_Load):: Load0(:)
    type(typ_Load):: Initial_Load0(:)
    type(typ_Support)::Support0(:)
    type(typ_GValue)::GValue
    type(typ_Node)::Node(GValue0%NNode)
    type(typ_Elem)::Elem(GValue0%NElem)
    type(typ_Rebar)::Rebar(GValue0%NRebar)
    type(typ_Load):: Load(GValue0%NLoad)
    type(typ_Load):: Initial_Load(GValue0%NInitial_Load)
    type(typ_Support)::Support(GValue0%NSupport)
    Integer(ikind)::I,J,II,III
    GValue=GValue0
    GValue%FinishedStep=0

    II=1 ! 开始计算加载步数
    LOOP_A: do
    write( * , * ) "================================"
    write( * , * ) 'Step',II,"总加载步数",GValue%NStep
    write( * , * ) '完成',(GValue%FinishedStep)/real(GValue%NStep) * 100.0,'%'

    ! 对数据进行备份,在荷载步调整操作时恢复上一步的参数
        do I=1,GValue%NNode; Node(I)=Node0(I); end do
        do I=1,GValue%NElem; Elem(I)=Elem0(I); end do
        do I=1,GValue%NRebar; Rebar(I)=Rebar0(I); end do
        do I=1,Gvalue%NLoad; Load(I)=Load0(I); end do
        do I=1,Gvalue%NInitial_Load; Initial_Load(I)=Initial_Load0(I); end do
        do I=1,GValue%NSupport; Support(I)=Support0(I); end do
        GValue%GError=1.0 ! 初始误差设定为 1.0
```

```fortran
! ===========================================
      GValue%ForError＝0.0d0 ! 前一次迭代误差清零
      III＝1
      LOOP_B：do
      write(＊,＊) 'Iteration Number：', III
      call Get_Elem_B(GValue,Elem,Node) ! 计算形函数
      call Get_Elem_D(GValue,Elem) ! 计算混凝土单元材料本构矩阵
      call Get_Elem_K(GValue,Elem) ! 计算混凝土单元刚度矩阵
      call Get_Rebar_K(GValue,Rebar,Node) ! 计算钢筋单元刚度矩阵
      call Get_Elem_F(GValue,Elem) ! 计算混凝土单元荷载向量
      call Get_Rebar_F(GValue,Rebar) ! 计算钢筋单元荷载向量
! 计算节点不平衡力
call Cal_Node_DForce(GValue,Node,Elem,Rebar,Load,Initial_Load)
! 计算荷载误差
call Get_Error_F(GValue, Node, Load, Initial_Load,support)
if(III.ne.1) then ! 开始迭代
      ! call Get_Error_F(GValue, Node)
      write(＊,＊) "当前迭代误差：",GValue%GError
      if(GValue%GError<＝GValue%ErrorT) then ! 误差小于误差容限,进行下一步计算
          do I＝1,GValue%NElem
      ! 更新相应的参数
              do J＝1,4
              Elem(I)%Concrete(J)%EPS＝Elem(I)%Concrete(J)%STRAIN
              Elem(I)%Concrete(J)%SIG＝Elem(I)%Concrete(J)%Stress
              Elem(I)%SRebar(J)%EPS＝Elem(I)%SRebar(J)%STRAIN
              Elem(I)%SRebar(J)%SIG＝Elem(I)%SRebar(J)%Stress
              end do
          end do
          do I＝1, GValue%NRebar
              Rebar(I)%SIG＝Rebar(I)%Stress
              Rebar(I)%EPS＝Rebar(I)%Strain
          end do
! 把新的参数赋给保留参数
          do I＝1,GValue%NNode；Node0(I)＝Node(I)；end do
          do I＝1,GValue%NElem；Elem0(I)＝Elem(I)；end do
          do I＝1,GValue%NRebar；Rebar0(I)＝Rebar(I)；end do
          do I＝1,Gvalue%NLoad；Load0(I)＝Load(I)；end do
          do I＝1,GValue%NSupport；Support0(I)＝Support(I)；end do
          write(＊,＊) "计算收敛,进行下一步计算"
          II＝II+1
          GValue%FinishedStep＝GValue%FinishedStep+1 ! 完成一步计算
          exit LOOP_B
      end if
end if
! 得到前3此误差修正
```

```
            if(III==2) GValue％ForError(1)＝GValue％GError
            if(III==3) GValue％ForError(2)＝GValue％GError
            if(III==4) GValue％ForError(3)＝GValue％GError
            if(III>4) then
                GValue％ForError(1)＝GValue％ForError(2)
                GValue％ForError(2)＝GValue％ForError(3)
                GValue％ForError(3)＝GValue％GError
            end if
            if(III>=30 .and. GValue％ForError(1)<GValue％ForError(2) .and. &
                GValue％ForError(2)<GValue％ForError(3). or. &
                GValue％GError>1.0d6) then ! 三次误差持续增大
                ! 荷载折半
                GValue％NStep＝GValue％NStep * 2
                if(GValue％NStep>GValue％MaxStep) then
                    write(＊,＊) "最大分割步数,计算不收敛"
                    stop
                end if
                GValue％FinishedStep＝GValue％FinishedStep * 2
                write(＊,＊) "计算收敛困难,步长减半"
                exit LOOP_B
            end if
        ! 得到整体刚度矩阵并求解
            call Get_GK(GValue,Node,Elem,Rebar,Load,Support,Initial_Load)
            III=III+1
        end do LOOP_B ! for III
        ! 计算成功结束
        if(GValue％FinishedStep>=GValue％NStep) then
            exit LOOP_A
        end if
        end do LOOP_A ! for II
        return
end subroutine Iteration


end module
```

附录 A5　等强双线性硬化本构模型子程序

```
C  ===========================================
C  清华大学研究生课程《钢筋混凝土有限元》教学程序
C    非线性弹性全量模型(江见鲸模型)＋脆性断裂混凝土本构程序
C  利用 MSC. Marc 软件提供的 HYPELA 子程序
C  主要参考文献:
C  1. MARC Volumn D User subroutine and Special Routines
```

```
C   2. 过镇海 "钢筋混凝土原理"
C   ==========================================
    module TypeDef ! 定义混凝土材性模块
        type::typ_Concrete
            real*8 fc，ft，E0，ENU，EPS_Crush ；
            ! 抗压强度＋,抗拉强度＋,初始弹性模量,初始泊松比,压碎应变一
            real*8 Es，ENUs ! 割线模量,割线泊松比
            real*8 T(6,6)   ! 坐标转换矩阵
            integer NCrack (3)，Pre_NCrack(3)，Pre_inc，Pre_incsub；
            ! 开裂记录,前次迭代开裂记录,前次增量步,前次增量子步
            real*8 SIG(6)，EPS(6)，dEPS(6)；! 开始时应力,应变,应变增量
            real*8 StressP(6)，StrainP(6)；   ! 主应力,主应变
            real*8 Stress(6)，Strain(6) ! 结束时应力,应变
            real*8 Beta,Pre_Beta ! 非线性指标,前次迭代非线性指标
            real*8 D(6,6)，Dela(6,6)，   Ds(6,6)
            ! 刚度矩阵,弹性刚度矩阵,割线刚度矩阵
        end type typ_Concrete
    end module TypeDef

    module My_MOD ! 开辟公共变量空间
        use TypeDef
        type(typ_Concrete)::My_Con(1000,8) ! 定义混凝土数组
    end module


    subroutine Get_DS(D,G,E,DE,S,TEMP0,
1 DTEMP,NGENS,N,NN,KC,MATS,NDI,NSHEAR,inc,incsub,ncycle)
!   D(6x6) 迭代本构矩阵(out)
!   G(6)    由于状态改变引起的应力变化,不用(out)
!   E(6)    开始时刻的应变(in)
!   DE(6)   应变增量(in)
!   S(6)    开始时刻的应变(in & out)
!   Temp0   温度(in)
!   DTEMP   温度变化(in)
!   NGENS   应变维数(in)
!   N(2)    单元编号(in)
!   NN      积分点编号(in)
!   KC      层号(in)
!   MATS    材料编号(in)
!   NDI     正应力维数(in)
!   NSHEAR 剪应力维数(in)
!   inc     当前增量步(in)
!   incsub 当前增量子步(in)
!   ncycle 当前循环数(in)
```

```
              use IMSL ! 引用 IMSL 函数库
              use typedef
              use My_Mod
              implicit none
              integer::ngens,nn,kc,mats,ndi,nshear,inc,incsub,ncycle
              real*8::e(ngens),de(ngens),temp0(1),dtemp(1),g(ngens)
      1            ,d(ngens,ngens),s(ngens)

              integer::n(2)

              type(typ_concrete)::C
              real*8 Beta1,strain_m
              real*8 s_m,J2,J3,r,sita,TempA,TempB,TempC;
              integer NSubStep ! 子步积分步数
              integer I,J,K1,K2

              C=My_Con(n(1),nn) ! 得到内存中保留的数据
c         初次计算,清零并赋值
              if(inc==0. and. incsub==0. and. ncycle==0) then
                  C%fc=30. ; C%ft=3. ; C%E0=30e3; C%ENU=0.18;
                  C%EPS_Crush=-0.0033;
                  C%T=0. ; C%NCrack=0;   C%Pre_NCrack=0;
                  C%Beta=0;   C%Pre_Beta=0;
                  C%Pre_inc=0;
                  C%Pre_incsub=0;
                  C%SIG=0. ; C%EPS=0. ; C%Stress=0. ; C%Strain=0. ;
              end if
c    ——————————————————————————————————————
c    如果新的增量步开始,则更新相应变量
              if(inc>C%Pre_inc .or. incsub>C%Pre_incsub) then
                  C%Pre_inc=inc; C%Pre_incsub=incsub
                  C%NCrack=C%Pre_NCrack;  ! 修正裂缝状态
                  C%Beta=C%Pre_Beta;      ! 修正非线性指标状态
      !    判断是否压坏
                  strain_m=(C%EPS(1)+C%EPS(2)+C%EPS(3))/3.
                  if(Strain_m>0. ) Strain_m=0.
                  if(minval(C%EPS(1:3)-Strain_m)<C%EPS_Crush) then
                      C%NCrack=100 ! 彻底破坏
                  end if
              end if

c         数据赋值
              open(77,file='debug. txt',position='append')
              C%SIG=s; C%EPS=e; C%dEPS=de;
              C%Pre_NCrack=C%NCrack
```

```
        C%Pre_Beta=C%Beta
        NSubStep=4
c  - - - - - - - - - - - - - - - - - - - - - - - - - - - - - - - - -
c  计算弹性矩阵
        C%Dela=0.
        do K1=1，3
            do K2=1，3
                C%Dela(K2,K1)=C%ENU
            end do
            C%Dela(K1,K1)=1.-C%ENU
        END do
        do K1=4,6
            C%Dela(K1,K1)=(1.-2.*C%ENU)*0.5
        end do
        C%Dela=C%Dela*C%E0/(1.+C%ENU)/(1.-2.*C%ENU)
c  - - - - - - - - - - - - - - - - - - - - - - - - - - - - - - - - -
c  如果已经压碎,应力清零,刚度为很小值,结束计算
        if(maxval(C%NCrack)==100) then
            C%D=0.0001*C%Dela
            C%SIG=0.；
            C%Stress=0.；
            s=0.
            return
        end if


C  计算主应力和割线刚度
        C%Stress=C%SIG
        do I=1，NSubStep
            s_m=(C%Stress(1)+C%Stress(2)+C%Stress(3))/3.！计算平均应力
            s(1:3)=C%Stress(1:3)-s_m
            s(4:6)=C%Stress(4:6)！计算应力偏量
            J2=-s(1)*s(2)-s(2)*s(3)-s(3)*s(1)+s(4)**2+s(5)*2+s(6)**2！计算J2
            J3=s(1)*s(2)*s(3)+2.*s(4)*s(5)*s(6)！计算J3
    1         -s(1)*s(5)**2-s(2)*s(6)**2-s(3)*s(4)**2
            r=sqrt(4.*J2/3.)
            if(r.ne.0.) then
                sita=acos(4.*J3/r**3)/3.
            else
                sita=0.
            end if
            if(maxval(abs(C%Pre_NCrack))==0) then！没有裂缝
                call Get_T_Matrix(C%SIG,C%T)！计算坐标转换矩阵
            end if
            C%StressP=matmul(transpose(C%T),C%Stress)；！计算主应力
            C%StrainP=matmul(transpose(C%T),C%Strain)；！计算主应变
```

```
        if(C%StressP(1)<0.05 * C%fc.and.
1           maxval(abs(C%Pre_NCrack))==0) then ！没有裂缝
        TempA=1.2856/C%fc * * 2;
        TempB=(1.4268+10.2551 * cos(sita))/C%fc;
        TempC=3.2128 * s_m * 3./C%fc-1.;
        Beta1=-TempB+sqrt(TempB * * 2-4. * TempA * TempC)
        Beta1=Beta1/2./TempA
        Beta1=sqrt(J2)/Beta1 ！根据江见鲸模型求解 Beta
        if(Beta1>C%Beta) then ！Beta 应该始终增大(对于全量模型)
            C%Pre_Beta=Beta1
        else
            Beta1=C%Beta
        end if
        ！计算割线刚度和泊松比
        if(Beta1>1.) Beta1=1.
        C%Es=C%E0/2. * (1.+sqrt(1.-Beta1))
        if(Beta1<0.8) C%ENUs=C%ENU
        if(Beta1.ge.0.8) C%ENUs=0.42-(0.42-C%ENU) *
1               sqrt(1.-((Beta1-.8)/.2) * * 2)
        ！计算割线刚度矩阵
        C%Ds=0.
        do K1=1, 3
            do K2=1, 3
                C%Ds(K2,K1)=C%ENUs
            end do
        C%Ds(K1,K1)=1.-C%ENUs
        end do
        do K1=4,6
            C%Ds(K1,K1)=(1.-2. * C%ENUs) * 0.5
        end do
        C%Ds=C%Ds * C%Es/(1.+C%ENUs)/(1.-2. * C%ENUs)
    else ！如果处于开裂控制区
        C%Ds=C%Dela
        do K1=1,3
            if(C%StressP(K1)>C%ft .OR. C%Pre_NCrack(K1)>0) then  ！按开裂处理
                C%Pre_NCrack(K1)=1;
                Call Crack_Open(C,K1) ！计算开裂矩阵
            end if
        end do

        C%Ds=matmul(C%T,matmul(C%Ds,transpose(C%T)));   ！计算割线刚度矩阵

    end if
    if(Beta1<0.99999d0) then ！如果没有达到极限应力
        C%Strain=C%EPS+C%dEPS * real(I/NSubStep);
```

```fortran
            C%Stress=matmul(C%Ds,C%Strain);

        else！达到极限应力后应力不变
            C%Stress=C%SIG
            C%Ds=1.d-6*C%Ds
        end if
    end do
```

```fortran
C————————————————————————————————————————————
c    设置迭代刚度矩阵
        D=c%Ds+1.d-6*C%Dela
        s=C%Stress
        My_Con(N(1),nn)=C;

c       write(77,*) 'Step：',inc, incsub, ncycle
c       write(77,*) Beta1
c       write(77,*) C%Pre_NCrack
c       write(77,*) C%Stress(1：3)
c       write(77,*)
        close(77)
        return
    end subroutine
```

C   根据开裂修正刚度矩阵

```fortran
    subroutine Crack_Open(C,I0)
        use typeDef
        implicit none
        type (typ_Concrete)：：C
        integer,intent(in)：：I0
        real*8 FACTOR,ECRA1,ECRA2,ECRA12

        C%Ds(I0,:)=0.
        C%Ds(:,I0)=0.

        ECRA1=C%StrainP(I0);
        ECRA2=0.；
        ECRA12=maxval(abs(C%StrainP(4：6)))
c    计算裂面剪力传递系数
        call USHRET0 (FACTOR,ECRA1,ECRA2,ECRA12)
        C%Ds(4,4)=FACTOR*C%Ds(4,4)
        C%Ds(5,5)=FACTOR*C%Ds(5,5)
        C%Ds(6,6)=FACTOR*C%Ds(6,6)

        return
    end subroutine
```

c   计算裂面剪力传递系数
```
    SUBROUTINE USHRET0 (FACTOR,ECRA1,ECRA2,ECRA12)
        IMPLICIT REAL ＊8 (A-H, O-Z)
    factor＝0. 4；
    RETURN
    END
```

c   计算主应力及坐标转换矩阵
```
    subroutine Get_T_Matrix(olds,T)
        use IMSL
        implicit none
        real＊8 olds(6)，T(6,6)
        real＊8 SIG(3,3),EVAL(3)，EVEC(3,3)
        real＊8 l(3),m(3),n(3)
        real＊8 SIGP(3)
        integer I
        SIG(1,1)＝olds(1)
        SIG(2,2)＝olds(2)
        SIG(3,3)＝olds(3)
        SIG(1,2)＝olds(4)；SIG(2,1)＝olds(4)；
        SIG(2,3)＝olds(5)；SIG(3,2)＝olds(5)；
        SIG(1,3)＝olds(6)；SIG(3,1)＝olds(6)；
        call DEVCSF(3, SIG, 3, EVAL, EVEC, 3)
        SIGP(1)＝maxval(EVAL)
        do I＝1,3
            if(EVAL(I)＝＝SIGP(1)) then
                l＝EVec(：,I)
                EVAL(I)＝minval(EVAL)－10；
                exit
            end if
        end do
        SIGP(2)＝maxval(EVAL)
        do I＝1,3
            if(EVAL(I)＝＝SIGP(2)) then
                m＝EVec(：,I)
                EVAL(I)＝minval(EVAL)－10；
                exit
            end if
        end do
        SIGP(3)＝maxval(EVAL)
        do I＝1,3
            if(EVAL(I)＝＝SIGP(3)) then
                n＝EVec(：,I)
                EVAL(I)＝minval(EVAL)－10；
                exit
```

```
          end if
      end do
  do I=1,3
      T(I,:)=(/l(I)**2,m(I)**2,n(I)**2,l(I)*m(I),
 1        m(I)*n(I),n(I)*l(I)/)
  end do
      T(4,:)=(/2.d0*l(1)*l(2),2.d0*m(1)*m(2),2.d0*n(1)*n(2),
 1      l(1)*m(2)+l(2)*m(1),m(1)*n(2)+m(2)*n(1),n(1)*l(2)+n(2)*l(1)/)
      T(5,:)=(/2.d0*l(2)*l(3),2.d0*m(2)*m(3),2.d0*n(2)*n(3),
 1      l(2)*m(3)+l(3)*m(2),m(2)*n(3)+m(3)*n(2),n(2)*l(3)+n(3)*l(2)/)
      T(6,:)=(/2.d0*l(3)*l(1),2.d0*m(3)*m(1),2.d0*n(3)*n(1),
 1      l(3)*m(1)+l(1)*m(3),m(3)*n(1)+m(1)*n(3),n(3)*l(1)+n(1)*l(3)/)
      return
  end subroutine
```

c   marc 接口程序
```
    SUBROUTINE HYPELA(D,G,E,DE,S,TEMP0,
 1  DTEMP,NGENS,N,NN,KC,MATS,NDI,NSHEAR)
    implicit real*8 (a-h,o-z)
      INCLUDE '../common/concom'！通过 concom 模块得到当前的计算步数
    integer::ngens,nn,kc,mats,ndi,nshear
      real*8::e(1),de(1),temp0(*),dtemp(*),g(1),d(ngens,ngens),s(1)
      integer::n(2)
    if(mats==1) then！如果材料编号是 1
        call Get_DS(D,G,E,DE,S,TEMP0,
 1      DTEMP,NGENS,N,NN,KC,MATS,NDI,NSHEAR,inc,incsub,ncycle)
    end if
    return
    end subroutine
```

c   后处理子程序
```
    subroutine plotv(v,s,sp,etot,eplas,ecreep,t,m,nn,layer,ndi,
    *  nshear,jpltcd)
c******
c
c    select a variable contour plotting (user subroutine).
c
c    v               variable
c    s (idss)        stress array
c    sp              stresses in preferred direction
c    etot            total strain (generalized)
c    eplas           total plastic strain
c    ecreep          total creep strain
c    t               current temperature
c    m(1)            user element number
```

```
c      m(2)                  internal element number
c      nn                    integration point number
c      layer                 layer number
c      ndi (3)               number of direct stress components
c      nshear (3)            number of shear stress components
c
c******
       use My_Mod
       implicit real*8 (a-h,o-z)                                    dp
       dimension s(*),etot(*),eplas(*),ecreep(*),sp(*),m(2)
       type(typ_Concrete)::C
       C=My_Con(m(1),nn)
c  后处理变量1:输出是否开裂
       if(jpltcd==1) then
           if(C%NCrack(1).ne.0) then
               v=1
           else
               v=0
           end if
       end if
c  后处理变量2-4:输出裂缝状态
       do I=1,3
           if(jpltcd==I+1) then
               v=C%NCrack(I)
           end if
       end do
c  后处理变量5:输出非线性指标
       if(jpltcd==5) then
           v=C%Beta
       end if

c  后处理变量8:输出裂缝数量
       if(jpltcd==8) then
           v=0.
           do I=1,3
               if(C%NCrack(I).ne.0) v=v+1
           end do
       end if

       return
       end
```

附录 A6　三角形常应变单元及四节点等参元子程序

```
C  =========================================
C  清华大学研究生课程《钢筋混凝土有限元》教学程序
C    三角形常应变单元及四节点等参元子程序
C  =========================================

module Elem_Triangle3 ！常应变三角元
    use Joint
    implicit none
    type::typ_Triangle3
    type(typ_Joint)::EJoint(3)
        real(rkind)::EK(6,6),B(3,6),D(3,3)！单元刚度矩阵,几何矩阵,本构矩阵
        real(rkind)::A,E,u,t！面积,模量,泊松比,厚度
        real(rkind)::Stress(3)！应力
    end type typ_Triangle3
    contains

    subroutine Triangle3_GetProp(Triangle3)！计算单元刚度矩阵
        type(typ_Triangle3),intent(inout)::Triangle3(:)
        integer(ikind)::i,j
        real(rkind)::b(3),c(3),Temp(3,3)
        do i=1,size(Triangle3)
            b(1)=Triangle3(i)%EJoint(2)%y-Triangle3(i)%EJoint(3)%y
            b(2)=Triangle3(i)%EJoint(3)%y-Triangle3(i)%EJoint(1)%y
            b(3)=Triangle3(i)%EJoint(1)%y-Triangle3(i)%EJoint(2)%y
            c(1)=Triangle3(i)%EJoint(3)%x-Triangle3(i)%EJoint(2)%x
            c(2)=Triangle3(i)%EJoint(1)%x-Triangle3(i)%EJoint(3)%x
            c(3)=Triangle3(i)%EJoint(2)%x-Triangle3(i)%EJoint(1)%x
            Triangle3(i)%D(1,1)=1D0; Triangle3(i)%D(2,2)=1d0
            Triangle3(i)%D(1,2)=Triangle3(i)%u;
            Triangle3(i)%D(2,1)=Triangle3(i)%u
            Triangle3(i)%D(3,1:2)=0d0; Triangle3(i)%D(1:2,3)=0d0
            Triangle3(i)%D(3,3)=(1-Triangle3(i)%u)/2;
            Triangle3(i)%D=(Triangle3(i)%E/(1-Triangle3(i)%u*Triangle3(i)%u))*&
                Triangle3(i)%D;
            Temp(:,1)=1D0
            Temp(1,2)=Triangle3(i)%EJoint(1)%x
            Temp(2,2)=Triangle3(i)%EJoint(2)%x
            Temp(3,2)=Triangle3(i)%EJoint(3)%x
            Temp(1,3)=Triangle3(i)%EJoint(1)%y
            Temp(2,3)=Triangle3(i)%EJoint(2)%y
            Temp(3,3)=Triangle3(i)%EJoint(3)%y
```

```fortran
                    Triangle3(i)%A＝abs(0.5D0 * matdet(Temp))
                    do j＝1,3
                        Triangle3(i)%B(1,2 * j－1)＝b(j);Triangle3(i)%B(1,2 * j)＝0D0
                        Triangle3(i)%B(2,2 * j－1)＝0D0;Triangle3(i)%B(2,2 * j)＝c(j)
                        Triangle3(i)%B(3,2 * j－1)＝c(j);Triangle3(i)%B(3,2 * j)＝b(j)
                    end do
                    Triangle3(i)%B＝Triangle3(i)%B/(2 * Triangle3(i)%A)
                    Triangle3(i)%EK＝matmul(matmul(transpose(&
                    Triangle3(i)%B),Triangle3(i)%D),Triangle3(i)%B)&
                        * Triangle3(i)%t * Triangle3(i)%A
                end do
                return
        end subroutine Triangle3_GetProp


        subroutine Triangle3_GetStress(GDisp,Triangle3)！计算单元应力
            real(rkind),intent(in)::GDisp(:)
            type(typ_Triangle3),intent(inout)::Triangle3(:)
            integer(ikind)::i,j
            real(rkind)::EDisp(6)
            do i＝1,size(Triangle3)
                do j＝1,3
                    EDisp(2 * j－1)＝GDisp(Triangle3(i)%EJoint(j)%GDOF(1))
                    EDisp(2 * j)＝GDisp(Triangle3(i)%EJoint(j)%GDOF(2))
                end do
                Triangle3(i)%Stress＝matmul(Triangle3(i)%D,matmul&
                    (Triangle3(i)%B,EDisp))
            end do
        end subroutine Triangle3_GetStress


end module Elem_Triangle3

module Elem_Rect4！四节点等参元
    implicit none
    type::typ_Rect4
        type(typ_Joint)::EJoint(4)
            real(rkind)::EK(8,8),B(3,8),D(3,3),J(2,2)！刚度矩阵,几何矩阵,本构矩阵,雅可比矩阵
            real(rkind)::E,u,t！模量,泊松比,厚度
    end type typ_Rect4
    contains


    subroutine Rect4_GetProp(Rect4)！计算单元刚度矩阵
        type(typ_Rect4),intent(in out)::Rect4(:)
        real(rkind)::J1(2,4),J2(4,2),Temp(2,1),InvJ(2,2)
        integer(ikind)::i,j,k
        real(rkind)::r,s
```

```
do k=1,size(Rect4)
    Rect4(k)%EK=0d0
    Rect4(k)%B=0d0
    Rect4(k)%D(1,1)=1D0; Rect4(k)%D(2,2)=1d0
    Rect4(k)%D(1,2)=Rect4(k)%u; Rect4(k)%D(2,1)=Rect4(k)%u
    Rect4(k)%D(3,1:2)=0d0; Rect4(k)%D(1:2,3)=0d0;
    Rect4(k)%D(3,3)=(1-Rect4(k)%u)/2;
    Rect4(k)%D=(Rect4(k)%E/(1-Rect4(k)%u*Rect4(k)%u))*Rect4(k)%D;
    do i=1,2
        do j=1,2
            r=0.577350269189626D0*(-1D0)**i
            s=0.577350269189626D0*(-1D0)**j
            J1(1,:)=(/-(1-s),(1-s),(1+s),-(1+s)/)
            J1(2,:)=(/-(1-r),-(1+r),(1+r),(1-r)/)
            J2(1,:)=(/Rect4(k)%EJoint(1)%x,Rect4(k)%EJoint(1)%y/)
            J2(2,:)=(/Rect4(k)%EJoint(2)%x,Rect4(k)%EJoint(2)%y/)
            J2(3,:)=(/Rect4(k)%EJoint(3)%x,Rect4(k)%EJoint(3)%y/)
            J2(4,:)=(/Rect4(k)%EJoint(4)%x,Rect4(k)%EJoint(4)%y/)
            Rect4(k)%J=(0.25D0)*(matmul(J1,J2))
            Temp(1,1)=-0.25D0*(1-s); Temp(2,1)=-0.25D0*(1-r);
            InvJ=matinv(Rect4(k)%J)
            Temp=matmul(InvJ,Temp);
            Rect4(k)%B(1,1)=Temp(1,1); Rect4(k)%B(2,2)=Temp(2,1);
            Rect4(k)%B(3,1)=Temp(2,1); Rect4(k)%B(3,2)=Temp(1,1);
            Temp(1,1)=0.25D0*(1-s); Temp(2,1)=-0.25D0*(1+r);
            Temp=matmul(InvJ,Temp);
            Rect4(k)%B(1,3)=Temp(1,1); Rect4(k)%B(2,4)=Temp(2,1);
            Rect4(k)%B(3,3)=Temp(2,1); Rect4(k)%B(3,4)=Temp(1,1);
            Temp(1,1)=0.25D0*(1+s); Temp(2,1)=0.25D0*(1+r);
            Temp=matmul(InvJ,Temp);
            Rect4(k)%B(1,5)=Temp(1,1); Rect4(k)%B(2,6)=Temp(2,1);
            Rect4(k)%B(3,5)=Temp(2,1); Rect4(k)%B(3,6)=Temp(1,1);
            Temp(1,1)=-0.25D0*(1+s); Temp(2,1)=0.25D0*(1-r);
            Temp=matmul(InvJ,Temp);
            Rect4(k)%B(1,7)=Temp(1,1); Rect4(k)%B(2,8)=Temp(2,1);
            Rect4(k)%B(3,7)=Temp(2,1); Rect4(k)%B(3,8)=Temp(1,1);
            Rect4(k)%EK=Rect4(k)%EK+&
            (&
            matmul(matmul(transpose(Rect4(k)%B),&
            Rect4(k)%D),Rect4(k)%B)&
            )*matdet(Rect4(k)%J)*Rect4(k)%t
        end do
    end do
end do
return
end subroutine Rect4_GetProp
```

附录 A7　空间 8 节点等参元子程序

```
module SolidDef
    contains
!    得到形函数
    SUBROUTINE Solid_SHAP3(U,V,W,XQ,XJAC,XVJ,DETJ,SHP)
! ——————————————————————————————————————
! COMPUTE SHAPE FUNCTION AND DERIVATIVES FOR 3D 8-NODE ELEMENT
! ——————————————————————————————————————
    IMPLICIT REAL*8(a-h,o-z)
    DIMENSION SHP(3,8),XQ(3,8),XJAC(3,3),XVJ(3,3),&
            UI(8),VI(8),WI(8),IT2(3),IT3(3)
    DATA UI/-0.5D0,0.5D0,0.5D0,-0.5D0,-0.5D0,0.5D0,0.5D0,-0.5D0/
    DATA VI/-0.5D0,-0.5D0,0.5D0,0.5D0,-0.5D0,-0.5D0,0.5D0,0.5D0/
    DATA WI/-0.5D0,-0.5D0,-0.5D0,-0.5D0,0.5D0,0.5D0,0.5D0,0.5D0/
    DATA IT2/2,3,1/, IT3/3,1,2/
!    变量说明
!      U,V,W 为高斯积分点坐标
!      SHP(1:3,:) 先存放 Ni 对 U,V,W 取偏导,后存放对 X,Y,Z 的偏导
!      SHP(4,:) 为 Ni
!      XQ(:,8) 为节点坐标
!      XJAC 为雅可比矩阵,XVJ 为雅可比逆矩阵
!      求 Ni 及 Ni 对 U,V,W 的偏导

    DO 10 I=1,8
!    SHP(4,I)=(0.5D0+UI(I)*U)*(0.5D0+VI(I)*V)*(0.5D0+WI(I)*W)
    SHP(1,I)=UI(I)*(0.5D0+VI(I)*V)*(0.5D0+WI(I)*W)
    SHP(2,I)=VI(I)*(0.5D0+UI(I)*U)*(0.5D0+WI(I)*W)
    SHP(3,I)=WI(I)*(0.5D0+UI(I)*U)*(0.5D0+VI(I)*V)
10  CONTINUE
!      求雅可比矩阵
    DO 20 I=1,3
    DO 20 J=1,3
    XJAC(I,J)=0.0D0
    DO 20 K=1,8
20  XJAC(I,J)=XJAC(I,J)+XQ(I,K)*SHP(J,K)
!      求雅可比矩阵行列式
    WJ1=XJAC(1,1)*XJAC(2,2)*XJAC(3,3)+XJAC(3,1)*XJAC(1,2)*&
        XJAC(2,3)+XJAC(1,3)*XJAC(2,1)*XJAC(3,2)
```

```fortran
      WJ2＝XJAC(1,3)＊XJAC(3,1)＊XJAC(2,2)＋XJAC(1,2)＊XJAC(2,1)＊&
          XJAC(3,3)＋XJAC(2,3)＊XJAC(3,2)＊XJAC(1,1)
      DETJ＝WJ1－WJ2
!     得到雅可比逆矩阵
      DO 25 I＝1,3
      DO 25 J＝1,3
      M2＝IT2(I)；M3＝IT3(I)；　N2＝IT2(J)；　N3＝IT3(J)
25    XVJ(I,J)＝(XJAC(M2,N2)＊XJAC(M3,N3)－XJAC(M2,N3)&
          ＊XJAC(M3,N2))/DETJ
!     W1，W2，W3 为临时变量,存放 Ni 对 X,Y,Z 的偏导
      DO 30 I＝1,8
      W1＝0.0D0；W2＝0.0D0；W3＝0.0D0；
      DO 35 K＝1,3
      W1＝W1＋XVJ(1,K)＊SHP(K,I)；W2＝W2＋XVJ(2,K)＊SHP(K,I)
35    W3＝W3＋XVJ(3,K)＊SHP(K,I)
!     把 Ni 对 X,Y,Z 的偏导存入 SHP
      SHP(1,I)＝W1；SHP(2,I)＝W2；SHP(3,I)＝W3
30    CONTINUE
      RETURN
      END subroutine
! ＿＿＿＿＿＿＿＿＿＿＿＿＿＿＿＿＿＿＿＿＿＿＿＿＿＿＿＿＿＿＿＿＿＿＿＿


!     得到几何矩阵 B(6,24)
      Subroutine Solid_GETB(B,SHP)
          implicit real＊8(a-h,o-z)
          dimension B(6,24),SHP(3,8)
          integer i,j
          do 10 i＝1,8
              j＝(i－1)＊3＋1；b(1,j)＝SHP(1,I)；B(1,J＋1)＝0.0d0；B(1,J＋2)＝0.0D0
              B(2,J)＝0.0d0；B(2,J＋1)＝SHP(2,I)；B(2,J＋2)＝0.0D0；
              B(3,J)＝0.0d0；B(3,J＋1)＝0.0d0；　B(3,J＋2)＝SHP(3,I)
              B(4,J)＝SHP(2,I)；　B(4,J＋1)＝SHP(1,I)；B(4,J＋2)＝0.0D0
              B(5,J)＝0.0d0；B(5,J＋1)＝SHP(3,I)；B(5,J＋2)＝SHP(2,I)
              B(6,J)＝SHP(3,I)；B(6,J＋1)＝0.0d0；B(6,J＋2)＝SHP(1,I)
10    continue
      return
      end subroutine


! ＊＊＊＊＊＊＊＊＊＊＊＊＊＊＊＊＊＊＊＊＊＊＊＊＊＊＊＊＊＊＊＊＊＊＊＊＊＊＊＊＊＊＊＊
!计算矩阵相乘
      subroutine Solid_MutBAB(M,N,A,B,C)
! ＊＊＊＊＊＊＊＊＊＊＊＊＊＊＊＊＊＊＊＊＊＊＊＊＊＊＊＊＊＊＊＊＊＊＊＊＊＊＊＊＊＊＊＊
      implicit real＊8 (a-h,o-z)
```

```fortran
      Dimension A(N,N),C(M,M),B(N,M),AB(N,M)
!
      do 12 I=1,N
      do 12 J=1,M
      W1=0.0d0
      DO 14 K=1,N
14    W1=W1+A(I,K)*B(K,J)
12    AB(I,J)=W1
      DO 16 I=1,M
      Do 16 J=1,M
      W2=0.0D0
      Do 18 K=1,N
18    W2=W2+B(K,I)*AB(K,J)
16    C(I,J)=W2
      return
      end subroutine


      subroutine Solid_GetDB(DB,D,B)
         implicit none
         real*8 DB(6,24),D(8,6,6),B(6,24)
         integer i,j,k,l
         do 5 i=1,6
         do 5 j=1,24
5           DB(I,J)=0.0d0
         Do 10 I=1,6
            do 20 J=1,24
               L=(J-1)/3+1
                  Do 30 K=1,6
                     DB(I,J)=DB(I,J)+D(L,I,K)*B(K,J)
30                continue
20             continue
10          continue
         return
      end subroutine


!  * * * * * * * * * * * * * * * * * * * * * * * * * * * * * * * * * * * * * * * * * * * * *


      subroutine Solid_GetBDB(BDB,B,D)
         implicit none
         real*8   BDB(24,24),B(6,24),D(6,6)
         BDB=Matmul(matmul(transpose(B),D),B)
         return
      end subroutine
```

```
!  * * * * * * * * * * * * * * * * * * * * * * * * * * * * * * * * * * * * * * * *
     subroutine Solid_GetD(D,E,EMU)
          implicit real * 8(a-h,o-z)
          Dimension D(6,6)
          integer I,J
          D＝0. 0d0
          Temp＝E * (1－EMU)/((1＋EMU) * (1－2 * EMU))
          D(1,1)＝1; D(2,2)＝1; D(3,3)＝1; D(1,2)＝EMU/(1－EMU)
          D(2,1)＝D(1,2); D(1,3)＝EMU/(1－EMU); D(3,1)＝D(1,3)
          D(2,3)＝EMU/(1－EMU); D(3,2)＝D(2,3)
          D(4,4)＝(1－2 * EMU)/(2 * (1－EMU)); D(5,5)＝D(4,4); D(6,6)＝D(4,4)
          D＝temp * D
          return
     end subroutine


!  * * * * * * * * * * * * * * * * * * * * * * * * * * * * * * * * * * * * * * * *
!   计算单元刚度矩阵
     subroutine Solid_GetEK(EK,XQ,E0,EMU0)
          implicit none
          real * 8 XQ(3,8),XJAC(3,3),XVJ(3,3),SHP(3,8)
          real * 8 B(6,24),DB(6,24),BDB(24,24),D(6,6),DISP(24)
          real * 8 E0,EMU0
          real * 8 EK(24,24),PLASTICD(8,6,6)
          real * 8 U,V,W,H1,H2,H3,DETJ
          real * 8 I,J,K,II,JJ,KK
          integer RETVAL

          DO 5 II＝1,24
          DO 5 JJ＝1,24
5         EK(II,JJ)＝0. 0d0
          DO 10 I＝1,3
          IF(I. EQ. 1) U＝0. 77459669241483d0
          if(I. eq. 1) H1＝0. 55555555555555d0
          if(I. eq. 2) U＝0. 0d0
          if(I. eq. 2) H1＝0. 88888888888889d0
          if(I. eq. 3) U＝－0. 77459669241483d0
          if(i. eq. 3) H1＝0. 55555555555555d0

          do 20 J＝1,3
          IF(J. EQ. 1) V＝0. 77459669241483d0
          if(J. eq. 1) H2＝0. 55555555555555d0
          if(J. eq. 2) V＝0. 0d0
          if(J. eq. 2) H2＝0. 88888888888889d0
          if(J. eq. 3) V＝－0. 77459669241483d0
```

```
        if(J. eq. 3)  H2=0.55555555555555d0

        do 30 K=1,3
        IF(K. EQ. 1)  W=0.77459669241483d0
        if(K. eq. 1)  H3=0.55555555555555d0
        if(K. eq. 2)  W=0.0d0
        if(K. eq. 2)  H3=0.88888888888889d0
        if(K. eq. 3)  W=-0.77459669241483d0
        if(K. eq. 3)  H3=0.55555555555555d0

        call Solid_SHAP3(U,V,W,XQ,XJAC,XVJ,DETJ,SHP)
        call Solid_GetB(B,SHP)
        call Solid_GetD(D,E0,EMU0)
        call Solid_GetBDB(BDB,B,D)

        do 100 II=1,24
        do 100 JJ=1,24
100     EK(II,JJ)=EK(II,JJ)+H1 * H2 * H3 * BDB(II,JJ) * DETJ
30      continue
20      continue
10      continue
        return
    end subroutine

    subroutine Solid_EK(Solid,Node)
        type(typ_Solid):: Solid(:)
        type(Typ_Node)   :: Node(:)
        integer(ikind)   :: i,j,k
        real(rkind)      :: XQ(3,8)
        do i=1,size(Solid)
            do j=1,8
                XQ(:,j)=Node(Solid(i)%NodeNo(J))%Coord
            end do ! for j
            call Solid_GetEK(Solid(i)%EK,XQ,Solid(i)%E,Solid(i)%MU)
        end do ! for i
        return
    end subroutine
end module
```

附录 A8　陆新征-曲哲滞回模型子程序

```fortran
! ===========================================
!    陆新征-曲哲滞回模型
!    程序开发人:陆新征
!    清华大学土木工程系
!    2009.10
! ===========================================
      subroutine Lu_Qu_Cycle(props,s,e,de,Et,statev,spd)
c
      IMPLICIT REAL * 8 (A-H, O-Z)
      real * 8 mu
      integer kon
c
    dimension props(10), statev(11)

    E0 = props(1)              ! Initial tangent stiffnss
     sy0 = props(2)             ! Initial yield stress
     eta = props(3)             ! Strain hardening ratio
     mu  = props(4)             ! maximum ductility
     gama = props(5)            ! 捏拢点荷载
     esoft = props(6)           ! 软化比例
     alpha = props(7)           ! 极限荷载和屈服荷载的比例
     beta = props(8)            ! 正向与反向屈服强度比
     a_k = props(9)             ! 卸载刚度系数
     Omega = props(10)          ! 裂缝闭合位置,1 很后 0 很早,Omega 小于零为平行四边形模型

    emax   = statev(1)         ! maximum strain
    emin   = statev(2)         ! minimum strain
    ert    = statev(3)         ! stain at load reversal toward tension
    srt    = statev(4)         ! stress at load reversal toward tension
    erc    = statev(5)         ! stain at load reversal toward compression
    src    = statev(6)         ! stress at load reversal toward compression
    kon    = nint(statev(7))   !
    Ehc    = statev(8)         ! effective cummulative hysteresis energy
    Eh1    = statev(9)         ! hysteresis energy in a half cycle
    dt     = statev(10)        ! damage index for tension
    dc     = statev(11)        ! damage index for compression
    eu     = mu * sy0/E0       ! characteristic ultimate strain

    if(a_k<0.) a_k=0.          ! 防止出现不当的计算结果
    if(eta<=0.) eta=1.d-6;     ! 防止出现不当的计算结果
```

```
        if(esoft>=0.) esoft=-1.d-6   ! 防止出现不当的计算结果

    if (kon. eq. 0) then
    emax=sy0/E0
    emin=-beta * sy0/E0
    if (de. ge. 0. 0) then
            kon=1
    else
            kon=2
    end if
    else if ((kon. eq. 1). and. (de. lt. 0. 0)) then ! Load reversal
            kon=2
            if (s. gt. 0. 0) then
                erc=e
                src=s
            end if
            Ehc=Ehc+Eh1 * (erc/eu) * * 2. 0
            Eh1=0. 0 ! a new half cycle is to begin
            if (e. gt. emax) emax=e
        else if ((kon. eq. 2). and. (de. gt. 0. 0)) then ! Load reversal
            kon=1
            if (s. lt. 0. 0) then
                ert=e
                srt=s
            endif
            Ehc=Ehc+Eh1 * (ert/eu) * * 2. 0
            Eh1=0. 0 ! a new half cycle is to begin
            if (e. lt. emin) emin=e
    end if
c
    s0=s
    s=s+E0 * de
    Et=E0

    if(a_k>0.) then
        if(s0>0.) E_unload=E0 * (abs(emax/(sy0/E0))) * * (-a_k)      ! 计算卸载刚度
        if(s0<0.) E_unload=E0 * (abs(emin/(sy0/E0))) * * (-a_k)      ! 计算卸载刚度
        if(E_unload<0. 1 * E0) E_unload=0. 1 * E0
    else
        E_unload=E0
    end if

    if(s0 * de<0.) then                                             ! 卸载行为
        s=s0+E_unload * de
        Et=E_unload
```

```fortran
        if(s * s0<0. ) then                        ! 荷载出现反向，开始加载或者再加载
            de＝de－s0/E_unload
            s0＝1. D－6 * sy0 * sign(1. d0,s)       ! 给应力赋予一很小值
            Et＝E0
        end if
    end if

if (de . ge. 0. 0 . and. s0>＝0. ) then          ! 正向加载
    sy＝(1. 0－dt) * sy0
    ! loading envelope
        ! 强化段
        if(e＋de>sy/E0) then
            evs＝max( sy＋(e＋de－sy/E0) * eta * E0, 0. )
            evE＝eta * E0
        if (s . ge. evs) then
            s＝evs；  Et＝evE
        end if
        end if
        ! 软化段
        epeak＝sy/E0＋(alpha－1. ) * sy/E0/eta
        if(e＋0. 5 * de>epeak) then
            evs＝max(sy * alpha＋esoft * E0 * (e＋de－epeak),0. )
            evE＝esoft * E0
            if (s . ge. evs) then
                s＝evs；   Et＝evE
            end if
        end if


    ! reloading envelope
    smax＝max(sy, sy＋(emax－sy/E0) * eta * E0)          ! 更新 smax
        if(emax>epeak)   then                          ! 如果荷载进入软化段
            smax＝max(sy * alpha＋esoft * E0 * (emax－epeak),0. )
        end if
    sres＝0. 02 * smax ! 0. 2 * smax                    ! 得到荷载误差判别准则
    eres＝ert－(srt－sres)/E_unload                      ! 得到变形判别准则
        if(Omega>＝0) then
            x＝emax－smax/E0                             ! 最大荷载卸载降低到零时对应的变形
            e_slip＝gama * emax＋(1. －gama) * x          ! 滑移捏拢终点对应的变形
            s_slip＝smax * gama                         ! 滑移捏拢终点对应的荷载
            e_close＝e_slip * Omega                     ! 裂缝闭合点
            s_close＝(e_close－eres)/(e_slip－eres) * (s_slip－sres)＋sres
        else
            e_slip＝eres＋sy * gama/E_unload
            s_slip＝smax * gama
            e_close＝e_slip；s_close＝s_slip
```

```
        end if

    if (eres . le. emax－smax/E0) then        ! 曾经发生过反向加载
        if(e+0.5 * de<e_close)   then   ! 变形小于卸载零点(裂缝闭合点),此时发生捏拢
            srel＝(e+de－eres)/(e_slip－eres) * (s_slip－sres)＋sres
            Et1＝(s_slip－sres)/(e_slip－eres)
        else                          ! 变形大于裂缝闭合点,指向历史最大点
            srel＝(e+de－e_close)/(emax－e_close) * (smax－s_close)＋s_close
            Et1＝(smax－s_close)/(emax－e_close)
        end if
        if (s . gt. srel) then
            s＝max( srel, 0. )
            Et＝Et1
        end if
    end if


elseif ( de . lt. 0. 0 . and. s0<0. ) then
    sy＝(1. 0－dc) * sy0 * beta
    ! loading envelope
        ! 强化段
        if(e+de<－sy/E0) then
            evs ＝   min(－sy+( e+de+sy/E0) * eta * E0,0. )
            evE＝eta * E0
            if (s . le. evs) then
                s＝evs; Et＝evE
            end if
        end if
        ! 软化段
        epeak＝－sy/E0－(alpha－1. ) * sy/E0/eta
        if(e+0. 5 * de<epeak) then
            evs＝min(－sy * alpha+esoft * E0 * (e+de－epeak),0. )
            evE＝esoft * E0
            if (s . le. evs) then
                s＝evs; Et＝evE
            end if
        end if

    ! reloading envelope
    smin＝min(－sy, －sy+(emin+sy/E0) * eta * E0)
        if(emin<epeak)  then          ! 如果荷载进入软化段
            smin＝min(－sy * alpha+esoft * E0 * (emin－epeak),0. )
        end if
    sres＝0. 02 * smin ! 0. 2 * smin
    eres＝erc－(src－sres) /  E_unload
```

```
if(Omega>=0) then
        x=emin-smin/E0                              ! 最大荷载卸载降低到零时对应的变形
        e_slip=gama * emin+(1.-gama) * x            ! 滑移捏拢终点对应的变形
        s_slip=smin * gama                          ! 滑移捏拢终点对应的荷载
        e_close=e_slip * Omega                      ! 裂缝闭合点
        s_close=(e_close-eres)/(e_slip-eres) * (s_slip-sres)+sres
    else
        e_slip=eres-sy * gama/E_unload
        s_slip=smin * gama
        e_close=e_slip； s_close=s_slip
    end if


    if (eres .ge. emin-smin/E0) then        ! 曾经发生过反向加载
        if(e+0.5 * de>e_close) then 变形小于卸载零点(裂缝闭合点)，此时发生捏拢
            srel=(e+de-eres)/(e_slip-eres) * (s_slip-sres)+sres
            Et1=(s_slip-sres)/(e_slip-eres)
        else                                ! 变形大于裂缝闭合点,指向历史最大点
            srel=(e+de-e_close)/(emin-e_close) * (smin-s_close)+s_close
            Et1=(smin-s_close)/(emin-e_close)
        end if
        if (s .lt. srel) then
            s=min (srel, 0.)
            Et=Et1
        end if
    end if
end if


if (Et. ne. E0 .and. Et. ne. E_unload) then
    spd=spd+s * de
    Eh1=Eh1+s * de
    if ( s .ge. 0.0 ) then
        dc=min(Ehc /(3.0 * beta * sy0 * eu), 0.7)
    else
        dt=min(Ehc /(3.0 * sy0 * eu), 0.7)
    end if
end if
c
    statev(1)    =emax
    statev(2)    =emin
    statev(3)    =ert
    statev(4)    =srt
    statev(5)    =erc
    statev(6)    =src
    statev(7)    =kon
```

```
        statev(8)    =Ehc
        statev(9)    =Eh1
        statev(10)   =dt
        statev(11)   =dc
        return
     end subroutine
cccccccccccccccccccccccccccccccccccccccccccccccccccccccccccccc
```

附录 A9　第四代微平面模型子程序

```
! =================================================
!    本程序基于 Bazant and Caner (2000)提出的第四代微平面模型
!    程序开发人:陆新征,黄羽立
!    清华大学土木工程系
!    2007.3
! =================================================

! * * * * * * * * * * * *
     module NumKind
! * * * * * * * * * * * * *
     implicit none
        integer (kind(1)), parameter   :: ikind=kind(1),
1        rkind=kind(0.D0), lkind=kind(.true.)
     end module Numkind


! * * * * * * * * * * * * * * * * * * * * * *
     module MicroplaneParam
! * * * * * * * * * * * * * * * * * * * * * *
     use NumKind
     implicit none

     ! Constants
     ! Tolerance
     real (rkind),        parameter :: Toler=1.E-6
     ! Number of microplane
     integer (ikind), parameter::nMicroplane=28
     ! Table of normals
     real (rkind), parameter::N(nMicroplane,3)=reshape(
1(/  0.577350258827209,    0.577350258827209,    0.577350258827209,
1    0.577350258827209,    0.935113131999969,    0.935113131999969,
1    0.935113131999969,    0.935113131999969,    0.250562787055969,
1    0.250562787055969,    0.250562787055969,    0.250562787055969,
1    0.250562787055969,    0.250562787055969,    0.250562787055969,
```

```
1    0.250562787055969,    0.186156719923019,    0.186156719923019,
1    0.186156719923019,    0.186156719923019,    0.694746613502502,
1    0.694746613502502,    0.694746613502502,    0.694746613502502,
1    0.694746613502502,    0.694746613502502,    0.694746613502502,
1    0.694746613502502,    0.577350258827209,    0.577350258827209,
1   -0.577350258827209,   -0.577350258827209,    0.250562787055969,
1    0.250562787055969,   -0.250562787055969,   -0.250562787055969,
1    0.935113131999969,    0.935113131999969,   -0.935113131999969,
1   -0.935113131999969,    0.250562787055969,    0.250562787055969,
1   -0.250562787055969,   -0.250562787055969,    0.694746613502502,
1    0.694746613502502,   -0.694746613502502,   -0.694746613502502,
1    0.186156719923019,    0.186156719923019,   -0.186156719923019,
1   -0.186156719923019,    0.694746613502502,    0.694746613502502,
1   -0.694746613502502,   -0.694746613502502,    0.577350258827209,
1   -0.577350258827209,    0.577350258827209,   -0.577350258827209,
1    0.250562787055969,   -0.250562787055969,    0.250562787055969,
1   -0.250562787055969,    0.250562787055969,   -0.250562787055969,
1    0.250562787055969,   -0.250562787055969,    0.935113131999969,
1   -0.935113131999969,    0.935113131999969,   -0.935113131999969,
1    0.694746613502502,   -0.694746613502502,    0.694746613502502,
1   -0.694746613502502,    0.694746613502502,   -0.694746613502502,
1    0.694746613502502,   -0.694746613502502,    0.186156719923019,
1   -0.186156719923019,    0.186156719923019,   -0.186156719923019/),
1    (/nMicroplane,3/) )


! Table of weights
real (rkind), parameter::w(nMicroplane)=
1 (/0.016071427613, 0.016071427613, 0.016071427613,
1    0.016071427613, 0.020474473014, 0.020474473014,
1    0.020474473014, 0.020474473014, 0.020474473014,
1    0.020474473014, 0.020474473014, 0.020474473014,
1    0.020474473014, 0.020474473014, 0.020474473014,
1    0.020474473014, 0.015835050493, 0.015835050493,
1    0.015835050493, 0.015835050493, 0.015835050493,
1    0.015835050493, 0.015835050493, 0.015835050493,
1    0.015835050493, 0.015835050493, 0.015835050493,
1    0.015835050493/)


! Fixed parameters
real (rkind), parameter::c1  =0.62E0,
1 c2  =2.76E0,
1 c3  =4.E0,
1 c4  =7.E1,
1 c5  =2.5E0,
1 c6  =1.3E0,
```

```
1 c7   =50. E0,
1 c8   =8. E0,
1 c9   =1. 3E0,
1 c10  =0. 73E0,
1 c11  =0. 2E0,
1 c12  =7. E3,
1 c13  =0. 2E0,
1 c14  =0. 2E0,
1 c15  =0. 02E0,
1 c16  =0. 01E0,
1 c17  =0. 4E0,
1 c18  =0. 12E0

real (rkind)::k1, k2, k3, k4
! Kronecker Delta
real (rkind), parameter::Kronecker(6)=(/1. E0, 1. E0, 1. E0,
1   0. E0, 0. E0, 0. E0/)

real (rkind)::E, nu, EV, ED, ET
real (rkind)::De(6,6)
! Nij, Mij, Lij
real (rkind)::Nij(nMicroplane,6), Mij(nMicroplane,6),
1   Lij(nMicroplane,6)
! Flag of initilization
logical (lkind)::bInitialized=. false.

contains

! ==================================
subroutine Initialize(props, nprops)
! ==================================

    integer (ikind), intent (in)::nprops
    real     (rkind), intent (in)::props(nprops)

    ! Vector to tensor
    integer (ikind), parameter::V2T(6,2)=reshape
1         ((/1,2,3,1,1,2,1,2,3,2,3,3/), (/6,2/))

    integer (ikind)::i, j, t
    ! Vector M, L
    real (rkind)::M(3), L(3)
    real (rkind)::len
    real (rkind)::K11, K12, G
```

```
!  * * * * * * * * * * * * * * * * * * * * * * * * * * * * * * * * * * * * *
!       !    props(1)-compressive strength
        !    props(1)-Elastic Modulus
        !    props(2)-Poisson's ratio
        !    props(3)-k1
        !    props(4)-k2
        !    props(5)-k3
        !    props(6)-k4
        !  * * * * * * * * * * * * * * * * * * * * * * * * * * * * * * * * * *
        E=props(1)
        nu=props(2)
        k1=props(3)
        k2=props(4)
        k3=props(5)
        k4=props(6)

        if (nu > 0. 5E0 . or. nu < 0. E0) then
            nu=0. 12E0
        end if

        EV=E/(1. E0-2. E0 * nu)
        ED=E/(1. E0+nu)
        ET=ED

        do i=1, nMicroplane

            len=sqrt(N(i,1) * * 2+N(i,2) * * 2)
            if (abs(len) > Toler) then
                M=(/N(i,2)/len, -N(i,1)/len, 0. D0/)
            else
                M=(/1. E0, 0. E0, 0. E0/)
            end if

            L=(/ M(2) * N(i,3)-M(3) * N(i,2),
   1             M(3) * N(i,1)-M(1) * N(i,3),
   1             M(1) * N(i,2)-M(2) * N(i,1) /)

            do j=1, 6
                Nij(i,j)=N(i,V2T(j,1)) * N(i,V2T(j,2))
                Mij(i,j)=0. 5E0 * ( M(V2T(j,1)) * N(i,V2T(j,2))+
   1                   M(V2T(j,2)) * N(i,V2T(j,1)) )
                Lij(i,j)=0. 5E0 * ( L(V2T(j,1)) * N(i,V2T(j,2))+
   1                   L(V2T(j,2)) * N(i,V2T(j,1)) )
            end do
```

```
        end do

        G=ED/2. E0
        K12=E * nu/(1. E0+nu)/(1. E0-2. E0 * nu)
        K11=K12+ED

        ! elastic stiffness matrix
        De(:,1)=(/ K11,   K12,   K12, 0. D0, 0. D0, 0. D0/)
        De(:,2)=(/ K12,   K11,   K12, 0. D0, 0. D0, 0. D0/)
        De(:,3)=(/ K12,   K12,   K11, 0. D0, 0. D0, 0. D0/)
        De(:,4)=(/0. D0, 0. D0, 0. D0,   ED, 0. D0, 0. D0/)
        De(:,5)=(/0. D0, 0. D0, 0. D0, 0. D0,   ED, 0. D0/)
        De(:,6)=(/0. D0, 0. D0, 0. D0, 0. D0, 0. D0,   ED/)

        bInitialized=. true.

    end subroutine Initialize

    end module MicroplaneParam

! * * * * * * * * * * * * * * * * * * * * * * * * * * * * * * * * * * * * * * * * * * * *
    subroutine CalStress(stress, statev, strain0, dstrain, ntens, nstatv)
! * * * * * * * * * * * * * * * * * * * * * * * * * * * * * * * * * * * * * * * * * * * *
    use NumKind
    use MicroplaneParam
    implicit none

    ! * * * * * * * * * * * * * * * * * * * * * * * * * * * * * * * * * * * * * * * * * *
    !     statev(                                    1)-SigVpre
    !     statev(                  2 :      nMicroplane+1)-SigNpre
    !     statev(      nMicroplane+2 : 2 * nMicroplane+1)-SigMpre
    !     statev(2 * nMicroplane+2 : 3 * nMicroplane+1)-SigLpre
    ! * * * * * * * * * * * * * * * * * * * * * * * * * * * * * * * * * * * * * * * * * *
    integer(ikind), intent (in     )::ntens, nstatv
    real    (rkind), intent (in out)::stress(ntens), statev(nstatv)
    real    (rkind), intent (in     )::strain0(ntens), dstrain(ntens)

    integer (ikind)::i, j
    real (rkind)::CV, CD, CT
    real (rkind)::EpsV0, EpsD0, EpsT0, EpsN0
    real (rkind)::EpsN, EpsV, EpsD, EpsM, EpsL
    real (rkind)::dEpsN, dEpsV, dEpsD, dEpsM, dEpsL
    real (rkind)::SigVpre, SigDpre, SigMpre, SigLpre, SigTpre,sigNpre
    real (rkind)::SigVe, SigDe, SigMe, SigLe, SigTe
    real (rkind)::SigNb, SigVbneg, SigVbpos, SigDbneg, SigDbpos, SigTb
```

```
real (rkind)::SigVstar, SigV, SigD, SigN, SigM, SigL
real (rkind)::SigN0, rateSigT, SumSigN
real (rkind)::strain1(ntens)

real (rkind)::EpsDArray(nMicroplane)

strain1=strain0+dstrain

! Volumetric microstrain
EpsV=(strain1(1)+strain1(2)+strain1(3))/3.E0
dEpsV=(dstrain(1)+dstrain(2)+dstrain(3))/3.E0
SigVpre=statev(1)

! Volumetric microstress
EpsV0=EpsV-dEpsV
if (EpsV0 <=0.E0 .and. SigVpre <=0.E0 .and. dEpsV > 0.E0) then
    CV=EV * (c15/(c15-EpsV0)+SigVpre * EpsV0/(c15 * c16 * EV))
elseif (EpsV0 > 0.E0 .and. SigVpre > 0.E0 .and. dEpsV < 0.E0) then
    CV=min(SigVpre/EpsV0, EV)
else
    CV=max(EV, E * k3/k4 * exp(-EpsV0/k1/k4))
end if

SigVe=SigVpre+CV * dEpsV
SigVbneg=-E * k1 * k3 * exp(-EpsV/k1/k4)
SigVbpos=EV * k1 * c13/(1.E0+c14/k1 *
1  max(EpsV-k1 * c13, 0.E0)) ** 2
SigVstar=min(max(SigVe, SigVbneg), SigVbpos)

! clear sumation of SigN
SumSigN=0.E0

do i=1, nMicroplane
    ! macrostrain to microstrain

    ! normal microstrain
    EpsN=0.E0
    dEpsN=0.E0
    do j=1, 6
        if(j<4) then
        EpsN=EpsN+Nij(i,j) * strain1(j)
        dEpsN=dEpsN+Nij(i,j) * dstrain(j)
        else
        EpsN=EpsN+Nij(i,j) * strain1(j) * real(2)
        dEpsN=dEpsN+Nij(i,j) * dstrain(j) * real(2)
```

```
            end if
        end do

        EpsN0＝EpsN－dEpsN
        ! diviatoric microstrain
        EpsD＝EpsN－EpsV
        dEpsD＝dEpsN－dEpsV
        ! restore diviatoric microstress
        ! SigDpre＝SigNpre－SigVpre
        sigNpre＝statev(i＋1)
        SigDpre＝statev(i＋1)－SigVpre

        EpsDArray(i)＝EpsD

        ! microstrain to microstress
        EpsD0＝EpsD－dEpsD
        if (      (EpsD0 ＞ 0.E0 .and. SigDpre ＞ 0.E0 .and. dEpsD ＜ 0.E0)
1            .or. (EpsD0 ＜ 0.E0 .and. SigDpre ＜ 0.E0 .and. dEpsD ＞ 0.E0) ) then
            CD＝(1.E0－c17) ＊ ED＋c17 ＊ min(SigDpre/EpsD0, ED)
        else
            CD＝ED
        end if

        ! calculate elastic deviatoric microstress
        SigDe＝SigDpre＋CD ＊ dEpsD
        ! calculate boundary stress
        SigDbneg＝－E ＊ k1 ＊ c8/(1.E0＋(max(－EpsD－c8
1            ＊ c9 ＊ k1, 0.E0)/(k1 ＊ c7)) ＊ ＊ 2)
        SigDbpos ＝   E ＊ k1 ＊ c5/(1.E0＋(max( EpsD－c5
1            ＊ c6 ＊ k1, 0.E0)/(k1 ＊ c18 ＊ c7)) ＊ ＊ 2)
        ! update deviatoric microstress
        SigD＝min(max(SigDe, SigDbneg), SigDbpos)

        ! normal microstress
        ! calculate elastic deviatoric microstress
        SigN＝SigVstar＋SigD
        ! calculate boundary stress
        SigNb＝E ＊ k1 ＊ c1 ＊
1            exp( －max((EpsN－c1 ＊ c2 ＊ k1), 0.E0)/
1            (k1 ＊ c3＋max(－c4 ＊ SigVpre/EV, 0.E0)) )
            ! update normal microstress
            SigN＝min(SigN, SigNb)

            ! crack－closing boundary
        IF (  EpsN0 ＊ dEpsN＜ 0.e0 ) THEN
```

```
if (EpsN > 0. E0 .and.  SigN < 0. E0) SigN=0. E0
ENDIF

        ! sumation of normal microstress
        SumSigN=SumSigN+SigN  *  w(i)

        ! store normal microstress
        statev(i+1)=SigN

end do

SigV=min(SumSigN  *  2. E0，SigVstar)

statev(1)=SigV

stress=0. E0

do i=1, nMicroplane

        ! restore SigN
        SigN =   statev(i+1)

        ! recalcualte Deviatoric
        SigD=SigN-SigV

        ! macrostrain to microstrain
        EpsM=0. E0
        dEpsM=0. E0
        EpsL=0. E0
        dEpsL=0. E0
        do j=1, 6
                if(j<4) then
                EpsM=EpsM+Mij(i,j)  *  strain1(j)
                dEpsM=dEpsM+Mij(i,j)  *  dstrain(j)
                EpsL=EpsL+Lij(i,j)  *  strain1(j)
                dEpsL=dEpsL+Lij(i,j)  *  dstrain(j)
                else
                EpsM=EpsM+Mij(i,j)  *  strain1(j)  * real(2)
                dEpsM=dEpsM+Mij(i,j)  *  dstrain(j) * real(2)
                EpsL=EpsL+Lij(i,j)  *  strain1(j) * real(2)
                dEpsL=dEpsL+Lij(i,j)  *  dstrain(j) * real(2)
                end if
        end do

        ! restore microstress
        SigMpre=statev(i+nMicroplane+1)
        SigLpre=statev(i+2  *  nMicroplane+1)
```

```
            SigTpre=sqrt(SigMpre * * 2+SigLpre * * 2)

            ! check the loading criterion in shear
            EpsT0=sqrt((EpsM−dEpsM) * * 2+(EpsL−dEpsL) * * 2)
            if (sqrt(EpsM * * 2+EpsL * * 2)−EpsT0 <
1               0. E0 .and. EpsT0 > Toler) then
                    CT=(1. E0−c17) * ET+c17 * min(SigTpre/EpsT0, ET)
!                   write(7, *) 'T unloading in inc',kinc,'plane no.',i
            else
                    CT=ET
            end if


            ! shear microstress
            SigMe=SigMpre+CT * dEpsM
            SigLe=SigLpre+CT * dEpsL
            SigTe=sqrt(SigMe * * 2+SigLe * * 2)
            SigN0=ET * k1 * c11/(1. E0+c12 * max(EpsV, 0. E0))
            SigTb=ET * k1 * k2 * c10 * max(SigN0−SigN, 0. E0)/
1               (ET * k1 * k2+c10 * max(SigN0−SigN, 0. E0) )

            if (abs(SigTe) > Toler) then
                    rateSigT=min(1. E0, SigTb/SigTe)
            else
                    rateSigT=1. E0
            end if
            SigM=SigMe * rateSigT
            SigL=SigLe * rateSigT

            statev(i+nMicroplane+1)=SigM
            statev(i+2 * nMicroplane+1)=SigL

            ! microstress to macrostress
            do j=1, 6
                    stress(j)=stress(j)
1                       + ((Nij(i,j)−Kronecker(j)
1                       /3. E0) * SigD+Mij(i,j) * SigM+Lij(i,j) * SigL   * w(i)
            end do

    end do

    stress=stress * 6. E0
    stress(1 :3)=stress(1 :3)+SigV

    return
    end subroutine CalStress
```

参 考 文 献

ABAQUS. 2001. User's Manual[M]. Pawtucket: HKS Corporation.

ADINA. 1999. User's Manual[M]. Boston: ADINA R & D Inc.

AL-MAHAIDI R S. 1979. Nonlinear Finite Element Analysis of Reinforced Concrete Deep Members, Report No. 79-1 [R]. Ithaca, NY: Department of Structural Engineering, School of Civil and Environmental Engineering, Cornell University.

BANGASH M Y H. 2001. Manual of Numerical Method in Concrete[M]. London: Thomas Telford.

BARENBLATT G I. 1962. The Mathematical Theory of Equilibrium Cracks in Brittle Fracture[G]. Dryden HL,Edn. Advances in Applied Mechanics: 7. New York: Academic Press: 30-48.

BATDORF S B, BUDIANSKY B. 1949. A Mathematical Theory of Plasticity Based on the Concept of Slip. Technical Note 1871[R]. Washington, D. C: National Advisory Committee for Aeronautics.

BATHE K J, WILSON E L. 1976. Numerical Methods in Finite Element Analysis[M]. New Jersey: Prentice Hall Inc.

BATHE K J, RAMASWAMY S. 1979. On Three-Dimensional Nonlinear Analysis of Concrete Structures [J]. Nuclear Engineering and Design, 52(3): 385-409.

BATOZ J L, DHATT G. 1979. Incremental Displacement Algorithms for Nonlinear Problems [J]. International Journal for Numerical Methods in Engineering, 14(8): 1262-1267.

BAŽANT Z P, CANER F C. 2000. Microplane Model M4 for Concrete. I: Formulation with Work-Conjugate Deviatoric Stress Algorithm and Calibration[J]. Journal of the Engineering Mechanics Division, ASCE, 126(9): 944-953.

BAŽANT, Z P, CEDOLIN L. 1979. Blunt Crack Band Propagation in Finite Element Analysis[J]. Journal of the Engineering Mechanics Division, ASCE, 105(2): 297-315.

BAŽANT Z P, NILSON A H. 1982. State-of-the-Art Report on Finite Element Analysis of Reinforced Concrete[R]. New York: American Society of Civil Engineers.

BAŽANT Z P, OH B H. 1985. Microplane Model for Progressive Fracture of Concrete and Rock[J]. Journal of the Engineering Mechanics Division, ASCE, 111(4): 559-582.

BAŽANT Z P, PRAT P C. 1988. Microplane Model for Brittle-Plastic Material. I: Theory[J]. Journal of the Engineering Mechanics Division, ASCE, 114(10): 1672-1688.

BELYTSCHKO T, BLACK T. 1999. Elastic Crack Growth in Finite Elements with Minimal Remeshing [J]. International Journal for Numerical Methods in Engineering, 45: 601-620.

BOUSALEM B, CHIKH N. 2007. Development of a Confined Model for Rectangular Ordinary Reinforced Concrete Columns[J]. Materials and Structures, 40(6): 605-613.

BRESLER B, PISTER K S. 1958. Strength of Concrete Under Combined Stresses[J]. ACI Journal, 55 (9): 321-345.

Comité euro-international du béton. CEB-FIP. 1993. Model Code 90 [S]. London: Thomas Telford Limited.

CEDOLIN L, CRUTZEN Y F J, DEI POLI S. 1977. Triaxial Stress-Strain Relationship for Concrete[J]. Journal of the Engineering Mechanics Division, ASCE, 103: 423-439.

CHEN W F, LUI E M. 2005. Handbook of Structural Engineering[M]. Boca Raton: CRC Press.

CHEN A C T, CHEN W F. 1975. Constitutive Relations for Concrete[J]. Journal of the Engineering Mechanics Division, ASCE, 101: 465-481.

CLOUGH R W. 1966. Effect of Stiffness Degradation on Earthquake Ductility Requirements, Report No. UCB/SESM-1966/16[R]. Berkely: UC Berkeley.

COULOMB C A. 1773. Sur une Application des Regles de Maximis et Minimis Aquelques Problemes de Statique Relatifs Al'Architecture[J]. Sarans: Academy of Royal Science Mere. Math. Phys. Divers, 7: 343-382.

CRISFIELD M A. 1996. Non-linear Finite Element Analysis of Solids and Structures[M]. New York: Wiley.

CSI. 2007. CSI Analysis Reference Manual for SAP2000, ETABS, and SAFE[M]. Berkeley: Computers and Structures, Inc.

DARWIN D, PECKNOLD D A. 1977. Analysis of Cyclic Loading of Plane R/C Structures[J]. Computer and Structures, 1: 137-147.

DESAYI P, KRISHNAN S. 1964. Equation for the Stress-Strain Curve of Concrete[C]// Proceedings of American Concrete Institute, 61: 345-350.

DUGDALE D S. 1960. Yielding of Steel Sheets Containing Slits[J]. Journal of the Mechanics and Physics of Solids, 8: 100-106.

ELFGREN L. 1989. Fracture Mechanics of Concrete Structures, from Theory to Applications[M]. New York: Chapman and Hall.

ELIGEHAUSEN R, POPOV E P, BERTERO V V. 1983. Local Bond Stress-Slip Relationships of Deformed Bars Under Generalized Excitations, UCB/EERC-83/23 [R]. Berkeley: Earthquake Engineering Research Center, University of California, 1983.

ELWI A A, MURRAY D W. 1979. A 3D Hypoelastic Concrete Constitutive Relationship[J]. Journal of the Engineering Mechanics Division, ASCE, 105(4): 623-641.

ESMAEILY A, XIAO Y. 2005. Behavior of Reinforced Concrete Columns Under Variable Axial Loads: Analysis[J]. ACI Structural Journal, 102(5): 736-744.

FENWICK R C, PAULAY T. 1968. Mechanisms of Shear Resistance of Concrete Beams[J]. Journal of the Structural Division, ASCE, 94(ST 10): 2325-2350.

FRANKLIN H A. 1970. Non-Linear Analysis of Reinforced Concrete Frames and Panels[D]. Berkeley: University of California.

SIH G C, DDITOMMASO A. 1984. Fracture Mechanics of Concrete: Structural Application and Numerical Calculation[M]// Engineering Applications of Fracture Mechanics, Dordrecht: Martinus Nijhoff Publishers.

GOGGINS J M, BRODERICK B M, ELGHAZOULI A Y, et al. 2005. Experimental Cyclic Response of Cold-Formed Hollow Steel Bracing Members[J]. Engineering Structures, 27(7): 977-989.

GOODMAN R E, TALYOR R L, BREKKE T L. 1968. A Model for the Mechanics of Jointed Rock [J]. Journal of the Soil Mechanics and Foundations Division, 94(3): 637-660.

GOPALARATNM V S, SHAH S P. 1985. Softening Response of Plain Concrete in Direct Tension[J]. ACI Journal, 82(3): 310-323.

GREEN G E, BISHOP A W. 1969. A Note on the Drained Strength of Sand Under Generalized Strain Conditions [J]. Geotechnique, 19(1): 144-149.

GRIFFITH A A. 1920. The Phenomena of Rupture and Flow in Solids [J]. Philosophical Transactions of the Royal Society of London, 22.

HAND F R, PECKNOLD D A, SCHNOBRICH W C. 1973. Nonlinear Layered Analysis of RC Plates and Shells[J]. Journal of Structural Engineering Division, 99: 1491-1505.

HILLERBORG A, MODEER M, PETERSSON P E. 1976. Analysis of Crack Formation and Crack Growth in Concrete by Means of Fracture Mechanics and Finite Elements[J]. Cement and Concrete

Research, 6(6): 773-782.

HINTON E, OWEN D R H. 1977. Finite Element Programming[M]. London: Academic Press.

HOGNESTAD E, HANSON N W, MCHENRY D. 1955. Concrete Stress Distribution in Ultimate Strength Design [C]. // Proceedings of American Concrete Institute, 52: 455-479.

HOSHIKUMA J, KAWASHIMA K, NAGAYA K, et al. 1997. Stress-Strain Model for Confined Reinforced Concrete in Bridge Piers[J]. Journal of Structural Engineering, ASCE, 123(5): 624-633.

HOUDE J, MIRZA M S. 1974. A Finite Element Analysis of Shear Strength of Reinforced Concrete Beams [J]. Shear in Reinforced Concrete. ACI-Special Publication, SP-42, I: 103-128.

HSIEH S S, TING E C, CHEN W F. 1982. A Plastic-Fracture Model for Concrete[J]. International Journal of Solids and Structures, 18(3): 181-197.

IBARRA L F, KRAWINKLER H. 2006. Global Collapse of Frame Structures Under Seismic Excitations [R]. PEER Report 2006/06: 29-42.

JIANG J J. 1983. Finite Element Techniques for Static Analysis of Structures in Reinforced Concrete[D]. Gotebory, Sweden: Department of Structural Mechanics, Chalmers University of Technology.

KABEYASAWA T, SHIOHARA T, OTANI S, et al. 1982. Analysis of the Full-Scale Seven Story Reinforced Concrete Test Structure: Test PSD3 [C]//Proc. 3rd JTCC, US-Japan Cooperative Earthquake Research Program, BRI, Tsukuba, Japan.

KAPLAN F M. 1961. Crack Propagation and the Fracture of Concrete[J]. Journal of American Concrete Institute, 58: 591-610.

KETN D C, PARK R. 1971. Flexural Members with Confined Concrete[J]. Journal of Structural Division, ASCE, 97(ST7): 1969-1990.

KO H-Y, SCOTT R F. 1968. Deformation of Sand at Failure[J]. Journal of the Soil Mechanics and Foundations Division, ASCE, 94, SM4: 883-898.

KOTSOVOS M D, NEWMAN J P. 1978. Generalized Stress-Strain Relations for Concrete [J]. Journal of the Engineering Mechanics Division, ASCE, 104: 845-856.

KUPFER H, GERSTLE K. 1973. Behaviour of Concrete Under Biaxial Stress [J]. Journal of the Engineering Mechanics Division, ASCE, 99: 852-866.

KUPFER H, HILSDORF H K, Rusch H. 1969. Behaviour of Concrete Under Biaxial Stresses[C]// Proceedings of American Concrete Institute, 66(8): 656-666.

KWAK H G, FILIPPOU F C. 1990. Finite Element Analysis of Reinforced Concrete Structures Under Monotonic Loads [R]. Report No. UCB/SEMM-1990/14. Berkeley, California: Dept. of Civil Engineering, University of California, Berkeley.

LADE P V, DUNCAN J M. 1973. Cubical Triaxial Tests on Cohesionless Soil[J]. Journal of the Soil Mechanics and Foundations Division, ASCE, 99, SM10: 793-812.

LADE P V, MUSANTE H M. 1978. Three-Dimensional Behavior of Remolded Clay[J]. Journal of the Geotechnical Engineering Division, ASCE, 104, GT2: 193-209.

LAI S S, WILL G T, OTANI S. 1984. Model for Inelastic Biaxial Bending of Concrete Members[J]. Journal of Structural Engineering, ASCE, 110(11): 2563-2584.

LÉGERON F, PAULTRE P, MAZAR J. 2005. Damage Mechanics Modeling of Nonlinear Seismic Behavior of Concrete Structures[J]. Journal of Structural Engineering, ASCE, 131(6): 946-954.

LÉGERON F, PAULTRE P. 2005. Uniaxial Confinement Model for Normal and High-Strength Concrete Columns[J]. Journal of Structural Engineering, ASCE, 129(2): 241-252.

LIU T C T, NILSON A H, SLATE F O. 1972. Stress-Strain Response and Fracture of Concrete in Uniaxial and Biaxial Compression[J]. ACI Journal, 69(5): 291-295.

LSTC. 2003. Livermore Software Technology Corporation. LS-DYNA User's Manual (Version 970).

LU X, LU X Z, ZHANG W K, et al. 2011. Collapse Simulation of a Super High-Rise Building Subjected to Extremely Strong Earthquakes[J]. Science China Technological Sciences, 54(10): 2549-2560.

LYNN A, MOEHLE J P, MAHIN S A, et al. 1996. Seismic Evaluation of Existing Reinforced Concrete Building Columns[J]. Earthquake Spectra, 12(4): 715-739.

MANDER J B, PRIESTLEY M J N, PARK R. 1988. Theoretical Stress-Strain Model for Confined Concrete[J]. Journal of Structural Engineering, ASCE, 114(8): 1804-1825.

MEGURO K, HAKUNO M. 1992. Simulation of Collapse of Concrete Structure Due to Earthquakes Using Extended Distinct Element Method[C]// Proceedings of the 10th World Conference on Earthquake Engineering, Balkema, Rotterdam.

MILLS L L, ZIMMERMAN R M. 1970. Compressive Strength of Plain Concrete Under Multiaxial Loading Conditions[J]. Journal of the American Concrete Institute, 67(10): 802-807.

MOËS N. 2012. The Extended Finite Element Method (X-FEM)[M]. Nantes, France: Ecole Centrale de Nantes, Institut GeM, UMR CNRS 8183, 1 Rue de la Noe, 44321.

MOËS N N, Dolbow J, Belytschko T. 1999. A Finite Element Method for Crack Growth Without Remeshing[J]. International Journal for Numerical Methods in Engineering, 46: 131-150.

MOHR O. 1900. Welch Umsttinde Bedingen die Elastizitltsgrenze und den Bruch Eines Materials[J]. Zeitschrift Verein Deutsch Iwenieur 44: 1524-1530, 1572-1577.

MSC. 2005. Marc User's Manual: Volume A (Theory and User: Information)[M]. Ana: MSC. Software Corporation.

NGO D, SCORDELIS A C. 1967. Finite Element Analysis of Reinforced Concrete Beam[J]. ACI Journal, 64(3): 152-163.

NILSSON L. 1979. Impact Loading on Concrete [D]. Goteborg, Sweden: Chalmers University of Technology.

OKAMURA H, MAEKAWA K. 1991. Nonlinea Analysis and Constitutive Models of Reinforced Concrete [M]. Tokyo, Japan: Gihodo-Shuppan.

OTTOSEN N S. 1977. A Failure Criterion for Concrete [J]. Journal of the Engineering Mechanics Division, ASCE, 103(4): 527-535.

PARK Y J, REINHORN A M, KUNNATH S K. 1987. IDARC: Inelastic Damage Analysis of Reinforced Concrete Frame-Shear-Wall Structures [R]. Technical Report NCEER-87-0008 Buffalo, New York: State University of New York at Buffalo.

PETERSSON P E. 1981. Crack Growth and Development of Fracture Zones in Plain Concrete and Similar Materials[D]. Lund, Scania, Sweden: Lund University.

PHILLIPS D V, ZIENKIEWICZ O C. 1976. Finite Element Nonlinear Analysis of Concrete Structures [C]// Proceedings-Institution of Civil Engineers (3rd Edn.), 61, Part 2: 59-88

PODGÓRSKI J. 1985. General Failure Criterion for Isotropic Media [J]. Journal of the Engineering Mechanics Division, ASCE, 111(2): 188-201.

PROCTER D S, BARDEN L. 1969. Correspondence on Green and Bishop: a Note on the Drained Strength of Sand Under Generalized Strain Conditions[J]. Geotechnique, 19(3): 424-42.

REIMANN H. 1965. Kritische Spannungszustande der Betons bei Mehrachsiger, Ruhender Kurzzeitbelastung [M]. Deutscher Ausschuss fur Stahlbeton. Heft 175, 36-63.

REINHARDT H W, CORNELISSEN H A W, HORDIJK D A. 1986. Tensile Tests and Failure Analysis of Concrete[J]. Journal of Structural Engineering, ASCE, 112(11): 2462-2477.

RICE J R, ROSENGREN G F. 1968. Plane Strain Deformation Near a Crack Tip in a Power-Law Hardening Material[J]. Journal of Mechanics and Physics of Solids, 16(1): 1-12.

ROTS J G, BLAAUWENDRAAD J. 1989. Crack Models for Concrete: Discrete or Smeared? Fixed,

Multi-Directional or Rotating[J]. Heron，34(1).

ROTS J G，KUSTERS G M A，NAUTA P. 1984. Variable Reduction Factor for the Shear Resistance of Cracked Concrete[R]. TNO-Report BI-84-33/68. 8. 2001. Rijswijk，the Netherlands.

SAATCIOGUL M，GRIRA M. 1999. Confinement of Reinforced Concrete Columns with Welded Reinforcement Grids[J]. ACI Structural Journal，96(1)：29-39.

SAATCIOGLU M，RAZVI S R. 1992. Strength and Ductility of Confined Concrete[J]. Journal of Structural Engineering，ASCE，118(6)：1590-1607.

SAENZ L P. 1964. Discussion of "Equation for the Stress-Strain Curve of Concrete"[C]// Proceedings of American Concrete Institute. 61：1229-1235.

SARGIN M. 1971. Stress-strain Relationships for Concrete and the Analysis of Structural Concrete Sections[R]. SM Study No. 4：23-46. Solid Mechanics Division. Ontario，Canada：University of Waterloo.

SHIBATA T，KARUBE D. 1965. Influence of the Variation of the Intermediate Principal Stress and the Mechanical Properties of Normally Consolidated Clays[C]// Proceedings of the Sixth International Conference of Soil Mechanics and Foundations Engineering，Montreal，Quebec，Canada：Univ. of Toronto Press：1：359-363.

SINHA B P，GERSTLE K H，TULIN L G. 1964. Stress-Strain Relations for Concrete Under Cyclic Loading[J]. Journal of American Concrete Institute，62(2)：195-210.

SUKUMAR N，CHOPP D L，MOËS N，et al. 2001. Modeling Holes and Inclusions by Level Sets in the Extended Finite-Element Method[J]. Computer Methods in Applied Mechanics and Engineering，190 (46/47)：6183-6200.

TAKEDA T，SOZEN M A，NEILSEN N N. 1970. Reinforced Concrete Response to Simulated Earthquakes[J]. Journal of Structural Engineering Division，ASCE，96(12)：2557-2573.

TASUJI E，SLATE F O，NILSON A H. 1978. Stress-Strain Response and Fracture of Concrete in Biaxial Loading[J]. Journal of the American Concrete Institute，75(7)：306-312.

VIWATHANATEPA S，POPOV E P，BERTERO V V. 1979. Effects of Generalized Loadings on Bond of Reinforcing Bars Embedded in Confined Concrete Blocks [R]. UCB/EERC-79/22，Berkeley，California：Earthquake Engineering Research Center，University of California.

WALRAVEN J C，REINHARDT H W. 1981. Theory and Experiments on the Mechanical Behaviour of Cracks in Plain and Reinforced Concrete Subjected to Shear Loading[J]. Heron，26(1A)：1-68.

WELLS A A. 1963. Application of Fracture Mechanics at and Beyond General Yielding [J]. British Welding Journal，10：563-570.

WELLS G N，SLUYS L J. 2000. Application of Embedded Discontinuities for Softening Solids[J]. Engineering Fracture Mechanics，65(2/3)：263-281.

WILLAM K J，WARNKE E P. 1975. Constitutive Model for the Triaxial Behavior of Concrete[C]// Proceedings of International Association for Bridge and Structure Engineering. 19.

ZIENKIEWICZ O C，PANDE G N. 1977. Some Useful forms of Isotropic Yield Surface for Soil and Rock Mechanics[M] // Gudehus G. (Ed.) Finite Elements in Geomechanics. London：Wiley：179-198.

ZIENKIEWICZ O C，OWEN D R J，PHILLIPS D V，et al. 1972. Finite Element Methods in the Analysis of Reactor Vessels[J]. Nuclear Engineering and Design，20(2)：507-541.

蔡清裕，崔伟峰，向东，等. 2003. 模拟刚性动能弹丸侵彻混凝土的 FE-SPH 方法[J]. 国防科技大学学报，25(6)：87-90.

陈勤. 2002. 钢筋混凝土双肢剪力墙静力弹塑性分析[D]. 北京：清华大学.

崔玉柱，张楚汉，徐艳杰，等. 2002. 用刚体弹簧元研究梅花拱坝的破坏机理[J]. 清华大学学报：自然科学版，42(增刊1)：88-92.

电力行业水电施工标准化技术委员会. 2005. DL/T 5332—2005，水工混凝土断裂试验规程[S]. 北京：中国水利水电出版社.

方修君. 2007. 基于扩展有限元方法的连续-非连续过程静动力模拟研究[D]. 北京：清华大学.

顾祥林，孙飞飞. 2002. 混凝土结构的计算机仿真[M]. 上海：同济大学出版社.

过镇海. 1999. 钢筋混凝土原理[M]. 北京：清华大学出版社.

过镇海，王传志，张秀琴，等. 1996. 混凝土的多轴强度试验和破坏准则研究[G]//清华大学抗震抗爆工程研究室科学研究报告集第六集：混凝土力学性能的试验研究. 北京：清华大学出版社.

黄羽立，陆新征，叶列平，等. 2011. 基于多点位移控制的推覆分析算法[J]. 工程力学，28(2)：18-23.

江见鲸，陆新征，叶列平. 2005. 混凝土结构有限元分析[M]. 北京：清华大学出版社.

蒋欢军，吕西林. 1998. 用一种墙体单元模型分析剪力墙结构[J]. 地震工程与工程振动，18(3)：40-48.

康清梁. 1996. 钢筋混凝土有限元分析[M]. 北京：中国水利水电出版社.

寇晓东. 1998. 无单元法追踪结构开裂及拱坝稳定分析[D]. 北京：清华大学.

匡文起，张玉良，辛克贵. 1993. 结构矩阵分析和程序设计[M]. 北京：高等教育出版社.

李国强，周向明，丁翔. 2000. 钢筋混凝土剪力墙非线性地震分析模型[J]. 世界地震工程，16(2)：13-18.

林旭川，陆新征，缪志伟，等. 2009. 基于分层壳单元的RC核心筒结构有限元分析和工程应用[J]. 土木工程学报，42(3)：51-56.

刘凯欣，郑文刚，高凌天. 2003. 脆性材料动态破坏过程的数值模拟[J]. 计算力学学报，20(2)：127-132.

陆新征，江见鲸. 2004. 利用无网格方法分析钢筋混凝土梁开裂问题[J]. 工程力学，21(2)：24-28.

陆新征，江见鲸. 2003. 利用ANSYS Solid 65单元分析复杂应力条件下的混凝土结构[J]. 建筑结构，33(6)：22-24.

马千里，叶列平，陆新征，等. 2008. 现浇楼板对框架结构柱梁强度比的影响研究[G]//汶川地震建筑震害调查与灾后重建分析报告. 北京：中国建筑工业出版社.

钱稼茹，程丽荣，周栋梁. 2002. 普通箍筋约束混凝土柱的中心受压性能[J]. 清华大学学报，42(10)：1369-1373.

钱令希，张雄. 1991. 结构分析中的刚体有限元法[J]. 计算结构力学及其应用，8(1)：1-14.

曲哲，叶列平. 2011. 基于有效累积滞回耗能的钢筋混凝土构件承载力退化模型[J]. 工程力学，28(6)：45-51.

沈聚敏，王传志，江见鲸. 1993. 钢筋混凝土有限元与板壳极限分析[M]. 北京：清华大学出版社.

施刚，石永久，李少甫，等. 2005. 多层钢框架半刚性端板连接的循环荷载试验研究[J]. 建筑结构学报，25(2)：74-80.

石根华. 1997. 数值流形方法与非连续变形分析[M]. 裴觉民，译. 北京：清华大学出版社.

宋祖康，陆明万，张雄. 2000. 固体力学中的无网格法[J]. 力学进展，30(1)：55-65.

孙利民，秦东，范立础. 2002. 扩展散体单元法在钢筋混凝土桥梁倒塌分析中的应用[J]. 土木工程学报，35(6)：53-58.

田明伦，黄松梅，刘恩锡，等. 1982. 混凝土的断裂韧度[J]. 水利学报，6：38-46.

汪训流，陆新征，叶列平. 2007. 往复荷载下钢筋混凝土柱受力性能的数值模拟[J]. 工程力学，24(12)：76-81.

王宝庭. 1997. 基于刚体-弹簧模型的混凝土微裂缝纹行为模拟[D]. 大连：大连理工大学.

王传志. 1983. 多轴混凝土强度和变形概况[R]. 北京：清华大学土木工程系.

王大庆. 1991. 砖填充钢筋混凝土框架结构的地震破坏分析[D]. 北京：清华大学.

王勖成. 2003. 有限单元法[M]. 北京：清华大学出版社.

王泳嘉，邢纪波. 1991. 离散单元法及其在岩土力学中的应用[M]. 沈阳：东北工学院出版社.

魏庆同，郎福元，赵邦戴. 1985. 三点弯曲梁的应力强度因子KI[J]. 甘肃工业大学学报，11(4)：28-32.

魏群. 1991. 散体单元法的基本原理、数值方法和程序[M]. 北京：科学出版社.

萧国模，茅声焘. 1979. 有限元素法分析剪力墙的初步研究[C]//台湾第三届力学会议.

徐世烺. 2011. 混凝土断裂力学[M]. 北京:科学出版社.

杨顺存,邢纪波,郑磊. 2003. 混凝土类脆性无序介质破坏过程的动态模拟研究 [J]. 建筑技术开发,30
(2):38-40.

叶列平,陆新征,马千里,等. 2006. 混凝土结构抗震非线性分析模型、方法及算例[J]. 工程力学,2006,
23(增刊Ⅱ):131-140.

叶列平,孙海林,陆新征. 2009. 高强轻骨料混凝土结构——性能、分析与计算 [M]. 北京:科学出版社.

于丙子. 1982. 岩体三维非线性力学问题的弹塑性力学模型[J]. 岩土工程学报,4(2):76-85.

于骁中. 1991. 岩石和混凝土断裂力学[M]. 长沙:中南工业大学出版社.

张远高. 1990. 钢筋混凝土结构的本构关系及有限元模式[D]. 北京:清华大学.

中国建筑科学研究院. 2002. GB 50010—2002. 混凝土结构设计规范[S]. 北京:中国建筑工业出版社.

中国建筑科学研究院. 2010. GB 50010—2010. 混凝土结构设计规范[S]. 北京:中国建筑工业出版社.

中国建筑科学研究院. 1989. GBJ 10—89. 混凝土结构设计规范[S]. 北京:中国建筑工业出版社.

邹积麟. 2001. 空间 RC 框架结构全过程静力弹塑性分析[D]. 北京:清华大学.